Wittl

Mechanische Technologie

A. Kopecky und **R. Schamschula**

Dritte, völlig neubearbeitete und erweiterte Auflage

Springer-Verlag

Wien New York

Mit 531 Abbildungen

© 1961, 1973, and 1974 by Springer-Verlag/Wien
Library of Congress Catalog Card Number 73-11816

Printed in Austria

ISBN 3-211-81191-5 Springer-Verlag Wien-New York
ISBN 0-387-81191-5 Springer-Verlag New York-Wien

Vorwort

Seit dem Erscheinen der zweiten Auflage hat die Forschung neue Erkenntnisse gebracht, haben neue Arbeitsverfahren an Bedeutung gewonnen und hat sich die Normung in umfassender Weise des Fachgebietes Technologie bemächtigt.

Es mußte daher eine völlige Neubearbeitung des Buches erfolgen. In der Werkstoffkunde wurde die Trennung zwischen Metallen und ihren Legierungen aufgegeben, da reine Metalle nur in Sonderfällen Verwendung finden. Das Eisen-Kohlenstoff-Zustandsschaubild mußte durch Verwendung neuer Forschungsergebnisse verändert werden. Wegen ihrer zunehmenden Bedeutung wurden besondere Abschnitte über Pulvermetallurgie, Kunststoffverarbeitung und Kleben vorgesehen. Schließlich mußte noch der große Einfluß der in den letzten Jahren durchgeführten Normung auf Einteilung und Bezeichnung der Fertigungsverfahren, Werkzeuge und Maschinen berücksichtigt werden.

Während die zweite Auflage 1961 und der verbesserte Nachdruck 1973 von Dipl.-Ing. Dr. R. Schamschula allein bearbeitet wurden, hat in der dritten Auflage Dipl.-Ing. A. Kopecky den Abschnitt Kleben bearbeitet und einige Hinweise zur zerstörungsfreien Werkstoffprüfung geliefert.

Um den Umfang des Buches in Grenzen zu halten, wurde die Darstellung wieder auf das Grundsätzliche und für die Theorie und Praxis Wesentliche beschränkt. Wünsche aus dem Kreis der Benützer wurden, soweit sie den Rahmen des Buches nicht überschritten, berücksichtigt. Für das weitere Studium einzelner Sachgebiete wurde wie bisher auf das neuere Schrifttum hingewiesen.

Wien, im März 1974   Die Verfasser

Inhaltsverzeichnis

Inhaltsverzeichnis

Einleitung

Die Technologie ist die Lehre von der Umwandlung der Rohstoffe in Gebrauchsgegenstände. Die *mechanische* Technologie befaßt sich mit den Änderungen der äußeren Merkmale, die *chemische* Technologie mit den Änderungen der chemischen Zusammensetzung. Bei der Herstellung der Metalle und Kunststoffe, beim Beizen, Löten, Schweißen usw. spielen chemische Vorgänge eine bedeutende Rolle, so daß auf sie im vorliegenden Buche eingegangen werden mußte.

Die Unterteilung des umfangreichen Stoffes erfolgte in die drei Hauptabschnitte: *Werkstoffkunde*, *Werkstoffprüfung* und *Werkstoffverarbeitung*. Diese wurde früher unterteilt in die *spanlose* Fertigung (Gießen, Schmieden, Walzen, Ziehen, Stanzen usw.), die *spanende* Fertigung (in diesem Buch nicht bearbeitet) und die *verbindenden* Arbeitsverfahren (Schweißen, Löten, Kleben, . . .). DIN 8580, Begriffe der Fertigungsverfahren, gliedert diese in Urformen, Umformen, Trennen, Fügen, Beschichten und Stoffeigenschaftändern.

Beim *Urformen* wird ein fester Körper aus formlosem Stoff, der im gas-, dampfförmigen, flüssigen (Gießen), breiigem, pastenförmigen, körnigen oder pulverigen (Pulvermetallurgie) Zustand vorliegt, geschaffen. Auch durch elektrolytische Abscheidung ist Urformen möglich.

Umformen (DIN 8582) ist Fertigen durch bildsames Ändern der Form eines festen Körpers. Man unterscheidet dabei *Druck*umformen (DIN 8583, Walzen, Freiformen, Gesenkformen, Eindrücken, Strang- und Fließpressen), *Zugdruck*umformen (DIN 8584, Durchziehen, Tiefziehen, Drücken, Kragenziehen und Knickbauchen), *Zug*umformen (DIN 8585, Längen, Weiten und Tiefen), *Biege*umformen (DIN 8586, freies und Gesenkbiegen, Roll-, Walz-, Rundbiegen usw.), und *Schub*umformen (DIN 8587, Verschieben, Verdrehen).

Trennen ist Fertigung durch Änderung der Form eines festen Körpers unter Aufhebung des örtlichen Zusammenhaltes. Dazu gehören das *Zerteilen* (DIN 8588, Schneiden, Reißen und Brechen), *Spanen*, *Abtragen*, *Zerlegen*, *Reinigen* und *Evakuieren*.

Fügen (DIN 8593) ist das Zusammenbringen von zwei oder mehr

Werkstücken oder von Werkstücken mit formlosen Stoff. Es kann durch Zusammenlegen, Füllen, An- und Einpressen, Urformen (Ausgießen), Umformen (Falzen, Bördeln, Sicken usw.) und Stoffvereinigen (Schweißen, Löten, Kleben) erfolgen.

Zum *Stoffeigenschaftsändern* gehören das Härten, Anlassen, Magnetisieren, Entkohlen, Aufkohlen, Nitrieren usw.

Eine Unterteilung des Stoffes nach diesen Normen ist nicht sehr zweckmäßig, da unbedeutende Verfahren neben sehr bedeutende gleichgewichtig zu stehen kämen. Es wurde daher die klassische Einteilung der Fertigungsverfahren beibehalten und jeweils genormte Begriffe und Bezeichnungen verarbeitet, soweit dies mit dem begrenzten Umfang dieses Buches vereinbar schien.

1. Werkstoffkunde

1,1 Die metallischen Werkstoffe

1,11 Grundlegendes über den Aufbau der Metalle und ihrer Legierungen

Die Werkstoffe können aus nur einem chemischen Element allein bestehen oder aus mehreren chemischen Elementen zusammengesetzt sein. Im ersten Fall unterscheiden wir Metalle und Nichtmetalle, im zweiten Fall mechanische Gemenge, Lösungen und chemische Verbindungen.

Die metallischen Werkstoffe zeichnen sich durch eine Reihe von Eigenschaften gegenüber den nichtmetallischen aus (metallischer Glanz, gute elektrische und Wärmeleitfähigkeit usw.). Der Gebrauchswert der metallischen Werkstoffe ist durch ihre verschiedenen Eigenschaften bedingt. Man kann diese in vier Gruppen einordnen:

Physikalische Eigenschaften: Farbe, Dichte, Schmelz- bzw. Erstarrungspunkt, Siedepunkt, Schmelzwärme, Verdampfungswärme, Wärmeleitfähigkeit, spezifischer elektrischer Widerstand bzw. elektrische Leitfähigkeit, spezifische Wärmekapazität, linearer und kubischer Ausdehnungskoeffizient usw.

Chemische Eigenschaften: Wertigkeit, Korrosionsbeständigkeit usw.

Mechanische Eigenschaften: Zugfestigkeit, Streckgrenze, elastische bzw. bleibende Dehnung, Bruchdehnung, Elastizitätsmodul, Schlagzähigkeit, Druckfestigkeit, Quetschgrenze, Stauchung, Biegefestigkeit, Bruchdurchbiegung, Schubfestigkeit, Gleitmodul, Torsionsfestigkeit, Dauerwechselfestigkeit, Dauerstandfestigkeit, Härte usw.

Technologische Eigenschaften: Gießbarkeit, Härtbarkeit, Warmumformbarkeit, Kaltumformbarkeit, Tiefziehfähigkeit, Zerspanbarkeit, Schweißbarkeit, Lötbarkeit usw.

Für diese Eigenschaften werden die Formelzeichen nach ÖNORM A 6401 und die Einheiten des Internationalen Einheitsystems (SI), die mit Ausnahme der Einheiten Mol, Pascal und Siemens bereits im

„Maß- und Eichgesetz (MEG)" vom 5. Juli 1950 (BGBl. Nr. 152, Änderung 13. April 1973, BGBl. Nr. 174) enthalten sind, verwendet.

Dichte ρ (kg/m³) ist der Quotient aus Masse und Volumen.

Schmelzpunkt (Schmelztemperatur) t_s (°C) ist die Temperatur, bei
welcher das Metall bei einem Druck von 1 atm vom festen in den flüssigen
Zustand übergeht (1 physikalische Atmosphäre 1 atm entspricht
760 mm QS oder 1,01325 bar).

Siedepunkt (°C) ist die Temperatur, bei welcher das Metall bei 1 atm
vom flüssigen Zustand in den dampfförmigen Zustand übergeht.

Wärmeleitfähigkeit λ (W/m · K) ist die Leistung in Watt, die bei
einem Temperaturgefälle von 1 K durch einen Werkstoff von 1 m Länge
und 1 m² Querschnitt übertragen wird.

Spezifischer elektrischer Widerstand ρ (Ω · m) ist der Widerstand in
Ohm, den ein Metall von 1 m Länge und 1 m² Querschnitt aufweist.

Elektrische Leitfähigkeit σ (S/m) ist der reziproke Wert des spezifischen elektrischen Widerstandes (1 Siemens 1 S = 1/1 Ohm).

Zugfestigkeit $\sigma_B = \sigma_{zB}$ (N/mm², siehe 2,11).

Fließ- bzw. Streckgrenze σ_F, σ_S (N/mm², siehe 2,11).

Dehnung (relative Längenänderung) ε (1), (%) siehe 2,11.

Bruchdehnung δ (1), (%) siehe 2,11.

Elastizitätsmodul E (N/mm²) siehe 2,11.

Druckfestigkeit σ_{dB} (N/mm²) siehe 2,12.

Biegefestigkeit σ_{bB} (N/mm²) siehe 2,13.

Brinellhärte HB (N/mm²) siehe 2,21.

Die mechanischen Eigenschaften sind in Abschnitt 2, die technologischen in Abschnitt 2 und 3 näher besprochen.

Eine Einteilung der Metalle könnte erfolgen nach ihrer Dichte in
Schwer- (W, Fe, Cr, Cu, Zn, Sn, Mo, Pb, Co, Ta, Ni, Au, Ag, V, Mn) und
Leichtmetalle (Al, Mg, Be, Ti), nach ihrem Verhalten gegen Korrosion in
Edel- (Au, Ag, Pt, . . .) und Nichtedelmetalle, nach ihrem Schmelzpunkt
in höchstschmelzende (W, Mo, Ta, . . .), hochschmelzende (Mn, Fe, Cr,
Ni, Cu, . . .) und niedrigschmelzende (Pb, Sn, Zn, Bi, Cd).

1,111 Der Aufbau der Metalle[1]

Der kleinste Teil eines Stoffes der noch alle dessen Eigenschaften
aufweist ist das *Atom.* Es besteht aus dem Atomkern und den Außen-

---

[1] Masing, G.: Lehrbuch der Metallkunde. Berlin-Göttingen-Heidelberg:
Springer. 1950. — Grundlagen der Metallkunde in anschaulicher Darstellung. Berlin-Göttingen-Heidelberg: Springer. 1951. — Bickel, E.: Die
metallischen Werkstoffe des Maschinenbaues. Berlin-Göttingen-Heidelberg: Springer. 1961. — Kauczor, E.: Metall unter dem Mikroskop (Werkstattbücher, Heft 21). Berlin-Göttingen-Heidelberg: Springer. 1960.

elektronen. Der Atomkern besteht aus den positiv geladenen Protonen und den ladungsfreien Neutronen, die beide unter dem Namen Nukleonen zusammengefaßt werden. Die Anzahl der Außenelektronen entspricht der Anzahl der Protonen und ist gleich der Ordnungszahl des Elementes im periodischen System. Durch sie sind die chemischen Eigenschaften bestimmt. Elemente mit gleicher Elektronenzahl aber verschiedener Neutronenzahl nennt man Isotope.

Mit Ausnahme der Edelgase vereinigen sich die Atome im gasförmigen Zustand zu Molekülen, die sich in ständiger rascher Bewegung befinden und einen zur Verfügung stehenden Raum voll erfüllen.

Im flüssigen Zustand ist die Energie der Moleküle sehr abgesunken, ihre Lage und Bewegung ist regellos (Brownsche Bewegung) und sie füllen der Schwerkraft folgend ein Gefäß.

Beim Abkühlen sinkt die Energie weiter und bei Metallen ordnen sich die Atome beim Erstarrungspunkt in regelmäßiger Form dem sogenannten *Atomgitter* an, wobei sie Schwingungen um eine Mittellage ausführen, die mit sinkender Temperatur geringer werden und beim absoluten Nullpunkt (0 K) vollkommen aufhören.

Nur eine kleine Anzahl zäher Flüssigkeiten (Glas, viele Kunststoffe, Schlacken, Harze usw.) verbleiben auch bei Abkühlung in regelloser Atomanordnung, bilden also kein regelmäßiges Atomgitter, so daß man sie als unterkühlte Flüssigkeiten betrachten kann. Man nennt diese Stoffe *amorph*.

Im Gegensatz dazu besitzen alle Metalle ein regelmäßiges Atomgitter, man nennt sie *kristalline* Stoffe. Der Übergang vom flüssigen in den festen Zustand geht unter Energieabfuhr (Erstarrungswärme) und der Übergang vom festen in den flüssigen Zustand unter Energiezufuhr (Schmelzwärme) vor sich.

Je nach der Form der Grundzelle des Atomgitters unterscheidet man das trikline, monokline, rhombische, tetragonale, hexagonale, rhomboedrische und kubische Kristallsystem. Die beiden erstangeführten kommen bei Metallen nicht vor.

Beim *kubisch flächenzentriertem Atomgitter* (Abb. 1, γ-Fe, α-Ca, β-Co, Ag, Au, Cu, Al, γ-Ni, Ir, Pb, α-Rh, Pd, α-Mn, Pt) befinden sich die Atome an den Ecken eines Würfels und im Mittelpunkt jeder Würfelfläche. In der Abb. 1 sind die Atome als Kugeln dargestellt, deren Durchmesser durch den Kraftfeldbereich der äußersten Elektronenschale gegeben ist. Trotzdem dieser Kugelraum hochgradig leer ist (die Atommasse ist weitgehend im sehr kleinen Atomkern vereinigt), sind die festen Körper fast nicht zusammendrückbar. Das kubisch flächenzentrierte Gitter stellt eine dichteste Kugelpackung dar (Packungsdichte 0,74, die Atome berühren sich in Richtung der Flächendiagonale des Elementarwürfels, jedes Atom hat 12 Berührungspunkte mit den Nachbaratomen, wodurch ein sehr fester Atomverband entsteht). Abb. 2 zeigt einen Ausschnitt aus einem kubisch flächenzentrierten Gitter.

Beim *kubisch raumzentrierten Gitter* (Abb. 3, α-Fe, δ-Fe, α-Cr, δ-Mn, Nb, β-Ti, Mo, Ta, V, α-W) befinden sich die Atome der Elementarzelle an den

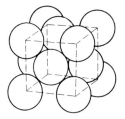

Abb. 1. Kubisch flächen- zentrierte Elementarzelle

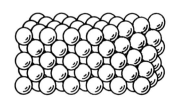

Abb. 2. Kubisch flächenzentrierter Gitteraufbau

Ecken und im Zentrum eines Würfels (Packungsdichte 0,68, die Atome berühren sich in Richtung der Würfeldiagonale, jedes Atom hat 8 Berührungspunkte mit seinen Nachbaratomen). Beim Übergang vom kubisch flächenzentrierten zum kubisch raumzentrierten Gitter (z. B. γ-Fe in α-Fe) tritt eine Volumsvergrößerung ein.

Beim *tetragonalen Atomgitter* (β-Sn, tetragonaler Martensit) liegen die Atome an den Ecken eines Prismas mit quadratischer Grundfläche.

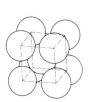

Abb. 3. Kubisch raum- zentrierte Elementarzelle

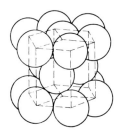

Abb. 4. Hexagonale Elementarzelle

Beim *hexagonalen Atomgitter* (Abb. 4, γ-Ca, β-Cr, α-Co, Cd, Be, Os, α-Ru, α-Ti, Mg, α-Graphit, Zn, α-Zr) ist ebenfalls eine dichteste Kugelpackung möglich. Drei Atome befinden sich im Innern, die restlichen an den Ecken und in der Mitte der beiden Grundflächen eines sechsseitigen Prismas (Packungsdichte 0,74, ein Atom berührt 12 Nachbaratome).

Der Nachweis dieser regelmäßigen Atomgitter wurde mit Hilfe der Röntgenstrahlen erstmalig im Jahre 1912 durch Laue geführt.

Statt der idealen Atomgitter treten in Wirklichkeit stets verschiedene *Gitterfehler* (unbesetzte Gitterplätze, Gitterlücken, Atome auf falschen

Plätzen usw.) auf, durch welche die mechanischen Eigenschaften gegenüber einem störungsfreien Gitter weitgehend verändert werden. Nahezu fehlerfreie Kristalle vermögen sich unter gewissen Umständen als kleine haarförmige Kristalle zu bilden, die *Whiskers* genannt werden. Diese nur wenige μm dicken und 6 bis 50 mm langen nahezu fehlerfreien Einkristalle bestehen aus sehr reiner Substanz.

Im flüssigen Metall sind die einzelnen Atome in unregelmäßiger Lage und Bewegung. Bei der Erstarrungstemperatur beginnen sie sich unter Freiwerden der Erstarrungswärme, ausgehend von sogenannten *Kristallisationskeimen* regelmäßig anzuordnen. Diese Keime können andere

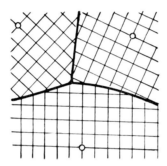

Abb. 5. Lage der Atomgitter

feste Stoffe (Metalloxide mit höherem Schmelzpunkt), eigene Keime (nicht restlos geschmolzene Kristallreste) oder von außen eingebrachte Keime (zur Impfung der Schmelze zugegebene kleine Kristalle des Stoffes) sein. Durch den bei der Abkühlung erfolgenden Energieentzug verlieren die Atome so viel an Bewegungsenergie, daß die Bindungskräfte der Keime genügen die Atome festzuhalten. Mit zunehmendem Wachstum der einzelnen Kristallite behindern sich diese gegenseitig, so daß ihre Begrenzungsflächen unregelmäßig werden, wie man aus Abb. 5 ersieht, in der die Kristallisationskeime durch kleine Kreise angedeutet sind. Die einzelnen Kristallite unterscheiden sich durch die Lage ihres Atomgitters.

Die Begrenzungslinien der Kristallite, an denen die verschiedenen Atomgitter zusammenstoßen, nennt man die *Korngrenzen*. Je rascher die Erstarrung erfolgt, um so kleiner werden im allgemeinen die Kristallite, um so feinkörniger ist das Gefüge und um so größer die Festigkeit des Metalles. Durch Verunreinigungen, die sich als trennende Schichten zwischen die Kristallite legen, wird im allgemeinen die Festigkeit verringert.

Um bei Metallen die einzelnen Kristallite, die meist mikroskopisch klein sind, unterscheiden zu können, fertigt man sogenannte *Schliffe* an.

Ein Metallstück wird zu diesem Zweck aus dem Werkstück herausgearbeitet, eben bearbeitet, geschliffen, grob und fein poliert und meist noch mit Säuren, Laugen oder Gasen geätzt. Dann kann dieser Schliff mit dem freien Auge oder einem Metallmikroskop betrachtet werden. Stoffe, die nur aus einer Kristallart bestehen nennt man *homogen*, solche die aus mehreren Kristallarten bestehen, *heterogen* (siehe 1,112). Die Wissenschaft, welche die verschiedenen Gefügearten der Metalle, sowie ihre Eigenschaften und Entstehungsbedingungen untersucht heißt *Metallographie* (siehe 2,4).

Die Kristalle zeigen in Richtung der verschiedenen Kristallachsen verschiedene Eigenschaften, sie sind *anisotrop*. Wegen der großen Zahl

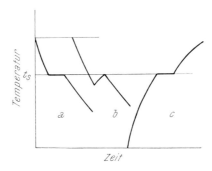

Abb. 6. *a* Abkühlungslinie; *b* Abkühlungslinie mit Unterkühlung; *c* Erhitzungslinie

verschieden orientierter Kristallite verhält sich ein Metall annähernd *isotrop*, man sagt *quasiisotrop*.

Um die Vorgänge beim Erstarren eines Metalles zu verfolgen, nimmt man sogenannte *Abkühlungslinien* auf. Dazu wird die Temperatur in kurzen Zeitabständen beim Abkühlen gemessen und in ein Schaubild (Abb. 6a) eingetragen, in dem die Temperatur als Ordinate und die Zeit als Abszisse eingetragen ist. Dabei sieht man, daß trotz der ständigen Wärmeabgabe an die Umgebung, die Temperatur des Metalles während des Erstarrens solange auf gleicher Höhe bleibt (*Haltepunkt*), bis die ganze Schmelze erstarrt ist. Keimfreie Schmelzen kann man bei erschütterungsfreier Abkühlung unterkühlen (Abb. 6b). Bei Erschütterungen oder Impfen mit kleinen Kristallen erstarrt dann die unterkühlte Schmelze plötzlich, wobei durch die spontan freiwerdende Kristallisationswärme sogar eine Temperaturerhöhung auftritt.

Beim *Erhitzen* reiner Metalle bis zum Schmelzen verläuft die sogenannte *Erhitzungslinie* nahezu spiegelbildlich zur Abkühlungslinie (Abb. 6c).

Haltepunkte zeigen deutlich an, daß im inneren Aufbau eines Stoffes eine Änderung vor sich geht. Zustandsbereiche die durch Haltepunkte voneinander getrennt sind bezeichnet man als *Phasen*. Amorphe Stoffe haben keine Haltepunkte.

Auch im festen Zustand treten noch verschiedene *Modifikationen* auf, die sich durch Haltepunkte ankündigen. Als Beispiel sei das Eisen angeführt (Abb. 7). Bei ihm treten beim Abkühlen außer dem Erstarrungspunkt bei 1536 °C (Bildung von δ-Eisen) noch zwei weitere Haltepunkte bei 1392 °C (Bildung von γ-Eisen) und 906 °C (Bildung von α-Eisen) auf. Bei 769 °C geht das unmagnetische α-Eisen in das magnetische α-Eisen

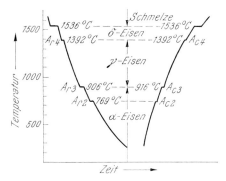

Abb. 7. Abkühlungs- und Erhitzungslinie des reinen Eisens

über (Curie-Punkt). Die Punkte beim Abkühlen werden mit A_{r4}, A_{r3} und A_{r2} (A = arret, r = refroidissement) und beim Erhitzen mit A_{c2}, A_{c3} und A_{c4} bezeichnet (c = chauffage). α- und δ-Eisen besitzen kubisch raumzentriertes, γ-Eisen kubisch flächenzentriertes Gitter.

Wie entscheidend der Gitteraufbau für die Eigenschaften sein kann, sehen wir beim Kohlenstoff, der in Form des Diamanten mit kubischem Gitter besonderer Art (Diamantgitter) und in Form des Graphits mit hexagonalem Gitter vorkommt.

Bei der Abkühlung der Schmelze in einer Form entstehen örtlich und zeitlich sehr verschiedene Temperaturfelder. Gießt man z. B. eine Schmelze in eine kalte Kokille, so wird sie an der Kokillenwand sehr stark unterkühlt, es bilden sich sehr rasch viele Keime und es entsteht zunächst ein feinkörniges Gefüge. Durch diese Kristallschicht müssen im weiteren Verlauf der Erstarrung die Kristallisationswärme und die Wärme der Schmelze abgeführt werden, wodurch sich Unterkühlung und Keimbildung verlangsamen. Hier ist noch zu erwähnen, daß die Wachstumsgeschwindigkeit in den verschiedenen Gitterrichtungen der Kristalle verschieden ist. Fällt die Richtung der größten Kristallwachstumsgeschwindigkeit in die Richtung des Wärmegefälles (senkrecht zur

Kokillenwand) so wird bei geringer Keimbildungsgeschwindigkeit das Wachstum der Kristalle nur in diese Richtung fallen. Es entstehen sogenannte *Stengelkristalle* (die Gleichrichtung der Kristalle bezeichnet man als Textur). Diese Stengelkristalle reichen meist nicht bis zur Mitte, wo sich Globularkristalle bilden, die meist gegenüber denen der Randzone wesentlich größer sind (Abb. 8).

Randzone:
Globularkristalle (fein)

Übergangszone:
Stengelkristalle

Kernzone:
Globularkristalle (grob)

Schematischer Aufbau
eines Gußblockes im
Querschnitt

Abb. 8

Bei einigen Metallen entstehen im Anschluß an die Stengelkristalle oder an ihrer Stelle sogenannte *Dendriten* (Tannenbaumkristalle, Abb. 9).

Abb. 9. Schema eines Dendriten

Ihre Entstehung läßt sich ebenfalls durch die verschiedene Wachstumsgeschwindigkeit in den verschiedenen Kristallrichtungen erklären (vergleiche die Eisblumenbildung an Fenstern).

Bei Schmelzen, in denen mehrere Metalle gleichzeitig vorkommen, kann man neue Erscheinungen beobachten, die im nächsten Abschnitt ausführlich beschrieben werden.

1,112 Legierungsgesetze

1,1121 Allgemeines

In der Technik finden reine Metalle nur selten Verwendung, da entweder ihre Herstellung zu teuer ist oder ihre Eigenschaften nicht entsprechen.

Während die reinen Metalle bei einer bestimmten Temperatur erstarren (Erstarrungspunkt), erfolgt das Erstarren von Legierungen in einem Temperaturbereich. Im gasförmigen Zustand sind die Bestandteile aller Legierungen ineinander löslich. Im flüssigen Zustand gibt es Ausnahmen von dieser Löslichkeit, wie z. B. Blei, Magnesium, Kalzium und Quecksilber in Eisen, so daß diese Elemente ohne Gefahr für ihre Reinheit in Eisenkesseln geschmolzen oder aufbewahrt werden können (Aluminium würde dabei Eisen auflösen). Im festen Zustand können wir vier Möglichkeiten unterscheiden: vollkommene Löslichkeit, teilweise Löslichkeit, vollkommene Unlöslichkeit und chemische Verbindung. In den folgenden Abschnitten werden diese Möglichkeiten an Zweistofflegierungen besprochen.

1,1122 Zustandsschaubilder binärer Legierungen[1]

1,11221 Vollkommene Unlöslichkeit im festen Zustand

Reines Wasser erstarrt bei 0 °C. Der Erstarrungsbeginn einer Lösung von Kochsalz in Wasser (Kältemischung) liegt unter 0 °C. Eine Lösung mit 23,6% Kochsalz erstarrt bei — 22 °C. Man bestreut daher im Winter die Weichen der Straßenbahn mit Kochsalz, damit kein Festfrieren eintritt. Mit höherem Kochsalzgehalt der Lösung steigt der Erstarrungsbeginn wieder an. Bei Abkühlung einer Kochsalzlösung mit weniger als 23,6% Kochsalz scheiden sich Eiskristalle ab, wodurch die Restlösung salzreicher wird. Diese Erscheinung wird bei der Salzgewinnung aus Meerwasser nutzbar gemacht. Bei Abkühlung einer Kochsalzlösung über 23,6% Kochsalz scheiden sich Salzkristalle ab.

Dasselbe Verhalten zeigen die Legierungen dieser Gruppe (Sn-Zn, As-Pb). Zur Beobachtung der Vorgänge beim Erstarren nimmt man Abkühlungslinien auf (Abb. 10), da sonst der Erstarrungsbeginn nicht mit Sicherheit bestimmt werden könnte. Die Ergebnisse vieler Abkühlungslinien verschiedener Legierungszusammensetzungen trägt man

---

[1] Finlay, A.: Die Phasenlehre und ihre Anwendung. Weinheim: Verlag Chemie. 1958. — Hansen, M., Anderko, A.: Constitution of Binary Alloys. Chicago: McGraw-Hill. 1958.

in ein *Zustandsschaubild* ein (Abb. 11). In diesem bildet die Temperatur
die Ordinate und die Zusammensetzung die Abszisse. Bezeichnet man die
beiden Legierungspartner mit den Buchstaben Q und P, so ist ganz links
das Verhalten von P, ganz rechts das Verhalten von Q und dazwischen
das Verhalten aller Legierungen von Q und P zu ersehen. Die Form der
Abkühlungslinien hängt, wie aus Abb. 10 zu ersehen ist, von der Zusammensetzung ab. Außer reinem P (Linie 1) und Q (8) zeigt auch eine
Legierung (3) in ihrer Abkühlungslinie nur einen Haltepunkt. Diese hat
von allen Legierungen den tiefsten Erstarrungsbeginn und heißt *eutek-*

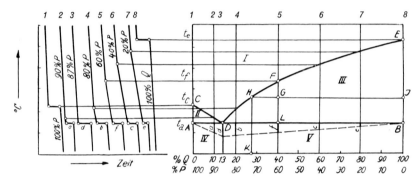

Abb. 10 und 11. Abkühlungslinien und Zustandsschaubild. Unlöslichkeit im
festen Zustand

tisch. Annähernd eutektische Legierungen sind Gußeisen, Silumin und
Sickerlot. Alle anderen Legierungen weisen vor ihrem Haltepunkt, der
sich ebenfalls bei der eutektischen Temperatur befindet, noch einen
Knick in der Abkühlungslinie auf. Nach dem Knick erfolgt der Temperaturabfall langsamer, was auf die Ausscheidung von Kristallen zurückzuführen ist. Bei der Legierung (2) scheiden sich P-Kristalle, bei den
Legierungen (4), (5), (6) und (7) Q-Kristalle aus der Schmelze aus. Im
ersteren Fall wird somit die Schmelze bei Abkühlung P-ärmer, in allen
anderen Fällen P-reicher. In allen Fällen bleibt schließlich bei der
eutektischen Temperatur eine eutektische Schmelze zurück, die bei
dieser Temperatur zum sogenannten *Eutektikum* erstarrt. Dieses besteht
aus einem Gemenge feinstverteilter, sehr kleiner Q-Kristalle und P-Kri-
stalle, die man nur bei sehr starker Vergrößerung erkennen kann.

Fertigt man von den Legierungen verschiedener Zusammensetzung
Schliffe an, die man ätzt, so werden die verschiedenen Gefügebestandteile
verschieden stark angegriffen und gefärbt. Das Eutektikum erscheint
bei normaler Vergrößerung (100fach) unter dem Mikroskop als gleichmäßige Fläche. Man sieht somit die in den folgenden Abbildungen
schematisch dargestellten Gefügebilder:

Abb. 12: Legierung (1), bestehend nur aus *P*-Kristallen;

Abb. 13: Legierung (2), *P*-Kristalle im Eutektikum;

Abb. 14: Legierung (3), bestehend nur aus Eutektikum;

Abb. 15: Legierungen (4) bis (7), bestehend aus *Q*-Kristallen im Eutektikum;

Abb. 16: Legierung (8), nur aus *Q*-Kristallen bestehend.

Die Legierungen (2) bis (7) besitzen sonach *heterogenes* Gefüge.

Die im Zustandsschaubild eingezeichneten Linien entstehen nun auf folgende Weise: Die Linie *CDHFE* entsteht durch Übertragung und Verbindung aller ersten Knickpunkte der Abkühlungslinien. Sie heißt *Liquiduslinie* (liquidus = flüssig). Oberhalb der Liquiduslinie sind alle Legierungen flüssig; bei den Temperaturen der Liquiduslinie beginnt ihre Erstarrung mit der Ausscheidung von Kristallen.

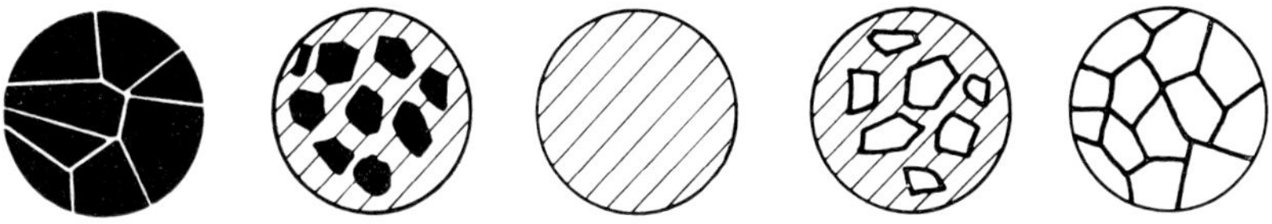

Abb. 12 bis 16. Schematische Gefügebilder binärer Legierungen verschiedener Zusammensetzung bei Unlöslichkeit im festen Zustand

Die Linie *ADLB* entsteht durch Übertragung aller zweiten Knickpunkte der Abkühlungslinien. Sie heißt *Soliduslinie* (solidus = fest). An ihr ist die Erstarrung beendet.

Durch diese Linien wird die gesamte Fläche des Zustandsschaubildes in fünf Felder geteilt. Bei Temperaturen und Zusammensetzungen des

Feldes *I* sind alle Legierungen flüssig,

Feldes *II* bestehen sie aus *P*-Kristallen in Schmelze,

Feldes *III* bestehen sie aus *Q*-Kristallen in Schmelze,

Feldes *IV* bestehen sie aus *P*-Kristallen im Eutektikum,

Feldes *V* bestehen sie aus *Q*-Kristallen im Eutektikum.

Die Zustandsschaubilder geben jedoch nur die Verhältnisse bei sehr langsamer Abkühlung wieder (Gleichgewichtszustände). Dem Zustandsschaubild kann man noch einige weitere Informationen entnehmen. So findet man die jeweilige Zusammensetzung der Restschmelze an der Liquiduslinie: Die Schmelze der Legierung (5) bei der Temperatur *J* besteht aus ca. 27 % *Q* und 73 % *P* entsprechend Punkt *K* unter Punkt *H*. Das Verhältnis der Gewichtsmenge der ausgeschiedenen Kristalle zu der der Restschmelze findet man nach dem *Gesetz der abgewandten Hebelarme:*

$$\frac{\text{Gewichtsprozente ausgeschiedener Kristalle}}{\text{Gewichtsprozente Restschmelze}} = \frac{HG}{GJ} = \frac{13}{60} = 0{,}22.$$

Bei weiterem Abkühlen dieser Legierung (5) bis zur eutektischen Temperatur (Soliduslinie) werden weitere Q-Kristalle ausgeschieden, bis die Restschmelze schließlich die eutektische Zusammensetzung erreicht und bei dieser Temperatur gänzlich erstarrt: Das Verhältnis ergibt sich zu $DL/LB = 27/60 = 0{,}45$.

Bei gleichen Abkühlungsverhältnissen sind die Haltepunktzeiten entsprechend den Strecken a, b, c, d, f und e bei der eutektischen Temperatur (Abb. 10) der Menge der jeweils vorhandenen Restschmelze proportional. Da diese nach dem Gesetz der abgewandten Hebelarme dem Abstand von den beiden Endpunkten proportional ist, ergibt sich für die Haltepunktzeiten eine Gesetzmäßigkeit, die durch die beiden strichlierten Linien in Abb. 11 angedeutet ist. Ihr Schnittpunkt ergibt die Zusammensetzung der eutektischen Legierung.

Ist die Dichte der beiden Legierungspartner stark verschieden, so wird bei langsamer Abkühlung ein Absinken bzw. Aufsteigen der zuerst gebildeten Kristalle auftreten und sich eine Entmischung ergeben. Bei übereutektischem Gußeisen scheiden sich primäre Graphitkristalle aus, die als Garschaum an die Oberfläche steigen, da sie leichter als die Schmelze sind. Übereutektische Legierungen von Blei und Antimon besitzen einen großen Dichteunterschied zwischen der bleireichen Schmelze und den primären Antimonkristallen, weshalb diese in der Schmelze aufsteigen. Dazu kommt noch, daß die Abkühlung bei allen Gußstücken von außen beginnt, wodurch die Restschmelze der eutektischen Zusammensetzung in das Innere des Gußstückes getrieben wird, wo sie zuletzt erstarrt. Bei Gußeisen und Stahlguß ist daher der Kern phosphorreicher als die Außenzone, da sich ein Eisenphosphideutektikum bildet.

Diese Erscheinungen faßt man unter dem Begriff *Seigerungen* zusammen. Sie können durch rasche Abkühlung vermieden werden. Letternmetall, eine PbSb-Legierung muß deshalb in Kokillen gegossen werden.

1,11222 Vollkommene Löslichkeit im festen Zustand

Eine Reihe von Legierungsmetallen sind auch im festen Zustand vollkommen ineinander löslich (Cu-Ni, Ag-Au, Ag-Pd, Au-Pd, Bi-Sb, Fe-Cr, Au-Cu, Fe-Mn, Fe-Ni, Fe-Cr). Es bilden sich einheitliche *Mischkristalle*, die aus den Atomen der beiden Legierungsmetalle aufgebaut sind. Da nur gleichartige Kristalle auftreten, besitzen diese Legierungen bei langsamer Abkühlung ein homogenes Gefüge.

Man unterscheidet:

Einlagerungs- oder *Überschuß*mischkristalle, bei denen in die Atomgitterlücken Atome eines Zusatzes eingebaut sind,

*Substitutions*mischkristalle, bei denen die Atome eines zweiten Metalles die Atome eines ersten Metalles an ihren Gitterplätzen ersetzen und

*Defekt*mischkristalle, bei denen ein Teil der Gitterplätze, die der einen Komponente zugeordnet sind, unbesetzt sind.

Als Beispiel zeigt Abb. 17 die Abkühlungslinien und Abb. 18 das Zustandsschaubild der CuNi-Legierungen. Die Abkühlungslinien von Kupfer bzw. Nickel weisen einen Haltepunkt bei 1083 °C bzw. 1452 °C, die ihrer Legierungen zwei Knickpunkte auf. Die Übertragung dieser Punkte

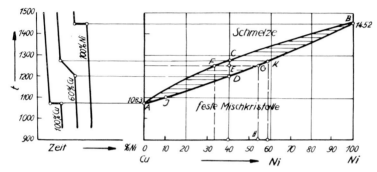

Abb. 17 und 18. Abkühlungslinien und Zustandsschaubild der CuNi-Legierungen

in das Zustandsschaubild ergibt die *Liquiduslinie A F C B* und die *Soliduslinie A J D G K B*. Diese gibt auch die Zusammensetzung der Mischkristalle an, die in Gleichgewicht mit einer Schmelze stehen, deren Zusammensetzung an der Liquiduslinie abzulesen ist.

Bei *langsamer* Abkühlung einer Schmelze mit 40% Ni und 60% Cu beginnt bei Erreichen der Liquiduslinie (Punkt *C* der Abb. 18 bzw. erster Knickpunkt der Abkühlungslinie Abb. 17) die Ausscheidung von Mischkristallen, deren Zusammensetzung Punkt *K* angibt (58% Ni, 42% Cu). Bei langsamen Abkühlen auf die Temperatur entsprechend Punkt *E* entstehen Mischkristalle der Zusammensetzung nach Punkt *G* (54% Ni), die mit einer Restschmelze der Zusammensetzung nach Punkt *F* (34% Ni) in Gleichgewicht stehen. Das Verhältnis der Gewichtsteile Mischkristalle zu Restschmelze ergibt sich wieder aus dem Gesetz der abgewandten Hebelarme:

$$\frac{\text{Gewichtsprozente Mischkristalle}}{\text{Gewichtsprozente Restschmelze}} = \frac{EF}{EG} = \frac{6}{14} = 0,43.$$

Die zuerst gebildeten nickelreichen Mischkristalle (Zusammensetzung *K*) haben sich bei langsamer Abkühlung durch Kupferaufnahme aus der Schmelze (Diffusion) in nickelärmere Mischkristalle (*G*) umgewandelt. Unterhalb der Soliduslinie (Punkt *D* der Abb. 18 bzw. zweiter Knickpunkt der Abkühlungslinie Abb. 17) besteht die Legierung nur mehr aus gleichartigen Mischkristallen der ursprünglichen Zusammensetzung der Schmelze (Punkt *D*: 40% Ni, 60% Cu).

Bei *raschem* Abkühlen besteht zum Ausgleich (Diffusion) der Mischkristalle keine Zeit. Es bleiben die jeweils gebildeten Mischkristalle (Zusammensetzung nach Punkt *K, G, D, J*) erhalten. Die gegen den Gleichgewichtszustand nickelärmere Restschmelze bildet bei fort-

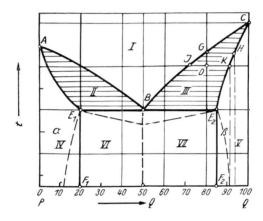

Abb. 19. Zustandsschaubild. Teilweise Löslichkeit mit Eutektikumbildung gesättigter Mischkristalle

schreitendem Abkühlen nickelärmere Mischkristalle, so daß die zuletzt erstarrte Schicht aus reinem Kupfer (Punkt *A*) besteht. Die gebildeten Mischkristalle, deren Zusammensetzung außen und innen verschieden ist, heißen *Schicht-, Zonen-* oder *Tannenbaum*kristalle (im Schliff besitzen sie die Form von Tannenbäumen). Dieser Vorgang heißt *Kristallseigerung*. Er kann durch langsames Abkühlen vermieden oder durch nachträgliches Glühen (Diffusion) beseitigt werden.

Bei Kokillenguß (rasche Abkühlung) tritt bei Legierungen mit großem Abstand zwischen Liquidus- und Soliduslinie (Bronzen) eine *umgekehrte Blockseigerung* auf, die durch langsames Abkühlen (Vorwärmen der Kokillen) verringert werden kann.

1,11223 *Teilweise Löslichkeit im festen Zustand*

Häufig sind auch Legierungen, bei denen der eine Legierungspartner (*Q*) nur eine begrenzte Löslichkeit für den zweiten (*P*) und dieser nur eine begrenzte Löslichkeit für den ersten (*Q*) besitzt. Ähnlich verhalten sich Wasser und Äther in einem Glas zusammengeschüttet. Es bilden sich zwei getrennte Schichten, von denen die untere etwas Äther in Wasser gelöst und die obere etwas Wasser in Äther gelöst enthält. Im festen Zustand entstehen demnach zwei Arten von Mischkristallen: die P-reichen (Abb. 19 und 21), die wir als α-Mischkristalle und die Q-reichen, die wir als β-Mischkristalle bezeichnen. Sie unterscheiden sich durch ihre Zusammensetzung, die Form ihres Raumgitters und ihre Eigenschaften (Farbe, Härte, Verformbarkeit). Zwischen den Gebieten mit α- und β-Mischkristallen findet man im Zustandsschaubild noch ein Gebiet mit zwei Gefügebestandteilen, das man als *Mischungslücke* bezeichnet.

a) Eutektikumbildung gesättigter Mischkristalle

Abb. 19 zeigt das Zustandsschaubild für diesen Fall. Die Linie ABC ist die *Liquidus*linie, welche den Beginn des Erstarrens angibt; die Linie AE_1BE_2KHC die *Solidus*linie, welche das Erstarrungsende angibt. E_1BE_2 ist die *Mischungslücke*, innerhalb welcher Eutektikumbildung der gesättigten α- und β-Mischkristalle auftritt. E_1F_1 und E_2F_2 werden als *Sättigungslinien* bezeichnet, da sie die Grenzzusammensetzung angeben, die die α- bzw. β-Mischkristalle besitzen können. In der Regel verlaufen diese beiden als Kurven gegen die beiden Diagrammenden, da die Löslichkeit meist mit fallender Temperatur abnimmt (Ag-Cu, Al-Si, Pb-Sb). Da dann neue Erscheinungen auftreten, die zunächst nicht beachtet werden sollen, werden die Sättigungslinien senkrecht angenommen.

Legierungen der Zusammensetzung zwischen A und F_1 bzw. zwischen F_2 und C erstarren bei langsamer Abkühlung zu einheitlichen α- bzw. β-Mischkristallen.

Eine Legierung der Zusammensetzung nach Punkt G beginnt ihre Erstarrung mit der Bildung von β-Mischkristallen der Zusammensetzung entsprechend Punkt H. Bei weiterer langsamer Abkühlung besteht die Legierung beim Erreichen der Temperatur entsprechend Punkt D aus β-Mischkristallen der Zusammensetzung (K) und Schmelze der Zusammensetzung (J). Die zuerst gebildeten β-Mischkristalle der Zusammensetzung (H) haben sich durch Diffusion, das ist Aufnahme von P aus der Schmelze in solche der Zusammensetzung (K) verwandelt. Bei weiterer langsamer Abkühlung nähert sich die Zusammensetzung der ausgeschiedenen β-Mischkristalle dem Punkte E_2 (gesättigte β-Mischkristalle) und die Zusammensetzung der Restschmelze dem Punkte B (eutektische Schmelze). Bei Erreichen der eutektischen Temperatur erstarrt die eutektische Schmelze zu einem Gemisch feinverteilter, gesättigter α- und β-Mischkristalle (Eutektikum). Unterhalb der eutektischen Temperatur besteht die Legierung somit aus gesättigten β-Mischkristallen im Eutektikum. Analog erstarren alle Legierungen der Zusammensetzung E_2 bis B. Dem Felde VI entsprechen gesättigte α-Mischkristalle im Eutektikum.

Somit besitzen alle Legierungen der Zusammensetzung A bis F_1 bzw. F_2 bis C *homogenes* Gefüge und solche der Zusammensetzung F_1 bis F_2 *heterogenes* Gefüge. Bei rascher Abkühlung treten ähnliche Erscheinungen wie sie unter 1,11222 beschrieben wurden auf.

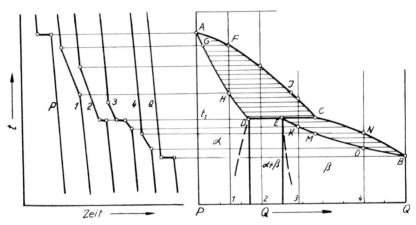

Abb. 20 und 21. Abkühlungslinien und Zustandsschaubild. Teilweise Löslichkeit
mit peritektischer Reaktion

b) Peritektische Reaktion gesättigter Mischkristalle

Abb. 20 zeigt die Abkühlungslinien, Abb. 21 das Zustandsschaubild für diesen Fall (Ag-Pt, Ag-Zn, Cd-Hg). Im folgenden betrachten wir wieder das Verhalten verschiedener Legierungen beim langsamen Abkühlen.

Legierung der Zusammensetzung 1: Bei Erreichen der Temperatur FG scheiden sich α-Mischkristalle der Zusammensetzung entsprechend Punkt G aus. Bei weiterem langsamen Abkühlen nehmen die vorher gebildeten α-Mischkristalle Q aus der Schmelze auf (Diffusion) und nähern sich damit der Zusammensetzung (H), während sich die Restschmelze der Zusammensetzung (J) nähert. Mit Erreichen der Temperatur HJ besteht die Legierung bei langsamer Abkühlung nur aus α-Mischkristallen der Ausgangszusammensetzung der Schmelze (homogenes Gefüge).

Legierung (2): Mit abnehmender Temperatur nähert sich bei langsamer Abkühlung die Zusammensetzung der ausgeschiedenen α-Mischkristalle der des Punktes D (gesättigte α-Mischkristalle) und die Zusammensetzung der Restschmelze der des Punktes C. Bei Erreichen der Temperatur t_1 (Linie DEC) tritt die sogenannte *peritektische* Reaktion ein: Die gesättigten α-Mischkristalle bilden mit der Restschmelze der Zusammensetzung (C) gesättigte β-Mischkristalle der Zusammensetzung (E). Die Bildung der gesättigten β-Mischkristalle findet ihren Abschluß, sobald die ganze Restschmelze verbraucht ist. Unterhalb der Temperatur t_1 besteht somit diese Legierung aus gesättigten α- und β-Mischkristallen (*heterogenes* Gefüge). Entsprechend den Entstehungsbedingungen sieht man auf einem Schliffbild primär gesättigte α-Mischkristalle umgeben von β-Mischkristallen, die als Säume die Zwischenräume ausfüllen und keine selbständigen Formen bilden.

Legierung (3): Auch hier nähert sich beim langsamen Abkühlen die Zusammensetzung der entstehenden α-Mischkristalle der des Punktes D und die Zusammensetzung der Restschmelze der des Punktes C. Bei der Temperatur t_1 verwandeln sich jedoch die ganzen gesättigten α-Mischkristalle und nur ein Teil der Restschmelze in gesättigte β-Mischkristalle der Zusammensetzung (E). Bei weiterer langsamer Abkühlung werden die gebildeten β-Mischkristalle durch Aufnahme von Q aus der Restschmelze (Diffusion) Q-reicher. Bei genügend langsamer Abkühlung besteht die Legierung unterhalb der Temperatur des Punktes K aus einheitlichen β-Mischkristallen der ursprünglichen Zusammensetzung der Schmelze (*homogenes* Gefüge).

Legierung (4): Bei Erreichen der Temperatur MN scheiden sich zunächst aus der Schmelze β-Mischkristalle der Zusammensetzung (M) aus. Bei genügend langsamer Abkühlung besteht die Legierung unterhalb der Temperatur des Punktes O aus β-Mischkristallen der ursprünglichen Zusammensetzung der Schmelze (*homogenes* Gefüge).

Man bezeichnet wieder die Linie $AFJCNB$ als *Liquidus*linie, die Linie $AGHDEKMOB$ als *Solidus*linie. An der Liquiduslinie findet man wieder die Zusammensetzung der Schmelze, an den Ästen $AGHD$ und $EKMOB$ der Soliduslinie die Zusammensetzung der mit der Schmelze gleicher Temperatur in Gleichgewicht befindlichen Mischkristalle. Die Strecke DE bezeichnet man wieder als *Mischungslücke*, weil es keine Mischkristalle dieser Zusammensetzung gibt.

Bei *rascher* Abkühlung finden die Mischkristalle zur Diffusion nicht die erforderliche Zeit. Es tritt Umhüllung der zuerst gebildeten Mischkristalle durch die zuletzt gebildeten Mischkristalle ein. Die Restschmelze wird dadurch Q-reicher, als es dem Gleichgewichtszustand entspricht. Es bilden sich daher bereits bei Q-ärmeren Legierungen als der Zusammensetzung des Punktes D entspricht β-Mischkristalle, da die Q-reichere Schmelze wie eine Q-reichere Legierung erstarrt. Durch genügend langes Erhitzen bei entsprechender Temperatur kann man durch Diffusion zwischen den zuerst gebildeten α-Mischkristallen und den β-Mischkristallen wieder einheitliche α-Mischkristallen der ursprünglichen Zusammensetzung der Schmelze erhalten.

Die Zusammensetzung der gesättigten α- und β-Mischkristalle kann aber noch von der Temperatur abhängig sein, wie die strichlierten Linien der Abb. 21 angeben. Wir werden ähnliche Verhältnisse bei den Kupfer-Zink- und Kupfer-Zinn-Legierungen kennen lernen.

1,11224 Bildung chemischer Verbindungen

Von einer *chemischen Verbindung* in einem Kristall spricht man, wenn ein ganzzahliges Mischungsverhältnis der Atomsorten vorliegt, mindestens eine Atomsorte nichtmetallischen Charakter besitzt und die Atome nach einem geordneten Bauplan die Gitterplätze besetzen (F_3C-, NaCl-, ZnS-Kristalle, Karbide und Doppelkarbide des Fe, Cr, W, V, Mo und Nitride).

Metallide oder *intermetallische Verbindungen* liegen vor, wenn ein Kristall aus mehreren metallischen Atomarten aufgebaut ist, ein genaues ganzzahliges Mischungsverhältnis besteht und ein regelmäßiges Atomgitter gebildet wird ($SnMg_2$, $PbMg_2$, $SiMg_2$, Cu_5Zn_8, $Cu_{31}Sn_8$, ...). Weichen die Gittertypen von denen ihrer Komponenten ab, so bezeichnet man sie als *intermediäre* Kristallarten. Diese sind hart und spröde und werden in den Werkstoffen als härtesteigernde Gefügebestandteile eingebaut (z. B. in Leicht- und Weißmetallen). Werkstoffe die nur aus intermediären Metalliden bestehen, finden wegen ihrer Sprödigkeit keine Anwendung.

Eine chemische Verbindung kann nur bei einer ganz bestimmten Legierungszusammensetzung bestehen. Man unterscheidet zwei Fälle:

a) *Die Verbindung bleibt auch im flüssigen Zustand beständig* (der Verbindung entspricht ein Maximum der Liquiduslinie).

Da sich die Verbindung ebenso wie das reine Metall beim Übergang vom flüssigen in den festen Zustand nicht ändert, weist auch sie *nur einen* Erstarrungspunkt (Haltepunkt) auf. Während nun die eutektische Zusammensetzung den tiefsten Erstarrungspunkt aufweist, zeigt die Verbindung eine *maximale* Erstarrungstemperatur. Ansonsten zerfällt das Erstarrungsschaubild durch die chemische Verbindung (s. Abb. 23) in zwei Schaubilder nach Abb. 11, die sich so verhalten, als ob die Verbindung ein reines Metall wäre. Oberhalb der Liquiduslinie *ABCDE* ist alles flüssig. Feld *I*. (Als Beispiel diene das Zustandsschaubild Zinn-Magnesium.) Im Feld *II* haben wir Zinnkristalle in der Schmelze. Im Felde *III* $SnMg_2$-Kristalle in der Schmelze und im Felde *IV* Mg-Kristalle in der Schmelze. Das Eutektikum bei *B* besteht aus feinstverteilten Sn- und $SnMg_2$-Kristallen, das bei *D* aus feinverteilten Mg- und $SnMg_2$-Kristallen. Unterhalb der Soliduslinie *FBG HDI* ist alles fest. Wir haben im Felde *V* Sn-Kristalle, im Felde *VI* $SnMg_2$-Kristalle im Eutektikum *BL*, im Felde *VII* $SnMg_2$-Kristalle, im Felde *VIII* Mg-Kristalle im Eutektikum *DN*.

b) *Die Verbindung zerfällt oberhalb einer bestimmten Grenztemperatur (Peritektische Reaktion).* Die beiden Legierungspartner Q und P bilden bis zur Temperatur t_1 die Verbindung V (70% P, 30% Q). Vgl. Abb. 24

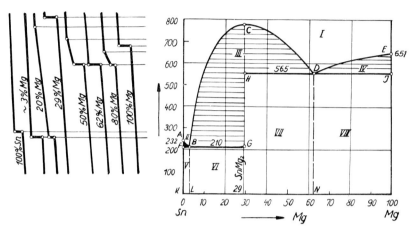

Abb. 22 und 23. Abkühlungslinien und Zustandsschaubild. Die chemische Verbindung bleibt im flüssigen Zustand beständig

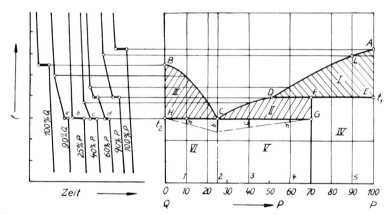

Abb. 24 und 25. Abkühlungslinien und Zustandsschaubild. Die Verbindung zerfällt oberhalb einer bestimmten Grenztemperatur

und 25. Bei konstanter Temperatur t_1 zerfällt bei Wärmezufuhr die Verbindung in Kristalle von P und Schmelze der Zusammensetzung D. Umgekehrt bilden sich beim Abkühlen bei der Temperatur t_1 aus der Schmelze mit der Zusammensetzung D und den ausgeschiedenen Kristallen P die Kristalle V, wobei je nach der Zusammensetzung entweder Schmelze oder Kristalle von P überbleiben.

Wir untersuchen jetzt Legierungen verschiedenen Gehaltes an Q und P. Bei einer Legierung der Zusammensetzung 5 (10% Q, 90% P) beginnt das Erstarren beim Überschreiten der Liquiduslinie (Punkt L) unter Ausscheidung von P-Kristallen. Mit zunehmender Abkühlung steigt die Anzahl der P-Kristalle, die Schmelze wird P-ärmer und nähert sich der Zusammensetzung D. Bei Erreichen der Temperatur t_1 bildet die Schmelze zusammen mit einem Teil der P-Kristalle die V-Kristalle (peritektische Reaktion).

Unterhalb der Temperatur t_1 besteht die Legierung aus P- und V-Kristallen. Bei einer Legierung der Zusammensetzung 4 (40% Q, 60% P) beginnt die Erstarrung unter Ausscheidung von P-Kristallen, während sich die Zusammensetzung der an P ärmer werdenden Schmelze dem Punkte D nähert. Bei der Temperatur t_2 bilden sich aus den P-Kristallen und einem Teil der Schmelze V-Kristalle. Bei weiterem Abkühlen scheiden sich aus der Schmelze weiter V-Kristalle ab, wodurch sich die Restschmelze der Zusammensetzung C nähert. Bei der eutektischen Temperatur t_2 erstarrt die Restschmelze zu einem Eutektikum aus kleinsten Q- und V-Kristallen. Unterhalb der Temperatur t_2 besteht die Legierung aus V-Kristallen im Eutektikum. Die Vorgänge beim Abkühlen von Legierungen der Zusammensetzung 3, 2 und 1 sind analog denen, wie sie beim Fall der vollkommenen Unlöslichkeit besprochen wurden. Nur ist der zweite Legierungspartner jeweils die chemische Verbindung V. Folgende Zustände entsprechen daher den Feldern des Erstarrungsschaubildes: Feld I P-Kristalle in Schmelze, Feld II V-Kristalle in Schmelze, Feld III Q-Kristalle in Schmelze, Feld IV V- und P-Kristalle, Feld V V-Kristalle im Eutektikum und Feld VI Q-Kristalle im Eutektikum.

1,1123 Zustandsschaubilder von Legierungen mit drei Bestandteilen

Bei Legierungen mit drei Atomarten trägt man diese auf den drei Seiten eines gleichseitigen Dreieckes auf. Senkrecht zu dem gleichseitigen Dreieck werden die Temperaturen aufgetragen. Legierungen aus jeweils zwei der drei Bestandteile befinden sich an den Seiten des dreiseitigen Prismas. Es entsteht ein räumliches Zustandsschaubild mit *Solidus-* und *Liquidusflächen*.

1,113 Die Gewinnung der Metalle[1]

In metallischer, oder wie der Bergmann sagt *gediegener* Form finden sich vielfach miteinander legiert nur die Edelmetalle und vereinzelt noch Kupfer und Quecksilber in der Erdrinde.

---

[1] Winnacker-Weingartner: Chemische Technologie, Bd. V.

In den *Erzen* kommen die Metalle vorwiegend in Verbindung mit Sauerstoff (*Oxide*), Schwefel (*Sulfide*, Sulfate), Chlor (Chloride) usw. vor.

Die Erze finden sich in der Natur entweder in Lagern, Gängen, Stöcken, Nestern auf *primärer* Lagerstätte (*Bergerz*) oder auf *sekundärer* Lagerstätte (*Seifen*).

Finden sich die Erze nahe der Erdoberfläche, so können im billigeren *Tagbau* auch noch verhältnismäßig arme Erze wirtschaftlich gewonnen werden. Tiefer gelegene Lagerstätten werden im *Bergbau* (unter Tag) durch Schächte und Stollen abgebaut.

Die Erze sind meist mit anderen Gesteinsarten (Quarz, Silikate, Karbonate), die man als *Gangarten* oder *taubes* Gestein bezeichnet, durchsetzt. Die Gangarten werden vor der Verhüttung der Erze durch *Aufbereitung* (Handscheidung, Sieben, Waschen, magnetische Aufbereitung, oder durch Flotation) von den Erzen getrennt. Bei der *Flotation* macht man vom unterschiedlichen Benetzungsvermögen der Erzbestandteile Gebrauch. Nach Zugabe eines Öles werden die feingemahlenen Erze in speziellen Wassertrögen, in denen noch Luft zugeführt wird, geschlämmt. Das durch das Öl benetzte, metallhaltige Erz schwimmt wie ein Schaum an der Oberfläche und kann vom Bade abgezogen werden, während sich die Gangart am Boden des Schlämmbehälters ansammelt.

Dem eigentlichen Hüttenprozeß geht häufig zur Entfernung von Wasser, Kohlendioxid usw. ein *Brennen* (Kalzinieren) voraus.

Schwefelhaltige Erze werden *geröstet* (unter Luftzufuhr erhitzt), wobei Oxide und SO_2 entstehen: $2\,PbS + 3\,O_2 = 2\,PbO + 2\,SO_2$.

Reduktion ist die Entfernung des Sauerstoffes aus oxidischen Erzen durch Kohlenstoff, CO, Wasserstoff usw.: $PbO + C = Pb + CO$.

Seigern ist das Ausschmelzen leicht flüssiger Metalle aus Erzen durch allmähliches Erhitzen.

Durch *Destillation* werden Bestandteile der Erze verflüchtigt und wieder kondensiert (Quecksilber).

Bei den *nassen Verfahren* werden Metalle aus ihren Salzlösungen durch Einbringung anderer ausgeschieden (Kupfer aus $CuSO_4$ durch Eisen).

Amalgamationsverfahren beruhen auf der Löslichkeit von Gold, Silber in Quecksilber. Aus dem Amalgam (Quecksilberlegierung) gewinnt man das Metall durch Verflüchtigung des Quecksilbers.

Zur *Elektrolyse* müssen die Erze sehr rein und wasserlöslich oder schmelzbar sein. Elektrolyse wird bei der Raffination (Silber, Kupfer) und Gewinnung angewendet.

1,12 Das Eisen und seine Legierungen[1]

1,121 Das Vorkommen des Eisens

Eisen findet sich in der Natur selten gediegen (legiert mit Nickel in Meteoriten) jedoch in großer Menge (ca. 4,7% der Erdrinde) als Erz in chemischen Verbindungen mit Sauerstoff, Schwefel, Kohlensäure (Karbonate), Phosphor (Phosphate) usw. Die Erze sind meist von mineralischen Bestandteilen, den sogenannten Gangarten wie Tonerde Al_2O_3, Kieselsäure SiO_2, Kalkstein $CaCO_3$, Magnesit $MgCO_3$ usw. begleitet. Die wichtigsten Eisenerze sind:

Magneteisenstein (Magnetit), Fe_3O_4, grau bis schwarz; in Norwegen (Sydraranger, Dunderlandsdalen), Schweden (Grängesberg, Gellivara, Kirunavara), Ural, Südafrika, USA, Elba, Pöllau bei Neumarkt in der Stmk.

Roteisenstein (Hämatit), Fe_2O_3, rot bis rotbraun; in Mixnitz (Stmk.), Nordamerika (Oberer See, Quebeck, Wabana), UdSSR (Kriwoj-Rog), Spanien (Alquife), Venezuela (El Pao), England (Cumberland), BRD (an der Sieg, Lahn, Dill), Marokko, Tunesien, Brasilien (Itabira), usw.

Brauneisenstein (Limonit), $2 Fe_2O_3 \cdot 3 H_2O$, gelbbraun; in Tunesien, Marokko, Griechenland, Nordamerika (Oberer See), Spanien (Santander, Bilbao, Cartagena), BRD (Lahn), Luxemburg und Lothringen (als Minette, stark phosphorhältig, meist enthalten die Gangarten soviel Kalkstein, so daß sich Kalkzuschläge im Hochofen erübrigen; selbstgehende Erze).

Spateisenstein (Siderit), $FeCO_3$, gelblich; in Eisenerz (Stmk.) und Hüttenberg (Kärnten) sind diese Erze nahezu schwefel- und phosphorfrei und enthalten Manganspat $MnCO_3$ und bilden häufig mit Karbonaten von Ca und Mg isomorphe Mischungen: *Ankerit* $(FeCaMg)CO_3$. In England (Staffordshire) und Polen findet sich als Abart der *Toneisenstein* (Sphärosiderit). Mit Kohle gemischt auftretend heißt er *Kohleneisenstein*.

Schwefelkies (Pyrit), FeS_2, tritt häufig zusammen mit Kupferkies und anderen schwefelhältigen Erzen auf. Er wird meist zur Gewinnung von SO_2 in Schwefelsäure- oder Zellulosefabriken geröstet. Die verbleibenden Kiesabbrände enthalten außer dem Eisen noch Kupfer und Gold, welche entfernt werden (Kieslager von Schwarzenbach bei Dienten, Salzburg).

Doggererze (Eisen-Aluminiumsilikate) finden sich in der BRD (Baden), *Chamosit* (hydratwasserhaltige Eisensilikate) in der BRD, und in der ČSSR (Pilsen).

Manganerze (siehe Mangan) sind meist eisenhältig und werden wie die

---

[1] Werkstoffhandbuch Stahl und Eisen. Düsseldorf: Verlag Stahleisen m.b.H. 1965.

manganhältigen Eisenerze für manganreiche Eisensorten (Spiegeleisen, Ferromangan) verwendet.

1,122 Die Gewinnung des Eisens

Reines Eisen, das man durch Elektrolyse von Eisenchlorid $FeCl_2$ (Elektrolyteisen), durch thermische Dissoziation von Eisenpentacarbonyl $Fe(CO)_5$ (Carbonyleisen) und im Siemens-Martinofen (Armco-Eisen)[1] gewinnt, ist noch ohne große technische Bedeutung.

Beim technischen Eisen unterscheidet man *Roheisen*, das über 2,06 (meist 3 bis 4)% Kohlenstoff besitzt, nicht schmiedbar und spröde ist und *Stahl*, der unter 2,06% C besitzt und schmiedbar ist. *Graues* Roheisen besitzt eine graue Bruchfläche, weil der Kohlenstoff größtenteils als Graphit ausgeschieden ist. Es besitzt einen höheren Siliziumgehalt, ist relativ weich und läßt sich gut bearbeiten. *Weißes* Roheisen besitzt eine weiße Bruchfläche, weil kein Graphit ausgeschieden wird, sondern der Kohlenstoff in Form von Eisenkarbid Fe_3C gebunden bleibt. Es besitzt einen höheren Mangangehalt, ist sehr hart und schwer bearbeitbar.

1,1221 Die Erzeugung des Roheisens[2]

Die Eisengewinnung erfolgt heute größtenteils durch Reduktion der oxidischen Eisenerze im *Hochofen*, der seit dem 15. Jh. bekannt ist. Früher wurde das Eisen nach dem Rennverfahren durch Reduktion der Eisenerze in einfachen Feuern hergestellt, wobei das entstehende Eisen durch eine stark eisenhältige Schlacke vor Aufkohlung bewahrt und in Form eines teigigen, kohlenstoffarmen Eisenklumpens (Wolf genannt) abgesondert und durch Schmieden weiter verarbeitet wurde.

Der *Hochofen* (schematische Abb. 26) ist ein Schachtofen von rund 25 m Höhe (abhängig von Koksbeschaffenheit), der so hoch über Hüttenflur liegt, daß Schlacke und Roheisen über Rinnen in auf Hüttenflur stehende Pfannenwagen gelangen können. Er besteht aus Schacht *a*, Rast *b*, Gestell *c*, Bodenstein *d* und Gichtverschluß und ist aus Schamottesteinen (Bodenstein auch C-Steinen) aufgemauert. Bei der *deutschen* Bauart wird die Hochofengicht von einem Gerüst (Abb. 26) aus vier Säulen getragen, in dem auch der Tragring für den Schacht *a* aufgehängt ist. Gestell *c* und Rast *b* sind mit Stahlpanzerung versehen, während der Schacht aus armiertem Mauerwerk besteht. Die *amerikanische* Bauart

---

[1] American Rolling Mill Co.

[2] Durrer, R.: Verhütten von Eisenerzen. Stahleisenbücher Bd. 3. Düsseldorf: Stahleisen. 1954. — Gemeinfaßliche Darstellung des Eisenhüttenwesens. Düsseldorf: Stahleisen. 1953. — Stahlhed, J.: Die Herstellung von Eisenschwamm nach dem Wiberg-Söderforsverfahren. Stahl und Eisen *1952*, 459.

besitzt kein Gerüst; der Schacht ist mit einem Stahlblechmantel gepanzert und wird mit dem Tragring von Stützen getragen, die dicht am Ofen stehen (geringere Anlagekosten, schlechtere Zugänglichkeit). Rast- und Gestellmauerwerk werden mit Wasser gekühlt (Außenberieselung, Spritzkühlung oder wasserdurchströmte Kühlkästen). An der tiefsten Stelle befindet sich das Abstichloch f, das durch einen Tonpfropfen verschließbar ist. Entsprechend höher liegt die Schlackenform g zum Ab-

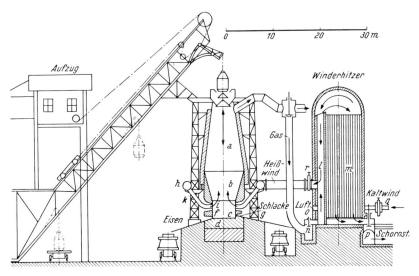

Abb. 26. Schematische Darstellung einer Hochofenanlage (nach Riebensahm).
a Schacht, b Rast, c Gestell, d Bodenstein, f Abstichloch, g Schlackenform, h Windverteilungsrohr, i Düsen, k Formen, l Verbrennungsschacht, m mit feuerfesten Steinen ausgekleideter Schacht, n Schieber für Gichtgas, o Lufteintritt, p Schieber für Abgas, q Kaltwindschieber, r Heißwindschieber

lassen der Schlacke. Durch wassergekühlte Formen i aus Kupfer gelangt die heiße Druckluft (Heißwind) in den Hochofen, die vom Winderhitzer über das mit Schamotte ausgekleidete Windverteilungsrohr h kommt. Durch die Gicht kommen Erze, Zuschläge und Brennstoff. Damit dabei keine Gichtgase entweichen, ist die Gicht durch einen Gichtverschluß verschlossen. Die Beschickung wird in einem geschlossenen Trichterkübel mit Hilfe eines Schrägaufzuges zur Gicht befördert.

Erze und Zuschläge werden aufbereitet und gemischt. Zu große Stücke werden gebrochen (Backen-, Schlag-, Kegel-, Nockenwalzenbrecher, Prallmühlen) und gesiebt. Spateisenstein wird in Öfen unter Zusatz von Koksgrus geröstet: $2\,FeCO_3 + 1/2\,O_2 = Fe_2O_3 + 2\,CO_2$. Die *Aufbereitung* hat den Zweck, die Erze weitgehend von den Gangarten zu trennen. Dazu werden sie zuerst zerkleinert. Man unterscheidet

*Hand*scheidung, *nasse* Aufbereitung (bei der Schwimmaufbereitung oder *Flotation* werden feinste Teilchen von anhaftenden Luftbläschen gehoben und in Form von Schaum von den benetzbaren getrennt), *magnetische* Aufbereitung (stark magnetische Erze werden durch umlaufende Gleichstrommagneten von den Gangarten geschieden) und *magnetisierende* Röstung. Die durch Aufbereitung gewonnenen Konzentrate, Feinerze, Walzenzunder und Gichtstaub werden durch *Sintern* (Bandsinteranlagen von Dwight-Lloyd-Lurgi[1]; Sinterpfannen nach Greenawalt), *Brikettieren* und *Pelletisieren* (Pellets sind Erzkugeln bis 25 mm Durchmesser, die aus Konzentraten größter Feinheit hergestellt werden)[2] wieder stückig gemacht.

Die *Zuschläge* sollen die restlichen Gangarten und die Koksasche in eine dünnflüssige Schlacke verwandeln. Je nach Zusammensetzung der Gangarten werden Kalkstein, Dolomit, Kies und Tonerdesilikate verwendet. Durch Mischen verschiedener Erze trachtet man ,,selbstgehende Erze" zu erhalten, die keine Zuschläge benötigen. Das Gemisch von Erzen und Zuschlägen nennt man *Möller*.

Zur Erzeugung der hohen Temperaturen und als Reduktionsmittel wird fast ausschließlich schwefelarmer *Hüttenkoks* verwendet. Die wesentlich kleineren *Holzkohlen*hochöfen, die das hochwertige *Holzkohlenroheisen* liefern, finden nur mehr vereinzelt in holzreichen Gegenden Verwendung. In Ländern mit billigem Strom wird auch der *Elektroniederschachtofen*[3] verwendet, bei welchem die Wärme durch den elektrischen Strom erzeugt wird, so daß man mit einer kleineren Koksmenge auskommt bzw. weniger hochwertige Brennstoffe verwenden kann.

Die zur Verbrennung des Kokses benötigte *Druckluft* wird in Kolbenund Turboverdichtern erzeugt. Zur Erzielung der hohen Temperaturen wird sie in *Winderhitzern* (System Cowper, Abb. 26) vorgewärmt. Jeder Hochofen besitzt drei Winderhitzer (bei Neuzustellung eines Winderhitzers wird der Hochofen mit nur zwei Winderhitzern betrieben). Sie sind mit Schamottesteinen ausgekleidet und bestehen aus dem Verbrennungsschacht *l* und dem Gitterwerk *m*. Das Erwärmen der Luft erfolgt nach dem *Regenerativverfahren*. Gichtgas und Luft treten durch die zunächst geöffneten Schieber *n* und *o* zu einem nicht dargestellten Brenner, so daß im Schacht *l* die vollkommene Verbrennung erfolgt.

---

[1] Beim Verfahren von Dwight-Lloyd wird ein Gemisch von Feinerz und Kokslösche auf einem Wanderrost an Gasbrennern vorbeigeführt.

[2] Struve, G., Stieger, W., Müller, B.: Die Eisenerzpelletisierung. Gegenwärtige Bedeutung und Entwicklungstendenzen. Stahl und Eisen *1971*, 971—978.

[3] Walde, H.: Neue Erkenntnisse bei der Erzeugung von Roheisen im Elektroniederschachtofen. Stahl und Eisen *1953*, 1441. — Erne, H.: Der Sauerstoffniederschachtofen und seine Arbeitsweise. Stahl und Eisen *1955*, 1644.

Die heißen Verbrennungsgase ziehen durch den Schacht m abwärts, geben dort ihre fühlbare Wärme an das Gitterwerk ab und ziehen über den geöffneten Schieber p in den Schornstein. Hat das Gitterwerk die erforderliche Temperatur erreicht, so schließt man die Schieber n, o und p und öffnet die Schieber r und q. Durch q tritt Kaltluft ein, welche dem Gitterwerk Wärme entzieht und durch r in die Heißwindleitung h tritt. Nach dem *Rekuperativverfahren* arbeiten Winderhitzer, die aus zunder-beständigen Stahlrohren bestehen, die innen von der Luft durchzogen und außen von den brennenden Gichtgasen umspült werden.

Der Hochofen arbeitet kontinuierlich nach dem Gegenstromprinzip. Im obersten Schachtdrittel (*Vorwärmzone*) werden Nässe, Hydratwasser und CO_2 aus der Beschickung ausgetrieben und diese erwärmt. In der anschließenden *Reduktionszone* erfolgt *direkte* Reduktion der Erze durch Kohlenstoff und *indirekte* Reduktion durch CO: $FeO + CO = Fe + CO_2$. Das CO entsteht durch Reduktion von CO_2: $CO_2 + C = 2\ CO$. Das CO_2 ist durch die Verbrennung des Kokses entstanden. Ein Teil des CO wird nicht ausgenützt und verbleibt im Gichtgas. In der *Kohlungszone* (untere Hälfte der Rast) nimmt das schwammförmige, metallische Eisen Kohlen-stoff auf, wodurch seine Schmelztemperatur so weit herabgesetzt wird, daß es in der anschließenden *Schmelzzone* flüssig wird: $3\ Fe + 2\ CO = Fe_3C + CO_2$. In der Schmelzzone erfolgt auch die direkte Reduktion der noch nicht reduzierten Eisenoxide: $FeO + C = Fe + CO$ und von SiO_2, MnO, P_2O_5 zu den Elementen, die vom flüssigen Roheisen auf-genommen werden. Der Schwefel wird teilweise durch den Kalkstein zu CaS gebunden: $FeS + CaO + C = CaS + CO + Fe$. Die nicht reduzier-ten Anteile von SiO_2, MnO und P_2O_5 gehen in die Schlacke. Bei höheren Temperaturen wird mehr Silizium reduziert, so daß man graues (Si-reiches) Roheisen erhält.

Das *Roheisen*, auf welchem die flüssige Schlacke schwimmt, sammelt sich im Gestell und wird alle 4 bis 6 Stunden abgestochen, während die Schlacke dauernd abfließt. Beim Abstechen wird der Tonpfropfen durch eine Vorrichtung in den Ofen gestoßen. Nach dem Ausfließen des Eisens wird das Abstichloch durch eine Stichlochstopfmaschine verschlossen. Das ausfließende Roheisen wird entweder in mit Schamotte ausgekleide-ten Pfannen aufgefangen und in das Stahlwerk gebracht oder zu *Masseln* vergossen. Dies erfolgt in Sandformen, *Masselbetten* genannt oder häufiger in besonderen *Gießmaschinen* (Band- oder Drehtischmaschinen).

Die *Hochofenschlacke*[1] besteht aus 28 bis 40% SiO_2, 5 bis 17% Al_2O_3, bis 3% FeO, bis 10% MnO, 35 bis 48% CaO, 2 bis 13% MgO, bis 7% CaS usw. Rasch erkaltete Schlacke ist glasig, langsam erkaltete kristalli-siert. Durch langsames Abkühlen erhaltene *Stückschlacke* wird im Gleis-

---

[1] Keil, F.: Hochofenschlacke. Düsseldorf: Stahleisen Verlag. 1949.

und Straßenbau (Pflastersteine, Schotter, Split) und zur Betonbereitung verwendet. *Hüttensand* entsteht durch Berührung von Schlacken mit Wasser oder Druckluft. *Hüttensteine* werden aus Hüttensand mit Kalk als Bindemittel durch Luft-, Dampfdruck- oder Kohlensäurehärtung hergestellt. *Hüttenzemente* (EPZ Eisenportland-, HOZ Hochofen- und SHZ Sulfathüttenzement) werden durch Mahlen und Brennen aus Kalkstein und Hochofenschlacke hergestellt. *Schlackenwolle* entsteht durch Zerstäuben flüssiger Schlacke mit Dampf oder Druckluft und wird für Isolierungen verwendet.

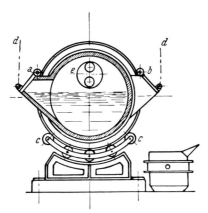

Abb. 27. Rollenmischer. *a* Einguß, *b* Ausguß, *c* Rollen, *d* Klappenbetätigung, *e* Heizkanäle

Das *Gichtgas* ist brennbar und besteht aus 8 bis 10% CO_2, 20 bis 30% CO, bis 4% H und 55 bis 60% N. Man verwendet es zum Heizen der Winderhitzer, zur Beheizung von Dampfkesseln, zum Betrieb von Ottomotoren und Gasturbinen, zur Unterfeuerung von Koksöfen und gemischt mit Koksofengas zur Beheizung von SM-, Walzwerk-, Glüh- und Trockenöfen. Es muß vor der Speicherung in Gasbehältern vom Gichtstaub durch *Stoff-Filter*, *Zyklone* (Abscheidung durch Fliehkraft), *Staubsäcke* (Bewegungsumkehr), *Naßwäscher* oder *Elektrofilter* (Ionisierung durch Hochspannung) gereinigt werden.

Während früher nur Thomasroheisen nach dem Abstich im Hochofen oder im Stahlwerk entschwefelt wurde, wird heute auch Stahl- und Gießereiroheisen nachentschwefelt. Das schwefelarme Stahlroheisen wird als Einsatz für den Sauerstoff-Aufblaskonverter, das schwefelarme Gießereiroheisen zur Herstellung von Gußeisen mit Kugelgraphit verwendet. Die *Entschwefelung*[1] erfolgt mit *Soda* (Zusatz in der Hochofen-

[1] Schulz, H. P.: Erfahrungen bei der Nachentschwefelung von Roheisen. Stahl und Eisen *1969*, 249—262.

rinne, in der Hochofentransportpfanne, in die aus dem Mischer gefüllte Pfanne):

$$FeS + Na_2CO_3 + 2\,C = Na_2S + Fe + 3\,CO,$$

durch Einblasen oder Einrühren von *Feinkalk, Mischungen* aus *Feinkalk* und *Soda, Kalziumkarbid* CaC_2 oder *Kalkstickstoff* $CaCN_2$.

Das für das Stahlwerk bestimmte Roheisen wird in *Mischern* zum Zweck des Ausgleiches der verschiedenen Hochofenabstiche gesammelt. Dort kann auch eine Entschwefelung durch Mangan erfolgen:

$$FeS + Mn = MnS + Fe \text{ (das MnS geht in die Schlacke).}$$

Rollenmischer (Abb. 27) besitzen zylindrische Form und sind auf Rollen durch elektrischen oder hydraulischen Antrieb kippbar. Um ein Abkühlen des Roheisens bei längeren Betriebspausen zu verhindern, können sie mit einer Heizung versehen werden. *Flachherdmischer* besitzen flacheren Querschnitt und können durch Zugabe oxidreicher Eisenerze und Kalkstein zum Vorfrischen verwendet werden.

1,1222 Die Erzeugung des Stahles[1]

Die Verfahren der direkten Stahlerzeugung[2] aus den Erzen besitzen noch geringere Leistung bei höheren Verbrauchszahlen, so daß sie sich nur für besondere Verhältnisse (Länder mit billigem Erdgas) eignen.

In überwiegenden Mengen wird Stahl aus Roheisen durch Verringerung dessen Kohlenstoffgehaltes erzeugt. Man nennt diesen Prozeß das *Frischen*. Die Oxydation des Kohlenstoffes und der übrigen Eisenbegleiter erfolgt dabei über den Umweg der Eisenoxide:

$$2\,Fe + O_2 = 2\,FeO$$
$$FeSi + 2\,FeO = SiO_2 + 3\,Fe$$
$$FeO + Fe_3C = CO + 4\,Fe$$
$$5\,FeO + 2\,Fe_3P = 11\,Fe + P_2O_5$$
$$FeO + Mn = MnO + Fe.$$

Das ganze FeO wird jedoch für diese Reaktionen nicht aufgebraucht. Es ist im Gegensatz zu den anderen Oxiden, die entweder entweichen (CO, CO_2) oder als Schlacke auf dem flüssigen Stahl schwimmen (MnO, SiO_2) im Stahl löslich. Dieses gelöste FeO verschlechtert die Eigenschaften des Stahles bis zu dessen Unbrauchbarkeit (Rotbruch) und muß

---

[1] Leitner, F., Plöckinger, E.: Die Edelstahlerzeugung. Wien: Springer. 1950.

[2] Kalla, U., Lange, G., Pantke, H.: Die Verfahren der direkten Reduktion von Eisenerzen unter Berücksichtigung ihrer Erzversorgung. Stahl und Eisen *1971*, 809—815.

aus dem Stahl durch *Desoxydation* entfernt werden. Da meist auch zu viel Kohlenstoff entfernt wurde muß nach dem Frischen noch ein *Rückkohlen* erfolgen.

Bei den Frischverfahren haben in den letzten Jahrzehnten große mengenmäßige Verschiebungen stattgefunden. Das *Puddeln*, durch das man den sogenannten Schweißstahl erzeugte, wird nicht mehr angewendet.

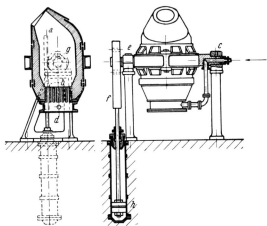

Abb. 28. Bessemer-(Thomas-)Birne. *a* Konverter, *b* Düsenboden, *c* Windzapfen, *d* Windkasten, *e* Wendezapfen, *f* Zahnstange, *g* Zahnrad, *h* Kolben

1,12221 Die Blasverfahren (Windfrischverfahren)

Früher erfolgte das Frischen ausschließlich durch Hindurchblasen von Luft durch das flüssige Roheisen, das sich in einem birnenförmigen Ofen, dem *Konverter*, befand. Dieser besteht aus Stahlblech und ist mit feuerfesten Steinen ausgekleidet (Abb. 28). Er ist um zwei Zapfen kippbar gelagert. Das Kippen erfolgt durch ein Zahnrad und eine hydraulisch betätigte Zahnstange. Der unten eingesetzte, auswechselbare Boden enthält 150 bis 300 Kanäle von ca. 15 mm Durchmesser, welche der Windzuführung dienen. Diese erfolgt über eine Rohrleitung und einen hohlen Lagerzapfen. Das dem Mischer entnommene oder im Kupolofen geschmolzene Roheisen wird bei waagrechter Lage der Birne eingefüllt. Dann wird die Luftzufuhr in Betrieb gesetzt und die Birne aufgestellt. Der Reihe nach verbrennen dann Silizium, Mangan, Kohlenstoff und Phosphor, wobei die Temperatur stark ansteigt. Da der Kohlenstoff vollkommen verbrennt, muß durch Spiegeleisen oder Ferromangan rückgekohlt werden.

Beim *Bessemer-Verfahren* (1855) ist der Konverter mit *Silikasteinen* (sauer) ausgekleidet und als Einsatz wird ein *phosphorarmes, silizium-*

reiches (1,2 bis 1,9% Si) Roheisen verwendet. Eine Bindung des P_2O_5 durch Kalkzugabe ist bei diesem Verfahren nicht möglich, da die Affinität des einzusetzenden Kalksteines (CaO) zur Auskleidung der Birne (SiO_2) größer ist als zum P_2O_5.

Beim *Thomas-Verfahren* (1878) wird der Konverter mit *Dolomitsteinen* (basisch) ausgekleidet und als Einsatz ein *phosphorreiches* (2 bis 3% P), siliziumarmes Roheisen verwendet. Der beigegebene

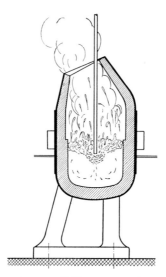

Abb. 29. Sauerstoff-Konverter (schematisch)

Kalkstein (ca. 15% des Einsatzgewichtes) bindet das bei der Oxydation entstehende P_2O_5 zu Kalziumphosphat (3 CaO · P_2O_5). Vor dem Rückkohlen muß die Schlacke abgegossen werden, damit der eingebrachte Kohlenstoff den Phosphor nicht wieder reduziert. Das Kalziumphosphat wird nach dem Erkalten gemahlen und als Düngemittel (Thomasmehl) verwendet.

Die windgefrischten Stähle sind den Siemens-Martin-Stählen durch ihren höheren Stickstoffgehalt unterlegen (Nitride bewirken eine Alterung des Stahles). Durch Verwendung von Gemischen aus O_2 und Luft, O_2 und Wasserdampf oder O_2 und CO_2 in der zweiten Hälfte der Blasperiode kann man den Stickstoffgehalt verringern.

Bei dem in Österreich entwickelten *LD-Verfahren* (Linz-Donawitz) wird technisch reiner Sauerstoff (99,5 bis 99,8%; 50 bis 60 m³/t) zum Frischen verwendet. Der Konverter ist mit Dolomit- und Magnesitsteinen ausgekleidet und als Einsatz wird ein silizium- und phosphorarmes Roheisen verwendet. Der Sauerstoff wird durch eine vorne aus

Kupfer bestehende, wassergekühlte Düse von oben auf das flüssige Bad geblasen (Abb. 29). Um nicht zu hohe Temperaturen zu bekommen, wird durch Zusatz von Kalkstein (nur Stähle unter 0,1% C), Erz (bis 10% des Einsatzes) und Schrott (bis 35% des Einsatzes) gekühlt. Die verwendeten Tiegel (Konverter) besitzen ein Einsatzgewicht von 30 bis 200 t. Der entstehende rotbraune Rauch (2000°, 80% Feinanteile unter 1 μm) muß nach Kühlung (Dampferzeugung) naß oder elektrisch entstaubt werden. Der LD-Stahl besitzt geringen Stickstoffgehalt und ist dem SM-Stahl trotz wesentlich geringerer Herstellkosten gleichwertig.

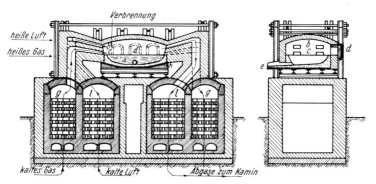

Abb. 30. Siemens-Martin-Ofen. a Herd, b Lufteintritt, c Gaseintritt, d Einsatzöffnung, e Abstichöffnung, g Gasheizkammern, h Blechplatte, l Luftheizkammern

1,12222 Das Herdfrischen (Siemens-Martin-Verfahren)

Bei diesem Verfahren erfolgt das Frischen auf einem Herd durch den Luftüberschuß der Verbrennungsgase unter Zugabe von Schrott oder Eisenerzen. Als Brennstoff finden *Erdgas, Koksofengas, Generatorgas, Mischungen* der vorgenannten Gase mit *Gichtgas* und *Rohöl* Verwendung. Zur Erzeugung der hohen Temperaturen werden Öfen mit Luftvorwärmung oder mit Gas- und Luftvorwärmung verwendet.

Abb. 30 zeigt einen *Siemens-Martin-Ofen* mit Regenerativfeuerung (Gas- und Luftvorwärmung). Der Herd a wird mit Dolomit- oder Magnesitsteinen (basisch, P- und S-reicher Einsatz) oder mit Silikasteinen (sauer, P- und S-armer Einsatz) aufgebaut. Er befindet sich auf einer von unten mit Luft gekühlten Blechplatte h. An der einen Seite befinden sich die Einsatzöffnungen d, auf der anderen das Abstichloch mit Abflußrinne e. Die Ofengewölbe bestehen aus Silika- oder Chrommagnesitsteinen. Unter dem Ofen befinden sich die Heizkammern für Gas g und Luft l aus hochwertigen Schamotte-, Silika- oder Chrommagnesitsteinen, die durch Kanäle mit den Brennern verbunden sind. Im Augenblick werden die beiden rechten Kammern durch die Abgase erwärmt, die beiden linken heizen Gas und Luft auf. Von Zeit zu Zeit werden die Kammern umgeschaltet. Bei großen Öfen (bis 300 t) erfolgt das Einsetzen durch Chargiermaschinen mit Einsatzmulden, welche in den Ofen gebracht und zur Entleerung um 180° gedreht werden. Zur Erleichterung des Abstiches werden die Öfen auch kippbar ausgeführt. Außer dem Einsatz wird beim basischen Ofen CaO zur Schlackenbildung eingebracht. Nach dem Einsetzen erfolgt das Einschmelzen, bei dem bereits ein Teil des im Einsatz enthaltenen Kohlenstoffes durch den Sauerstoff, der über den Schrott hinwegstreichenden Flammengase und des am Schrott haftenden Rostes verbrennt. Wenn der gesamte Einsatz flüssig geworden ist, beginnt der Frischvorgang, den man am ,,Kochen'' des Stahlbades erkennt. Während des Frischens dient die Schlacke als Sauerstoffüberträger, indem ein Teil des in ihr enthaltenen Eisenoxides (FeO) an der Oberfläche Schlacke/Gas zu Fe_2O_3 oxydiert und an der Berührungsfläche Schlacke/Metall wieder zu FeO reduziert wird. Der bei dieser Reaktion freiwerdende Sauerstoff dient dazu, den Kohlenstoff und die übrigen unerwünschten Eisenbegleiter wie Phosphor zu oxydieren. Das entstehende P_2O_5 verbindet sich mit dem CaO. Das sich beim Frischen bildende CO sorgt für gute Durchwirbelung des Bades, wobei es gleichzeitig eine Beschleunigung des metallurgischen Prozesses sowie eine Entgasung der Schmelze bewirkt. Bei legierten Stählen mit niedrigem C-Gehalt wird zur Beschleunigung der Frischperiode Sauerstoff durch eine Lanze in das Bad geblasen. Zur Desoxydation werden Ferromangan und -silizium meist in den Herd, Al, Ca, Ti und Zr meist in die Pfanne gegeben (Al, Ti und Zr binden auch den Stickstoff). Zum Legieren werden Ni, Co und Cu wegen ihrer geringeren Affinität zu Sauerstoff mit dem Einsatz, die anderen (W, V, Cr, Mo, meist als Ferrolegierungen) erst nach der Desoxydation zugesetzt. Nach einer rasch durchgeführten Analyse erfolgt der Abstich.

Man unterscheidet nach den Einsatzstoffen drei Verfahren:

Beim *Roheisen-Schrott-Verfahren* wird Roheisen als Kohlenstoffträger und Schrott als Sauerstoffträger verwendet,

beim *Roheisen-Erz-Verfahren* dient das Erz als Sauerstoffträger und

beim *Schrott-Kohlungs-Verfahren* wird der erforderliche Kohlenstoff durch Anthrazit oder Koks eingebracht.

1,12223 Die Elektrostahlerzeugung[1]

Alle Elektroöfen zeichnen sich durch schnelle Betriebsbereitschaft, gute Regelbarkeit, jedoch höhere Betriebskosten aus. Da hauptsächlich Schrott als Einsatz verwendet wird, lassen sich die Legierungselemente

---

[1] Plöckinger, E., Sommer, F.: Elektrostahlerzeugung, 2. Aufl. Düsseldorf: 1964.

zum Großteil zurückgewinnen. Man unterscheidet Widerstands-, Lichtbogen- und Induktionsöfen.

Bei den *Graphitstaböfen* wird der Strom durch einen oder drei Graphitstäbe geschickt, die ihre Wärme durch Strahlung an das Bad abgeben. Diese Öfen weisen geringe Anschaffungskosten (können direkt an größere Netze angeschlossen werden), guten Leistungsfaktor und geringen Elektrodenverbrauch auf und werden meist als Umschmelzöfen verwendet. Ihre Auskleidung erfolgt mit Korund (schwach sauer) oder Dolomit (basisch).

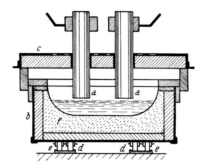

Abb. 31. Héroult-Ofen. *a* Elektroden, *b* Unterofen, *c* abhebbarer Deckel, *d* Rollen, *e* Rollenbahn, *f* Ausmauerung

Bei den *Lichtbogenöfen* unterscheidet man *indirekte* Lichtbogen- oder *Strahlungs*öfen, bei denen der Lichtbogen von Elektrode zu Elektrode geht und das Schmelzbad durch Strahlung erwärmt wird und *direkte* Lichtbogen oder *Lichtbogenwiderstands*öfen, bei welchen der Lichtbogen von den Elektroden durch das Bad geht. Diese werden heute ausschließlich verwendet (Héroult-Ofen, Abb. 31). Der Ofenkörper besteht aus Stahlblech und wird mit Magnesit- oder Dolomitsteinen (basisch) oder seltener mit Silikasteinen (sauer, nur bei P- und S-armen Einsatz), der Deckel stets mit Silikasteinen ausgekleidet. Die von oben eintauchenden Elektroden bestehen aus Kohle oder Graphit, besitzen am Ende Gewinde, an das neue Elektroden angeschraubt werden können, und werden entsprechend dem Abbrand selbsttätig nachgestellt. Zur Herabsetzung des Abbrandes sind sie an der Eintrittsstelle abgedichtet und gekühlt. Die Öfen sind meist hydraulisch um eine waagrechte Querachse kippbar und besitzen, falls nicht mit Korb beschickt wird, seitlich eine Beschickungsöffnung. Meist wird die Korbbeschickung angewendet, wobei der ganze Einsatz mit Hilfe eines selbstöffnenden Korbes unter Ausschwenken oder Ausfahren des Ofengewölbes oder Ausfahren des Herdes eingebracht wird. Man verwendet Drehstrom, der durch einen regelbaren Ofentransformator (Primärspannung je nach Leistung 6 bis 30 kV; Ofenspannung 80 bis 300 V) dem Ofen zugeführt wird. Das Niederschmelzen des Einsatzes erfolgt mit hoher Spannung (Verbrauch 450 kWh/t), das folgende Frischen mit niedrigerer Spannung (Verbrauch 120 bis 250 kWh/t). Sauerstoffträger sind Schrott, Hammerschlag, Zunder, allenfalls Eisenerze und neuerdings auch reiner Sauerstoff, der durch ein mit Schamotte geschütztes Stahlrohr in das Bad geblasen wird. Feinen, Desoxydieren, Legieren und Abstich erfolgen wie beim Siemens-Martin-Ofen.

Beim *Duplex-Verfahren* werden die Schmelzarbeiten auf zwei Öfen verteilt. Schrott und Roheisen werden im Siemens-Martin-Ofen oder Konverter eingeschmolzen und im Elektroofen fertiggemacht. Dadurch werden die Schmelzkosten herabgesetzt.

Bei den *Misch-Verfahren* werden die Schmelzen zweier Öfen in eine gemeinsame Pfanne gefüllt.

Der Vorteil des Lichtbogenofens ist die heiße, reaktionsfähige Schlacke, der Nachteil die bei Stählen mit niedrigem C-Gehalt auftretende Aufkohlung des Stahles.

Die *Induktionsöfen*[1] arbeiten mit Wechselstrom nach dem Induktionsprinzip. Sie besitzen eine die Schmelze gut durchmischende Badbewegung, geringe Abbrandverluste, keine Aufkohlungsgefahr, jedoch geringere Schlackentemperatur.

Nach der Bauform unterscheidet man Rinnen- und Tiegelöfen, nach der Frequenz Netzfrequenz-, Mittel- und Hochfrequenzöfen. Bei den *Rinnen*öfen bildet die Schmelzrinne den sekundären Stromkreis eines Transformators mit Eisenkern. Sie werden wegen der schwierigen Rinnenreinigung in der Stahlerzeugung nicht mehr verwendet. *Tiegel*öfen besitzen einen Tiegel, um den eine wassergekühlte Kupferspule angeordnet ist.

Netzfrequenztiegelöfen (0,8 bis 12 t Inhalt, 50 Hz), Abb. 32, benötigen zum Anfahren großstückigen Einsatz (250 mm) oder einen vorgeschmolzenen Block von Tiegeldurchmesser. Diese Schwierigkeit kann man durch Zurücklassung eines Schmelzrestes im Tiegel *d* bei ununterbrochenem Betrieb vermeiden. Die Badbewegung ist infolge der geringen Frequenz sehr heftig und die Badoberfläche stark gewölbt. Zur Leistungsregelung ist ein Ofentransformator, zur Verbesserung des Leistungsfaktors eine Kondensatorenbatterie erforderlich. Außerhalb der Spule *a* ist ein Magnetjoch *b* angeordnet. Die Vorteile des Netzfrequenzofens sind die niedrigen Anschaffungskosten und der geringe Platzbedarf.

Für die *Mittelfrequenzöfen* (bis 50 kg Inhalt 10 000 Hz; über 2000 kg 600 Hz) muß die elektrische Energie durch einen rotierenden Mittelfrequenzgenerator erzeugt werden. Ein Teil der zur Verbesserung des

---

[1] VDI-Richtlinie 3129 Induktionsschmelzen.

Leistungsfaktors erforderlichen Kondensatorenbatterie ist abschaltbar, da sich der Leistungsfaktor während des Schmelzens ändert. Der Ofen ist elektrisch oder hydraulisch kippbar und mit einem Deckel abgedeckt. Mittelfrequenzöfen besitzen hohe Anlagekosten, ergeben geringere Ein-

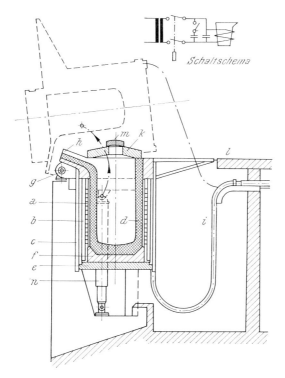

Abb. 32. Netzfrequenztiegelofen. *a* Ofenspule, *b* Magnetjoch, *c* Ofengestell, *d* Tiegel, *e* Isoliersteine, *f* hitzebeständiger Zement, *g* Drehpunkt, *h* Ausguß, *i* Stromzuleitung, *k* Deckel, *l* Ofenbühne, *m* Schiebedeckel, *n* Kippzylinder

schmelzzeit als Netzfrequenzöfen (höhere Energieaufnahme bei gleicher Badbewegung), können mit festem, kleinstückigem Einsatz beschickt werden und finden vor allem zum Einschmelzen kleinerer Mengen korrosions- und hitzebeständiger Stähle mit kleinem C-Gehalt Verwendung.

1,12224 Das Vergießen des Stahles

Beim *Abstich* kommt der flüssige Stahl in *Gießpfannen*, in die man soviel Schlacke mitlaufen läßt, daß die Schmelze gerade bedeckt ist, um sie vor Wärmeabstrahlung und Oxydation zu schützen. Die Pfannen bestehen aus Stahlblech, sind mit Schamotte ausgekleidet und müssen vor der Füllung auf rund 600 °C vorgewärmt werden. Das Ausgießen erfolgt vorwiegend durch eine durch einen Stopfen verschließbare Boden-öffnung (Zurückbleiben der Schlacke).

Werkstücke bestimmter Endgestalt werden durch Gießen in verlorene *Formen* (*Formguß* siehe 3,12), Vormaterial für die Walzwerke und Schmieden durch Stranggießen und Blockgießen hergestellt. Der *Strang-guß* (siehe 3,1212) ist wegen einer Reihe von Vorteilen (größere und gleichmäßigere Vormaterialien) dabei auf mehreren Einsatzgebieten den

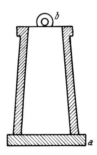

Abb. 33. Kokille. *a* Grundplatte, *b* Öse

Blockguß zurückzudrängen, da er dem Wunschziel einer kontinuierlichen Erzeugung näher kommt.

Beim *Blockguß* gießt man in Kokillen (Formen aus Gußeisen) mit quadratischem, rundem, polygonalem (*Ingots*) oder rechteckigem Quer-schnitt (*Brammen*). Zur leichteren Entfernung des Blockes sind die Kokillen um 2 bis 5% konisch ausgeführt (Abb. 33). Die *Ingots* dienen als Ausgangsprodukt zum Walzen von Profilen, die *Brammen* zum Walzen von Blechen und Bändern. Für große Einzelblöcke wird meist fallender Guß (von oben), für den gleichzeitigen Abguß mehrerer kleiner Blöcke steigender Guß (von unten; Abb. 34 *Kokillengespann*) heran-gezogen. Beim Gießen im Gespann tritt der flüssige Stahl durch ein Eingußrohr und Hohlsteine von unten in die Kokille. Man unterscheidet zwischen *unberuhigtem* (mit Mn desoxydiertem) und *beruhigtem* (mit Si vor- und Al nachdesoxydierten) Stahl. Bei ersterem tritt beim Erstarren eine starke Gasblasenbildung auf. Blöcke aus unberuhigtem Stahl besitzen eine reine Randzone und einen durch Seigerungen verunreinig-ten Kern. Die nichtmetallischen Einschlüsse werden durch die Spül-und Auftriebswirkung der Gase zum Blockkopf gefördert. Aus ihnen werden die weichen Stahlsorten (Tiefziehblech, Springfederdraht, Automatenstahl) hergestellt. Beim beruhigten Stahl sind die Schlacken-einschlüsse über den ganzen Querschnitt verteilt, auch die übrige

Zusammensetzung ist gleichmäßiger. Da durch das Aluminium auch der Stickstoff gebunden wird, sind diese Stähle alterungsbeständiger. Aus ihnen werden alle Stähle über 0,3% C und alle unlegierten Stähle hergestellt.

Beim Blockguß treten eine Reihe von *Gußfehlern* auf. Infolge des Schwindens bei der Abkühlung treten im obersten Blockdrittel Schwindungshohlräume oder *Lunker* auf (Abb. 35). Man sucht sie durch Aufsetzen von Hauben auf die Kokillen, welche durch Gasflammen, Licht-

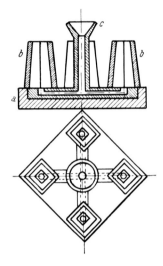

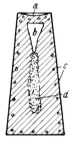

Abb. 34. Kokillengespann.
a Gespannplatte, *b* Kokillen, *c* Einguß

Abb. 35. Stahlblock. *a* Saugstelle,
b Lunker, *c* Gasblasen, *d* Seigerungen

bogenelektroden oder Einbringung von Lunkerthermit beheizt werden, zu vermeiden. Der Stahl soll durch sie länger flüssig gehalten werden, so daß ein Nachfließen erfolgen kann. *Schlackeneinschlüsse* bestehen aus Sulfid- oder Oxidschlacken. Man vermeidet sie durch Abstehenlassen, durch Entschwefelungs- und Desoxydationsmittel. *Seigerungen* sind Entmischungen, die beim langsamen Abkühlen von Stählen mit hohem C-Gehalt auftreten, wobei in der Blockmitte S- und P-Anreicherungen entstehen. Weitere Fehler sind *Spannungen, Risse* und *Gasblasen.* Diese haben ihre Ursache in der abnehmenden Gaslöslichkeit beim Erstarren (siehe 3,11). Um den als Ursache der *Flocken* (innere Zerreißungen) erkannten Gehalt an gelöstem Wasserstoff und auch anderer Gase möglichst herabzusetzen, wird das Vakuum- und Schutzgas-Schmelzen, das Vakuum-Gießen und das ESU-Verfahren angewendet.

Beim *Vakuum-Schmelzen*[1] im *Induktions-*, *Lichtbogen-* und *Elektronenstrahl*-Schmelzofen wird im Schmelzraum ein hohes Vakuum aufrecht erhalten. Dies ist ziemlich kostspielig und für große Erzeugungsmengen nicht wirtschaftlich durchführbar. Im *Induktions*ofen ist auch ein Schmelzen unter *Schutzgas* (Argon, Helium) möglich.

Beim *Vakuum-Gießen*[1] wird der normal erschmolzene, flüssige Stahl bei oder nach dem Einfüllen in die Gießpfanne, während des Gießens in die Kokille oder in einem besonderen Vakuumgefäß, in das der Stahl aus der Pfanne oder dem Ofen gesaugt wird einem Hochvakuum ausgesetzt.

Beim *Elektro-Schlacke-Umschmelz-*(ESU-)*Verfahren*[2] tropft der von einer selbstverzehrenden Elektrode abschmelzende Stahl durch die heiße reaktionsfähige Schlacke (statt durch ein Vakuum) in eine wassergekühlte Kokille, in der sich ein Block aufbaut.

Die erstarrten Blöcke werden durch Stripperkrane aus den Kokillen herausgestoßen und abkühlen gelassen oder in Ausgleichsgruben oder Tieföfen und von dort zu den Walzwerken gebracht.

1,123 Die Eigenschaften des Eisens

1,1231 Reines Eisen

$\rho = 7{,}87 \text{ kg/dm}^3$, $t_s = 1536 \text{ °C}$, $\sigma_B = 220 \text{ N/mm}^2$, $\sigma = 10 \text{ MS/m}$, $\lambda = 95 \text{ W/(m} \cdot \text{K)}$ (20 bis 100 °C), $\alpha = 12 \cdot 10^{-6} \text{ K}^{-1}$, weich HB = 450 bis 550 N/mm², bis 769 °C ferromagnetisch (Curiepunkt). Bei trockener Luft beständig, von feuchter Luft angegriffen (Rost). Bei höherer Temperatur von Sauerstoff, Luft und Wasserdampf angegriffen, Wasserdampf wird von glühendem Eisen zersetzt, es entsteht Wasserstoff: $3 \text{ Fe} + 4 \text{ H}_2\text{O} = \text{Fe}_3\text{O}_4 + 4 \text{ H}_2$. In der Erdrinde kommt es zu 4,6% vor. Von Seewasser wird es stark angegriffen. Es kommt in *drei Modifikationen* vor (siehe 1,111): α-Eisen besitzt kubisch raumzentriertes Gitter und kann nur sehr geringe Mengen Kohlenstoff lösen, γ-Eisen besitzt kubisch flächenzentriertes Gitter, kann bis 2,06% Kohlenstoff

---

[1] Mund, A.: Über die Möglichkeiten der Vakuumbehandlung von flüssigem Stahl. Stahl und Eisen *1962*, 1485—1499. — Hallemeister, W., Stolle, G.: Vakuummetallurgie — Verfahren und industrielle Bedeutung. ZVDI *1971*, 1233—1238. — Hentrich, R., Ogiermann, G.: Beitrag zum Elektronenstrahlschmelzen von Stählen und Legierungen. Radex-Rdsch. *1965*, 623—646. — Coupette, W.: Die Vakuumbehandlung des flüssigen Stahles. Wiesbaden: Lang. 1967.

[2] Holzgruber, W., Plöckinger, E.: Metallurgische und verfahrenstechnische Grundlagen des Elektro-Schlacke-Umschmelzens von Stahl. Stahl und Eisen *1968*, 638—648. — Klärner, H., Fleischer, H., Böhnke, K.: Das ESU-Verfahren — ein neuer Weg zum Erzeugen hochwertiger Edelstähle. ZVDI *1970*, 1405—1410.

lösen (Punkt E in Abb. 36) und ist unmagnetisch, δ-Eisen besitzt kubisch raumzentriertes Gitter und geringe Löslichkeit für Kohlenstoff. Reines Eisen ist ohne technische Bedeutung.

1,1232 Die Beimengungen des technischen Eisens

Kohlenstoff, Mangan, Silizium, Phosphor und Schwefel gelangen bereits im Hochofen in das Roheisen, während Nickel, Chrom, Wolfram, Molybdän, Vanadium, Kobalt usw. dem Roheisen oder Stahl erst später zur Erzielung bestimmter Eigenschaften zugesetzt werden. Am meisten verändern bereits geringe Mengen von Kohlenstoff die meisten mechanischen Eigenschaften des Eisens, weshalb seinem Einfluß ein besonderer Abschnitt gewidmet wurde (siehe 1,1233).

Der *Phosphor* macht das Roheisen *dünnflüssig* (Herabsetzung des Schmelzpunktes: Fe-C-P-Eutektikum schmilzt bei 950 °C) und den Stahl *kaltbrüchig* und *spröde* (in Edelstählen daher unter 0,035% P).

Schwefel macht das Roheisen *dickflüssig*, erschwert die Graphitausscheidung und macht den Stahl *rotbrüchig* (in Edelstählen daher unter 0,035% S).

Silizium bildet mit dem Eisen FeSi und verdrängt dadurch den Kohlenstoff (begünstigt die Graphitbildung), verringert die elektrische Leitfähigkeit und verringert die Schmied- und Schweißbarkeit des Stahles (daher meist unter 0,35%). *Ferrosilizium* (DIN 17560) mit bis zu 17% Si wird im Hochofen (hoher Koksverbrauch, da hohe Bildungswärme) und mit über 17% Si im elektrischen Niederschachtofen gewonnen.

Mangan verhindert beim Roheisen die Graphitausscheidung (im grauen Roheisen meist unter 1% Mn). *Spiegeleisen* mit 6 bis 22% Mn wird im Hochofen, *Ferromangan* (DIN 17564) mit 35 bis 85% Mn im elektrischen Niederschachtofen hergestellt.

Der Einfluß der anderen Legierungselemente wird an anderer Stelle noch ausführlich erörtert.

1,1233 Das Eisen-Kohlenstoff-Zustandsschaubild[1]

Das technisch verwendete Eisen ist stets eine Legierung von Eisen mit Kohlenstoff. Man unterscheidet zwei Systeme:

das *stabile* oder *Eisen-Graphit-System* (strichliert in Abb. 36) und

---

[1] Horstmann, D.: Das Zustandsschaubild Eisen—Kohlenstoff und die Grundlagen der Wärmebehandlung der Eisen—Kohlenstoff-Legierungen. Düsseldorf. 1961 (Bericht Nr. 180 des Werkstoffausschusses des Vereins Deutscher Eisenhüttenleute, 4. Aufl.). — Atlas zur Wärmebehandlung der Stähle. Teil 1 von Wever, F., Rose, A.; Teil 2 von Rose, A., Hougardy, W. Düsseldorf: 1972. — DIN 17014 Wärmebehandlung von Eisen und Stahl; Fachausdrücke.

das *metastabile* oder *Eisen-Zementit-System* (voll in Abb. 36).

Im grauen Gußeisen erscheinen beide Systeme nebeneinander.

Unter normalen technischen Gleichgewichtsbedingungen steht das Eisen-Zementit-System im Vordergrund, weshalb dieses zuerst ausführlich besprochen werden soll (voll ausgezogene Linien in Abb. 36).

Zementit, Eisenkarbid Fe_3C kristallisiert rhombisch, ist bis 215 °C magnetisch und ist der härteste Gefügebestandteil. Er ist in α-, γ- und

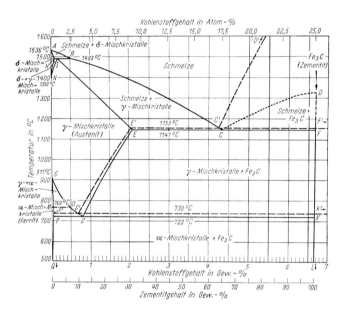

Abb. 36. Eisen-Kohlenstoff-Schaubild

δ-Eisen nur beschränkt löslich. Man bezeichnet die entstehenden Mischkristalle als α-, γ- und δ-Mischkristalle. Die α-Mischkristalle (praktisch reines Eisen) werden in der Metallographie als *Ferrit* bezeichnet. Er ist weich. Die γ-Mischkristalle bezeichnet man als *Austenit*. Er ist weich und unmagnetisch. In der Mischungslücke zwischen 2,06 und 6,67% C bildet der gesättigte Austenit und der Zementit eine eutektische Legierung mit dem Eutektikum bei 4,3% C. Das Gefüge des Eutektikums, bestehend aus feinst verteiltem Zementit und gesättigtem Austenit, heißt *Ledeburit*. Er ist sehr hart, aber weicher als Zementit. Unter 4,3% C befindet sich im Ledeburit gesättigter Austenit, über 4,3% C Zementit (*Primärzementit*, weil er direkt aus der Schmelze entsteht) ausgeschieden.

ABCD ist die *Liquidus*linie, *AHIECF* die *Solidus*linie und *ES* die *Sättigungs*linie des Austenits für Zementit und *GOS* für Ferrit. Unterhalb der Linie *ES* scheidet sich ein Teil des Zementits (*Sekundärzementit*), unterhalb der Linie *GOS* ein Teil des Ferrits aus dem Austenit aus.

Im festen Zustand treten noch weitere Gefügeänderungen auf. Unter 723 °C zerfällt der Restaustenit mit einem Kohlenstoffgehalt von 0,8% zu streifenförmig verteiltem Zementit und Ferrit. Diesen Gefügebestandteil bezeichnet man wegen des perlmutterartigen Glanzes als *Perlit*. Er liegt in seiner Härte zwischen Zementit und Ferrit. Den Punkt *S*, der dem eutektischen Punkt *C* entspricht, nennt man den *eutektoiden* Punkt, den Perlit entsprechend ein *Eutektoid*.

Die Linie *GPQ* ist die Sättigungslinie des Ferrits für Zementit. Unterhalb der Linie *PQ* scheidet sich eine sehr geringe Menge des Zementits (*Tertiärzementit*) aus dem Ferrit aus. Dieser spielt bei der Alterung der Stähle eine Rolle.

Sehen wir vom Tertiärzementit ab, so besteht *untereutektoider* Stahl (unter 0,8% C) aus Ferrit und Perlit, *eutektoider* Stahl aus Perlit, *übereutektoider* Stahl aus Perlit und Zementit, *untereutektisches* weißes Roheisen (unter 4,3% C) aus Perlit, Ledeburit und Sekundärzementit, *eutektisches* weißes Roheisen nur aus Ledeburit und *übereutektisches* weißes Roheisen aus Ledeburit und Primärzementit. Als Folge dieser bei *langsamer* Abkühlung auftretenden Gefügebestandteile nehmen Härte und Festigkeit des technischen Eisens mit zunehmendem Kohlenstoffgehalt zu und die Bearbeitbarkeit entsprechend ab.

Die knapp unter dem Schmelzpunkt auftretenden Gefügeänderungen des technischen Eisens mit weniger als 0,5% C sind ohne praktische Bedeutung.

An Hand des Zustandsschaubildes (Abb. 36) soll im folgenden das Verhalten einiger charakteristischer Eisenlegierungen bei *langsamem* Abkühlen verfolgt werden (nur bei langsamer Abkühlung stellt sich Gleichgewicht ein).

Reines Eisen beginnt bei 1536 °C zu δ-Eisen zu erstarren, verwandelt sich bei 1392 °C zu γ-Eisen und bei 911 °C zu α-Eisen, das bei 769 °C magnetisch wird.

Stahl mit *0,15% C* beginnt seine Erstarrung bei rund 1525° durch Ausscheiden von δ-Mischkristallen, deren C-Gehalt bei sinkender Temperatur entsprechend der Linie *AH* zunimmt. Bei 1493 °C bilden sich aus der Restschmelze und einem Teil der δ-Mischkristalle γ-Mischkristalle (peritektische Reaktion). Bei weiterer Abkühlung verwandeln sich weitere δ-Mischkristalle durch innere Diffusion in γ-Mischkristalle. Bei Überschreiten der Linie *IN* besteht die Legierung nur mehr aus γ-Mischkristallen (Austenit), aus denen sich erst bei Überschreiten der Linie *GO* bei rund 840 °C Ferrit ausscheidet, welcher unter 769 °C magnetisch wird. Bei weiterem Abkühlen wird der Restaustenit durch Ausscheiden von Ferrit immer reicher an Zementit. Bei 723 °C besitzt er einen C-Gehalt von 0,8% und zerfällt in Perlit. Bei weiterem langsamen Abkühlen scheidet sich schließlich noch etwas Tertiärzementit aus dem Ferrit aus.

Stahl mit rund *0,5% C* beginnt bei 1493° Austenit aus der Schmelze auszuscheiden. Unter rund 1450° besteht er nur mehr aus ungesättigtem Austenit, aus welchem sich bei weiterem Abkühlen unter rund 770 °C Ferrit ausscheidet. Bei 723° zerfällt der Restaustenit mit 0,8% C vollkommen zu Perlit. Unter 723° scheidet sich aus dem Ferrit noch etwas Tertiärzementit aus.

Stahl mit *0,8% C* beginnt die Ausscheidung von Austenit bei rund 1480°. Er besteht unter rund 1380° nur aus Austenit, der bei 723° vollkommen zu Perlit zerfällt.

Stahl mit *1,5% C* beginnt seine Erstarrung bei rund 1430° durch Bildung von Austenit und beendet sie bei rund 1260°. Unter rund 980° beginnt bei Überschreiten der Linie *ES* die Ausscheidung von Sekundärzementit. Bei 723° zerfällt der Restaustenit mit 0,8% C zu Perlit.

Weißes Roheisen mit *3,5% C* beginnt die Bildung von Austenit bei rund 1240°. Mit sinkender Temperatur steigt der Zementitgehalt der Restschmelze, bis diese bei Erreichung der eutektischen Zusammensetzung (4,3% C, 1147 °C) zu Ledeburit erstarrt. Bei weiterer Abkühlung scheidet sich aus dem gesättigten Austenit Sekundärzementit aus. Unter 723° zerfällt der Austenit zu Perlit.

Weißes Roheisen mit *4,3% C* erstarrt bei 1147° zu Ledeburit, der bei weiterer Abkühlung erhalten bleibt. Es hat den tiefsten Schmelzpunkt aller weißen Roheisensorten.

Weißes Roheisen (Spiegeleisen) mit *5,2% C* beginnt seine Erstarrung unter Ausscheidung von Primärzementit bei rund 1230°. Mit sinkender Temperatur nähert sich die Restschmelze durch weitere Ausscheidung von Zementit der eutektischen Zusammensetzung und erstarrt bei 1147° zu Ledeburit.

Sind in den technischen Eisensorten außer Kohlenstoff noch weitere Legierungselemente vorhanden, so werden die Punkte *C* und *S* zu anderen C-Gehalten und Temperaturen verschoben. Dies kann durch Verwendung entsprechend abgeänderter Eisenkohlenstoffschaubilder berücksichtigt werden.

Das *stabile* oder *Eisen-Graphit-System* entsteht bei extrem langsamer Abkühlung und bestimmter Zusammensetzung (höherer Si- bzw. Al-Gehalt) und tritt meist erst bei höheren C-Gehalten, vorwiegend über 2% C in Erscheinung. Es wird durch die strichlierten Linien der Abb. 36 dargestellt. Dem Ledeburit entspricht das *Graphit-Eutektikum*, das sich aus der Schmelze beim Unterschreiten der Linie *E'C'F'* bildet. In ihm ist rechts von *C'* grober Primär-(Garschaum-)Graphit eingebettet, der sich direkt aus der Schmelze bildet. Dem Perlit entspricht ein *Ferrit-*

Graphit-Eutektoid, so daß im gesamten Diagramm nur Ferrit und Graphit auftreten. Der Graphit erscheint in verschiedenen Ausbildungsformen. Im Grauguß entweder in Form von *Lamellen* (Gußeisen mit Lamellengraphit) oder von *Kugeln* (Gußeisen mit Kugelgraphit). Metastabil erstarrte Legierungen bilden bei höherem C-Gehalt und längerem Glühen unter Zerfall von Fe_3C Graphit in *Nester*form (Glühung von Temperrohguß). Unerwünscht ist die Graphitausscheidung nach diesem System bei längerem Glühen weicher Stähle mit zu hohem Si- oder Al-Gehalt.

1,1234 Die Umwandlungshärtung, das Anlassen und Vergüten des Stahles[1]

Die im Abschnitt 1,1233 angeführten Gefügeänderungen treten nur bei sehr langsamer Abkühlung bei den durch das Fe-C-Schaubild ange-

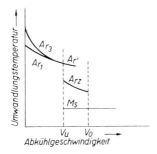

Abb. 37. Einfluß der Abkühlgeschwindigkeit auf die Gefügebildung

gebenen Temperaturen auf. Bei rascher Abkühlung treten andere Gefügeänderungen auf, die für einen unlegierten Stahl mit 0,45% C in Abb. 37 eingetragen sind. Man sieht, daß mit steigender Abkühlgeschwindigkeit der A_{r3}- und der A_{r1}-Punkt zu tieferen Temperaturen verschoben werden, wobei sich der Abstand zwischen ihnen immer mehr verringert, bis sie zu einem Haltepunkt A_r, zusammenfallen. Das sich bildende Gefüge besteht aus sehr feinlamellarem Perlit, dessen Einzelbestandteile im Mikroskop kaum mehr zu unterscheiden sind.

Von Erreichung der *kritischen Abkühlgeschwindigkeit* v_u an wird die $A_{r'}$-Umwandlung (Perlitstufe) erst teilweise und schließlich vollständig unterdrückt. Der unterkühlte Austenit wandelt sich erst bei tieferen Temperaturen in der sogenannten *Zwischenstufe* und in der *Martensitstufe* um. Man bezeichnet den Haltepunkt des Beginns der Zwischenstufen-

[1] Ruhfuss, H.: Wärmebehandlung der Eisenwerkstoffe. Düsseldorf: Stahleisen. 1958. — Stüdemann, H.: Wärmebehandlung der Stähle. München: Hanser. 1960.

umwandlung mit A_{rz} und den des Beginns der Martensitumwandlung mit M_s (Abb. 37). Während die Lage des Martensitpunktes von der Abkühlgeschwindigkeit unabhängig ist, wird der A_{rz}-Punkt mit zunehmender Abkühlgeschwindigkeit zu tieferen Temperaturen verschoben. Bei hohen Abkühlgeschwindigkeiten bleiben noch Anteile von *Restaustenit* ohne Umwandlung bis zur Raumtemperatur erhalten.

Das *Zwischenstufengefüge (Bainit)* besteht aus Ferrit mit eingelagerten mehr oder weniger feinen Karbiden und sieht nadelförmig aus.

Der *Martensit* ist sehr hart und magnetisch. Seine Ausscheidung beginnt bei um so niedrigeren Temperaturen, je höher der C-Gehalt ist.

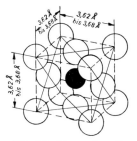 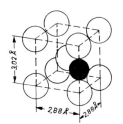

Abb. 38. Elementarzelle des Austenits   Abb. 39. Elementarzelle des tetragonalen Martensits

Bei der Martensitbildung wandelt sich das γ-Eisen in α-Eisen um, die Kohlenstoffatome finden jedoch in der Mitte des Raumgitters keinen Platz mehr (Abb. 38, Raumgitter des Austenits), sondern werden, wie dies die Abb. 39 andeutet, an die Kante des kubisch raumzentrierten α-Eisens gedrängt. Der entstehende *tetragonale Martensit* erhält durch diese Blockierung des Raumgitters eine außerordentliche Härtesteigerung und Zähigkeitsminderung. Außerdem entstehen beträchtliche Volumsvergrößerungen, die hohe Spannungen bewirken. (γ-Eisen mit kubisch flächenzentriertem Gitter besitzt dichteste Kugelpackung und kleinstes spezifisches Volumen, so daß bei einer γ-α-Umwandlung eine Volumsvergrößerung eintritt.)

Die Härte des Martensits hängt vom C-Gehalt ab. Der auf der Gitterverzerrung beruhende Härtungseffekt ist um so größer, je mehr C-Atome im Gesamtgitter eingesprengt sind. Daher ist der Härtungseffekt bei geringem C-Gehalt nur gering.

Bei einer im Bereich zwischen unterer und oberer kritischer Abkühlgeschwindigkeit gelegenen Abkühlung kann, weil die Umwandlung in verschiedenen Stufen beginnt, aber nicht zu Ende läuft, ein Mischgefüge entstehen, das aus rundlichen Flecken sehr dichtstreifigen Perlits, dunkel geätzten Nadeln von Zwischenstufengefüge und einer hellen nadeligen Grundmasse von Martensit besteht.

Unter *Abschreckhärtung* versteht man ein Erhitzen auf Härtetemperatur (über A_{c1} bzw. A_{c3}) mit nachfolgendem Abkühlen mit mindestens der kritischen Abkühlgeschwindigkeit. *Härtetemperatur* ist somit diejenige Temperatur, bei der beim Erhitzen die Austenitbildung beginnt (*Austenitisierungstemperatur*). Sie hängt in erster Linie vom Kohlenstoffgehalt und dem Gehalt an Legierungselementen ab. Bei unlegierten Stählen soll sie etwa 50° oberhalb der Linie *GOSK* des Eisenkohlenstoffschaubildes liegen. Untereutektoide Stähle müssen daher höher als übereutektoide Stähle erhitzt werden. Stähle mit Kohlenstoffgehalten unter 0,2% sind nicht härtbar. Das Gefüge untereutektoider Stähle besteht nach dem Härten aus Martensit und Restaustenit, das übereutektoider Stähle aus Martensit, Zementit und Restaustenit.

Die *kritische Abkühlungsgeschwindigkeit* hängt außer von der Zusammensetzung (Kohlenstoffgehalt und Gehalt an Legierungselementen) vom metallurgischen Herstellungsgang und der Vorbehandlung (Erhitzungstemperatur und -dauer) ab. Unlegierte und sehr niedrig legierte Stähle besitzen hohe kritische Abkühlgeschwindigkeit und müssen in Wasser abgekühlt werden (*Wasserhärter*). Niedrig legierte Stähle sind häufig *Ölhärter*, Schnellstähle *Lufthärter*. *Naturharte* Stähle bilden bereits bei langsamer Abkühlung Martensit. Bei *austenitischen* Stählen tritt keine Martensitbildung ein. Ihr Gefüge besteht aus Austenit (unmagnetisierbar). *Ferritische* Stähle sind ebenfalls nicht härtbar.

Für dickere Querschnitte müssen Ölhärter verwendet werden, damit sie durchhärten.

Durch die bereits erwähnte Volumszunahme bei der Martensitbildung und durch die infolge des raschen Abkühlens auftretenden ungleichen Längenänderungen im Querschnitt des Stückes treten große *Härtespannungen* auf, die bis zum Bruch (Rißbildung) des Werkstückes anwachsen können. Um diese Härtespannungen zu verringern und die Zähigkeit zu verbessern, folgt dem Härten nach Möglichkeit *sofort* ein *Anlassen*. Bei diesem werden die Werkstücke auf verschieden hohe, dem Verwendungszweck angepaßte Temperaturen erhitzt. Beim Anlassen geht zunächst der tetragonale Martensit in einen *C-armen* Martensit (es hat sich bereits ein ε-Karbid ausgeschieden, dessen Zusammensetzung von Fe_3C abweicht) über und der Restaustenit beginnt zu zerfallen. Bei weiterem Erhitzen tritt eine Ausscheidung von Zementit auf (Perlitbildung) und bei mit Karbidbildnern legierten Stählen wird der Zementit legiert bzw. Sonderkarbid gebildet.

Unter *Vergüten* versteht man ein Härten mit folgendem Anlassen auf 550 bis 650 °C, wodurch die Zähigkeit bedeutend gesteigert wird. Das Vergüten wird bei Maschinenteilen angewendet, die hohe Festigkeit und Zähigkeit (bei Stoßbeanspruchung) haben müssen.

Zur Erzielung geringerer Härtespannungen, größerer Zähigkeit und geringeren Ausschußrisikos haben sich neben den erwähnten klassischen Verfahren noch die *gebrochene Härtung*, die *Warmbadhärtung* und die *Zwischenstufenvergütung* eingeführt. Bei den ersten beiden Verfahren wird ebenfalls eine Martensitbildung angestrebt. Die bei diesen auftretenden Gefügeänderungen können in den *Zeit-Temperatur-Umwandlungs-* (ZTU- oder TTT- = temperature-time-transformation) Schaubildern verfolgt werden. Zu ihrer Aufnahme wird der zu untersuchende Stahl bis zur Bildung von Austenit erhitzt. Übereutektoider Stahl enthält dann noch Sekundärzementit. Nach Temperaturausgleich wird der

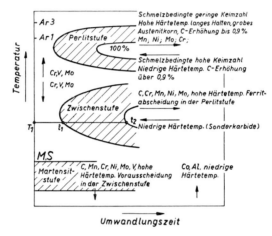

Abb. 40. ZTU-Schaubild (Schema)

Stahl dann auf eine niedrigere Temperatur rasch abgekühlt und bei dieser Temperatur gehalten. In das ZTU-Schaubild wird diese Temperatur als Ordinate und die Zeit als Abszisse aufgetragen; t_1 ist die Zeit des Umwandlungsbeginnes, t_2 die Zeit des Umwandlungsendes. In Abb. 40 sind zunächst in schematischer Darstellung die drei Umwandlungsbereiche der Perlitstufe, Zwischenstufe und Martensitstufe eingetragen. Die linke Linie ergibt bei der Perlit- und Zwischenstufe den Umwandlungsbeginn, die rechte Linie das Umwandlungsende. Im Gegensatz dazu ist die Martensitumwandlung ein zeitunabhängiger Vorgang, der nur von der Temperatur abhängt. Es ist üblich, die Temperatur des Martensitbeginnes und der abgeschlossenen Martensitbildung einzutragen. In der Perlitstufe, die zwischen dem A_{r3}-Punkt und 500 °C liegen kann, zerfällt der Austenit zu Ferrit, Karbid und Perlit. In der Zwischenstufe geht die Umwandlung meist bei Temperaturen zwischen 600 und 200 °C vor sich. Das entstehende Gefüge (*Zwischenstufengefüge, Bainit*) besteht ebenfalls aus Ferrit und Karbid, mit beträchtlichen

Mengen von Restaustenit. Die Umwandlungskurven sind hauptsächlich durch die chemische Zusammensetzung des Stahles bestimmt (s. Abb. 40). Abb. 41 zeigt das ZTU-Schaubild eines niedrig legierten Stahles, in das die erwähnten Wärmebehandlungsverfahren eingezeichnet wurden. Die Linie *a* zeigt die klassische Abschreckhärtung, *b* die gebrochene Härtung und *c* die Warmbadhärtung, bei denen die Umwandlung in der Perlit- und Zwischenstufe unterdrückt wird.

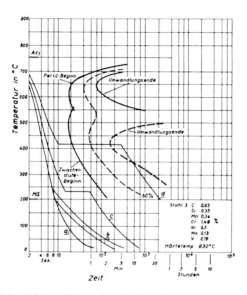

Abb. 41. ZTU-Schaubild. *a* Klassische Abschreckhärtung, *b* gebrochene Härtung, *c* Warmbadhärtung, *d* Zwischenstufenvergütung

Bei der *gebrochenen Härtung* wird das Werkstück zur Unterdrückung der Perlitumwandlung in ein schroff wirkendes Abkühlmittel (Wasser) gebracht und knapp vor oder knapp nach Erreichen der Martensittemperatur in ein milder wirkendes (Öl) gebracht und in diesem vollständig abgekühlt. Man erzielt Verringerung der Härtespannungen und des Verzuges.

Beim *Warmbad-(Thermal-)Härten* wird das Härtegut in ein Warmbad (meist ein Salzbad), das eine oberhalb der Martensittemperatur liegende Temperatur besitzt, bis zum Temperaturausgleich abgekühlt. Anschließend erfolgt eine beliebige Abkühlung an der Luft, bei der erst die Martensitbildung erfolgt. Man erzielt geringere Härtespannungen und geringeren Verzug, da unter Umständen ein spannungsfreies Werkstück vorliegt, bevor die Abkühlung an der Luft beginnt. Da die Bildung von Martensit gleichmäßig über den ganzen Querschnitt erfolgt, sind

auch die Umwandlungsspannungen geringer. Die Werkstücke können
noch gerichtet werden, weil sie im austenitischen Zustand aus dem Bad
genommen werden. Bei Wasserhärtern ist die Warmbadhärtung nicht
anwendbar, bei Lufthärtern nur von geringer Bedeutung, da sich bei
dieser auch bei normaler Härtung nur geringe Spannungen ergeben. Bei
Ölhärtern verwendet man Warmbäder von 200 bis 300 °C (AS 140), bei
Schnellstählen von 550 bis 580 °C (GS 430 und NS 350).

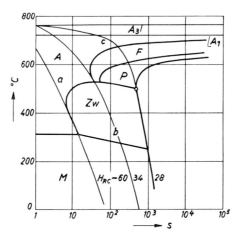

Abb. 42. ZTU-Schaubild für kontinuierliche Abkühlung. *a* Kleinste Abkühlgeschwindigkeit bei der noch ausschließlich Martensit entsteht, *b* kleinste Abkühlgeschwindigkeit bei der noch kein Ferrit entsteht, *c* größte Abkühlgeschwindigkeit, bei der nur Perlit und Ferrit entstehen

Bei der *Zwischenstufenvergütung*, Linie *d* der Abb. 41, wird nur die
Bildung der Perlitstufe unterdrückt. Es erfolgt Abkühlung auf Zwischen-
stufentemperatur und Umwandlung bei dieser Temperatur, die nach
Möglichkeit im Bereich der größten Umwandlungsgeschwindigkeit der
Zwischenstufe liegen soll. Dieses Verfahren ist nur für Stähle anwendbar,
die eine ausgesprochene Zwischenstufe aufweisen und keine langen
Haltezeiten im Warmbad benötigen. Gegenüber dem klassischen Ver-
güten erhält man eine größere Zähigkeit.

Wenn man diese Vorgänge nicht nur grundsätzlich verfolgen will,
sind zur Untersuchung von Umwandlungen mit großer Abkühlgeschwindigkeit statt der isothermen die *kontinuierlichen ZTU-Schaubilder* zu
verwenden. Abb. 42 zeigt ein solches kontinuierliches ZTU-Schaubild
für einen Stahl 42 MnV 7. In ihm bedeuten *A* den Austenitbereich,
F den Ferritbereich, *P* den Perlitbereich, *M* den Martensitbereich und
Zw den Bereich des Zwischenstufengefüges. Die Linie *a* gibt die kleinste
Abkühlgeschwindigkeit an, bei der noch ausschließlich Martensit ent-

steht, die Linie *b* die kleinste Abkühlgeschwindigkeit, bei der noch kein Ferrit entsteht, und die Linie *c* die größte Abkühlgeschwindigkeit, die nur zu Perlit und Ferrit führt. Zu diesen drei Linien sind noch die Rockwellhärten der entstehenden Gefüge geschrieben.

1,1235 Die Ausscheidungshärtung von Stahl[1]

Aus dem Eisen-Kohlenstoff-Zustandsschaubild (Abb. 36) ersieht man, daß die Löslichkeit von Kohlenstoff in α-Eisen mit sinkender Temperatur abnimmt. Von etwa 723 °C (Punkt *P*) mit rund 0,02% C sinkt die Löslichkeit bis Raumtemperatur (Punkt *Q*) auf ganz geringe Werte. Erhitzt man Stahl von mindestens 0,02% Kohlenstoffgehalt auf 650 bis 700 °C, so können etwa 0,015% C gelöst werden. Wird dieser Stahl nun langsam abgekühlt, so wird Zementit (Tertiärzementit) mit fallender Temperatur aus dem Ferrit ausgeschieden und wandert an die Korngrenzen, wo er nur wenig Einfluß auf die Härte hat. Erfolgt jedoch die Abkühlung rasch (kritische Abkühlung), so bleibt der Zementit in Lösung. Bei längerer Lagerung bei Raumtemperatur oder Erwärmung auf 50 bis 100 °C wandert dann der Zementit aus dem Ferrit und führt durch Ausscheidung an den Gleitebenen der Kristalle zu Härtesteigerungen und Versprödung.

Ähnliche Wirkungen wie der Kohlenstoff verursacht der *Stickstoff*, dessen Löslichkeit ebenfalls mit sinkender Temperatur abnimmt. Die Versprödung bei längerem Lagern nach vorhergegangener Kaltverformung wird auf die aushärtende Wirkung des Stickstoffs zurückgeführt. Im Stickstoffgehalt ist auch die Ursache für die Unterschiede der Eigenschaften von SM-Stahl bzw. LD-Stahl und Thomas-Stahl zu suchen. Durch Desoxydation mit Aluminium und anderen stickstoffbindenden Elementen können Stähle hergestellt werden, die alterungsbeständig sind.

Diese durch den Kohlenstoff und den Stickstoff bewirkten Aushärtevorgänge sind beim technischen Eisen meist unerwünscht. Im Gegensatz dazu treten bei ferritischen, austenitischen und martensitischen Stählen erwünschte Eigenschaftsänderungen auf.

Kohlenstoffarmer (C < 0,12%), *ferritischer* Stahl ist bei einem Kupfergehalt über 0,5% aushärtbar. Wegen der trägen Ausscheidung des Kupfers ist kein Abschrecken erforderlich.

Bei den *austenitischen* Stählen (nicht rostend 14 bis 26% Cr und 8 bis 30% Ni, nicht magnetisierbar 12 bis 15% Ni, 5 bis 10% Mn) wird die Aushärtung durch intermetallische Phasen hervorgerufen, die sich durch Zusatz von Ti, Be, Si, Al, Nb oder V bilden.

---

[1] Heller, W., Stolte, E.: Stand der Erkenntnisse über die Alterung von Stählen. Stahl und Eisen *1970*, 861—868, 909—916.

Eine Kombination von Umwandlungshärtung und Ausscheidungs-
härtung ist das *Martensitaushärten*. Nach der Martensitbildung werden
die Legierungen bei 200 bis 600 °C ausgelagert, wobei Werkstoffe hoher
Festigkeit bei guter Zähigkeit entstehen.

Ausgehärtete, sehr kohlenstoffarme Eisenlegierungen (C < 0,05%)
werden für *Dauermagnet*legierungen verwendet.

1,1236 Vorgänge an der Stahloberfläche bei höheren Temperaturen[1]

Bei hohen Temperaturen treten an der Stahloberfläche im Zusammen-
wirken mit der umgebenden Atmosphäre Diffusionsvorgänge auf, die zu
oberflächlicher Ent- bzw. Aufkohlung und zu Ver- oder Entzunderung
führen können. Die dabei auftretenden Vorgänge sind sehr verwickelt
und hängen von der Zusammensetzung der Stahloberfläche und der
Ofenatmosphäre ab. Von diesen Veränderungen der Oberfläche macht
man beim *Einsatzhärten* (siehe 1,1238), *Nitrieren* und *Karbonitrieren*
absichtlich Gebrauch während sie bei vielen anderen Wärmebehandlungsverfahren weitgehend vermieden werden sollen.

In der Regel besteht die den Stahl umgebende Atmosphäre aus CO
und CO_2, wobei das CO bei höheren Temperaturen durch Abgabe von
Kohlenstoff an den Stahl aufkohlend und das CO_2 durch Abgabe von
Sauerstoff entkohlend und verzundernd wirkt. Bei einem bestimmten
Verhältnis von CO zu CO_2 in der den Stahl umgebenden Atmosphäre
tritt ein neutrales Verhalten, also weder auf- noch abkohlen ein. Dieses
Verhältnis ist vom C-Gehalt des Stahles und von der Temperatur ab-
hängig.

Sofern man zunächst von der Einwirkung des Stahles absieht, stellt
sich zwischen dem CO und dem CO_2 und glühender Kohle im geschlossenen Raum das von der Temperatur abhängige sogenannte „Boudouard-
sche Gleichgewicht" ein. Entsprechend der chemischen Reaktion

$$CO_2 + C \rightleftharpoons 2\,CO$$

reagiert bei zu hohem Gehalt das CO_2 mit glühender Kohle, so daß es
sich teilweise in CO umwandelt. In Abb. 43 ist als Abszisse die
Temperatur und als Ordinate der CO- bzw. CO_2-Gehalt bei einem Druck
von 1 bar aufgetragen. Man entnimmt der strichliert eingezeichneten
Boudouardschen Kurve, daß bei 800 °C rund 88% CO mit rund 12% CO_2
und bei 1000 °C rund 99,96% CO mit rund 0,04% CO_2 im Gleichgewicht
stehen.

Bei Vorhandensein von Stahl stellt sich ein Gleichgewicht der Gas-
atmosphäre mit dem C-Gehalt des Stahles ein. In der Abb. 43 sind

[1] Baukloh, W.: Grundlagen und Ausführung von Schutzgasglühungen
einschließlich der Verhältnisse für das kohlende Glühen von Eisen. Berlin:
1949.

Gleichgewichtslinien für 0,05, 0,1, 0,2, 0,4 und 0,6% C eingetragen. Diesen Kurven entnimmt man, daß bei rund 900 °C und einer Ofenatmosphäre von 90% CO und 10% CO_2 bei einem C-Gehalt des Stahles von 0,4% weder Auf- noch Entkohlung eintreten, d. h., daß bei dieser Ofenatmosphäre ein Stahl mit 0,6% C entkohlt und ein Stahl mit 0,2% C aufgekohlt wird.

Ein Einsatzstahl mit 0,1% C steht bei einer Temperatur von 900 °C im Gleichgewicht mit einem Kohlungsgas von rund 75% CO. Wird der

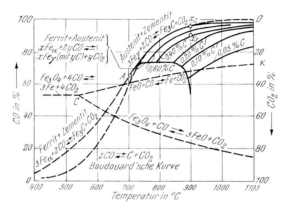

Abb. 43. Gleichgewichtsbedingungen für CO_2- und CO-Gemische mit Stählen verschiedenen Kohlenstoffgehaltes (nach Johanson und Seht)

CO-Gehalt des Kohlungsgases auf rund 90% erhöht, dann wird der vorliegende Stahl bei 900 °C bis zu einem Gehalt von 0,4% C aufkohlen. Bei 860 °C kann die Kohlenstoffaufnahme bei derselben Zusammensetzung des Kohlungsgases bis 0,6% C bei 820 °C bis ca. 0,9% C gesteigert werden.

Die Linie CK in Abb. 43 gibt dann noch die Grenze zwischen Abkohlung und Verzunderung an. Entsprechend der Reaktion

$$FeO + CO \rightleftharpoons Fe + CO_2$$

wirkt auf einen Stahl von 0,1% C-Gehalt bei 900 °C eine Ofenatmosphäre mit mehr als 75% CO aufkohlend, mit 67 bis 75% CO entkohlend und unter 67% CO verzundernd.

Veränderungen treten noch bei Drücken ein, die von 1 bar abweichen. Befindet sich im Glühraum noch Stickstoff aus der Luft, so ist der Partialdruck des CO-CO_2-Gemisches kleiner.

Bei jeder Verzunderung ist zu beachten, daß Elemente, die weniger edel als das Eisen sind in den Zunder gehen, die anderen hingegen sich unter dem Zunder anreichern.

Die Bildung von Zunder ergibt nicht nur einen Werkstoffverlust, sondern ist auch aus anderen Gründen vielfach unerwünscht. Er soll sich leicht entfernen lassen. Dies kann durch Abschrecken von 500 °C in Wasser (Zunder springt ab), durch Beizen, Strahlen, Flammstrahlen usw. erfolgen. Zunder bewirkt einen höheren Werkzeugverschleiß. Lediglich beim Ziehen von Blankstahl ist die Bildung einer Zunderhaut erwünscht, weil diese mit Kalk, Seife oder Fett einen gut haftenden Film bildet.

Im allgemeinen soll jedoch die Zunderbildung wie eine Entkohlung vermieden werden. Entkohlung bewirkt einen Abfall an Härtbarkeit, Härte und Festigkeit.

Praktisch kann jede Erwärmung erfolgen:

Offen, wobei die Werkstückoberfläche der jeweiligen Ofenatmosphäre voll ausgesetzt ist. Diese kann oxydierend, neutral oder reduzierend sein.

Verpackt, mit oder ohne Zugabe eines Abdeckmittels, z. B. Gußeisenspäne, in gasdicht verschlossenen Behältern unter Luftabschluß in sauerstoffarmer oder sauerstofffreier Atmosphäre. Zur Bindung des Sauerstoffes kann auch etwas trockene Holzkohle beigegeben werden.

Im *Vakuum*.

In *Schutzgasen*, die selten aus Edelgasen, sondern meist aus Gemischen von Stickstoff, Kohlenmonoxid und Wasserstoff bestehen. Sie werden durch Spalten von Ammoniak oder teilweise Verbrennung von Leuchtgas, Propan, Generatorgas usw. erzeugt. Ihre Zusammensetzung muß dem zu erhitzenden Stahl und der Glühtemperatur angepaßt sein. Das Arbeiten mit Schutzgas gibt ein vollkommen blankes, nicht entkohltes Glühgut, ist aber ziemlich kostspielig, so daß es nur in der Serienfertigung für kleinere hochwertige Teile Anwendung findet.

In *Salz*- oder *Metallbädern*. Zur Vermeidung einer Entkohlung wird bei Bleibädern die Badoberfläche mit Holzkohlenstaub oder Abdecksalzen geschützt, während man bei Salzbädern bei Temperaturen bis 950° Flockengraphit zur Abdeckung verwendet und dem Bad eine geringe Menge eines Kohlungsmittels beigibt. Bei der Erhitzung von Feilen in Bleibädern werden zur Verhütung der Entkohlung Schutzanstriche oder Pasten angewendet.

1,1237 Einrichtungen zum Härten und Anlassen

Einrichtungen zum Erhitzen

Nach den verwendeten Brennstoffen unterscheidet man Öfen für *feste* (Kohle, Koks, Kohlenstaub, . . .), für *flüssige* (natürliches Erdöl, Erdölrückstände, Braunkohlenteeröl, . . .), für *gasförmige* Brennstoffe

(Koksofengas, Gichtgas, Generatorgas, Stadtgas, Erdgas, . . .) und *elektrisch* beheizte Öfen.

Öfen für *Kohle* und *Koks* besitzen einen Rost, benötigen zur vollständigen Verbrennung einen großen Luftüberschuß (dadurch bedingt, ergeben sich niedrigere Temperaturen), sind nicht gut regelbar und anstrengend in der Bedienung (Transport von Brennstoff und Asche). Bei der Halbgasfeuerung wird die Kohle am Rost wegen Luftmangels nur teilweise verbrannt. Das entstehende Gas wird erst durch Zufuhr von Sekundärluft über dem Glühgut im eigentlichen Ofenraum vollständig verbrannt. Bei der *Kohlenstaubfeuerung* vermeidet man zwar einige dieser Nachteile, erhält jedoch zu lange Flammen und Verunreinigungen der Werkstückoberflächen durch die anfallende Asche.

Öl muß wegen seiner geringen Zündgeschwindigkeit in besonderen Brennern zerstäubt werden. Diese Zerstäubung erfolgt durch hohen Druck, durch Dampf, Preßluft oder Fliehkraft. Mittel- und Schweröle müssen wegen ihrer hohen Viskosität vor der Zerstäubung vorgewärmt werden.

Am häufigsten findet man die *Gasfeuerung*. Diese ist sehr gut regelbar und benötigt wegen der guten Mischung mit der Verbrennungsluft nur wenig mehr als die theoretische Luftmenge. Durch entsprechende Wahl des Gas-Luftverhältnisses kann im Ofen eine *neutrale,* eine *oxydierend* wirkende (Luftüberschuß) oder eine *reduzierend* wirkende Atmosphäre (Luftmangel) eingestellt werden. In Österreich, Italien und in den USA findet das Erdgas steigende Verwendung für Warmbehandlungsöfen. Gasöfen sind besonders gut regelbar. Große Gasöfen besitzen vielfach Einrichtungen zum Vorwärmen des Gases und der Verbrennungsluft nach dem Rekuperativ- und seltener nach dem Regenerativverfahren. Es werden die verschiedensten Brennerarten verwendet, die alle eine schnelle Verbrennung mit kurzer Flamme bewirken.

Elektrische Härteöfen arbeiten hauptsächlich als Widerstands-, seltener als Induktionsöfen.

Bei den Widerstandsöfen wird die Wärme der stromdurchflossenen Heizleiter durch Strahlung auf das Einsatzgut übertragen. Metallische Heizleiter aus Chrom-Nickel-Eisenlegierungen (bis etwa 1000°), Chrom-Nickellegierungen (bis etwa 1100°), Chrom-Eisen-Aluminiumlegierungen (bis etwa 1300°) und Chrom-Nickel-Eisen-Kobaltlegierungen (bis etwa 1350°) werden in Form von Drähten oder Felgen frei an der Innenwand der Öfen, im Innern von Strahlrohren oder in keramische Massen eingepackt, verwendet. Zu den nichtmetallischen Heizleitern gehören Kohle, Siliziumkarbid (Silit bis etwa 1400°) und die Salze der Schmelzbäder. Letztere werden durch eingehängte Elektroden beheizt. Da sie im kalten Zustand nichtleitend sind, muß das Schmelzen durch Hilfselektroden eingeleitet werden. Bei der *direkten Widerstandserhitzung* von

Drähten, Bändern und Rohren wird der die Werkstücke direkt erhitzende
Strom durch Bleibäder zugeführt, die die Aufgabe von Kontakten übernehmen.

Die *Induktionserhitzung* zeichnet sich durch sehr geringe Verzunderung,
kurze Erhitzungszeiten, hohen Wirkungsgrad und automatische Regel-
möglichkeit aus. Bei ihr befindet sich das Einsatzgut in einer stromdurchflossenen Spule, wodurch in ihm Ströme entstehen. Die Eindringtiefe
dieser Sekundärströme hängt von der Höhe der Frequenz des Primär-
stromes ab. Zum Erhitzen von Stücken auf 1200° findet bei über 200 mm
Durchmesser Netzfrequenz, bei 20 bis 150 mm Mittelfrequenz (10 000 bis
100 Hz) und unter 20 mm Hochfrequenz (über 10 000 Hz) Verwendung.

Nach der Betriebsweise unterscheidet man Öfen für periodischen
Betrieb und Öfen für kontinuierlichen Betrieb. Nach der Bauweise
unterscheidet man feststehende und bewegliche Öfen mit feststehendem
oder beweglichem Herd.

Der älteste Ofen für *periodischen* Betrieb ist das *Schmiedefeuer*. Bei
ihm kommt das Einsatzgut direkt mit dem Brennstoff (schwefelarme
Schmiedekohle) in Berührung, kann aus ihm Schwefel und Kohlenstoff
aufnehmen, wird ungleichmäßig erhitzt und kann oxydiert und entkohlt
werden. Es findet deshalb nur mehr auf Baustellen und im Bergbau
Verwendung.

Für kleine Werkstücke findet der *Herd*- oder *Kammerofen* Verwendung. Bei ihm sind die Gas- und Ölbrenner in den Seitenwänden oder
unter dem Herd, die elektrischen Widerstände auch unter der Decke
angebracht. Abb. 44 zeigt einen gasgefeuerten Kammerofen, bei dem die
Brenner *b* in der Seitenwand liegen und einzeln abstellbar sind. Die
Beschickungsöffnung *ö* ist durch eine mit Schamotteziegeln ausgemauerte
Schiebetür dicht verschließbar. Beim *Plattenglühofen* (Abb. 45) treten die
Heizgase unterhalb der Herdplatte ein, überstreichen im zweiten Zug
das Härtegut und werden durch den Abgaskanal abgeführt.

Bei den *Muffelöfen* befindet sich das Werkstück in einer von außen
beheizten Muffel. Die Muffelöfen besitzen einen höheren Brennstoffverbrauch und ergeben ebenso wie die elektrisch beheizten Kammeröfen
eine stärkere Verzunderung bzw. oberflächliche Entkohlung, da sich in
der Muffel Luft befindet.

Tieföfen oder *Glühgruben* werden von oben durch Abheben, Auf-
klappen oder seitliches Verschieben eines oder mehrerer Deckel beschickt.
Wegen der schlechten Zugänglichkeit wird statt des Tiefofens heute für
schwere Stücke der Herdofen mit *ausfahrbarem* Herd verwendet. *Hauben-
öfen* besitzen eine stationäre Grundplatte und eine abhebbare, meist
elektrisch beheizte Haube. Häufig ist innerhalb der Haube noch eine
zweite Schutzhaube angebracht, die beim Wechsel der Heizhaube eine
Berührung des Einsatzgutes mit der Luft vermeidet. *Schachtöfen* besitzen

einen zylindrischen Schacht, der durch einen abnehmbaren Deckel, der mit Asbest oder Sand abgedichtet wird, verschlossen ist. Sie werden meist durch eine große Anzahl kleiner Brenner, die tangential und spiralförmig angeordnet sind, beheizt. Lange Werkstücke werden in Schachtöfen großer Tiefe aufgehängt.

Bei den *Durchlauföfen* läuft das Wärmebehandlungsgut durch den Ofen, der mehrere Zonen unterschiedlicher Temperatur besitzt: die Aufheizzone, die Haltezone und die Abkühlzone. Zu ihnen gehören die *Stoß-*

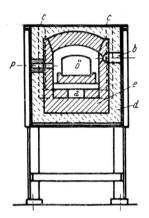 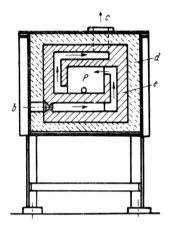

Abb. 44. Kammerofen. *a* Abzugkanal, *b* Brenner, *c* Abgaskanäle, *d* Isoliersteine, *e* Schamottesteine, *ö* Beschickungsöffnung, *p* Öffnung für Pyrometer

Abb. 45. Plattenglühofen. *b* Brenner, *c* Abgaskanal, *d* Isoliersteine, *e* Schamottesteine, *p* Öffnung für Pyrometer

oder *Schuböfen*, die *Band-* oder *Kettenöfen*, die *Rollenherdöfen*, die *Hubbalken-* oder *Balkenherdöfen*, die *Drehherdöfen*, die *Rollöfen*, die *Durchziehöfen* und die *Schneckenöfen*.

Salz- oder *Metallbadöfen* ergeben gleichmäßige Temperatur, rasche Erwärmung ohne Überhitzung, Schutz vor Oxydation und Entkohlung (durch entsprechende Zusätze zum Bad), Schutz vor Durchbiegung dünner Teile, da diese frei hängend in das Bad getaucht werden können und ermöglichen einfaches, auch teilweises Erhitzen der Werkstücke (bei Spiralbohrern, Senkern, Reibahlen u. dgl. soll der Schaft, bei Feilen die Angel weich bleiben).

Diesen Vorteilen steht eine Reihe von Nachteilen gegenüber. Zyanidhaltige Salze sind sehr giftig, so daß eine Reihe von Richtlinien und Sicherheitsvorschriften einzuhalten ist (sichere Aufbewahrung in gekennzeichneten und luftdicht schließenden Behältern, Tragen von Schutzkleidung beim Arbeiten, Vermeidung der Einbringung feuchten Härtegutes wegen der Gefahr von Spritzern, Schutz der Haut, Vermeidung des Rauchens, Essens und Trinkens in Arbeitsräumen, gründliche Reinigung der Hände vor Einnahme von Speisen und Getränken usw.). Die aus den Bädern entweichenden Dämpfe müssen an der Entstehungsstelle abgesaugt werden. Abwässer, die Zyanide enthalten, müssen unschädlich gemacht werden.

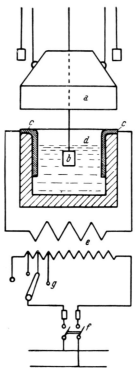

Abb. 46. Salzbadofen. a Abzughaube, b Härtegut, c Elektrode, d Salzbad, e Transformator, f Schalter, g Regelung

Diese Öfen besitzen in einem Tiegel oder einer Wanne das auf Arbeitstemperatur gebrachte Salz oder Metall, in welches das zu erhitzende Werkstück eingetaucht wird. Für Temperaturen unter etwa 1000° verwendet man Tiegel oder Wannen aus Eisen oder hitzebeständigem Stahl. Sie werden von *außen* durch Öl- oder Gasbrenner oder elektrisch durch Heizwendel bzw. von *innen* mit in Röhren eingebauten Heizkörpern oder isoliert eingebauten Elektroden (Salzbadwiderstandsheizung) erhitzt. Zum Härten von Schnellstählen werden mit Schamotte ausgekleidete Tiegel oder Wannen verwendet, die durch eingebaute Elektroden elektrisch beheizt werden (Abb. 46). Metallische Tiegel würden zu schnell verzundern oder verbrennen.

Blei wird nur mehr selten verwendet (bis 900°). Es hat den Vorteil, daß es die Tiegel weniger angreift.

In der Regel verwendet man *Salzgemische*, und zwar für Temperaturen:

über 1000 °C Bariumchlorid ($BaCl_2$) zum entkohlungsfreien Erhitzen von Schnellstahl auf 1200 bis 1300 °C im schamotteausgemauerten Elektrodenofen;

770 bis 1000 °C Gemische von drei Teilen Bariumchlorid und zwei Teilen Kaliumchlorid (KCl);

600 bis 770 °C Gemische aus einem Teil Natriumchlorid (NaCl), Kaliumchlorid und Bariumchlorid und zwei Teilen Kalziumchlorid ($CaCl_2$);

260 bis 600 °C Gemische aus einem Teil Kaliumnitrat (KNO_3) und einem Teil Natriumnitrat ($NaNO_3$) oder den entsprechenden Nitriten;

Unter 260 °C Durferrit-Anlaßsalz AS 140;

Zum Aufkohlen von Einsatzstahl werden zyanidhaltige Salze bei Temperaturen von 900 bis 930 °C verwendet.

Um ein Nachrosten der Werkstücke nach dem Einsatz in Salzbädern zu vermeiden, müssen die Werkstücke von anhaftendem Salz sorgfältig durch Eintauchen in fließendes oder kochendes Wasser befreit werden.

Das *Erhitzen zum Anlassen* kann auf verschiedene Weise erfolgen:

Wird ein Werkstück beim Abschrecken nicht zur Gänze abgekühlt, so wird die Eigenwärme der nicht abgekühlten Teile (Schaft eines Drehstahles) zum Anlassen verwendet. Bei Erreichen der Anlaßtemperatur ist neuerliches Abkühlen erforderlich.

Einfache Werkzeuge (Kreissägen, Messer, . . .) können auf eine entsprechend erhitzte Eisenplatte oder in ein erwärmtes Sandbad gelegt werden.

Lehren und Meßwerkzeuge, die sehr hohe Härte besitzen sollen, werden durch Auskochen in Wasser (100 °C) angelassen. Durch Auskochen in Öl erreicht man höhere Anlaßtemperaturen (über 200 °C).

In der Serienfabrikation erfolgt das Anlassen vielfach durch Eintauchen in entsprechende *Anlaßsalze* (AS 140, 200, 300) oder *Blei*bäder (400 bis 800 °C).

Größere Werkstücke werden in *Glühöfen mit Luftumwälzung* angelassen. Die Luftumwälzung hat den Zweck, eine möglichst gleichmäßige Temperatur im ganzen Ofenraum zu erzielen.

Hilfsmittel zur Temperaturbestimmung

Die Temperaturbestimmung durch *Glühfarben* (s. Tab. 1) setzt große Erfahrung des Härters und gleichmäßige Beleuchtung der Härterei (keine Sonne) voraus und wird daher nur selten angewendet.

Hingegen wird die Anlaßtemperatur in der Einzelfertigung meist durch die *Anlaßfarben* bestimmt (s. Tab. 1). Diese werden an einer vorher blank gemachten Stelle des Werkstückes beobachtet.

Tabelle 1

Glühfarben	°C	Anlaßfarben	°C
Schwarzbraun.......	520 bis 580	Metallischblank	200
Braunrot	580 bis 650	Weißgelb..........	210
Dunkelrot	650 bis 750	Strohgelb..........	220
Dunkelkirschrot	750 bis 780	Gelb	230
Kirschrot..........	780 bis 800	Dunkelgelb	240
Hellkirschrot	800 bis 830	Gelbbraun	250
Hellrot	830 bis 880	Braunrot	260
Gelbrot	880 bis 1050	Purpurrot	270
Dunkelgelb	1050 bis 1150	Violett	280
Hellgelb	1150 bis 1250	Dunkelblau........	290
Weiß	1250 bis 1350	Kornblumenblau ...	300
		Hellblau	310
		Graublau..........	320
		Grau, graugrün	330

Sie beruhen auf der durch die unterschiedliche Dicke der Oxidschicht auftretenden Interferenz des Lichtes.

Bei den *Metallpyrometern* (nur für niedere Temperaturen geeignet) wird ein Zeiger durch einen Bimetallstreifen bewegt. Bimetallstreifen bestehen aus zwei zusammengeschweißten Streifen von Ni-Fe-Legierungen verschieden großer Wärmedehnung.

Widerstandspyrometer bestehen aus Platindraht, der auf einem Quarzstäbchen aufgewickelt ist, und beruhen auf der mit steigender Temperatur erfolgenden Widerstandszunahme, die gemessen wird.

Bei den *Thermoelementen*[1] benutzt man die an der Lötstelle zweier Metalle auftretende Thermospannung zur Temperaturbestimmung. Fe-Konstanten bis 800 °C, CrNi-Konstanten bis 1000°, CrNi-Ni bis 1100°, Pt-PtRh (10% Rh) bis 1500°, Ir-IrRh (60% Rh) bis 2000°, W-WMo (25% Mo) bis 2600°. Die Thermospannung wird durch ein Millivoltmeter ermittelt und ist der Temperaturdifferenz proportional (Abb. 47).

Bei den *Gesamtstrahlungspyrometern* empfängt ein Thermoelement durch ein Objektiv die Strahlung des glühenden Körpers, dessen Temperatur der entstehenden Thermospannung proportional ist (Abb. 48).

Die *Glühfadenpyrometer* besitzen einen Glühfaden, der durch Änderung der Stromstärke auf verschiedene Glühfarben bei jeweils bekannter

---

[1] DIN 43710.

Temperatur gebracht werden kann. Man richtet das Pyrometer gegen den Ofen und regelt den Strom so lange, bis sich der Glühfaden vom Glühraum nicht mehr abhebt. Dann haben Glühraum und Glühfaden dieselbe Temperatur, die man auf einer Skala ablesen kann. Mit diesen Pyrometern kann man die Temperatur aus der Entfernung messen.

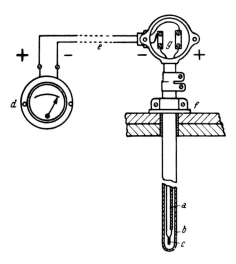

Abb. 47. Pyrometer mit Thermoelement. a Isolierrohr, b Schutzrohr, c Lötstelle, d Millivoltmeter, e Leitungen, f Befestigung, g kalte Enden

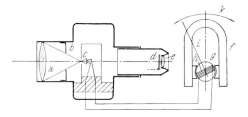

Abb. 48. Gesamtstrahlungspyrometer. a Objektiv, b Blende, c Thermoelement, d Grauglas, e Okular, f Magnet, g Eisenkern, h Drehspule, i Zeiger, k Skala

Einrichtungen und Durchführung des Abkühlens

Das Abschrecken kann durch kühle oder warme Flüssigkeiten (Wasser und wäßrige Lösungen, Öle und Fette, geschmolzene Salze und Metalle), durch kühle feste Körper oder durch bewegte Luft erfolgen. Weiches Wasser härtet besser als frisches Leitungswasser. Durch Zusatz von Kalk, Seife, Alaun, Glyzerin usw. wird die Abschreckwirkung des Wassers herabgesetzt. Sehr gemindert wird die Abschreckwirkung des

Wassers durch eine Ölschicht. Durch Zusatz von Natronlauge oder
Schwefelsäure kann die Abschreckwirkung des Wassers erhöht werden.
Abschrecköle wirken um so stärker, je dünnflüssiger sie sind. Die Abkühlung ist um so schroffer, je niedriger die Temperatur der Flüssigkeit
ist. Man muß daher bei laufendem Härten für eine Wärmeabfuhr Sorge

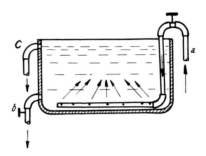

Abb. 49. Abschreckbad. *a* Kaltwasserzufluß, *b* Ablauf, *c* Überlauf

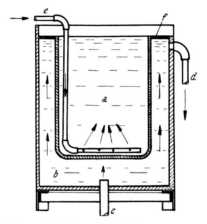

Abb. 50. Wassergekühltes Ölbad. *a* Ölbad, *b* Wasserbehälter, *c* Wasserzufluß,
d Wasserüberlauf, *e* Luftleitung, *f* Deckel

tragen. Bei Wasser erreicht man eine gleichmäßige Temperatur, indem
man stets frisches Wasser zufließen und warmes Wasser oben abfließen
läßt (Abb. 49), oder durch Durchblasen von Preßluft. Ölbäder werden
meist von außen durch Wasser gekühlt (Abb. 50). Bei großen Anlagen
läßt man das Öl durch Kühler und Reiniger umlaufen (Rückkühlanlage).
Die Wahl des Abschreckmittels hängt nicht nur von der Zusammensetzung des Stahles, sondern auch von der Form und Größe des Werkstückes ab. Ein Abschreckmittel wirkt um so stärker, je größer die Ober-

fläche im Vergleich zum Volumen ist. Dünne Teile (Sägen, Klingen, Bänder, . . .) werden zwischen eisernen Platten abgekühlt. In Flüssigkeiten müssen die Werkstücke bewegt werden, damit sich keine Dampfblasen ansetzen und neue Kühlflüssigkeit herangebracht wird. Die Werkstücke müssen möglichst rasch eingetaucht werden. Längere Teile (Bohrer, Reibahlen, Meißel, . . .) sind mit lotrechter Achse einzutauchen, da sie sich sonst verziehen. Große und schwere Teile läßt man ruhig hängen und bewegt die Flüssigkeit. Für Gesenke wird Strahlhärtung angewendet. Dabei wird von unten ein starker Wasserstrahl gegen die Arbeitsfläche geschleudert. Schaftfräser, Gewindebohrer, Spiralbohrer, Reibahlen usw. werden nur teilweise abgeschreckt, indem man sie am Schaft hält und in das Bad taucht. Das Verziehen während des Ab-

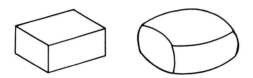

Abb. 51. Formänderung nach mehrmaligem Härten

kühlens kann man durch Festhalten der Werkstücke in Vorrichtungen verhindern. Man verwendet beim Härten von Zahnrädern Härtepressen und beim Abschrecken von Kreissägen sogenannte Quetten.

Härtefehler

Härtefehler haben ihre Ursache in Fehlern des Ausgangswerkstoffes oder in Arbeitsfehlern beim Härten.

Zu den häufigsten Härtefehlern zählen *Spannungen, Verzug* und *Risse*. Ihre Ursachen sind die ungleichmäßige Abkühlung, die infolge der Martensitbildung auftretenden Volumsänderungen und die Gefügeunterschiede zwischen Rand- und Kernzone des Werkstückes. Ein vollkommen spannungsfreies Härten ist demnach überhaupt unmöglich. Deutlich zeigen sich die Auswirkungen der Härtespannungen beim wiederholten Härten eines prismatischen Werkstückes (Abb. 51). Die Form weicht von ihrer ursprünglichen Gestalt immer mehr ab und nähert sich schließlich einer Kugelform. Eine wesentliche Verringerung der Härtespannungen erzielt man durch sofortiges Anlassen nach dem Abschrecken, durch Anwendung der Warmbadhärtung und durch Verwendung von Öl- und Lufthärtern an Stelle von Wasserhärtern. Bei ungünstiger konstruktiver Ausbildung der Werkstücke können die Härtespannungen zu Rissen führen (Abb. 52). Einspringende scharfe Kanten und plötzliche Querschnittsübergänge sind unbedingt zu vermeiden. Auftretende Risse an der Oberfläche sind meist so fein, daß sie mit freiem Auge nicht erkannt werden können. Zu ihrer Feststellung verwendet man Kapillarverfahren (s. Abschn. 2,57) und die magnetische Risseprüfung (s. Abschn. 2,55). Größere Risse im Innern der Werkstücke findet man durch die Röntgenprüfung (s. Abschn. 2,52). und die Ultraschallprüfung (s. Abschn. 2,54). Verzug der Werkstücke kann auch durch unrichtige Lage der Werkstücke beim Erhitzen und Abschrecken (Durchbiegung durch das Eigengewicht) bedingt sein. Können die Ursachen nicht beseitigt werden, so kann der Verzug durch entgegengesetztes Verformen vor dem Abschrecken unschädlich gemacht, oder durch Festhalten in Vorrichtungen verhindert werden.

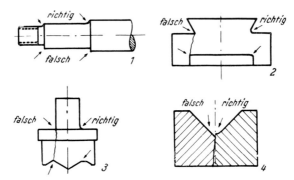

Abb. 52. Richtige und falsche Konstruktion zu härtender Teile

Ungenügende Härte ist eine Folge zu geringen Kohlenstoffgehaltes des Werkstückes, oberflächlicher Entkohlung, ungenügender Erhitzung, nicht genügend schroffer Abschreckung oder von zu hohem Anlassen. Eine oberflächliche Entkohlung verhindert man durch Einpacken der Werkstücke in Holzkohle, Graugußspäne oder feinem Koksgries, durch Erhitzen der Werkstücke in Salzbädern oder unter Schutzgasen. Ungenügend schroffe Abkühlung kann ihre Ursache in der Verwendung unrichtiger Abschreckmittel, im Anhaften von Dampfblasen (Leidenfrostsches Phänomen) oder Auftreten von Luftsäcken (nach oben geschlossene Hohlkörper) oder darin haben, daß der Zutritt des Abschreckmittels durch Zangen, von denen das Werkstück gehalten wird, verhindert wird. Dampfblasen verhindert man durch Bewegen des Werkstückes, Luftsäcke durch Strahlhärtung.

Grobes Korn entsteht bei zu hoher oder zu langer Erhitzung. Es kann durch nochmaliges richtiges Härten beseitigt werden.

Durch zu hohe Temperatur *verbrannter Stahl* ist nicht mehr verwendbar.

1,1238 Die Oberflächenhärtung[1]

Harte Oberflächen sind zur Herabsetzung der Abnützung an vielen Stellen von Werkstücken wie Lagerstellen von Wellen und Bolzen, Zähnen von Zahnrädern usw. erwünscht.

Zur Erzeugung harter Oberflächen wendet man eine Reihe von Verfahren an, die entweder auf Veränderung der Randzone durch Diffusionsvorgänge (Einsetzen, Nitrieren, Karbonitrieren, Borieren, Inkromieren und Silizieren) oder einem Härten oberflächlich erhitzter Werkstücke (Flammen-, Tauch- und Induktivhärten) oder in der Verwendung nicht durchhärtender Werkstoffe (O-Ce-Verfahren) beruhen.

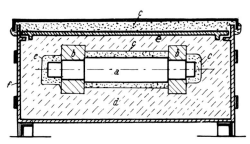

Abb. 53. Zum Einsetzen verpacktes Werkstück. *a* Werkstück, *b* frisches Härtepulver, *c* Lehm, *d* altes Härtepulver, Sand oder Asche, *e* Deckel, *f* Einsatzkasten

Beim *Einsatzhärten* werden Stähle mit geringem Kohlenstoffgehalt (Einsätzstähle) durch Glühen in kohlenstoffabgebenden Mitteln bei Temperaturen um $900°$ an der Oberfläche mit Kohlenstoff angereichert und anschließend gehärtet. Der Aufkohlungsvorgang beruht auf einer Diffusion des Kohlenstoffes, welcher beim Zerfall des umgebenden Gases in atomarer Form vorliegt. Zum Einsetzen verwendet man *feste* (Härtepulver: gepulverte Leder- und Knochenkohle, gelbes Blutlaugensalz, Holzkohle usw., Pasten), *flüssige* (Härtebäder: Zyankali, Durferrit-Kohlungssalze C 2, 3, 4 und 5 usw.) und *gasförmige* Einsatzmittel (Leuchtgas, Azetylen, Alkohol- und Benzoldämpfe, Methan, Propan usw.).

Bei Verwendung fester Einsatzmittel werden die Werkstücke in Einsatzkästen aus zunderbeständigen Werkstoffen in Härtepulver gepackt, gasdicht abgeschlossen und 6 bis 8 Stunden geglüht, wodurch der frei werdende Kohlenstoff bis 2 mm (je nach Glühzeit) eindringt. Sollen Stellen weich bleiben, so werden diese durch Lehmüberzüge, durch Verkupfern, durch Aufbringen von Stahlteilen (Ringe für Wellen, Dorne für Bohrungen oder Platten für ebene Flächen) geschützt oder die

---

[1] Göbel, E., Marfels, W.: Die Oberflächenhärtung und ihre Berücksichtigung bei der Gestaltung. Berlin-Göttingen-Heidelberg: Springer. 1953. — Durferrit-Taschenbuch. Frankfurt: Degussa.

aufgekohlte Schicht (Zugabe erforderlich!) wird an diesen Stellen vor dem Härten entfernt.

Abb. 53 zeigt als Beispiel eine zum Einsatzhärten eingepackte Achse, bei welcher nur die beiden Stellen bei b hart werden sollen und dort mit frischem Einsatzpulver umgeben sind. Der mittlere Teil und die beiden Enden, die nicht hart werden sollen, werden durch eine Lehmschicht c geschützt. Der Kasten wird mit altem Einsatzpulver, Sand oder Asche vollgefüllt und durch einen Doppeldeckel gut verschlossen und die Fugen mit Lehm verschmiert. Da die Kohlungsmittel die Wärme schlecht leiten, sollen die Stücke möglichst dicht gepackt und die

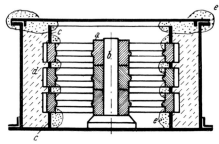

Abb. 54. Einsetzen von Zahnrädern. a Zahnräder, b Dorn, c Blechringe, d Härtepulver, e Lehm

Kästen nicht zu groß gewählt werden. Vor dem Schließen der Deckel ist das Kohlungsmittel durch Rütteln oder Stampfen soweit zu verdichten, daß bei der Erhitzung kein unausgefüllter Hohlraum entsteht. Die Glüh-dauer richtet sich nach der Tiefe der gewünschten Härteschicht. Abb. 54 zeigt das Einsetzen von Zahnrädern bei Serienfertigung. Da nur die Zähne hart werden sollen, werden die übrigen Stellen durch Blechringe und Lehmschichten vor Aufkohlung geschützt. Oft packt man unter-halb des Deckels einen Probekörper ein, an welchem man zunächst die Tiefe der Aufkohlung feststellt bevor die Werkstücke herausgenommen werden. Nach dem Aufkohlen soll der Kohlenstoffgehalt der Rand-schichte nicht höher als 0,9% sein, da sonst die Gefahr des Abblätterns dieser Schichte besteht.

Das *Badaufkohlen* in Härtebädern ist einfacher und spart Zeit, wenn Kohlungstiefen unter 1 mm verlangt werden. Die Zusammensetzung des Einsatzmittels muß dem Stahl und der verlangten Einsatztiefe angepaßt werden. Durch die größere Wärmeleitung und gleichzeitige Berührung der gesamten Werkstückoberfläche mit dem wärmeabgeben-den Mittel erfolgt die Aufheizung viermal so schnell wie in Luft oder Gas. Das Badaufkohlen findet in der Massenfertigung kleiner Teile Verwen-dung.

Das *Gasaufkohlen* findet Anwendung, wenn größere Mengen aufge-

kohlt werden müssen und eine eigene Anlage zur Erzeugung des Kohlungsgases lohnend ist. Das Homocarb-Verfahren arbeitet mit 70% Alkohol
und 30% Benzol, die in eine glühende Retorte tropfen und dort vergast
werden.

An das Aufkohlen schließt sich das Härten der aufgekohlten Schicht.
Das Härten aus der Einsatzhitze ist das wirtschaftlichste Verfahren.
Bei diesem kann jedoch keine Rücksicht darauf genommen werden,
daß die Härtetemperatur von Rand- und Kernzone wegen des unterschiedlichen Kohlenstoffgehaltes verschieden und daß durch die lange
Glühbehandlung ein grobkörniges Gefüge entstanden ist. Wegen des
höheren Kohlenstoffgehaltes verlangt das *Randhärten* eine niedrigere
Härtetemperatur als das *Kernhärten*. Vielfach erfolgt daher ein *Doppelhärten*, das aus einem Kernhärten bei hoher Temperatur und anschließendem Randhärten bei niedriger Temperatur besteht. Das Doppelhärten
ist meist nur bei hoher Einsatztemperatur und langer Einsatzzeit notwendig und ergibt einen größeren Verzug als das Einfachhärten. Es
wird meist in Salzbädern durchgeführt, wo für das Kernhärten eine
Abschrecktemperatur von 550° genügt. Soll ein Abarbeiten nicht zu
härtender Teile erfolgen, so folgt dem Härten aus der Einsatzhitze ein
Zwischenglühen mit langsamer Abkühlung und nach der Bearbeitung
ein Randhärten.

Beim *Nitrieren* diffundiert Stickstoff in die Stahloberflächenschicht.
Beim *Gasnitrieren* werden mit Aluminium, Chrom oder Vanadium
legierte Stähle (Nitrierstähle) ein bis mehrere Tage bei etwa 500 °C in
Ammoniak geglüht, wodurch sich an der Stahloberfläche sehr harte
Nitride von Aluminium, Chrom oder Vanadium bilden. Die Dicke der
harten Schicht nimmt mit der Nitrierzeit und mit der Nitriertemperatur
zu (0,4 mm Dicke: 36 Stunden bei 510 °C bzw. 16 Stunden bei 560 °C).
Vor der Nitrierung werden diese Stähle vergütet und auf mindestens
550 °C angelassen. Man arbeitet meist mit Temperaturen von 500 °C,
da bei höheren Temperaturen die Härte der Nitrierschicht und die
Festigkeit des Kernes sinkt. Beim Nitrieren entstehen keine Härtespannungen (da kein Abschrecken erfolgt), geringer Verzug, hohe
Dauerschwingfestigkeit gekerbter Bauteile (hervorgerufen durch Druck-
eigenspannungen an der Stahloberfläche), hohe Anlaßbeständigkeit und
hohe Warmriß- und Korrosionsbeständigkeit. Nachteilig sind die geringe
Härtetiefe (keine Nacharbeit möglich) und die lange Glühzeit.

Eine Bildung harter Nitrierschichten erzielt man auch durch Glimm-
entladungen[1] von Teilen in einer Atmosphäre aus Ammoniak (*Ionitrie-
ren*) bei 20 bis 50 Stunden Einwirkungsdauer.

---

[1] Knüppel, H., Protzmann, W., Eberhardt, F.: Nitrieren von Stahl
in der Glimmentladung. Stahl und Eisen *1958*, 1871—1880.

Eine Herabsetzung der Nitrierzeit ergibt das Nitrieren in Bädern aus Kaliumzyanid und Kaliumzyanat bei 540 bis 570 °C (*Badnitrieren*), wobei sich das Zyanat zersetzt und Stickstoff und Kohlenstoff in die Oberflächenschicht hineindiffundieren. Es entsteht eine Schicht aus Eisen-Stickstoff-Kohlenstoffverbindungen (Verbindungszone), vorwiegend aus ε-FeN von etwa 10 bis 15 µm Dicke. An diese schließt sich eine nur mit Stickstoff angereicherte Diffusionszone. Diffusionsgeschwindigkeit und Eindringtiefe sind bei unlegierten Stählen am größten (bei 90 Minuten Nitrierdauer: 0,5 bis 0,8 mm Eindringtiefe). Bei mit Aluminium, Chrom und Vanadium legierten Stählen wird der Stickstoff von diesen Elementen gebunden, wodurch Diffusionsgeschwindigkeit und Eindringtiefe herabgesetzt werden (bei 90 Minuten Nitrierdauer 0,2 mm Eindringtiefe).

Bei feinzahnigen Schnellstahlwerkzeugen (Gewindebohrer, Reibahlen, Räumnadeln, Abwälzfräser) erzielt man durch Badnitrieren eine erhebliche Steigerung der Standzeit (Härtesteigerung, Vermeidung von Aufbauschneiden, verringerte Reibung). Sie werden nach dem Härten und Schleifen 2 bis 15 Minuten in die Nitrierbäder getaucht und dann an der Luft abgekühlt. Nitrierte Werkzeuge der spanlosen Fertigung besitzen hohe Maßgenauigkeit und größere Standzeit. Bei Kaltarbeitswerkzeugen (Zieh- und Schneidwerkzeuge) ist die Standzeit vor allem durch das gute Gleitverhalten (kein Verschweißen), die hohe Verschleißfestigkeit und Polierfähigkeit, bei Warmarbeitswerkzeugen (Druck- und Spritzgußformen, Strangpreßmatrizen) durch die höhere Anlaß- und Warmrißbeständigkeit der Verbindungszone bedingt.

Werkstücke aus un- und niedriglegierten Stählen (Zylinderlaufbüchsen, Schraubenräder, Nocken- und Kurbelwellen) zeigen bei Nitrierzeiten von 60 bis 90 Minuten und geringer Härte der Nitrierschicht (*Weichnitrieren*) bedeutend verringerten Reibungswiderstand und Abnützung (Notlaufeigenschaften), da durch den nichtmetallischen Charakter der Verbindungszone ein Fressen und Verschweißen verhindert wird.

Beim *Sufonitrieren*[1, 2] (Sulf-Inuz-Verfahren) erfolgt gleichzeitig mit der Nitrierung eine Schwefeleinlagerung in der äußersten Randzone, wodurch man besonders günstige Notlaufeigenschaften erzielt.

Beim *Karbonitrieren* diffundieren Kohlenstoff *und* Stickstoff aus Salzbädern mit Zyanverbindungen in die Stahloberfläche. Bei 880 bis

---

[1] Müller, J.: Das Weichnitrieren und das Sulf-Inuzieren, zwei neue Verfahren zum Behandeln verzahnter Bauteile. Z. VDI *1958*, 235—239.

[2] Müller, J.: Verschleißminderung durch schweflige Oberflächenschichten. Durferrit Hausmitt. *1956*, 6—9; Salzbäder zur Erzielung schwefelhaltiger Nitrierschichten mit besonderen Einlauf- und Verschleißeigenschaften. Ind. Bl. *1957*, 385—397.

1100 °C ist die Stickstoffaufnahme sehr gering, so daß hauptsächlich Kohlenstoff eindiffundiert (Aufkohlen). Bei 700 °C diffundieren Kohlenstoff und Stickstoff bereits in gleicher Menge in die Stahloberfläche. Dieses *Karbonitrieren unter* A_1 wird in der Feinwerktechnik für Teile aus unlegiertem Einsatzstahl angewendet (15 bis 90 Minuten erhitzen in einem Salzbad aus 60% KCN und 15 bis 20% KCNO, mit anschließendem Abschrecken in Salzwasser). Beim *Karbonitrieren bei 850 °C* ergibt sich ein Stickstoff-Kohlenstoff-Verhältnis von etwa 0,2. Es wird in der Uhren- und Büromaschinenfertigung in Zyanbädern oder in Gasen durchgeführt, die sich aus einem Trägergas und Methan oder Propan, denen 5 bis 30% Ammoniak zugesetzt werden, zusammensetzen. Anschließend wird in Öl oder Salzwasser abgeschreckt.

Beim *Flammenhärten* (Brennhärten)[1] werden Werkstücke aus härtbaren Stählen oder Gußeisen mit 0,4 bis 0,6% chemisch gebundenem Kohlenstoff durch eine Azetylen- oder Leuchtgasflamme rasch oberflächlich erhitzt und durch Aufspritzen von kaltem Wasser abgeschreckt.

Das Brennhärten kann behelfsmäßig von Hand oder mit *Härtemaschinen* durchgeführt werden, bei welchen ein Brenner besonderer Form über die zu härtenden Flächen geführt wird. Diesem Brenner folgt in geringem Abstand ein Brausenkopf, aus dem Wasser auf die erhitzte Fläche gespritzt wird. Es können mit diesem Verfahren auch kleine Flächen an großen Werkstücken (Führungen an Maschinenständern) gehärtet werden. Infolge des allmählichen Überganges des Rand- in das Kerngefüge muß kein Abblättern befürchtet werden.

Ein weiterer Vorteil dieses Härteverfahrens liegt darin, daß die ganze Operation des Härtens nur wenige Minuten dauert und die Einrichtungen hiefür geringen Platz benötigen. Aus diesem Grunde eignet es sich vorzüglich zum Einbau in eine Fließfertigung. Die Anschaffungskosten für die ganze Anlage sind verhältnismäßig gering, die Bedienung der Brenner kann leicht durch angelernte Arbeiter erfolgen, besondere Fachkenntnisse sind hiefür nicht erforderlich.

Die *Durchführung* des Autogenhärtens geschieht auf die Weise, daß ein Brenner langsam über die Werkstückoberfläche geführt wird. Der Brenner ist an eine Leitung für brennbares Gas (meist Azetylen, seltener Wasserstoff- oder Leuchtgas) und Sauerstoff angeschlossen und besitzt eine Anzahl von Düsen. Die Brennerflamme erhitzt die Oberfläche rasch auf Härtetemperatur, deren Höhe durch die Glühfarben oder mittels optischem Pyrometer festgestellt werden kann. Knapp hinter dem Brenner folgt die Abschreckbrause, die an eine Wasserleitung angeschlossen ist und durch eine entsprechende Anzahl von Düsen für eine

---

[1] Grönegress, H.: Brennhärten (Werkstattbücher, Heft 89). Berlin-Göttingen-Heidelberg: Springer. 1962.

feine Verteilung des Wasserstrahles sorgt. Die Kühlwassermenge muß
auf jeden Fall ausreichend sein, um die Werkstückoberfläche rasch und
genügend tief abzuschrecken.

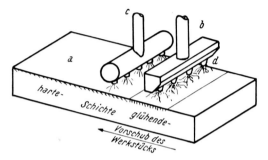

Abb. 55. Linienhärtung. *a* Werkstück, *b* Brenner mit Düsen *d*, *c* Abschreckbrause

Die Brenner werden entsprechend der Werkstückoberfläche ausgebildet. So unterscheidet man eine „Linienhärtung" mit einfachem Düsenbrenner für ebene Flächen (Abb. 55), eine „Ringhärtung" mit kreis-
förmigem Brenner für zylindrische Flächen (Abb. 56), eine „Mantelhärtung" mit halbringförmigem Brenner für gekröpfte Werkstücke, zum

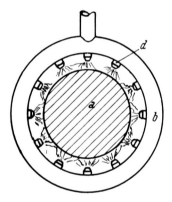

Abb. 56. Ringhärtung. *a* Werkstück, *b* Brenner mit Düsen *d*

Beispiel Kurbelwellen (Abb. 57) sowie verschiedene Sonderbrenner zum
Härten von Zahnrädern, Führungsleisten, Gleitbahnen und ähnlichen.
Der Vorschub kann sowohl durch das Werkstück als auch durch Brenner
und Abschreckbrause erfolgen. Entscheidend dabei ist die Werkstück-
größe und die Einfachheit der Durchführung. Bei zylindrischen Arbeits-
stücken vollführen immer diese die rotierende Bewegung, während der
Vorschub nach den vorerwähnten Gesichtspunkten gewählt wird.

Vorschubgeschwindigkeit und Drehzahl des Arbeitsstückes hängen von der Form und Größe desselben ab und werden meist durch Versuche bestimmt.

Ein *Anlassen* ist meist nicht nötig, da die Rückerwärmung aus dem Innern nach dem Abschrecken für den Spannungsausgleich sorgt.

Angewendet wird das Flammenhärten zum Härten von Kurbel- und Nockenwellen, für Zapfen, Wellen, Bolzen, Zahnräder, Führungsleisten und Gleitbahnen von Werkzeugmaschinen und bei Reparaturarbeiten zum Härten sperriger Stücke, bei welchen es oft die einzig mögliche Art des Härtens darstellt.

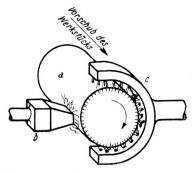

Abb. 57. Mantelhärtung. *a* Werkstück, *b* Brenner, *c* Abschreckbrause

Beim *Induktionshärten* [1] erfolgt die oberflächliche Erhitzung durch die Induktionswirkung eines Heizleiters, der mit mittel- oder hochfrequentem Wechselstrom beschickt wird. Die Heizleiter müssen der Form des Werkstückes angepaßt sein. Mit steigender Frequenz sinkt die Eindringtiefe des Stromes und die Dicke der erwärmten Zone. Die Durchführung dieses Verfahrens ist ähnlich dem Brennhärten. Dem Heizleiter (Induktor) folgt eine Abschreckbrause. Es ist jedoch möglich, dünnere Härtezonen als beim Brennhärten zu erzielen. Vorteilhaft ist die geringe Verzunderung (sehr kurze Erwärmungszeit) und die gute Regelbarkeit (sehr wenig Ausschuß). Das Induktionshärten findet Anwendung in der Serienhärtung kleiner bis mittlerer Teile (Einbau der Anlage in Fließbänder).

Beim *Tauchhärten* [2] werden Werkstücke aus härtbarem Stahl durch Eintauchen in heiße Salz- oder Metallbäder rasch oberflächlich erhitzt

---

[1] Höhne, E.: Induktionshärten (Werkstattbücher, Heft 116). Berlin-Göttingen-Heidelberg: Springer. 1955. — Brunst, W.: Die induktive Wärmebehandlung unter besonderer Berücksichtigung des Härtens der Stähle. Berlin-Göttingen-Heidelberg: Springer. 1957. — VDI-Richtlinien 3133: Induktionshärten.

[2] Klärding, J., Ruhfuss, H.: Tauchhärtung. Z. VDI *1941*, 486—488. — Grün, P.: Die Tauchhärtung. Härtereitechn. Mitt. *1943*, 149—153.

und anschließend abgeschreckt. Die Temperatur des Bades soll mindestens 100° oberhalb der Härtetemperatur des Stahles liegen. Durch Vorwärmen des Stückes kann man die entstehenden Spannungen verringern. Je niedriger die Temperatur des eingetauchten Stückes und je höher die Badtemperatur ist, um so kleiner ist die Tiefe der erzeugten Härtezone. Gegenüber dem Brenn- und Induktionshärten hat das Tauchhärten den Vorteil, daß in dem gleichen Schmelzbad die verschiedensten Werkstücke ohne Vorrichtung gehärtet werden können.

Beim *OCe-Verfahren*[1] (ohne Cementation) wird das bis in den Kern erwärmte Werkstück als Ganzes erhitzt und anschließend abgeschreckt, wobei gleichzeitig mit der Oberflächenhärtung eine Kernvergütung erzielt wird. Das Abschrecken erfolgt in einem Tauchbad von 200° mit nachfolgendem Abkühlen an ruhiger Luft. Man verwendet einen Stahl von rund 0,8% C und 0,1% V, wobei die Einhärtetiefe durch den Mangangehalt geregelt wird.

Beim *Borieren* werden dünne Randschichten sehr hoher Härte durch Behandlung in oder mit borabgebenden Mitteln erzeugt. *Badborieren* erfolgt durch elektrolytische Zersetzung von Borax bei 950 °C mit dem Werkstück als Kathode und einer Graphitanode. Beim *Pastenborieren* wird eine Paste aus Borkarbid, Kryolith und hydrolisiertem Äthylsilikat aufgestrichen und getrocknet und anschließend mit hoher Frequenz induktiv bei etwa 1200 °C geglüht. Beim *Gasborieren* erfolgt ein Glühen in einem Diboran-Wasserstoff-Gemisch bei 800 bis 850 °C. In allen Fällen bilden sich sehr harte und spröde Eisenboridschichten.

Beim *Inkromieren* läßt man Chromchlorid in festem, flüssigem oder gasförmigem Zustand bei etwa 1000 °C auf die zu schützenden Stahlteile einwirken. In einer etwa 0,1 mm dicken Schicht nimmt der Chromgehalt von außen 35% auf Null ab. Die Schicht ist sehr hart, sehr korrosions- und zunderbeständig.

Hohen Verschleißwiderstand besitzen auch elektrolytisch aufgebrachte *Hartchromschichten*. Beim Hartverchromen werden die in einem besonderen Bad anodisch aufgerauhten Teile in Bäder aus Chromsäure bei 50 bis 60 °C mit Schwefelsäurezusatz gebracht, wodurch Schichtdicken von 2 bis 20 μm entstehen.

Beim *Silizieren* werden Stähle mit unter 0,1% C bei 1000 bis 1200 °C in Siliziumchlorid geglüht, wodurch verschleißfeste und säurebeständige Schichten entstehen, die wie alle Diffusionsschichten sehr widerstandsfähig gegen Verformung und Abblättern sind.

---

[1] Riebensahm, P.: Das OCe-Verfahren. Härtereitechn. Mitt. *1943*, 154—165.

1,1239 Das Glühen

Unter Glühen versteht man nach DIN 17014 das Erwärmen eines Werkstückes auf eine bestimmte Temperatur und Halten bei dieser Temperatur mit nachfolgendem, in der Regel langsamen Abkühlen. Obwohl die Werkzeug- und Schnellstähle fast ausschließlich und die Baustähle vorwiegend geglüht zur Lieferung gelangen, ist im Lauf ihrer weiteren Verarbeitung meist noch eine zusätzliche Glühbehandlung notwendig.

Beim *Spannungsfreiglühen* sollen die von einer Kalt- oder Warmverformung, vom Schweißen, Zerspanen oder Gießen zurückbleibenden Spannungen möglichst weitgehend beseitigt werden. Man erhitzt dabei auf Temperaturen, bei denen die Elastizitätsgrenze stark herabgesetzt ist. Diese Temperatur beträgt bei Baustählen 550 bis 600°, bei Werkzeugstählen 600 bis 650° und bei Schnellstählen bis 700°. Das Glühgut muß langsam auf die entsprechende Temperatur erwärmt, 2 bis 6 Stunden bei dieser gehalten und zur Vermeidung neuer Spannungen langsam im Ofen oder in Asche abgekühlt werden. Spannungsfreiglühen wird auch bei Werkzeugen angewendet, welche beim Härten maßgenau bleiben sollen. In diesen Fällen werden die Werkzeuge erst nach dem Spannungsfreiglühen auf genaues Maß bearbeitet und gehärtet.

Das *Weichglühen* hat den Zweck, den streifenförmigen Perlit möglichst weitgehend in körnigen Perlit zu verwandeln, wodurch die Zugfestigkeit verringert, die Zähigkeit erhöht und die spanlose und spanabhebende Bearbeitbarkeit verbessert wird. Die Ledeburitkarbide der Schnellstähle können beim Weichglühen in ihrer Form jedoch nicht verändert werden. Ihre Zertrümmerung und Verteilung ist nur durch Walzen oder Schmieden möglich. Für die Erzeugung von körnigem Perlit bestehen die folgenden vier Möglichkeiten:

Langzeitiges Glühen unter Temperaturen A_{c1} (Perlittemperatur).

Glühen knapp über der Temperatur A_{c1} mit anschließendem langsamen Abkühlen bis unter A_{r1} bzw. Pendeln zwischen Temperaturen knapp über A_{c1} und knapp unter A_{r1}.

Durch Anlassen beschleunigt abgekühlter Stähle.

Durch sehr langsames Durchlaufen des Umwandlungsgebietes von Austenit zu Perlit.

Unlegierte Bau- und Werkzeugstähle bis 0,9% Kohlenstoffgehalt werden nach dem ersten Verfahren, legierte Werkzeugstähle nach dem zweiten Verfahren geglüht. Nach dem Glühen muß zur Vermeidung von Spannungen langsam abgekühlt werden. Das dritte Verfahren wird bei höherlegierten Chromnickelstählen angewendet. Das vierte Verfahren, die isothermische Umwandlung, findet vor allem beim Glühen nicht zu dicken Werkstoffes direkt aus der Walz- oder Schmiedehitze Verwendung. Der langsame Temperaturabfall soll bis etwa 50° unter A_1 nicht mehr als 5 °C je Stunde betragen. Bezüglich der Glühtemperaturen der verschiedenen Stahlsorten sei auf die Anweisungen der Stahlwerke verwiesen. Die Anheizzeiten sind von der Größe und Zusammensetzung (Wärmeleitfähigkeit) der Werkstücke abhängig. Zur Vermeidung von Verwerfungen und Rißbildung soll langsam erhitzt werden.

Ein Weichglühen ist auch das sogenannte *Rekristallisationsglühen* von kaltverformtem Stahl. Um Grobkornbildung zu vermeiden, muß die Glühtemperatur dem Verformungsgrad angepaßt sein. Beim Rekristallisationsglühen tritt eine Neubildung des durch Verformung verzerrten Kornes ein. Die Glühzeiten können kürzer als beim vorher besprochenen Weichglühen gehalten werden. Bei vergüteten Stählen darf die Glühtemperatur nicht über der Anlaßtemperatur liegen. Zur Anlaßsprödigkeit neigende Stähle müssen nach dem Glühen rasch in Wasser abgekühlt werden.

Durch *Normalglühen* oder *Normalisieren* soll grobkörniges (überhitztes) oder ungleiches Gefüge nach dem Schmieden, Walzen oder unrichtigem Glühen in ein gleichmäßiges, feinkörniges verwandelt werden. Es besteht in einem Erwärmen über *GOSK* (A_{c3} bei untereutektoiden und A_{c1} bei übereutektoiden Stählen) mit nachfolgender rascher Abkühlung, die meist an Luft erfolgt. Durch Überschreiten von *GOSK* beim Erhitzen und Unterschreiten von *GOSK* beim Abkühlen erfolgt eine zweimalige Gefügeumwandlung. Die Feinheit des Kornes ist abhängig von der Höhe der Glühtemperatur, der Haltezeit und der Abkühlungsgeschwindigkeit. Die Umwandlungstemperatur soll bei kleinen Werkstücken nur knapp über *GOSK*, bei großen Werkstücken maximal 50° über *GOSK* liegen. Zur Vermeidung von Kornwachstum soll auch die Haltezeit kurz bemessen sein und die Abkühlung auf 600° rasch erfolgen. Um Spannungen zu vermeiden, soll unter 600° langsam abgekühlt werden. Andernfalls muß nach dem Normalisieren ein Spannungsfreiglühen erfolgen. Bei besonders grobem Gefüge kann ein mehrmaliges Normalisieren erforderlich sein.

Das *Diffusionsglühen* erfolgt längere Zeit bei etwa 1100° und hat den Zweck, bei Stahlgußstücken örtliche Unterschiede in der Zusammensetzung (Kristallseigerungen, Sulfideinschlüsse, . . .) auszugleichen.

Hochglühen ist ein Erhitzen auf Temperaturen oberhalb A_{c3} mit nachfolgendem möglichst langsamen Abkühlen bis A_{r1} und anschließendem beliebigem Abkühlen zur Erzielung eines groben Kornes zwecks Verbesserung der Bearbeitbarkeit.

1,124 Das Gußeisen

Man unterscheidet Gußeisen *erster* Schmelzung, das direkt aus dem Hochofen gegossen wird, und Gußeisen *zweiter* Schmelzung, das in einem Gießereischmelzofen aus Roheisen, Ausschußgußstücken, Eingußtrichtern, Speisern (Kreislaufmaterial) und einem kleinen Teil von Stahlabfällen erschmolzen wird.

Nach der Gefügeausbildung unterscheidet man graues Gußeisen (mit Lamellengraphit bzw. Kugelgraphit), weißes Gußeisen (Hartguß) und Schalenguß.

Der Kohlenstoffgehalt des Gußeisens beträgt 3 bis 3,5%. Im flüssigen Zustand ist der Kohlenstoff im Eisen gelöst. Bleibt er beim Erstarren als Eisenkarbid (Zementit Fe_3C) chemisch gebunden, so entsteht weißes Gußeisen, das eine weiße Bruchfläche besitzt.

Beim *grauen Gußeisen* [1] scheidet sich der Kohlenstoff beim Erstarren als Graphit aus, wodurch eine graue Bruchfläche entsteht. Die Graphitausscheidung wird durch langsame Abkühlung und höheren Silizium-Gehalt begünstigt (ähnlich wirken auch Al und Ni). Das Silizium bildet mit dem Eisen Mischkristalle und verdrängt den Kohlenstoff aus der Lösung. Der sich während der Erstarrung ausscheidende Graphit kompensiert die infolge der Schwindung auftretende Volumsverminderung und bewirkt dadurch ein gutes Ausfüllen der Gießform. Die beste Gießbarkeit (Dünnflüssigkeit, Formfüllungsvermögen) besitzt das graue Gußeisen bei der eutektischen Zusammensetzung. Bei reinen Fe-C-Legierungen liegt das Graphiteutektikum bei 4,25% C. Es wird durch Phosphor und Silizium zu niederen C-Gehalten verschoben:

$$C_{eut} = 4,25 - 0,3 \cdot (Si + P).$$

Den größten Anteil an der Erzeugung hat das Gußeisen mit *Lamellengraphit*. Bei diesem besitzt der ausgeschiedene Graphit Blättchenform, wodurch der tragende Querschnitt der daraus hergestellten Bauteile stark vermindert wird und eine Kerbwirkung entsteht. Es besitzt somit geringe Zugfestigkeit und Bruchdehnung, jedoch hohe Druckfestigkeit, gute Gießbarkeit, Bearbeitbarkeit und Dämpfungsfähigkeit für mechanische Schwingungen sowie gute Rost- und Feuerbeständigkeit. Man stellt aus ihm Gewichte, Geschirr, Herde, Öfen, Heizkörper und Teile von Schiffs-, Werkzeug-, Textil-, Land- und Haushaltmaschinen her. Nach ÖNORM M 3191 (DIN 1691) unterscheidet man (Festigkeitswerte an getrennt gegossenen Proben mit 30 mm Rohgußdurchmesser):

---

[1] Piwowarsky, E.: Hochwertiges Gußeisen, seine Eigenschaften und die physikalische Metallurgie seiner Herstellung. Berlin-Göttingen-Heidelberg: Springer. 1951.

	σ_{zB} N/mm²	σ_{bB} N/mm²
GG-10	über 98	
GG-15	über 147	über 294
GG-20	über 196	über 353
GG-25	über 245	über 412
GG-30	über 294	über 471
GG-35	über 343	über 530

Gußeisen mit Lamellengraphit mit bestimmten magnetischen Eigenschaften GG-10.9.

Außer dem Graphit enthält das graue Gußeisen noch die Gefügebestandteile Ferrit und Perlit. Fehlt der Ferrit so spricht man von Perlitguß, welcher eine größere Festigkeit besitzt.

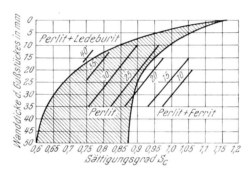

Abb. 58. Gefügeschaubild von Sipp

Den Einfluß des Kohlenstoffes, der Eisenbegleiter und der Wanddicke auf die Gefügeausbildung und Festigkeit des grauen Gußeisens mit Lamellengraphit zeigt das Gefügeschaubild von *Sipp* (Abb. 58) das in abgewandelter Form auch in der ÖNORM M 3191 und DIN 1691 verwendet wird. In ihm ist als Abszisse der Sättigungsgrad und als Ordinate die Wanddicke aufgetragen. Der *Sättigungsgrad* ist das Verhältnis des wirklichen C-Gehaltes zum eutektischen C-Gehalt: $S_C = C/C_{eut}$. Bei Zusammensetzung und Wanddicke entsprechend dem mittleren schraffierten Feld ist perlitisches Gußeisen, entsprechend dem linken oberen Feld weißes Gußeisen und entsprechend dem rechten unteren Feld ferritisches Gußeisen zu erwarten. Außerdem sind in das Schaubild noch die Linien gleicher Zugfestigkeit eingetragen. Dadurch wird es möglich, bei bestimmter Wanddicke und verlangter Zugfestigkeit die Gattierung festzulegen.

Die Erhöhung der mechanischen Festigkeit des grauen Gußeisens kann erfolgen durch

Beeinflussung des metallischen Grundgefüges,

Erniedrigung des Kohlenstoff- und damit des Graphitgehaltes und Beeinflussung der Graphitausbildung.

Für hochfestes Gußeisen (bis 350 N/mm²) ist perlitisches Gefüge Voraussetzung. Für höhere Festigkeiten sind Legierungszusätze erforderlich. Diese führen bereits im Gußzustand zur Bildung von Zwischenstufengefüge (0,5 bis 0,8% Mo, 1 bis 3% Ni). Man erzielt Festigkeiten bis 500 N/mm², höhere Zähigkeit und bessere Bearbeitbarkeit.

Der Kohlenstoffgehalt ist mit 2,8 bis 3% nach unten mit Rücksicht auf die Schmelzbarkeit im Kupolofen, die größere Lunkerneigung und Schwindung und das geringere Fließvermögen begrenzt. Er wird durch Zugabe größerer Mengen von Stahlschrott herabgesetzt.

Die Beeinflussung der Graphitausbildung erfolgt durch Überhitzen auf 1500 °C, durch Impfen oder durch Ausbildung als Kugelgraphit.

Durch *Überhitzen* auf 1500 °C werden die Graphitkeime, die sonst stets noch im flüssigen Gußeisen verbleiben, aufgelöst, so daß sich der Graphit beim Abkühlen gleichmäßig fein verteilt abscheiden kann.

Beim *Impfen*[1] wird der Gußeisenschmelze vor dem Abguß 0,2 bis 0,4% FeSi, CaSi oder kombinierte Mittel wie SiMnZr zugesetzt, welche die Bildung stark verästelter Graphitgebilde verhindern und die Entstehung zahlreicher, jedoch kleiner Kristallisationsbereiche des Graphits fördern. Durch die Bildung groblamellaren für den Kraftfluß günstigen Graphits wird die Festigkeit erhöht und werden Wanddickenempfindlichkeit und Härte herabgesetzt. Das Impfen kann während der Pfannenfüllung (Einbringen in den Strahl während der Pfannenfüllung, Einblasen, Eintauchen mittels Glocke oder Einrühren in die Schmelze, Zugabe in die leere Pfanne) oder der Formfüllung (Einstreuen in den Gießstrahl oder die Form) erfolgen.

Beim *Gußeisen mit Kugelgraphit* erzielt man eine Ausscheidung des Graphits in Kugelform durch Zusätze von Magnesium (in England auch von Cer), die entschwefeln, desoxydieren und die Oberflächenspannung der Schmelze verringern. Gußeisen mit Kugelgraphit hat bereits im unbehandeltem Zustand hohe Bruchdehnung und ist nach einer entsprechenden Glühbehandlung im kalten Zustand plastisch verformbar. Das Gefüge der Grundmasse besteht im Gußzustand größtenteils aus Perlit, neben dem je nach dem Si- und Mn-Gehalt noch Ferrit und Ledeburit auftreten können. Durch besondere Wärmebehandlungen kann der Ledeburit beseitigt oder weitere Gefügearten erzielt werden (Austenit, Zwischenstufengefüge, Martensit). Die Wanddickenabhängigkeit ist sehr gering.

Wegen des niedrigen Siedepunktes des Magnesiums (1102 °C) ver-

---

[1] Reifferscheid, K.: Verfahren zum Impfen von Gußeisen. Gießerei *1967*, 621—624.

wendet man entsprechende Vorlegierungen. Leichtere Vorlegierungen müssen durch Tauchglocken von Hand oder mit besonderen Vorrichtungen untergetaucht, Vorlegierungen mit Nickel können einfach in die Pfanne gebracht werden. Gußeisen mit Kugelgraphit findet für Teile höherer Beanspruchung Verwendung, die früher aus Stahlguß hergestellt werden mußten. In der folgenden Tabelle *sphärolitisches Gußeisen* nach *ÖNORM M 3193* (s. auch DIN 1693) sind Festigkeitswerte für getrennt gegossene Probestücke angeführt:

Bezeichnung	σ_B mind. N/mm^2	σ_S mind. N/mm^2	δ_5 mind. %	Gefüge
SG 42	412	275	12	vorwiegend Ferrit
SG 50	490	343	7	Ferrit/Perlit
SG 60	588	412	2	vorwiegend Perlit
Sondergüte SG 38	373	245	17	vorwiegend Ferrit
Sondergüte SG 70	686	490	2	vorwiegend Perlit

Weißes Gußeisen (Hartguß) [1] enthält weniger Silizium (bzw. andere graphitbildende Elemente wie Al, Ni, Cu, Ti, Co) und mehr Mangan (bzw. karbidbildende Elemente wie Cr, Mo, V, Te), ist sehr hart und schwer zerspanbar. Es enthält bei eutektischer Zusammensetzung den Gefügebestandteil Ledeburit, bei übereutektischer Zusammensetzung (über 4,3% C) noch Primärzementit und bei untereutektischer Zusammensetzung (unter 4,3% C) noch Perlit und Sekundärzementit. Aus Hartguß stellt man Teile her, die durchgehend hart sein sollen (Walzen für Walzenbrecher, Laufräder für Dampfpflüge).

Schalenguß besitzt einen Kern aus grauem und eine Schale aus weißem Gußeisen. Zu seiner Herstellung vergießt man ein Gußeisen mit bestimmten Mangan- und Silizium-Gehalt und legt an die Stellen die weiß erstarren sollen Schreckplatten aus Gußeisen (Kokillen) ein. Karbidbildende Elemente erhöhen die Schrecktiefe des Schalengusses. Aus ihm stellt man Eisenbahnräder, Kollergangsringe und -platten, Ziehringe, Walzen für Stahl und Nichteisenmetalle, für Druckerei-, Müllerei-, Papier-, Gummi- und Textilmaschinen her.

Chrom, Silizium und Aluminium erhöhen die *Zunderbeständigkeit* des Gußeisens (feuerbeständiger Guß wird für Zubehörteile von Feuerungen, Roststäbe, Glühtöpfe und Retorten verwendet).

Chrom und Silizium erhöhen außerdem noch die *Säurebeständigkeit*. Alle diese Legierungen sind außerordentlich hart und können nur durch Schleifen bearbeitet werden.

---

[1] Henke, F.: Verschleißbeständige weiße Gußeisen. Gießerei Praxis *1973*, 1—21, 32—40, 69—74.

1,125 Der Temperguß[1]

Temperguß ist eine im Rohzustand graphitfreie, nicht schmiedbare Eisen-Kohlenstoff-Legierung (weißes Gußeisen), die nach dem Gießen einer Glühbehandlung unterzogen wird.

Nach ÖNORM M 3192 (DIN 1692) unterscheidet man *nichtentkohlend* geglühten (schwarzen) Temperguß GTS, bei welchem das Gefüge unabhängig von der Wanddicke über den ganzen Querschnitt gleich ist, und *entkohlend geglühten* (weißen) Temperguß GTW, dessen Gefüge von der Wanddicke abhängt. (Die angegebenen Festigkeiten beziehen sich auf Probestabdurchmesser von 12 mm):

Sorte	$\sigma_B\,N/mm^2$	$\delta\,\%$	Gefüge
GTS-35	343	12	Ferrit + Temperkohle
GTS-45	441	7	Perlit (lamellar bis körnig) + Ferrit + Temperkohle
GTS-55	539	5	Perlit + Temperkohle (Ferrit möglich)
GTS-65	637	3	Perlit + Temperkohle
GTS-70	686	2	Vergütungsgefüge + Temperkohle
GTW-35	343	4	—
GTW-40	392	5	lamellarer Perlit + Temperkohle (im Kern)
GTW-45	441	7	körniger Perlit + Temperkohle (im Kern)
GTW-55	539	5	feinkörniger Perlit + Temperkohle (im Kern)
GTW-65	637	3	Vergütungsgefüge + Temperkohle, Entkohlungstiefe gering
GTW-S 38	373	12	Entkohlungstiefe groß; S = schweißbar.

Die *Wärmebehandlung* des Tempergusses zerfällt in *zwei Stufen:*

1. Bei der *Hoch*temperaturglühung im Austenitbereich (GTW, Glühfrischen bei 1040 bis 1070 °C; GTS, Tempern bei 950 °C) wandelt sich der Ledeburit des Rohgusses in gesättigten Austenit und Temperkohle um.

2. Bei der nachfolgenden *Nieder*temperaturglühung im A_1-Gebiet erfolgt die Ausbildung des Grundgefüges mit den gewünschten Werkstoffeigenschaften. Beim *ferritischen* Temperguß (GTS-35) muß die Abkühlung von 780 auf 620 °C sehr langsam erfolgen, um vollkommenen Zerfall des Austenites in Ferrit und Temperkohle zu erzielen (der ausgeschiedene C diffundiert an die in der ersten Glühstufe gebildeten Temperkohlenester). Beim *perlitischen* Temperguß (GTS-45 bis 70) erfolgt die Abkühlung in ruhender Luft (groblamellarer Perlit), bewegter Luft

---

[1] Schneider, Ph., Döpp, R., Meyer, F.: Temperguß. Düsseldorf: Gießerei V. 1966. — Kleinheger, U.: Neue Entwicklungen in der Herstellung von Temperguß. Werkstatt u. Betr. *1962*, 515—518. — Hocke, H.: Die Wahl zweckmäßiger Anlagen zur Wärmebehandlung des Tempergusses. Gießerei *1963*, 641—650.

(feinkörniger Perlit), Öl, Wasser oder Salzbädern (Überschreitung der kritischen Abkühlgeschwindigkeit; Bildung von Martensit, der auf 650 °C angelassen wird; auch Doppelhärten üblich: Luftabschrecken, Wiedererhitzen zur Austenitbildung, Ölabschrecken und Anlassen).

Beim *Tempern* (Glühtempern) erfolgt das Glühen des Rohgusses in neutraler Atmosphäre (aus Luft nach Verbrauch von O_2 gebildet), beim *Glühfrischen* (Frischtempern) entweder in Packungen aus Roteisenstein und gebrauchtem Tempererz (unter 1000 °C, um Sintern zu vermeiden) oder in Gemischen aus CO, CO_2, H_2, H_2O und N_2. Durch die oxydierende Atmosphäre (über 600 °C spalten die Eisenoxide O_2 ab) wird die Temperkohle in CO und CO_2 übergeführt und das Gußstück vom Rand aus entkohlt. Am Rand besteht das Gefüge aus Ferrit und im Kern aus den in der Tabelle angegebenen Gefügebestandteilen.

Temperguß ist kaltverformbar und sehr rostbeständig und wird für Fittinge (Rohrverbindungsstücke), Schloß-, Gewehr- und Fahrradteile, Schnallen, Schraubenzwingen, Schraubenschlüssel, Teile von Motorrädern, Autos (Kurbel-, Nockenwellen, Zahnrädern, Bremstrommeln, Hinterachsgehäuse) landwirtschaftliche, Textil- und Haushaltmaschinen, Transportkettenglieder, Hochspannungsarmaturen, Laufrollen Beschlagteile usw. verwendet.

Im Rohguß muß der Cr-Gehalt unter 0,15% bleiben (sonst Schwierigkeiten beim Austenitzerfall) und der Mn-Gehalt $(1,7\,S + 0,15)\%$ betragen, um den Schwefel zu binden.

Die Zusammensetzung des Temperrohgusses liegt in folgenden Grenzen:

	C %	Si %	Mn %	S %
entkohlend geglühter Temperguß	2,8 bis 3,4	0,8 bis 0,4	0,2 bis 0,5	0,1 bis 0,25
nicht entkohlend geglühter Temperguß	2,4 bis 2,8	1,4 bis 0,9	0,2 bis 0,5	max. 0,15

1,126 Der Stahl

1,1261 Systematische Benennung von Eisen und Stahl

Stahl ist jede ohne Nachbehandlung schmiedbare Eisen-Kohlenstoff-Legierung. Nach DIN 17006, Bl. 1, 2, 3, 4 und 9 soll die vollständige Benennung von Eisen-Kohlenstoff-Legierungen in folgender Reihenfolge durchgeführt werden:

1. *Gußzeichen* für Gußwerkstoffe GG = Grauguß, GH = Hartguß, GS = Stahlguß, GT = Temperguß. Zur Kennzeichnung von Kokillenguß kann der Buchstabe K und von Schleuderguß (Zentrifugalguß) der

Buchstabe Z unmittelbar an das Gußzeichen angehängt werden, z. B. GSZ = Schleuderstahlguß.

2. Kennbuchstaben für die *Erschmelzungsart:* B = Bessemerstahl, E = Elektrostahl, allgemein, J = Elektrostahl aus dem Induktionsofen, LE = Elektrostahl aus dem Lichtbogenofen, M = Siemens-Martinstahl, T = Thomasstahl, W = windgefrischter Austauschstahl, B = basisch, Y = sauer.

3. Kennbuchstaben für *besondere Eigenschaften:* A = alterungsbeständig, G = mit größerem Phosphor- und/oder Schwefelgehalt, H = halbberuhigt vergossen, K = mit kleinem Phosphor- und/oder Schwefelgehalt, L = laugenrißbeständig, P = preßschweißbar, Q = kaltstauchbar (quetschbar), R = ruhig vergossen, S = schmelzschweißbar, U = unruhig vergossen, Z = ziehbar, z. B. MBS = schmelzschweißbarer basischer Siemens-Martinstahl.

4. *Unlegierte, niedrig* und *hochlegierte* Stähle: Als unlegiert gelten Stähle, die unter 0,5% Si, 0,8% Mn, 0,1% Al oder Ti oder 0,25% Cu enthalten. Als niedrig legiert gelten Stähle, die nicht mehr als 5% an besonderen Legierungselementen enthalten. Was mehr enthält gilt als hochlegiert, und enthält als Vorbuchstaben X.

5. Bei unlegierten Stählen, bei denen eine Wärmebehandlung beim Verbraucher nicht in Frage kommt, besteht die Benennung aus dem Kurzzeichen St mit darauffolgender Zahl für die Zugfestigkeit z. B. St 50, Stahl mit einer Zugfestigkeit von 50 kp/mm² das ist 490 N/mm².

6. Als *Kohlenstoffkennzahl* (bei Stählen die für eine Wärmebehandlung bestimmt sind) gilt das 100fache des C-Gehaltes. Davor steht bei unlegierten Stählen das Symbol C (z. B. C 35, Stahl mit 0,35% C). Bei legierten Stählen wird die Kohlenstoffkennzahl ohne C-Symbol vor die chemischen Symbole der Legierungsbestandteile gesetzt.

7. Die *Legierungsbestandteile* werden durch ihre chemischen Symbole gekennzeichnet. Diese werden nach ihrem fallenden Prozentgehalt hintereinander gereiht, bei gleichem Prozentgehalt alphabetisch. Hinter dieser Symbolgruppe folgen in derselben Reihenfolge die Legierungskennzahlen, welche durch Multiplikation des Prozentgehaltes an dem betreffenden Legierungsbestandteil mit

4 bei Cr, Co, Mn, Si, Ni, W
10 bei Al, Be, Pb, B, Cu, Mo, Nb, Ta, Ti, V, Zr
100 bei P, S, N, Ce, C

gebildet werden, z. B. 13 CrV 53 = Chrom-Vanadin-Stahl mit 0,13% C, 1,25% Cr und 0,3% V. Bei hochlegierten Stählen wird der Multiplikator 1 angewendet, mit dem Buchstaben X am Anfang, z. B. X 10 CrNi 18 8.

8. Kennziffer für den *Gewährleistungsumfang:* Diese ist einer Tabelle zu entnehmen und an die Werkstoffkennzeichnung durch einen Punkt

getrennt anzufügen. Sie betrifft die Streckgrenze, den Falt- oder Stauch-versuch, die Kerbschlagzähigkeit, die Warm- oder Dauerfestigkeit und elektrische oder magnetische Eigenschaften, z. B. St 42.6 = Stahl mit rund 42 daN/mm² Mindestzugfestigkeit und gewährleisteter Streck-grenze und Kerbschlagzähigkeit.

Die Benennung *unlegierter Werkzeugstähle* richtet sich nach ihrem Kohlenstoffgehalt, z. B. C 100 = Stahl mit 1% C. Damit aber die ver-schiedenen Gütestufen, die sich teils durch verschiedene Si-, Mn-, P- und S-Gehalte, teils durch verschiedene Erschmelzungsverfahren oder beides unterscheiden können, zum Ausdruck kommen, ohne daß diese umständlich angegeben zu werden brauchen, wird hinter der C-Kennzahl W 1 für 1. Güte, W 2 für 2. Güte, W 3 für 3. Güte und WS für Sondergüte angehängt, z. B. C 100 W 2 = unlegierter Werkzeugstahl 2. Güte mit 1% C.

9. Kennbuchstaben für die *Behandlung und dadurch erzielbare Eigen-schaften*: A = angelassen, E = einsatzgehärtet, G = weichgeglüht, H = gehärtet, K = kalt verformt, N = normalgeglüht, NT = nitriert, S = spannungsfrei geglüht, U = unbehandelt, V = vergütet. Hinter dem Kennbuchstaben steht der Mindestwert der Zugfestigkeit, der durch die Behandlung erreicht wird, z. B. C 35 V 60 = unlegierter Stahl mit 0,35% C auf rund 60 daN/mm² vergütet.

Nach dem Verwendungszweck unterscheidet man Baustähle, Werk-zeugstähle und Sonderstähle.

1,1262 Unlegierte Baustähle[1]

Diese werden im Maschinen-, Hoch-, Brücken-, Fahrzeug- und Apparatebau verwendet. Ihre Eigenschaften sind durch die Höhe des Kohlenstoffgehaltes bestimmt. Sie besitzen hohe kritische Abkühl-geschwindigkeit (dicke Stücke härten nicht durch), Feuerempfindlich-keit usw.

Maschinenbaustahl geschmiedet oder gewalzt nach ÖNORM M 3111 wird in den Sorten St 00 M, St 34 M, St 37 M, St 42 M, St 50 M, St 60 M und St 70 M erzeugt. Die Stähle St 37 M, St 34 M und St 42 M sind schmelzschweißbar.

Baustahl-Güte H nach ÖNORM M 3112 mit den Sorten St 00 H, St 37 H, St 44 H und St 55 H besitzt keine gewährleistete Streckgrenze, Schmelz- und Feuerschweißbarkeit.

Baustahl-Sondergüte S für den Hoch- und Brückenbau nach ÖNORM M 3114 besitzt eine gewährleistete Streckgrenze und wird in den Sorten St 37 S, St 44 S und St 55 S erzeugt.

---

[1] ÖNORM M 3101 Stahl, ÖNORM M 3105 Kennzeichnung unlegierter Stähle, DIN 17100 Allgemeine Baustähle, DIN 17200 Vergütungsstähle, DIN 17210 Einsatzstähle.

Baustahl-Sondergüte T wird vornehmlich für Schweißkonstruktionen im Stahlhochbau, Behälter-, Brücken-, Fahrzeug-, Maschinen- und Stahlwasserbau verwendet. Er besitzt gewährleistete Streckgrenze und Schmelzschweißbarkeit, die Güte TK auch gewährleistete Kerbschlagzähigkeit. Erzeugt werden die Sorten St 37 T und TK, St 44 T und TK und St 52 T und TK.

Genormt sind noch Nietenstahl nach ÖNORM M 3113, Schraubenstahl nach ÖNORM M 3117, Kettenstahl nach ÖNORM M 3118 und Stahl für Behälter und Kessel K nach ÖNORM M 3121.

Einsatz- und *Vergütungsstahl* nach ÖNORM M 3161 besitzt einen gewährleisteten Kohlenstoffgehalt und einen Schwefel- und Phosphorgehalt unter je 0,04% (zusammen unter 0,07%). Einsatzstähle sind die Sorten C 10 und C 16, Vergütungsstähle die Sorten C 25, C 35, C 45 und C 60.

1,1263 Unlegierte Werkzeugstähle[1]

Mit zunehmenden Kohlenstoffgehalt nimmt die Menge des ausgeschiedenen Zementits und damit die Naturhärte des Werkzeugstahles zu. Unlegierte Werkzeugstähle sind Wasserhärter (hohe kritische Abkühlgeschwindigkeit), daher rißempfindlich, haben großen Verzug und dicke Stücke härten nicht durch. Sie werden in sechs Härtestufen: hochhart (1,45% C), hart (1,3% C), mittelhart (1,15% C), zähhart (1% C), zäh (0,85% C) und zähweich (0,7% C) und vier Gütestufen: W 1, W 2, W 3 und WS geliefert.

Während die meisten Baustähle sogenannte *Massenstähle* sind, sind die Werkzeugstähle *Qualitätsstähle* mit erhöhten Anforderungen an die Härtbarkeit und Reinheit oder *Edelstähle*.

1,1264 Legierte Stähle

Der Einfluß der Legierungselemente auf die Eigenschaften der Stähle ist sehr komplex, so daß nur wenige allgemein gültige Hinweise möglich sind.

Durch Zusatz von Legierungselementen werden zunächst die Umwandlungstemperaturen A_4, A_3 und A_1 verschoben. Mn und Ni senken den A_3- und heben den A_4-Punkt, so daß das γ-Gebiet vergrößert wird (Abb. 59) und bis Raumtemperatur reichen kann (austenitische Stähle). Al, Si, P, Ti, V, Cr, Mo und W senken den A_4- und heben den A_3-Punkt, wodurch das γ-Gebiet abgeschnürt wird (Abb. 60). Bei hohen Gehalten an diesen Elementen tritt *ferritisches* Gefüge auf (Dynamo- und Trafobleche 2 bis 4% Si; nichtrostende Chromstähle 17 bis 30% Cr). Der Haltepunkt A_1 wird durch Cr, Si, W und Mo zu höheren und durch Mn und Ni zu tieferen Temperaturen verschoben.

---

[1] Schmid, M.: Werkzeugstähle. Düsseldorf: Stahleisen. 1943.

Ni, Si und Co bilden Mischkristalle mit dem Ferrit während V, Ti,
Ta, Nb, Mo und W mit dem Zementit Mischkristalle bilden bzw. eigene
Karbide, sogenannte *Sonderkarbide* bilden (M_3C, M_6C, $M_{23}C_6$, M_7C_3,
M_2C oder MC, M bedeutet ein Legierungsmetall). Bei Cr und Mn über-
wiegt die Karbidbildung gegenüber der Mischkristallbildung. Die

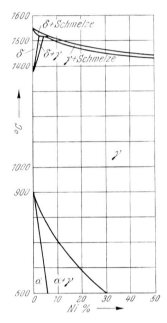

Abb. 59. Zustandsschaubild
Eisen-Nickel (Ausschnitt)

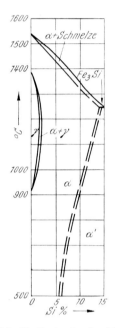

Abb. 60. Zustandsschaubild
Eisen-Silizium (Ausschnitt)

Sonderkarbide lösen sich erst bei höherer Temperatur als der Zementit
im Austenit und bleiben auch teilweise im Martensit gelöst. Die nicht
gelösten Karbide erhöhen die Verschleißfestigkeit, die gelösten die
Anlaßbeständigkeit, weil sie sich erst bei höheren Temperaturen ausscheiden.

Mit Ausnahme von Co verringern alle Legierungselemente die
Löslichkeit des Kohlenstoffes im Austenit, so daß das Eutektoid (Punkt
S) und das Eutektikum (Punkt C) zu niederen C-Gehalten verschoben
werden (Schnellarbeitsstähle besitzen bereits bei niedrigen C-Gehalten
ein Eutektikum bestehend aus Doppelkarbiden von Cr und W und
Mischkristallen, das dem Ledeburit ähnlich ist. Diese „Ledeburitkarbide"
sind sehr hart und erhöhen die Anlaßbeständigkeit ganz wesentlich, da
sie sich nicht im Stahl lösen).

Die kritische Abkühlgeschwindigkeit wird in der Reihenfolge Si, Ni,

Cr, Mo, Mn in zunehmendem Maße zu niedrigeren Werten verschoben. Dadurch werden größere *Einhärtungstiefen* und größere Festigkeit auch bei dicken Querschnitten möglich.

Somit kann man nach dem Gefügeaufbau folgende fünf Gruppen von Stählen unterscheiden:

Perlitische Stähle (un- und niedrig legierte Stähle) bestehen unbehandelt aus Perlit und abgeschreckt aus Martensit.

Martensitische Stähle (mit Cr, Mn, Ni und Mo höher legierte Stähle) bestehen trotz langsamer Abkühlung aus Martensit (naturharte Stähle).

Austenitische Stähle (mit Mn oder Ni hoch legierte Stähle) bestehen bei Raumtemperatur aus Austenit, sind nicht magnetisierbar, weich, zäh, schlecht bearbeitbar und nicht durch Umwandlung härtbar.

Ferritische Stähle (Stähle mit niedrigem C- und hohem Cr-, Si- und Al-Gehalt) sind ebenfalls nicht durch Umwandlung härtbar.

Ledeburitische (Doppelkarbid-) Stähle (hoch mit Cr und W legierte Stähle) sind sehr anlaßbeständig und besitzen hohe Schneidhaltigkeit.

1,1265 Legierte Baustähle[1]

Durch das Legieren sollen bei Baustählen die Elastizitätsgrenze (Federn), die Streckgrenze, Zerreißfestigkeit, Kerbschlagzähigkeit, Kriechgrenze und Witterungsbeständigkeit erhöht und die Feuerempfindlichkeit (Grobkornbildung) und die kritische Abkühlgeschwindigkeit (zwecks Durchhärtung und Spannungsverminderung) herabgesetzt werden.

Nach den zur Verwendung gelangenden Legierungselementen unterscheidet man:

Nickelstähle. Ni setzt die Umwandlungspunkte A_1 und A_3 und die kritische Abkühlgeschwindigkeit herab, wirkt kornverfeinernd und verbessert die Schweißbarkeit. Stähle mit höherem Ni-Gehalt sind nicht magnetisierbar (austenitisch), besitzen geringe Wärmeausdehnung (siehe Sonderstähle) und größere Affinität zu Schwefel.

Chromstähle. Cr bildet sehr harte Karbide, wodurch Härte und Verschleißfestigkeit des Stahles erhöht werden. Es verbessert die magnetischen Eigenschaften (Dauermagnete) und macht den Stahl bei höheren Gehalten rost- (über 13% Cr), zunder- und säurebeständig (s. Sonderstähle).

Chromnickelstähle besitzen besonders hohe Zähigkeit und Durchhärtbarkeit und geringe Wärmeleitfähigkeit. Ihre Neigung zur Anlaßsprödigkeit bei dicken Stücken verhindert man durch rasches Abkühlen nach dem Anlassen und Legieren mit 0,6 bis 1% W und 0,2 bis 0,6% Mo.

---

[1] Rapatz, F.: Die Edelstähle. Berlin-Göttingen-Heidelberg: Springer. 1951.

Chrommolybdänstähle. Mo bildet Karbide, verschiebt die Punkte S und E zu niedrigen C-Gehalten, erhöht die Durchhärtbarkeit, Warmfestigkeit, Streckgrenze, Anlaßbeständigkeit und Widerstandsfähigkeit gegen Schwefelverbindungen und unterdrückt die Anlaßsprödigkeit.

Manganstähle. Mn ist in jedem Stahl enthalten. Es setzt wie Ni die kritische Abkühlgeschwindigkeit und die Umwandlungspunkte A_1 und A_3 herab, bewirkt jedoch Neigung zur Anlaßsprödigkeit und Faserbildung. Höherer Mn-Gehalt macht den Stahl austenitisch (12% Mn ... Manganhartstahl, s. Sonderstähle).

Chrommanganstähle dienen als Ersatz für die teuren Cr-Ni-Stähle bei Bauteilen kleiner Abmessungen, da ihre günstigen Eigenschaften bei großen Abmessungen verloren gehen.

Mangansiliziumstähle. Auch Si ist in jedem Stahl vorhanden. Durch Si werden die kritische Abkühlgeschwindigkeit, die Dehnung und die Schweißbarkeit herabgesetzt und die Streckgrenze und Zerreißfestigkeit erhöht. Stähle mit höherem Si-Gehalt besitzen wie solche mit hohem Cr-Gehalt ferritisches Gefüge. Si-Mn-Stähle werden hauptsächlich für Federn verwendet. Auch die Dynamo- und Trafobleche besitzen höheren Si-Gehalt (bis 4% hohe magnetische Sättigung bei geringen Ummagnetisierungsverlusten; s. Sonderstähle).

Chromvanadinstähle. V bildet Karbide, erhöht den Umwandlungspunkt A_3, macht den Stahl überhitzungsunempfindlich, erhöht Zerreißfestigkeit, Streckgrenze, Warmfestigkeit und verbessert die Schweißbarkeit. Cr-V-Stähle werden für Federn verwendet.

Legierte Baustähle werden fast ausschließlich erst nach entsprechender Behandlung (Einsetzen, Vergüten, Nitrieren, ...) verwendet.

Eine besonders umfangreiche Gruppe bilden die *Federstähle*[1], von denen hohe Elastizitätsgrenze, Schwingungsfestigkeit und vielfach Anlaßbeständigkeit (Ventilfedern) verlangt wird. Nach DIN 17220 finden Si-, SiMn-, SiCr- und CrV-Stähle Verwendung.

Mit Cr, Mo, V, Ni oder Mn legiert sind die *warmfesten* Stähle, die für Dampfkessel, Dampfmaschinen und -turbinen, Verbrennungskraftmaschinen, Gasturbinen und Düsentriebwerke Verwendung finden. Sie müssen großen Formänderungswiderstand bei höheren Temperaturen besitzen.

1,1266 Legierte Werkzeugstähle[2]

Spanabhebende Werkzeuge (Fräser, Bohrer, ...) benötigen große Schneidhaltigkeit und Härte, Werkzeuge für spanlose Kaltverformung (Ziehwerkzeuge, Schneidwerkzeuge, ...) hohe Verschleiß-, Bruchfestig-

---

[1] Amareller, S.: Die Federstähle, ihre Entwicklung, Eigenschaften und Anwendungsgebiete. Stahl und Eisen *1952*, 475.

[2] Schmid, M.: Die Werkzeugstähle. Düsseldorf: Stahleisen. 1943.

keit und Formbeständigkeit beim Härten, Werkzeuge der spanlosen Warmverformung (Gesenke, Druckgußkokillen, ...) große Warmfestigkeit, Anlaßbeständigkeit und Härte, Meßwerkzeuge große Form- und Maßbeständigkeit, Härte und Verschleißfestigkeit usw.

Zur Erzielung dieser Eigenschaften werden die Werkzeugstähle hauptsächlich mit Cr, W, V, Mn, Mo, Si und Co legiert.

Wolfram bildet ebenso wie Cr sehr harte Karbide, verringert jedoch die kritische Abkühlgeschwindigkeit nur wenig, so daß die Wolframstähle Wasserhärter sind. Es verleiht dem Stahl hohe Warmfestigkeit, Anlaßbeständigkeit, Verschleißfestigkeit und Schnitthaltigkeit.

Schnellarbeitsstähle[1] (Schnellstähle) sind hochlegierte Werkzeugstähle hoher Anlaßbeständigkeit (etwa 600°), hoher Verschleißfestigkeit, Härte, Warmfestigkeit und geringer kritischer Abkühlgeschwindigkeit. Zerspanende Werkzeuge aus Schnellarbeitsstählen behalten ihre Schneidhaltigkeit bis zur Dunkelrotglut. Sie enthalten 0,6 bis 1,8% C und 3,5 bis 4,5% Cr, bis 9% Mo, bis 6% V und bis 20% W. Für höchste Schnittleistungen werden 3 bis 20% Co zugesetzt. Das Erhitzen zum Härten (Härtetemperatur je nach Zusammensetzung 1180 bis 1300 °C) erfolgt in drei bis vier Stufen meist in Salzbädern, das Abkühlen in Öl, Warmbädern oder Preßluft (starke Verzunderung). Die großen Anteile an Restaustenit (20 bis 30%) werden durch zwei- bis dreimaliges Anlassen (je nach Sorte bei 530 bis 580 °C) umgewandelt.

1,1267 Sonderstähle

Automatenstähle (DIN 1651) enthalten bis 0,3% S, bis 0,4% Pb, bis 0,12% P usw. um die Zerspanbarkeit zu steigern.

Schwerrostende oder *witterungsbeständige* Stähle enthalten bis zu 0,3% Cu, wodurch sich dichtere Oxidschichten bilden, die ein Weiterrosten verhindern.

Nichtrostende Stähle (DIN 17440) besitzen einen Chromgehalt von mindestens 12%, wodurch sich an ihrer Oberfläche eine dünne dichte Cr_2O_3-Schicht bildet. Wegen der Bildung von Chromkarbiden muß bei einem C-Gehalt über 0,5% auch der Chromgehalt höher sein, damit er in der Grundmasse nicht unter 12% sinkt. Es finden martensitische (z. B. X 10 Cr 13), ferritische (z. B. X 8 Cr 17) Chromstähle und austenitische Chrom-Nickel-Stähle (z. B. X 12 CrNi 18 8) mit weiteren Legierungselementen wie Mo, Al, Nb und Ti Verwendung. Ihre Korrosionsbeständigkeit wird durch Polieren der Oberfläche verbessert.

Zunderbeständige Stähle[2] müssen gegen O_2- und SO_2-haltige Ver-

[1] Scherer, R., Connert, W.: Entwicklung der Schnellarbeitsstähle. Stahl und Eisen *1950*, 984—994; *1951*, 89.

[2] Pfeiffer, H., Thomas, H.: Zunderfeste Legierungen. Berlin-Göttingen-Heidelberg: Springer. 1963.

brennungsgase beständig sein und in der Hitze genügend Festigkeit aufweisen. Die Oxidschichte unlegierter Stähle wird stets dicker und blättert als Zunder ab (O_2 diffundiert durch die poröse Schicht nach innen). Cr, Si und Al bilden dichte, temperaturbeständige Oxidschichten, die ein weiteres Eindiffundieren von O_2 verhindern. Ni-Zusätze erhöhen die Warmfestigkeit. Je nach der Zusammensetzung besitzen diese Stähle ferritisches (z. B. X 10 CrAl 24) oder austenitisches Gefüge (z. B. X 12 NiCrSi 36 16).

Dauermagnet- (magnetisch harte) Werkstoffe[1] (DIN 17410) müssen große Remanenz und Koerzitivkraft besitzen. Nach der Zusammensetzung unterscheidet man:

AlNi- und *AlNiCo-Magnet*werkstoffe, das sind Al-Ni-Fe-Legierungen, die noch Zusätze von Co, Cu und Ti haben können. Sie werden durch Gießen, Sintern oder Pressen unter Zusatz von Kunststoffen hergestellt,

Oxidmagnetwerkstoffe auf der Basis von Eisenoxid-Bariumoxid (Bariumferrit genannt) sind harte und spröde keramische Stoffe, die durch Sintern und Pressen mit Kunststoff hergestellt werden und

*Eisen-Kobalt-Vanadin-*Legierungen, die in Form von dünnen Bändern und Drähten hergestellt werden.

Weichmagnetische Werkstoffe (DIN 17405) sollen sich leicht ummagnetisieren lassen (niedrige Koerzitivkraft, kleine Hysteresis- und Wirbelstromverluste, hohe Permeabilität und Sättigung). Verwendet werden:

Weiche unlegierte Stähle (Elektrolyt-, Holzkohleneisen usw.),

*Eisen-Silizium-*Legierungen (Trafo- und Dynamobleche, DIN 46400). Das Silizium erhöht den spezifischen elektrischen Widerstand und ergibt beim Glühen grobkörniges Gefüge,

*Eisen-Nickel-*Legierungen mit 80 bis herab zu 30% Ni und

*Eisen-Kobalt-*Legierungen.

Nichtmagnetisierbare Stähle besitzen austenitisches Gefüge und enthalten als Legierungselemente hauptsächlich Mn und Ni mit Zusätzen von N, Cr, Mo, V und Ti, z. B.: X 120 Mn 12, X 40 MnCrN 19, X 5 CrNi 18 11, X 5 NiCrTi 26 15 usw.

Verschleißbeständige Stähle werden für verschleißbeanspruchte Teile verwendet. Austenitische Stähle (Mangan-Hartstahl X 120 Mn 12) sind sehr widerstandsfähig gegen Gleitverschleiß (verfestigen sich unter Druck und sind für Verschleiß ohne Druck nicht geeignet). Stähle mit hohem Chrom-Gehalt und Zusätzen von W und V (z. B. G-X 250 CrVW15)

---

[1] Pawlek, F.: Magnetische Werkstoffe. Berlin-Göttingen-Heidelberg: Springer. 1952. — Kneller, E.: Ferromagnetismus. New York: 1951.

enthalten viele Karbide und werden wegen ihrer schweren Zerspanbarkeit gegossen. Sie werden für Ziehmatrizen, Richtrollen, Sandstrahldüsen usw. verwendet.

1,1268 Stahlerzeugnisse

Man unterscheidet *Halbzeug* wie Knüppel (40 bis 150 □), Platinen (8×150 bis 50×300), Vorblöcke (115 bis 400 □), Vorbrammen (rechteckig) und andere, die zur Weiterverarbeitung dienen und *Fertigerzeugnisse.* Zu letzteren gehören Schienen, Stabstahl (Rund-, Quadrat-, Sechskant-, I- und C-Stahl unter 80 mm Höhe, L-, Z-Stahl usw.), Formstahl (I- und C-Stahl über 80 mm Höhe), Flachstahl, Breitflachstahl (scharfkantig, über 3 mm dick, über 150 mm breit), Walzdraht 5 bis 13 ⌀, Bleche (bis 3 mm Fein-, bis 4,75 mm Mittel- und über 4,75 mm Grobbleche), Rohre, blank gezogene Stangen und Profile, gezogene Drähte, Drahtseile usw.

1,127 Der Stahlguß[1]

Unter Stahlguß versteht man den im Siemens-Martin-, Elektro-, Rotierofen oder Konverter erzeugten Stahl, der in Formen vergossen wird. Nach ÖNORM M 3181 (DIN 1681) sind die Sorten GS-38, GS-38 K, GS-45, GS-45 K, GS-52, GS-52 K, GS-60, GS-60 K, GS-62 und GS-62 K genormt. Die Sorten GS-38 bis GS-45 K sind gut schweißbar. Bei den Sorten GS-38 K, GS-45 K und GS-52 K sind die Kerbschlagzähigkeit gewährleistet und Faltversuche vorgeschrieben, die Sorten GS-60 K und GS-62 K haben vorgeschriebene Kerbschlagzähigkeit. Außer diesen unlegierten Sorten sind *warmfester* (DIN 17245), *nichtrostender* (DIN 17445), *hitzebeständiger, Vergütungs-, hochfester, verschleißfester* und *kaltzäher* Stahlguß in Verwendung.

1,128 Der Schutz des Stahles gegen Korrosion[2]

Unter Korrosion versteht man die von der Oberfläche ausgehende, durch unbeabsichtigte chemische oder elektrochemische Angriffe hervor-

---

[1] Roesch, K., Zimmermann, K.: Stahlguß. Düsseldorf: Stahleisen. 1966.

[2] Klas, H., Steinrath, H.: Die Korrosion des Eisens und ihre Verhütung. Düsseldorf: Stahleisen. 1956. — Tödt, F.: Korrosion und Korrosionsschutz, 2. Aufl. Berlin: 1961. — DIN 50900 Korrosion der Metalle. — Kalpers, H.: Oberflächenschutz und Oberflächenveredlung bei Eisen und Stahl. Düsseldorf: 1954 (herausgegeben von der Beratungsstelle für Stahlverwendung). — Ritter, F.: Korrosionstabellen metallischer Werkstoffe, geordnet nach angreifenden Werkstoffen. Wien: 1956. — Schamschula, R.: Korrosionsschutz metallischer Werkstoffe. Österr. Maschinenwelt und Elektrotechnik *1961*, 111—114, 143—148, 208—213, 255—259, 314—317, 371—375.

gerufene Veränderung eines Werkstoffes. Sie tritt in einer Reihe verschiedener Erscheinungsformen auf:

Bei der *ebenmäßigen* Korrosion wird die Oberfläche gleichmäßig abgetragen (gekennzeichnet durch Korrosionsverlust in g/m^2 und Korrosionsgeschwindigkeit g/m^2 Tag, $\mu m/Jahr$). Wesentlich gefährlicher ist die *örtliche* Korrosion (Lochfraß, Pitting usw.). *Spannungsrißkorrosion* tritt bei gleichzeitigem Vorhandensein von Zugspannungen, angreifenden Elektrolyten und lokalen Elektroden auf. Sie kann *transkristallin* (Risse durch die Kristallkörner) und *interkristallin* (Risse längs der Korngrenzen) auftreten. *Interkristalline* Korrosion kann auch in Abwesenheit von Spannungen auftreten (bei hochlegierten Cr- und CrNi-Stählen). *Berührungs*-(Kontakt-)Korrosion tritt zwischen Metallen und anderen Metallen oder Nichtmetallen bei Vorhandensein von Elektrolyten auf. *Spalt*korrosion ist örtlich verstärkte Korrosion in Spalten infolge unterschiedlicher Belüftung. *Reiboxydation* sind Zerstörungen durch gleichzeitige Reib- und Korrosionsbeanspruchung. *Verzunderung* tritt bei hohen Temperaturen in oxydierenden Gasen auf.

Ein vollkommener Schutz gegen Korrosion wäre eine Ausführung aus korrosionsbeständigem Stahl (siehe 1,1267). Dies ist jedoch für große Teile zu kostspielig, so daß man eine der folgenden Maßnahmen ergreifen muß: Erzeugung von Schutzschichten an der Oberfläche (metallische oder nichtmetallische), Schutzmaßnahmen an der korrodierend wirkenden Umgebung (Flüssigkeit, Gas), kathodischer Korrosionsschutz.

1,1281 Erzeugung von Oberflächenschutzschichten

Vor dem Aufbringen der Schutzschicht muß die Oberfläche sorgfältig von Ölen, Fetten, Schleifstaub, Sand, Rost, Gußhaut, Glühzunder, . . . gereinigt werden. Dies kann erfolgen: *mechanisch* durch Sandstrahlen, Stahlbürsten, Schleifen, Abwaschen mit *Lösungsmittelreinigern* (Tri-, Tetrachloräthylen), *Emulsionsreinigern* (enthalten Emulgatoren wie Seife), *alkalischen Reinigern* (durch verringerte Oberflächenspannung wird eine praktisch vollkommene Entfernung des Schmutzes ermöglicht) oder *chemisch* zur Entfernung von Oxidschichten durch *Beizverfahren*, bei welchen Säuren verwendet werden (5% Salzsäure ist wirksamer und teurer und löst die Oxide bereits in der Kälte; häufiger wird verdünnte warme Schwefelsäure verwendet; durch Zusatz von Sparbeizen wird der Angriff auf die Metalle selbst unterbunden und Beizbrüchigkeit durch Aufnahme von Wasserstoff vermieden). Säurereste müssen durch Waschen sorgfältig entfernt werden.

Nichtmetallische anorganische Schutzschichten (Oxid-, Phosphat-, Email-, Zementschichten) tragen allein oder als Zwischenschicht zur Erhöhung des Korrosionsschutzes bei, weil sie durch hohen Ohmschen Widerstand die Tätigkeit von Lokalelementen herabsetzen. Ihre Bildung erfolgt unter dem Einfluß chemischer oder elektrochemischer Angriffe auf die Metalloberfläche.

Oxidschichten: Das *Brünieren* erfolgt bei niedriger Temperatur in alkoholischen wässerigen Lösungen, die unter anderem Eisenchlorid und Salpetersäure enthalten. Bei den *Schwarzfärbe*verfahren werden die Werkstücke in nitrathaltigen alkalischen Bädern mit Zusätzen bei 120 bis 160°, bei den *thermischen Oxidations*verfahren bei 200 bis 600° unter Verwendung von Salz-, Blei- oder Sandbädern oder durch Einbrennen von tierischen und pflanzlichen Ölen schwarzgefärbt.

Phosphatschichten[1]*:* Beim *Bondern* verwendet man eine verdünnte Lösung von saurem Zinkphosphat $Zn(H_2PO_4)_2$ oder Manganphosphat, die die Oberfläche auf chemischem Wege mit einer feinkristallinen Phospahtschicht überzieht:

$$3\ Zn(H_2PO_4)_2 + \underbrace{2\ Fe = Zn_3(PO_4)_2}_{\text{Phosphatschicht}} + \underbrace{2\ Fe(H_2PO_4)_2 + H_2}_{\text{lösliches Reaktionsprodukt}}$$

Der schädliche Einfluß des Wasserstoffes wird durch Nitrate und andere Oxydationsmittel verhindert (1 bis 5 Minuten bei 20 bis 100°, Schichtdicken von 0,2 bis 15 μm). Die Behandlung erfolgt durch Tauchen oder Spritzen. Da die Phosphatschicht keine ausreichende Schutzwirkung besitzt, erfolgt nach Passivierung in chromathaltigen Spülbädern und anschließender Trocknung eine nachträgliche Lackierung oder Behandlung mit Ölen. (Bondern dient auch zur Isolation von Dynamo- und Trafoblechen und als Schmiermittelträger zur Herabsetzung des Verschleißes aufeinander gleitender Flächen.) Bei den *Elektrophosphatverfahren* wird die entstehende Schicht durch den elektrischen Strom wesentlich verstärkt.

Emailüberzüge[2] werden zum Schutz von Teilen des Haushaltes, der Nahrungsmittel- und chemischen Industrie verwendet. Sie sind empfindlich gegen Schlag-, Stoß- und Temperaturwechsel. Auf die zu schützende Oberfläche wird eine breiige Grundmasse aus Feldspat, Quarz, Borax, Soda und Ton aufgetragen und im Brennofen gebrannt. Zur Verschönerung wird noch ein der Grundmasse ähnliches farbiges Email aufgetragen.

Zement, welcher sogar bereits vorhandenen dünnen Rost aufnimmt, wird in 4 bis 5 dünnen Schichten auf die Oberfläche aufgetragen.

---

[1] Machu, F.: Die Phosphatierung von Eisen und Stahl und ihre technische Bedeutung. — DIN 50942: Korrosionsschutz; Phosphatieren von Stahlteilen. — Phosphatieren. Merkblatt 166 der Beratungsstelle für Stahlverwendung.

[2] Vielhaber, L.: Emailtechnik, 3. Aufl. Düsseldorf: VDI-Verlag GmbH. 1958. — Stuckert: Die Emailfabrikation. Berlin: Springer. 1941. — Emailgerechtes Konstruieren in Stahlblech. Merkblatt 414 der Beratungsstelle für Stahlverwendung. Selbstverlag. 1966.

Organische Schutzschichten: Rostschutzfette und *-öle*, aufgebracht durch Aufstreichen oder Eintauchen in heiße, geschmolzene Mischungen, dienen zum vorübergehenden Rostschutz blanker Teile während der Lagerung oder des Versandes. Denselben Zweck erreicht man durch *abstreifbare Überzüge* (Häute) aus *Zellulose-* und *Kautschukderivaten*.

Anstrichmittel dienen zum länger dauernden Schutz von Metalloberflächen. *Lacke* sind Flüssigkeiten (trocknende Öle, Harzlösungen), die in dünner Schicht auf die Oberfläche gebracht, einen farblosen und fest haftenden Film bilden. *Anstrichfarben* erhalten einen Zusatz von Farbkörpern (Pigmenten) zu Lacken als Bindemittel. Die Filmbildung erfolgt durch die Lufttrocknung (Ölfirnis), Einbrennen (Phenolharze), Lösemittelverlust (Nitrozellulose) oder Emulsion (Asphalt). Die Verarbeitung erfolgt durch Bürsten (Pinsel), Tauchen, Spritzen (unter Verwendung von mit Druckluft betriebenen Spritzpistolen), ... Im Außenanstrich (Brücken, Schiffe, Gerüste, ...) stehen lufttrocknende ölhaltige Anstrichstoffe mit besonderen Pigmenten (Grundanstrich: Bleimennige, Eisenmennige, ..., darüber Deckanstrich) an erster Stelle. In der industriellen Fertigung zieht man die Einbrennlacke vor. *Teer* und *bituminöse* Stoffe werden heiß aufgetragen oder man taucht die auf 250 bis 400° erwärmten Eisenteile in die flüssig gemachten Schutzstoffe. Rohre schützt man durch Umhüllung mit in Teer oder Asphalt getauchten Jutestreifen.

Aufvulkanisierte *Hart-* und *Weichgummischichten* dienen zum Schutz von Rohren und Gefäßen gegen Säuren.

Metallüberzüge[1], die elektrochemisch edler als das Grundmetall sind (Sn, Cu, Ni, ... auf Fe), wirken nur dann rostschützend, wenn ihre Schicht porenfrei ist. Einen echten Korrosionsschutz bewirken nur solche, die unedler als das Grundmetall (Zn, Cd, ... auf Fe) sind.

Durch *Eintauchen* in *Salzlösungen* der *Schutzmetalle* kann man nur sehr dünne, nicht dichte Deckschichten erzeugen. (Beim Verkupfern zum Anreißen wird Kupfervitriol aufgetragen.)

Durch *Eintauchen in geschmolzene Metalle* erhält man Schutzschichten von 0,01 bis 0,1 mm Dicke. Verwendung finden Zn[2] (gegen atmosphärische Einwirkungen), Sn (Lebensmittelindustrie), Pb (chemische Indu-

---

[1] Machu, W.: Metallüberzüge. Leipzig: Akad. Verlagsges. 1950.
[2] Bablik, H.: Das Feuerverzinken. Wien: Springer. 1941.
Bei der *Naß*verzinkung ist die Oberfläche des flüssigen Zinks (450°) durch ein eingehängtes Blech in zwei Teile geteilt. Auf einer Seite schwimmt ein Flußmittel aus Zinkchlorid, Salmiak und Natriumfluorid, durch welches die gebeizten und gespülten Gegenstände eingeführt werden. Diese werden dann auf der flußmittelfreien Seite herausgenommen.
Bei der *Trocken*verzinkung enthält das flüssige Zink 0,5% Aluminium. Durch dieses wird die Reaktion mit dem Eisen eingeschränkt. Die Teile kommen nach dem Beizen in ein Chlorzinkbad und in den Trockenofen.

strie) und Al. Die zur Bildung einer Legierungsschicht erforderliche reine Oberfläche erzielt man durch ein auf dem Metallbad als Schmelze befindliches Flußmittel aus Zinkchlorid und Salmiak.

Beim *Elektroplattieren* (Galvanisieren)[1] wird das Überzugsmetall durch den elektrischen Strom in geringer Dicke aus Salzbädern der Schutzmetalle abgeschieden. Die Teile werden als Kathoden in die Bäder eingehängt. Die Qualität des Überzuges hängt von der des Untergrundes ab. Neben der Entfettung dienen umfangreiche Schleif- und Polierarbeiten (Trommelschleifen, Tauchschleifen, elektrolytisches Polieren, . . .) der Vorbereitung und Nachbearbeitung. Hochglänzende Überzüge auf mattem Grund erhält man bei Nickelbädern durch Zusatz von Kobaltsalzen und allgemein durch organische Verbindungen (aromatische Sulfonate) oder solche kolloidaler Natur. Neben dem *Glanzverchromen* (dekorative Wirkung), bei dem Zwischenschichten aus Cu und Ni erforderlich sind, wendet man für Lehren, Werkzeuge und Ausbesserung abgenützter Teile das *Hartverchromen* an. Bei diesem werden die in einem besonderen Bad anodisch aufgerauhten Teile in Bäder aus Chromsäure bei 50 bis 60° mit Zusätzen von Schwefelsäure gebracht, wodurch man je nach der Dauer des Stromdurchganges Schichtdicken von 2 bis 20 μm erhält. Als Ersatz für das teure Glanzverchromen findet wegen seiner guten Schutzwirkung das *Kadmisieren* Anwendung, das in Bädern aus Zyannatrium und Kadmiumoxid erfolgt. Noch billigere und härtere Deckschichten ergibt das *Glanzverzinken* in alkalischen Bädern aus Zyanzink, Zyannatrium und Ätznatron und sauren Bädern aus Zinksulfat und etwas Schwefelsäure. Zum *Verkupfern* verwendet man Bäder aus Zyankupfer, Zyankalium oder Zyannatrium oder saure Bäder aus Kupfersulfat mit Schwefelsäurezusatz.

Bei den *Spritzverfahren*[2] wird Metalldraht oder -pulver in einer Spritzpistole geschmolzen und durch Druckluft auf die zu schützende Fläche geschleudert. Wegen der Porosität der entstehenden Schicht verwendet man unedlere Metalle (Zn, Al, Cd, . . .), die das edlere Grundmetall kathodisch schützen. Bei diesem Verfahren sind die Abmessungen der zu behandelnden Gegenstände unbegrenzt.

Bei den *Diffusionsverfahren* wandert das Überzugsmetall bei höheren Temperaturen durch Diffusion in die zu schützende Oberfläche und

---

[1] LPW-Taschenbuch für Galvanotechnik. Langbein-Pfanhauser-Werke, Neuss. — Machu, W.: Der derzeitige Stand der Galvanotechnik. Stahl und Eisen *1957*, 1374—1383. — DIN 50960 Korrosionsschutz; galvanische Überzüge. — DIN 50961 Korrosionsschutz; galvanische Zinküberzüge auf Stahl. — DIN 50962 Korrosionsschutz; galvanische Kadmiumüberzüge auf Stahl.

[2] Reininger, H.: Gespritzte Metallüberzüge. München: Hanser. 1952. — DIN 8565 Rostschutz von Stahlbauwerken durch Metallspritzen. — Wuich, W.: Metallspritzen. Würzburg: Vogel-Verlag. 1970.

bildet mit dem Grundmetall eine Legierung mit nach innen abnehmendem Gehalt des Schutzmetalles. Dadurch erzielt man Schichten, die gegen Verformung, Beschädigung und Abblättern sehr widerstandsfähig sind. Beim *Sherardisieren* werden die Stahlteile in einem Gemisch aus Quarzsand und Zinkstaub in geschlossenen, langsam laufenden Trommeln 2 bis 4 Stunden bei 420° erhitzt. Beim *Kalorisieren* oder *Pulveralitieren* werden die Werkstücke in einem Gemisch von Al-Pulver (49%), Tonerde (49%) und Chlorammonium (2%) ½ bis 3 Stunden auf 900° in einem sich drehenden Ofen erhitzt. Beim *Alumetieren* oder *Spritzalitieren* geht einem vierstündigen Glühen bei 850° das Spritzen, beim *Tauchalitieren* einem Glühen bei 1000° das Eintauchen in Al-Schmelzbäder von 675 bis 800° voraus. Durch diese Verfahren erreicht man wie beim Inkromieren (siehe 1,1238) gute Zunderbeständigkeit.

Plattieren ist das Aufschweißen dünner Platten des Schutzmetalles durch Walzen auf ein Grundblech. Angewendet werden auf Stahlblechen Überzüge aus nichtrostendem Stahl, Kupfer, Aluminium und Nickel (Cupal ist Kupfer auf Al-Blech).

1,1282 Schutzmaßnahmen an der korrodierend wirkenden Umgebung

Von diesen macht man bei ausgedehnten Apparaten (Kesselanlagen, Warmwasserheizungen, Rohrleitungsnetzen, . . .) Gebrauch, deren Schutz durch Überzüge zu teuer ist. Dem korridierend wirkenden Medium werden Stoffe zugesetzt, die den Korrosionsangriff hemmen.

Bei erhöhter Temperatur und unter Druck ist die Entfernung von gelöstem Sauerstoff und aggressiver Kohlensäure durch Entgasung oder durch Zusatz von Reduktionsmitteln (Natriumsulfit) erforderlich (Aufbereitung von Kesselspeisewasser). Natriumnitrit dient als Zusatz zu Bohr- und Schneidölemulsionen in der Metallverarbeitung und als Komponente von industriellen Reinigungsmitteln zur Erzielung eines zeitweiligen Rostschutzes.

Zu schützende Apparate werden der Einwirkung korrodierender Gasteile (Feuchtigkeit, SO_2, . . .) entzogen, indem man die Gase davon befreit oder wie bei den Glühprozessen eine sauerstofffreie *Schutzgasatmosphäre* schafft. (Blankglühen: Schutzgase reduzierenden Charakters, die nicht entkohlend wirken dürfen.)

Beim *VPI-Verfahren*[1] (Vapor Phase Inhibitor = über die Dampf-

---

[1] Neuhaus, W.: Das VPI-Rostschutzverfahren. Draht *1952*, 33.
Die Inhibitorwirkung erfolgt in der festen Phase durch Erzeugung einer Deckschicht infolge Reaktion mit der Metalloberfläche sowie Bedeckung derselben durch eine dichte Schicht inerter Stoffe. Als Inhibitoren eignen sich organische Verbindungen: VPI 260 ist Di-Cyclohexylamin-Nitrit. Wenn in die VPI-gesättigte Atmosphäre Wasserdampf und Kohlensäure eindringen, so wird das Nitrit gespalten. Die freie salpetrige Säure oxydiert

phase wirkender Schutz) wird durch Sättigung der Umgebung von Metallteilen mit flüchtigen, als Inhibitoren wirkenden organischen Salzen die Oberfläche blank gehalten. Ein dauernder Schutz verlangt bei diesem Verfahren eine dichte Verpackung (Lagerung von Flugzeugmotoren, in die Leinenbeutel mit VPI-Pulver gebracht und die mit Textilstreifen umwickelt und mit Kunstharzlösung luftdicht umspritzt werden).

1,1283 Kathodischer Korrosionsschutz [1]

Bei diesem Verfahren wird an das zu schützende Metall, das die Kathode bildet, eine Gleichspannung gelegt. Diese kann einer äußeren Stromquelle entstammen oder galvanischen Ursprungs sein. In letzterem Falle verwendet man meist Magnesium als lösliche Anode. Dieses Verfahren wird zum Schutz metallischer Anlagen im Erdboden (Rohrleitungen) und zum Schutz von Schiffen verwendet und stellt sich billiger als eine wirksame Oberflächenschutzschichte.

1,13 Die Nichteisenmetalle und ihre Legierungen [2]

1,1301 Das Kupfer und seine Legierungen

1,130101 Das Kupfer, Cu

Vorkommen: Gediegen am Oberen See und als Kupferkies $CuFeS_2$, Kupferglanz Cu_2S, Rotkupfererz Cu_2O, Buntkupferkies Cu_3FeS_3, Kupferindig CuS, Malachit $CuCO_3 \cdot Cu(OH)_2$, Atakamit $CuCl_2 \cdot 3\,Cu(OH)_2$ usw. in Mitterberg (Hochköniggebiet), Rhodesien, USA, UdSSR, Sambia, Kongo, Chile, Kanada usw.

---

das Eisen sofort an der Oberfläche zu FeO, analog dem Vorgang, wie er beim sogenannten Attramentieren von Eisen in heißen Nitritbädern abläuft. Da die Oxidschichte bei VPI-Anwendung jedoch nur von monomolekularer Stärke ist, tritt keine erkennbare Färbung der Oberfläche ein. Gleichzeitig wird die Oberfläche mit einer Schicht aus frei gewordenem Amin überzogen, das auf Grund seiner basischen Natur auch die Kohlensäure abbinden kann. Das bei der Oxydation des Eisens sich bildende NO reagiert mit dem Luftsauerstoff und der Luftfeuchtigkeit unter Bildung von salpetriger Säure, welche wiederum weitere Oberflächenteile passiviert. Der Vorgang der Passivierung und Bedeckung geht solange weiter, wie reagierende Bestandteile in dem System vorhanden sind und freie Eisenoberfläche dargeboten wird. Danach ist die Oberfläche ganz geschützt. Solange noch VPI vorhanden ist, werden auch neu hinzukommende Reaktionsstoffe unschädlich gemacht. Das Prinzip des VPI-Rostschutzes besteht also darin, die Oberfläche einmal mit einer Schutzschichte zu bedecken und dann durch weitere Verpackung zu verhindern, daß durch Luftzirkulation eine das Wirkungsquantum des VPI übersteigende Feuchtigkeits- und Kohlensäuremenge an die Oberfläche gelangt.

[1] Baeckmann, W., Schwenk, W.: Handbuch des kathodischen Korrosionsschutzes. Weinheim: Verlag Chemie. 1971.

[2] Werkstoffhandbuch Nichteisenmetalle. Düsseldorf: VDI-Verlag. 1960.

Gewinnung: Da die Erze meist noch andere Mineralien und Gangarten enthalten, beträgt ihr Kupfergehalt nur 1,5 bis 8%. Die Verhüttung des Kupfers bereitet wegen der großen Affinität desselben zu Schwefel Schwierigkeiten. Man führt sie daher in zwei Stufen durch. Die erste besteht im Rösten und Niederschmelzen eines Kupfersteines mit 30 bis 45% Cu in Form von Cu_2S. Vorhandenes Eisensulfid wird dabei zu Eisenoxydul FeO abgeröstet und mit Kieselsäure (SiO_2) verschlackt. Die zweite Stufe besteht im *Röstreduktions-* oder *Röstreaktions*verfahren. Bei ersterem erhält man *Schwarzkupfer* mit etwa 90% Cu durch nochmaliges Rösten und anschließendes Reduzieren im Schachtofen, bei letzterem wird der Kupferstein in einem birnenförmigen Ofen durch Durchblasen von Luft teilweise zu Cu_2O geröstet und durch Röstreaktion: Cu_2S + $+ 2 Cu_2O = 6 Cu + SO_2$ in ein etwa 96%iges Kupfer übergeführt.

Bei armen Kupfererzen wendet man die *nasse* Gewinnung an. Das Kupfer wird in $CuSO_4$ oder $CuCl_2$ übergeführt und durch Abfalleisen als braunschwammiges Zementkupfer gefällt.

Das *Rohkupfer* (etwa 97% Cu) wird im Flammofen oder durch Elektrolyse raffiniert.

Im Flammofen erfolgt ein *oxydierendes Schmelzen*, wobei die Verunreinigungen durch den Sauerstoff teils in Gasform entweichen, teils in Form von Schlacken von der Badoberfläche entfernt werden. Der dann bis zu 7% in Form von Kupferoxidul Cu_2O im Kupfer enthaltene Sauerstoff wird durch das *Polen* entfernt, wobei Stämme frischen Holzes in das Bad getaucht werden.

Bei der *elektrolytischen* Raffination werden dünne Kupferbleche als Kathoden und das in Plattenform gegossene Rohkupfer als Anode in ein Schwefelsäure-Kupfersulfatbad gehängt. Beim Durchleiten des Stromes löst sich die Anode auf und das reine Kupfer schlägt sich an der Kathode nieder. Ein Teil der Verunreinigungen, wie Ni, Fe, Zn, As, bleibt in Lösung und wird zeitweilig aus den Elektrolyten entfernt, ein anderer Teil, wie Au, Ag, Sb usw. bleibt im Anodenschlamm.

Nach ÖNORM M 3401 (DIN 1708) unterscheidet man je nach der Reinheit verschiedene Sorten von Hüttenkupfer: Kupferkathoden Cu-K, Elektrokupfer E-Cu, Kupfer 99,9, 99,75, 99,5, 99,5 und 99,0 arsenhaltig, Elektrokupfer sauerstofffrei E-Cu-Of, Kupfer 99,9 und 99,8 sauerstofffrei.

Eigenschaften: Rötliche Farbe, Dichte 8,96 kg/dm³, $t_s = 1083$ °C, sehr guter Wärmeleiter: $\lambda = 408$ W/(m · K), $\alpha = 16,5 \cdot 10^{-6}$ K^{-1}, seine elektrische Leitfähigkeit wird nur von Silber übertroffen (Reinstkupfer $\sigma = 59,5$ MS/m)[1]. Sie sinkt mit steigender Temperatur (um 0,004% je °C), durch Beimengungen von Phosphor, Arsen, Aluminium, Antimon,

---

[1] Pawlek, F., Reichel, K.: Metallkunde *1956*, 347—356.

Eisen, Silizium, Zinn, Zink, Kadmium und durch Kaltverformung[1]. Es ist schlecht gießbar, da es im flüssigen Zustand Gase löst, die beim Erstarren in Form von Blasen ausgeschieden werden; spanlos kalt und warm gut verformbar. Man unterscheidet folgende Zustände: *gepreßt (p)*; *weich (w)*, nach etwaiger Kaltverformung gut geglüht, Zugfestigkeit $\sigma_B = 220 \, \text{N/mm}^2$; *halbhart*, durch Kaltverformung auf 1,2fache Zugfestigkeit gebracht; *hart (h)*, auf 1,4fache Zugfestigkeit gebracht und *federhart*, auf 1,8fache Zugfestigkeit gebracht. Kupfer ist gut weich und hart lötbar, gut schweißbar, jedoch schlecht zerspanbar (schmiert), wird bei Zimmertemperatur von trockener und feuchter Luft nicht angegriffen, ist gegen Gebrauchswasser beständig (gebildete Oxidschicht widersteht weiteren Angriffen). Kupfer darf nicht in Wasserstoff abgebenden Gasen geglüht (schweißen!) werden, da H_2 in das Kupfer hineindiffundiert und mit stets vorhandenem Cu_2O Wasserdampf bildet, der zum Aufreißen führt. *Patina* $Cu(HCO_3)_2$ entsteht durch CO_2-haltige Luft an Kupferdächern, Statuen usw. *Grünspan* (basisches Kupferazetat) entsteht durch Essig und ist sehr giftig (Achtung bei Kupfergeschirr).

Verwendung: In der elektrotechnischen Industrie für Leitungen, Wicklungen (Motoren, Generatoren, Trafos, . . .), Schleifringe, Kontakte, Kollektoren usw., Kühl- und Heizschlangen, Wasser-, Gas- und Brennstoffleitungen, als Dachbelag, für Dichtungen, für Lötkolben, zum Hartlöten und für eine große Zahl von Legierungen.

1,130102 Kupfer-Zink-Legierungen (Messing, Sondermessing)

Messing ist eine Cu-Zn-Legierung mit überwiegendem Kupfergehalt und bis zu 3% Bleizusatz. Dieser verbessert die Zerspanbarkeit. Kalt verformbares Messing über 67% Cu heißt *Tombak*. *Sondermessinge* sind Mehrstofflegierungen, die außer Kupfer und Zink noch andere Legierungselemente (Al, Ni, Si, Sn, Mn, Fe) zur Veränderung der Eigenschaften enthalten.

Man unterscheidet *Knet-* und *Guß*legierungen. Mit Kneten bezeichnet man eine spanlose Kalt- oder Warmverformung. Knetlegierungen sind nach ÖNORM M 3404 (DIN 17660) genormt (z. B. CuZn 10 früher Ms 90), wobei die Ziffer den mittleren Zn-Gehalt angibt. Die *Farbe* von Messing geht von der Kupferfarbe mit steigendem Zinkgehalt über den goldroten

---

[1] Nach ÖVE-W 31 (VDE 0201) darf der Leitwert bei 20 °C folgende Werte nicht unterschreiten:

Weichgeglühter Draht (E-Cu F 20) 57
Kaltgereckter Draht (E-Cu F 37), d $\geqq$ 1 mm 56
                                    d < 1 mm 55
Weichgeglühter verzinnter Draht d über 0,29 mm 56,5
                            d = 0,09 bis 0,29 mm 55,5
                            d bis 0,09 mm 54

Ton von CuZn 10 und den goldgelben von CuZn 15 in das etwas hellere
Aussehen von CuZn 20 über. Messinge mit 72 bis 65% Kupfer sind
grünlichgelb, an der Grenze des α-Gebietes sattgelb und bei größerem
β-Anteil rot gefärbt. Abb. 61 zeigt den technisch wichtigen Teil des
Cu-Zn-Zustandsschaubildes. Die homogenen Legierungen CuZn 36 bis
CuZn 10, die nur aus α-Mischkristallen bestehen, sind sehr gut kalt verformbar. Die heterogenen Legierungen, die aus (α + β)-Mischkristallen

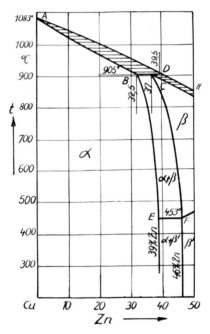

Abb. 61. Zustandsschaubild Kupfer-Zink

bestehen (CuZn 44 bis CuZn 38 Pb 1) sind sehr gut warm- und nur
begrenzt kaltverformbar.

Die Gußlegierungen sind nach DIN 1709 genormt. Sie erhalten vor
der Legierungsbezeichnung den Buchstaben G. Der Buchstabe K nach
dem G bedeutet Kokillenguß, D Druckguß, Z Schleuderguß und C
Strangguß.

Messing ist gut gießbar, lötbar, schweißbar, zerspanbar und gegen
Luft und Wasser beständig. Kaltverformtes Messing neigt infolge innerer
Spannungen zur Spannungskorrosion, die unter dem Einfluß von
Ammoniak und Quecksilber längs der Korngrenzen fortschreitet und zum
Aufreißen der Werkstücke führt. Zum Nachweis solcher Spannungen
benützt man eine 1,5%ige Quecksilbernitratlösung, in welche das zu

prüfende Werkstück eingetaucht wird. Bei Vorhandensein größerer Spannungen treten in kurzer Zeit Risse auf. Durch Erwärmen auf 200 bis 300 °C können die inneren Spannungen beseitigt werden, ohne daß eine wesentliche Verminderung der Festigkeit auftritt.

Messing wird in Form von Blechen und Bändern, Rohren, Stangen und Drähten, Gesenkschmiedestücken, Strangpreßprofilen und Gußteilen

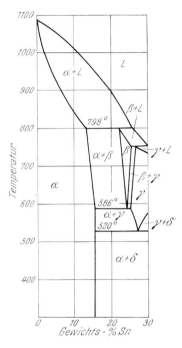

Abb. 62. Zustandsschaubild Kupfer-Zinn für normale Glühzeiten

im Apparatebau, in der Elektrotechnik, für Kondensatoren, Uhrenteile, Reißverschlüsse, Schrauben, Instrumente, Gas- und Wasserarmaturen, Beschlagteile, Bauprofile usw. verwendet.

Sondermessinge besitzen höhere Festigkeit und Korrosionsbeständigkeit. Sie finden für seewasserbeständige Konstruktionsteile, Federn, Gleitorgane, Kondensatoren usw. Verwendung.

1,130103 Kupfer-Zinn-Legierungen (Zinnbronze)

Diese besitzen höhere Härte, Festigkeit und Korrosionsbeständigkeit als Messing. Ihre Farbe ist kupferähnlich. Sie wurden bereits im Altertum als Werkstoff für Waffen, Hausgeräte und Schmuck verwendet. Zum

Zweck der Desoxydation wird den Zinnbronzen beim Guß Phosphorkupfer zugesetzt, wodurch bis zu 0,4% Phosphor im fertigen Werkstück
enthalten sein kann (Phosphorbronze). Abb. 62 zeigt einen Ausschnitt aus
dem Cu-Sn-Zustandsschaubild bei normalen Glühzeiten. Bei Gehalten
über 20% Sn bilden sich spröde Cu-Sn-Verbindungen, welche die Bronze
technisch unbrauchbar machen.

Die Knetlegierungen enthalten bis zu 8% Sn und sind nach ÖNORM
M 3406 (DIN 17662) genormt (z. B.: CuSn 2 früher SnBz 2: 2% Sn). Sie
werden als Bleche, Bänder, Rohre, Stangen, Drähte, Gesenkschmiede-
stücke und Strangpreßprofile erzeugt und als Federn in der Elektrotechnik, Feinmechanik und im Uhrenbau, für Teile der chemischen und
Papierindustrie, für Metallschläuche, Siebe, Lagerbüchsen, Membranen,
Gleitorgane usw. verwendet.

Die Gußlegierungen sind nach DIN 1705 genormt und finden für
Pumpenräder, Schneckenräder, Spindelmuttern, Lagerschalen, Ventilsitze usw. Verwendung.

1,130104 Kupfer-Aluminium-Legierungen (Aluminiumbronze)

Auch bei diesen bildet das Kupfer mit dem Aluminium Mischkristalle, wodurch Härte, Korrosionsbeständigkeit und Festigkeit gesteigert werden. Die homogenen Aluminiumbronzen sind gut kaltverformbar, die heterogenen sind schlecht kalt- aber gut warmverformbar und vergütbar. Die Knetlegierungen sind nach ÖNORM M 3409
(DIN 17665) genormt (z. B.: CuAl 5 früher AlBz 5, CuAl 8 früher AlBz 8)
und werden wegen ihrer hohen Festigkeit und Korrosionsbeständigkeit
in der chemischen Industrie, für hochbelastete Lager, Bremsbänder,
Dämpferstäbe, Kurzschlußläuferstäbe, Schneckenräder, Ventilsitze,
Kondensatorböden usw. verwendet. Die nach DIN 1714 genormten Gußlegierungen werden für korrosionsbeständige Gußstücke, Armaturen,
Schnecken- und Schraubenräderkränze verwendet.

1,130105 Kupfer-Beryllium-Legierungen (Berylliumbronze)

Diese sind bedingt durch die mit fallender Temperatur abnehmende
Löslichkeit des Kupfers für Beryllium aushärtbar. Beim Aushärten
erfolgt ein Lösungsglühen bei 720 bis 760 °C, ein Abschrecken mit nachfolgendem Erwärmen auf 325 °C, wodurch Härte, Festigkeit (über
2500 N/mm^2) und Elastizität außerordentlich gesteigert werden. Beryl-
liumbronzen sind nach DIN 17666 (Kupferknetlegierungen niedrig
legiert) genormt und werden für nichtfunkende Werkzeuge, Federn aller
Art, Membranen, hochbeanspruchte Schrauben, Zahn- und Schneckenräder, unmagnetische Wälzlager und mit Kobaltzusätzen für Widerstandsschweißelektroden verwendet.

1,130106 Kupfer-Blei-Legierungen (Bleibronze)

Bleibronzen und Zinn-Blei-Bronzen sind nach DIN 1716 genormt. Da Blei in Kupfer praktisch unlöslich ist, bleibt es bei Temperaturen über 327 °C flüssig. Sie besitzen hohe Wärmeleitfähigkeit und werden vor allem für hochbeanspruchte Gleitlager verwendet (meist dünner Ausguß in Stahltragschale).

1,130107 Hochleitfähige Kupferlegierungen (Leitbronze)

Diese bestehen aus Kupfer mit geringen Zusätzen aus Silber, Kadmium, Magnesium, Zinn, Tellur, Chrom (DIN 17666), um die Festigkeit bei möglichst geringer Einbuße an Leitfähigkeit zu erhöhen.

CuAg (0,025 bis 0,25% Ag) besitzt sehr hohe Leitfähigkeit und erhöhte Rekristallisations-(Erweichungs-)Temperatur und wird für Kommutatorlamellen und Ankerwicklungen verwendet.

CuCd 0,5 wird für Freileitungen und Fahrdrähte (Bronze I nach DIN 48200 und 48300), *CuCd 1* für Elektroden von Schweißmaschinen und *CuCdSn* für Freileitungen (Bronze II) verwendet.

CuMg 0,4 und *CuMg 0,7* finden für Freileitungen (Bronze II), *CuCr* (0,3 bis 1,2% Cr) sind warm aushärtbar und sehr temperaturbeständig und finden für Widerstandsschweißelektroden, *E-CuTe* und *SF-CuTe* (0,4 bis 1,1% Te) wegen ihrer guten Zerspanbarkeit bei hoher elektrischer und Wärmeleitfähigkeit für Drehteile (Schweißbrennerdüsen, Elektroden von Widerstandsschweißmaschinen) Verwendung.

CuNi 1,5 Si, *CuNi 2 Si* und *CuNi 3 Si* besitzen mittlere Leitfähigkeit und hohe Zugfestigkeit und werden für Schrauben, Bolzen und Freileitungsarmaturen verwendet.

1,130108 Kupfer-Mangan-Legierungen (Manganbronze)

Diese (DIN 17666) besitzen höhere Temperatur- und Korrosionsbeständigkeit als Kupfer, sind sehr gut schweißbar, besitzen geringe elektrische Leitfähigkeit und kleinen Temperaturbeiwert des elektrischen Widerstandes. Sie finden im chemischen Apparatebau, für Schrauben, Bolzen, Muttern und für Meß- und Regelwiderstände Verwendung.

Nach DIN 17471 *Werkstoffe für elektrische Widerstände* sind folgende Mangan- und Nickel-Legierungen des Kupfers genormt:

CuMn 12 Ni	$\rho = 0,43 \; \mu\Omega \cdot m$	$\alpha = \pm \, 0,00001$
CuNi 20 Mn 10	$\rho = 0,49 \; \mu\Omega \cdot m$	$\alpha = \pm \, 0,00002$
CuNi 44 (Konstantan)	$\rho = 0,49 \; \mu\Omega \cdot m$	$\alpha = + \, 0,00004, \, - \, 0,00008$
CuMn 2 Al	$\rho = 0,125 \; \mu\Omega \cdot m$	
CuNi 30 Mn (Nickelin)	$\rho = 0,40 \; \mu\Omega \cdot m$	
CuMn 12 NiAl	$\rho = 0,50 \; \mu\Omega \cdot m$	

1,130109 Kupfer-Nickel-Legierungen (Nickelbronze)

Diese besitzen hohe Korrosionsbeständigkeit, Warmfestigkeit und sind gut schweißbar. Sie sind nach ÖNORM M 3408 (DIN 17664, 17743) genormt und werden als Bauteile (Rohre, Böden) für Wärmeaustauscher, Kondensatoren, Speisewasservorwärmer, Süßwasserbereiter, Klimaanlagen (CuNi 10 Fe, CuNi 20 Fe), als Plattierwerkstoff, für Münzen (CuNi 25), im Apparatebau, Schiffbau (CuNi 30 Fe) und für Anlaß-, Regel-, Kontroll- und Belastungswiderstände (CuNi 44 siehe auch DIN 17471) verwendet.

1,130110 Kupfer-Nickel-Zink-Legierungen (Neusilber, Alpaka)

Diese wurden bereits im alten China hergestellt (Pakfong) und bestehen aus ternären α-Mischkristallen von Cu, Ni und Zn. Nach ÖNORM M 3407 (DIN 17663) sind Knetlegierungen genormt (z. B. CuNi 10 Zn 42 Pb, CuNi 12 Zn 24, CuNi 18 Zn 20; erste Zahl Ni-, zweite Zn-Gehalt), welche für Tafelgeräte, kunstgewerbliche Gegenstände, Schanktischabdeckungen, Bestecke, Reißzeuge, medizinische und optische Geräte, Uhren, Federn und im Bauwesen Verwendung finden.

1,130111 Schweißzusatzwerkstoffe

Nach ÖNORM M 7825 (DIN 1732, 1733) werden sie für Verbindungs- und Auftragsschweißungen verwendet und mit dem Buchstaben S und den chemischen Symbolen der wichtigsten Legierungsbestandteile gekennzeichnet, z. B.: *Sonderschweißbronzen* S-CuAg, S-CuSn, S-CuAl 15, S-CuSn 7, S-CuSi; *Messing* S-Cu 58 ZnSn; *Nickellegierungen* S-Ni, S-NiSi, S-NiCu, S-NiFe; *Aluminiumlegierungen* S-Al, S-AlTi, S-AlMg, S-AlSi 5 und *Magnesiumlegierungen* S-MgMn, S-MgAl 6 Zn und S-MgAl 9 Zn. Sie werden in Form von Stäben (Elektroden) und Drähten verwendet.

1,130112 Hartlote

Sie dienen zum Hartlöten (siehe 4,33) und sind nach ÖNORM M 7825 (DIN 8512, 8513) genormt. Sie werden mit dem Buchstaben L und den chemischen Symbolen der wichtigsten Legierungsbestandteile gekennzeichnet. Man verwendet *Kupferlote* (SL-Cu zum Löten von Stahl und Hartmetall), *Kupfer-Phosphor-Lote* (L-CuP, L-CuPAg 2, L-CuPAg 5 und L-CuPAg 15 zum Löten von Kupfer und seinen Legierungen ohne Flußmittel), *Messinglote* (L-Cu 55 ZnAg, L-Cu 54 Zn zum Löten von Stahl, Gußeisen, Kupfer und Kupferlegierungen), *Neusilberlote* (L-CuZnNi 11 zum Löten von Stahl und L-CuZnNi 4 zum Löten von Gußeisen, Messing und Zinnbronze), *Silberlote* (L-Ag 45 Cd, L-Ag 25, L-Ag 20 Si usw. zum

Löten aller Schwermetalle, sind dünnflüssig, füllen engste Spalten aus und besitzen hohe Festigkeit, Korrosionsbeständigkeit, Zähigkeit und Kaltverformbarkeit), *Sondersilberlote* (L-Ag 49 Mn, L-Ag 27 Mn zum Löten von Stahl und Hartmetall) und SL-AlSi 13 zum Löten von Aluminium und seinen Legierungen. Diese Lote werden als Stäbe, Drähte, Körner, flußmittelgefüllte und umhüllte Stäbe und Formteile erzeugt.

1,130113 Kupfer-Zink-Zinn-Legierungen (Rotguß)

Diese sind nach DIN 1705 genormte Gußlegierungen, die für Armaturen, Lagerschalen, Schleifringe, Schneckenräder und ähnliche korrosionsbeständige Teile mit Gleiteigenschaften verwendet werden.

1,1302 Das Zink, Zn[1]

Vorkommen: Hauptsächlich als Zinkblende ZnS in Schiefergebirgen begleitet von Bleiglanz, Kupfer- und Schwefelkies und Silbererzen, dann als Zinkspat $ZnCO_3$, Willemit Zn_2SiO_4, Zinkblüte $ZnCO_3 \cdot 2\,Zn(OH)_2$, Rotzinkerz ZnO in Raibl (Kärnten), Deutschland, Polen, USA, Kanada, UdSSR, Australien, Mexiko, Peru, Italien usw.

Gewinnung: Die durch Flotation aufbereiteten Sulfide und Karbonate werden durch Rösten in Oxide übergeführt:

$$2\,ZnS + 3\,O_2 = 2\,ZnO + 2\,SO_2$$
$$ZnCO_3 = ZnO + CO_2$$

und diese mit Kohlenstoff in geschlossenen Destillationsgefäßen aus feuerfestem Ton oder Siliziumkarbid reduziert, wobei wegen der hohen Reduktionstemperatur von über 1200 °C das Zink in Dampfform anfällt (Siedetemperatur von Zn 906 °C):

$$ZnO + C = Zn + CO.$$

Durch Niederschlagen des Dampfes erhält man flüssiges *Rohzink*. Dieses enthält bis zu 3% Pb und geringe Mengen von Fe, As, Sb, Cd usw. Durch Elektrolyse oder Raffination im Destillationsverfahren erhält man *Feinzink*. Die elektrolytische Zinkgewinnung (4 kWh/kg) geht von $ZnSO_4$ aus, das durch Auslaugen von ZnO mit Schwefelsäure gewonnen wird:

$$ZnO + H_2SO_4 = ZnSO_4 + H_2O.$$

Nach ÖNORM M 3420 (DIN 1706) unterscheidet man: *Feinzink* Zn 99,999, Zn 99,995, Zn 99,99, Zn 99,975, Zn 99,9 und Zn 99,35 Pb das

---

[1] Zinktaschenbuch. Düsseldorf: Metall-Verlag. 1959. — Burkhardt, A.: Technologie der Zinklegierungen. Berlin: Springer. 1940.

durch Destillation oder Elektrolyse gewonnen wird, *Hüttenzink* Zn 99,5, Zn 99, Zn 98,5 und Zn 97,5 das durch Reduktion und Destillation herge- stellt wird und *Umschmelzzink* UZn 98,5, UZn 97,5 und UZn 96 das durch Umschmelzen von Zinkabfällen gewonnen wird.

Eigenschaften: Bläulich weiße Farbe, $\rho = 7{,}1$ kg/dm³, $t_s = 419°$, (Siedepunkt 906°), gut gießbar, bei 100 bis 150° gut warm verformbar, bei 200° spröde. Gegossen ist es grobkristallin und spröde bei $\sigma_B = 20$ bis 30 N/mm², gewalzt und gepreßt σ_B bis 250N/mm² (bei 100° nur mehr 130 N/mm²). Bei dauernder gleichsinniger geringer Belastung von 10 bis 20 N/mm² tritt bleibende Verformung (kriechen) auf. Es tritt keine Kalt- verfestigung auf, da Rekristallisation von Reinzink bereits bei Raum- temperatur auftritt. Bei längerer Lagerung nach Kaltverformung tritt Grobkornbildung (Versprödung) auf. Zink ist gut gießbar (ZnO-Rauch erzeugt Gußfieber, daher beim Schmelzen von Zink und seinen Legierun- gen Atemmaske vorteilhaft), gut lötbar und schweißbar, beständig gegen Luft und Wasser (an Luft bildet sich eine basische Zinkkarbonatschicht, welche vor weiterem Angriff schützt). Es wird angegriffen von Heiß- wasser, Naßdampf, SO_2-haltigen Abgasen, Säuren und starken Basen.

Verwendung: Als Überzug von Stahl zum Schutz gegen Rost (Dach- rinnen, Abfallrohre, Fensterbleche, Dachabdeckung, Kübel, . . .), Särge, galvanische Elemente, Farben (Zinkweiß ZnO, giftig), Füllstoff in der Kautschukindustrie (ZnO), $ZnCl_2$- und $ZnSO_4$-Lösungen zur Imprägnie- rung von Holz gegen Fäulnis, in der Medizin (ZnO Zinksalbe), für Werk- zeuge (Gesenke, Modelle, . . .), in Form gegossener Platten zum katho- dischen Schutz von Schiffskörpern (Abschn. 1,1283) und Legierungen (Messing, Rotguß, Neusilber).

*Feinzinkguß*legierungen sind nach DIN 1743 genormt und bestehen aus Feinzink, 3,5 bis 6% Al und bis 1,5% Cu: GDZnAl 4, G bzw. GD und GK ZnAl 4 Cu 1 und G bzw. GK ZnAl 6 Cu 1. (G bedeutet Guß, GD Druckguß, GK Kokillenguß.) Eine ausreichende Beständigkeit dieser Legierungen ist nur bei Verwendung von Feinzink vorhanden. Sie finden Verwendung für alle Arten kleiner Gußstücke, ZnAl 4 Cu 1 auch für Lager und Schneckenräder.

1,1303 Das Zinn, Sn

Vorkommen: Als Zinnstein (Kassiterit) SnO_2 in primärer (Granit oder Kalkstein) und sekundärer Lagerstätte, seltener als Zinnkies $(Cu_2Fe)SnS_3$ in Bolivien, Nigeria, Kongo, Siam, Australien, Malaya, Indonesien.

Gewinnung: Da der Zinngehalt der Erze sehr gering ist, werden sie zuerst aufbereitet und anschließend zur Beseitigung der Eisen- und Kupfersulfide geröstet. Die Reduktion: $SnO_2 + C = Sn + CO_2$ erfolgt im Schacht- oder Flammofen. Die Raffination des so erhaltenen *Roh- zinnes* erfolgt durch Seigern, Polen oder Elektrolyse.

Nach ÖNORM M 3460 (DIN 1704) unterscheidet man die Sorten Reinzinn I Sn 99,92, Reinzinn II Sn 99,90, Raffinadezinn Sn 99,75 und Umschmelzzinn Sn 98.

Eigenschaften: Silberweiße Farbe, $\rho = 7,3$ kg/dm³, $t_s = 232$ °C, $\sigma_B \sim 30$ N/mm², $\delta \sim 40\%$, sehr weich und dehnbar. Das *weiße* (tetragonale) Zinn geht bei Temperaturen unter 18° in das *graue* (kubische), pulverförmige Zinn ($\rho = 5,8$ kg/dm³) über (Zinnpest). Durch Zusatz von Antimon, Kupfer, ... wird die geringe Festigkeit verbessert. Zinn ist beständig gegen Luft, Wasser, Kochsalz und organische Säuren (eine dünne unsichtbare Oxidhaut schützt vor weiterer Korrosion). Es ist gut gießbar, läßt sich zu sehr dünnen Folien auswalzen (*Stanniol*). Zinnsalze sind ungiftig.

Verwendung: Überzüge von Stahlblech (*Weißblech* für Konservendosen, Milchkannen, ...), von Kupferdrähten, die mit Gummi isoliert werden (der bei der Vulkanisation verwendete Schwefel würde Cu angreifen), für Legierungen (Bronze, Weißmetall, Lötzinn, ...) und für Tuben, SnO_2 für Glasuren und Email. *Zinnspritzguß*legierungen sind nach DIN 1742 genormt. Sg Sn 78, 75, 70, 60. 50 (Ziffer bedeutet mittleren Sn-Gehalt, Rest Sb, Cu und Pb). Sie werden für Gußstücke für Elektrizitätszähler, Gasmesser, Geschwindigkeitsmesser usw. verwendet.

1,1304 Das Blei, Pb[1]

Vorkommen: Bleiglanz PbS, Weißbleierz $PbCO_3$, Gelbbleierz $PbMoO_4$, Rotbleierz $PbCrO_4$, ... in Bleiberg (Kärnten), Rheinland, Oberschlesien, Rußland, Peru, Spanien, Kanada, USA, Mexiko, Australien, ... Bleierze enthalten meist noch Silber, Kupfer, Zink, Nickel und andere Metalle.

Gewinnung: Nach der Aufbereitung werden die Bleierze geröstet: $PbS + 3O = PbO + SO_2$, $PbCO_3 = PbO + CO_2$. Das Vorrösten erfolgt im Flammofen, das Fertigrösten in birnenförmigen Konvertern, in welchen durch das erhitzte, mit Kalk gemischte, vorgeröstete Erz Preßluft geblasen wird. Beim Sinter-Röstverfahren von Dwight-Lloyd wird das auf einem beweglichen Rost liegende Erz-Kalk-Gemisch durch einen Brenner erhitzt und von Saugluft durchzogen. Die Bleioxide werden dann im Schachtofen reduzierend geschmolzen: $PbO + CO = Pb + CO_2$. Das erhaltene *Werkblei* wird noch raffiniert. Es enthält bis zu 1% Silber und bis zu 2% andere Metalle. Letztere werden größtenteils durch oxydierendes Schmelzen im Flammofen entfernt. Die Entfernung des Silbers erfolgt nach dem Parkes-Verfahren. Bei diesem wird dem Blei 1 bis 1,5% seines Gewichtes an Zink zugesetzt, in welchem sich das

---

[1] Hofmann, W.: Blei und Bleilegierungen, 2. Aufl. Berlin-Göttingen-Heidelberg: Springer. 1962.

Silber löst. An der Oberfläche setzt sich dann eine Silber-Zink-Legierung ab, in der sich noch Gold, Kobalt, Kupfer und Nickel befinden.

Nach ÖNORM M 3410 (DIN 1719) unterscheidet man Feinblei Pb 99,99, Hüttenweichblei Pb 99,97, 99,94, Hüttenweichblei gekupfert Pb 99,90 Cu und Umschmelzblei Pb 98,5.

Eigenschaften: Bleigraue Farbe, $\rho = 11{,}34$ kg/dm³, $t_s = 327\ °C$, weich, die geringe Festigkeit von $\sigma_B = 14$ N/mm² bei 20 °C wird durch Zusätze von Antimon durch Aushärten verbessert. Es ist gut gießbar, gut kalt- (niedere Rekristallisationstemperatur) und warmverformbar, gut schweißbar, beständig gegen Luft jeder Zusammensetzung, gegen Wasser, das kein freies CO_2 enthält, gegen Meerwasser und die meisten Säuren. Bleidämpfe und Bleistaub sind *sehr giftig*.

Verwendung: In der chemischen Industrie (mit 1% Te legiert in der Schwefelsäureherstellung), für Wasserrohre, Platten und Auskleidung von Akkumulatoren, für Kabelmäntel auch mit Sb legiert (DIN 17640), als Schutz gegen Röntgenstrahlen, für Bäder zum Härten und Anlassen von Stahl, Plomben, Geschoße (Schrot), für Legierungen mit Sn und Sb des graphischen Gewerbes (DIN 16512), für Farben: Bleiweiß 2 $PbCO_3 \cdot Pb(OH)_2$, Mennige Pb_3O_4, Gläser und für Legierungen mit Sb (*Hartblei* DIN 17641), mit Cu, Sn und Cd (Weißmetall), mit Cu (Bleibronze), mit Sn (Weichlote), *Bleispritzgußlegierungen* usw.

1,1305 Das Wolfram, W

Vorkommen: Als Wolframit (FeMn) WO_4 und Scheelit $CaWO_4$ in China, Burma, Malayenstaaten, Bolivien, USA, Spanien auf primärer und sekundärer Lagerstätte.

Herstellung: Wegen der Bildung von Karbiden ist reines Wolfram durch Reduktion mit Kohle nicht darstellbar. Durch Reduktion von Wolframerzen und Eisenoxid im elektrischen Ofen erhält man *Ferrowolfram* (DIN 17562, 80% W). Zur Herstellung von reinem Wolfram werden die Wolframerze aufgeschlossen und aus ihnen WO_3 in Pulverform hergestellt. Aus diesem wird durch Reduktion im Wasserstoffstrom Wolframpulver hergestellt: $WO_3 + 3\ H_2 = W + 3\ H_2O$. Dieses wird durch Pressen in Formen zu Stäben verdichtet und bei direktem Stromdurchgang gesintert. (*Sintern* ist ein Erhitzen auf Temperaturen unterhalb des Schmelzpunktes, wobei die einzelnen Körner durch Diffusion zusammenschweißen.) Anschließend werden die Stäbe gehämmert und gezogen. Da man beim Sinterverfahren mit den Abmessungen beschränkt ist, ist man in den letzten Jahren zum Teil dazu übergegangen, Wolfram im elektrischen Lichtbogen im Hochvakuum oder unter Edelgasen in wassergekühlte Kupferkokillen niederzuschmelzen.

Eigenschaften: Dunkelgraue Farbe, $\rho = 19{,}3$ kg/dm³, $t_s = 3380\ °C$,

hohe Festigkeit (gezogener Draht von 1 mm $\oslash$, $\sigma_B = 1800$ N/mm²,
0,02 mm $\oslash$ bis 4000 N/mm²) und Härte, über 600° leicht oxydierbar
(nur unter Schutzgasen zu erhitzen), säurebeständig, hohes Elektronen-
emissionsvermögen, ...

Verwendung: Als Legierungselement für Stahl (Werkzeug-, Warm-
arbeits- und Schnellarbeitsstähle) und Hartmetalle, für Glühspiralen von
Glühlampen, Elektroden für das WHG-, WIG- und WPS-Schweißen,
Kontakte (als Sinterlegierung mit Cu und Ag in Schaltgeräten, Schweiß-
backen und Elektroden von Widerstandsschweißmaschinen), Zünd-
kerzenelektroden, Heizelemente (nur im Schutzgas), Thermoelemente
W-WMo (nur im Vakuum oder Schutzgas), Antikathoden von Röntgenröhren, Glühkathoden von Elektronenröhren, für hochwarmfeste und
zunderbeständige Legierungen usw.

1,1306 Das Chrom Cr und seine Legierungen

Vorkommen: Chromeisenstein FeO · Cr_2O_3 und Rotbleierz $PbCrO_4$ in
Indien, Jugoslawien, Kalifornien, Südafrika, Türkei, Rußland, Norwegen, ...

Herstellung: Reines Chrom wird durch Reduktion des Oxides mit
Aluminium (oder Silizium) nach dem Goldschmidt-Verfahren (Aluminothermie) hergestellt:

$$Cr_2O_3 + 2 \, Al = Al_2O_3 + 2 \, Cr.$$

Das durch Verunreinigungen spröde Metall kann in duktiler Form
auf pulvermetallurgischem Wege oder im Vakuumlichtbogenofen
gewonnen werden. Wegen seiner hohen Affinität zu Kohlenstoff ist es
durch Reduktion mit diesem nicht rein darstellbar (Karbidbildung).
Ferrochrom (DIN 17565) wird durch Reduktion von Chromerzen mit
Kohle im elektrischen Ofen (bis 72% Cr) oder Hochofen (bis 30% Cr)
hergestellt.

Ferrolegierungen[1] enthalten Fe, C und weitere Elemente. Sie werden
zum Legieren, Desoxydieren und Denitrieren von Stahlschmelzen verwendet. Ihre Herstellung erfolgt im Hoch- und Elektroofen (hoher
C-Gehalt), silikothermisch (mit Si als Reduktionsmittel), aluminothermisch (Al als Reduktionsmittel) und durch Reduktion mit Wasserstoff. Je niedriger der Kohlenstoffgehalt, desto teurer ist die Legierung.

Eigenschaften: Bläulich weiße Farbe, $\varrho = 7,2$ kg/dm³, $t_s = 1920$ °C,
bei geringen Verunreinigungen sehr hart, in oxydierender Atmosphäre

---

[1] Durrer, D., Volkert, G.: Metallurgie der Ferrolegierungen, 2. Aufl.
Berlin-Heidelberg-New York: Springer. 1972.

hitze- und korrosionsbeständig durch Bildung von dichten Deckschichten aus Cr_2O_3.

Verwendung: als Legierungselement für Stahl (Bau-, nichtrostende, zunderbeständige, Magnet- und Schnellarbeitsstähle) und Gußeisen, als Schutzüberzug von Stahl (Verchromung); Chromsalze in Färbereien, Druckereien und Gerbereien, Chromerze für feuerfeste Baustoffe (Chrommagnesitsteine), für *Heizleiterlegierungen* (DIN 17470: NiCr 80 20, NiCr 60 15, NiCr 30 20, CrNi 25 20, CrAl 25 5, CrAl 20 5) und für hochwarmfeste Legierungen (bis 25% Cr und Zusätzen von Mo, Co, Ti und Al).

1,1307 Das Nickel Ni und seine Legierungen [1]

Vorkommen: Gediegen mit Eisen legiert in Meteoriten, als Eisennickelkies (FeNi)S, Garnierit $NiO \cdot MgO \cdot SiO_2 \cdot H_2O$, Rotnickelkies NiAs, Weißnickelkies $NiAs_2$, Nickelkies NiS, ferner in nickelhältigen Pyriten, Magnet- und Kupferkies, Blei-, Kobalt-, Eisen- und Silbererzen in Kanada, Neukaledonien, Kuba, UdSSR, Rhodesien, Transvaal, Norwegen, Finnland usw.

Herstellung: Nach entsprechender Aufbereitung werden oxidische Erze im Hochofen mit Kohle reduziert, sulfidische geröstet und im Flammofen zu Fe-haltigem CuNi-Stein verschmolzen und im Konverter zu Nickelmatte verblasen. Diese wird durch Elektrolyse oder über Nickelcarbonyl zu Hüttennickel verarbeitet. Nach DIN 1701 unterscheidet man: *Carbonyl*-Nickel C-Ni 98,5, 99,8, *Mond*-Nickel M-Ni 99,5, *Elektrolyt*-Nickel E-Ni 99,5 und *Würfel*-Nickel W-Ni 99.

Eigenschaften: Silberweiß, $\rho = 8{,}85$ kg/dm³, $t_s = 1453$ °C, ferromagnetisch bis 356 °C, hohe Magnetostriktion, korrosions- und hitzebeständig, gut kalt- und warmverformbar, schweißbar, lötbar.

Verwendung: Armaturen und Geräte der chemischen Industrie (Brauerei, Brennerei, Molkerei, Verarbeitung von Erdölprodukten, Lacken und Farben), Innenteile von Elektronenröhren, Elektroden von Zündkerzen, Ventilsitze, Münzen, Akkumulatorenplatten, für Überzüge (Vernickeln), magnetostriktive Schwinger (Ultraschall-Schweiß-, Löt-, Bohr- und Reinigungsmaschinen), als Katalysator bei der Fettherstellung, als Legierungselement für Stahl (Bau-, nichtrostende, zunderbeständige Stähle und Magnetlegierungen) und für Legierungen mit Eisen:

---

[1] Volk, K.: Nickel und Nickellegierungen. Eigenschaften und Verhalten. Berlin-Heidelberg-New York: Springer. 1970. — Nickel, Eigenschaften und Verwendung. International Nickel *1964.* — Druckschriften des Nickel Informationsbüro (International Nickel AG) Zürich: Kupfer-Nickelhaltige magnetische Legierungen, Physikalische Eigenschaften der Eisen-Nickel-Legierungen.

Ferronickel (DIN 17568); *Stähle mit besonderer Wärmeausdehnung* zeigen je nach dem Nickelgehalt große Unterschiede im Ausdehnungsverhalten (Stahl mit 36% Ni, Ni 36, *Invar*-Stahl besitzt besonders kleine Wärmeausdehnung, austenitische Stähle mit 10 bis 25% Ni besitzen besonders große Wärmeausdehnung); *Einschmelzlegierungen* für *Glas* und *Keramik* enthalten außer Ni und Fe vielfach noch Cr oder Co; *Thermobimetalle* (DIN 1715) bestehen aus zwei, in der Regel durch Walzplattieren miteinander verschweißten Metallstreifen verschiedener Wärmeausdehnung und werden zum Messen von Temperaturen oder für temperaturgesteuerte Schaltvorgänge verwendet; Nickel-Knetlegierungen mit Eisen (DIN 17745).

Mit Kupfer: Nickelbronze siehe Abschnitt 1,130109,

mit Kupfer und Zink: Neusilber siehe Abschnitt 1,130110,

mit Chrom oder Aluminium und Eisen siehe Abschnitt 1,1306,

mit Chrom und Molybdän (DIN 17742), hochwarmfeste und korrosionsbeständige Legierungen.

1,1308 Das Kobalt, Co

Vorkommen: Als Speiskobalt $CoAs_2$, Skutterdit $CoAs_3$, Kobaltkies Co_3S_4, Kobaltblüte $Co_3As_2O_8 \cdot 8\,H_2O$, Erdkobalt $(CoMn)O \cdot MnO_2 \cdot 4\,H_2O$, Kobaltglanz CoAsS, meist in Begleitung von Nickel-, Mangan-, Kupfer-, Wismut- und Silbererzen in Katanga, Kanada, USA, Rhodesien, Deutschland, Marokko, Chile, Schweden, Neukaledonien.

Herstellung: Diese erfolgt gemeinsam mit Nickel. Technisches Kobalt wird kathodisch aus $CoSO_4$-Lösungen niedergeschlagen. Co-Legierungen werden zum Teil im Vakuum, zum Teil unter Schutzgas geschmolzen, zum Teil pulvermetallurgisch hergestellt.

Eigenschaften: Stahlblau, $\rho = 8{,}9\,\text{kg/dm}^3$, $t_s = 1495\,°\text{C}$, ferromagnetisch bis 1150 °C, von Luft und Wasser bei Raumtemperatur nicht angegriffen.

Verwendung: Als Legierungselement für Stahl (Dauermagnet- und Schnellarbeitsstähle) und Hartmetalle (s. Abschn. 1,1325), für Überzüge, zur Färbung von Glas, Email und Porzellan, das Isotop Co 60 als Gammastrahler für zerstörungsfreie Werkstoffprüfung und für Heilzwecke und mit Cr und Ni für hochwarmfeste Legierungen.

1,1309 Das Molybdän, Mo

Vorkommen: Als Molybdänglanz MoS_2 und Gelbbleierz $PbMoO_4$ in Bleiberg (Kärnten), USA, Kanada, Schweden, Norwegen, Peru, Mexiko, Nordafrika.

Herstellung: Auf dem Wege der Sublimation wird äußerst reines feinkörniges MoO_3 erhalten. Dieses wird mit Wasserstoff zu Molybdänpulver reduziert und wie Wolfram weiter verarbeitet. *Ferromolybdän* wird im elektrischen Ofen aus MoO_3 und Eisen durch Reduktion mit Kohle oder aluminothermisch hergestellt (DIN 17561).

Eigenschaften: Silberweiß, $\rho = 10{,}2$ kg/dm³, $t_s = 2622$ °C, hart, spröde, hohe Festigkeit, Säure- und Alkalienbeständigkeit, Wärmedehnung wie Glas, $\alpha = 6{,}5 \cdot 10^{-6}$ K⁻¹ (bei 20 bis 1650 °C), gut warm formbar (Rekristallisationstemperatur 870 °C), unter Schutzgas schweißbar, lötbar.

Verwendung: für vakuumdichte Einschmelzungen in Glas, Haltedrähte in Glühlampen und Röntgenröhren, Heizelemente (unter Schutzgas bis 1700 °C), Anoden in Röntgenröhren, Legierungselement für Stahl, Gußeisen und Hartmetall, für Rohre und Behälter in der chemischen Industrie, Kontakte[1], verschleißfeste Überzüge (aufgespritzt auf Stahl oder Nichteisenmetalle), säurefeste und warmfeste Legierungen (Düsentriebwerke usw.), Thermoelemente.

1,1310 Das Silber, Ag [2]

Vorkommen: Gediegen mit Gold, Kupfer und Quecksilber in Gängen von Gneis und Glimmerschiefer, als Silberglanz Ag_2S, Hornsilber $AgCl$, dunkles Ag_3SbS_3 und lichtes Rotgiltigerz Ag_3AsS_3, Silberkupferglanz $CuAgS$, Selensilber Ag_2Se, Tellursilber Ag_2Te und in Blei- und Kupfererzen in Mexiko, USA, Kanada, Bolivien, Peru, UdSSR, Australien, Japan.

Herstellung: Auf das mit Silber angereicherte Rohblei wendet man das Bleitreibverfahren an (durch oxydierendes Schmelzen bei höherer Temperatur werden Blei und metallische Verunreinigungen in Oxide verwandelt und in geschmolzenem Zustand aus dem Ofen entfernt, so daß das Silber zurückbleibt); durch Amalgamation (Quecksilber wird dann verdampft); Cyanidlaugerei (durch Zn ausgefällt) und aus dem Anodenschlamm bei der elektrolytischen Verarbeitung des Schwarzkupfers.

Eigenschaften: Silberweiß, $\rho = 10{,}5$ kg/dm³, $t_s = 960$ °C, bester Leiter für Wärme und Elektrizität (bei 0 °C über 66 MS/m), weich (Härtesteigerung durch Legieren mit Cu), sehr dehnbar (Folien von 2,5 μm Dicke lassen grünblaues Licht durch), schlecht gießbar (gelöste Gase bilden Blasen beim Erstarren), beständig gegen Oxydation, von Schwefel geschwärzt, von nicht oxydierenden Säuren nicht angegriffen.

Verwendung: Überzüge (AgNi-Überzüge besitzen höhere Härte und behalten länger den Glanz), Belag von Spiegeln, Thermosflaschen, in der

---

[1] Holm, R.: Elektric Contacts. Berlin-Heidelberg-New York: Springer. 1967. — Schreiner, H.: Pulvermetallurgie elektrischer Kontakte. Berlin-Göttingen-Heidelberg-New York: Springer. 1964. — Burstyn, W.: Elektri-

Photo- und Filmindustrie (lichtempfindliche Salze: AgBr, AgCl), Drähte, Folien, *Kontakte*[1] (mit Kupfer legiert Hartsilber, mit Cd legiert in der Starkstromtechnik, mit 30% Pd legiert anlaufbeständig, Sinterwerkstoffe mit Ni, W, Mo haben hohe Verschleißfestigkeit), Tafelgeräte, Prothesen, Silberlote, Schmelzleiter für Sicherungen, Apparate der chemischen Industrie (mit Cd legiert), Schmuckstücke, Münzen (mit Cu legiert), Zahntechnik (AgSnHg-Legierungen) als Katalysator in der organischen Chemie, zur Entkeimung O_2-haltigen Wassers, für Behälter, Leitungen und Filter in der chemischen Industrie usw.

1,1311 Das Gold, Au[2]

Vorkommen: Gediegen, legiert mit Silber, Blei, Kupfer, Quecksilber, Wismut und Platin in Gängen in Quarz und als Seifen- oder Waschgold in Südafrika, Kanada, UdSSR, USA, Australien, Ghana, Rhodesien, Philippinen.

Herstellung: Durch Amalgamation, mechanische Waschverfahren und Cyanidlaugerei. Zur Trennung von Silber werden trockene (mit Chlor), nasse Verfahren (mit Salpeter- und Schwefelsäure) und Elektrolyse verwendet.

Eigenschaften: Goldgelb, $\varrho = 19{,}3$ kg/dm³, $t_s = 1063$ °C, sehr weich und dehnbar (Härtesteigerung durch Cu und Ag) (Blattgold 0,1 μm Dicke), beständig gegen Luft, Wasser, Alkalien und Säuren, löslich in Königswasser.

Verwendung: Überzüge, Münzen (mit Ag und Cu legiert), Schmuckstücke (Farbgold legiert mit Ag und Cu, Weißgold mit Ni oder Pd)[3], in der Zahntechnik (Zusatz von Pt), für Präzisionswiderstände (mit 2% Cr legiert), Schreibfedern, Lote (AuAgCuZnCd-Legierungen), Spinndüsen in der Kunstseidenindustrie (durch Legieren mit Pt, Aushärtung), Schwachstrom-Kontakte (legiert mit Ag, Ni)[1], zum Färben von Glas usw.

1,1312 Das Platin, Pt[2]

Vorkommen: Meist auf sekundärer Lagerstätte als Körner mit anderen Platinmetallen (Rhodium Rh, Ruthenium Ru, Palladium Pd, Osmium Os, Iridium Ir) legiert in Kanada, Südafrika, UdSSR, USA, Kolumbien, Brasilien.

sche Kontaktwerkstoffe und Schaltvorgänge. Berlin-Göttingen-Heidelberg: Springer. 1954. — Keil, A.: Werkstoffe für elektrische Kontakte. Berlin-Göttingen-Heidelberg: Springer. 1960. — Vambersky, A.: Kontaktwerkstoffe aus Edelmetallen und Sinterwerkstoffen. Prag: 1955.

[2] Raub, E.: Die Edelmetalle und ihre Legierungen. Berlin: Springer. 1940. — Edelmetalltaschenbuch. Frankfurt a. M.: Degussa. 1967.

[3] Feingold 24 Karat entspricht 100% Au, 18 Karat 75% Au und 14 Karat 58,5% Au. 18 Karat Rotgold: 75 Au, 4 Ag, 21 Cu. 14 Karat Weißgold: 59 Au, 15 Ni, 18 Cu und 8 Zn. — DIN 8238 Goldfarben.

Herstellung: Das Rohplatin wird durch Waschen aus dem Sand gewonnen und zur Entfernung des Goldes einem Amalgamationsprozeß unterworfen. Seine Weiterverarbeitung erfolgt auf trockenem oder nassem Wege.

Eigenschaften: Hellgrau, $\rho = 21{,}48 \, \mathrm{kg/dm^3}$, $t_s = 1774 \, °C$, dehnbar (Folien von 2,5 µm Dicke), beständig gegen Säuren, nur von Königswasser gelöst, in dem Osmium und Iridium unlöslich sind.

Verwendung für Tiegel und Schalen in der chemischen Industrie, Thermoelemente (Pt-PtRh bis 1600 °C), als Katalysator (Schwefelsäuregewinnung), Schmuckstücke, photographische Industrie, Schwachstrom-Kontakte (mit Ir oder Ru legiert), Düsen in der Glasfaserindustrie, Heizleiter für elektrische Laboratoriumsöfen, für Widerstandsthermometer, mit Iridium legiert als Werkstoff für internationale Maße und Gewichte, Pt-Ir-Legierungen für medizinische Geräte, Pt-Ru-Legierungen für Geräte, die mit flüssigem Glas in Berührung kommen (geringe Benetzung), Elektroden bei der Elektrolyse, vakuumdichte Einschmelzungen usw.

1,1313 Aluminium Al und seine Legierungen[1]

1,13131 Das Aluminium, Al

Vorkommen: Infolge seiner hohen Affinität zu Sauerstoff und anderen Elementen kommt Aluminium nur in Verbindungen vor (ca. 8% der festen Erdkruste). Als Rohstoffe für die Aluminiumgewinnung dienen die *Bauxite*, in denen das Aluminium als Hydroxid, und zwar in den Modifikationen Böhmit γ-$Al_2O_3 \cdot H_2O$, Diaspor α-$Al_2O_3 \cdot H_2O$ und Hydrargillit γ-$Al_2O_3 \cdot 3 \, H_2O$ vorliegt. Als Verunreinigungen finden sich im Bauxit noch Fe-, Ti- und SiO_2-Verbindungen. Bauxite finden sich in Unterlaussa (Stmk.), Frankreich, USA, UdSSR, Ungarn, Guayana, Jugoslavien, Indien, Brasilien usw. *Rubin* ist durch Spuren von Cr_2O_3 rotgefärbte, *Saphir* durch TiO_2 blaugefärbte, *Schmirgel* und *Korund* durch FeO und SiO_2 verunreinigte kristallisierte Tonerde. Silikate sind die Kaoline $Al_2O_3 \cdot 2 \, SiO_2$, Feldspate $K_2O \cdot Al_2O_3 \cdot 6 \, SiO_2$, $Na_2O \cdot Al_2O_3 \cdot 6 \, SiO_2$ und $CaO \cdot Al_2O_3 \cdot 2 \, SiO_2$, Tone, Lehm, Mergel, Glimmer usw.

Herstellung erfolgt meist nach dem *Bayer*-Verfahren, das aus zwei Stufen besteht: der Aufbereitung zu reinem Al_2O_3 und dessen Reduktion durch Elektrolyse. Der Aufschluß des Bauxites zu reiner Tonerde (Al_2O_3), einem weißen Pulver, erfolgt mit Natronlauge unter erhöhtem

---

[1] Altenpohl, D.: Aluminium und Aluminiumlegierungen. Berlin-Heidelberg-New York: Springer. 1965. — Ginsberg, H., Wefers, K.: Aluminium und Magnesium. Stuttgart: F. Enke. 1951.

Druck und erhöhter Temperatur in Autoklaven. Die Elektrolyse erfolgt in Elektroöfen. Bei diesen ist die mit Kohle ausgekleidete Wanne die Kathode. Als Anode dienen die von oben eintauchenden *Söderberg-*Elektroden, welche einen Mantel aus Aluminiumblech besitzen und von oben mit breiförmigen Gemischen aus möglichst aschearmem Koks und Pech aufgefüllt werden. Beim Absinken in die Schmelze erhärtet diese Füllung zu einem Kohleblock. Der elektrische Strom erzeugt Wärme, um das Bad flüssig zu halten und trennt die chemischen Bestandteile der Tonerde (16 kWh je kg Al). Der Sauerstoff verbindet sich mit dem Kohlenstoff der Elektroden, das flüssige Aluminium setzt sich am Boden der Wanne ab, von wo es abgesaugt wird. Zur Herabsetzung des Schmelz-punktes der erst bei 2050 °C schmelzenden Tonerde auf 950° gibt man Kryolith $AlF_3 \cdot 3\,NaF$ zu, der bei der Elektrolyse nicht verbraucht wird. Das den Elektrolysezellen entnommene Rohaluminium hat eine Reinheit von 99 bis 99,9% und wird in großen elektrisch beheizten Herdöfen abstehen gelassen (Reinigung von Gasen, Oxiden usw.). Dann wird es zu Walz- oder Preßbarren (Stranggießmaschinen) bzw. zu Masseln (Massel-gießmaschinen) vergossen.

Nach ÖNORM M 3426 (DIN 1712) unterscheidet man *Reinaluminium* (Hüttenaluminium) Al 99,8, 99,7, 99,5 und Al 99 (Leitaluminium E-Al für elektrische Leiter muß den jeweils gültigen Vorschriften, derzeit ÖVE-W 30/1964 entsprechen) und Reinaluminium U (Umschmelz-aluminium) Al 99,5 U 99 U und 98 U. *Reinstaluminium* Al 99,98 R wird aus Hüttenaluminium in einer besonderen Elektrolysezelle er-zeugt (Dreischichtelektrolyse).

Eigenschaften: Bläulich weiß, $\varrho = 2{,}7$ kg/dm³, $t_s = 660$ °C, weich, geringe Festigkeit ($\sigma_B = 70$ N/mm²), guter Wärmeleiter: $\lambda = 230$ W/(m · K), guter elektrischer Leiter: Reinstaluminium $\sigma = 37{,}9$ MS/m, E-Al $\sigma = 35{,}7$ MS/m, der Leitwert sinkt mit steigender Temperatur um 0,00407 je °C, durch Beimengungen und durch Kaltverformung[1], $\alpha = 23{,}3 \cdot 10^{-6}$ K⁻¹, gut gießbar (Wasserstoff muß beim Schmelzen ferngehalten werden, da er sich im flüssigen Aluminium löst), gut kalt-und warmverformbar (bei 480 bis 550 °C), schweißbar und sehr gut zer-spanbar. *Reinst*aluminium ist weicher, weniger fest und chemisch bestän-diger als Reinaluminium. Es kann durch chemisches oder elektrolytisches Polieren einen hohen Glanz erhalten, der auch bei der anodischen Oxyda-tion erhalten bleibt. Aluminium wird von Luft nur wenig angegriffen, weil sehr rasch eine dichte Haut von Al_2O_3 entsteht, die das Metall vor weiteren Angriffen schützt. Es ist beständig gegen Nahrungs- und

---

[1] Nach ÖVE-W/1964 darf der Leitwert folgende Werte nicht unter-schreiten:
Weicher Draht E-Al F 7 bis d = 3,5 mm 35,4
Kalt gezogener Draht E-Al F 17 bis d = 2,4 mm 34,2

Genußmittel, gegen Wasser und schwache Säuren, jedoch empfindlich gegen Laugen (Soda, Kalkmilch, Mörtel, Beton) und wird von Quecksilber und seinen Salzen angegriffen.

Verwendung: Als gewalzte Aluminium*folie* von 5 bis 20 μm Dicke zur Verpackung leicht verderblicher Lebensmittel und Süßwaren, Schutz gegen Strahlung, gegen Feuchtigkeit, Wärme und Kälte, für Elektrolyt- und Trockenkondensatoren; als Aluminium*pulver* als Farbpigment, als Lunkerpulver und für Trichtereinsätze zum Warmhalten der Speiser bei Grau- und Stahlguß und zum Pulveralitieren von Stahl (s. Abschn. 1,128); als Leitwerkstoff in der Elektrotechnik für Freileitungen, Wicklungen, Kurzschlußleiterkäfige, Leitungen in Schaltanlagen; für Kabelmäntel, für Geschirr und Haushaltgeräte, für Behälter und Transportgefäße in der chemischen, Nahrungs- und Genußmittelindustrie, für Tuben, Dosen, in der Bauindustrie für Dächer, Regenrinnen und Abfallrohre; beim aluminothermischen Schweißen (bei Verbrennung von 1 kg Al werden rund 30 000 kJ frei), zur Desoxydation von Stahl (Feinkornstahl), zur Herstellung reiner Metalle (Aluminothermie von Cr, Mn, Mo, Ti), als Legierungselement von Stahl (Nitrier-, Dauermagnet-, zunderbeständige Stähle und Heizleiterlegierungen), Kupfer (Aluminiumbronze s. Abschn. 1,130104) und für viele Leichtmetall-Legierungen im Fahrzeug- und Flugzeugbau.

1,13132 Aluminiumlegierungen

Durch Legieren des Aluminiums mit Kupfer, Silizium, Zink, Magnesium, Mangan, Titan usw. erzielt man eine Steigerung von Festigkeit und Härte, eine Verbesserung der Gießbarkeit und vereinzelt der Korrosionsbeständigkeit und Verringerung der elektrischen Leitfähigkeit. Alle Legierungselemente bilden mit Aluminium Mischkristalle (beschränkte Löslichkeit) und mit Ausnahme von Si und Zn auch chemische Verbindungen. In Mehrstofflegierungen finden sich außer Mischkristallen und intermetallischen Verbindungen (Al_2Cu, Al_3Mg_2) noch Verbindungen der Legierungsmetalle untereinander (Mg_2Si, $MgZn_2$) sowie ternäre und höhere Phasen ($Al_{12}Fe_3Si$). Bei Aluminiumlegierungen mit Mischkristallen, deren Lösungsfähigkeit mit fallender Temperatur abnimmt, erzielt man durch *Aushärten* eine große Festigkeits- und Härtesteigerung.

Abb. 63 zeigt einen Teil des Zustandsschaubildes Aluminium-Kupfer. Bei 54% Cu tritt die chemische Verbindung $CuAl_2$ auf, so daß wir es eigentlich mit dem Zustandsschaubild Al-Al_2Cu zu tun haben. $CuAl_2$ bildet mit dem Aluminium α-Mischkristalle. Die Löslichkeit des Aluminiums für $CuAl_2$ sinkt mit fallender Temperatur entsprechend dem Verlauf der Sättigungslinie DF. Beim langsamen Abkühlen einer Legierung mit 3% Cu beginnt beim Überschreiten der Liquiduslinie ABC die

Ausscheidung von α-Mischkristallen, deren Zusammensetzung sich durch Herunterloten des Schnittpunktes der Soliduslinie *ADBE* mit der entsprechenden Temperaturlinie ergibt. Beim Erreichen der Soliduslinie *AD* sind bei genügend langsamer Abkühlung α-Mischkristalle einheitlicher Zusammensetzung vorhanden. Bei weiterem langsamen Abkühlen tritt beim Überschreiten der Sättigungslinie *DF* eine Ausscheidung von CuAl₂-Kristallen ein.

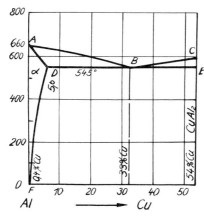

Abb. 63. Ausschnitt aus dem Zustandsschaubild Aluminium-Kupfer

Beim raschen Abkühlen erhält man unterkühlte, unstabile, übersättigte α-Mischkristalle, die sich durch Ausscheiden von Cu-Atomen und Bildung von CuAl₂ zu stabilisieren suchen. Dieser Diffusionsvorgang verläuft bei Raumtemperatur träge, bei Erwärmung auf ca. 200 °C beschleunigt unter großer Steigerung von Härte und Festigkeit. Da in dem Gefüge mit keinem Mittel CuAl₂-Kristalle nachweisbar sind, nimmt man an, daß örtliche Anreicherungen von Cu-Atomen zu Verzerrungen des Mischkristallgitters führen, welche die Gleitebenen blockieren. Dieses als *Aushärten* bezeichnete Vergüten besteht somit aus drei Arbeitsstufen:

Lösungsglühen bei genau vorgeschriebener Temperatur (455 bis 570 °C, je nach Legierung) und vorgeschriebener Zeit (5 Minuten bis 8 Stunden) in Salzbad- oder Luftumwälzöfen, wobei sich Mischkristalle bilden.

Abschrecken durch Eintauchen in Wasser von 20 °C, wodurch die Ausscheidung der gelösten Bestandteile zunächst verhindert wird.

Warmaushärten 4 Stunden bis 2 Tage bei 120 bis 175 °C oder *Kaltaushärten* 5 bis 8 Tage bei 20 °C, wobei große Härte- und Festigkeitssteigerungen entstehen.

Nach dem Aushärten dürfen die Legierungen nicht mehr erwärmt werden, weil sonst die Aushärtung verlorengeht.

Bei den nach ÖNORM M 3430 (DIN 1725, Bl. 1) genormten *Knet-legierungen* unterscheidet man nicht aushärtbare (AlMn, AlMg) und aushärtbare Legierungen (AlMgSi, AlCuMg, AlZnMg, AlZnMgCu):

AlMn-Legierungen sind korrosionsbeständiger als Reinaluminium.

AlMg-Legierungen sind gegen Seewasser beständig, gut anodisch oxydierbar und werden im Fahrzeug-, Schiff-, Flugzeug- und Apparatebau verwendet.

E-AlMgSi-Legierungen besitzen gute elektrische Leitfähigkeit und Festigkeit und werden in der Elektrotechnik für Drähte und Seile verwendet.

AlCuMg-Legierungen (Handelsnamen Duralumin) sind korrosionsempfindlich (plattieren mit Reinaluminium) und haben hohe Festigkeit (kalt ausgehärtet).

AlZnMg-Legierungen sind gut anodisch oxydierbar und fest.

AlZnMgCu-Legierungen besitzen höchste Festigkeit (bis 530 N/mm²) und gute Korrosionsbeständigkeit.

Gußlegierungen sind nach ÖNORM M 3429 (DIN 1725, Bl. 2) genormt.

GAlSi-Legierungen (Silumin) sind sehr gut gießbar und eignen sich für komplizierte, auch dünnwandige, flüssigkeitsdichte Gußstücke.

GAlSiMg-Legierungen (Silumin gamma) sind aushärtbar und eignen sich für dünnwandige, schwingungsfeste Gußstücke hoher Beanspruchung.

GAlMg-Legierungen sind schwieriger gießbar, jedoch sehr beständig, gut polierbar und anodisierbar. Sie werden für Konstruktionsteile und Armaturen im Schiffbau, in der chemischen und Nahrungsmittelindustrie, für Baubeschläge und anodisierte Teile mit dekorativer Wirkung verwendet.

GAlSiCu-Legierungen sind gut gießbar, aushärtbar, aber wenig beständig.

GAlCuTi-Legierungen besitzen im ausgehärteten Zustand höchste Festigkeit und hohe Dehnung.

GAlZnMg-Legierungen sind im Gußzustand ohne Lösungsglühen warm und kalt aushärtbar.

Außer diesen *Sand-* und *Kokillen*gußlegierungen finden noch *Druck*gußlegierungen (GDAlSi, GDAlMgSi, GDAlSiCu, GDAlSiMg) Verwendung. Als *Kolben*legierungen finden hochsiliziumhaltige eutektische (13% Si) und übereutektische (bis 25% Si) Legierungen Verwendung.

Aluminiumlegierungen finden im Automobil-, Flug- und Schiffbau, Bauwesen (Fenster-, Türrahmen, Bedachung), in der chemischen und Nahrungsmittelindustrie und für Haushaltgeräte aller Art Verwendung. Zur Erhöhung der Korrosionsbeständigkeit ihrer Oberflächen dienen folgende Verfahren:

Plattieren mit Reinaluminium,

Galvanische Überzüge aus Chrom und Nickel (nach Verzinkung),

Farb- und *Lackanstriche,*

*Email*schichten,

*Kunststoff*überzüge (durch Kleben, Spritzen, Wirbelsintern aufgebracht),

*Gummi*überzüge (gestrichen, gespritzt).

Chemische Oxydation: Beim *MBV*-Verfahren (modifiziertes Bauer-
Vogel-Verfahren) und *EW*-Verfahren (Erftwerk-Verfahren) werden
alkalische Lösungen mit *Chromaten* bei Temperaturen von 90 bis 95 °C
(5 bis 15 Minuten) verwendet. Dabei wird die natürliche Oxidhaut
wenigstens teilweise aufgelöst und eine Schutzschicht aus 75% Alumi-
niumoxidhydrat und 25% Chromoxidhydrat gebildet. Durch Auskochen in 1- bis 2%iger Wasserglaslösung werden die korrosionsschützen-
den Eigenschaften der Schicht verbessert. Es entstehen 1 bis 2 μm dicke
Schichten, die beim MBV-Verfahren grau bis graugrün, beim EW-Ver-
fahren farblos und transparent sind. Gleichmäßigere Schichten und
besseren Haftgrund ergeben die Verfahren mit *sauren* Lösungen und
Chromaten. Es entstehen farblose oder gelb bis braun gefärbte Schichten,
die auch eingefärbt werden können. Es werden Tauch- und Spritzverfahren angewendet.

Anodische Oxydation: Bei diesem Verfahren werden die Werkstücke
in Elektrolyten aus sauerstoffhältigen Säuren als Anode geschaltet. Die
hier entstehenden dickeren Schichten (bis 100 μm) wachsen zu zwei
Dritteln nach innen und nur einem Drittel nach außen (das Oxid besitzt
ein größeres Volumen als das Metall) und sind stark porös, so daß sie sich
gut gleichmäßig färben lassen. Als Schutz gegen eindringende Flüssig-
keiten und Gase müssen sie unbedingt dauerhaft verschlossen werden.
Die Schichten besitzen hohe Haftfestigkeit, ein hohes Emissions- und
Absorptionsvermögen für Wärmestrahlen und sind elektrisch isolierend.
Soll die Oberfläche ein gleichmäßiges Aussehen zeigen (dekorative
Oxydation), so sind bestimmte Zusammensetzungen und gleichmäßige
Gefügeausbildung der Werkstücke erforderlich (Eloxalqualität). Je nach
Legierung und Zweck des Werkstückes werden verschiedene anodische
Oxydationsverfahren angewendet:

GS	Gleich-strom	Schwefelsäure (20 Gew%)	18 bis 20 °C	1 bis 2 A/dm² 12 bis 15 V
GX	Gleich-strom	Oxalsäure krist. (5 bis 7 Gew%)	20 °C	1 bis 1,5 A/dm² bis 60 V
GXh	Gleich-strom	wie GX	30 bis 60 °C	1 bis 4 A/dm²
WX	Wechsel-strom	wie GX	30 °C	1,6 bis 2,3 A/dm² ≈ 40 V

GX-Schichten sind farblos bis messinggelb, WX-Schichten weisen
Eigenfärbung, wie Nickel (3 μm Schichtdicke), Neusilber (5 μm), Messing
(9 μm) und Bronze (15 μm), auf. Wenn die Schichten keine Eigenfärbung
besitzen, lassen sich klare Farben in fast jedem gewünschten Farbton
mit organischen Farbstoffen erzeugen, wenn für den Werkstoff Eloxalqualität verwendet wurde. Nach dem Färben werden die Farben fixiert
und dann die Poren verdichtet.

1,1314 Magnesium und seine Legierungen[1]

1,13141 Das Magnesium, Mg

Vorkommen: Als Magnesit $MgCO_3$ (Radenthein in Kärnten, Veitsch
in der Steiermark), Dolomit $MgCO_3 \cdot CaCO_3$ (Dolomiten), Brucit $Mg(OH)_2$,
Serpentin $3\,MgO \cdot 2\,SiO_2 \cdot 2\,H_2O$; Asbest $MgO \cdot CaO \cdot 2\,SiO_2$, Meer-
schaum $2\,MgO \cdot 3\,SiO_2 \cdot H_2O$, Kainit $MgSO_4 \cdot KCl$, Kieserit $MgSO_4 \cdot$
$\cdot\ H_2O$, Olivin $2\,MgO \cdot SiO_2$, Karnallit $MgCl_2 \cdot KCl \cdot 6\,H_2O$, Speckstein
$3\,MgO \cdot 4\,SiO_2 \cdot H_2O$, Bischofit $MgCl_2 \cdot 6\,H_2O$ und als $MgCl_2$ im Meerwasser.

Herstellung: Durch Elektrolyse von reinem wasserfreien $MgCl_2$ oder
Karnallit im Schmelzfluß an Stahlgußkathoden, durch Reduktion des
gebrannten Magnesits mit Kohle bei 2000 °C:

$$MgO + C = Mg + CO \text{ (Magnesium entsteht in Dampfform)}$$

durch Reduktion von gebranntem Dolomit mit Silizium:

$$2\,MgO \cdot 2\,CaO + Si = 2\,CaO \cdot SiO_2 + 2\,Mg$$

und aus Meerwasser (USA).

Eigenschaften: Silberähnliches Weiß (wird durch Oxydation in Luft
matt), $\varrho = 1{,}74$ kg/dm³, $t_s = 650$ °C, guter Wärmeleiter $\lambda = 160$ W/
(m · K) bei 20 °C, $\sigma = 22$ MS/m bei 20 °C, $\alpha = 26{,}8 \cdot 10^{-6}$ K^{-1} bei 20 bis
100 °C, beständig gegen Alkalien, säurefreie Fette, Öle und Flußsäure,
angegriffen von feuchter Luft und Wasser (die sich bildende Oxidhaut ist
äußerst porös, so daß sie keinen Schutz bietet), bei höherer Temperatur
wird Wasser von Magnesium unter Bildung von Wasserstoff zersetzt
(Spanbrände dürfen nicht mit Wasser, sondern nur mit Sand oder
Graugußspänen gelöscht werden), schlecht kalt verformbar (hexagona-
les Atomgitter) (Hüttenmagnesium siehe DIN 17800) und sehr gut
zerspanbar.

Verwendung: Als Blitzlicht, für Stromleitschienen, Anoden für
kathodischen Korrosionsschutz, als Desoxydationsmittel und zur Her-

---

[1] Beck, A.: Magnesium und seine Legierungen. Berlin: Springer. 1939.

stellung von Ti, Zr, Be und U aus ihren Chloriden, für Trockenelemente (statt Zinkbechern), als Katalysator bei der Synthese organischer Verbindungen, als Entschwefelungsmittel bei der Erzeugung von Gußeisen mit Kugelgraphit und für Legierungen.

1,13142 Magnesiumlegierungen

Legierungen des *Magnesiums* mit Al, Zn, Mn usw. sind sehr leicht ($\rho = 1{,}8 \text{ kg/dm}^3$), gut warm verformbar und gut zerspanbar (hohe Schnittgeschwindigkeiten möglich). Außer den nach DIN 1729 genormten Guß- und Knetlegierungen mit Al, Zn und Mn haben solche mit Cer bzw. Thorium mit Zirkonzusätzen wegen ihrer hohen Festigkeit große Bedeutung gewonnen.

Wegen der geringen Korrosionsbeständigkeit der Magnesiumlegierungen (am korrosionsbeständigsten sind Reinmagnesium und die Legierung MgMn 2) ist immer ein Oberflächenschutz erforderlich. In Betracht kommen:

Farb- und *Lack*anstriche,

beim *Chromatbeizverfahren* werden die Teile in einer Beizflüssigkeit aus ca. 15% Alkalibichromat und 20% konzentrierter Salpetersäure, Rest Wasser getaucht, wobei sich eine messinggelbe Schutzschicht bildet,

bei der *el*ektrolytischen *O*xydation des *Mag*nesiums (Elomag-Verf.) werden die Teile 30 bis 40 Minuten anodisch in einem 70 °C heißen Elektrolyten aus 5%iger Natriumhydroxidlösung und geringen Mengen Phosphat behandelt. Dabei entsteht eine 6 µm dicke mausgraue Schicht, die einer 10 bis 30 Minuten dauernden Nachbehandlung in einer Natriumchromatlösung von 80 °C unterzogen wird.

Die Magnesiumlegierungen werden im Fahr- und Flugzeugbau (Motorgehäuse, Motorträger, Luftschrauben, Kraftstoffbehälter und Teile großer Massenwirkung wie Kolben, Schubstangen sehr schnell laufender Motoren), in der optischen, feinmechanischen und elektrotechnischen Industrie verwendet.

1,1315 Das Berryllium, Be

Vorkommen: Als Beryll 3 BeO · Al$_2$O$_3$ · 6 SiO$_2$, Phenakit 2 BeO · SiO$_2$ und Chrysoberyll BeO · Al$_2$O$_3$ in USA, Brasilien, Südafrika, Kongo, Mozambique, Madagaskar, Rhodesien, Indien, Argentinien. Als Edelsteine werden die Edelberylle *Smaragd*, Aquamarin, Alexandrit, Rosaberyll und Goldberyll verwendet.

Herstellung: Durch Elektrolyse von BeF$_2$ oder Reduktion desselben mit metallischem Magnesium. Be-Cu-Vorlegierungen werden meist durch Reduktion von BeO mittels C in Gegenwart von Cu hergestellt. Durch

Umschmelzen im Vakuum werden die leicht flüchtigen Elemente entfernt.

Eigenschaften: Stahlgrau, $\rho = 1{,}85 \text{ kg/dm}^3$, $t_s = 1283 \text{ °C}$, bei geringen Verunreinigungen sehr hart und spröde, wird von Wasser angegriffen und ist sehr *giftig* (bei Verarbeitung ist ärztliche Überwachung vorgeschrieben).

Verwendung: BeO für hochfeuerfeste keramische Massen, in Atomenergieanlagen, als Desoxydationsmittel (bei Kupferschmelzen für hochleitfähigen Kupferguß, das entstehende BeO läßt sich leicht verschlacken), als strahlendurchlässiges Fenster bei Röntgenröhren, als Legierungselement für Kupfer- (hohe Festigkeit durch Aushärtung), Aluminium- und Magnesiumlegierungen (Verhinderung des Abbrandes und der Reaktionen mit dem Formsand).

1,1316 Das Titan, Ti[1]

Vorkommen: Es ist eines der häufigsten Metalle der Erdrinde und findet sich als Rutil TiO_2, Ilmenit $TiO_2 \cdot FeO$ und in titanhaltigen Magnetiten in Indien, Norwegen, USA, Kanada, Australien usw.

Herstellung: Wegen der hohen Affinität des Titans zu Sauerstoff ist es nicht möglich, das TiO_2 unmittelbar zu reduzieren. *Ferrotitan*[2] wird im elektrischen Ofen durch Zusammenschmelzen von Titanerzen mit Stahlschrott und Koks oder durch das aluminothermische Verfahren hergestellt. Zur Herstellung von reinem Titan wird zunächst konzentriertes TiO_2 durch Reduktion bei hohen Temperaturen im Chlorstrom zu $TiCl_4$ umgewandelt. Dieses wird nach dem Verfahren von Kroll mit Magnesium bei etwa 900 °C zu Pulver (Schwamm) reduziert: $TiCl_4 + 2 \text{ Mg} = Ti + 2 \text{ MgCl}_2$. Der Titanschwamm wird durch eine Hochvakuumdestillation vom $MgCl_2$ befreit, zu Stäben gepreßt und in einer Vakuumanlage zu einer Stange gesintert. Diese dient als Elektrode für einen Lichtbogenofen, in dem sie im Hochvakuum oder unter Edelgasatmosphäre geschmolzen und in wassergekühlte Kupferkokillen vergossen wird. Die im Hochvakuum abgekühlten Blöcke werden wie Stahl geschmiedet, gewalzt und gezogen.

Eigenschaften: $\rho = 4{,}5 \text{ kg/dm}^3$, $t_s = 1670 \text{ °C}$, hohe Zugfestigkeit $\sigma_B = 350$ (weich) bis 700 N/mm^2 (kaltverformt, durch Rekristallisation erst bei 550 °C Festigkeitsabfall), hohe chemische Beständigkeit (auch gegen Königswasser), hohe Affinität zu O_2 und N_2 (wirkt desoxydierend und denitrierend), bildet sehr harte Karbide.

---

[1] Zwicker, U., Knorr, W.: Titan und Titanlegierungen. Berlin-Heidelberg-New York: Springer. 1972. — Knorr, W.: Eigenschaften und Anwendung von Titanlegierungen. Techn. Mitlgn. Krupp *1969*, 25—37.

[2] DIN 17566.

Seine Legierungen mit Al, Zr, Ta, Nb, Cr, Mn und Mo besitzen Festigkeiten bis 1350 N/mm², hohe Bruchdehnung und Korrosionsbeständigkeit.

Verwendung: In der chemischen Industrie (Chlorherstellung, Chloralkalielektrolyse, Bleichung mit Chlor, Verchromungs- und Vernickelungsbäder, Säurepumpen, Ventile), für Teile von Düsentriebwerken, Gasturbinenschaufeln, Schiffbau (Kondensatoren, Wärmetauscher), Prothesen, chirurgische Geräte, als Legierungselement in Dauermagnetwerkstoffen, als Titankarbid in Hartmetallen, als TiO_2 in keramischen Isolierstoffen und Umhüllung von Schweißelektroden, für Deckfarben (Titanweiß), als Färbungs- und Trübungsmittel in der Glas- und Porzellanindustrie, als Katalysator; *Ferrotitan* als Legierungselement und Desoxydationsmittel in der Stahlindustrie.

1,1317 Das Vanadium (Vanadin), V

Vorkommen: Als Patronit V_2S_5 in Peru, als Vanadinit $3\,Pb_3V_2O_5 \cdot PbCl_2$ in Arizona, Spanien, als Carnotit $K_2O \cdot 2\,UO_3 \cdot V_2O_5 \cdot 3\,H_2O$ in Colorado, Mexiko, UdSSR, Marokko, als Descloizit $Pb(Zn,Cu)(OH/VO_4)$ in Argentinien, Nordrhodesien und als Roscoelith; V_2O_5 findet sich in Ölrußen, Flugstaub und Hüttenschlacken.

Herstellung: Diese geht im allgemeinen von V_2O_5 aus, das durch oxydierendes Schmelzen aus den Erzen oder fraktioniertes Verblasen von vanadinhältigem Roheisen gewonnen wird. Reines Vanadium wird nach dem aluminothermischen Verfahren hergestellt:

$$3\,V_2O_5 + 10\,Al = 5\,Al_2O_3 + 6\,V.$$

Ferrovanadin (DIN 17563) wird durch Reduktion mit Kohle im Elektroofen in Gegenwart von Eisenoxiden hergestellt.

Eigenschaften: Graue Farbe, $\rho = 6,1$ kg/dm³, $t_s = 1900$ °C, bereits durch geringe Mengen von O_2 und N_2 sehr spröde, mit C bildet es harte Karbide und seine Verbindungen sind *giftig* (für das Atmungssystem).

Verwendung: Reines Vanadium wird als Filter für Röntgenstrahlen, Vanadiumverbindungen als Kontaktsubstanz in der chemischen Industrie und Ferrovanadin zum Desoxydieren, Denitrieren und Legieren von Stählen (Einsatz-, Vergütungs-, Nitrier- und Schnellarbeitsstähle) und für hochwarmfeste Legierungen verwendet.

1,1318 Das Mangan, Mn[1]

Vorkommen: Als Braunstein oder Pyrolusit MnO_2, Manganit $MnO_2 \cdot H_2O$, Braunit Mn_2O_3, Psilomelan $(MnBa)O \cdot MnO_2 \cdot H_2O$, Haus-

---

[1] Grethe, K.: Mangan. Grundlagen und technische Verwendung. Düsseldorf: Stahleisen. 1972.

mannit Mn_3O_4, Mangankies MnS_2 und Manganspat $MnCO_3$, der in isomorphem Gemisch mit Eisenkarbonat den manganhaltigen Spateisenstein bildet, sowie in zahlreichen eisenhältigen Manganerzen und manganhältigen Eisenerzen.

Herstellung: Reines Mangan wird auf aluminothermischen oder silikothermischen oder neuerdings auf elektrolytischem Wege gewonnen, weil sich mit Kohlenstoff nur Karbide bilden und die Oxide auch durch Wasserstoff nicht reduziert werden können. *Spiegeleisen* mit 6 bis 24% Mn wird durch Reduktion der eisenhältigen Manganerze im Hochofen, *Ferromangan* (DIN 17564) mit 35 bis 85% Mn im Elektroofen, die C-armen Sorten silikothermisch hergestellt.

Eigenschaften: Graue Farbe, $\rho = 7{,}4 \text{ kg/dm}^3$, $t_s = 1247\ ^\circ\text{C}$, sehr spröde.

Verwendung: Reines Mangan wird als Legierungselement für Legierungen mit Kupfer (Manganbronzen s. 1,130108), mit Kupfer und Nickel (s. 1,130109), mit Aluminium (s. 1,13132) und mit Magnesium (s. 1,13142), Spiegeleisen und Ferromangan als Desoxydationsmittel und Legierungselement für Stahl verwendet.

1,1319 Das Silizium, Si

Vorkommen: Es ist in der Erdrinde zu 25% enthalten (nach dem Sauerstoff das häufigste Element). Es kommt vor als Quarz SiO_2 und in Form von Silikaten (Glimmer, Kaolin, Ton, Feldspat, Lehm, Mergel, s. 1,13131).

Herstellung: Technisch wird es durch Reduktion von Quarz mittels Kohle im elektrischen Ofen bei Gegenwart von Eisen dargestellt. Sehr reines Silizium wird großtechnisch aus $SiCl_4$ durch Reduktion bei 950 °C in einem Quarzrohr mit Zinkdampf hergestellt. *Ferrosilizium* (DIN 17560) bis zu 17% Si wird im Hochofen, über 17% Si im elektrischen Niederschachtofen hergestellt.

Eigenschaften: $\rho = 2{,}33 \text{ kg/dm}^3$, $t_s = 1420\ ^\circ\text{C}$, ist ein Halbleiter.

Verwendung: Ferrosilizium dient als Desoxydationsmittel für Stahl, Silizium ist in allen Stählen (in diesen setzt es den Leitwert herab und erhöht die Festigkeit und bei höheren Gehalten die Zunder- und Säurebeständigkeit), im Roheisen (im grauen Roheisen setzt es das Lösungsvermögen des C im Fe herab, so daß sich der C als Graphit ausscheidet) und Temperguß enthalten. Es findet sich in feuerfesten Baustoffen (s. 1,24), den Gläsern, den Silikonen (s. 1,226) und hat große Bedeutung seit Erfindung des Transistors erhalten. Als wichtiges Legierungselement findet es sich noch in Kupfer- (1,130107), Aluminium- (1,13132) und anderen Legierungen.

1,1320 Das Antimon, Sb

Vorkommen: Als Antimonglanz Sb_2S_3, Antimonblüte oder Weiß-spiegelglanz Sb_2O_3, Antimonblende, Antimonocker und in Eisen-, Silber-, Kupfer-, Nickel- und Bleierzen in Rabant (Osttirol), Schlaining (Burgenland), Südafrika, Bolivien, China, Mexiko, Deutschland, Türkei usw.

Herstellung: Die leicht schmelzbaren Erze werden durch Ausseigern vom Gestein getrennt und nach dem Röstreduktionsverfahren oder dem Niederschlagsverfahren (Verschmelzen mit Eisen: $Sb_2S_3 + 3\,Fe = = 2\,Sb + 3\,FeS$) weiter verhüttet. Anschließend erfolgt eine Raffination im Tiegel- oder Flammofen oder durch Elektrolyse.

Eigenschaften: Silberweiß, $\rho = 6,68$ kg/dm³, $t_s = 631\,°C$, spröde (leicht pulverisierbar).

Verwendung: Antimon wird nur in Legierungen verwendet, bei denen es die Härte erhöht und den Schmelzpunkt in der Regel herabsetzt: Hartblei (s. 1,1304), Lagermetalle (s. 1,1324), Spritzgußlegierungen mit Blei und Zinn (s. 1,1303 und 1,1304), graphische Metalle (s. 1,1304), Weichlote (s. 1,1323) und Brittania-Metall ($Sn + 10\%\,Sb$). Anorganische Antimonverbindungen werden in der Kautschukindustrie, für Zünd-massen, in der Feuerwerkerei, für Anstrichfarben, als Trübungsmittel für Email und in der Textilindustrie verwendet.

1,1321 Das Kadmium, Cd

Vorkommen: In den meisten Zinkerzen und als Greenockit CdS und Otavit $CdCO_3$ in USA, UdSSR, Kanada, Belgien usw.

Herstellung: Ausgangsprodukte sind die bei der Verhüttung kad-miumhältiger Zink-, Blei-Zink- oder Kupfer-Zink-Erze anfallenden Zwischenprodukte. Da Kadmium leichter flüchtig ist als Zink und dessen Verbindungen, reichert es sich in den Flugstäuben der Röst- und Sinter-anlagen sowie Schmelzöfen an, aus denen reines Kadmium durch Elektrolyse gewonnen wird.

Eigenschaften: Silberweiß, $\rho = 8,65$ kg/dm³, $t_s = 321\,°C$, sehr weich, korrosionsbeständig (bei Zimmertemperatur von den meisten Gasen und von kochendem Wasser nicht angegriffen), seine Dämpfe sind sehr *giftig*.

Verwendung: Als Überzüge (Kadmieren), beim NiFe-Akumulator (Cd-Schwamm im Fe-Gitter bildet die unedle Elektrode), als CdS in Braunschen Röhren, als Legierungselement für Lagermetalle (s. 1,1324), Hart- und Weichlote (s. 1,130112 und 1,1323), Kontakte (s. 1,1326) und leicht schmelzende Legierungen: z. B. Woodsches Metall 12,5% Cd, 50% Bi, 25% Pb und 12,5% Sn (Schmelzpunkt 60 °C).

1,1322 Das Wismut, Bi

Vorkommen: Gediegen und als Wismutglanz Bi_2S_3, Wismutocker Bi_2O_3 in Begleitung von Nickel-, Kobalt-, Blei- und Silbererzen im Erzgebirge, USA, China, Australien, Peru, Mexiko, Kanada usw.

Herstellung: Man röstet die As-Verbindungen des Kobalts und Nickels enthaltenden Wismuterze im Flammofen, wodurch der Schwefel und ein Teil des As entfernt werden und schmilzt dann unter Zusatz von Kohle, Eisen (C nimmt O_2, Fe S auf) und Verschlackungsmitteln (Soda, Quarz, Flußspat) reduzierend. Das Rohwismut wird meist auf elektrolytischem Wege zu Reinwismut verarbeitet.

Eigenschaften: Rötlichweiß, $\rho = 9,8$ kg/dm³, $t_s = 271$ °C, spröde, stark diamagnetisch, sehr geringe Wärmeleitfähigkeit $\lambda = 8,3$ W/(m · K), flüssiges Wismut ist schwerer als festes (Kristalle schwimmen auf der Schmelze, dehnt sich bei der Erstarrung aus).

Verwendung: Wismutlegierungen werden für niedrig schmelzende Lote (s. 1,1321), für Schmelzsicherungen usw. verwendet. Wismutverbindungen finden in der Glas-, Email- und Leuchtfarbenindustrie Verwendung.

1,1323 Die Weichlote

Zum Weichlöten werden hauptsächlich Blei-Zinn-Legierungen verwendet, wobei das Zinn durch Diffusion mit Stahl, Kupferlegierungen usw. die Haftung bewirkt. Blei wird zur Erniedrigung der Löttemperatur, zur Erhöhung der Festigkeit und zur Herabsetzung des Preises zulegiert. Das Schmelzverhalten entnimmt man am besten dem Pb-Sn-Zustandsschaubild Abb. 64. Die Verwendungstemperatur der SnPb-Lote ist durch die eutektische Temperatur begrenzt, da oberhalb dieser Temperatur ein Bestandteil des Lotes flüssig wird. Die eutektischen Lote (*Sickerlote*) ergeben sehr glatte Lötstellen und füllen durch ihre einheitliche Erstarrung enge Zwischenräume sehr gut. Aus gesundheitlichen Gründen darf für Lötungen, die mit Speisen in Berührung kommen, nur Lötzinn mit höchstens 10% Pb verwendet werden. Lote mit großem Erstarrungsintervall (LSn 33) bleiben längere Zeit im plastischen Bereich, so daß sie für *Schmier-* und *Spachtellötungen* an Kabeln, als *Modellier*lote und für *Tauchlötungen* verwendet werden.

Die Weichlote sind nach ÖNORM M 3461 genormt und kommen als Blöcke, Platten, Stangen, Stäbe, Bänder, Folien, Drähte (Volldrähte und mit sauren bzw. säurefreien Flußmitteln gefüllte Hohldrähte), Pillen, Lotpasten und Lotpulver in den Handel.

Besonders niedrigen Schmelzpunkt erhält man durch Zusatz von Wismut und Kadmium (Woods-Metall, s. 1,1321). Diese Legierungen werden für elektrische Schmelzsicherungen, Sicherungspfropfen bei Sprinkler-Feuerschutzanlagen, als Füllmaterial beim Biegen von Rohren und als niedrig schmelzende Lote für Spezialzwecke verwendet.

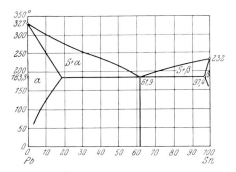

Abb. 64. Zustandsschaubild Blei-Zinn

1,1324 Gleitlagerwerkstoffe[1]

Werkstoffe für Gleitlager müssen eine Reihe von Eigenschaften aufweisen, die im folgenden kurz angeführt werden. Bei Flüssigkeitsreibung werden die beiden Gleitpartner durch den Schmierstoff völlig getrennt, so daß der Einfluß der beteiligten Gleitwerkstoffe weitgehend zurücktritt. Bei der jedoch fast stets auftretenden Mischreibung (meist beim An- und Auslaufen auftretend) ist der Einfluß der Gleitwerkstoffe auf einen ungestörten Betrieb sehr groß. Sie müssen ausreichende Belastbarkeit, gute Notlaufeigenschaften (bei Ausbleiben des Schmiermittels soll keine Zerstörung der Welle oder des Lagers durch Fressen auftreten), geringe Reibung, geringen Verschleiß des Wellen- und Lagerwerkstoffes, gute Wärmeableitung (Vermeidung von Überhitzungen), gute Benetzbarkeit für das Schmiermittel, ausreichende Warmfestigkeit, gutes Einlaufverhalten, möglichst einfache Herstellbarkeit, Billigkeit usw. besitzen. Je nach den verlangten Anforderungen, die nicht alle gleichzeitig erfüllt werden können, haben sich eine große Zahl von Gleitlagerwerkstoffen eingeführt, auf die im folgenden kurz eingegangen wird.

Cu-Sn-Legierungen (Zinnbronzen) haben hohe Tragfähigkeit und

---

[1] VDI-Richtlinie 2203 Gestaltung von Lagern, Gleitlagerwerkstoffe. — Schmid, E., Weber, R.: Gleitlager. Berlin-Göttingen-Heidelberg: Springer. 1953. — Kühnelt, R.: Werkstoffe für Gleitlager. Berlin-Göttingen-Heidelberg: Springer. 1952.

Verschleißfestigkeit aber schlechte Notlaufeigenschaften und verlangen gehärtete Wellen.

Weißmetalle (DIN 1703) sind Legierungen aus Blei, Zinn, Antimon, Kupfer und Kadmium. Sie besitzen gute Einlauf- und Notlaufeigenschaften, jedoch geringe Warmfestigkeit.

Vorwiegend Blei enthalten *Lagerhartblei* (12% Sb) und *Blei-Alkali-Lagermetall* (Härtung durch geringe Mengen Ca, Ba, Na und Li) für niedrige Gleitgeschwindigkeiten.

Bleibronzen (s. 1,130106) sind für höchste Belastungen und Geschwindigkeiten verwendbar (Lager von Verbrennungskraftmaschinen).

Rotguß (s. 1,130113) besitzt gute Notlaufeigenschaften und ist für mittlere Belastungen (auch als Stützschalen mit Weißmetallausguß) geeignet.

Zinklagermetalle enthalten außer Zink noch Aluminium und Kupfer, sind für mittlere Belastungen bei großem Lagerspiel (hohe Wärmedehnung) geeignet und besitzen keine Notlaufeigenschaften.

Aluminiumbronzen (s. 1,130104) sind korrosionsbeständig, verschleißfest bis 200 °C und für mittlere bis kleine Gleitgeschwindigkeiten zweckmäßig.

Grauguß kann für gering belastete Lager bei geringen Gleitgeschwindigkeiten verwendet werden.

Gute Gleiteigenschaften bei Mangelschmierung (Notlaufeigenschaft) und niedriger Belastbarkeit weisen die *Sintermetalle* (s. 1,1326) auf. Sie besitzen ein poriges Gefüge, das durch Eintauchen in heißes Schmieröl mit diesem getränkt wird, so daß die Lager nur wenig Wartung benötigen. Lager aus *Sintereisen* und *Sinterbronze* finden für Nähmaschinen, Staubsauger, Haushalt- und Textilmaschinen Verwendung.

Außer diesen metallischen Werkstoffen finden noch Kunststoffe (Polyamide, Phenolharzpreßstoffe, Hartgewebe, Fluorpolymerisate), Kunstkohlen, Gummi (hauptsächlich mit Wasserschmierung), Holz usw. als Gleitlagerwerkstoffe Verwendung.

1,1325 Die Hartmetalle[1]

Hartmetalle sind eisenfreie Legierungen großer Härte. Man unterscheidet gegossene und gesinterte Hartmetalle.

Gegossene Hartmetalle (Handelsnamen Stellit, Celsit, Akrit, Caedit) besitzen große Härte, Korrosions- und Hitzebeständigkeit und Sprödigkeit. Sie bestehen aus Chrom- und Wolframkarbiden mit Kobalt als Bindemittel und werden im Hochfrequenz- oder Kohlerohrwiderstands-

---

[1] Kieffer, R., Schwarzkopf, P.: Hartstoffe und Hartmetalle. Wien: Springer. 1953.

ofen bei 3000 °C erschmolzen und in wassergekühlte Kupferkokillen oder Formen aus künstlich graphitierter Kohle gegossen. Sie finden auf Baustahl aufgeschweißt Verwendung zu Gesteinsbohrern, Baggerzähnen, Tiefbohrwerkzeugen, Auslaßventilen von Verbrennungsmotoren usw.

Gesinterte Hartmetalle (Handelsnamen Böhlerit, Phönixit, Tizit, Titanit, Widia, ...) bestehen aus Karbiden des Wolframs, Titans, Tantals, ... mit Kobalt als Bindemittel. Sie besitzen größere Zähigkeit als die gegossenen Hartmetalle und haben diese weitgehend verdrängt. Zu ihrer Herstellung erhitzt man eine Mischung aus Wolframpulver und Kohlenstoff in nichtoxydierender Atmosphäre auf etwa 1500 °C, setzt der erkaltenden Mischung Kobalt zu und zerkleinert sie auf einer Kugelmühle. Das Mahlgut wird unter hohem Druck in Formen aus Stahl gepreßt und bei 900 °C vorgesintert. Die Preßlinge werden dann durch Drehen, Schleifen, Bohren in die endgültige Form gebracht und in reduzierender Atmosphäre bei 1350 bis 1700 °C fertiggesintert.

Sie finden Verwendung für spanabhebende Werkzeuge in Form von Platten, die hart aufgelötet oder geklemmt werden, für Tastflächen von Meßwerkzeugen, für Ziehwerkzeuge zur Herstellung von Drähten und Rohren, für Drehbankkörnerspitzen, Sandstrahldüsen, Kugeln für Härteprüfung, für Schneid- und Stanzwerkzeuge, Tiefziehwerkzeuge, Preßformen für Metallpulver usw. Die Hartmetalle für spanabhebende Werkzeuge werden nach ISO und DIN 4990 in drei Zerspanungshauptgruppen unterschieden, die verschiedene Zusammensetzung besitzen und durch Kennbuchstaben und Kennfarben bezeichnet werden:

Kenn-buchstabe	Zerspanungshauptgruppe	Kenn-farbe
P	Plastische Eisenwerkstoffe: Stahl, Stahlguß, langspanender Temperguß	blau
M	Mehrzwecksorten: Stahl, Stahlguß, Manganhartstahl, legiertes Gußeisen, austenitische Stähle, Temperguß, Automatenstahl	gelb
K	Kurzspanende Stoffe: Gußeisen, Hartguß, kurzspanender Temperguß, gehärteter Stahl, Holz, Nichteisenmetalle, Kunststoffe	rot

Diese drei Zerspanungshauptgruppen sind in Zerspanungsanwendungsgruppen unterteilt, die durch Kennnummern unterschieden werden (P 10, P 20, ...). Die Reihenfolge der Kennnummern weist auf die Zähigkeit und Verschleißfestigkeit hin.

1,1326 Sinterwerkstoffe[1]

Außer aus der flüssigen Phase können Werkstoffe auch aus Pulvern hergestellt werden. Es können sowohl Pulver einheitlicher und verschiedener Metalle sowie Mischungen von Metall- und Nichtmetallpulvern zu Werkstoffen verarbeitet werden. *Cermets* (in den USA durch Verbindung der Anfangssilben der Wörter ceramics und metals geprägt) sind Werkstoffe, die aus metallischen und nichtmetallischen Anteilen bestehen. Zu den nichtmetallischen (keramischen) Komponenten zählt man neben den Silikaten und Oxiden auch Karbide, Beryllide, Boride, Nitride, Silizide und Aluminide.

Die Verfahren der Herstellung der Sinterwerkstoffe beschreibt die *Pulvermetallurgie* (s. 3,2). Durch die Pulvermetallurgie lassen sich Werkstoffe herstellen, deren Eigenschaften durch Schmelzen nicht zu erhalten sind:

Herstellung von Metallen mit sehr hohem Schmelzpunkt, bei denen Reaktionen mit dem Tiegelwerkstoff vermieden werden sollen (Wolfram, Molybdän, Titan, Tantal usw.).

Herstellung von Legierungen aus Metallen, die im flüssigen Zustand nicht oder sehr wenig löslich sind, wie Kontakte aus Wolfram und Silber, Wolfram und Kupfer sowie Silber und Nickel, Werkzeugelektroden für die elektroerosive Metallbearbeitung aus Wolfram und Kupfer, Silber oder Nickel, Elektroden für die elektrische Widerstandsschweißung aus Wolfram und Kupfer usw.

Herstellung von Legierungen sehr kleiner Korngröße wie Dauermagnetlegierungen aus FeNiCoAl.

Wirtschaftliche Herstellung von kleineren Teilen, die in großen Stückzahlen benötigt und nicht mehr bearbeitet werden (kleine Zahnräder und viele andere, nicht sehr hoch beanspruchte Teile aus Stahl).

Herstellung *poröser* Werkstoffe, wie *Sinterlager* aus Eisen oder Bronze, die in ihren Poren größte Ölvorräte speichern können, *Filter* aus Bronze, Neusilber oder CrNi 18 8 zum Trennen von Flüssigkeiten und auch Gasen, *Flammensperren* aus CrNi 18 8 sichern gegen Rückschläge leicht entzündlicher Gase in Leitungen und Behältern (z. B. bei Autogenbrennern), poröse Platten aus Carbonyl-Nickel für alkalische Akkumulatoren.

Herstellung von Metallen mit *keramischen Anteilen*. So hemmt ThO_2 in *Glühlampenwendeln* aus Wolfram das Kornwachstum, in

---

[1] Kieffer, R., Hotop, W.: Pulvermetallurgie und Sinterwerkstoffe. Berlin-Göttingen-Heidelberg: Springer. 1948. — Weigel, K.: Cermets und Metalle mit keramischen Anteilen. Werkst. u. Betr. *1965*, 233—237. — Ritzau, G.: Neue Erfahrungen auf dem Gebiet der Sinterwerkstoffe. ZVDI *1965*, 1203—1212.

Drähten für Elektronenröhren und *Schweißelektroden* verringert es die Elektronenaustrittsarbeit (bessere Zündung).

Herstellung *metallreicher Cermets*, wie *Kontaktwerkstoffe* aus Silber mit CdO und Graphit (Oxide und Graphit verringern die Schweißneigung), *Bürsten für Elektromotore* aus Kupfer und Graphit, *Hochtemperaturlager* (75% Ni, 25% 3 $Al_2O_3 \cdot 2 SiO_2$).

Herstellung *metallarmer Cermets*, wie gesinterte Hartmetalle, oxidkeramische Schneidstoffe (Hauptbestandteil Al_2O_3), Schleifscheiben (Diamantscheiben mit Metallbindung), Heizleiter aus SiC (Silit) oder Molybdän-Siliziden usw.

1,2 Die nichtmetallischen Werkstoffe

1,21 Das Holz [1]

Hauptbestandteile des Holzes sind die *Zellulose* (Holzfaser) und das *Lignin* (Holzsaft). Ein Quer- oder Hirnschnitt zeigt das *Hirnholz* (Jahresringe mit den radialen Markstrahlen), ein Radial- oder Spiegel-

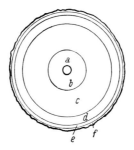

Abb. 65. Aufbau des Stammes.
a Mark, *b* Kernholz, *c* Splintholz, *d* Wachstumsschichte, *e* Bast, *f* Korkrinde

schnitt das *Spiegelholz* (Jahresringe als parallele Schichten und die Markstrahlen als Bänder) und ein Sehnen- oder Tangentialschnitt das *Langholz*.

Die *Jahresringe* entstehen in unseren Gegenden im Sommer. Im Frühjahr entstehen großporige Fasern, die zur Saftführung benutzt werden und heller gefärbt sind als die im Sommer und Herbstanfang entstehenden dichteren und kleineren Stützfasern. In der Stammmitte befindet sich das dunklere und festere *Kernholz*, das aus alten, durch Füllstoffe verstopften Fasern besteht, die sich am Saftstrom nicht mehr beteiligen. Zwischen Rinde und Kernholz befindet sich das jün-

---

[1] Kollmann, F.: Technologie des Holzes und der Holzwerkstoffe. Berlin: 1951.

gere, weichere und hellere *Splintholz*. Die Rinde selbst besteht aus dem Cambium, der Borke und dem Bast. Die Bildung der neuen Zellen erfolgt unter der Rinde (Wachstumsschichte).

Man unterscheidet die erdgeschichtlich älteren *Nadelhölzer* (Tanne, Fichte, Kiefer, Zeder, Lärche, . . .), die nur aus einer Zellenart (Tracheiden) und die *Laubhölzer* (Eiche, Buche, Linde, Erle, Ahorn, Esche, . . .), die aus drei Sorten von Zellen (Tracheen, Stützzellen und Speicherzellen) aufgebaut sind. Beide besitzen noch die meist radial zur Stammachse gerichteten Markstrahlen, die den Stoffaustausch quer zur Stammachse besorgen.

Die Dichte ist selbst in einem Baumstamm nicht gleich (Früh- und Spätholz, Splint- und Kernholz). Sie ändert sich mit der Feuchtigkeit. Man unterscheidet *schwere* und *leichte, harte* und *weiche* Hölzer. Balsaholz: 0,07 bis 0,3 kg/dm^3; Pockholz: bis 1,3 kg/dm^3.

Das Holz besitzt nach dem Fällen sehr viel Wasser und gibt dieses beim Trocknen teilweise ab. Es paßt sich dem Feuchtigkeitsgehalt der umgebenden Luft an. *Quellen* und *Schwinden* infolge Zu- bzw. Abnahme der Holzfeuchtigkeit erfolgen hauptsächlich quer zur Faserrichtung. Ungleichmäßige Trocknung bewirkt Schwindrisse und windschiefe Verzerrungen (*Werfen*).

Die *natürliche Holztrocknung* erfolgt durch jahrelanges Lagern auf kühlen, schattigen Plätzen unter Luftzutritt. Bei der *künstlichen* Trocknung werden die Teile durch ein gesättigtes Wasserdampf-Luft-Gemisch erwärmt und anschließend mit Luft von abnehmendem Feuchtigkeitsgehalt getrocknet.

Befindet sich Holz ständig in trockener Luft oder unter Wasser, so besitzt es eine lange Lebensdauer. Bei Wechsel von Trockenheit und Nässe fault das Holz durch Zersetzung der im Saft enthaltenen Eiweißstoffe. *Gegen das Faulen* wird das Holz durch *Anstriche* mit Ölfarben und Lacken und durch *Imprägnieren* mit Karbolineum, Steinkohlenteeröl, Kupfervitriol, Quecksilberverbindungen, Arsen- und Zinksalze geschützt. Beim Rüping-Verfahren (Eisenbahnschwellen) wird durch Unterdruck zuerst die Luft entfernt, beim Saftverdrängungsverfahren (Leitungsmaste) wird die Baumflüssigkeit durch unter Druck zugeführte Imprägnierflüssigkeit verdrängt.

Holz wird von den meisten schwachen Säuren und Basen nicht angegriffen. Es kann jedoch durch Pilze und tierische Schädlinge zerstört werden. Pilzkrankheiten sind der *Hausschwamm*, die *Blaufäule* bei Fichte und die *Rot-* oder *Stockfäule* bei Buche. Tierische Schädlinge sind der *Borkenkäfer*, der *Schiffsbohrwurm*, der *Hausbock* und die *Termiten*. Gegen *Entflammen* kann Holz durch Überzüge aus Wasserglas, schwefel- bzw. phosphorsaurem Ammoniak, wolframsaurem Natrium usw. geschützt werden. Holz ist ein guter Wärmeisolator und läßt

sich durch Sägen, Hobeln, Bohren usw. gut bearbeiten. Infolge des
geringen Zusammenhaltes in der Querrichtung ist es gut spaltbar.
Die Zugfestigkeit in Längsrichtung ist wesentlich größer als in Querrichtung, in der Holz nur auf Druck beansprucht werden soll. Die Druckfestigkeit hat quer zur Faserrichtung die Größe der Zugfestigkeit.
Die Scherfestigkeit ist in allen Richtungen klein.

Holz findet als Vollholz und vergütetes Holz Verwendung.

Vollholz kommt als Rund-, Kant- und Schnittholz in den Handel.
Schnittholz von 1,5 bis 4,5 cm Dicke nennt man *Bretter*, von 5 bis
10 cm *Bohlen*; Bretter unter 15 cm Breite nennt man *Riemen*, von
5 bis 7 cm Breite und 2 bis 3 cm Dicke *Latten*. Nach der ursprünglichen
Lage im Stamm unterscheidet man von innen nach außen: *Herz-,
Kern-* und *Mittel-, Seiten-* und *Splintbretter* und *Schwarten*.

Nach DIN 4076 unterscheidet man:

unverdichtete Lagenhölzer:

Schichtholz SCH in paralleler Faserrichtung geschichtet,

Sperrholz SP und Furnierplatten FU rechtwinkelig geschichtet,

Sternholz ST sternförmig geschichtet;

und *verdichtete Lagenhölzer:*

Preßschichtholz PSCH mit paralleler Faserrichtung,

Preßsperrholz PSP mit rechtwinkeliger Faserrichtung und

Preßsternholz PS mit sternförmiger Faserrichtung aufeinanderfolgender Furniere.

Bei einem Harzgehalt über 8% werden die Lagenhölzer als *Kunst-
harzpreßholz* bezeichnet. Gegenüber dem Vollholz haben die Lagenhölzer folgende Vorteile: Ausgleich der Festigkeitseigenschaften, Verringerung der Feuchtigkeitsaufnahme und der Formänderungen durch
Quellen und Schwinden.

Die Lagenhölzer bestehen aus *Furnieren*, die heute fast ausschließlich
durch Rundschälen gedämpfter Stämme auf besonderen Maschinen
hergestellt werden (*Schälfurniere*). Zur Verarbeitung gelangen Rot-
buchen- (BU), Birken- (BI) und Erlenholz (ER). *Messerfurniere* werden
tangential mit breiten Messern abgeschält (für Außenlagen). *Säge-
furniere* werden aus unbearbeiteten Edelholzstämmen herausgesägt
(vereinzelt für Möbel). Die feuchten Furniere werden in klimatisierten
Bandtrockenanlagen getrocknet, nach Sortierung und Zusammensetzung unter Zugabe von Kunstharzleim aufeinandergeschichtet
und unter großen Heizplattenpressen bei 125 bis 135 °C unter einem
Druck von 14 bis 25 bar verpreßt. Bei *Sperrholz* wird stets eine unge-
rade Furnierzahl verwendet, so daß beide Außenlagen die gleiche
Faserrichtung aufweisen. Beim *Sternholz* erzielt man gleichmäßigere
Festigkeitsverteilung durch Verleimung in vier (45°) oder sechs (30°)
verschiedenen Richtungen. Es ist teurer.

Tischlerplatten bestehen aus zwei Außenfurnieren, zwischen denen sich Leisten, Stäbe oder Streifen befinden. In der Möbelindustrie werden als Deckfurniere häufig Edelhölzer verwendet.

Preßholz (Lignostone) erhält man durch Pressen von harzgetränktem Holz senkrecht zur Faser mit einem Druck bis 300 bar. Dadurch werden die Poren geschlossen und das spezifische Gewicht und die Festigkeit erhöht.

Holzspanstoffe werden aus Holzspänen unter Zugabe von Bindemitteln geformt. Verwendet werden Späne, die auf Zerkleinerungsmaschinen aus grobstückigen Abfällen hergestellt werden.

Holzfaserstoffe werden aus mechanisch (Schleifverfahren) oder chemisch (Kochverfahren) aufgeschlossenen verholzten Fasern mit oder ohne Zugabe von Bindemitteln und Imprägnierstoffen erzeugt. Man kann auf diese Weise große Platten ohne Leimfugen herstellen, die sich nicht verziehen (Zwischenwände, Türen usw.).

Panzerholz stellt eine Verbindung von Holzfurnieren mit Blechplatten aus Stahl, Zink, Blei, Kupfer, Messing oder Leichtmetallen dar (Wagen-, Behälter-, Kasten- und Propellerbau).

Holzwolleleichtbauplatten (Heraklith) bestehen aus mit Magnesit, Portlandzement oder Gips vermischter Holzwolle. Sie finden als Wärme- und Schallisolierung bei Bauten Verwendung.

Steinholz besteht aus zerkleinertem, mit gebranntem Magnesit und Magnesiumchloridlösung vermischtem Holz, das nach dem Aushärten als Fußboden- und Wandbelag Verwendung findet.

Preßt man entrindete Hölzer gegen Schleifsteine, so entsteht *Holzschliff*. *Weiß*schliff für Zeitungspapier und Weißpappen entsteht bei Zufuhr von kaltem Wasser zum Schleifstein; *Braun*schliff für Packpapier, Braun- und Lederpappen nach vorhergehendem Dämpfen und Kochen.

Holz wird verwendet für Modelle in der Gießerei (Kiefer, Fichte, Birne, ...), Lagerschalen (mit Wasserschmierung bei Pumpen), Handgriffe, Kisten, Verschläge, Eisenbahnschwellen (Eiche), Werkzeugstiele (Esche), als Bauholz (Kiefer, Tanne, Lärche, ...), für Fußböden (Eiche), im Schiffsbau, als Bremsbacken, für Bretter der Brettfallhämmer, Maste, Türen, Rammpfähle (Lärche), Zündhölzer (Pappel), Möbel, Holzstöckelpflaster, im Wagen-, Hoch- und Flugzeugbau, als Treibstoff für Kraftwagen, als Füllstoff für Kunstharzpreßmassen (Holzschnitzel), zur Herstellung von Holzkohle, Holzschliff, Zellulose, Papier usw.

1,22 Die Kunststoffe[1]

1,221 Allgemeines

Unter Kunststoffen versteht man eine Gruppe von Werkstoffen, die nicht nur auf künstliche Weise hergestellt werden, sondern außerdem organischen Ursprungs sind und aus Makromolekülen bestehen. Sie besitzen Eigenschaften, welche von anderen Stoffen nicht erreicht werden, weshalb ihr Verbrauch ständig im Zunehmen begriffen ist.

Sie lassen sich nach verschiedenen Gesichtspunkten einteilen. Nach dem *Verhalten bei Wärmeeinwirkung* unterscheidet man Thermoplaste, Duroplaste und Elaste. *Thermoplaste* erweichen bei Temperaturerhöhung und gehen beim Abkühlen wieder in den festen Zustand über. *Duroplaste* gehen bei fortgesetzter Wärmeeinwirkung in einen unschmelzbaren Zustand über (härten). *Elaste* sind weich und elastisch und im Verhalten bei Wärmeeinwirkung den Duroplasten ähnlich.

Nach den *Lieferformen* unterscheidet man *homogene* Halbfabrikate, wie Platten, Profile, Rohre, Schläuche, Folien, Fäden und Schaumstoffe; *geschichtete* Halbfabrikate wie gepreßte Tafeln und gewickelte Rohre; *Preß-, Spritzguß-* und *Strangpreßmassen* mit und ohne Füllstoffe; Lacke, Klebstoffe, *Gießharze* und Vergußmassen, Binde- und Imprägniermittel und Holzwerkstoffe.

Nach *Herkunft* und *chemischer Natur* kann man sie einteilen in:

Kunststoffe aus tierischen Stoffen (Kasein): Kunsthorn,

Kunststoffe aus *pflanzlichen* Rohstoffen (Zellulose- und Kautschukkunststoffe):

Regenerierte Zellulose: Vulkanfiber, Zellglas,

Zelluloseester: Zellulosenitrat, -azetat, -azetobutyrat,

Zelluloseäther: Methyl-, Äthyl-, Benzylzellulose,

vulkanisierter Kautschuk, Chlorkautschuk, Cyclokautschuk.

Vollsynthetische Kunststoffe:

Polymerisate: Polyäthylen, -styrol, -isobutylen (polymere Kohlenwasserstoffe); Polyvinylchlorid, Polyvinylazetat, -äther, -alkohol, -azetale (Vinylpolymerisate); Acrylharze; Fluorkunststoffe.

Kondensate: Phenoplaste, Aminoplaste auf Harnstoff- und Melaminbasis.

Epoxidharze, Polyester, Polyamide und Silikone.

Die Kunststoffe finden wegen ihres geringen spezifischen Gewichtes, ihres schönen Aussehens, ihrer chemischen Beständigkeit, ihrer guten elektrischen Eigenschaften und der billigen Herstellungsmöglichkeit von Gegenständen der Massenfabrikation eine steigende Verwendung.

---

[1] Schulz, G.: Die Kunststoffe. München: Hanser. 1959. — Seidel, H., Woller, R.: Chemie, Bd. II. Berlin-Darmstadt-Wien: C. A. Koch. 1970.

1,222 Zellulosederivate

Diese werden aus Zellulose (Strukturformel, Abb. 66), hergestellt. Zellulose oder Zellstoff wird aus Laub- und Nadelhölzern und anderen Pflanzenfasern durch Zerkleinern und Auskochen in Druckkesseln mit Natron-

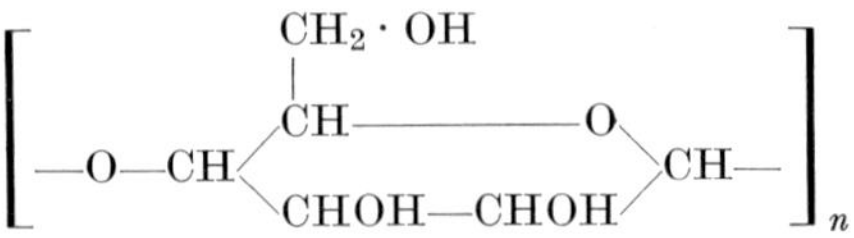

$$\left[-O-CH \begin{array}{c} CH_2 \cdot OH \\ | \\ CH \text{———} O \\ \diagdown \diagup \\ CHOH \text{—} CHOH \end{array} CH- \right]_n$$

Abb. 66. Strukturformel der Zellulose

lauge und Kalziumbisulfitlösung gewonnen. Durch diese Behandlung wird die Zellulose vom Lignin und den anderen Bestandteilen befreit, anschließend gereinigt, getrocknet und durch Walzen in ein Zellstoffband verwandelt. Aus Zellulose wird Zellwolle, Kunstseide, Zelluloid, Zellon, Zellophan, Vulkanfiber, Nitrozellulose, Papier usw. hergestellt.

Vulkanfiber wird hergestellt, indem man auf Zellstoffbahnen Chlorzink und Schwefelsäure einwirken läßt und die entstehende Hydratzellulose auf heiße Walzen wickelt, wobei unter dem Druck einer Anpreßwalze aus mehreren Lagen dickere Platten entstehen. Vulkanfiber ist zäh, leicht gleitend, fest, widerstandsfähig gegen Stöße und unempfindlich gegen Feuchtigkeit und Fette. Es wird verwendet zur Herstellung von Dichtungsscheiben, Bremsbelägen, Pumpenklappen, Koffern usw.

Zelluloseester entstehen durch Behandlung der Zellulose mit Säuren. Dabei können die drei Hydroxylgruppen im Zellulosemolekül (Abb. 66) durch Säurereste R ersetzt werden (Abb. 67). Verwendet werden Sal-

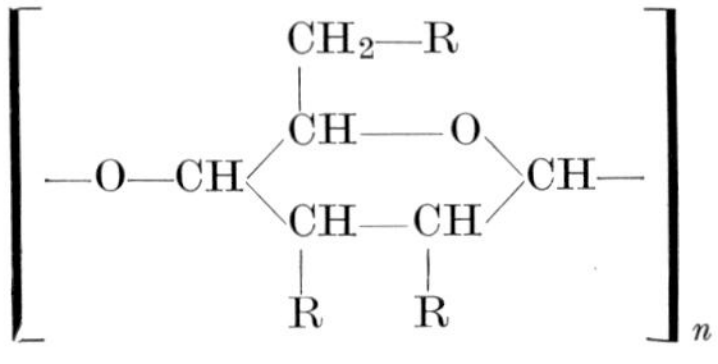

$$\left[-O-CH \begin{array}{c} CH_2-R \\ | \\ CH \text{——} O \\ \diagdown \diagup \\ CH \text{—} CH \\ | | \\ R R \end{array} CH- \right]_n$$

Abb. 67. Zelluloseester und -äther. R ... Säurerest bzw. Äthergruppe

petersäure, Essigsäure-, Propionsäure- und Buttersäureanhydrid. Da bei diesem Vorgang Wasser abgespalten wird, werden Schwefelsäure, Phosphorsäure und Essigsäureanhydrid als Wasser entziehende Mittel zugesetzt.

Nitrozellulose ($R: NO_2 \cdot O-$) ist äußerst explosiv. Durch Zusatz von Kampfer wird sie in den plastischen Zustand übergeführt ($\rho = 1,4$; Handelsnamen Celluloid, Trolit F) und durch Extrudieren zu Rohren

und Profilen, durch Gießen zu Folien (Filme, Spielwaren nach dem Blasverfahren), zu Klebstoffen und Lacken verarbeitet. Die Erzeugnisse
sind leicht entzündlich und brennbar.

Azetylzellulose (R: $CH_3 \cdot COO—$) ist schwer brennbar und läßt sich
mit Weichmachern im Spritzguß, durch Extrusion zu Rohren und
Profilen, durch Gießverfahren zu Folien für Filme, Verpackung, Um-
kleidung von Kabeln, Leitungen und Spulen, Kondensatoren und zu
Textilfasern, Lacken und Klebstoffen verarbeiten. $\rho = 1,29$ bis $1,33$;
Handelsnamen Cellit, Trolit, Cellidor S, Triafol T usw.

Zelluloseacetobutyrat [R: $CH_3 \cdot (CH_2)_2 \cdot COO—$] hat bessere Wasser-
beständigkeit, elektrische Eigenschaften, ist weicher und wird wie
Azetylzellulose verwendet. $\rho = 1,19$. Handelsnamen Cellon, Cellidor B,
Cellit, Triafol B usw. Durch abwechselndes Aufeinanderkleben dünner
Cellon- und Glasscheiben erhält man das splitterfreie *Verbundglas*.

Zelluloseäther (Abb. 67, R ... Äthergruppe) entstehen durch Behandlung der Zellulose mit Natronlauge und anschließende Verätherung.
Äthylzellulose (R: $C_2H_5 \cdot O—$) und *Benzylzellulose* (R: $C_6H_5 \cdot O—$, $\rho = 1,2$)
werden zu Spritzgußteilen und Lackrohstoffen verarbeitet.

Regenerierte Zellulose entsteht durch Überführen der Zellulose in
lösliche Form und Ausfällen (Koagulieren) mit besonderen Mitteln.

Pergamentpapier entsteht beim Durchziehen von Papierbahnen durch
75%ige Schwefelsäure und anschließendes Waschen und Trocknen.
Durch Zusammenpressen mehrerer Lagen erhält man dickere Tafeln.

Zellglas, Handelsnamen Austrophan, Cellophan, Cuprophan usw. ist
eine aus regenerierter Zellulose nach dem Viskose- oder Kupfer-
ammoniak-Verfahren hergestellte durchsichtige Folie, die in verschiedenen Farbtönen gefärbt und bedruckt werden kann und für die Verpackung von Lebensmitteln verwendet wird.

1,223 Kaseinerzeugnisse

Sie entstehen durch Einwirken von Formaldehyd HCOH auf Kasein,
das aus frischer Magermilch gewonnen wird, und kommen unter dem
Namen *Kunsthorn (Galalith)* als hornähnliche, nicht wasserbeständige,
gut färbbare und bearbeitbare Gebrauchsgegenstände in den Handel,
deren Bedeutung jedoch sehr zurückgegangen ist.

1,224 Polymerisationsprodukte

Sie bestehen aus *kettenförmigen Makromolekülen*, die durch eine sich
jedesmal wiederholende chemische Bindung aus einfachen Molekülen
gebildet werden. Ausgangsprodukte für sie sind die Kohlenwasserstoffe
Äthylen $H_2C = CH_2$, C_2H_4 und Azetylen $HC \equiv CH$, C_2H_2, deren
mehrfache Bindung eine Voraussetzung zur Polymerisation ist.

Zwischenverbindungen sind Vinylbenzol (Styrol) $CH_2 = CH \cdot C_6H_5$, Vinylchlorid $CH_2 = CH \cdot Cl$, Vinylcyanid $CH_2 = CH \cdot CN$, Vinylazetat $CH_2 = CH \cdot CH_3COO$, Vinylester $CH_2 = CH \cdot OCOR$ und Vinylalkohol $CH_2 = CH \cdot OH$.

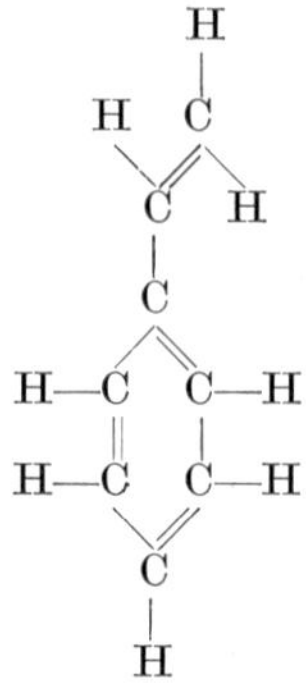

H
|
H   C
 \\ //
  C   H
  |
  C
 / \\
H—C   C—H
H—C   C—H
 \\ //
  C
  |
  H

Abb. 68. Strukturformel von Styrol

Im folgenden soll als Beispiel einer Polymerisation die Herstellung von *Polystyrol*, Polyvinylbenzol $(C_6H_5 \cdot CH—CH_2)_n$, Handelsnamen Trolitul, besprochen werden. Ausgangsprodukt ist dabei das *Styrol* $(C_6H_5 \cdot CH = CH_2)$, eine wasserhelle, stark lichtbrechende Flüssigkeit von benzolähnlichem Geruch. Abb. 68 zeigt dessen Molekülaufbau

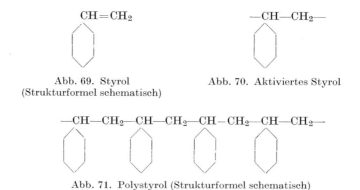

$CH=CH_2$ $—CH—CH_2—$

Abb. 69. Styrol   Abb. 70. Aktiviertes Styrol
(Strukturformel schematisch)

$—CH—CH_2—CH—CH_2—CH-CH_2—CH—CH_2—$

Abb. 71. Polystyrol (Strukturformel schematisch)

(Strukturformel), Abb. 69 das der Einfachheit halber dafür verwendete Schema. Unter dem Einfluß von Katalysatoren (Stoffe, die einen chemischen Vorgang beschleunigen, aber nicht daran teilnehmen), Erwärmung oder Lichtstrahlung löst sich die Doppelbindung (Abb. 70). Beim Zusammentreffen mehrerer solcher aktivierter Moleküle bildet sich schließlich ein Kettenmolekül, das *Polystyrol* (Abb. 71), ein zelluloidartiger Körper. Es ist ein vorzüglicher elektrischer Isolator (tg δ = 2 bis

$7 \cdot 10^{-4}$), $\rho = 1{,}05$, glasklar, wasserunempfindlich und wird für Gebrauchsgegenstände (Spritzguß), Rohre, Platten und Folien (Dielektrikum von Kondensatoren der Hochfrequenztechnik), verlorene Modelle
beim Feinguß und als Schaumstoff (Styropor: Kälte-, Wärme- und
elektrische Isolation, verlorene Modelle beim Vollformgießen) verwendet.

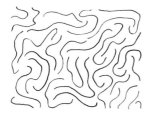

Abb. 72. Regellose Lage der
Fadenmoleküle bei Thermoplasten

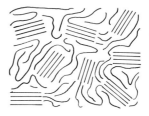

Abb. 73. Kristalline Zonen
bei Thermoplasten

Polystyrol gehört wie die Zellulosederivate und die folgenden Polymerisate zu den *Thermoplasten*, die aus fadenförmigen Molekülen
bestehen, die untereinander verknäuelt sind (Abb. 72). Von der Ver-
filzung dieser einzelnen Molekülfäden hängt der physikalische Zustand
dieser makromolekularen Stoffe ab. Je länger die Molekülketten, um so

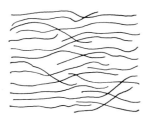

Abb. 74. Gereckte Fadenmoleküle bei Thermoplasten

geringer wird ihre gegenseitige Beweglichkeit. Mit zunehmender Atom-
zahl eines Fadenmoleküls geht der Zustand vom weichen in den harten
über. Da die Molekülketten verschieden lang sind, wird ihre Beweglichkeit bei Wärmezufuhr ebenfalls unterschiedlich sein, so daß kein fester
Schmelzpunkt, sondern ein Erweichungsbereich vorhanden ist. Die
Thermoplaste sind somit *amorph*. Es gibt aber auch Thermoplaste
(Polyäthylen, Polyamide, Polyazetale), die bei langsamer Abkühlung
kristalline Zonen ausbilden (Abb. 73). Das ist immer dann der Fall, wenn
es sich um einfache Grundmoleküle handelt, die sich leichter parallel
ausrichten können. Die einzelnen Fadenmoleküle sind durch schwache
sekundäre Bindungskräfte miteinander verbunden. Diese nehmen durch

Erwärmen ab, so daß die Thermoplaste mit zunehmender Temperatur von nahezu *gummielastischen* über den *plastischen* (zähflüssigen) in den *flüssigen* Zustand übergehen. Beim Abkühlen werden sie wieder fest. Oberhalb einer bestimmten Temperatur tritt Zersetzung ein. Die Festigkeit der Thermoplaste läßt sich durch „*Recken*" bedeutend steigern, bei dem sich die Fadenmoleküle nahezu parallel anordnen (Abb. 74).

Polyvinylchlorid, PVC, wird durch Polymerisation von Vinylchlorid hergestellt und gehört mit seinen Mischpolymerisaten, Handelsnamen Hostalit, Mipolam, Vinidur, Astralon usw., zu den am meisten verwendeten Kunststoffen. Es ist durchscheinend bis glasklar, unentflamm-

$$\left[\begin{array}{c} H \\ \overline{} \\ H \end{array} \!\!\! >\!\! C - C\!\! <\!\!\! \begin{array}{c} H \\ \\ Cl \end{array} \right]_n$$

bar, widerstandsfähig gegen Wasser und verdünnte Alkalien, aliphatische Kohlenwasserstoffe und Öle und wird durch konzentrierte oxydierende Mineralsäuren angegriffen. *Hart-PVC*, $\rho = 1{,}38$, wird zu Folien, dünnen Platten, Formkörpern, Stäben und Rohren verarbeitet. 30 bis 100 μm dicke Folien werden für Verpackungen aller Art verwendet. Durch Recken derselben erzielt man eine wesentliche Festigkeitssteigerung. *Weich-PVC*, $\rho = 1{,}30$, erhält man durch Zusatz von 20 bis 60% Weichmachern (Dioktylphthalat). Es ist weichgummi- bis lederartig und besser verarbeitbar. Es wird für Gewebebeschichtungen, für Vorhänge, Akkukästen, zum Ummanteln von Kabeln und Drähten und zur Beschichtung von Aluminium- und Stahlblechen (Handelsnamen Platal) verwendet. Um PVC auch in Lösungen zu verwenden, wird es *nachchloriert (PC)*, wobei Wasserstoff durch Chlor ersetzt wird. *PC* dient für chemikalienfeste Lacke und Klebstoffe und zur Herstellung chemikalienbeständiger Fasern für Filterstoffe. Statt durch Weichmacher kann die Weichheit auch durch *Mischpolymerisate* erzielt werden.

Polyvinylazetat, Handelsprodukte Movicoll, Emultex, Vinnapas,

$$\left[\begin{array}{c} H \\ \overline{} \\ H \end{array} \!\!\! >\!\! C - C\!\! <\!\!\! \begin{array}{c} H \\ \\ OCO \cdot CH_3 \end{array} \right]_n$$

Vinylite, $\rho = 1{,}16$ bis $1{,}19$, besitzt hohe Chemikalienbeständigkeit und wird als Klebstoff für Holz, Papier, Pappe, Leder und zur Herstellung wäßriger Emulsionsbinder verwendet.

Polymethacrylsäuremethylester, Handelsprodukte Plexiglas, Plexigum, Lucite, Resartglas, $\rho = 1{,}18$, ist glasklar, biegsam, nicht splitternd, durchlässig für UV-Strahlung und löslich in Alkohol und Benzol. Es wird

$$\left(\begin{array}{c} H \\ \overline{} \\ H \end{array} \!\!\! >\!\! C - C\!\! <\!\!\! \begin{array}{c} CH_3 \\ \\ OCO \cdot CH_3 \end{array} \right)_n$$

als Sicherheitsglas, für Linsen in optischen Geräten, durchsichtige Modelle, Prothesen, Teile der Hochfrequenztechnik, Brillengläser, Uhrengläser usw. verwendet.

Polyvinylalkohol, Handelsprodukte Elvanol, Gelvatol, Moviol, ist in Wasser löslich und in allen gebräuchlichen Lösungsmitteln unlöslich und wird als Folie für wasserlösliche Verpackung von Waschmitteln, Badezusätzen, Pflanzenschutzmitteln, Farbstoffen, Wurzelballen von Steck-

$$\left(\begin{matrix} H \\ H \end{matrix} {>} C - C {<} \begin{matrix} H \\ OH \end{matrix} \right)_n$$

lingen, Pflanzen und Sträuchern, die vor der Verwendung nicht entfernt werden muß, und für lösungsmittelbeständige Schläuche, Packungen und Dichtungen verwendet.

Hoch-, Nieder- und Mitteldruck-*Polyäthylen*, Handelsprodukte Lupolen, Polythene, Hostalen, Marlex, $\rho = 0{,}91$ bis $0{,}97$, besitzt verschiedene Mengen kristalliner Anteile, ist gegen die meisten wäßrigen

$$\left(\begin{matrix} H \\ H \end{matrix} {>} C - C {<} \begin{matrix} H \\ H \end{matrix} \right)_n$$

Lösungen von Salzen, Säuren und Alkalien, jedoch nicht in oxydierenden Säuren beständig und in den bekannten Lösungsmitteln unlöslich. Es wird als Folie für Verpackungszwecke, für Isolierungen im Baugewerbe, zum Abdecken von Pflanzenkulturen in der Landwirtschaft, als Spritzgußteile für Haushaltgegenstände und wegen der hervorragenden elektrischen Eigenschaften (tg δ unter $0{,}001$) in der Hochfrequenztechnik, für Rohre, Drahtisolationen, Flaschen und Beschichtungen verwendet.

Polypropylen, Handelsprodukte Daplen, Hostalen PPH, Moplen, Meraklon, $\rho = 0{,}9$, besitzt hohe Erweichungstemperatur, hohe Festig-

$$\left(\begin{matrix} H \\ H \end{matrix} {>} C - C {<} \begin{matrix} H \\ CH_3 \end{matrix} \right)_n$$

keit, ähnliches chemisches Verhalten wie Polyäthylen und wird wie dieses verarbeitet und verwendet.

Polymeres Formaldehyd (Polyacetale), Handelsprodukt Delrin, $\rho = 1{,}42$, besitzt gute Festigkeitseigenschaften, ist unlöslich in den

$$\left(\begin{matrix} H \\ H \end{matrix} {>} C - O - \right)_n$$

üblichen Lösungsmitteln und beständig gegen Natronlauge. Es wird mit Füll- und Farbstoffen zu Kettenrädern, Türgriffen, Reißverschlüssen und Teilen von Haushalt-, Büro- und Textilmaschinen verarbeitet.

Zu den *Elasten* (Elastoplaste, Elastomere) gehören die synthetischen *Kautschuke*. Diese (Abb. 75) besitzen durch ungesättigte Seitengruppen weitmaschig vernetzte Fadenmoleküle. Durch diese Vernetzung gehen die Fadenmoleküle nach einem Recken (Abb. 76) wieder in ihre Ausgangslage zurück.

Die Ausgangsprodukte zu den synthetischen Kautschuken müssen demnach vernetzungsfähige Doppelbindungen enthalten. Das erste Ausgangsprodukt (Monomere), mit dem man einen brauchbaren synthetischen Kautschuk erhielt, war das *Butadien* $CH_2 = CH—CH = CH_2$, das durch Polymerisation mit metallischem Natrium als Katalysator zu

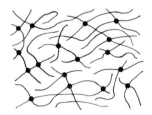

Abb. 75. Durch ungesättigte Seitengruppen schwach vernetzte Fadenmoleküle von Elasten

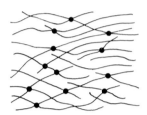

Abb. 76. Reversibel gereckte Fadenmoleküle von Elasten

Polybutadien $(—CH_2—CH = CH—CH_2—)_n$ polymerisiert wird. Dieses Polymerisat (Handelsprodukt Buna 115, 85 und 32) (Buna aus *Bu*tadien + *Na*trium) ist durch Mischpolymerisate überholt. Durch diese wurden Seitenketten eingebracht.

Der *Styrol-Butadien-Kautschuk* (Handelsprodukte Buna S, SBR, GRS, Buna Hüls; Abb. 77) besitzt hohe Abriebfestigkeit, Hitze- und

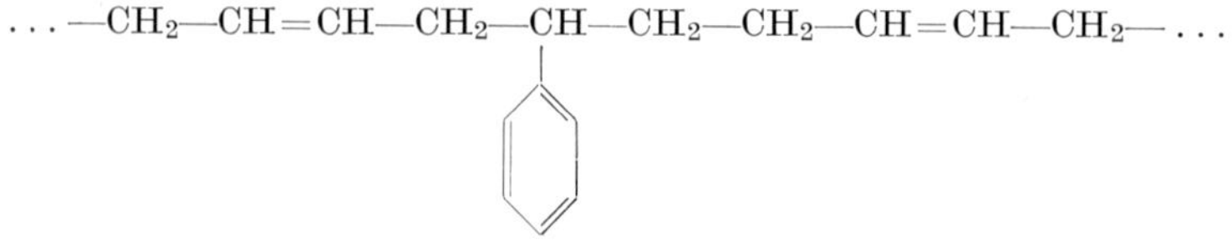

$$\ldots —CH_2—CH{=}CH—CH_2—CH—CH_2—CH_2—CH{=}CH—CH_2— \ldots$$

Abb. 77. Styrol-Butadien-Kautschuk (Strukturformel)

Alterungsbeständigkeit und wird für Reifenlaufflächen, Transportbänder, Dichtungen, Schläuche, Kabelisolationen usw. verwendet.

Der *Nitril-Kautschuk* (ein Mischpolymerisat aus Butadien und Acrylnitril, Abb. 78, Handelsprodukte Buna N, Perbunan N, NBR) besitzt im vulkanisierten Zustand (s. 1,23) eine besonders hohe Beständigkeit gegen Öle, Treibstoffe und Wärme und wird für Benzin-, Öl- und Heizschläuche, ölfeste Dichtungen und Schwingungsisolierungen, Klappen und Puffer verwendet.

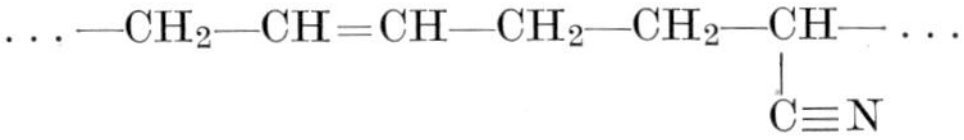

$$\ldots -CH_2-CH=CH-CH_2-CH_2-CH- \ldots$$
$$| $$
$$C\equiv N$$

Abb. 78. Nitril-Kautschuk (Strukturformel)

Beim *Polychloropren* (Abb. 79; Handelsprodukte Neoprene, Perbunan C) wird durch Chlor eine Seitenkette eingeführt. Seine Vulkanisate besitzen hohe Oxydations-, Öl- und Treibstoffbeständigkeit und werden für Klebstoffe, Kabelmäntel, Transportbänder, Gummiwalzen und Dichtungen verwendet.

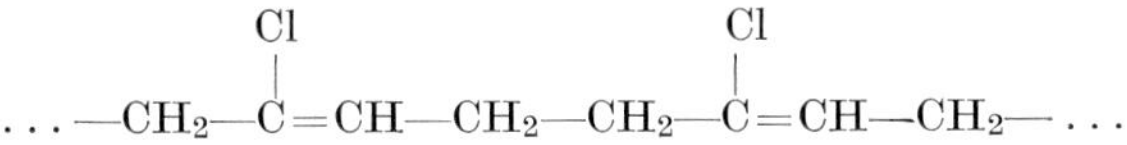

$$\qquad Cl \qquad\qquad\qquad Cl$$
$$\qquad | \qquad\qquad\qquad\quad |$$
$$\ldots -CH_2-C=CH-CH_2-CH_2-C=CH-CH_2- \ldots$$

Abb. 79. Polychloropren (Strukturformel)

Polyisobutylen (Handelsprodukte Oppanol B, Dinagen, Vistanex), $\rho = 0{,}93$, ist viskos bis weichgummiartig, beständig gegen Ozon und

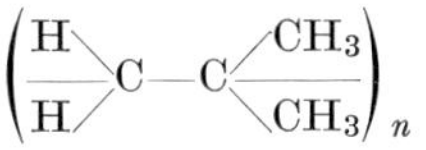

$$\left(\begin{array}{c} H \\ H \end{array} \!\!\! \diagdown \!\!\! C - C \!\!\! \diagup \!\!\! \begin{array}{c} CH_3 \\ CH_3 \end{array} \right)_n$$

Chemikalien und wird für Kitte, Klebstoffe, Beschichtung von Klebestreifen, Abdichtung von Mauerwerk gegen Feuchtigkeit, Auskleidung von Kesseln, Abdichtung von Kanälen, Bunkern, Tunnels usw. verwendet. Da es keine Doppelbindungen enthält und sich daher nicht vernetzen läßt, ist es *kein echter* Kautschuk.

Durch geringe Zusätze von *Isopren* und *Butadien* wird *Butylkautschuk* (Handelsprodukte Enjai Butyl, Polisar Butyl) erzeugt, der sehr beständig und von -80 bis $+140\,°C$ elastisch ist, $\rho = 1{,}33$, und für Reifenschläuche und technische Artikel verwendet wird.

Mischpolymerisate aus *Äthylen, Propylen* und einer dritten Komponente, die die Vulkanisationsdoppelbindungen liefert (unter Verwendung von Katalysatoren von Ziegler und Natta) ergeben den *Äthylen-Propylen-Kautschuk* (Handelsprodukte EPR, EPT, APT), der hervorragende Eigenschaften aufweist.

Durch Behandlung von Polyäthylen mit S_2 und Cl_2 erhält man *sulfochloriertes Polyäthylen* (Handelsprodukt Hypalon), dessen Vulkanisate besonders temperatur- und ozonbeständig sind und trotz ihres hohen Preises für technische Artikel und chemikalienbeständige Lacke Verwendung finden.

Die neueste Entwicklung ist die „*stereo-spezifische*" Polymerisation (zur Erzielung bestimmter Konfigurationen), durch welche das *cis-1,4-*

Polybutadien (Abb. 80) ein Kautschuk mit hervorragenden Eigenschaften *und das cis-1,4-Polyisopren* (Abb. 81) ein *synthetischer Naturkautschuk* (s. 1,23) entstanden.

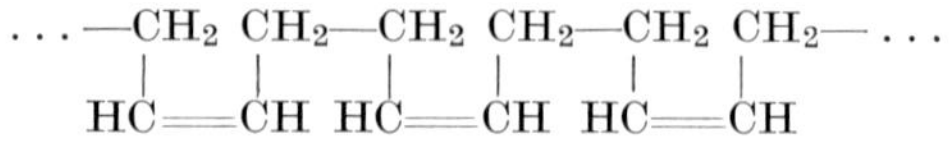

$$\ldots -CH_2\ CH_2-CH_2\ CH_2-CH_2\ CH_2-\ldots$$
$$HC\!=\!\!CH\ HC\!=\!\!CH\ HC\!=\!\!CH$$

Abb. 80. cis-1,4-Polybutadien (Strukturformel)

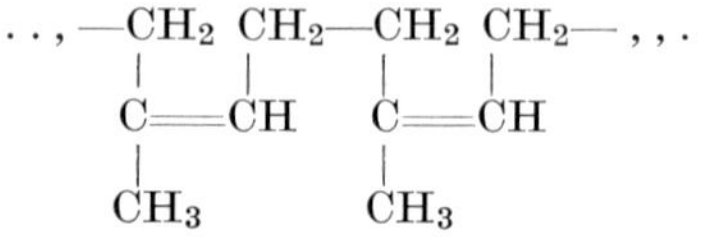

$$\ldots,\ -CH_2\ CH_2-CH_2\ CH_2-,\,.$$
$$C\!=\!\!CH\qquad C\!=\!\!CH$$
$$CH_3\qquad\quad CH_3$$

Abb. 81. cis-1,4-Polyisopren (Strukturformel)

Weitere Elaste finden sich unter den Polyadditionsprodukten (s. 1,226) und den Silikonen (s. 1,227).

Fluorhaltige Polymerisate sind widerstandsfähig gegen alle Chemikalien, weder löslich noch quellbar, besitzen hohe Verarbeitungs- und Gebrauchstemperaturen und sind sehr teuer.

Polytetrafluoräthylen, PTFE (Handelsprodukt Hostaflon TF, Teflon, Fluon), $\rho = 2,2$, besitzt geringe Reibungszahl, ist schwer zu verarbeiten

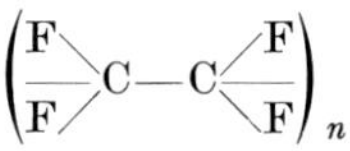

$$\left(\begin{array}{c}F\\F\end{array}\!\!>\!C\!-\!C\!<\!\!\begin{array}{c}F\\F\end{array}\right)_n$$

und wird für Lagerschalen, Dichtungen, Packungen, im chemischen Apparatebau, als Drahtisolation usw. verwendet.

Polychlortrifluoräthylen, PCTFE (Handelsprodukt Kel-F, Hostaflon C, Fluorothene), $\rho = 2,1$, ist ein nach allen Verfahren verarbeitetes

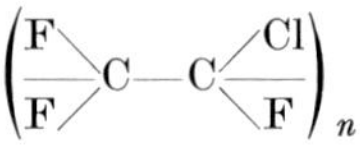

$$\left(\begin{array}{c}F\\F\end{array}\!\!>\!C\!-\!C\!<\!\!\begin{array}{c}Cl\\F\end{array}\right)_n$$

Thermoplast, das für wasserabstoßende Überzüge im chemischen Apparatebau und in der Hochfrequenztechnik verwendet wird.

Mischpolymerisate aus *PTFE* und *Hexafluorpropylen* ($F_3C-CF=CF_2$) (Handelsprodukt Teflon FEP) sind nicht brennbar, besser verformbar und werden zu Schläuchen und Kabelüberzügen verarbeitet.

1,225 Polykondensationsprodukte

Diese ältesten Kunststoffe sind vorwiegend *Duroplaste*. Sie besitzen räumlich stark vernetzte Moleküle (Abb. 82) und erweichen nach dem

Hartwerden (Aushärten) im Gegensatz zu den Thermoplasten bei Wärmezufuhr nicht mehr.

Formaldehydharze sind die ältesten dieser Kunststoffe. Sie entstehen aus *Phenol*, $C_6H_5 \cdot OH$, *Kresol*, $C_6H_4 \cdot CH_3 \cdot OH$, *Harnstoff*, $CO \cdot (NH_2)_2$

Abb. 82. Durch Seitengruppen stark vernetzte Molekülketten von Duroplasten

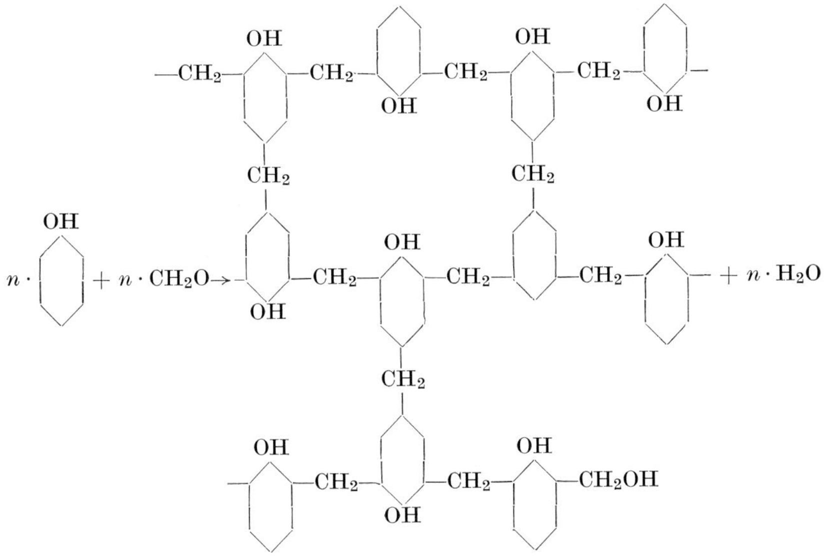

Abb. 83. Bildung von Phenolformaldehydharz (schematisch)

oder *Melamin*, die mit *Formaldehyd*, HCOH, in ein harzähnliches Produkt übergeführt werden. Im Gegensatz zu den Thermoplasten, deren Kettenmoleküle nur durch geringe Nebenvalenzkräfte verbunden sind, entstehen hier *dreidimensionale*, durch Hauptvalenzen vernetzte *Makromoleküle*, die *Duroplaste* sind, also bei Erwärmung nicht mehr erweichen.

Zur Herstellung von *Phenoplasten*, Handelsprodukt Albertat, Luphen, Albertol, Tegofilm (Folie) usw., die nach ihrem Erfinder *Baekeland* ursprünglich *Bakelite* hießen, werden Phenol, Kresol oder deren Gemische mit einer wäßrigen Formaldehydlösung gemischt und unter Beifügung von Katalysatoren erhitzt.

Bei Verwendung *alkalischer Katalysatoren* und *größerer* Formaldehydanteile bildet sich nach längerem Erwärmen bei etwa 50 °C ein flüssiges Harz, welches *Resol* genannt wird und weich, bildsam, schmelz- und gießbar und in Spiritus, Äther, Azeton und Glyzerin lösbar ist. Bei weiterer Erhitzung geht Resol unter Molekülvergrößerung bei 130 °C in *Resitol* über, welches beim Erwärmen nur mehr so weich wird, daß es sich gut pressen läßt. Dieses ist noch quellbar, aber nicht mehr in Spiritus und Azeton lösbar. Erhitzt man es auf 160 bis 180 °C, so geht es unter weiterer Molekülvergrößerung in *Resit* über. Dieses ist weder quellbar noch löslich, noch schmelzbar, sondern hart. Abb. 83 zeigt schematisch die Bildung des Endproduktes, wobei man sich die Benzolkerne dreidimsional und unregelmäßig aneinandergekettet denken muß.

Mit *sauren Katalysatoren* und *geringerem* Formaldehydanteil erhält man *Novolak*, der schmelzbar, in vielen organischen Lösungsmitteln löslich ist, thermoplastischen Charakter hat und durch Zusatz Formaldehyd abspaltender Substanzen (Hexamethylentetramin) unter Wärmeeinwirkung aushärtet. Da er besonders rasch härtet, wird er vorwiegend für Preßmassen (Schnellpreßmassen) verwendet.

Reine Phenoplaste werden als Lackharze, Klebstoffe und als Gieß- und Preßharze verwendet. *Gießharze* befinden sich im Resolzustand und werden in Formen durch längeres Erwärmen ausgehärtet. *Edelkunstharze* kommen in Form von Stangen, Platten, Blöcken und Rohren in den Handel, die spanend weiterverarbeitet werden. Durch Zusatz von *Füllstoffen* (Zellstoff, Quarzmehl, Holzmehl, Gewebe- und Papierschnitzel) erzielt man eine Verbilligung, eine Verbesserung der mechanischen Eigenschaften des ausgehärteten Produktes und eine Aufnahme des bei der Kondensation austretenden Wassers. Diese Füllstoffe werden dem flüssigen Harz in Mischmaschinen beigemengt, dann gemahlen und durch Pressen in entsprechenden Preßformen ausgehärtet. Die *Preßmassen*[1] werden genau abgewogen als Pulver oder als vorgepreßte, vorgewärmte Tabletten in die meist elektrisch auf 150 bis 170 °C vorgewärmte, zweiteilige Preßform gebracht und solange unter einem Druck von 300 bis 1000 bar gehalten, bis sie ausgehärtet sind.

Die Phenoplaste finden noch zur Herstellung *geschichteter Werkstoffe*[2], *Hartpapier*, Handelsprodukt Repelit, Pertinax, und *Hartgewebe*, Handelsprodukt Novotext, Linax, Turbax, Verwendung. Diese bestehen aus

---

[1] DIN 7708 Bl. 1 Kunststoff-Formmassetypen; Begriffe, Allgemeines Bl. 2 —, Phenoplast-Preßmassen, Bl. 3 —, Aminoplast-Preßmassen, Bl. 4 —, Kaltpreßmassen.

[2] DIN 7707 Bl. 1 Schichtpreßstoff-Erzeugnisse; Kunstharz-Preßholz. — ÖNORM C 9510, DIN 7735 Bl. 1 —, Hartpapier, Hartgewebe, Hartmatte.

mehreren Lagen von Zellstoffpapier bzw. Textilgewebe, die mit einer
Lösung von Phenoplasten im Resolzustand getränkt, bei ca. 100 °C
getrocknet, übereinandergelegt und bei 160 bis 170 °C in Etagenpressen
gepreßt und ausgehärtet werden. Die *Schichtpreßstoffe* finden für isolierende Teile in der Elektrotechnik, für Zahnräder, Wälzlagerkäfige,
Lagerschalen usw. Verwendung. *Teile aus Preßmassen* werden wegen
ihrer guten elektrischen Eigenschaften, ihres guten Aussehens, ihres geringen Gewichtes und ihrer Eignung für die Massenfertigung in der
Elektrotechnik, für Teile von Kraftfahrzeugen, Photoapparaten, Staub-
saugern, Rundfunk-, Fernseh- und Fernsprechgeräten viel verwendet.

Zur Herstellung von *Aminoplasten* wird *Harnstoff* $O = C\begin{smallmatrix}NH_2\\NH_2\end{smallmatrix}$,
Handelsprodukte Plastopal, Iporka (Schaumstoff), Kaurit (Kleb-
stoff für Holzverleimung) (Strukturformel Abb. 84, räumlich ange-

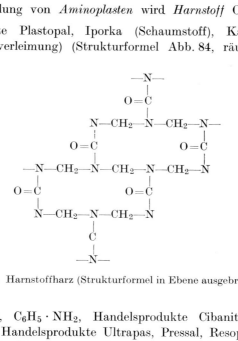

Abb. 84. Harnstoffharz (Strukturformel in Ebene ausgebreitet)

ordnet), *Anilin*, $C_6H_5 \cdot NH_2$, Handelsprodukte Cibanit, Anilinharz
oder *Melamin*, Handelsprodukte Ultrapas, Pressal, Resopal mit wäßriger Formaldehydlösung unter Zusatz eines Katalysators gemischt.
Aminoplaste sind teurer als Phenoplaste, farblos und lichtbeständig
und lassen sich in allen Farben färben. Sie werden für Lacke, Klebstoffe (Sperrholz, Spanplatten), Preßmassen, geschichtete Werkstoffe,
Schaumstoffe (Harnstoffharz) und Melaminharze für Dekorplatten
(Resopal, Formica, Dekopal) als Belag für Tische, Möbel und Wände
verwendet.

Polykarbonate (Strukturformel Abb. 85) sind gesättigte lineare
Polyester der Kohlensäure (Handelsprodukte Makrolon, Lexan, Makro-
fol = Folie). Sie sind leicht ($\rho = 1,2$), durchsichtig (härter, aber auch
teurer als Plexiglas), haben einen hohen Schmelzbereich, gute elektri-

sche und mechanische Eigenschaften, sind Thermoplaste und werden
als Folien, Hohlkörper, Spritzgußteile und Rohre in der Elektrotechnik,
für Leuchten, zur Verpackung von Lebensmitteln und in der chemischen
Industrie verwendet.

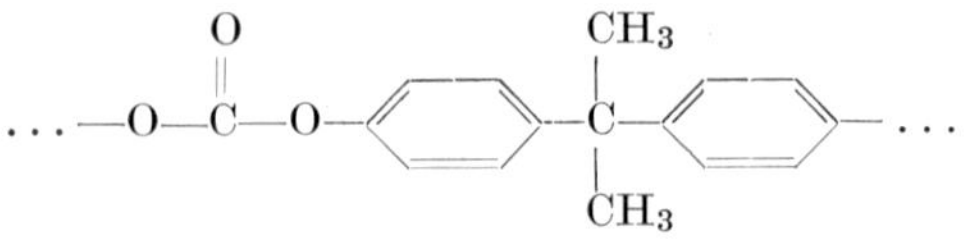

$$\ldots -O-\overset{\overset{\displaystyle O}{\|}}{C}-O-\langle\!\langle\;\rangle\!\rangle-\underset{\underset{\displaystyle CH_3}{|}}{\overset{\overset{\displaystyle CH_3}{|}}{C}}-\langle\!\langle\;\rangle\!\rangle-\ldots$$

Abb. 85. Polykarbonat (Strukturformel)

Ungesättigte Polyester, UP-Harze (Handelsprodukte Leguval, Lami-
nac, Palatal, Vestopal) ermöglichen durch ihre Doppelbindungen weitere Reaktionen. Eine Mischpolymerisation mit Styrol in Gegenwart
peroxydischer Katalysatoren ergibt hochvernetzte (härtbare) Makromoleküle. Diese sind gegen die meisten organischen Lösungsmittel,
verdünnte Säuren und Alkalien und Salzlösungen beständig und werden als *Gießharze*, denen zur Vermeidung der Schrumpfung als Füllstoffe Quarzmehl, Asbest, Schiefermehl, Kaolin oder Glasfasergewebe
und Farbpigmente beigegeben werden, verwendet. Diese können warm
oder kalt ausgehärtet werden. Die größte Bedeutung besitzen die
glasfaserverstärkten Gießharze[1], die wegen ihrer hohen Festigkeit, Wasser-
und Wetterbeständigkeit für Rohre, Boote, Schutzhelme, Karosserien
und Behälter für Öl, Wein, Treibstoffe, Chemikalien usw. verwendet
werden (s. a. 6,3). Harte, kratzfeste *Polyesterlacke* werden in der Möbelindustrie verwendet. Gießharze können auch durch Spachteln, Spritzen
und Streichen als Oberflächenschutzschichten und als Kitte zur Ausfüllung von Hohlräumen (Kabelmuffen, Kondensatoren) verwendet
werden.

Bei den *Polyamiden* versuchte man den Bau der Seide nachzu-
machen. Sie entstehen durch Polykondensation aus Adipinsäure und
Hexamethylendiamin (Nylon 66, Perlon, Strukturformel Abb. 86) oder
durch Polymerisation von ε-Caprolactam (Nylon 6, Strukturformel
Abb. 87). Die Polyamide (Handelsprodukte Ultramid A, B, Enkalon,
Supronyl, Durethan BK, Perlon) sind Thermoplaste, $\rho = 1{,}09$ bis
1,13, die große kristalline Bereiche besitzen und fast ohne Übergang
in den flüssigen Zustand übergehen. Wasser dient bei ihnen als Weichmacher (bei Austrocknung verspröden sie). Sie besitzen hohe Zähigkeit und Festigkeit, die durch Recken bedeutend gesteigert werden
kann, sind gegen wäßrige Lösungen von Alkalien und anderen Chemikalien beständig, besitzen gute Gleiteigenschaften und sind in den üb-

---

[1] Hagen, H.: Glasfaserverstärkte Kunststoffe, 2. Aufl. Berlin-Göttingen-
Heidelberg: Springer. 1961. — Beyer, W.: Glasfaserverstärkte Kunststoffe.
München: Hanser. 1963.

lichen Lösungsmitteln nicht löslich. Sie werden für Textilfasern, für Zugbänder von Treibriemen, für Seile, Folien und Rohre, für Zahnräder, Dichtungen, Reißverschlüsse, Wälzlagerkäfige, Lagerschalen (kleine Reibung, gute Notlaufeigenschaften), Möbelbeschläge, geräuscharme Transportketten, Schrauben und Muttern verwendet.

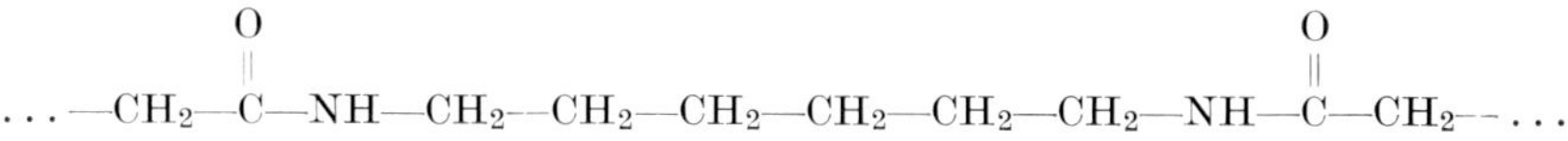

$$\ldots-CH_2-\overset{\displaystyle O}{\overset{\displaystyle \|}{C}}-NH-CH_2-CH_2-CH_2-CH_2-CH_2-CH_2-NH-\overset{\displaystyle O}{\overset{\displaystyle \|}{C}}-CH_2--\ldots$$

Abb. 86. Nylon 66 (Strukturformel)

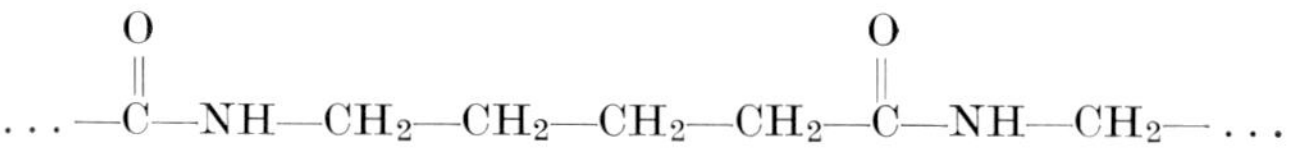

$$\ldots-\overset{\displaystyle O}{\overset{\displaystyle \|}{C}}-NH-CH_2-CH_2-CH_2-CH_2-\overset{\displaystyle O}{\overset{\displaystyle \|}{C}}-NH-CH_2-\ldots$$

Abb. 87. Nylon 6 (Strukturformel)

1,226 Polyadditionsprodukte

Polyadditionsprodukte entstehen als lineare oder stark vernetzte Makromoleküle durch Vereinigen zweier verschiedener Reaktionspartner.

Epoxidharze[1] (Handelsprodukte Araldit, Leucotherm, Epicote) bilden durch Polyaddition mit einem zugesetzten Härter ein Duroplast (Strukturformel Abb. 88). Sie besitzen hohe Chemikalienbestän-

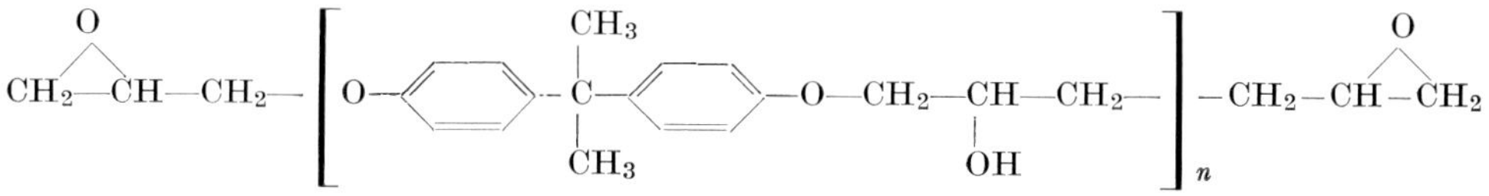

Abb. 88. Epoxidharz (Strukturformel)

digkeit, mechanische Festigkeit, geringe Schwindung und hohe Maßbeständigkeit, sehr gute elektrische Eigenschaften und hohe Haftfestigkeit auf Metallen, Glas usw., sind jedoch teuer. Sie werden verwendet als Lacke höchster chemischer und elektrischer Beständigkeit (Isolierlacke), als Klebstoffe und Kitte für Metalle, Glas und Keramik, als Gieß- und Imprägnierharze (zum Imprägnieren von Wicklungen, Vergießen von Meßwandlern, Kabelendverschlüssen, Durchführungen), als Laminierharze (mit Glasfasern für große Montage- und Kontrolllehren, Kopierfräsmodelle, Raketenspitzen) und als Formpreßmassen.

---

[1] Schick, J.: Epoxid- und ungesättigte Polyesterreaktionsharze für die Herstellung glasfaserverstärkter Kunststoffteile. ZVDI *1971*, 588—592, 836—840.

Bei den *Polyurethanen* (so genannt nach den jeweiligen Verbindungs-
stücken der Ketten, der Urethan-Gruppe; Abb. 89 zeigt oben die
Strukturformel des Urethans und unten die schematische Strukturformel der Polyurethane) erhält man je nach Wahl der Ausgangs-
komponenten die verschiedensten Substanzen. *Lineare PU* (Handelsprodukte Durethan U, Ultramid U, Perlon U) sind Thermoplaste,
$\rho = 1{,}21$, besitzen ähnliche Eigenschaften wie die Polyamide und

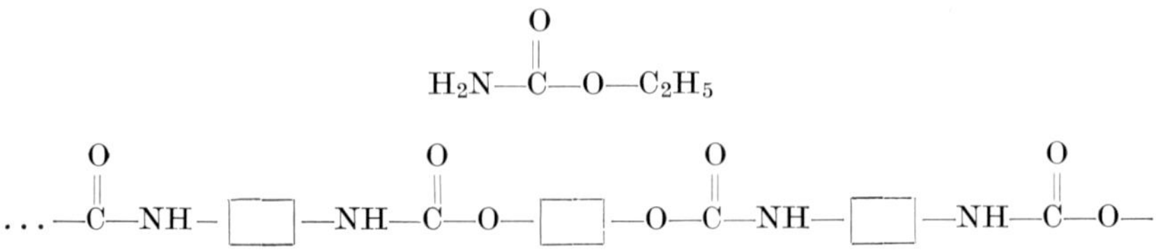

$$H_2N{-}\overset{\overset{\textstyle O}{\|}}{C}{-}O{-}C_2H_5$$

$$\ldots{-}\overset{\overset{\textstyle O}{\|}}{C}{-}NH{-}\Box{-}NH{-}\overset{\overset{\textstyle O}{\|}}{C}{-}O{-}\Box{-}O{-}\overset{\overset{\textstyle O}{\|}}{C}{-}NH{-}\Box{-}NH{-}\overset{\overset{\textstyle O}{\|}}{C}{-}O{-}$$

Abb. 89. Urethan und Polyurethan (Strukturformeln)

werden für Dichtungen, Zahnräder und andere Getriebeteile und
elektrotechnische Bauteile verwendet. *Schwach vernetztes PU* (Handelsprodukte Vulkollan), $\rho = 1{,}26$, ist ein hoch verschleißfestes, unbrenn-
bares, alterungsbeständiges Elast, das für Federelemente, Membranen,
Dichtungen, endlose Zahnriemen usw. verwendet wird. *Stark vernetzte PU* werden als Gießharze für Modellteile, Lacke, Kleber und
als Schaumstoff (Handelsprodukt Moltopren) für Wärme-, Kälte-
und Schallisolation, Polstermaterial, Badematten, Teppichunterlagen,
Schwämme usw. verwendet. Der Schaum entsteht durch Abspaltung
von CO_2 aus einer wäßrigen Lösung von Isocyanat, das bei der Ure-
than-Reaktion im Überschuß zugesetzt wird.

Schaumstoffe werden jedoch noch aus anderen Kunststoffen hergestellt. Sie können weich mit offenen und geschlossenen Poren und hart
hergestellt werden. Ihre Herstellung erfolgt nach dem *Schaumschlag-
verfahren*, bei welchem Luft eingebracht wird: Kautschuk, Aminoplaste
(Handelsprodukt Iporka) und Polyvinylazetale, nach *Treibverfahren*
unter Verwendung *physikalischer Mittel*: Kautschuk, Polyvinylchlorid
und Polystyrol (Handelsprodukt Styropor) und nach *Treibverfahren*
mit Hilfe *chemischer* Mittel, die mit der Kunststoffmasse vermischt
werden und beim Erwärmen chemisch zerfallen und Gase freigeben,
welche die Poren bilden: Moltopren, Polyvinylchlorid, Polyäthylen
und Phenoplaste.

1,227 Polysiloxane (Silikone) [1]

Die *Silikone*, Handelsprodukte Silopren, Silastic, Silikon-Kau-
tschuk usw., sind polymere Substanzen, bei denen die Siliziumatome

---

[1] Rochow, E.: Einführung in die Chemie der Silikone. Weinheim:
Verlag Chemie. 1952.

$$\left(-\mathrm{Si}\!\!\begin{array}{c}\diagup\mathrm{R}\\ \diagdown\mathrm{R}\end{array}\!\!\mathrm{O}-\right)_n$$

die Rolle der Kohlenstoffatome der organischen Kunststoffe übernehmen. Sie entstehen durch Polykondensation der Chlorsilane, wobei einander abwechselnde Silizium- und Sauerstoffatome eine Kette bilden. An den Seitenvalenzen der Siliziumatome hängen die Radikale R (CH_3, C_2H_5, C_6H_5 usw.). Durch das Silizium erhalten diese Kunststoffe eine besondere Wärmebeständigkeit. Ihre Eigenschaften hängen von der Kettenlänge, Kettenform (auch räumlich vernetzte Ketten sind möglich) und Art des Radikals ab. *Silikonöle* dienen als Trennmittel bei Preß- und Gießformen und zur Schmierung heißer Maschinenteile. Ihre Viskosität ist nahezu unabhängig von der Temperatur. Silikonfilme wirken wasserabstoßend und werden daher zur Imprägnierung von Textilien und als Bautenschutz verwendet. *Silikongummi* wird durch Vulkanisation mit Füllstoffen und organischen Peroxiden in warmem und kaltem Zustand gewonnen und für wärmebeständige Kabelisolationen, Dichtungen, Walzenbeläge und genaue Gießformen für Gießharze verwendet. *Silikonharze* besitzen vernetzte Moleküle und werden für wärmebeständige Isolierungen in Form von Imprägnier- und Tränklacken, zum Oberflächenschutz von Öfen und Radiatoren, als Trennlacke bei der Verarbeitung klebender Güter usw. verwendet.

1,23 Der Gummi [1]

Gummi wird aus Kautschuk (engl. rubber), der als Naturkautschuk in Plantagen und als Synthesekautschuk (s. 1,224 Styrol-Butadien-, Nitril-, Polychloropren-, Butyl-, Äthylen-Propylen- und sulfochlorierter Polyäthylen-Kautschuk; s. 1,227 Silikonkautschuk) in der chemischen Industrie gewonnen wird, erzeugt.

Der *Naturkautschuk* wird aus dem eingetrockneten, geronnenen, milchigen Pflanzensaft des Hevea brasiliensis, der im Gebiet des Amazonas große Urwälder bildet (Wildkautschuk) und heute in Plantagen in Indonesien, Indochina, Hinterindien, Borneo, Thailand gezogen wird (Plantagenkautschuk), gewonnen. Durch Einschneiden der Rinde der Gummibäume erhält man einen Milchsaft, *Latex* genannt, der zu 70% aus Wasser und zu 30% aus feinstverteiltem Kautschuk besteht und in Gefäßen aufgefangen wird. Durch Gerinnen und Eintrocknen dieses Milchsaftes erhält man den *Rohkautschuk* ($\rho = 0,91$ bis $0,94$) in Form unregelmäßiger Klumpen. Er besteht aus langen ket-

---

[1] VDI-Richtlinie 2005. Gestaltung und Anwendung von Gummiteilen.

tenförmigen Molekülen (Isopren): $(C_5H_8)_n$, Strukturformel nach Abb. 90, und wird zur Reinigung in heißem Wasser erweicht und durch Walzwerke mit gerippten Walzen geschickt, wobei ein Wasserstrom die Verunreinigungen auswäscht. Dem in Benzol, Schwefelkohlenstoff, $CHCl_3$ und CCl_4 löslichen Rohkautschuk, der das Aussehen gegerbter Felle hat, werden zur Erhöhung der Festigkeit Kreide, Zinkweiß, Ruß u. a. zugesetzt. Dieser Rohgummi ist jedoch noch unter 10 °C hart, über 30 °C sehr weich und über 50 °C klebrig und flüssig. Beim Vulkanisieren erhält man durch Beimengen von 2 bis 5% Schwefel bei ca. 150 °C und 3 bis 4 bar Druck *Weichgummi*. Dabei bilden sich zwischen den langen kettenförmigen Molekülen Schwefelbrücken, welche weitgehende Elastizität bewirken und Löslichkeit und Klebrigkeit herab-

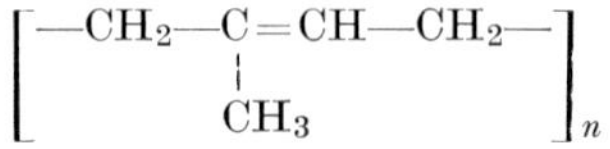

$$\left[\begin{array}{c} -CH_2-C=CH-CH_2- \\ | \\ CH_3 \end{array} \right]_n$$

Abb. 90. Strukturformel von Isopren

setzen. Wegen der teilweise schlechten Eigenschaften von *Naturweichgummi* (je nach Füllung $\rho = 1,0$ bis $2,0$; je nach Mischung und Vulkanisationsgrad $\sigma_B = 500$ bis $3200\ N/cm^2$, $\delta = 800$ bis 300%; Alterung, Empfindlichkeit gegen Wärme, Kupfer und Mangan, Unbeständigkeit gegen Sonne und Ozon, Quellen in Benzin und Öl) werden für viele Zwecke *Natur*- und *Synthese*kautschuk gemischt und *gemeinsam vulkanisiert*.

Durch Zusatz von mehr als 30% Schwefel erhält man *Hartgummi*, dessen Elastizität geringer ist, weil die Schwefelbrücken häufiger geworden sind. Er ist schwarz, $\rho = 1,12$ bis $2,0$, beständig gegen Säuren, Laugen und andere Chemikalien, gut elektrisch isolierend und warmfest bis 65 °C. Nach DIN 7711 unterscheidet man 5 Hartgummitypen mit verschiedenen mechanischen, chemischen, thermischen und elektrischen Eigenschaften. Durch besondere Mischungen kann man leitfähigen, öl-, hitze-, alkali-, kraftstoff-, stadtgasbeständigen, geruch- und geschmackfreien Gummi herstellen.

Zur Herstellung von Halbzeug und Fertigteilen dienen das Formpressen, Freihandverfahren, Strangpressen, Kalandrieren, Tauchen, Elektrophorese, Kleben, Gießen, Schäumen und Beschichten.

Das *Formpressen* erfolgt in Stahl- oder Aluminiumformen, die zum Vulkanisieren elektrisch oder mit Dampf beheizt werden. Dabei können auch aufgerauhte, entfettete Metallteile mit dem Gummi verbunden werden.

Beim *Freihandverfahren* arbeitet man mit einfachen Hilfsformen, Dornen oder Schablonen und Vulkanisieren in Druckkesseln.

Durch *Kalandrieren* werden Matten, Platten und Förderbänder auf Kalandern (s. 6,13) unter nachfolgender Vulkanisation zwischen großen heißen Preßplatten hergestellt.

Beim *Tauchen* (Handschuhe, Ballone) werden Tauchkörper aus Porzellan oder Metall in Gummi-Benzin-Lösungen oder Latex-Dispersionen eingetaucht. Durch Verdunsten der Flüssigkeit erhält man eine Haut, deren Dicke durch mehrmaliges Tauchen geregelt wird. Vulkanisiert wird in warmer Luft oder Heißwasser.

In großem Umfang werden Latices zum *Beschichten* und *Imprägnieren* von Textilien (wasserdichte Kleidung, Zeltplanen) verwendet. Die Beschichtung erfolgt kontinuierlich, meist in mehreren Schichten mit zwischengeschalteter Trocknung und nachfolgender Vulkanisation. Zur Verbesserung der Haftung auf den Geweben werden diese imprägniert.

Bei der *Elektrophorese* werden elektrisch negativ geladene Kautschukteilchen mit dem zur Vulkanisierung erforderlichen Kolloidschwefel auf die als Anode geschalteten Werkstücke niedergeschlagen, wodurch diese einen dichten Überzug erhalten (chemische Industrie).

Durch Beigabe von Chemikalien können während der Vulkanisation Gase abgespalten werden, so daß *Schwammgummi* (unbegrenztes Aufblähen, große offene Zellen; saugfähige Schwämme, Badematten), *Moosgummi* (Aufblähen in Formen, kleinere Zellen mit glatter Haut) und *Zellgummi* (geschlossene, nicht saugfähige Zellen) entstehen. *Schaumgummi* erhält man aus Latex-Dispersionen, die durch mechanische Vorrichtungen schaumig geschlagen und vulkanisiert werden.

Nach dem Vulkanisieren können die Teile durch *Schleifen*, *Abstechen* und *Abschneiden* bearbeitet und durch *Kleben* mit oder ohne Druckanwendung zu größeren Teilen vereinigt werden.

Durch sachgemäße Lagerung (Schutz vor Licht, Wärme, Sauerstoff, Ozon, Feuchtigkeit und Dämpfen) kann Alterung weitgehend vermieden werden.

Weichgummi verwendet man zur Isolation von beweglichen Starkstrom- und Fernmeldeleitungen (Kupferdrähte müssen verzinnt sein, damit sich kein Schwefelkupfer bildet, das die Leiter zerstört), für Spielwaren, für Druck-, Zug-, Schub-, Torsions- und Biegefedern, elastische Lagerung von Motoren (mit Stahlteilen zusammenvulkanisiert), für Kupplungen, Flach-, Profil- und Manschettendichtungen, O-Ringe, Faltenbälge, Membranen, Lager (in Wasser oder wäßrigen Medien), Werkzeuge zum Umformen und Schneiden dünner Bleche, Beläge von Walzen in der Textil-, Papier-, Leder-, Kunststoff- und Blechveredlungsindustrie und im graphischen Gewerbe. *Weichgummi mit Gewebeeinlagen* verwendet man für Flach-, Rund- und Keilriemen, Schläuche, Förderbänder, Autoreifen und Ventilklappen.

Hartgummi wird als elektrischer Isolator (Durchschlagspannung 15 bis 30 kV/mm), für säurefeste Gefäße, medizinische Geräte, Rohrformstücke und Ventile der Chemieindustrie, Filterplatten usw. verwendet, wobei er neuerdings durch Kunststoffe ersetzt wird.

Wegen gleichmäßiger Vulkanisation sollen Gummiteile möglichst gleiche Wanddicken (bei einseitiger Beheizung bis 50 mm, bei zweiseitiger bis 100 mm), wegen der Kerbempfindlichkeit größere Abrundungsradien an einspringenden Ecken, und wegen des Ausformens sollen Formpreßteile leicht konisch und möglichst wenig hinterschnitten sein. Für Gewinde müssen Metallteile mit einvulkanisiert werden.

Altgummi kann nach Trennung von anderen Bestandteilen, Erweichen in Autoklaven und Auswaschen in NaOH unter Zusatz von Neugummi zu *Regeneratgummi* verarbeitet werden.

Guttapercha ist der eingetrocknete Milchsaft von im malaischen Archipel heimischen Bäumen und wird durch Einschneiden der Rinde gewonnen. Er ist sehr beständig gegen Ozon und Chemikalien, besitzt hohe Isolierfestigkeit, wird durch Erwärmen plastisch und muß nicht vulkanisiert werden. Er wird zur Isolation von Unterseekabeln, für Manschetten hydraulischer Pumpen und Pressen, Säurepumpen, Walzenüberzüge in Druckereien, Matrizen für Galvanoplastik usw. verwendet.

Balata ist der eingetrocknete Milchsaft eines im Orinokogebiet und Guayana heimischen Baumes. Es ist eine graubraune bis braunrote, lederartige Masse, die bei 40 °C bildsam wird, ohne von Luft und Licht beeinflußt zu werden. Verwendet wird er für Flachriemen, Matrizen der Galvanoplastik, chirurgische Geräte und andere.

1,24 Feuerfeste Baustoffe

Sie dienen zum Auskleiden von Öfen und Apparaten, die hohen Temperaturen ausgesetzt sind, und sollen feuerbeständig, schwer schmelzbar und schwer erweichbar, fest, raumbeständig, widerstandsfähig gegen Temperaturwechsel und physikalische und chemische Einflüsse sein.

Die feuerfesten Baustoffe bestehen aus den Grundstoffen Siliziumdioxid SiO_2 (Schmelzpunkt 1710 °C), Tonerde Al_2O_3 (2050 °C), Kalziumoxid CaO (2570 °C), Magnesiumoxid MgO (2642 °C), Kohlenstoff und anderen. Durch Verunreinigungen wird im allgemeinen der Schmelzpunkt herabgesetzt. Den Erweichungspunkt stellt man mit Hilfe der *Segerkegel* fest. Es sind dies kleine dreiseitige Pyramiden aus verschiedenen Baustoffen, die entsprechend ihrer Erweichungstemperatur numeriert sind.

Segerk. Nr.	42	40	38	36	34	32	30	28	26	20	18
Temp. °C	2000	1920	1850	1790	1750	1710	1670	1630	1580	1530	1500

Aus den zu untersuchenden Baustoffen stellt man ebenfalls Kegel her und erhitzt sie gemeinsam mit mehreren Segerkegeln im elektrischen Ofen, bis ihre Spitze die Unterlage berührt.

Schamottesteine bestehen aus feingemahlenem, gebranntem und ungebranntem Ton (32 bis 44% Al_2O_3, bis 3% FeO, Rest SiO_2) und werden gebrannt. Segerkegel 30 bis 34. Verwendung zum Ausmauern von Hochöfen, Winderhitzern, Dampfkesselfeuerungen, Pfannen für Roheisen und Stahl, Rekuperatoren, Glühöfen, Kupolöfen, Unterofen und Gitterwerke von SM-Öfen usw.

Silikasteine (über 95% SiO_2) werden aus Quarzsand, Sandsteinen, Felsquarzit und Findlingsquarzit hergestellt. SK 32 bis 34. Sie dürfen nicht mit basischen Schlacken in Berührung kommen und werden für Koksöfen, saure Elektroschmelz- und SM-Öfen, Walzwerksöfen usw. verwendet. Im Gegensatz zu Schamottesteinen können Silikasteine bis dicht unterhalb ihres Schmelzpunktes beansprucht werden.

Sillimanitsteine (33% SiO_2, 65% Al_2O_3), SK 38, sind raumbeständig und schwindungsfrei und besitzen gute Wärmeleitfähigkeit und Temperaturwechselbeständigkeit.

Magnesitsteine (85 bis 99% MgO) werden aus Magnesit, $MgCO_3$ (Fundorte Radenthein, Veitschalpe, . . .), gebrannt und unter hohem Druck zu Steinen verpreßt. Über SK 42. Sie besitzen größere Wärmeausdehnung und sind sehr beständig gegen basische Schlacken und finden für hochbeanspruchte Stellen in SM-Öfen, Zementdrehöfen, basische Kupolöfen, Roheisenmischer usw. Verwendung.

Korundsteine (über 90% Al_2O_3) werden aus natürlichem oder Elektrokorund hergestellt. SK 37 bis 42. Sie besitzen hohe Temperaturwechselfestigkeit, sind unempfindlich gegen Eisenoxid und werden für Elektroofendeckel und Metallschmelzöfen verwendet.

Dolomitsteine werden aus Dolomit ($MgCO_3 \cdot CaCO_3$), der in Gebirgen unbegrenzt zur Verfügung steht, gewonnen, gebrannt und meist mit Teerzusatz zu Steinen verpreßt. Diese sind nicht lagerfähig (CaO nimmt CO_2 und H_2O aus der Luft auf) und werden für Thomaskonverter und Martinöfen verwendet.

Chromerzsteine werden aus gemahlenem Chromerz ($FeO \cdot Cr_2O_3$) mit feuerfestem Ton, Magnesit oder organischen Bindemitteln als Zusatz geformt und gebrannt. Sie besitzen gute Schlackenbeständigkeit gegen saure und basische Schlacken und werden als neutrale Trennschichten zwischen Steinen, die miteinander reagieren, vermauert.

Chrommagnesitsteine bestehen aus 50 bis 80% Chromerz und 20 bis 50% Magnesit, besitzen gute Temperaturwechselbeständigkeit und Schlackenbeständigkeit, SK 42, und werden für SM-Öfen verwendet.

Kohlenstoffsteine werden aus aschearmem Koks und Teer als Bindemittel gestampft und bei reduzierender Atmosphäre gebrannt. Sie sind unschmelzbar, besitzen höchste Schlackenbeständigkeit, dürfen nicht mit oxydierenden Stoffen in Berührung kommen und werden für Boden, Rast und Gestell von Hochöfen verwendet.

Siliziumkarbidsteine (50 bis 90% SiC) werden aus künstlichem SiC und Ton gebrannt und gepreßt. Sie besitzen sehr gute Wärmeleitfähigkeit, gute Temperaturwechselbeständigkeit, SK 42, und werden in reduzierender Atmosphäre für Muffeln, Tiegel und Retorten verwendet.

Zirkonsteine (aus Zirkonsilikat oder ZrO_2, Schmelzpunkt 2700 °C), *Berylliumoxid* (BeO über 2500 °C), *Thoriumoxid* (ThO_2 über 3000 °C) werden nur für Sonderzwecke verwendet.

Alle feuerfesten Steine werden mit einem Mörtel vermauert, der dieselbe Zusammensetzung wie die Steine hat und mit Wasser zu einem Brei angerührt wird. An Stelle einer Ausmauerung tritt häufig ein Ausstampfen mit den feuerfesten Stoffen.

1,25 Die Brennstoffe [1]

Brennstoffe sind brennbare Stoffe, deren gebundene Wärme wirtschaftlich verwendet werden kann. Sie bestehen aus einem Gemenge von Kohlenstoffverbindungen und enthalten an brennbaren Elementen hauptsächlich Kohlenstoff, Wasserstoff und Schwefel.

Man unterscheidet *natürliche* Brennstoffe (Holz, Braun- und Steinkohle, Torf, Erdöl, Erdgas, . . .) und *künstliche* Brennstoffe (Koks, Holzkohle, Briketts, Destillationsprodukte von Kohlen und Erdöl, Leuchtgas, Gichtgas, Generatorgas, Wassergas, Azetylen, Propan, . . .), welche Haupt- oder Nebenerzeugnisse der Veredelung der natürlichen Brennstoffe sind. Sie können *fest*, *flüssig* oder *gasförmig* sein.

1,251 Allgemeines

Heizwert ist diejenige Wärmemenge (kJ), welche bei vollständiger Verbrennung von 1 kg oder 1 m³ eines Brennstoffes frei wird.

Der *untere Heizwert* H_u ist diejenige Wärmemenge, welche frei wird, wenn die Verbrennungsgase eine höhere Temperatur als 100° besitzen. Er ist für die meisten technischen Verbrennungsvorgänge maßgebend (Verbrennungsmotoren, Feuerungen, . . .).

Der *obere Heizwert* H_o ist diejenige Wärmemenge, welche frei wird, wenn die Verbrennungsgase auf die Ausgangstemperatur abgekühlt werden, das Wasser sich also im flüssigen Zustand befindet. Angenähert ist:

$$H_u = H_o - 2512\,w \quad (\text{kJ}), \quad w = \text{Wassergehalt.}$$

[1] Gumz, W.: Handbuch der Brennstoffe und Feuerungstechnik. Berlin-Göttingen-Heidelberg: Springer. 1953. — Kothny, E.: Die Brennstoffe (Werkstattbücher, Heft 32). Berlin-Göttingen-Heidelberg: Springer. 1953. — DIN 1340: Brennbare Gase.

Als *Verbrennungstemperatur* bezeichnet man diejenige theoretische Grenztemperatur, welche bei der Verbrennung ohne Wärmeabgabe an die Umgebung erreicht werden kann. Bei der Verbrennung mit Luft beträgt diese bei Wasserstoff $2045°$, CO $2100°$, CH_4 $1875°$, C_2H_6 $1895°$, C_3H_8 $1925°$, Stadtgas $1918°$, C_2H_2 $3100°$, ...

1,252 Feste Brennstoffe

Die natürlichen festen Brennstoffe sind Holz, Torf, Braun- und Steinkohle. Sie bestehen aus dem Reinbrennstoff, dem Wassergehalt und den mineralischen oder anorganischen Bestandteilen (Aschen). Der *Reinbrennstoff* besteht aus O_2^--, H_2^--, S^-- und N_2^--haltigen Kohlenstoffverbindungen. Mit steigendem geologischem Alter fällt ihr Gehalt an flüchtigen Bestandteilen. Beim *Wassergehalt* unterscheidet man zwischen der hygroskopischen Feuchtigkeit (kolloid gebundenes Wasser) und der groben Feuchtigkeit (Feuchtigkeit des frisch geförderten Brennstoffes). Die *mineralischen Bestandteile* (Ton, Kieselsäure, Silikate des Fe, Ca, Mg, Phosphate, Sulfate, ..., das anhaftende taube Gestein) bleiben bei der Verbrennung als Asche zurück. Organisch gebundener und Pyritschwefel verbrennen zu SO_2, während der Sulfatschwefel in der Asche zurückbleibt. Werden die Abgase unter die Kondensationstemperatur von SO_2 abgekühlt, so bewirken sie Korrosionen. Wird der Brennstoff für metallurgische Zwecke verwendet, so wird der flüchtige unverbrannte *Schwefel* von der metallischen Schmelze oder dem metallischen festen Einsatz teilweise aufgenommen, wodurch ihre Güte verschlechtert wird. Kommt der Brennstoff wie im Hochofen und Kupolofen mit dem metallischen Einsatz unmittelbar in Berührung, so ist der ganze Schwefelgehalt von Bedeutung.

Holz von Nadel- und Laubbäumen besteht im lufttrockenen Zustand aus etwa 15% Wasser, 50% Zellulose, 35% Lignin und geringen Mengen von Fetten, Harzen und Zucker. Vollkommen trockenes Holz besitzt einen Heizwert von 10 400 bis 16 600 kJ/kg, entzündet sich bei 220 bis $300°$ und enthält 70 bis 78% flüchtige Bestandteile.

Holzkohle entsteht bei Schwelung (trockene Destillation, Verkohlung) des Holzes bei rund $400°$. Diese erfolgt in Meilern oder Retorten. In letzteren ist die Gewinnung der Nebenprodukte Holzessig, -geist, -teer, ... möglich, die bei der Verkohlung in Meilern verlorengehen. Holzkohle ist porös, leicht $(0,2 \ldots 0,4 \text{ kg/dm}^3)$, enthält etwa 81% C, 4% H, 14% (O + N) und 1% Asche. Sie ist schwefelfrei bei einem Heizwert von über 29 300 kJ/kg. Sie findet Verwendung beim Holzkohlenhochofen, als Reduktionsmittel für Elektrohoch- und -niederschachtöfen, zur Heizung von Schmiedefeuern, Lötöfen, zum Einsetzen und Rückkohlen des Stahles, zur Durchführung chemischer Reaktionen, ...

Torf entsteht durch Zersetzung von Pflanzen unter Wasser durch Gärung, Inkohlung und Fäulnis unter Mitwirkung von Bakterien. Nach dem Grad der Inkohlung unterscheidet man *Faser*torf (oberste Schicht der Torflager, gelbbraun), *Sumpf*torf (mittlere Schicht, braun) und *Pech*torf (unterste Schicht, schwarz). Der Torf wird von Hand oder durch Bagger ausgehoben und an der Luft getrocknet. Dadurch kann der Wassergehalt von 90% auf 20% herabgesetzt werden. Wegen seines geringen Heizwertes hat er nur örtliche Bedeutung.

Torfkoks ist der Hauptbestandteil der Verschwelung des Torfes, die an der Gewinnungsstelle erfolgt. Als Nebenprodukt entsteht der Torfteer.

Braunkohle stellt die nächste Stufe der Inkohlung der Pflanzen nach dem Torfe dar. Sie gibt auf unglasiertem Porzellan einen braunen Strich und färbt zum Unterschied von Steinkohle heiße Natronlauge braun. Sie wird im Tag- und Bergbau gewonnen. Heizwert und Zusammensetzung schwanken stark. Braunkohle enthält bis zu 60% Grubenfeuchtigkeit, die beim Trocknen auf 15 bis 30% zurückgeht. Sie wird zur Entgasung, Vergasung, als Brennstoff und zur Krafterzeugung verwendet. Wegen der hohen Transportkosten werden die Kraftwerke an den großen Fundstätten errichtet. In Österreich findet sich Braunkohle in Steiermark (Wies-Eibiswald, Köflach-Voitsberg, Gamlitz-Ehrenhausen, Göriach, Ilz), Kärnten (Lavanttal), Oberösterreich (Hausruck), Salzburg (Ostermiething), Niederösterreich (Langau bei Geras, Leiding bei Pitten, Hart bei Gloggnitz, Zillingsdorf, . . .) und Burgenland (Neufeld, Pöttsching, Ritzing).

Braunkohlenbriketts entstehen durch Brikettieren der wasserreichen und der Kleinkohlen der wasserarmen Braunkohlen. Bei letzteren wird mit Pechzusatz gearbeitet. Verwendung finden das Salonformat (Hausbrand) etwa $183 \times 60 \times 40$ mm, 500 g und das Rundformat (Industrie) etwa 60×40 mm, 170 g. Heizwert rd. 20 000 kJ/kg.

Braunkohlenstaub wird durch Mahlen getrockneter Rohbraunkohle (höchstens 20% Feuchtigkeit) erzeugt. Er verhält sich nahezu wie ein flüssiger oder gasförmiger Brennstoff und kann fast mit nur der theoretischen Luftmenge vollständig und vollkommen verbrannt werden, wodurch höhere Flammentemperaturen und besserer Wirkungsgrad erzielt werden.

Grudekoks ist das Endprodukt der Braunkohlenschwelerei, mit den Nebenprodukten Braunkohlenschwelteer (Urteer), -gas und -wasser. Er wird in Hausbrandanlagen und Kohlenstaubfeuerungen verwendet und wird in feinkörniger und in stückiger Form (Brikettverschwelung) gewonnen. Verwendet werden kontinuierlich arbeitende Schachtöfen, sogenannte Rollöfen.

Steinkohle stellt die älteste fossile Kohle dar und bildet das Endprodukt der Inkohlung der Pflanzen. Da der Inkohlungsvorgang in einem Abbau von Wasserstoff und Sauerstoff der Pflanzen besteht, sind die ältesten Kohlen (Anthrazit) am kohlenstoffreichsten und ergeben die größte Koksausbeute. Die größten Steinkohlenvorkommen liegen in USA, Rußland, China, England, Nordfrankreich, Belgien, Oberschlesien, Saargebiet, ... In Österreich findet sie sich in Lunz und Schrambach bei Lilienfeld (Trias), Gresten, Hinterholz und Pechgraben bei Großraming (Lias) und Grünbach am Schneeberg (obere Kreide).

Nach dem Inkohlungsgrad (Anteil an flüchtigen Bestandteilen) unterscheidet man Flammkohlen (über 40%), Gasflammkohlen (32 bis 40%), Gaskohlen (26 bis 36%), Fettkohlen (18 bis 26%), Eßkohlen (15 bis 19%), Magerkohlen (10 bis 15%) und Anthrazit (unter 10%). Mit steigendem C-Gehalt und spezifischem Gewicht sinkt die Menge der flüchtigen Bestandteile und die Flammenlänge. Hauptbestandteile der Kohle sind Glanzkohle (Vitrit), Mattkohle (Durit) und Faserkohle (Fusit). An der Luft erleidet die Kohle einen Lagerverlust durch Oxydation. In dicken Schichten von 2 bis 3 m kann Selbstzündung eintreten. Nach der Stückgröße unterscheidet man Stückkohle über 80 mm, Nußkohle I 50 bis 80 mm, II 30 bis 50, III 18 bis 30, IV 10 bis 18, V 6 bis 10 mm, Feinkohle unter 10 mm und Staubkohle unter 0,5 mm. Steinkohle wird verwendet für den Hausbrand, zur Feuerung von Lokomotiven (Magerkohle), Leuchtgaserzeugung (Gaskohle), Hüttenkokserzeugung (Kokskohle, . . .).

Steinkohlenbriketts entstehen durch Brikettieren der Feinkohlen unter Zugabe von Steinkohlenpech (5 bis 10%) bei Drücken von 200 bis 300 bar. Verwendet werden Vollbriketts 1, 3, 5 und 10 kg, Würfelbriketts 450 g, Eierbriketts 70, 100 und 150 g und Nußbriketts 15, 40 und 50 g. Sie eignen sich zum Betrieb aller Feuerungsstätten und zur Vergasung.

Steinkohlenstaub wird durch Vermahlung von Staub- und Feinkohlen erzeugt und bietet dieselben Vorteile wie Braunkohlenstaub. Er wurde auch zum Betrieb des Kohlenstaubmotors verwendet.

Halb- oder *Schwelkoks* ist der Rückstand der Steinkohlenschwelung. Unter Schwelung versteht man die Entgasung bituminöser Brennstoffe bei 500 bis 650°. Diese erfolgt in Drehrostgeneratoren mit aufgesetztem Schwelschacht. Weitere Produkte der Schwelung sind Schwelgase und Urteer. Man bezeichnet sie auch als Halb- oder Tieftemperaturverkokung. Ausgangsprodukte sind nicht- oder nur wenig backende Steinkohlen. Schwelkoks wird im Hausbrand, für metallurgische Zwecke, als Generatorbrennstoff, für Kohlenstaubfeuerungen, . . . verwendet. Er kann auch brikettiert werden.

Gaskoks ist das feste Nebenprodukt der Hochtemperaturentgasung oder Verkokung der Gaskohle (Hauptprodukt ist das Leucht- oder Stadtgas). Es ist stark porös (350 bis 450 kg/m³). Die Entgasung erfolgt in Retorten- oder Kammeröfen bei 1250 bis 1300°. Die Kammern werden durch Generator- oder Gichtgas beheizt. Man unterscheidet Nußkoks

I 50 bis 80 mm, II 30 bis 50 mm, Perlkoks 10 bis 30 mm und Koksgrieß unter 10 mm. Gaskoks wird hauptsächlich für den Hausbrand verwendet.

Hüttenkoks ist das Haupterzeugnis der Verkokung oder Hochtemperaturentgasung der Kokskohle (bei 1000 bis 1200°). Man unterscheidet den *Hochofen-* und den *Gießerei*koks. Seine Farbe ist schwarz und glanzlos oder hellgrau bis silberglänzend, seine Entzündungstemperatur beträgt etwa 750°. Er ist nicht hygroskopisch und enthält als Stückkoks 0,5 bis 2%, als Feinkoks 10% Wasser. Als Koksöfen verwendet man Rekuperativ- oder Abhitzeöfen, Regenerativöfen und Verbundöfen mit Generator- oder Gichtgasheizung. Man unterscheidet Großkoks über 90 mm, Brechkoks I 60 bis 90 mm, II 40 bis 60 mm, III 20 bis 40 mm, IV 10 bis 20 mm und Koksgrus unter 10 mm. Hüttenkoks wird beim Hochofenprozeß, beim Kupolofen usw. verwendet.

1,253 Flüssige Brennstoffe

Sie besitzen hohen Heizwert, hinterlassen beim Verbrennen keine Rückstände, sind nahezu schwefelfrei, leicht entzündbar und durch Luft oder Dampf zerstäubbar, einfach zu befördern (Pumpen), lassen sich leicht einlagern (Tanks, Fässer, gute Raumausnutzung), ihre Verbrennung kann vollständig mit geringem Luftüberschuß erfolgen, ergeben kurze Anheizzeiten und rasche Anpassung an wechselnde Betriebsverhältnisse. Ihr Hauptbestandteil ist Kohlenstoff bei höherem Wasserstoffgehalt und fast völligem Fehlen von Sauerstoff. Verwendet werden sie für ortsfeste Feuerungen, Kraftfahrzeuge, Flugzeuge und Schiffe.

Erdöl, Rohpetroleum oder *Naphtha* ist der einzige natürliche flüssige Brennstoff. Es ist eine weingelbe bis pechschwarze, grün fluoreszierende Flüssigkeit, die ein Gemenge von flüssigen Kohlenwasserstoffen (Paraffine, Naphthene, aromatische und zyklische Kohlenwasserstoffe) ist, in welchem noch feste Stoffe (Paraffin, Asphalt, . . .) gelöst sind. Es verdankt seinen Ursprung der Druckzersetzung organischer, pflanzlicher und tierischer Fette, Wachse und Eiweißstoffe, die vorwiegend aus riesigen Planktonablagerungen stammen. Da sich leicht flüchtige Kohlenwasserstoffe abspalteten, steht das Erdöl unter Druck und tritt beim Anbohren des Lagers als Springquell zutage. Bei manchen Erdöllagern muß es jedoch herausgepumpt werden. Nur selten wird es durch bergmännischen Abbau von Ölsanden gewonnen. Erdöllager finden sich im Tertiär in Kalifornien, Rußland, Vorderasien, Indien, Venezuela, Trinidad, Galizien, Rumänien, Österreich, . . . in Kreide in Texas, Mexiko, Kolumbien und im Karbon, Devon und Silur in Texas, Pennsylvanien, Kansas, Kanada, . . .

Seine Dichte schwankt zwischen 0,8 und 0,9 kg/dm³, sein Heizwert von 42 000 bis 48 000 kJ/kg. Das geförderte Erdöl ist durch Sand,

Schmutz und Wasser verunreinigt, welche an Ort und Stelle durch Absetzen entfernt werden. Mit Kesselwagen oder eisernen Rohrleitungen wird es zu Raffinerien oder Tankdampfern befördert. Die weitere Aufarbeitung[1] richtet sich nach der Zusammensetzung des Erdöls und besteht in einer Zerlegung durch Destillation in großen eisernen Kesseln oder Röhrenerhitzern und anschließender Fraktionierung in Kolonnen, einer chemischen Raffination der Destillate und gegebenenfalls nochmaliger Reinigung durch Destillation. Bei der Destillation entstehen gasförmige, flüssige und feste Produkte (Rückstände). Die erhaltenen Fraktionen mit verschiedenen Siedegrenzen sind nicht einzelne chemische Verbindungen, sondern Gemische von solchen. Zur Erhöhung ihrer Reinheit und Beständigkeit müssen sie noch raffiniert werden. Bei der chemischen Raffination verwendet man konzentrierte Schwefelsäure, an die sich eine Behandlung mit konzentrierter Natronlauge schließt, deren Rest durch Wasser entfernt wird. Zur Aufhellung und Beseitigung unangenehmer Gerüche werden dann die Fraktionen durch Bleicherde filtriert. Die einzelnen Fraktionen sind:

Benzin oder *Leichtöl*, zwischen 40 und 150° siedend, Flammpunkt unter 0°, mit den Sorten Gasolin I (Fliegerbenzin, Luftgaserzeugung), Gasolin II (Putzmittel, Fliegerbenzin), Luxusbenzin, Autobenzin, Motorenbenzin, Handelsbenzin, Waschbenzin (Ligroin), Schwerbenzin (Lackbenzin), . . . Wegen des niedrigen Flammpunktes ist es sehr feuergefährlich. Für seine Bewertung als Treibstoff ist seine Oktanzahl (Klopffestigkeit) von Bedeutung. Die Ziffer gibt die Volumsprozente Isooktan einer Mischung mit Normalheptan an, die die gleiche Klopffestigkeit wie das untersuchte Benzin aufweist. Die Klopffestigkeit kann durch Zusätze von Bleitetraäthyl, Eisenkarbonyl, . . . verbessert werden.

Petroleum oder *Leuchtöl* siedet von 160 bis 260°, Flammpunkt 25 bis 33°.

Gasöl, Treiböl, Schmieröl sieden von 260 bis 350°. Gasöl diente früher zur Herstellung von Ölgas, heute ebenso wie das Treiböl zum Betrieb der Dieselmotoren.

Heizöl, Masut, Asphalt bilden eine schwarzbraune Flüssigkeit, die auch bei niederen Temperaturen nicht erstarrt. Die asphalthaltigen Rückstände werden im Straßenbau, zur Dachpappenerzeugung und für Isolationszwecke verwendet. Asphaltarme Rohöle werden meist auf Petrolkoks destilliert, der sehr aschenarm ist und zur Erzeugung von Elektroden dient.

Bei den *Krack-(Spalt-)Verfahren* werden aus höher siedenden Anteilen des Erdöls durch thermische Zersetzung nieder siedende gewon-

---

[1] Riediger, B.: Der heutige Stand der Erdölverarbeitung. Teil I: Die Rohöldestillation und die Krackverfahren. Z. VDI *1958*, 617—629; Teil II: 763—771; Teil III: 853—863.

nen. Dabei werden Verbindungen mit langen Kohlenstoffketten in solche
mit kurzen Ketten aufgespalten. Man unterscheidet:

Druckdestillation bei 50 bis 80 bar und höheren Drücken,

Kracken in Gegenwart von Katalysatoren (wasserfreies Aluminium-
chlorid, Eisenverbindungen, Ni, . . .) und

Hochdruckhydrierung der Kohle nach Bergius.

Der Prozeß wird in kontinuierlichem Verfahren in einem Röhren-
system durchgeführt, das sich in einem Ofen befindet, in dem Temperaturen von 470 bis 500° sehr genau eingehalten werden müssen. Die
Spaltverfahren liefern heute bereits mehr als die Hälfte der gesamten
Benzinerzeugung. Die erhaltenen Benzine sind klopffester als die destil-
lierten.

Destillate aus Ölschiefer. Ölschiefer sind Gesteine, die bei einer
Ölausbeute über 10% abdestilliert werden.

Braunkohlenschwelteer und seine Destillate (Urteer) entstehen bei der
Schwelung der Braunkohle und sind ausgezeichnete Rohstoffe für die
Erzeugung von Hydrierölen.

Steinkohlenteer und seine Destillate (Höchsttemperaturteer) werden
als Nebenprodukt bei der Herstellung von Leuchtgas und Hüttenkoks
gewonnen. Er wird für Straßenteerung und Dachpappe verwendet,
hauptsächlich jedoch durch fraktionierte Destillation zu *Leicht-*, *Mittel-*,
Schwer- und *Anthrazenöl* verarbeitet. Der Teer ist eine ölige, dickflüssige,
übelriechende, durch ausgeschiedenen Kohlenstoff schwarz gefärbte
Masse, in der zahlreiche Verbindungen vorkommen, die von großer
chemischer Bedeutung sind. *Naphthalin* wird als Brennstoff in Motoren
und Ölfeuerungen, zur Konservierung von Pelzen, Herstellung von
Farben und chemischen Präparaten verwendet. *Phenol* und *Kresol*
werden als Desinfektionsmittel und zur Herstellung von Kunstharzen
verwendet. *Treiböl* dient zum Betrieb von Dieselmotoren, *Teeröl* zur
Imprägnierung von Holz in Druckkesseln (eine Kiefern- oder Buchen-
holzschwelle nimmt 35 bis 40 kg Teeröl auf). *Karbolineum* besteht aus
schweren Teerölen oder Anthrazenölen und dient zur Holzkonservierung.
Das *Pech* (Rückstände) wird als Hartpech zum Brikettieren von Steinkohlenstaub, in Teeröl gelöst als Eisen- und Dachlack, sowie zur Herstellung von Dachpappe verwendet.

Steinkohlenschwelteer (Tieftemperaturteer) und *seine Destillate* sind
Erzeugnisse der Tieftemperaturentgasung (Schwelung bei 500 bis 650°)
der jüngeren Steinkohlen, Gas- und Gasflammkohlen. Zum Unterschied
vom Hochtemperaturteer erhält er kein Naphthalin und Anthrazen. Der
Urteer ist in dünner Schicht goldbraun gefärbt. Er wird meist als Treibstoff oder Brennstoff für Ölfeuerungen verwendet.

Hydrieröle sind sehr klopffeste Benzine, die nach dem Verfahren von
Bergius aus jüngeren Steinkohlen, Braunkohlen, Torf, Pech, Teer,

Erdöl und Erdölrückständen gewonnen werden. Ein Öl-Kohle-Brei wird in Anwesenheit von Wolfram- und Molybdänsulfiden als Katalysator bei 200 bar und 460 °C mit Wasserstoff hydrierend gespalten (Wasserstoff wird angelagert und die großen kohlenstoffreichen Moleküle werden in kleinere zerlegt).

Synthetische Öle werden nach dem Verfahren von Fischer und Tropsch bei Atmosphärendruck und 180 bis 200° hergestellt. Dabei werden Koks oder Braunkohle in Wassergas ($H_2 : CO = 1 : 2$) übergeführt, in Gasreinigern vom Schwefel befreit und den mit festen Katalysatoren (Co, Fe, Ni, Cu mit Oxiden des Cr, Zn, Mg) versehenen Reaktionskammern (Kontaktöfen) zugeführt.

Spiritus, *Weingeist* [wasserhaltiger Äthylalkohol $C_2H_5(OH)$] wird durch Vergären zuckerhaltiger Stoffe (Melasse, Zuckerrüben, Zuckerrohr, Obst, Sulfitzellulose) oder stärkehaltiger Stoffe (Kartoffel, Roggen, Weizen, Gerste, Reis, Mais), bei denen der Vergärung eine Umwandlung der Stärke in Zucker vorangeht, gewonnen. Für die Zumischung des Alkohols zu Benzin oder Benzol als Motortreibstoff muß der Alkohol wasserfrei sein, was nur durch besondere technische Verfahren zu erzielen ist.

1,254 Gasförmige Brennstoffe

Diese verbrennen ohne Asche, lassen sich leicht mit Luft mischen, erfordern einen sehr geringen Luftüberschuß und ergeben daher geringe Rauchgasmengen und hohe Verbrennungstemperaturen, welche durch Vorwärmen der Heizgase und der Verbrennungsluft noch weiter erhöht werden können. Die Flamme kann leicht oxydierend, neutral oder reduzierend eingestellt werden. Durch Ausschalten von Feuchtigkeit und Asche können auch minderwertige Brennstoffe, nach der Umwandlung in gasförmige, Verwendung finden.

In der Natur findet sich *trockenes Erdgas*, das vorwiegend Methan (CH_4) enthält und einen Heizwert von 29000 bis 38000 kJ/m³ besitzt, und *nasses Erdgas*, das noch Äthan, Propan, Butan, ... enthält und einen Heizwert von 29000 bis 62000 kJ/m³ besitzt. Erdgas ist hauptsächlich in Erdöl- und Ölschiefergebieten anzutreffen und wird durch Erdgasleitungen der Verwendung zugeführt.

Kaltluftgase entstehen durch Beladen von Luft mit Dämpfen flüssiger Brennstoffe (Benzin, Benzol) bei mäßigen Temperaturen.

Spaltgase (Ölgas, Fettgas, Blasengas) entstehen durch Überhitzen von Öl- oder Urteerdämpfen unter Luftabschluß.

Reichgase entstehen durch Entgasung (Erhitzen unter Luftabschluß) fester Brennstoffe: *Schwelgase* (Holz-, Torf-, Braunkohlen-, Steinkohlen- und Schieferschwelgase) entstehen bei Temperaturen unterhalb der Rotglut (meist 450 bis 550°). *Destillationsgase* (Holz-, Torf-, Braunkohlen-,

Koksofen-, Leuchtgas) entstehen bei Temperaturen oberhalb der Rotglut. *Leucht-* oder *Stadtgas* ist das Hauptprodukt der Gaserzeugung,
Koksofengas das Nebenprodukt der Hüttenkokserzeugung. Sie werden
verwendet zum Betrieb von gewerblichen und industriellen Öfen und
Feuerungen, zum Autogenschweißen, -schneiden und -löten und im
verdichteten Zustand als Treibstoff für Kraftfahrzeuge.

Vollgase bestehen nahezu vollständig aus brennbaren Bestandteilen
und werden durch Vergasung der festen Brennstoffe gewonnen. *Wassergas*
entsteht durch Einblasen von Dampf in eine hocherhitzte Brennstoff-
schicht (Koks oder gasarmer Brennstoff). *Kohlenwassergas* entsteht im
Wassergasbetrieb als Gemisch von Wassergas mit Schwelgas. *Oxigase*
entstehen beim Einblasen von Wasserdampf, der mit einer bestimmten
Menge von Sauerstoff versehen ist.

Schwachgase besitzen unter 50% brennbare Bestandteile und entstehen durch Vergasen fester Brennstoffe. *Gichtgas* entweicht der Gicht
des Hochofens und enthält außer Stickstoff, CO und CO_2. Es wird zur
Heizung von Koksöfen, Dampfkesseln, Winderhitzern, gemischt mit
Koksofengas für Siemens-Martin-Öfen und zur Krafterzeugung in Gas-
maschinen verwendet. Es fällt in so großer Menge an, daß sowohl der
Kraft- und Wärmebedarf der Hochofenwerke und der der angeschlossenen Stahl- und Walzwerke gedeckt werden kann. *Generatorgas* entsteht
bei Vergasung eines Brennstoffes unter Zufuhr von Luft (Luftgas) oder
Luft und Dampf (Mischgas). Das Luftgas wird in einem unmittelbar an
die Feuerstelle angebauten Generator erzeugt, um die freie Wärme des
Gases auszunutzen. Das Mischgas besitzt einen höheren H_2-Gehalt und
einen höheren Heizwert (3300 bis 7500 kJ/m³).

Wasserstoff wird durch Elektrolyse von Wasser, durch Zersetzen von
Kalziumhydrid (CaH_2) mit Wasser oder Wasserdampf mit Metallen oder
technisch aus Wassergas und anderen Gasen gewonnen. Er wird in
Flaschen mit 40 l Wasserinhalt und einem Druck von 150 bar gespeichert
und zum autogenen Schweißen und Schneiden, zum Metallspritzen und
Löten als Brennstoff verwendet.

Azetylen wird durch Zersetzen von Kalziumkarbid mit Wasser
erzeugt: $CaC_2 + 2 H_2O = C_2H_2 + Ca(OH)_2$. Kalziumkarbid wird aus
Kalk und Kohle im elektrischen Ofen erzeugt. Wenn genügend Erdgas
zur Verfügung steht, kann Azetylen auch durch die Reaktion:
$2 CH_4 = C_2H_2 + 3 H_2$ bei 1300° erzeugt werden. Heizwert 58 500 kJ/m³.
Verwendet wird es zum autogenen Schweißen, Schneiden und Löten.

Propan, *Butan* und andere *Flüssiggase* werden entweder aus nassem
Erdgas, aus Destillations- oder Krackgasen, Koksofengas oder als Neben-
erzeugnis bei der Synthese von flüssigen Brennstoffen gewonnen. Sie
haben einen Heizwert von 92 000 bis 117 000 kJ/m³ und dienen als Heizgase oder zum Betrieb von Kraftfahrzeugen.

2. Die Werkstoffprüfung

Die Aufgabe der Werkstoffprüfung ist die Ermittlung der Werkstoffeigenschaften und der Ursachen von Brüchen an Konstruktionsteilen. Zur Werkstoffprüfung gehören Festigkeits- und Härteprüfungen, technologische Prüfverfahren, die metallographische Prüfung, die zerstörungsfreien und die chemischen Prüfverfahren.

2,1 Die Festigkeitsversuche (DIN 1602)

Die Festigkeitsprüfungen können *statisch* mit kleiner Formänderungsgeschwindigkeit (Zug-, Druck-, Biegeversuch, ...) und *dynamisch* mit großer Formänderungsgeschwindigkeit (Schlagbiege-, Dauerschwingversuche, ...) durchgeführt werden. Nach der Art der Kraftwirkung unterscheidet man Zug-, Druck-, Biege-, Verdreh-, Scher- und Knickversuche.

2,11 Der Zugversuch (DIN 50145, 50146)

Er wird bei zähen metallischen Werkstoffen bevorzugt angewendet. Die zu untersuchenden *Werkstücke* (Ketten, Seile, Drähte, ...) oder besondere *Probestäbe* werden in einer Prüfmaschine unter Beobachtung der auftretenden Kräfte solange gedehnt, bis sie zu Bruch gehen.

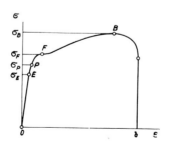

Abb. 91. Spannungs-Dehnungs-Schaubild

Für das Verhalten des Werkstoffes ist dabei das *Spannungs-Dehnungs-Schaubild* (Abb. 91, für weichen Stahl) maßgebend. In ihm

11*

wird als Abszisse die Dehnung und als Ordinate die jeweilige Spannung aufgetragen.

$$Spannung \ \sigma = \frac{\text{Belastung}}{\text{Anfangsquerschnitt der Probe}} = \frac{F}{A_0}.$$

$$Dehnung \ \varepsilon = \frac{\text{Verlängerung}}{\text{Meßlänge vor Versuchsbeginn}} = \frac{L - L_0}{L_0} = \frac{\Delta L}{L_0}.$$

$$L \ldots \text{Meßlänge unter Belastung}$$

Man unterscheidet elastische ε_{el} und bleibende (plastische) ε_{bl} Dehnungen. Die größte auftretende Spannung bezeichnet man als Zugfestigkeit σ_B.

$$\sigma_B = \frac{\text{Höchstlast}}{\text{Anfangsquerschnitt der Probe}} = \frac{F_{max}}{A_0}.$$

Bruchdehnung δ ist die am Zerreißstab ermittelte bleibende Dehnung.

$$\delta = \frac{\Delta L_B}{L_0} \cdot 100 \ (\%) \qquad \Delta L_B = L_B - L_0 \ldots \text{bleibende Verlängerung}$$

Sie wird durch Messen der Länge zwischen den Meßmarken des Probestabes ermittelt. Hiezu wird die gebrochene Probe wieder so zusammengefügt, daß die Achsen der beiden Bruchstücke eine Gerade bilden. Der Abstand des Bruches von der nächsten Endmarke soll wegen des Kopfeinflusses bei kurzen Proportionalstäben mindestens ein Drittel, bei langen mindestens ein Fünftel der Meßlänge nach dem Bruch betragen. Andernfalls darf bei Abnahmeversuchen der Versuch als ungültig angesehen und an einer neuen Probe wiederholt werden. Die Bruchdehnung ist nicht nur von der Art der Werkstoffe (zäh, spröde), sondern auch von der Meßlänge abhängig, da an der Stelle der Einschnürung die örtliche Dehnung sehr hoch ist. Sie ist bei kurzen Stäben größer als bei langen ($\delta_5 > \delta_{10}$).

Unter *Brucheinschnürung* ψ versteht man die bleibende Querschnittsänderung ΔA_B des Stabes nach dem Bruch bezogen auf den Anfangsquerschnitt A_0.

$$\psi = \frac{\Delta A_B}{A_0} \cdot 100 \ (\%) \qquad \begin{array}{l} \Delta A_B = A_0 - A_B \\ A_B \ldots \text{kleinster Querschnitt} \end{array}$$

Das Spannungs-Dehnungs-Schaubild kann mittels einer besonderen Einrichtung der Maschine aufgezeichnet oder punktweise ermittelt werden.

Anfänglich sind die Spannungen den Dehnungen proportional. Man bezeichnet die Spannung, bis zu welcher dieses *Hooke*sche Gesetz gilt, als *Proportionalitätsgrenze* σ_P.

Die Spannung an der *Elastizitätsgrenze* σ_E (DIN 50143) ist die Spannung, bis zu welcher nur elastische Dehnungen auftreten, die nach Aufhören der Belastung vollständig verschwinden. Als technische Elastizitätsgrenze wird die 0,01%-Dehngrenze $\sigma_{0,01}$ verwendet, das ist diejenige Spannung, bei welcher die bleibende Dehnung erstmalig einen Wert von 0,01% erreicht. Sie wird durch Feindehnungsmessungen mit dem *Spiegelgerät* von *Martens* ermittelt.

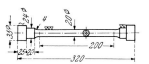  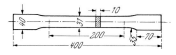

Ab. 92 bis 94. Proportionalstäbe

Spannung an der *Fließ-* σ_F, oder *Streckgrenze* σ_S, ist diejenige Spannung, bei welcher das Fließen (starke Vergrößerung der bleibenden Dehnung) beginnt. Sie ist nur bei weichen Stahlsorten deutlich (manchmal als obere σ_{So} und untere Streckgrenze σ_{Su}) ausgeprägt. Bei Proben mit Walzhaut macht sie sich durch Abblättern der spröden Zunderschicht, auf polierten Proben aus weichem Stahl durch Auftreten von Fließfiguren (*Lüders*sche Linien) bemerkbar. Bei Werkstoffen, die kein Fließen bei gleichbleibender Last bzw. bei Lastabfall zeigen, wird an ihrer Stelle die *0,2%-Dehngrenze* $\sigma_{0,2}$ verwendet (DIN 50144).

Bezieht man die Spannungen nicht auf den ursprünglichen, sondern auf den jeweiligen Querschnitt, so erhält man eine stetig ansteigende Linie für das Spannungs-Dehnungs-Schaubild. Die größte auftretende Spannung ist also tatsächlich im Augenblick des Bruches vorhanden. Aus praktischen Gründen bezieht man jedoch die Spannung stets auf den Ausgangsquerschnitt.

Die beim Zugversuch verwendeten *Probestäbe* sind meist *Proportionalstäbe* (Abb. 92, 93 und 94). Bei den *langen* Proportionalstäben beträgt die Meßlänge $L_0 = 10\,d$ bzw. $11,3\sqrt{A_0}$, bei den *kurzen* $L_0 = 5\,d$ bzw. $5,65\sqrt{A_0}$. Je nach der vorhandenen Einspannmöglichkeit werden die Probestabenden mit runden Köpfen (Abb. 92 und 101), mit Gewinden (Abb. 93 und 99) oder mit Verstärkungen versehen (Abb. 94). Um zusätzliche Biegebeanspruchungen zu vermeiden, sind die Einspanneinrichtungen der Prüfmaschinen so beschaffen, daß Bewegungsmöglichkeiten nach allen Seiten bestehen. Man erzielt dies durch *Gelenke, Schneiden* oder *Kugelflächen*. Abb. 101 zeigt die Einspannvorrichtung für Stäbe mit Köpfen. *a* und *b* sind die beiden Hälften eines Ringes, c besitzt eine kugelige Auflagefläche. *Flachstäbe* nach Abb. 94 werden durch *prismatische Keile* nach Abb. 96 eingespannt, deren Berührungsflächen aufgerauht oder mit Feilenhieb versehen sind. In vielen Fällen sind besondere Probestäbe vorgeschrieben (Abb. 99 Probestab für Grauguß).

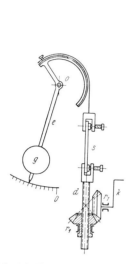

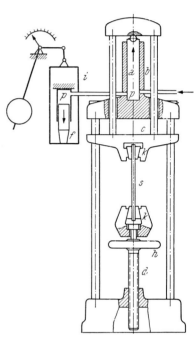

Abb. 95. Zugprüfmaschine mit mechanischen Antrieb. *d* Spindel, *e* Pendelstange, *g* Gewicht, *k* Kurbel, *o* Skale, r_1 Kegelräder, *s* Probestab

Abb. 96. Universalprüfmaschine mit hydraulischer Krafterzeugung. *a* Kolben, *b* Zylinder, *c* Querhaupt, *d* Spindel, *f* Meßkolben, *h* Handrad, *i* Rahmen, *k* Keile, *p* Meßzylinder, *s* Probestab

Zur Prüfung werden meist *Universal-Prüfmaschinen*[1], auf denen Zug-, Druck- und Biegeversuche ausgeführt werden können, verwendet (Abb. 96). Sie besitzen Einrichtungen zur Krafterzeugung und Kraftmessung. Zur *Krafterzeugung* wird mechanischer oder hydraulischer Antrieb angewendet. Der für kleine Kräfte bevorzugte *mechanische* Antrieb durch Spindel *d* und Mutter in r_1 (Abb. 95) hat den Vorteil,

---

[1] DIN 51220 Werkstoffprüfmaschinen. — DIN 51221 —, Bl. 1 Zugprüfmaschinen; allgemeine Anforderungen; Bl. 2 —; große Zugprüfmaschinen und Universalprüfmaschinen; Bl. 3 —; kleine Zugprüfmaschinen. — DIN 51300 Untersuchung von Werkstoffprüfmaschinen; allgemeines. — DIN 51301 —; Kraftmeßgeräte für statische Kräfte.

daß bestimmte Formänderungen beliebig lange aufrechterhalten werden können. Der für größere Kräfte angewendete *hydraulische* Antrieb (Abb. 96) besteht aus einem Zylinder *b*, in dem ein Kolben *a* durch Drucköl bewegt wird. Die Erzeugung des Druckes erfolgt durch eine Pumpe mit mehreren Kolben. Durch Handrad *h* und Spindel *d* können verschiedene Probestablängen eingestellt werden.

Die *Kraftmessung* kann bei hydraulischer Krafterzeugung durch Bestimmung des Flüssigkeitsdruckes mit einem *Röhrenfeder-* oder *Plattenfedermanometer* oder einem *Pendelmanometer* (Abb. 96) erfolgen. Bei diesem wird der Flüssigkeitsdruck durch Ausschlag eines Pendels

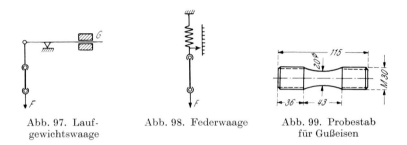

Abb. 97. Lauf-   Abb. 98. Federwaage   Abb. 99. Probestab
gewichtswaage   für Gußeisen

ermittelt. Der gehärtete, im Zylinder *p* eingeschliffene Meßkolben *f* wird durch einen besonderen Antrieb um seine eigene Achse gedreht, um die Reibung zu verringern. Durch Austauschen der Pendelgewichte können mehrere Meßbereiche eingestellt werden. Für kleine Kräfte finden die *Hebelwaage* (Abb. 105), die *Laufgewichtswaage* (Abb. 97) und die *Neigungswaage* (Abb. 95) Verwendung. Daneben finden sich noch *Blattfedern*, *Schraubenfedern* (Abb. 98 unabhängig von Lage und Aufstellung) und *hydraulische Meßdosen*. Das Neueste sind die *elektronischen* Kraftmeßeinrichtungen. Diese bestehen aus einem in die Maschine eingebauten elastischen Glied, dessen Verformung mit einer empfindlichen elektrischen Einrichtung gemessen wird. Bei den *Ohmschen* Kraftmeßeinrichtungen verwendet man *Dehnungsmeßstreifen*, das sind schleifenförmig gewundene Drähte, die auf einem Papier- oder Kunstharzstreifen befestigt sind. Sie werden auf einen Stahlstab oder Hohlzylinder geklebt, bei dessen Beanspruchung sich die Drähte elastisch verformen und ihren Widerstand ändern, so daß an der Meßdiagonalen einer Meßbrücke eine Spannung entsteht, welche nach Verstärkung gemessen wird.

Die *induktiven* und *kapazitiven* Kraftmeßeinrichtungen ergeben nur geringe Änderung der elektrischen und magnetischen Größen, so daß eine große Verstärkung erforderlich wird. Sie werden vor allem für rasch veränderliche Kräfte verwendet.

Zur Bestimmung kleiner Dehnungen verwendet man den *Spiegel-apparat* von *Martens* (Abb. 100, DIN 50107). Durch Klemmen werden zwei Meßfedern *b* mit Schneiden *c* gegen den Probestab *p* und zwei prismatische Schneiden *a* gedrückt. Um die räumliche Bewegung des Probestabes auszugleichen, mißt man an zwei gegenüberliegenden Seiten. Vergrößert sich bei Beanspruchung die Länge l_0 um Δl auf l, so drehen sich die Schneiden *a* in der Kerbe der Meßfedern und mit ihnen die auf der Schneidenachse sitzenden Spiegel *e*. Hat man vor der

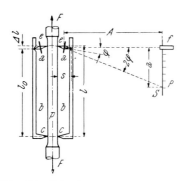

Abb. 100. Spiegelapparat von Martens.
a Schneiden, *b* Meßfedern mit
Schneiden *c*, *e* Spiegel, *f* Fernrohr,
p Probestab, *s* Skala

Abb. 101. Einspannvorrichtung für
Probestäbe mit Köpfen.
a, *b* Ringhälften, *c* Ring mit kugeliger
Auflage, *d* Probestab

Belastung des Stabes das Fadenkreuz des Fernrohres *f* mit dem Null-punkt 0 der Skala *S*, die seitlich neben dem Fernrohr angebracht ist, zur Deckung gebracht, so sieht man nach der Drehung der beiden Spiegel *e* den Punkt *P* der Skala im Fadenkreuz ($\overline{OP} = a$). Dreht sich der Spiegel um den Winkel φ, so ergibt sich nach dem Reflexionsgesetz (Einfallwinkel = Ausfallwinkel) und der Ähnlichkeit der Dreiecke für kleine Winkel φ:

$$\tan \varphi = \frac{\Delta l}{s} \sim \widehat{\varphi} \quad \tan 2\,\varphi = \frac{a}{A} \sim 2\,\widehat{\varphi} \quad \frac{a}{A} = \frac{2\,\Delta l}{s} \quad \Delta l = \frac{s \cdot a}{2\,A}.$$

Mit $s = 4{,}5$ mm, $A = 1125$ mm erzielt man eine 500fache Vergrößerung.

Mit dem Martens-Spiegelgerät und anderen mechanischen Deh-nungsmessern ist eine Aufzeichnung des Spannungsdehnungsschau-bildes nur punktweise möglich. Man hat daher elektronische Dehnungs-messer entwickelt, welche wie bei der elektronischen Kraftmessung beschrieben arbeiten.

Die *spezifische Formänderungsarbeit*, das ist die von 1 cm³ des Werkstoffes bis zum Bruch aufgenommene Arbeit, wird durch die

Fläche des Spannungs-Dehnungs-Schaubildes dargestellt. Werkstoffe mit kleiner Diagrammfläche (Gußeisen, gehärteter Stahl, ...) sind nicht in der Lage, eine nennenswerte Formänderungsarbeit aufzunehmen.

2,12 Der Druckversuch (DIN 50106)

Druckversuche werden mit Lagermetallen, Steinen, Holz und Beton auf Universalprüfmaschinen oder besonderen Druckprüfmaschinen[1] durchgeführt.

$$\textit{Druckfestigkeit } \sigma_{dB} = \frac{\text{Kraft beim Auftreten des ersten Anrisses}}{\text{Anfangsquerschnitt der Probe}} = \frac{F_B}{A_0}$$

Der Streckgrenze entspricht die *Quetschgrenze* σ_{dF}, der Dehnung die *Stauchung* ε_d und der Einschnürung die Ausbauchung ψ_d.

Die Behinderung der Formänderungen durch die Reibung an den Preßflächen führt bei zähen Werkstoffen zu einer Ausbauchung der Proben im mittleren Teil und bei spröden Werkstoffen zu einer Rutschkegelbildung. Durch Schmieren der Preßflächen und kegelige Ausbildung der Druckflächen sowie Vergrößerung der Probenhöhe versucht man den Einfluß der Reibung herabzusetzen.

2,13 Der Biegeversuch

Biegeversuche werden auf Universalprüfmaschinen oder besonderen Biegeprüfmaschinen[2] bei Gußeisen, Schweißverbindungen, Steinen, Holz und Kunststoffen durchgeführt, da bei zähen Werkstoffen kein Bruch eintritt.

$$\textit{Biegefestigkeit } \sigma_{bB} = \frac{\text{Biegemoment beim Bruch der Probe}}{\text{Widerstandsmoment des Anfangsquerschnittes}}$$

Proben für die Festigkeitsprüfung von Grauguß können getrennt gegossen, am Stück angegossen oder in Sonderfällen aus dem Gußstück selbst herausgearbeitet werden. Getrennt gegossene Probenstäbe sind aus der gleichen Gießpfannenfüllung zu gießen und sollen unter annähernd gleichen Bedingungen wie das Gußstück erstarren (Abmessungen entsprechend der Wanddicke nach DIN 50110 bzw. ÖNORM M 3191). Meist wird bei Grauguß auch die *Bruchdurchbiegung* f_B in der Mitte des Probestabes ermittelt.

---

[1] DIN 51223 Druckprüfmaschinen.
[2] DIN 51227 Biegeprüfmaschinen.

2,14 Der Schlagbiegeversuch (DIN 50115, 50116)

Dieser wird meist mit gekerbten Proben (Abb. 103: DVM-Probe) ausgeführt und dann als *Kerbschlagbiegeversuch* bezeichnet. Verwendung findet ein *Pendelschlagwerk*[1] (schematisch Abb. 102), bei dem ein Pendelhammer vom Gewicht G aus einer Höhe h mit seiner Schneide auf die Mitte der auf zwei Seiten abgestützten Probe fallengelassen

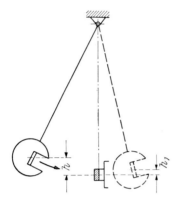

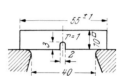

Abb. 102. Pendelschlagwerk   Abb. 103. DVM-Probe
                                     für Kerbschlagversuch

wird. Die Probe wird dabei durchschlagen und der Hammer steigt noch auf die Höhe h_1.

$$Kerbschlagbiegezähigkeit\ a_k = \frac{\text{Schlagarbeit}}{\text{Probenquerschnitt}} = \frac{G\,(h - h_1)}{A}.$$

Durch die Kerbe entsteht ein mehrachsiger Spannungszustand. Die Kerbschlagbiegezähigkeit von Stahl (Abb. 104) sinkt mit fallender Temperatur unstetig von einer *Hoch*lage (sehniger *Verformungs*bruch) zu einer *Tief*lage (körniger *Trenn*bruch). Bei anlaßspröden und nicht alterungsbeständigen Stählen tritt außer einer Erniedrigung von a_k noch eine Verschiebung des Steilabfalles zu hohen Temperaturen ein.

2,15 Der Zeitstandversuch (DIN 50118, 50119)

Bei *höheren* Prüf*temperaturen* tritt bei unveränderlicher ruhender Beanspruchung im plastischen Bereich keine Verfestigung, sondern eine ständige Weiterverformung auf, die man als *Kriechen* bezeichnet. Zur Feststellung der Beanspruchbarkeit eines Werkstoffes bei hohen

---

[1] DIN 51222 Pendelschlagwerke.

Temperaturen (Kessel, Turbinenschaufel) werden *Zeitstandversuche* durchgeführt.

DVM-Kriechgrenze σ_{DVM} (DIN 50117) ist ein im 45-Stunden-Kurzzeitversuch ermittelter Kennwert für das Zeitstandverhalten von Stahl

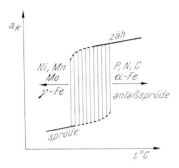

Abb. 104. Kerbschlagzähigkeit
von Stahl

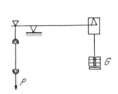

Abb. 105. Hebelwaage

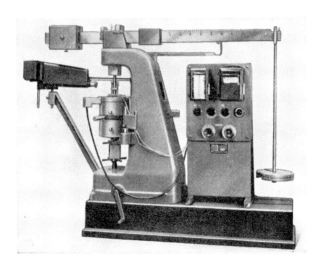

Abb. 106. Dauerstandprüfmaschine

und Stahlguß bei 350 bis 500 °C. Bei bestimmter Temperatur ist σ_{DVM} die Kriechgrenze für eine Kriechgeschwindigkeit von 0,001%/h in der 25. bis 35. Stunde, ohne daß die bleibende Dehnung nach 45 Stunden den Wert von 0,2% überschreitet. Zu ihrer Ermittlung werden mehrere Probestäbe auf gewichtsbelasteten Prüfmaschinen (Abb. 105 schematisch, 106), die meist eine elektrische Heizeinrichtung für den Probestab besitzen, mit fallender Beanspruchung belastet und die auftretenden Dehnungen mit dem Spiegelmeßgerät von Martens gemessen. Die gemessenen Werte werden in die *Zeitdehnlinie* Abb. 107 eingetragen. Man beginnt mit einer größeren Last, bei der der Probestab noch vor 45 Stunden zu Bruch geht (σ_3). Bei den folgenden Probestäben wird die Belastung solange herabgesetzt, bis die angegebene Dehngeschwindigkeit gerade erreicht wird. σ_1 ist dann σ_{DVM}. Meist sind fünf bis sechs Probestäbe erforderlich.

Bei höheren Temperaturen treten jedoch bei vielen Werkstoffen noch Brüche bei Belastungen auf, die noch unterhalb dieser DVM-Kriechgrenze liegen. Zur Ermittlung der *Dauerstandfestigkeit* (höchste

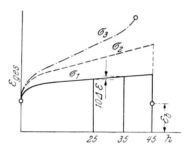

Abb. 107. Zeit-Dehnungs-Schaubild. σ_1 DVM-Kriechgrenze

ruhende Spannung, die unendlich lange ohne Bruch ertragen werden kann) sind *Langzeitversuche* erforderlich. *Zeitstandfestigkeit* (z. B. $\sigma_{B/10\,000} = 10\,000$ Stunden Zeitfestigkeit) bei bestimmter Temperatur ist die auf den Anfangsquerschnitt der Probe bezogene Belastung, die nach Ablauf der Belastungszeit (10 000 h) den Bruch der Probe hervorruft. *Zeitstandbruchdehnung* ist die dabei auftretende Bruchdehnung ($\delta_{5/10\,000}$). In vielen Fällen darf jedoch nur eine bestimmte Dehnung und kein Bruch auftreten. *Zeitdehngrenze* bei bestimmter Temperatur (z. B. $\sigma_{0,2/1000}$) ist die auf den Anfangsquerschnitt der Probe bezogene ruhende Spannung, die nach Ablauf einer bestimmten Versuchszeit (1000 h) einen bestimmten Kriechbetrag (0,2%) ergibt.

2,16 Die Dauerschwingversuche (DIN 50100)

Bei Bauteilen, die durch veränderliche Kräfte beansprucht werden (Kurbelwellen, Pleuelstangenschrauben, . . .), treten häufig *Dauerbrüche* auf (schematisch nach Abb. 108), die sich von den zügigen (Gewalt-)Brüchen wesentlich unterscheiden. Man erkennt bei ihnen deutlich zwei Zonen: die eigentliche Dauerbruchfläche, die glatt und muschelförmig ist, und den körnigen Restbruch, der das gleiche Aussehen wie ein Gewaltbruch besitzt. Der Bruch beginnt in der Regel von einer

Kerbe (Keilnut, Bohrung, Gewindegang, Schlackenzeile) und schreitet mit der Zeit langsam fort. Häufig sieht man in der Dauerbruchfläche noch Linien (*Rastlinien*), an denen das Fortschreiten des Bruches bei Perioden geringer Belastung zur Ruhe kommt. In Perioden höherer Belastung schreitet dann der Dauerbruch weiter fort, bis der Restquerschnitt infolge Überlastung plötzlich zerstört wird. Da keine Formänderungen auftreten, können solche Dauerbrüche viele Jahre fortschreiten, ohne daß man etwas bemerkt.

Dauerschwingfestigkeit (Dauerfestigkeit) σ_D ist der um eine gegebene Mittelspannung σ_m schwingende größte Spannungsausschlag σ_A,

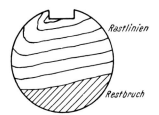

Abb. 108. Dauerbruch (schematisch)

den eine Probe unendlich oft ohne Bruch und ohne unzulässige Verformung aushält ($\sigma_D = \sigma_m \pm \sigma_A$). *Schwellfestigkeit* σ_{Sch} ist diejenige Spannung, die ein Werkstoff bei schwellender Last (Änderung zwischen Null und einem Höchstwert $\sigma_m = \sigma_A$, $\sigma_A = 0{,}5\,\sigma_{Sch}$), *Wechselfestigkeit* σ_W diejenige Spannung, die er bei wechselnder Last (Änderung zwischen einem positiven und negativen Höchstwert, $\sigma_m = 0$, $\sigma_A = \sigma_W$) unendlich oft ohne Bruch und ohne unzulässige Verformung aushält.

Statt unendlich vielen Lastspielen begnügt man sich bei den Dauerschwingversuchen mit der *Grenzlastspielzahl* (für Stahl $10 \cdot 10^6$, für Leichtmetalle $100 \cdot 10^6$ Lastspiele), oberhalb welcher erfahrungsgemäß keine Brüche mehr auftreten.

Zeitschwingfestigkeit (Zeitfestigkeit) heißt der Spannungswert σ_D für Bruchlastspielzahlen N, die geringer als die Grenzlastspielzahl sind: z. B. σ_D $(0{,}5 \cdot 10^6)$. Die Art der Beanspruchung ist durch einen Index anzugeben: σ_{zdW} = Zug-Druck-Wechselfestigkeit, σ_{bW} = Biegewechselfestigkeit, σ_{zD} = Dauerfestigkeit im Zugwechselbereich usw.

Die Ermittlung der Dauer-, Schwell- bzw. Wechselfestigkeit erfolgt auf besonderen Dauerprüfmaschinen (Pulsatoren)[1], die je nach Art der Beanspruchung (Zug-Druck, Biegung oder Torsion) verschieden gebaut sind. Um die Versuchsdauer abzukürzen, arbeiten die modernen Maschinen mit hohen Lastspielfrequenzen (50 bis 500 Hz).

---

[1] DIN 51228 Dauerschwingprüfmaschinen, Begriffe.

Die Krafterzeugung erfolgt bei ihnen hydraulisch durch wechselnden
Flüssigkeitsdruck, durch Kurbeltrieb, durch schwingende Massen mit
mechanischer oder elektromagnetischer Erregung oder durch Ge-
wichtsbelastung eines rotierenden Probestabes (Bestimmung der Biegewechselfestigkeit).

Man benötigt mehrere Probestäbe, welche poliert und mit großen
Abrundungen zu den Köpfen ausgeführt werden, um den Einfluß der
Form und der Oberfläche auf die Dauerfestigkeit auszuschalten. Den

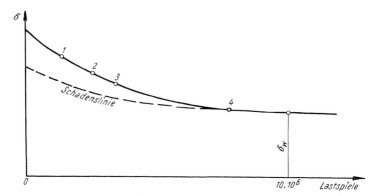

Abb. 109. Wöhler-Schaubild. σ_W Wechselfestigkeit

ersten Probestab belastet man zunächst wesentlich über seine voraus-
sichtliche Dauerfestigkeit. Die Anzahl der Lastspiele, die er bis zu seinem Bruch aushält, trägt man in das sogenannte *Wöhler-Schaubild* ein
(Abb. 109, Punkt 1). Die weiteren Probestäbe werden schwächer belastet,
so daß sie erst bei höheren Lastspielzahlen zu Bruch gehen (Punkt 2,
3, 4). Geht schließlich ein Probestab nach der Grenzlastspielzahl nicht
mehr zu Bruch, so liegt seine Dauerfestigkeit über der eingestellten
Spannung und unter der von Punkt 4.

Probestäbe, die eine *kleinere* Spannung *über* die Grenzwechselzahl
oder eine *höhere* Spannung *kurzzeitig* ohne Bruch ertragen haben, darf
man nicht mehr zur Ermittlung der Dauerfestigkeit verwenden, da bei
ersteren eine mit *Hochtrainieren* (Abbau von Spannungsspitzen) bezeichnete Verfestigung, bei letzteren eine *Schädigung* eingetreten ist.
Belastungen unterhalb der *Schadenslinie* (Abb. 109) sind zulässig.
Die Dauerfestigkeit wird demnach als diejenige Spannung definiert,
bei welcher sich Entfestigung und Verfestigung gerade aufheben.

Der glatte, sorgfältig polierte Probestab ergibt den Höchstwert,
die eigentliche Dauerfestigkeit des Werkstoffes. Bei geschruppten,
geschlichteten, gefeilten oder rohen Probestäben mit Kerben aller
Art, tritt je nach dem verwendeten Werkstoff eine mehr oder minder

starke Verminderung der Dauerfestigkeit ein, die durch gleichzeitigen Korrosionsangriff noch weiter herabgesetzt wird. Bei diesem sinkt die ertragene Spannung auch noch nach Erreichen der Grenzwechselzahl. Nicht besonders korrosionsbeständige Werkstoffe weisen nur eine Zeitfestigkeit auf.

Die Ergebnisse der Dauerprüfungen werden in den *Dauerfestigkeitsschaubildern* aufgezeichnet.

2,2 Die Härteprüfungen[1]

Als technische Härte bezeichnet man den Widerstand, den ein Werkstoff dem Eindringen eines Prüfkörpers entgegensetzt. Man unterscheidet *statische* Härteprüfverfahren (Verfahren von Brinell, Rockwell, Vickers und die Ritzprüfung nach Martens) und *dynamische* Härteprüfverfahren (Prüfung mit dem Poldihammer, Shoreprüfung u. a.).

2,21 Der Kugeldruckversuch nach Brinell

Bei diesem wird eine gehärtete Stahl- oder Hartmetallkugel vom Durchmesser D mit einer bestimmten Kraft F in den zu prüfenden Werkstoff gedrückt. Die *Brinellhärte* H_B erhält man aus:

$$HB = \frac{\text{Prüflast}}{\text{Kalottenoberfläche}} = \frac{2\,F}{\pi\,D\,(D - \sqrt{D^2 - d^2})} = \frac{F}{\pi\,D\cdot t}.$$

Abb. 110. Kugeldruckversuch nach Brinell.
D Kugeldurchmesser, d Eindruckdurchmesser, t Eindrucktiefe, F Prüfkraft

Die Kugelkalottenoberfläche kann nach Messen des Eindruckdurchmessers d oder der Eindringtiefe t berechnet werden. Maßgebend ist der Mittelwert aus zwei Eindrücken. Belastung F, Kugeldurchmesser D und Belastungszeit sind nach DIN 50351 genormt:

---

[1] DIN 51200 Härteprüfung; Richtlinien für die Gestaltung und Anwendung von Aufnahmevorrichtungen. — Frank, K.: Taschenbuch der Härteprüfung metallischer Werkstoffe. Füssen: Winter. 1956.

Kugeldurchmesser D mm	Belastung F kp*					
	$30\,D^2$	$10\,D^2$	$5\,D^2$	$2,5\,D^2$	$1,25\,D^2$	$0,5\,D^2$
10	3000	1000	500	250	125	50
5	750	250	125	62,5	31,25	12,5
2,5	187,5	62,5	31,25	15,625	7,8	3,125

* 1 kp = 9,81 N.

Die Belastung der Kugel ist in etwa 10 Sekunden stoßfrei bis auf die Prüflast zu steigern. Die Einwirkungsdauer der Prüflast beträgt für alle metallischen Werkstoffe, die nicht stark fließen, wie Blei, Zink und deren Legierungen, 10 Sekunden. Für diese ist die Einwirkungsdauer mit mindestens 30 Sekunden zu wählen. Stahl wird in der Regel mit einer Belastung von $30\,D^2$, Nichteisenmetalle mit $10\,D^2$ geprüft. Zur Kennzeichnung werden Belastungsgrad, Kugeldurchmesser und Belastungsdauer dem Zeichen HB hinter einem Schrägstrich auf gleicher Zeile angefügt; Kugeldurchmesser und Belastungsdauer aber nur dann, wenn sie nicht gleich 10 mm und 10 s sind (z. B. HB 30, HB 30/5, HB 30/5—25 bei 5 mm und 25 s).

Bei Werkstoffen mit einer Brinellhärte über 400 oder Temperaturen bis 400 °C sind Kugeln aus Hartmetall zu verwenden. Gehärtete Teile und dünnwandige Werkstücke können nach diesem Verfahren nicht geprüft werden. Zwischen Brinellhärte und Zugfestigkeit besteht bei Stahl angenähert die Beziehung: $\sigma_B = 0,35 \cdot \text{HB 30}$.

Der Kugeldruckversuch wird auf Universalprüfmaschinen oder besonderen *Brinellpressen*, bei denen man besonderes Augenmerk auf eine Verringerung der Prüfzeit legt, durchgeführt. Die *Belastung* erfolgt *mechanisch* über *Gewichte* (genau) oder *Federn* (lageunabhängig, transportierbar) oder *hydraulisch*. Der Eindruckdurchmesser wird mit dem Mikroskop oder durch Projektion auf eine Mattscheibe gemessen.

Eine rasche Ermittlung der Brinellhärte ermöglicht das Messen der *Eindringtiefe*[1] mit einer Meßuhr und das Ablesen der Härte aus Tabellen.

2,22 Die Härteprüfung nach Rockwell (DIN 50103, Bl. 1 und 2)

Bei dieser dient die *Eindringtiefe* eines Prüfkörpers als direktes Maß der Härte. Um die von der Beschaffenheit der Oberfläche abhängigen störenden Einflüsse zu beseitigen, wird zuerst eine *Vorkraft*

---

[1] DIN 51224, Bl. 1 Härteprüfgeräte mit Eindringtiefen-Meßeinrichtung, Rockwell-Härteprüfgeräte für Verfahren C, A, B, F. — DIN 51225, Bl. 1 — mit optischer Eindruck-Meßeinrichtung; Brinell-Härteprüfgeräte. Bl. 2 —, —; Vickers-Härteprüfgeräte, Prüfkraftbereich: 49 bis 980 N.

und dann die *Prüfkraft* stoßfrei aufgebracht. Eine Meßuhr, deren Skalenteil 0,002 mm Eindringtiefe entspricht und die nach Aufbringen der Vorkraft auf einen Ausgangswert eingestellt wird, gibt an ihrer Skala nach Wegnahme der Prüfkraft direkt die Rockwellhärte an. Gegenüber dem Brinellverfahren ergeben sich geringere Verletzungen des geprüften Werkstückes und kürzere Prüfzeiten. Zu dünne Härteschichten werden durchgedrückt, so daß an ihnen die Rockwellhärte nicht ermittelt werden kann.

Für gehärtete Stähle, gehärtete und angelassene Legierungen (20 bis 70 *HRC*) und für sehr harte Werkstoffe (60 bis 88 *HRA*) verwendet man einen Diamantkegel mit 120° Öffnungswinkel und gerundeter Spitze ($r = 0,2$ mm) als Prüfkörper. Der Skalenausgangswert der Meßuhr beträgt 100. Die Prüfkräfte sind der folgenden Tabelle zu entnehmen:

| | Prüfkräfte in N | | | |
	Rockwell C	Rockwell A	Rockwell B	Rockwell F
Vorkraft	98 ± 2	98 ± 2	98 ± 2	98 ± 2
Prüfkraft	1373	490	883	490
Gesamtkraft	1471 ± 9	588 ± 5	$980 \pm 6,5$	588 ± 5

$$HRC \text{ bzw. } HRA = 100 - \frac{\text{bleibende Eindringtiefe}}{0,002}.$$

Werkstoffe mittlerer Härte, Stähle mit niedrigem und mittlerem C-Gehalt, Messing, Bronze usw. (35 bis 100 *HRB*) und kaltgewalzte Feinbleche aus Stahl, geglühtes Messing und Kupfer (60 bis 100 *HRF*) werden mit einer *gehärteten Stahlkugel* von $^1/_{16}$ Zoll Durchmesser geprüft. Skalenausgangswert der Meßuhr 130.

$$HRB \text{ bzw. } HRF = 130 - \frac{\text{bleibende Eindringtiefe}}{0,002}.$$

Da ein Nachgeben der Proben während der Belastung zu Fehlmessungen führt, ist eine sichere Lagerung der Proben sehr wichtig.

Zu diesem Zweck wird bei dem Härteprüfgerät nach Abb. 111 das zu prüfende Werkstück *a* zunächst gegen das Gehäuse verspannt, bevor die Belastungen aufgebracht werden. Dazu wird der Prüftisch *b* über den Bolzen *d* durch die Feder *c*, deren Kraft größer als die Hauptlast ist, gegen den Druckstempel *e* gepreßt. Im Druckstempel *e* befindet sich der Diamant, der durch Gewichte *f* über den Belastungshebel *g* belastet wird. Die Härte kann dann direkt an der Meßuhr *h* abgelesen werden. In der Ruhestellung ist die Wirkung der Gewichte f durch den Hebel i ausgeschaltet.

Das einwandfreie Arbeiten der Prüfgeräte muß öfter durch Kontrollplatten mit bekannter Härte nachgeprüft werden.

Wenn die Proben eine Prüfung nach Rockwell-Verfahren C, A, B, F nicht zulassen, insbesondere, wenn die Proben zu dünn oder die Prüfflächen zu klein sind, werden die Verfahren N und T angewendet (DIN 50103, Bl. 2), die mit kleineren Prüfkräften arbeiten.

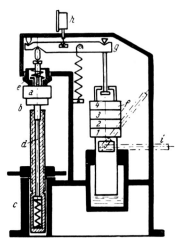

Abb. 111. Härteprüfapparat. a Werkstück, b Prüftisch, c Feder, d Bolzen, e Druckstempel, f Gewichte, g Belastungshebel, h Meßuhr, i Handhebel

2,23 Die Härteprüfung nach Vickers

Bei diesem Verfahren wird eine Diamantpyramide mit quadratischer Grundfläche, deren gegenüberliegende Seitenflächen einen Öffnungswinkel von 136° einschließen, mit einer Kraft von 49, 98, 196, 294, 490 oder 980 N (DIN 50133, Bl. 1) in die Probe eingedrückt. Die Längen der Diagonalen des entstandenen bleibenden Eindruckes werden gemessen und daraus der arithmetische Mittelwert gebildet. Die Vickershärte HV wird aus dem Quotienten von Prüfkraft F in N und Oberfläche des bleibenden Eindruckes in mm² errechnet:

$$HV = 0{,}102 \cdot \frac{F}{A} = \frac{0{,}102 \cdot 2 \cdot F \cdot \sin 68°}{d^2} = 0{,}189 \cdot \frac{F}{d^2}.$$

Dieser Härtewert wird ohne Einheit angegeben. Der Faktor 0,102 wurde verwendet, um bei Einsetzung der Prüfkraft in N dieselben Zahlenwerte wie früher bei Einsetzung in kp zu erhalten.

Die Vickershärte zeigt im Bereich der Prüfkraft von 98 bis 980 N eine angenäherte Unabhängigkeit von der Prüfkraft[1]. Dieses Verfahren eignet sich vorwiegend für sehr harte Stoffe oder Schichten und für kleine oder dünne Proben. Für Proben, deren Dicke bzw. deren Prüffläche zu klein ist und wenn die Prüffläche der Proben durch Eindrücke möglichst wenig beschädigt werden darf, werden Prüfkräfte von 1,96 bis 49 N (DIN 50133, Bl. 2) angewendet.

Soll die Härte an einer Probe mit gekrümmter Oberfläche geprüft werden, so kann der Einfluß der Krümmung durch einen Korrekturfaktor berücksichtigt werden (DIN 50133). Die Mindestprobendicke soll mindestens das 1,5fache der mittleren Länge der Eindrucksdiagonalen betragen.

2,24 Die Mikrohärteprüfung[2]

Diese dient zur Härteprüfung sehr dünner Folien, sehr dünner Oberflächenschichten (galvanische Überzüge, Härteschichten), sehr kleiner Flächen (Gefügebestandteile) und sehr spröder Stoffe (Karbide, Glas, Email). Man wendet kleine Kräfte unter 1 N an und verwendet als Prüfkörper Diamantpyramiden. Verwendung finden besondere Geräte, die keine getrennten Belastungs- und Meßeinrichtungen besitzen (Diamantpyramide in das Objektiv des Mikroskopes eingebaut).

2,25 Die Ritzhärteprüfung nach Martens

Bei dieser wird eine Diamantspitze mit 90° Öffnungswinkel unter bestimmtem Druck über die ebene, möglichst polierte Probe geführt. Als Härtemaß dient die Belastung in Pond[3], die auf der Probenfläche einen Riß von 0,01 mm Breite erzeugt. Sie wird zur Härteprüfung metallischer Überzüge und sehr harter Stücke verwendet.

2,26 Die Härteprüfung nach Shore

Beim Skleroskop von Shore wird die Rücksprunghöhe eines 2,5 p[3] schweren zylindrischen Hammers mit abgerundeter Diamantbahn, der in einem Glasrohr aus 256 mm Höhe auf das Werkstück fällt, als Maß für die Härte verwendet. Das Verfahren besitzt den Vorteil, daß die Oberfläche des Prüfstückes praktisch nicht beschädigt wird. Es findet zur Prüfung der Härte von Hartgußwalzen und von harten Oberflächenschichten Verwendung (Abb. 113).

---

[1] DIN 50150 Härtevergleichstabellen; Vickers-, Brinell-, Rockwellhärte B und C und Zugfestigkeit.
[2] Matt, B.: Die Mikrohärteprüfung. Stuttgart: 1957.
[3] 1 Pond = 0,00981 N = 1 p.

2,27 Die Härteprüfung mit dem Poldihammer

Bei dieser wird eine gehärtete Stahlkugel c (Abb. 112) von 10 mm Durchmesser gleichzeitig in das Prüfstück w und einen Vergleichsstab b von annähernd gleicher Festigkeit durch einen Hammerschlag einge-trieben. Nach Messen der beiden Eindruckdurchmesser kann man die Härte des Prüfstückes aus Tabellen ermitteln. Da das verwendete Gerät leicht transportierbar ist, ist es überall anwendbar.

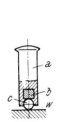

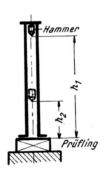

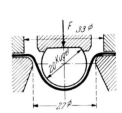

Abb. 112. Poldihammer (schematisch). a Hammer-körper, b Vergleichsstab, c Stahlkugel, w Werkstück

Abb. 113. Skleroskop von Shore. h_1 Fallhöhe, h_2 Rücksprunghöhe

Abb. 114. Tiefungs-versuch nach Erichsen

2,3 Die technologischen Prüfverfahren

Diese dienen hauptsächlich zur Untersuchung der Formänderungs-fähigkeit der Werkstoffe. Die Prüfbedingungen werden bei ihnen den Verhältnissen angeglichen, wie sie bei der Verarbeitung auftreten. Da sie meist rasch durchführbar sind, finden sie häufig als Abnahme-proben Verwendung.

An *Grob-*, *Mittelblechen* und *Stäben* werden *Biegeversuche* durch-geführt. Diese erfolgen behelfsmäßig über das Amboßhorn, im Schraub-stock oder mittels Fallhammer und V-Gesenk oder nach DIN 1605, Bl. 4 (Abb. 115), wobei die Probe auf zwei runde Auflager gelegt wird und durch einen in der Mitte aufgesetzten Dorn bis zu einem vorge-schriebenen Biegewinkel α, bei dem noch keine Risse auftreten dürfen, gebogen wird. Beim *Faltversuch* erfolgt das Biegen um 180°. Um die Bruchfläche beurteilen zu können, findet bei sehr zähen Werkstoffen der *Kerbfaltversuch* Anwendung. Beim *Schlagbiegeversuch* werden fertige Maschinenteile stichprobenweise auf Trennbruchneigung unter-sucht. Beim *Stauchversuch* werden Probekörper durch Schlag oder Druck bis zum verlangten Stauchverhältnis oder bis zum Eintreten von Ris-sen gestaucht.

Bei *Feinblechen* werden an 50 mm breiten Blechstreifen *Faltver-suche* unter Zwischenlage eines Bleches gleicher Dicke oder bis Schenkel-berührung durchgeführt, wobei keine Risse auftreten sollen. Beim *Doppelfaltversuch* an dünneren Blechen werden die Bleche nochmals gefaltet. Bei Blattfedern aus Kupferlegierungen und bei Dynamo-blechen wird durch den *Hin-* und *Herbiegeversuch*[1] die Biegezahl bis zum Bruch festgestellt. Bei Federblechen wird im *Rückfederversuch* der Rückfederwinkel ermittelt. Im *Abkantversuch* wird die rißfreie Biege-

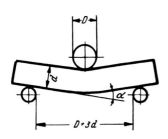

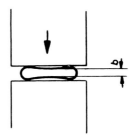

Abb. 115. Biegeversuch. α Biegewinkel,   Abb. 116. Ringfaltversuch
d Werkstückdicke, D Stempeldicke

fähigkeit um 90° über Kanten von unterschiedlichem Radius geprüft. Der *Tiefungsversuch* nach *Erichsen* (DIN 50101, Abb. 114) wird an Blechen und Bändern bis 2 mm Dicke durchgeführt. Ein vorne kugel-förmig abgerundeter Stempel von 20 mm Durchmesser wird in die zwischen eine Matrize und einen Faltenhalter eingespannte Probe ein-gedrückt und die beim Eintreten eines Risses erreichte Eindringtiefe t an einer Skala abgelesen. Aus Tiefungsmaß und Oberflächenbeschaf-fenheit kann man Rückschlüsse auf die Tiefziehfähigkeit ziehen. Ein gutes Bild derselben liefert der *Näpfchen-Ziehversuch* und der *Tief-ziehweitungsversuch*. Schließlich kann die Formänderungsfähigkeit noch durch *Bördelversuche* überprüft werden.

Zur Prüfung von *Drähten* finden *Hin-* und *Herbiegeversuche*[2], *Ver-windeversuche*[3], *Wickelversuche* zur Prüfung der Haftfestigkeit metalli-scher Überzüge und *Knotenzugversuche*[4] Anwendung.

Zur Prüfung von *Rohren* dienen *Biegeversuche* von mit Sand oder Blei gefüllten Rohren auf profilierten Stützrollen und Stempel bis zum vorgeschriebenen Biegewinkel α (Abb. 115), *Ringfaltversuche*[5] an Rohr-abschnitten (Abb. 116), wobei die Rohre nicht einreißen dürfen, *Dop-*

---

[1] DIN 50153.
[2] DIN 51211.
[3] DIN 51212.
[4] DIN 51214.
[5] DIN 50136.

pelfaltversuche, *Stauchversuche* an kurzen Rohrabschnitten, *Aufweit-versuche*[1], wobei in das Rohrende kegelförmige Dorne mit vorgeschriebenem Kegelwinkel eingepreßt werden, *Bördelversuche*[2] mit Bördelungen von 60, 90 oder 180° je nach Werkstoff, *Ringaufdornversuche*[3], *Ringzugversuche*[4], wobei Rohrabschnitte zwischen Zughaken der Zerreißmaschine zerrissen werden, und *Innendruckversuche*[5] an abgedichteten Rohrabschnitten.

Zur Prüfung der *Härtbarkeit* dient der *Stirnabschreckversuch*[6] von *Jominy*. Bei diesem wird eine auf Härtetemperatur erhitzte Probe von 25 mm Durchmesser und 100 mm Länge in senkrechter Lage durch einen aufwärts gerichteten Wasserstrahl so abgekühlt, daß nur die untere Stirnseite benetzt wird. Die Beurteilung erfolgt nach der Jominy-Kurve, bei welcher mit dem Abstand vom gekühlten Ende als Abszisse, die an einer Erzeugenden der Probe gemessene Härte als Ordinate aufgetragen wird.

Schmiedeproben sind *Biege-* und *Faltversuche* in rotwarmem Zustand (Rotbruchversuche), *Stauchversuche* zylindrischer Probekörper bis zum Auftreten von Rissen, *Ausbreit-* bzw. *Streckversuche* bis Rißbeginn, *Aufdornversuche*, bei welchen ein vorgelochter Probestreifen mit Kegeldorn 1 : 10 bis Einrißbeginn aufgeweitet wird, und die *Polterprobe*, bei welcher eine glühende Blechplatte in ein Kalottengesenk gehämmert wird.

Für *Nieten* bzw. *Schrauben* verwendet man *Stauchversuche*, *Kopfausbreitversuche*, *Gewindebiegeversuche*, *Kopfschlag-*, *Kopfschlagbiege-*, *Schrägkopfschlagversuche*, *Abwürgeversuche* und *Kerbbiegeversuche*; bei *Muttern* wendet man den *Aufdornversuch* an, bei welchem durch eine Aufweitung mit Kegeldorn auf 5% kein Platzen auftreten darf.

Beim *Schweißen* verwendet man *Faltversuche* (DIN 50121), mit auf Blechdicke abgearbeiteter, auf Druckseite befindlicher Schweißnahtwurzel (Abb. 115), bei denen der Biegewinkel α bis Anrißbeginn ein Maß für die Umformfähigkeit der Schweiße ist, *Werkstattbiegeversuche*, bei denen eine Stumpfnahtprobe, mit der Naht knapp außerhalb der Backen, in den Schraubstock gespannt und durch Hammerschläge bis zum Bruch gebogen wird, wobei der Biegewinkel bei Anbruchbeginn ein Maß für die Zähigkeit der Schweiße ist, und bei Kehlnähten *Winkel-* und *Keilproben* (DIN 50127) bis zum Aufbrechen der Schweißnaht. Der *Aufschweißbiegeversuch* nach ÖNORM M 3052 dient

---

[1] DIN 50135.
[2] DIN 50139.
[3] DIN 50137.
[4] DIN 50138.
[5] DIN 50104, 50105.
[6] DIN 50191.

zum Nachweis der Schweißeignung von St 37, 44 und 52. Er wird an
Proben von 150 bis 200 mm Breite, 350 bis 500 mm Länge und 20 bis
50 mm Dicke, die in der Mitte eine Längsraupe erhalten, die beim
Biegeversuch an der Zugseite liegt, durchgeführt. *Verformungs*brüche,
die matt und sehnig sind, schreiten allmählich fort, während *Trenn*-
brüche mit kristallinem Bruchaussehen plötzlich über den ganzen
Querschnitt auftreten. Bei Trenn- und Mischbrüchen gilt die Probe
nur als bestanden, wenn bestimmte Mindestbiegewinkel auftreten.
Warmrißbeständigkeit von Schweißzusatzwerkstoffen liegt dann vor,

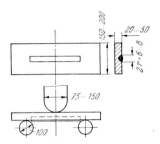

Abb. 117. Aufschweißbiegeversuch

wenn die Schweißnaht während der Abkühlung rißfrei bleibt. Die
Prüfung wird an Proben mit stark behinderter Querschrumpfung
durchgeführt (DIN 50129). Die *Schweißrissigkeit* (Rißbildung im Grundwerkstoff neben und unter der Schweiße) wird durch Probeschweißun-
gen starr eingespannter Bleche geprüft.

2,4 Die metallographische Prüfung[1]

Bei dieser wird das Gefüge der Werkstücke untersucht. Zu diesem
Zweck wird ein kleines Stück herausgearbeitet (gesägt). Scheren, Stanzen und Brennschneiden darf nur verwendet werden, wenn das Ein-
flußgebiet der Trennfläche abgearbeitet wird. Dann wird die Probe
in eine Fassung gespannt oder in einen geeigneten Stoff eingebettet,
wodurch das äußerste Randgebiet erhalten bleibt. Anschließend wird
die Probe auf der zu untersuchenden Fläche unter Vermeidung von
Wärmeentwicklung und hoher Pressung von *grob* zu *fein geschliffen*,
vor- und *feinpoliert*. Als Poliermittel dienen Tonerde, Polierrot, feinster

---

[1] DIN 50600 Metallographische Gefügebilder, Abbildungsmaßstäbe und
Formate. — Oettel, W.: Grundlagen der Metallmikroskopie. Leipzig:
1959. — Beckert, M., Klemm, H.: Handbuch der metallographischen
Ätzverfahren. Leipzig: 1962. — Hanemann, H., Schrader, A.: Atlas metallo-
graphicus, Bd. 1—3. Berlin: 1933—1952.

Schmirgel und für weiche Metalle Kalk oder Magnesia. Beim *mechanischen* Polieren, das für Metalle mit hohem Verfestigungsvermögen angewendet wird, wird das Poliermittel unter Zusatz von destilliertem Wasser oder Öl auf eine mit Tuch überzogene Metallscheibe gebracht, über die das Probestück bewegt wird. Das für weiche Metalle angewendete *elektrolytische* Polieren, beruht auf der Bildung eines dünnen, schlecht leitenden Filmes auf der abzutragenden, als Anode geschalteten Oberfläche, aus dem nur die höchsten Erhebungen herausragen und bevorzugt abgetragen werden.

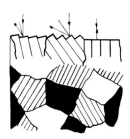

Abb. 118. Kornflächenätzung

An den so vorbereiteten Schliffen erkennt man nur etwaige Hohlstellen, Risse, nichtmetallische Einschlüsse (Schlackeneinschlüsse ohne metallischen Glanz) oder anders gefärbte Gefügebestandteile (Graphit und Temperkohle sind dunkel), falls nicht durch Abpolieren weicher Kristallite eine Reliefpolitur entstanden ist.

Zur Feststellung anderer Gefügebestandteile ist eine *Ätzung* mit durch Wasser, Alkohol oder andere Lösungsmittel verdünnten Säuren oder Laugen erforderlich, welche die Metalloberfläche angreifen und chemisch verändern. Je nach den verwendeten Ätzmitteln kann man verschiedene Wirkungen erzielen. Zur Feststellung der *Walzrichtung* von *Schwefel-* und *Phosphorseigerungen* verwendet man *makroskopische Ätzverfahren*, bei denen die Beobachtung mit dem bloßen Auge oder geringer Vergrößerung erfolgt.

Bei den *mikroskopischen Ätzverfahren* wird das Gefüge unter 50- bis 1000facher Vergrößerung betrachtet. Je nachdem ein Ätzmittel stärker die Korngrenzen oder die Kornflächen angreift, unterscheidet man:

Bei der *Kornflächenätzung* wird die Schlifffläche wegen der unregelmäßig gelagerten Kristallite (Abb. 118) durch die Ätzung ungleich aufgerauht und das einfallende Licht ungleich zurückgeworfen, so daß auch bei homogenen Stoffen die Kristalle verschieden hell erscheinen.

Bei der *Korngrenzätzung* werden nur die in den Grenzen zwischen den einzelnen Kristalliten angesammelten Verunreinigungen ange-

griffen oder herausgelöst, so daß sie sich zu Furchen erweitern und
ein Netzwerk zu sehen ist.

Die verwendeten *Metallmikroskope* für 50- bis 1000fache Vergrößerung besitzen Einrichtungen für photographische Aufnahmen. Man
arbeitet mit auffallendem Licht von Metalldrahtlampen:

Bei der *Hellfeldbeleuchtung* (Abb. 119) wird das Licht der Lampe *l*
über ein Linsensystem *e, c*, Spiegel *b* durch das Objektiv *a* nahezu senk-

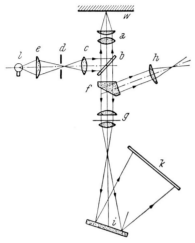

Abb. 119. Hellfeldbeleuchtung.
a Objektiv, *b* durchlässiger Spiegel,
c, e Kondensor, *d* Blende, *f* Prisma,
g Linsensystem, *h* Okular, *i* Spiegel,
k Mattscheibe, *l* Lampe, *w* Werkstück

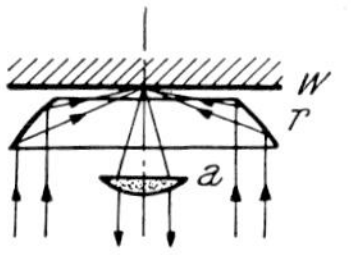

Abb. 120. Dunkelfeldbeleuchtung.
a Objektiv, *r* Ringspiegel,
w Werkstück

recht auf das Werkstück *w* geworfen, von wo es über das Prisma *f* ins
Okular *h* bzw. über die Spiegelfläche *i* auf die Mattscheibe *k* reflektiert wird. Bei der *Dunkelfeldbeleuchtung* (Abb. 120) wird das Licht
durch einen Ringspiegel *r* schräg auf das Werkstück geworfen, so daß
die Kornflächen dunkel erscheinen, da die Lichtstrahlen nicht in das
Objektiv reflektiert werden. Die Korngrenzen erscheinen hell, während
sie bei der Hellfeldbeleuchtung dunkel erscheinen.

In Abb. 121 bis 124 sind einige Gefügebilder von Eisenlegierungen
angegeben.

Durch die Niveaudifferenzen der verschiedenen Gefügebestandteile und ihr ungleiches optisches Verhalten entstehen Phasenunterschiede des Lichtes, welche vom Auge nicht festgestellt werden. Beim
Phasenkontrastverfahren[1] werden diese Phasenunterschiede zur Kon-

---

[1] Jeglitsch, F., Mitsche, R.: Die Anwendung optischer Kontrastmetho-
den in der Metallographie. Radex-Rdsch. *1967*, 587—596.

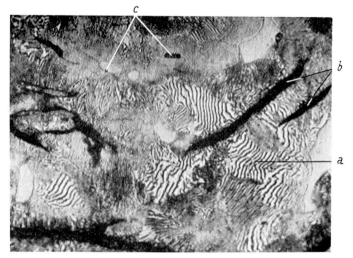

Abb. 121. Graugußgefüge. V = 500.
a Streifiger Perlit, *b* Graphitadern, *c* Schlackeneinschlüsse

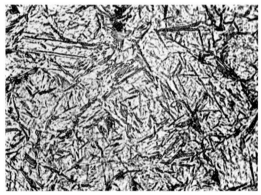

Abb. 122. Martensitgefüge. V = 1000

trastverstärkung in Intensitätsunterschiede umgeformt. Beim positiven Phasenkontrast erscheinen die Vertiefungen dunkler, beim negativen heller. An die Schliffvorbereitung werden höchste Anforderungen gestellt und die Ätzung darf nur schwach sein.

Da das Auflösungsvermögen der mit sichtbarem Licht arbeitenden Mikroskope durch die Wellenlänge des Lichtes begrenzt ist, verwendet man beim *Elektronenmikroskop*[1] Strahlen, deren Wellenlängen um

---

[1] Grasenick, F.: Hoch auflösende Abdruck- und Umhüllungsverfahren in der Metallographie. Radex Rdsch. *1956*, 226—246. — Borries, B. v.: Fortschritte und Grenzen der Übermikroskopie. Radex-Rdsch. *1956*, 200 bis 225.

viele Größenordnungen kleiner sind als die der Lichtstrahlen. Da der
Elektronenstrahl nur dünne Objekte zu durchdringen vermag, wird
von der wie üblich polierten und geätzten Schliffffläche ein *Abdruck*
hergestellt (Oxidschicht, Lackfilm, im Hochvakuum aufgedampfte

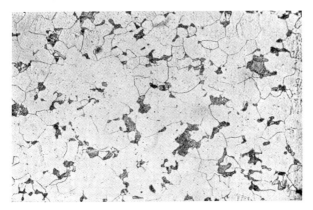

Abb. 123. Kerngefüge eines unlegierten Einsatzstahles C 16. V = 100

Abb. 124. Kerngefüge eines legierten Einsatzstahles 20 MnCr 5. V = 100

Metall- oder Kohleschicht), der selbst praktisch kornlos ist und das
Relief der Schlifffläche in den feinsten Einzelheiten wiedergibt.

Wegen der großen Bedeutung der metallographischen Prüfung
auch in der Reihen- und Massenfertigung wurde versucht, laufende
Reihenuntersuchungen durch angelernte Kräfte vornehmen zu lassen. Zur Auswertung dieser Untersuchungen wurden *Gefügerichtreihen*
aufgestellt und Zeichen in Form von Zahlen für die im Mikroskop
sichtbaren Erscheinungen eingeführt.

2,5 Die zerstörungsfreien Prüfverfahren[1]

Bei diesen bleiben die Werkstücke nach der Prüfung verwendbar.
Viele Fehler kann man bereits beim *Betrachten* mit dem *unbewaffneten*
Auge erkennen. Bei der *Klangprüfung* werden durch Anschlagen des
Prüflings Eigenschwingungen erregt, welche nach Klangfarbe und

Abb. 125. Funkenbild eines Schnellstahles mit mehr als 12% W und Zusätzen
von Cr, Mo, V und Co. Rote strichlierte Grundfunken mit am Ende hellen, ge-
bogenen Spitzen. Der Oxydationsteil ist sehr spärlich und kann erst bei großem
Anpreßdruck erzeugt werden

-dauer subjektiv beurteilt werden. Risse an Glas- und Porzellankörpern,
Stahlflaschen, Radreifen, Blechen usw. sind am Klang zu erkennen.
Üblich ist auch das Abhören eingebauter Wälzlager mit Abhörgeräten.
Außer subjektiver Beurteilung ist auch elektrische Messung nach
entsprechender Verstärkung möglich. Im folgenden werden die Fun-

---

[1] Müller, E. A. W.: Handbuch der zerstörungsfreien Materialprüfung.
München: 1963.

kenproben, die Prüfung mit Röntgen- und γ-Strahlen, die Ultraschallprüfung, die magnetische Risseprüfung, induktive Prüfverfahren und
die Risseprüfung durch Kapillarverfahren beschrieben.

2,51 Die Funkenproben

Diese sind ein einfaches Mittel zur Unterscheidung der verschiedenen Stahlsorten, da deren Schleiffunken deutliche Unterschiede
zeigen. Dadurch lassen sich Verwechslungen vermeiden. Sie können

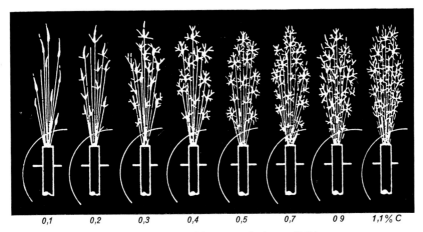

Abb. 126. Funkenbilder von unlegierten Stählen

auch an fertigen Stücken durchgeführt werden. Man verwendet Ver-
gleichsstücke bekannter Stahlsorten, die so lange mit dem Prüfstück
angeschliffen werden, bis diejenigen gefunden werden, deren Schliff-
bilder übereinstimmen. Zur Verwendung gelangen mittelkörnige harte
Schleifscheiben, die an dunklen Orten aufgestellt werden sollen.

Die beim leichten Andrücken entstehende *Funkengarbe* besteht
aus einzelnen *Funkenbildern*. Das Funkenbild besteht aus den *Primär-
strahlen*, dem *Oxydationsteil* und den *Sekundärstrahlen*. Es ist auf die
Erwärmung durch die Schleifscheibe und die Oxydationswärme des
Eisens und der Zusatzelemente zurückzuführen.

Bei *Kohlenstoffstählen* hat das helle Funkenbild Stachelbüschel-
form (Abb. 126), wobei die Zahl der Stacheln dem C-Gehalt proportional ist. *Schnellstähle* ergeben einen roten bis orangen Primärstrahl,
dessen Oxydationsteil sehr spärlich ist (Abb. 125) und erst bei sehr großem
Anpressungsdruck erzeugt werden kann. Mn-*reiche* Stähle ergeben ein
besonders helles Funkenbild von der Form der C-Stähle.

2,52 Die Röntgenprüfung[1]

Röntgenstrahlen sind eine elektromagnetische Wellenbewegung sehr kleiner Wellenlänge, die sich mit Lichtgeschwindigkeit geradlinig fortpflanzt. Sie wurden 1895 von Röntgen entdeckt und werden in der Röntgenröhre oder im Betatron erzeugt. In der hochevakuierten *Röntgenröhre* (Abb. 127) befindet sich ein auf Weißglut erhitzter Glühfaden *a* als Kathode, aus dem Elektronen (β-Strahlen, Kathodenstrahlen) treten, die durch eine hohe Spannung beschleunigt werden. An der Anode *b* (Antikathode) lösen sie durch ihre plötzliche Verzögerung Röntgenstrahlen aus. Beim *Betatron* können sehr kurzwellige Röntgen-

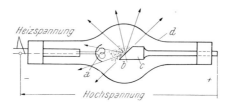

Abb. 127. Röntgenröhre. *a* Glühfäden, *b* Elektronen, *c* Anode, *d* evakuiertes Glasgefäß

strahlen (18, 31 MeV) erzeugt werden. Bei ihm laufen die Elektronen beschleunigt im Feld eines Elektromagneten einige 100 000- bis millionenmal in einer kreisförmigen Bahn (wie in einer Schleuder) um, bis sie auf die Anode treffen.

Die Röntgenstrahlen sind imstande, alle Werkstoffe mehr oder weniger zu durchdringen, sie schädigen die lebende Zelle, vermögen eine Reihe von Stoffen zur Fluoreszenz anzuregen (Umwandlung in langwelligere Strahlung), wirken jonisierend (spalten von neutralen Atomen Elektronen ab) und werden beim Auftreffen auf Materie zum Teil diffus gestreut (Beeinträchtigung der Schattenbilder, Gefährdung von Personen). Die Bewegungsenergie der Elektronen wird nur teilweise in Strahlung, zum überwiegenden Teil in Wärme umgesetzt (Kühlung der Röntgenröhre erforderlich).

Die gesamte Röntgenstrahlung setzt sich aus der Bremsstrahlung und der Eigenstrahlung (charakteristischen Strahlung) zusammen. Die *Bremsstrahlung* bildet ein kontinuierliches Spektrum. Ihre Intensität ist proportional der Ordnungszahl des Anodenwerkstoffes (meist Wolfram) und dem Quadrat der Anregungsspannung. Ihre *kleinste*

---

[1] Glocker, R.: Materialprüfung mit Röntgenstrahlen, 5. Aufl. Berlin-Heidelberg-New York: Springer. 1971. — Vaupel, O.: Bau und Anwendungsmöglichkeiten von Betatrongeräten. Stahl u. Eisen *1953*, 705. — DIN 6814, Bl. 1 bis Bl. 9 Röntgentechnik, Begriffe.

Wellenlänge λ_{min} ergibt sich aus dem Scheitelwert U_s (kV) der Röhrenspannung:

$$\lambda_{min} = 1{,}234/U_s \text{ (nm)}.$$

Die *Eigenstrahlung* bildet ein Linienspektrum, wobei für jedes Element eine bestimmte Serie von Wellenlängen (K-, L- und M-Serie) auftritt. Die Wellenlängen nehmen mit steigendem Atomgewicht des Anodenwerkstoffes ab. Durch geeigneten Betrieb der Röntgenröhren wird es möglich, eine bestimmte Serie der Eigenstrahlung zu bevorzugen.

Auf der Intensitätsschwächung der Röntgenstrahlung beim Durchgang durch den Werkstoff nach der Gleichung

$$I = I_0 \cdot e^{-\mu d} \qquad d \ \ldots \text{ Werkstückdicke (cm)}$$
$$\mu \ \ldots \text{ Schwächungskoeffizient } (cm^{-1})$$

beruhen die *Grobstrukturuntersuchungen* zur Feststellung von Lunkern und anderen Hohlräumen, Rissen, Seigerungen, ungleichen Wanddicken usw. Die Schwächung ist um so geringer, je kleiner die Wellenlänge der Röntgenstrahlen und je kleiner die Dichte des durchstrahlten Werkstoffes ist. Für größere Wanddicken von Schwermetallen benötigt man *harte* Röntgenstrahlen mit sehr kleinen Wellenlängen, die durch hohe Röhrenspannungen erzeugt werden (115 mm Stahl, 300 kV, 15 min Durchstrahlungszeit; mit Röntgenstrahlen aus dem Betatron kann man dickere Stücke bei größerer Bildschärfe als mit solchen aus Röntgenröhren bei 2000 kV durchleuchten).

Da das menschliche Auge für Röntgenstrahlen nicht direkt empfindlich ist, verwendet man bei der Durchleuchtung den Leuchtschirm, die Filmaufnahme, die Bildverstärkerröhre oder das Zählrohr.

Durch den *Leuchtschirm*, der mit fluoreszierenden Massen belegt ist ($CaWO_4$, $BaSO_4$ leuchten blauviolett; ZnS, CdS leuchten gelbgrün), wird die Röntgenstrahlung in sichtbare Strahlung umgewandelt. Durch die Leuchtschirmbeobachtung ist eine einfache, billige und schnelle Prüfung von Teilen aus Leichtmetallen und Kunststoffen nicht zu großer Wanddicke möglich. In anderen Fällen ist die Fehlererkennbarkeit zu gering.

Die *Filmaufnahme*[1] wird für Werkstücke aus Stahl und Schwermetallen sowie solche größerer Wanddicke aus Leichtmetallen angewendet. Es werden besondere, beiderseits begossene Feinkornfilme mit steiler Gradation verwendet. Um die bei dickeren Stücken zu groß

---

[1] DIN 54109, Bl. 1 Bestimmung der Bildgüte von Röntgen- und γ-Filmaufnahmen an metallischen Werkstoffen. — DIN 54111 Prüfung von Schweißverbindungen metallischer Werkstoffe mit Röntgen- und γ-Strahlen. — DIN 54112 Filme, Verstärkerfolien, Kassetten für Aufnahmen von Röntgen- und γ-Strahlen.

werdende Belichtungszeit herabzusetzen, werden besondere *Verstärkerfolien* um die Schichtseiten des Filmes gelegt. Eine zusätzliche Schwärzung der Filme wird bei den *Salz*verstärkerfolien, die mit einer fluoreszierenden Masse belegt sind, durch Auslösung sichtbaren Lichtes, bei den *Blei*verstärkerfolien durch Auslösen von Elektronen aus ihrer obersten Schicht bewirkt. Bleifolien werden vorgezogen, da sie zwar geringere Verstärkerwirkung besitzen, aber schärfere Bilder als Salzfolien ergeben. Zum Nachweis der Fehlererkennbarkeit werden *Drahtstegpäckchen* auf die Proben gelegt und mit aufgenommen. Nach DIN 54109 bedeutet die Bildgütezahl den dünnsten Draht aus einer Folge von Drähten verschiedenen Durchmessers, dessen Schattenbild auf der entwickelten Filmaufnahme noch zu sehen ist (Drahtsteg liegt bei der Aufnahme auf der der Strahlenquelle zugewandten Seite des Werkstückes).

Bei der *Bildverstärkerröhre*[1] wird ein primäres Leuchtschirmbild zunächst in ein Elektronenbild und dieses wiederum in ein Leuchtschirmbild bis zu 1000fach größerer Leuchtdichte umgewandelt. Bei ihr wird die Durchleuchtung in einem nicht abgedunkelten Raum möglich. Man erzielt bessere Bildgüte und Durchleuchtbarkeit größerer Wanddicken als beim normalen Leuchtschirm und geringere Kosten als bei Filmaufnahmen.

Auf der jonisierenden Wirkung der Röntgenstrahlen beruht das *Zählrohr*[2]. Mit ihm können Röntgenstrahlen auch quantitativ nachgewiesen und beliebig kleine Strahlungsintensitäten in unmittelbarer Anzeige gemessen werden. Es bleibt jedoch auf die Untersuchung von Fehlern beschränkt, die sich auf größere Flächen verteilen (Wanddickenfehler von Rohren und Folien, größere Lunker, porige Gebiete, Seigerungs- und Korrosionszonen), während Film und Leuchtschirm zum Nachweis feiner Fehler unentbehrlich bleiben.

Eine *Röntgenanlage* besteht aus Röntgenröhre, Hochspannungsanlage und Strahlungsschutz.

Bei größeren Leistungen muß die *Röntgenröhre* mit Öl gekühlt werden, wozu eine besondere Ölpumpe erforderlich ist. Bei stationären Anlagen wird zum Betrieb der Röhren Gleichstrom (Villardschaltung: pulsierende Gleichspannung), bei transportablen Anlagen nicht zu großer Leistung Wechselstrom verwendet. Sonderausführungen sind die *Feinfokusröhre* mit sehr kleinem Brennfleck zur vergrößerten

---

[1] Nassenstein, H.: Neue Entwicklungen auf den Gebieten der Radiographie und Röntgenbildverstärkung. Schw. u. Schn. *1958*, H. 9. — Lang, G.: Untersuchung von Werkstücken mit dem Röntgenbildverstärker. ZVDI *1957*, 1227—1231.

[2] Berthold, B., Trost, A.: Geiger-Müller-Zählrohre und ihre Anwendung in der Technik. ZVDI *1951*, 73.

Leuchtschirmbeobachtung kleiner Fehler und die *Hohlanodenröhre*, mit kugel- oder tellerförmiger Anode zur Untersuchung ausgedehnter Fehler mit einer einzigen Aufnahme.

Die *Hochspannungsanlage* besteht außer aus den erforderlichen Kabeln und Schaltkästen bei transportablen Anlagen nur aus dem Transformator, der aus Transportgründen in zwei Teile geteilt ist, bei stationären Anlagen noch aus dem Gleichrichter. Wegen der hohen Spannung müssen alle Teile sehr gut isoliert sein.

Die großen Gefahren der Röntgenstrahlen für das Bedienungspersonal verlangen einen ausreichenden *Strahlenschutz*[1] (DIN 54113)

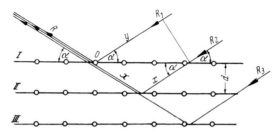

Abb. 128. Interferenz der Röntgenstrahlen an einer Schar von Netzebenen. α Glanzwinkel, d Netzebenenabstand, R_1, R_2, R_3 einfallendes Röntgenstrahlenbündel, R reflektiertes Röntgenstrahlenbündel

und die Einhaltung der im *österreichischen Strahlenschutzgesetz* (BGBl. 227/1969) festgelegten Vorschriften. Der Aufenthalt im direkten Strahlenkegel ist auch kurzzeitig nicht gestattet und muß durch Absperrungen verhindert werden. Der menschliche Körper darf je Jahr nicht mehr als 5 r erhalten (1 r = 1 Röntgen erzeugt in 1 cm³ Luft je Sekunde $2 \cdot 10^9$ Ionen).

Die auf Grund der Wellennatur der Röntgenstrahlen an Kristallgittern auftretenden Beugungserscheinungen werden zu *Feinststrukturuntersuchungen*[2] verwendet (Laue 1912). Von *Bragg* stammt die Verwendung monochromatischer Röntgenstrahlen und die einfache Betrachtungsweise, mit der sich die auftretenden Interferenzerscheinungen verstehen lassen. In einem Kristall hat man ein ganzes Netz einander schneidender Ebenen, von denen jede mit Atomen besetzt ist. Jede parallele Reihe gleichartig mit Atomen besetzter Ebenen (*I*, *II* und *III* in Abb. 128) bezeichnet man als ein System von Netzebenen. Trifft ein paralleles Bündel phasengleicher Röntgenstrah-

---

[1] DIN 54113 Technische Röntgeneinrichtungen und -anlagen bis 300 kV, Strahlenschutzregeln für die Herstellung und Errichtung.

[2] Legat, W., Frey, F.: Einführung in die Untersuchung der Kristallgitter mit Röntgenstrahlen. Wien: Springer. 1953.

2,5 Die zerstörungsfreien Prüfverfahren

len R_1, R_2, R_3 von bestimmter Wellenlänge λ auf diese Netzebenen unter kleinem Winkel α (Glanzwinkel) auf, so gehen von den Auftreffpunkten sekundäre Röntgenstrahlen nach allen Richtungen aus, die miteinander interferieren. Steht die Wellenlänge λ in einer bestimmten Beziehung zum Glanzwinkel α, so verstärken sich die Strahlen, so daß ein Bündel Röntgenstrahlen den Kristall in solcher Richtung verläßt, als ob das Strahlenbündel R_1, R_2, R_3 von den Netzebenen direkt reflektiert worden wäre. Diese Verstärkung tritt ein, wenn der Gangunterschied ein Vielfaches einer Wellenlänge beträgt (Abb. 128):

$$n\lambda = 2\,x - y,$$

$$x = \frac{d}{\sin\alpha}, \quad y = \frac{2\,d}{\tan\alpha} \cdot \cos\alpha = \frac{2\,d \cdot \cos^2\alpha}{\sin\alpha},$$

$$n\lambda = \frac{2\,d}{\sin\alpha} - \frac{2\,d \cdot \cos^2\alpha}{\sin\alpha} = \frac{2\,d}{\sin\alpha}(1 - \cos^2\alpha) = 2\,d \cdot \sin\alpha.$$

Besteht das Strahlenbündel aus Röntgenstrahlen verschiedener Wellenlängen, so geht nur der Strahl des Bündels heraus, der gerade die durch obige Gleichung bestimmte Wellenlänge λ hat.

Da sich die Gitterabstände unter dem Einfluß äußerer Kräfte ändern, ist die Röntgenprüfung auch zur *Spannungsermittlung* mit Erfolg verwendet worden.

2,53 Die Prüfung mit Gammastrahlen [1]

Da die Gammastrahlen eine elektromagnetische Wellenbewegung sind, deren Wellenlänge noch unter der der harten Röntgenstrahlen liegt, ist ihre Durchdringungsfähigkeit sehr groß. Als Strahlenquellen wurden früher *Radiumsalze*, *Radon*, ein einatomiges, radioaktives Gas hoher Dichte oder *Mesothor* verwendet. Heute finden *künstliche radioaktive Isotope*, wie *Kobalt 60* (Co 60), *Ir 192* und *Ta 182* Verwendung, die bei gleicher Intensität kleiner und billiger sind. Man mißt ihre Stärke in Curie (Ci) 1 Ci = Menge radioaktiver Kerne, in der die Zahl der Zerfälle je Sekunde $3,7 \cdot 10^{10}$ beträgt. Dies entspricht der Stärke von 1 g Radium, das mit seinen Zerfallsprodukten in Gleichgewicht steht. Co 60 besitzt eine Halbwertzeit von 5,3 Jahren und wird bei einer Stärke von 100, 250, 500 und 750 mCi (1 mCi = 0,001 Ci) in zylindrischer Form von 2, 4 und 6 mm Durchmesser und Höhe herge-

---

[1] Müller, E.: Die Anwendung künstlicher radioaktiver Isotope zur zerstörungsfreien Werkstoffprüfung. Werkst. u. Betr. *1953*, 301—303. — DIN 54115, Bl. 1 Strahlenschutzmaßnahmen für die technische Anwendung umschlossener radioaktiver Stoffe; zugelassene Körperdosen. Bl. 2 —; umschlossener Strahler. Bl. 3 —; Beförderung.

stellt. Die Prüfung mit Co 60 findet für Stahl und Schwermetalle von 40 bis 250 mm Wanddicke Verwendung. Die in einer nicht rostenden Kapsel eingepreßte Strahlenquelle ist so in einem Arbeitsbehälter aus Blei eingesetzt, daß im Ruhezustand keine Strahlung austreten kann. Durch elektromagnetische, pneumatische oder mechanische Fernsteuerung kann das Präparat vor die Ausstrahlungsöffnung oder vor den Bleibehälter gebracht werden, so daß auch Aufnahmen von im Kreis angeordneten Werkstücken möglich sind. Transport und Aufbewahrung des Präparates müssen so erfolgen, daß Schädigungen durch die Strahlung ausgeschlossen sind. Zum Fehlernachweis verwendet man die *Filmaufnahme* und das *Zählrohr*.

Gegenüber den Röntgenstrahlen haben die Gammastrahlen den Vorteil, daß sie keine Hochspannungs- und Kühleinrichtungen benötigen, daß sie wegen der geringeren Streustrahlung klarere Bilder ergeben, daß die Durchstrahlung größter Dicken, die Prüfung schwer zugänglicher Werkstücke und schwerer Teile an Ort und Stelle möglich sind. Nachteile sind, daß es nicht möglich ist die Strahlung abzuschalten, daß die Bildqualität wegen der größeren Härte der Strahlung schlechter ist und daß auch die Einstellung der Belichtungszeit etwas komplizierter ist.

Der bei der Röntgenstrahlung erforderliche *Strahlenschutz* (s. 2,52) ist auch für die Gammastrahlung zu beachten.

2,54 Die Prüfung mit Ultraschall[1] (DIN 54119)

2,541 Grundsätzliches

In Gasen und Flüssigkeiten pflanzt sich Schall durch Longitudinalwellen, in festen unbegrenzten Medien (Abmessungen gegen Schallwellenlänge groß) als Longitudinal- und Transversalwellen und in dünnen Stäben und Platten als Dehn- und Biegewellen fort (Luft von 0 °C $w_L = 332$ m/s[2], Stahl $w_L = 5850$ m/s[2], $w_T = 3230$ m/s[3], $w_D = 5140$ m/s[4]). Zum Nachweis kleiner Fehlstellen dient *Ultraschall*

---

[1] Krautkrämer, H., Krautkrämer, J.: Praktische Werkstoffprüfung mit Ultraschall. Berlin-Göttingen-Heidelberg: Springer. 1961. — Bergmann, L.: Ultraschall und seine Anwendung in Wissenschaft und Technik. Stuttgart: S. Hirzel. 1954. — DIN 54120 Kontrollkörper.

[2] $w_L = \sqrt{\dfrac{E \cdot (1-\nu)}{\rho \cdot (1+\nu) \cdot (1-2\nu)}} = \sqrt{\varkappa \cdot R \cdot T}.$ $\qquad \dfrac{1}{\nu} = \dfrac{E}{2\,G} - 1 = 0,3.$

[3] $w_T = \sqrt{\dfrac{E}{\rho \cdot 2 \cdot (1+\nu)}} = \sqrt{\dfrac{G}{\rho}}.$

[4] $w_D = \sqrt{\dfrac{E}{\rho}}.$

mit Frequenzen von 0,1 bis 20 MHz, der an den Grenzflächen von Metall gegen Luft oder Schlacke nahezu vollständig reflektiert wird, wenn dessen Wellenlänge klein gegenüber den Abmessungen der Fehlstelle ist ($\lambda = w/f$).

Durch den *Magnetostriktionseffekt* von Stäben aus Ni, FeNi- oder CoNi-Legierungen (unter dem Einfluß eines magnetischen Wechselfeldes treten bei Resonanz Längenänderungen auf) können wegen der Verluste nur Ultraschallschwingungen bis 0,1 MHz erzeugt werden. Für die Werkstoffprüfung wird daher Ultraschall ausschließlich durch den *piezoelektrischen* Effekt erzeugt. Dazu werden aus einem Quarz- oder $BaTiO_3$-Kristall Plättchen mit planparallelen, kristallographisch in bestimmter Weise orientierten Stirnflächen herausgeschnitten und durch ein elektrisches Wechselfeld zu mechanischen Resonanzschwingungen erregt. Diese werden durch ein Kopplungsmittel (Öl, Wasser) in das metallisch blanke, ebene zu untersuchende Werkstück geleitet. Die erforderlichen hochfrequenten Wechselspannungen werden in Röhrengeneratoren erzeugt.

Durch Ultraschallprüfung werden Fehler, die senkrecht zur Schallrichtung verlaufen, angezeigt (Lunker, nichtmetallische Einschlüsse, Poren, Risse, ausgewalzte Blasen, Dopplungen, Bindefehler an Schweißnähten). Wegen der Streuung an dem groben Korn sind austenitischer und ferritischer Chromstahlguß nicht prüfbar. Der Nachweis von Ultraschall erfolgt durch piezoelektrische Schwinger, die die mechanischen Schwingungen in elektrische Wechselfelder umwandeln, *und* durch das *Schallsichtverfahren*. Bei diesem stellen sich in Xylol oder CCl_4 suspendierte Aluminiumteilchen von 10 bis 20 μm Durchmesser und 1 bis 2 μm Dicke je nach auftretender Intensität mehr oder weniger senkrecht zur Schallrichtung. An diesen wird ein schräg einfallendes Lichtstrahlenbündel gerichtet reflektiert, während es von den übrigen diffus zerstreut wird. Somit erscheinen die von den Schallwellen getroffenen Stellen der Suspension hellglänzend in grauer Umgebung. Eine scharfe Abbildung des Fehlers wird durch Verschieben einer Schalllinse erzeugt.

Man unterscheidet folgende drei Verfahren der Ultraschallprüfung:

2,542 Das Durchschallungsverfahren

Bei diesem werden kontinuierlich Schallwellen von einem Sendeschallkopf (Abb. 130) von einer Seite in das Werkstück gesendet und auf der gegenüberliegenden Seite von einem Empfangskopf entsprechend ihrer Stärke angezeigt. Da zwei gegenüberliegende, parallele Seiten des Prüflings zugänglich sein müssen, ist dieses Verfahren vor allem für plattenförmige Prüflinge (Bleche) geeignet. Beim Prüfen von Blechen

(Dopplungen, Schweißnähten) kann man mit *Winkelprüfköpfen* die Schallwellen schräg einstrahlen (Abb. 129), so daß unter Ausnützung einer Zwischenreflexion Sende- und Empfangskopf an derselben Oberfläche liegen können. Der Schallkopf wird dabei fest an die Keilfläche eines Kunststoffkeiles gekittet, dessen zweite Fläche wie üblich an das Werkstück gekoppelt wird. Die Longitudinalwellen werden an dieser Fläche total reflektiert, während die Transversalwelle in das Werkstück gelangt. Mit mehrfachen Reflexionen kann man große Gebiete prüfen.

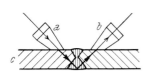

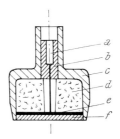

Abb. 129. Ultraschallprüfung einer Schweißnaht. *a* Sendequarz, *b* Empfangsquarz, *c* Werkstück

Abb. 130. Sendeschallkopf. *a* Steckbuchse, *b* Isolierkörper, *c* Gehäuse, *d* Dämpfer, *e* rückwärtige Elektrode, *f* piezoelektrischer Schwinger

2,543 Das Resonanzverfahren

Dieses wird zur Messung geringer Wanddicken an nur einseitig zugänglichen Prüflingen verwendet. In diese wird eine Schallwelle mit stetig veränderter Frequenz eingestrahlt, die an der Gegenwand reflektiert wird und wieder zum Schallkopf gelangt. Beträgt die Dicke ein Vielfaches einer halben Wellenlänge, so nimmt infolge Resonanz (kräftige Dickenschwingungen) der Schallkopf erhöhte Energie auf. Die Dicke d errechnet sich aus den Frequenzen f_1 und f_2 zweier aufeinanderfolgender Resonanzen aus: $d = 0{,}5 \cdot w/(f_2 - f_1)$.

2,544 Das Impuls-Echoverfahren

Bei diesem werden nur sehr kurze Schallimpulse (drei Wellenzüge) vom Sendekopf in das Werkstück gesendet, so daß der Kopf nach Reflexion der Schallwellen an den Endflächen oder Fehlern als Empfänger verwendet werden kann. Es braucht somit nur eine Seite zugänglich und bearbeitet sein. Die Reflexionen werden auf dem Bildschirm eines Kathodenstrahloszillographen als Zacken *a* (Abb. 131: *b* Sende- und Empfangskopf, *c* Werkstück) zur Anzeige gebracht. Bei fehlerfreien Werkstücken tritt nur ein Rückwandecho auf. Da die Skala des Bild-

schirmes in mm geeicht ist, kann man die Lage des Fehlers und die
Dicke des Prüflings feststellen. Alle vor dem Rückwandecho auftretenden Echos sind auf Fehlstellen zurückzuführen. Verbreitete Fehler,
wie Flocken, Risse, Seigerungen, Poren oder grobes Korn, lassen so
wenig Energie durch, daß das Rückwandecho vollkommen verschwindet. Die durchschallbaren Abmessungen sind durch die Schallabsorp-
tion nach oben (abhängig von Frequenz und Werkstoffart: Stahl ge-
walzt/gegossen 5 MHz 2/0,3 m 1 MHz 8/1 m) und durch die Wellen-

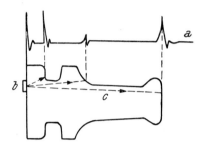

Abb. 131. Ultraschallprüfung nach
dem Impulsverfahren. *a* Anzeige auf
dem Bildschirm, *b* Sende- und
Empfangsquarz, *c* Werkstück

Abb. 132. Winkelschallkopf.
a Schallkopf, *b* Kunststoffkeil

länge des Schalles im Prüfling nach unten (Sende- und Empfangs-
impuls müssen voneinander getrennt werden können) begrenzt.

Das Verfahren eignet sich besonders zur Prüfung großer Schmiede-
und Gußstücke und großer Hochspannungsisolatoren und ist dort
dem Röntgenverfahren wegen der größeren prüfbaren Wanddicken
bei geringeren Gerätekosten überlegen. Durch Verwendung eines *Win-
kelschallkopfes* mit schräger Einstrahlung können auch Fehler gefunden
werden, die bei senkrechtem Schalleinfall nicht nachweisbar sind.
Um bei der Prüfung von Schweißnähten in Blechen (Abb. 132) die
ganze Nahttiefe zu erfassen, wird der Schallkopf über einen zur Naht
parallelen Streifen im Zickzack hin- und herbewegt. Aus der Stellung
des Schallkopfes kann auf die Tiefenlage des Fehlers geschlossen werden.

Gegenüber der Prüfung mit Röntgen- und Gammastrahlen ergeben
sich bei der Ultraschallprüfung geringere Anschaffungskosten der
Geräte, raschere Durchführung der Prüfung und vollkommene Ge-
fahrlosigkeit. Nachteilig ist, daß sehr kleine Fehler nur schwer fest-
zustellen sind und daß die Aufnahme eines Prüffilmes kaum möglich
ist. In der Praxis wird daher häufig der Ultraschall zur raschen Diagno-
stizierung und die Röntgenaufnahme zur genauen Bestimmung des
Werkstofffehlers verwendet.

2,55 Die magnetische Risseprüfung[1] (DIN 54121)

Diese Verfahren dienen zur Auffindung feinster, oberflächennaher Risse in ferromagnetischen Werkstücken.

Die zu untersuchenden Werkstücke werden magnetisch gesättigt, so daß an den Fehlstellen Streufelder auftreten. Auf die Proben wird eine Suspension von feinstem Pulver aus Karbonyleisen, Fe_3O_4 oder γ-Fe_2O_3 in Prüföl geschwemmt, wodurch sich an den Ein- und Austrittstellen der Streufelder Pulveranhäufungen bilden, welche durch Ab-

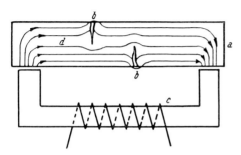

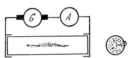

Abb. 133. Längsmagnetisierung. a Werkstück, b Querrisse, c Elektromagnet, d Kraftlinien

Abb. 134. Stromdurchflu-tung. G Generator, A Strommesser

drücke auf saugfähigem Papier festgehalten werden können (seiten-verkehrte Bilder).

Zur Erzeugung des Magnetfeldes finden Polmagnetisierung, Strom-durchflutung oder eine Kombination dieser Verfahren Verwendung.

Bei der *Polmagnetisierung* verlaufen die Kraftlinien in Richtung der Stabachse (*Längs*magnetisierung), so daß Querrisse angezeigt wer-den. Sie kann als *Joch*magnetisierung mit *Dauer*magneten (nur für Kleinteile) oder mit durch Gleich-, Wechselstrom oder kurze Strom-stöße erregte *Elektro*magneten (Abb. 133) oder als *Spulen*magneti-sierung mit um das Werkstück gewickelten Spulen durchgeführt werden.

Bei der *Stromdurchflutung* verlaufen die Kraftlinien um die Stab-achse herum (*Quer*magnetisierung), so daß Längsrisse nachgewiesen werden können. Sie wird als *Selbst*durchflutung (Abb. 134), bei rohr-förmigen Teilen als *Hilfs*durchflutung, bei welcher ein stromdurch-flossener Leiter durch den Innenraum des Prüflings gelegt wird, und als *Induktions*durchflutung, bei der der Teil die Sekundärwicklung eines Trafos bildet, durchgeführt.

---

[1] Müller, E.: Materialprüfung nach dem Magnetpulververfahren. Leipzig: Akadem. Verlagsges. 1951. — Förster, F.: Theoretische und experi-mentelle Weiterentwicklung des magnetischen Streuflußverfahrens zur Fehlerprüfung. ZVDI *1971*, 1113—1117.

Bei allen Verfahren ist die Fehleranzeige um so deutlicher, je näher die Fehlstellen (Risse, Schlackenzeilen) an der Oberfläche liegen. Bei Verwendung von Wechselstrom höherer Frequenz wird das Magnetfeld durch den Skineffekt an die Oberfläche gedrängt. Tiefenfehler erfordern Gleichstrom, durch welchen der ganze Querschnitt gesättigt wird. Stoßmagnetisierung wird zur Serienprüfung harter Kleinteile mittels Remanenz angewendet (Kondensatorenentladungen). Für blanke Teile ergibt dunkles Magnetpulver die besten Anzeigen. Für Teile mit Oxidhaut verwendet man vorteilhaft mit fluoreszierenden Stoffen überzogene Pulver, wodurch bei Bestrahlen mit ultraviolettem Licht im abgedunkelten Raum allerfeinste Fehlstellen (0,1 μm Breite) erkennbar sind. Es kann auch mit trockenem Pulver, das in einem Behälter durch Druckluft in Schwebe gehalten wird, gearbeitet werden.

Um kurze Prüfzeiten zu erhalten, *vereinigen moderne* Prüfmaschinen Stromdurchflutung *und* Polmagnetisierung, so daß in einer Aufspannung Längs- *und* Querrisse nachgewiesen werden können. Anwendung finden *tragbare* und *stationäre* Geräte. Behelfsmäßig kann man große Werkstücke mit einem um sie einigemal herumgewickelten, kurzgeschlossenen Schweißkabel prüfen. Nach der Prüfung müssen alle Werkstücke *entmagnetisiert* werden.

2,56 Induktive Prüfverfahren[1]

Bei diesen wird das Werkstück in das Magnetfeld einer von Wechselstrom durchflossenen Spule gebracht, wodurch in ihm Wirbelströme erzeugt werden. Diese rufen ebenfalls ein Wechselfeld hervor, das sich dem Primärfeld überlagert und den Scheinwiderstand der Prüfspule ändert. Diese Änderung ist abhängig von der elektrischen Leitfähigkeit, den Abmessungen, der magnetischen Permeabilität, Rissen, Lunkern und anderen Fehlern der Probe, die somit durch Messen des Scheinwiderstandes festgestellt werden können. Man kann mit diesen Verfahren in küzester Zeit noch die Härte, Einsatztiefe, Randentkohlung usw. feststellen, weshalb ihre Verwendung in der Massenfabrikation laufend zunimmt (Multitest-, Magnatest Q- bzw. -D-Geräte). Es werden bereits selbsttätig arbeitende Geräte erzeugt.

Beim *Tastspul*verfahren wird eine wechselstromdurchflossene Spule auf das Werkstück aufgesetzt (für Bleche geeignet), beim *Gabelspul*verfahren wird eine Primärspule für die Erzeugung und eine Sekundärspule für die Anzeige des Magnetfeldes verwendet, und beim *Durchlaufspul*verfahren befindet sich das Werkstück in der Spule.

Auf ähnliche Weise arbeitet ein Prüfgerät, das zur Feststellung

---

[1] Förster, F.: Elektroinduktive Prüfung. Werkstoff-Handbuch Nichteisenmetalle, 2. Aufl. II E 1604, dort 54 weitere Literaturangaben.

etwaiger Drahtrisse bei Trag- und Hubseilen von Seilbahnen und Liften dient, ohne daß hiezu das Seil abgenommen werden muß.

2,57 Risseprüfung durch Kapillarverfahren

Bei der *Farbspurmethode* (Met-L-Chek-Verfahren) werden risseverdächtige Teile mit einer roten Farbe bepinselt, die in die feinsten Risse eindringt. Nach dem Trocknen wird die Farbe von der Oberfläche entfernt und eine weiße Farbe aufgebracht. Diese holt den roten Farbstoff aus den Rissen heraus und hinterläßt an der Rißstelle eine blutrote Spur.

Bei der *Fluoreszenzprobe* wird das Werkstück in eine Flüssigkeit, die als Trägerin fluoreszierender Stoffe dient, getaucht und abschließend oberflächlich gereinigt. Durch Bestrahlen mit einer Quarzlampe wird dann die in die Risse eingedrungene Flüssigkeit sichtbar gemacht.

Bei der *Ölkochprobe* wird das Werkstück in Öl von 100 bis 160° gekocht und anschließend nach Reinigung in Sägespänen in eine Aufschlämmung von Schlämmkreide in Spiritus getaucht. Nach Verdunsten des Lösungsmittels haftet auf dem Stück eine dünne, gleichmäßige weiße Schicht, auf der sich nach kurzer Zeit Risse durch Braunwerden abheben.

3. Die spanlose Fertigung der Metalle

3,1 Das Gießen

3,11 Allgemeines

Das Gießen ist eines der ältesten Formgebungsverfahren. Bereits im 3. Jahrtausend v. Chr. wurden in Mitteleuropa Teile aus Bronze gegossen. Gegenstände aus Messing sind im Altertum in den Mittelmeerländern hergestellt worden. Zinnguß war schon bei den Griechen und Römern bekannt, während Gußeisen erst Ende des Mittelalters zur Verwendung gelangte.

Die *Gießbarkeit* der Metalle und ihrer Legierungen ist abhängig von der Schmelztemperatur, der Dünnflüssigkeit, der Gasaufnahme, der Oxydation, der Seigerung und der Schwindung.

Mit Rücksicht auf die Feuerbeständigkeit der Form und den Brennstoffverbrauch zum Schmelzen sind Metalle und Legierungen mit niedriger *Schmelztemperatur* (Zinn, Zink, Blei, Aluminium usw.) leichter zu vergießen. Legierungen mit eutektischer Zusammensetzung (Gußeisen, Silumin, Sickerlot) haben nicht nur den tiefsten Schmelzpunkt, sondern auch das beste Fließvermögen und die geringste Neigung zum Lunkern.

Die *Dünnflüssigkeit* ist abhängig von der Überhitzung über die Schmelztemperatur. Oxide und Sulfide machen die Legierungen dickflüssiger, Phosphor meist dünnflüssig. Zur Prüfung des *Fließvermögens* wird die Schmelze in eine spiralförmige Form gegossen. Je weiter die Schmelze in die Form eindringt, um so besser ist ihr Fließvermögen.

In Metallschmelzen können Gase in atomarer Form gelöst werden. Die *Gaslöslichkeit* (Abb. 135) der flüssigen Metalle sinkt mit fallender Temperatur. Wegen der dichteren Atompackung im Kristallgitter nimmt sie beim Übergang vom flüssigen in den festen Zustand sprunghaft ab. Beim Erstarren scheiden sich daher gelöste Gase als *Gasblasen* aus, die aus der dickflüssiger werdenden Schmelze meist nicht mehr entweichen können und einen Gußfehler darstellen. Gasblasen können jedoch auch durch Eindringen von Gasen aus der Form entstehen, wenn diese zu feucht oder zu wenig gasdurchlässig ist. Die *gelöste* Gasmenge ist der Quadratwurzel aus dem Partialdruck des Gases über der Schmelze proportional. Beim Schmelzen im *Vakuum* können daher *keine Gase* gelöst werden bzw. müssen gelöste Gase ausgeschieden werden. Für die Entgasung größerer Mengen ist eine Vakuumbehandlung nach dem Abstich geeignet, wovon man beim Vergießen von Stahl (Pfannenentgasung, Gießstrahlentgasung, Vakuumheberverfahren, Umlaufentgasung s. 1,12224 und Fußnoten) zur Herabsetzung des Wasserstoffgehaltes Gebrauch macht. Ein Erstarren unter hohem Druck (Druckguß) verhindert die Bildung von Gasblasen im Gußstück.

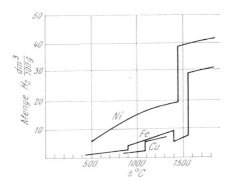

Abb. 135. Gaslöslichkeit von Nickel, Eisen und Kupfer

Gefährlich ist auch der Wasserstoff im Kupfer, Nickel und Aluminium. Er kann bereits im Einsatz vorhanden sein oder durch Zersetzung von Wasser in Sauerstoff und Wasserdampf aus der feuchten Form, aus der feuchten Luft oder zu wenig getrockneten Gießpfanne entstehen oder aus dem Brennstoff (Stadtgas, Erdgas, Heizöl) herrühren. Um die Wasserstoffaufnahme aus den Heizgasen zu vermeiden, muß oxydierend (unter Luftüberschuß) gearbeitet werden. Zur Entfernung gelöster Gase aus der Schmelze werden in diese Metalloxide gebracht, die ihren Sauerstoff zur Verbindung mit diesen Gasen leicht abgeben. Durch Spülgase, welche durch die Schmelze geschickt werden, werden die gelösten Gase gebunden (Wasserstoff durch Chlor bei Aluminium) oder der Partialdruck für die gelösten Gase herabgesetzt (Spülung mit Stickstoff bei Aluminium; bei Stahl wirkt das beim Frischen entstehende CO als Spülgas; Spülung mit SO_2 bei Magnesiumlegierungen). Es können auch Salze beigegeben werden, die solche Gase abspalten.

Bei Anwesenheit von Luft beim Schmelzen tritt *Oxidbildung* ein, die um so stärker ist, je höher die Temperatur, die Dauer der Einwirkung und die Affinität des Metalles zu Sauerstoff ist. Die Oxide bilden einen Verlust (Abbrand) und verringern die Güte des Gußstückes. Die Schmelze soll daher nicht zu lange und zu hoch erhitzt werden, im Ofen eine neutrale oder reduzierende Atmosphäre vorhanden sein, das Schmelzbad mit entsprechenden Mitteln abgedeckt werden und der Einsatz frei von Oxiden sein. Bereits vorhandene Oxide werden durch Desoxydationsmittel (Stoffe mit hoher Affinität zu Sauerstoff, wie P, Mg, ...) entfernt, welche gut mit dem flüssigen Metall vermischt werden müssen.

Seigerungen sind Entmischungen von Legierungen beim langsamen Erstarren. Sie treten besonders bei Legierungen mit Eutektikumbildung auf, bei denen größere Unterschiede in der Dichte der Komponenten vorhanden sind. Durch rasche Abkühlung (Kokillenguß) werden sie verringert.

Die *Schwindung* (Volumsverkleinerung beim Abkühlen) ist um so größer, je höher der Schmelzpunkt und je größer die Wärmeausdehnung ist. Als ihre Folge treten Lunker, Spannungen, Risse und Verformungen auf.

Lunker entstehen in allen Gußstücken mit großen Stoffanhäufungen. Da die Erstarrung an den Wänden der Form beginnt, fehlt die Möglichkeit des Nachsaugens von Schmelze besonders an solchen Stellen, wo sich an dickere Querschnitte dünnere anschließen. Kann man bei der Konstruktion ungleiche Wanddicken nicht vermeiden, so muß der Former an Stellen von Stoffanhäufungen Schreckplatten oder Kokillen (Formteile aus Gußeisen, die mit einem dünnen Brei aus Leinöl oder Sand bestrichen sind) einlegen. Wo dies nicht möglich ist, muß man vorzeitig ausformen oder Drahtspiralen oder Kühlnägel in die Form einlegen, die der Schmelze Wärme entziehen. Besonders bei Stahlguß werden zur Vermeidung von Lunkern *verlorene Köpfe* (Abb. 210) auf die gefährdeten Stellen aufgesetzt, in welchen die Schmelze länger flüssig bleibt, so daß aus ihnen Stahl zum Gußstück nachfließen kann. Gasblasen, Lunker und Seigerungen bilden sich dann im verlorenen Kopf, der später vom Gußstück abgetrennt wird.

Spannungen entstehen infolge ungleicher Schwindung besonders an Gußstücken mit ungleichen Wanddicken. Die dünnen, zuerst erstarrten Teile verhindern eine Zusammenziehung der dicken, zuletzt erstarrten Teile. Bei örtlicher Überschreitung der Bruchdehnung treten *Risse* auf. Bei Riemenscheiben erstarrt der Kranz zuerst und ruft in den dickeren, später erstarrenden Armen Zugspannungen hervor. Bei Schwungrädern erstarren zuerst die Arme, so daß beim Erstarren des Kranzes in ihnen Druckspannungen entstehen. Spannungen verringert man durch entsprechende konstruktive Ausbildung der Gußstücke (möglichst gleiche Wanddicken), durch vorzeitiges Ausformen dickerer Teile, durch Einlegen von Kokillen, Kühlnägel usw. *Warmrisse* treten an den Werkstücken bereits in der Form infolge zu fest gestampfter Formteile und Kerne, die ein freies Schwinden der Gußstücke verhindern, auf.

3,12 Die Eisengießerei

Gußeisen ist der am häufigsten verwendete Werkstoff für Gußstücke (Gewinnung, Eigenschaften und Verwendung s. Werkstoffkunde).

3,1201 Die Schmelzöfen

Aufgabe der Schmelzöfen ist es, die Metalle zu schmelzen und über den Schmelzpunkt zu erhitzen und dabei die Aufnahme schädlicher Elemente (Schwefel) bzw. den Abbrand anderer Elemente zu verhindern.

Nach den verwendeten Brennstoffen unterscheidet man Schmelzöfen für *feste* Brennstoffe (Kohle, Koks, Kohlenstaub), für *flüssige* Brennstoffe (Rohöl, Heizöl), für *gasförmige* Brennstoffe (Gichtgas, Koksofengas, Generatorgas, Erdgas, Stadtgas) und *elektrisch* beheizte Öfen.

Nach der Bauform unterscheidet man *Schachtöfen* (Hochofen, Kupolofen), *Herdöfen* (Flammofen, Siemens-Martin-Ofen, Lichtbogenofen), *Tiegelöfen* (koks-, öl-, gas- und durch Heizleiter oder induktiv beheizte Tiegelöfen), *Kesselöfen* und *Trommelöfen*.

Zum Schmelzen von Gußeisen werden der Kupolofen, der Flammofen, der Trommelofen, Elektroöfen und der Siemens-Martin-Ofen (nur für Temperrohguß) verwendet.

3,12011 Der Kupolofen

Der *Kupol-* oder *Gießereischachtofen*[1] ist der in der Eisengießerei am häufigsten verwendete Schmelzofen. Bei ihm stehen Brennstoff (Gießereikoks) und Einsatz in unmittelbarer Berührung. Er besitzt den Vorteil der guten Wärmeausnützung und einfachen Bedienung und den Nachteil, daß aus dem Koks Kohlenstoff und Schwefel aufgenommen werden und unedle Legierungselemente in stärkerem Maße abbrennen können.

Der Kupolofen (Abb. 136) ist ein senkrechter Zylinder aus Stahlblech, der von vier Säulen getragen wird, so daß unterhalb ein Raum für die Entleerung frei bleibt. Oben befindet sich eine Beschickungsöffnung mit der Gichtbühne und den Beschickungseinrichtungen. Oberhalb der Beschickungsöffnung erstreckt sich der Kamin zum Abzug der Verbrennungsgase. Dieser ist meist mit einer Funkenkammer ausgerüstet, die den Abgasstrom umlenkt und verlangsamt, so daß mitgerissene Koks- und Ascheteilchen abgesetzt werden können. Diese fallen dann in einen Behälter, von dem sie von Zeit zu Zeit entfernt werden können. Aus der Funkenkammer führt ein kurzer Kamin, der eine

---

[1] Praxis des Schmelzens im Kupolofen. Düsseldorf: Gießereiverlag. 1969.

Abdeckhaube zum Schutz gegen Niederschläge besitzt, die Abgase ins Freie.

Schacht und Funkenkammer sind mit feuerfesten Steinen oder Aufstampfmasse (Schamotte) ausgekleidet. Unmittelbar unter der Beschicköffnung besteht die Ausmauerung aus Gußeisenklötzen, um

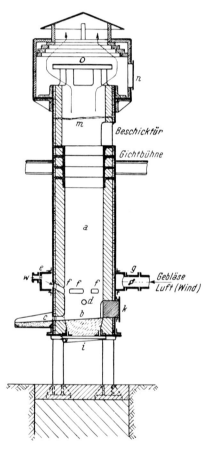

Abb. 136. Kupolofen. *a* Schacht, *b* Herd, *c* Abstichloch, *d* Schlackenform, *e* Wind-ring, *f* Blasform, *g* Drosselklappe, *i* Bodenklappe, *k* Einsteigöffnung, *m* Gicht, *n* Reinigungstür, *w* Schauloch

eine Beschädigung beim Einbringen des Satzes zu vermeiden. Am Ofenboden befindet sich eine Klappe, welche mit Formsand so weit aufgestampft wird, daß der tiefste Punkt des Ofenraumes in der Höhe der *Abstichöffnung* liegt. An diese schließt sich eine Rinne mit leichtem Gefälle, aus welcher das Gußeisen in die Pfanne fließen kann. Die Abstich-

öffnung ist während des Schmelzens durch einen Tonpfropfen verschlossen, der beim Abstich durch eine Eisenstange in den Ofen gestoßen

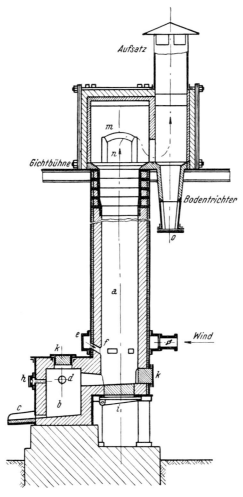

Abb. 137. Kupolofen mit festem Vorherd. *a* Schacht, *b* Vorherd, *c* Abstichloch,
d Schlackenform, *e* Windring, *f* Blasform, *h* Schauloch, *i* Bodenklappe, *k* Einsteigöffnung, *m* gemauerte Funkenkammer, *n* Beschicktür, *o* Schieber

wird. Über der Ofensohle befindet sich noch eine Arbeitstür *k*, durch
welche die Ofensohle aufgestampft wird. Durch diese Tür wird auch
der Füllkoks vor Beginn des Schmelzens durch einen Öl- oder Gasbrenner entzündet. Oberhalb der Tür liegen die *Blasformen f*, durch
welche der Wind von einem am Ofenmantel angebrachten Windkanal

in den Schacht geblasen wird. Der Wind wird durch Kreiselgebläse oder Kreiskolbenverdichter erzeugt.

Neben dem einfachen Kupolofen, in dessen Unterteil sich das flüssige Eisen sammelt, werden noch *Kupolöfen mit Vorherd* verwendet. Bei diesen ist das Abstichloch ständig offen, so daß das flüssige Eisen und die entstehende Schlacke sich im Vorherd sammeln. Man unterscheidet *feststehende* (Abb. 137) und *fahrbare* Vorherde. Letztere können für mehrere Kupolöfen gemeinsam verwendet werden. In neuerer Zeit finden auch gas-, öl- und elektrisch *beheizte* Vorherde Verwendung. Durch Verwendung eines Vorherdes ist nicht nur die Ansammlung größerer Eisenmengen möglich, sondern kann auch eine bessere Entschwefelung und Legierung desselben erfolgen.

Nach den auftretenden physikalischen und chemischen Vorgängen läßt sich der Kupolofen in vier Zonen einteilen: Vorwärm-, Schmelz- bzw. Reduktions-, Wind- bzw. Oxydationszone und Zone des flüssigen Eisens und der Schlacke.

In der *Vorwärmzone* nimmt der langsam den Schacht herabsinkende Einsatz einen Teil der fühlbaren Wärme der Ofengase auf. Das Wasser wird verdampft und aus dem Kalkstein wird CO_2 ausgetrieben.

In der *Schmelz-* bzw. *Reduktionszone* beginnt das Schmelzen des Einsatzes. Das aus der Oxydationszone aufsteigende CO_2 wird durch den weißglühenden Satzkoks zu CO reduziert: $CO_2 + C = 2\,CO$. Dadurch wird dem Ofen eine größere Wärmemenge entzogen. Die Gichtgase enthalten außer ihrer fühlbaren Wärme noch große Mengen gebundener Wärme, welche bei den Heißwindkupolöfen zur Erwärmung der Gebläseluft verwendet wird.

In der *Wind-* bzw. *Oxydationszone* bewirkt der auf den weißglühenden Koks auftreffende Sauerstoff des Windes eine Verbrennung desselben:

$$C + O_2 = CO_2.$$

Auch ein Teil des Siliziums, Mangans und Eisens wird verbrannt:

$$Si + O_2 = SiO_2,$$
$$Mn + \tfrac{1}{2}\,O_2 = MnO,$$
$$Fe + \tfrac{1}{2}\,O_2 = FeO.$$

Die entstehenden Oxide SiO_2, MnO und FeO gehen mit dem gebrannten Kalk und der Asche des Kokses in die Kupolofenschlacke. Der im Koks vorhandene Schwefel verbrennt zu Schwefeldioxyd: $S + O_2 = SO_2$. Das entstehende SO_2 steigt mit den Verbrennungsgasen nach oben und bildet mit dem Eisen FeS, welches im Gußeisen als selbständiger, die Sprödigkeit, Härte, Dickflüssigkeit und Schwindung erhöhender und die Graphitausscheidung erschwerender Gefügebestandteil verbleibt.

Bei den höheren Temperaturen des Heißwindkupolofens und Hochofens wirken noch das MnO und CaO auf das Eisen entschwefelnd:

$$FeS + CaO + C = CaS + Fe + CO,$$
$$FeS + MnO + C = MnS + Fe + CO.$$

Das entstehende CaS und MnS gehen in die Schlacke.

In der *Zone* des *flüssigen Eisens* befindet sich während der ganzen Schmelzdauer der *Füllkoks*, da nach dem Verschließen des Abstichloches zu ihm kein Wind, also kein Sauerstoff gelangen kann. Bis zum Verschließen des Abstichloches muß der Füllkoks weißglühend sein, da sich andernfalls das flüssige Eisen abkühlt (matt wird). Aus dem weißglühenden Füllkoks nimmt es Kohlenstoff und den noch nicht verbrannten Schwefel auf. Die aufgenommene Kohlenstoffmenge ist bei geringerem Kohlenstoffgehalt des Einsatzes größer und steigt auch mit zunehmender Ofentemperatur. Man kann durch Zusatz von Stahlschrott den C-Gehalt verringern und den Einsatz verbilligen. Da der niedrigere C-Gehalt jedoch stärkere Schwindung und Dickflüssigkeit bedingt, ist die Zusatzmenge begrenzt.

Der Abbrand des Siliziums erreicht 10 bis 20%. Ist es nicht möglich, den erforderlichen Siliziumgehalt in Form von Roheisen und Gußbruch bereitzustellen, so ist der Zusatz von Ferrosilizium erforderlich. *Si-Formlinge* oder *Silizium-EK-Pakete* bestehen aus haselnußgroßem Ferrosilizium mit 45% Si, das durch schnellbindenden Zement zu zylindrischen Stücken von 2,8 kg mit 1 kg Si-Gehalt verbunden ist. Diese werden den Eisensätzen zugesetzt, wobei das in der Schmelzzone schmelzende Ferrosilizium durch eine zähe Schlackenumhüllung vor Verbrennung geschützt wird. *Wärmeführende Si-Pakete* enthalten außer Silizium noch einen wärmeführenden Bestandteil, der die zum Erhitzen und Schmelzen des Ferrosiliziums erforderliche Wärme abgibt.

Der Manganabbrand beträgt angenähert 20% und wird durch Verwendung manganreicher Roheisensorten ausgeglichen. Nur ausnahmsweise werden die spröden Manganlegierungen *Spiegeleisen, Ferromangan* und *Ferrosilikomangan* verwendet. Zur Vermeidung des Abbrandes verwendet man die kubischen *Mn-Formlinge* oder *Mn-EK-Pakete*, die aus gekörnten Ferrosilikomangan hergestellt werden (0,2 kg Si und 1 kg Mn).

Schwefel soll wegen seiner schädlichen Wirkung nur in geringer Menge im Gußeisen enthalten sein. Eine Verringerung des Schwefelgehaltes erzielt man durch Verwendung schwefelarmer Roheisensorten (Holzkohlenroheisen) und geringer Kokssätze. Da mit jedem Umschmelzen der S-Gehalt des Eisens steigt, soll der Anteil an Kreislaufmaterial nicht zu groß sein. Eine Entschwefelung kann im Vorherd

oder in der Pfanne durch Zugabe von *Entschwefelungspaketen*, die hauptsächlich aus *Soda* bestehen, erfolgen:

$$FeS + Na_2CO_3 + C = Na_2S + FeO + 2\,CO.$$

Vorher ist die saure Ofenschlacke abzuziehen. Die dünnflüssige Soda-
schlacke in der Pfanne kann durch gebrannten Kalk abgesteift werden.

Für eine gute Entschwefelung (besonders wichtig für Gußeisen mit
Kugelgraphit) ist eine gute Durchmischung des Bades erforderlich.
Eine Entschwefelung kann auch durch Zugabe von CaO oder CaC_2 in
der *Schüttelpfanne*[1] erfolgen:

$$CaC_2 + FeS = CaS + 2\,C + Fe.$$

Eine Verringerung des Schwefelgehaltes oder die Verwendung
schlechteren Kokses gestattet der *basische* Kupolofen, der mit einem
basischen Futter (höhere Futterkosten) arbeitet. Mit Heißwind be-
triebene basische Kupolöfen eignen sich als billige Vorschmelzanlagen
für die Stahlerzeugung.

Durch *Anreicherung des Windes* mit *Sauerstoff* (3 bis 4% der Wind-
menge) steigen Temperatur und Schmelzleistung des Kupolofens.

Auch die Verwendung von *Gießereikarbid*[2] ergibt eine Temperatursteigerung des Rinneneisens, geringeren Koksverbrauch (Senkung des
S-Gehaltes) und erhöhte Schmelzleistung.

Beim *Heißwindkupolofen* wird der durch das Gebläse erzeugte Wind
auf 350 bis 450 °C vorgewärmt. Die Erhitzung des Windes geschieht in
mit Gas, Öl oder Kohlenstaub betriebenen Winderhitzern oder unter
Ausnutzung der Abgaswärme nach dem Rekuperativ- oder Regenerativverfahren. Heißwindkupolöfen finden steigende Verwendung, da sie
einen geringeren Kokssatz (geringerer S-Gehalt) benötigen und höhere
Temperatur des Rinneneisens ergeben.

Jede größere Gießerei besitzt mindestens zwei Kupolöfen, die abwechselnd in Betrieb genommen werden. Nach jedem Schmelztag wird
der Kupolofen stillgelegt, um seine Ausmauerung auszubessern. Bei
Inbetriebnahme wird grobstückiger, fester Koks als *Füllkoks* eingebracht,
der den später eingebrachten Satzkoks und Einsatz tragen muß. Dann
wird der Füllkoks durch einen besonderen Brenner zum Glühen gebracht.
Nach Entfernen des Brenners wird die Arbeitstür sorgfältig verkeilt und
mit Lehm verschmiert und das Gebläse mit halber Leistung einge-

---

[1] Schürmann, E.: Entschwefelung von Gußeisen mit Kalziumkarbid
in einer basischen 3-t-Schüttelpfanne. Gießerei *1968*, 7—14. — Gleisberg, D.:
Entschwefeln von Gußeisen durch Schmelzbehandlung mit Calziumkarbid.
Gießerei *1968*, 1—7.

[2] Gleisberg, D.: Erfahrungen mit dem Einsatz von niedrig schmelzen-
dem Calziumkarbid im Kupolofen. Gießerei *1966*, 846—850.

schaltet. Wenn der Füllkoks entsprechend in Glut ist, wird das Gebläse abgestellt und mit dem Einwerfen der Eisen-, Koks- und Kalksätze begonnen. Der Kokssatz beträgt 10 bis 14% (bei Heißwind, O_2- und CaC_2-Zusatz weniger) des Eisensatzes, der Kalksatz 20 bis 30% des Kokssatzes. Im Interesse eines guten Ofenganges wird das Setzen in folgender Reihenfolge durchgeführt: Koks, Zuschläge, Stahlschrott, Gießereiroheisen, dicker Bruch, dünnwandiger Bruch und Kreislauf-material.

Der Roheisenanteil beträgt 25 bis 40% des Einsatzes. Die Art der zugesetzten Gießereiroheisensorten richtet sich nach der gewünschten Zusammensetzung des Rinneneisens. Durch die Verwendung von Guß-bruch vermindern sich die Kosten des Einsatzes. Wenig geeignet ist dünnwandiger Bruch (Radiatoren, Badewannen), ungeeignet Brandguß (Roststäbe). Unter *Kreislaufmaterial* versteht man Einguß- und Speiser-trichter, Läufe, Ausschußgußstücke und Spritzeisen, das aus dem Gießereisand durch Magnetabscheider zurückgewonnen wird. Falls durch diese Einsatzstoffe die gewünschte Gattierung nicht erzielt werden kann, werden noch Spiegeleisen, Ferromangan, Ferrosilizium und andere Legierungsmetalle zugegeben.

Der *Gießereikoks* soll grobstückig und fest sein und einen S-Gehalt unter 1,2% besitzen. Er soll zündträge sein, damit er erst in der Schmelz-zone verbrennt. Durch Eintauchen in Kalkbrei kann ein vorzeitiges Entzünden verhindert werden.

Der *Kalkstein* soll die mit dem Kreislaufmaterial sowie dem Roheisen in den Ofen gelangenden Sandteile und die Koksasche zu einer dünn-flüssigen Schlacke vereinigen. Durch Zusatz von *Flußspat* erzielt man eine gute Dünnflüssigkeit.

Den gewichtsmäßig größten Anteil an den eingesetzten Stoffen hat die Verbrennungsluft.

Nach dem Setzen wird das Gebläse auf volle Leistung geschaltet und es beginnt das Schmelzen. Das anfänglich auslaufende dickflüssige Eisen wird zum Gießen dickwandiger Teile ohne besondere Festigkeit ver-wendet. Dann wird das Abstichloch durch einen Tonpfropfen ver-schlossen, so daß sich das schmelzende Eisen im Innern ansammelt. Hat der Eisenspiegel die richtige Höhe erreicht, so wird die Gießpfanne vor die Ablaufrinne gestellt und der Tonpfropfen mit einer spitzen Eisenstange in den Ofen gestoßen. Nach Beendigung des Auslaufens wird ein neuer Tonpfropfen in die Öffnung gedrückt. Gegen Ende des Schmelzens wird die Leistung des Gebläses gedrosselt, da der Widerstand der zusammengesunkenen Beschickungssäule kleiner geworden ist. Nach dem Abstechen des letzten Eisens wird der Ofen „gezogen", d. h. die Bodenklappe wird durch Ziehen des Verschlußkeiles geöffnet und der im Schacht noch verbliebene Füllkoks und die Schlacke fallen weißglühend unten heraus. Durch Übergießen mit reichlichen Wassermengen werden sie abgelöscht.

Um sich sofort nach dem Abstich ein Bild von der Brauchbarkeit des ausfließenden Eisens zu machen, macht man die *Gießkeilprobe* nach

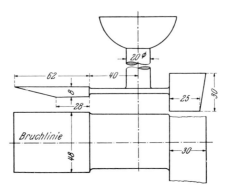

Abb. 138. Gießkeilprobe nach Sipp-Roll

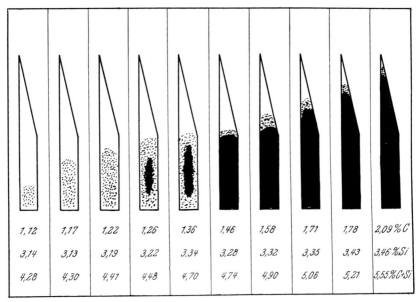

1,12	1,17	1,22	1,26	1,36	1,46	1,58	1,71	1,78	2,09 % C
3,14	3,13	3,19	3,22	3,34	3,28	3,32	3,35	3,43	3,46 % Si
4,28	4,30	4,41	4,48	4,70	4,74	4,90	5,06	5,21	5,55 % C+Si

Abb. 139. Bruchaussehen des Gießkeiles in Abhängigkeit vom C- und Si-Gehalt

Sipp-Roll (Abb. 138). Der Keil wird eine Minute nach dem Gießen bei etwa 900° aus der Form genommen, in Wasser abgeschreckt und der Länge nach durchschlagen. Er zeigt an der Spitze eine weiße Erstarrung, die je nach der Menge von Si + C kürzer oder länger ausfällt.

Abb. 139 zeigt das Bruchaussehen in Abhängigkeit vom Kohlenstoff- und Siliziumgehalt.

3,12012 Der Flammofen

Der *Flammofen* wird vor allem in Temper- und Walzengießereien verwendet, da in ihm ein Eisen mit geringem Kohlenstoff- und Siliziumgehalt und höherer Temperatur erschmolzen werden kann. Er wird in der Regel mit langflammiger Steinkohle, die 30 bis 35% flüchtiger Bestandteile besitzen muß, betrieben. Amerikanische, englische und deutsche Flammöfen sind in ihrer Bauart etwas verschieden. Der deutsche Flammofen (Abb. 140) hat an der Längsseite Einsatztüren *e* und

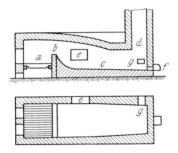

Abb. 140. Deutscher Flammofen. *a* Rost, *b* Feuerbrücke, *c* Herd, *d* Fuchs, *e* Einsatztür, *f* Abstichloch, *g* Schlackenform

das Abstichloch *f* am Ende des Herdes. Auf dem Rost *a* wird die Steinkohle eingesetzt, *b* ist die Feuerbrücke und *c* der Herd, der mit Sand und Ton aufgestampft wird. Ofenwände und Gewölbe werden mit Silikasteinen aufgemauert. Durch *d* entweichen die Abgase mit relativ hoher Temperatur, weshalb der Brennstoffverbrauch ziemlich hoch ist. Durch *g* kann die Schlacke abgelassen werden. Die Ausmauerung wird stark angegriffen und muß alle 10 bis 20 Chargen erneuert werden. Die auf dem Eisen schwimmende, aus dem abgeschmolzenen Mauerwek gebildete Schlacke muß von Zeit zu Zeit abgekrammt werden, da sie den Wärmeübergang ins Bad verringert.

Vor dem Einsetzen wird der noch heiße Ofen ausgebessert. Das Einsetzen erfolgt durch die Einsatztür *e* oder durch Abheben des Ofendeckels. Das Abstechen erfolgt durch Freistechen des Abstichloches *f*. Die Flammöfen gestatten durch laufende Analysen ein treffsicheres Erschmelzen bestimmter Eisenzusammensetzungen sowie das Einschmelzen großer, sperriger Stücke, besitzen jedoch einen hohen Abbrand (15% C; 25 bis 50% Si, 30 bis 60% Mn). Da der Einsatz nur mit den Verbrennungsgasen in Berührung kommt, ist die Schwefelaufnahme wesentlich geringer als im Kupolofen.

Gas-, öl- oder kohlenstaubgefeuerte Flammöfen werden meist als *Drehtrommelöfen* ausgeführt. Abb. 141 zeigt den *Brackelsberg*-Ofen, bei dem an der Stirnseite des Ofens mit besonderen Brennern Kohlenstaub mit Preßluft eingeblasen wird, wodurch sich eine heiße, über das Bad streichende Flamme ergibt. Die Abgase verlassen den Ofen am anderen Ende, von wo sie in den Kamin ziehen. Die Öfen besitzen einen Stahlblechmantel, der mit Silikasteinen ausgekleidet ist. Durch das Drehen wird das Schmelzgut durchmischt, das Ofenfutter geschont und die Wärme besser ausgenützt. Meist werden mehrere Einheiten benützt, um immer einen Ofen ausbessern zu können. Der Brennstoffverbrauch kann durch Vorwärmen der Gebläseluft nach dem Rekuperativverfahren herabgesetzt werden. Man erreicht Temperaturen bis 1500 °C, so daß der Ofen zum Erschmelzen von dünnwandigem Temperguß geeignet ist.

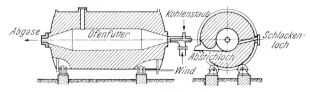

Abb. 141. Brackelsberg-Ofen

Beim Betrieb wird zunächst der leere Ofen auf Weißglut gebracht und dann bei abgestelltem Gebläse von der Einsatztür, die sich entweder an der Stirnseite oder auf dem Mantel befindet, beschickt. Da die Schmelze bei der Drehung im zweiten Fall über die Einsatztüre läuft, muß diese gut verschmiert werden. Beim *Duplex-Verfahren* wird im Kupolofen geschmolzenes und entschwefeltes Eisen als Einsatz verwendet. Zur Entkohlung kann Stahlschrott, zur Aufkohlung Petrolkoks eingebracht werden.

3,12013 Die Elektroöfen

Beim Schmelzen in den *Elektroöfen* erzielt man bei höheren Anlage- und Betriebskosten durch Reinheit und gute Regelbarkeit ein besonders hochwertiges überhitztes Gußeisen. Elektroöfen finden in Ländern mit niedrigen Stromkosten und zur Herstellung von Qualitätsguß ausgedehnte Verwendung.

Nach Art der Umwandlung der elektrischen Energie in Wärme unterscheidet man: Lichtbogen-, Widerstands- und Induktionsöfen. Zum Schmelzen von Gußeisen finden alle drei Ofenbauarten Verwendung.

Bei den *Lichtbogenöfen* brennt der Lichtbogen entweder zwischen den Elektroden (*indirekte* Lichtbogen- oder *Strahlungs*öfen) und gibt seine Wärme durch Strahlung an das Schmelzbad ab oder der Lichtbogen geht von den Elektroden zum Schmelzbad (*direkte* Lichtbogen- oder *Licht-bogenwiderstandsöfen*). Die letzteren sind heute ausschließlich in Gebrauch (Héroult-Ofen s. Elektrostahlerzeugung). Anwendung findet vor allem der basische Ofen, dessen Kalkschlacke eine wirksame Entschwefelung des Einsatzes ermöglicht, so daß an diesen keine so hohen Anforderungen wie beim Kupolofen gestellt werden. Für die Entschwefelung ist die sich in der Umgebung des Lichtbogens aus dem Koks und dem Kalk bildende Karbidschlacke von großer Bedeutung:

$$CaO + 3\,C = CaC_2 + CO.$$

Der Entschwefelungsvorgang verläuft nach den Gleichungen:

$$
\begin{aligned}
CaC_2 + FeS + 2\,FeO &= CaS\ + 3\,Fe\ + 2\,CO,\\
FeS\ + CaO\ + C &= CaS\ + Fe\ + CO\\
FeS\ + MnO + C &= MnS + Fe\ + CO\\
MnS + CaO\ + C &= CaS\ + Mn\ + CO.
\end{aligned}
$$

Das sich bildende CaS geht in die Schlacke. Durch den geringen Abbrand der Elektroden entsteht eine reduzierende Atmosphäre im Ofen, so daß der Abbrand des Einsatzes äußerst gering ist. Dadurch ist es möglich, auch legierten Schrott ohne Verlust der Legierungselemente zu verwenden.

Beim *Duplex*-Verfahren mit im Kupolofen niedergeschmolzenem flüssigem Einsatz erzielt man eine Verringerung der Schmelzkosten.

Vor dem Einsatz wird der Ofen vorgewärmt und gebrannter Kalk eingebracht. Bei Beginn des Niederschmelzens müssen die Elektroden mit dem Einsatz Kontakt haben, da der Widerstand der Gasschicht zwischen den Elektroden im kalten Zustand zu groß ist. Bei Zündschwierigkeiten kann man durch Einwerfen von Koks und Spänen den Stromübergang verbessern.

Bei den *Widerstandsöfen* wird der Strom durch Widerstände geschickt, die ihre Wärme durch Strahlung an das Schmelzgut abgeben. Zum Schmelzen von Gußeisen findet der *Graphitstabofen* Verwendung. Er wird mit einem Graphitstab als Trommelofen (bis 300 kg) und mit mehreren Graphitstäben als Wannenofen (Abb. 142, bis 3 t) ausgeführt. Die Elektroden bestehen aus Graphit und stecken in wassergekühlten Kontakten. Die Türen sind ebenfalls wassergekühlt und möglichst gut abgedichtet, um geringen Abbrand der Elektroden zu erhalten. Im Ofen herrscht eine reduzierende Atmosphäre, so daß der Einsatz praktisch nicht abbrennt.

Die *Induktionsöfen*[1] beruhen auf der Induktionswirkung[2] des Wechsel-

---

[1] Müller, H.: Induktionsschmelzöfen und ihre Konstruktions- und Bauelemente. Gießerei-Praxis *1964*, 359—368.

[2] VDI-Richtlinie 3131 Induktive Erwärmung.

stromes. Nach der Bauart unterscheidet man Rinnen- und Tiegelöfen, nach der Freqenz des angewendeten Wechselstromes Niederfreqenz- (meist Netzfrequenz mit 50 Hz), Mittelfrequenz- und Hochfrequenzöfen. *Netzfrequenzrinnenöfen* (Abb. 213) besitzen eine Rinne und einen Eisenkern. Sie benötigen flüssigen Einsatz und finden wegen der schwierigen Rinnenreinigung für Gußeisen keine Verwendung mehr.

Der *Netzfrequenztiegelofen*[1] (s. Elektrostahlerzeugung) hat in letzter Zeit für das Schmelzen von Grauguß größere Verbreitung gefunden. Er besitzt einen Ofeninhalt von 0,8 bis 12 t und kann im

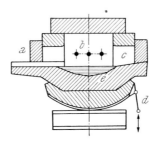

Abb. 142. Graphitstabofen.
a Ofentür, *b* Graphitstäbe, *c* Einsatztür, *d* Kippgestänge, *e* Herd

Gegensatz zum Hoch- und Mittelfrequenzofen direkt an das Netz angeschlossen werden. Beim Netzfrequenzofen müssen zum Anfahren im kalten Zustand Stücke über 250 mm Dicke oder ein vorgeschmolzener Block von Tiegeldurchmesser vorhanden sein. Die wegen der geringen Frequenz heftige Badbewegung ergibt eine gute Durchmischung des Einsatzes und die Möglichkeit, Späne mit einzuschmelzen.

Mittelfrequenzöfen arbeiten mit Frequenzen über 500 Hz und werden für Einsatzmengen bis 2 t gebaut. Sie können mit festem, kleinstückigem Einsatz beschickt werden und benötigen einen besonderen Mittelfrequenzstromerzeuger (höhere Anlagekosten). Das Erhitzen erfolgt bei ihnen wesentlich rascher als bei Niederfrequenzöfen, sie besitzen jedoch einen höheren spezifischen Stromverbrauch.

Bei den Induktionsöfen ist die Schlacke kälter als das Schmelzbad, so daß reiner Einsatz (keine Entschwefelung möglich) erforderlich ist. Gegenüber dem Kupolofen liefern sie hochwertiges Gußeisen (kein Abbrand, keine Schwefelaufnahme) von höherer Temperatur, sind elastischer, jedoch schwieriger zu bedienen und benötigen höhere Anschaffungskosten.

---

[1] Geissel, H.: Netzfrequenzinduktionstiegelöfen. Werkst. u. Betr. *1964*, 339—344.

3,1202 Die Formstoffe für verlorene Formen

Verlorene Formen werden nach dem Gießen des Werkstückes zerstört. Sie dürfen durch die Berührung mit dem flüssigen Metall nicht schmelzen und nicht erweichen, nicht an das Gußstück anbacken und müssen genügende Festigkeit, Bildsamkeit, Gasdurchlässigkeit und gleichmäßige Beschaffenheit aufweisen. Verwendung finden *natürliche Formsande, Masse, Lehm, Schamotte* und *synthetische Formsande*. Sie bestehen aus *Sand*, welcher die Feuerbeständigkeit, und einem *Bindemittel*[1], welches die Bildsamkeit bewirkt. Als Sand findet in erster Linie *Quarzsand* (SiO_2), welcher eine relativ große Wärmeausdehnung besitzt, in Sonderfällen *Zirkonsand* ($ZrO_2 \cdot SiO_2$), welcher höheren Schmelzpunkt (2260 °C), geringeren Ausdehnungskoeffizienten und höhere Wärmeleitung, *Olivinsand* ($2\,MgO \cdot SiO_2$) mit höherer Feuer- und Volumsbeständigkeit, *Chromitsand* ($FeO \cdot Cr_2O_3$) mit hoher Feuerbeständigkeit (über 1800 °C), geringerer Wärmeausdehnung als Quarz- aber höherer als Zirkonsand und *Schamotte* (gebrannter, feuerbeständiger kaolinitischer Ton) Verwendung.

Sande können aus natürlichen Lagerstätten gewonnen oder durch Vermahlen und Klassieren geeigneter Mineralien erzeugt werden.

Natürliche Formsande können primär durch mechanische und chemische Verwitterung von kristallinen Gesteinen, insbesondere Eruptivgesteinen (Granite) und kristallinen Schiefern (Gneise, Glimmerschiefer) entstehen. Sie enthalten Quarz- und Feldspatkörner, Glimmer und untergeordnete Teile von Begleitmineralien. Sekundär entstehen Sande aus abgelagerten Sandgesteinen (Sandsteine, sandige Tone und Mergel), die neu verwittern und verschwemmt werden können. An die eigentlichen Verwitterungsvorgänge schließen sich fast immer natürliche Aufbereitungsvorgänge an, die für die Beschaffenheit der Sande maßgebend sind, wie natürliche Flotation durch Flüsse, Meer und Wind. Mechanisch und chemisch wenig widerstandsfähige Mineralien werden mit der Zeit ausgemerzt (Kalk und Dolomit unter dem Einfluß der Kohlensäure des Wassers, Feldspat durch chemische Zersetzung und Abbau zu Tonmineralien usw.). Formsand soll unter 2% CaO und unter 6% Fe_2O_3 enthalten, durch welche der Schmelzpunkt herabgesetzt wird (Anbacken des Sandes). Die *Schlämmstoffe* (Tonmineralien) dienen als *Bindemittel*. Ihre Bindeeigenschaften hängen von ihrer spezifischen Oberfläche ab. Diese steigt in der Reihenfolge Illit, Kaolinit, Glaukonit und Montmorillonit. Nach dem Gehalt an Schlämmstoffen unterscheidet man *magere* mit 5 bis 8%, *mittelfette* mit 8 bis 15% und *fette* Sande oder *Masse* mit über 15% Schlämmstoffen. *Neusande* sind in der Natur vorkommende Sande ohne Zusätze. *Gebrauchssand* entsteht durch

---

[1] VDG-Merkblatt Formstoffbindemittel.

Mischen von bereits benutztem Sand (Altsand) mit Neusand und anderen Zusätzen bei entsprechender Aufbereitung. Man setzt dem Gebrauchssand 2 bis 8% *Steinkohlenstaub* zu, welcher durch eine reduzierende Atmosphäre eine Oxydation des flüssigen Eisens und durch eine Gasschicht das Anbrennen des Sandes an das Gußstück verhindert. *Modellsand* ist besonders gemischter und aufbereiteter Neusand, der bei der Handformerei in einer 20 bis 50 mm dicken Schicht das Modell umgibt. Seine beste Verarbeitbarkeit weist er beim formgerechten Wassergehalt auf. Der übrige Teil der Form besteht aus *Füllsand*, einem entsprechend aufbereiteten Altsand.

Beim *Naßguß* wird in ungetrocknete (*grüne*) Formen aus magerem Sand gegossen. Die Oberfläche der Werkstücke ist rauher, härter und schwerer bearbeitbar, die Kosten der Form sind geringer (kein Trocknen). Beim *Trockenguß* besitzen die Werkstücke eine bessere Oberfläche. Man verwendet fetten Sand, Masse oder auch Lehm. Masseformen müssen bei 400 bis 600 °C getrocknet werden, um die Festigkeit und die Gasdurchlässigkeit zu erhöhen. Sie werden für große und schwierige Gußstücke verwendet. *Formerlehm* besteht aus tonreichen Form- oder Klebsanden und Wasser und wird in breiigem Zustand für schablonierte Formen und Kerne verwendet. Zur Erhöhung der Gasdurchlässigkeit und zur Herabsetzung der Schwindung gibt man zum Lehm Sägemehl, Häcksel, Pferdemist, Koks usw., die beim Trocknen verbrennen und Poren zurücklassen.

Synthetische Formsande bestehen aus Quarzsand und verschiedenen anorganischen und organischen Bindemitteln.

Zu den *anorganischen Bindemitteln* gehören Bentonite, Zement, Wasserglas und Braunkohlenfilterasche.

Bentonite sind vulkanisch entstandene Tone, vorwiegend aus dem Tonmineral Montmorillonit ($Al_2O_3 \cdot 4\,SiO_2 \cdot H_2O$) bestehend, die durch die Eruptionsbedingungen als Tone entstanden und nicht erst durch spätere Verwitterung gebildet worden sind. Je nach der chemischen Zusammensetzung des Stammagmas entstanden alle Übergangstypen von sauren (reich an SiO_2) zu basischen (reich an Fe und Mg) Bentoniten. Diese Verschiedenheiten haben bedeutende Unterschiede im technologischen Verhalten zur Folge (Ca-Bentonite finden sich in Bayern, Na-Bentonite in Wyoming, USA). Die aus reinem Quarzsand (Silbersand), Bentonit und Wasser hergestellten Formsande weisen gegenüber den natürlichen Sanden den Vorteil der gut zu regelnden Gasdurchlässigkeit, Festigkeit im grünen und getrockneten Zustand und größeren Gleichmäßigkeit auf. Durch Vermeidung von schädlichen Begleitstoffen wie CaO und Fe_2O_3 haben sie höhere Feuerbeständigkeit. Außerdem läßt sich der Altsand gut verwerten.

Beim *Zementsand* werden 3 bis 7 kg Wasser mit 7 bis 10 kg Portlandzement und 100 kg Sand unter Zugabe von Abbindebeschleunigern ($CaCl_2$, $AlCl_3$, NaCl, NaOH usw.) zur Herstellung der Form verwendet. Er wird in einer dickeren Schicht um das Modell ohne Stampfen aufgebracht und die Form mit Altsand aufgefüllt. Man erspart somit die Stampfarbeit, erhält schwindungsfreie Formen (keine Trocknung erforderlich), gute Gasdurchlässigkeit und gute Trennung des Gußstückes von der Form. Wegen des Abbindens muß der Zementsand immer frisch angemacht werden (keine zentrale Sandaufbereitung möglich).

Beim *Kohlensäureerstarrungsverfahren* werden reine Quarzsande mit wasserhältigen Natriumsilikaten (Wasserglas) als Binder verwendet. Die damit hergestellte Form wird beim Durchblasen von CO_2 in kurzer Zeit gehärtet, wobei sich über verschiedene Zwischenstufen Kieselsäuregel und Soda bilden. Das Verhältnis $SiO_2 : Na_2O$ (der Modul) der verwendeten Wasserglassorten schwankt zwischen 2,5 und 2,7. Bei Kernen wird eine Förderung des Zerfalls durch Zusatz von organischen Stoffen erzielt. Zur Vermeidung eines zu hohen CO_2-Verbrauches verwendet man Duschen und Lanzen mit Dosiergeräten (bei großen Stückzahlen Härteautomaten).

Als *organische Bindemittel* werden Öle, Mehl, Dextrin, Stärke, Melasse, Sulfitlauge, Teer, Bitumen, Harze, wasserlösliche Zelluloseäther, Kunststoffe und Gemische dieser Stoffe verwendet. Diese haben sich vor allem für die Herstellung von *Kernen* bewährt, von denen man leichte Entfernbarkeit nach dem Gießen, Nachgiebigkeit beim Schwinden der Gußstücke und geringe Feuchtigkeitsaufnahme aus der Form verlangt. Organische Bindemittel dürfen beim Trocknen nicht wesentlich über 180 °C erhitzt weden, da sie sonst zerstört werden. Nach den Eigenschaften unterscheidet man Binder ohne Grünfestigkeit, Erstarrungsbinder, Quellbinder, durch dielektrische Verluste (Hochfrequenz) aushärtende Kernbinder usw.

Binder ohne Grünfestigkeit sind die *dünnflüssigen Kernöle* (trocknende und halbtrocknende Öle: Lein-, Sojabohnen-, Traubenkern-, Fischöle, Verschnitte mit Harzölen, Erdölprodukte, Tallöl) und *flüssige Kunstharze*. Sie eignen sich nur für flache Kerne. Haben die mit ihnen hergestellten Kerne keine ebenen Auflageflächen, so müssen sie im Sandbett oder in Brennschalen getrocknet werden. Wegen ihres großen Fließvermögens finden sie für Kerne, die durch Blasen oder Schießen hergestellt werden, Verwendung.

Bei den *Erstarrungsbindern*, zu denen auch Zement und Wasserglas gehören, geht das Aushärten bereits im Kernkasten ohne Wärmezufuhr vor sich.

Quellbinder, zu denen *Mehl*, *Stärke*, *Dextrin* (durch Erhitzen der Stärke auf 200 °C) und *Quelline* (mit Natron- oder Kalilauge behandelte Stärke) gehören, ergeben nachgiebige (für rißempfindliche Gußstücke) und hygroskopische Kerne (dürfen erst knapp vor dem Gießen in die Form eingelegt werden). Sie werden nur noch wenig verwendet.

Sulfitlauge und *Melasse* werden als Zusatz zu anderen Bindemitteln verwendet.

Eine große Verbreitung als Kernbindemittel haben in letzter Zeit *Kunstharze*[1] (Aminoplaste, Phenoplaste, Furanharze) gefunden. Beim *Croning*-Verfahren finden pulvrige Harze für Trockenmischung, flüssige Harze für Warmumhüllung und feste Harze für Kaltumhüllung (s. 3,15) Verwendung. Beim *hot-box*-Verfahren werden Furanharze (bestehend aus Harnstoff-Formaldehydharz und Furfurylalkohol) mit schwach saurem Katalysator in geheizten Kernkästen verwendet, wo sie bei 180 bis 200 °C aushärten. Beim *no-bake*-Verfahren werden Furan- oder Phenolharze mit einem dünnflüssigen Härter in kalten Kernkästen (meist geschossen) verwendet, wo sie in $\frac{1}{4}$ bis mehreren Stunden aushärten. Beim *cold-box*[2]-Verfahren wird ein Gemisch aus einem flüssigen Harz und einem flüssigen Reaktionsmittel verwendet, das in einem kalten Kernkasten über einen Begasungskopf durch ein Luft-Katalysatordampfgemisch aushärtet. Als Katalysator dient Triäthylamin $(C_2H_5)_3N$, das die Schleimhäute reizt, weshalb eine wirksame Absaugung notwendig ist. Kunstharzbinder sind teuer, geben jedoch große Ersparnis an Arbeitszeit. Die Sande sind sehr gut fließbar, die daraus hergestellten Kerne unbegrenzt lagerfähig.

Nach der Korngröße unterscheidet man *grobkörnige* (mehr als 20% über 0,2 mm), *mittelkörnige* (45% von 0,1 bis 0,2 mm) und *feinkörnige* (mehr als 40% unter 0,1 mm) Sande. Gußstücke mit glatter Oberfläche erfordern feinkörnige Sande. Hohe Gasdurchlässigkeit entsteht bei gleichmäßiger Körnung.

Zur Glättung der *Oberfläche der Form* erfolgt bei Naßgußformen ein Aufstreuen von Holzkohlenstaub, Graphitstaub oder Gemengen aus Ton und Koksstaub, Trockenformen werden mit Schwärze, einem Brei aus Graphit, Holzkohle und Wasser überzogen.

Von großer Bedeutung ist die *Prüfung der Formstoffe*, welche nach DIN 52401 und 52404 erfolgt.

Druck- und *Scherfestigkeit* werden an zylindrischen Probekörpern

---

[1] Schneider, G.: Möglichkeiten der maschinellen Kernherstellung in heißen Kernkästen unter besonderer Berücksichtigung der schnell härtenden Kernbinder auf Furanharzbasis. Gießerei *1964*, 259—268. — Engels, G.: Entwicklungstendenzen der maschinellen Kernherstellung insbesondere in heißen Kernkästen. ZVDI *1962*, 1229—1235.

[2] Rauh, C.: Furanharze als Kernbinder. Gießerei *1961*, 753—756. — Weteringh, C.: Bindemittel zur Kernfestigung in heißen Kernkästen. Gießerei *1962*, 641—644. — Magers, W.: Formstoffbindemittel auf der Basis warm- und kalthärtende Kunstharze. Gießerei *1963*, 117—123.

von 50 mm Höhe und 50 mm Durchmesser ermittelt. Diese erhält man durch Verdichten von 150 bis 180 g Sand mit drei Schlägen in einem Preßrohr eines Rammgerätes. Zur Ermittlung der Scherfestigkeit wird der Zylinder in seiner Längsfläche abgeschert und zur Ermittlung der Druckfestigkeit auf seine Stirnflächen ein Druck ausgeübt. Zur Ermittlung der *Gasdurchlässigkeit* wird Luft durch eine Glocke, die sich in einer Wasservorlage bewegt, durch diesen Probekörper unter festgelegtem Überdruck hindurchgepreßt. Unter Gasdurchlässigkeit versteht man die bei einem Überdruck von 1 cm Wassersäule durch 1 cm^3 Sand in der Minute strömende Luftmenge. Diese Eigenschaften hängen weitgehend vom Feuchtigkeitsgehalt, dem Gehalt an Schlämmstoffen, der Kornform und Korngröße des Sandes ab. Der *Feuchtigkeitsgehalt* wird durch den Gewichtsverlust beim Trocknen einer Probe bestimmt. Der Gehalt an *Schlämmstoffen* wird durch ein Schlämmverfahren bestimmt, bei dem 10 g Sand nach vorsichtigem Entfernen der Schlämmstoffe getrocknet und gewogen werden. Die *Korngröße* wird durch Sieben des von den Schlämmstoffen befreiten, getrockneten Sandes bestimmt. Kornformen und -oberflächen werden unter dem Mikroskop bestimmt. Zur Ermittlung der *Feuerbeständigkeit* wird die in ein Porzellanschiffchen gebrachte Probe bis zum Sintern erhitzt. Sie wird in Wirklichkeit noch durch die als Flußmittel dienenden Mangan- und Eisenoxide des flüssigen Eisens verringert. Zur Bestimmung des *Kalkgehaltes* wird der Formsand mit Salzsäure übergossen, wobei CO_2 entweicht. Der Gewichtsverlust ist dem Kalkgehalt proportional.

Von großer Bedeutung für den wirtschaftlichen Gießereibetrieb ist die *Aufbereitung* des Formsandes. Der in der Sandgrube gewonnene frische Sand kann nicht ohne weiteres zum Formen genommen werden. In einer Reihe von Arbeitsgängen muß er erst getrocknet, gesiebt, gemahlen und gemischt werden. Man bezeichnet dies als die *Aufbereitung* des Sandes.

Dem frisch gewonnenen Sand wird zunächst in einem *Trockenofen* die überschüssige Feuchtigkeit entzogen. Abb. 143 zeigt die schematische Darstellung eines stehenden Sandtrockenofens. Auf einem gemauerten Sockel steht ein Stahlblechzylinder, der innen eine Rost-, Öl- oder Gasfeuerung besitzt. Die Verbrennungsgase durchziehen eine Reihe von feststehenden und umlaufenden Tellern und verlassen den Ofen durch den Gasabzug *b*. Der frische, feuchte Sand wird durch ein Becherwerk oder einen Elevator hochgehoben und bei *c* in den Ofen eingebracht, fällt dabei auf den obersten umlaufenden Teller *d* und im weiteren Verlauf über die feststehenden und umlaufenden Teller bis zu dem Sandaustrittsstutzen *h*. Dabei wird er durch die Schaufeln *f*, die gleichzeitig als Abstreifer dienen, stark umgerührt und eventuell vorhandene Sandknollen durch Walzen *g* zerdrückt. Der nach dem Gegenstromprinzip arbeitende Ofen benötigt wenig Raum, liefert gut trockenen Sand und besitzt eine Leistungsfähigkeit von 1500 bis 5000 kg Sand je Stunde.

Der getrocknete Sand muß nun gesiebt werden. Dies kann entweder durch ein *Schüttelsieb* oder durch ein *Drehsieb* geschehen. Abb. 144 zeigt

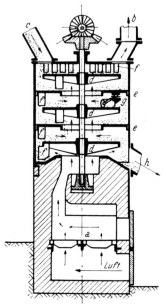

Abb. 143. Sandtrockenofen. *a* Rost, *b* Abzug, *c* Sandzufuhr, *d* umlaufende Teller, *e* feststehende Teller, *f* Schaufeln, *g* Kollerwalze, *h* Sandaustritt

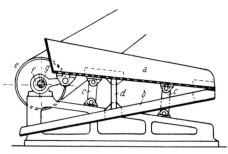

Abb. 144. Schüttelsieb mit Rücklaufrinne. *a* Sieb, *b* Rücklaufrinne, *c* Lenker für Sieb, *d* Befestigung der Rinne, *e* Antrieb, *f* Exzenter, *g* Antriebswelle

ein *Schüttelsieb*. Der Antrieb erfolgt von einer Transmission oder einem Elektromotor über die Riemenscheibe *e* auf die waagrechte Antriebswelle *g*, die über zwei Exzenterstangen *f* die Schüttelbewegung des Siebes *a* vollführt. Der feine, gesiebte Sand rutscht über die Ablauf-

rinne b, der grobe Sand hingegen über das Sieb auf die rückwärtige
Seite ab. Schüttelsiebe werden meist für Altsand verwendet, können
sowohl in ortsfester als auch in fahrbarer Form ausgeführt sein.

Ein Trommelsieb zeigt Abb. 145. Die Siebtrommel a kann entweder
kreisrund oder vieleckig sein (Polygonsieb). Sie wird fliegend gelagert,
derart, daß das Einfüllen des Sandes an der Stirnseite möglich ist.

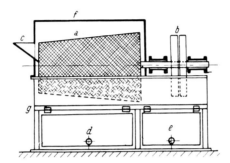

Abb. 145. Trommelsieb. a Siebtrommel, b Voll- und Leerscheiben, c Einfüllstutzen,
d Siebgut, e Abfall, f Abdeckhaube, g Gestell

Abb. 146. Mischkollergang.
a Walzen, b Mischschüssel, c Mischteller, d Scharrwerke, f Federn

Der gesiebte Sand fällt in den Blechkasten d, der Grobsand fällt in den
Abfallbehälter e. Auch Trommelsiebe können in fahrbarer und ortsfester
Art ausgeführt sein.

Um den Rohsand auf die gewünschte Korngröße zu bringen, wird er
gemahlen. Es geschieht dies im Kollergang oder in der Kugelmühle.

Abb. 146 zeigt einen modernen *Mischkollergang*, der eine der ältesten
Sandmischmaschinen darstellt. Bei ihm werden zwei schwere durch

Federn f gefederte Walzen a auf einem Mischteller c, auf den der Sand gebracht wird und der von einer Mischschüssel b umgeben ist, bewegt. Der Abstand der angetriebenen, mit auswechselbaren Manganhartstahlringen bestückten Walzen vom Mischteller ist durch Schrauben verstellbar, so daß eine Zertrümmerung und Vermahlung der Sandkörner nicht stattfindet. Durch die Scharwerke d wird der von den Walzen geknetete Formsand aufgerissen, umgepflügt und vermischt. Zur Anfeuchtung des Sandes in der Mischerschüssel wird Wasser unter Druck aus einer eingebauten Brause zugeführt. Die Bodenplatte des Misch-

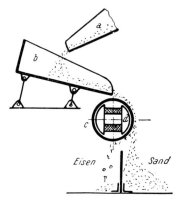

Abb. 147. Eisenabscheider.
a Einfüllstutzen, b Schüttelrinne, c Walze, d Elektromagnet

tellers ist ebenfalls aus verschleißfestem Stahl und meist auswechselbar. Die Mischschüssel ist durch eine Blechhaube oben geschlossen (in der Abb. 146 abgehoben, um einen besseren Einblick zu gewähren) und besitzt einen Filtertuchstutzen für den Austritt der bei der Sandaufgabe verdrängten Luft, so daß der Mischer für die Umgebung staubfrei arbeitet. Der Antrieb der Walzen erfolgt bei der dargestellten modernen Bauart durch ein sich in einem geschlossenen Getriebegehäuse unter dem Mischteller befindendes Zahnradgetriebe. Die Entleerung der Mischerschüssel nach der Mischung erfolgt durch zwei preßluftbetätigte Bodenklappen.

Im Altsand befinden sich häufig Eisenteile, wie zum Beispiel Formerstifte, erstarrte Eisentropfen, kleine Gußteilchen und ähnliches. Diese Fremdkörper werden durch den *Eisenabscheider* (Abb. 147) entfernt. Der Sand rinnt von dem Einfüllstutzen a über die Schüttelrinne b auf die Walze c, die im Inneren einen Elektromagneten d besitzt. Während der Sand nun ohne weiteres abrinnt und sich vor der Maschine anhäuft, werden die Eisenteile durch den Magneten d zurückgehalten, bis sie am

rückwärtigen Teil der Walze durch den Magneten freigelassen werden,
zu Boden fallen und somit vom Sand getrennt sind. Oft verbindet man
Brechwalzen gleich mit Eisenabscheidern und erreicht dadurch eine
Vereinfachung des Arbeitsganges.

Der gewonnene Altsand wird mit Neusand, Kohlenstaub und Bindemitteln gemischt und zwecks Erlangung der erforderlichen Bildsamkeit
angefeuchtet. Dies kann entweder von Hand aus durch Umschaufeln des
Sandes und Bespritzen mit einer Gießkanne erfolgen, besser jedoch
maschinell, um dadurch Gleichmäßigkeit und Wirtschaftlichkeit zu

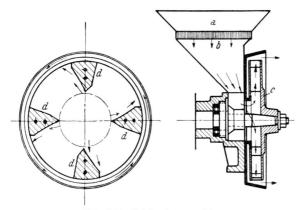

Abb. 148. Schleudermaschine.
a Einfülltrichter, b Sieb, c Schleuderscheibe, d Stahlbacke

erhöhen. Man benützt dazu *Stiftschleuder-*, neuerdings auch *Schleuder-*
maschinen mit Stahlbacken, Sandwölfe, Sandkämmer und Sandkutter.

Die *Stiftschleudermaschine* besitzt zwei sich gegeneinander drehende
Scheiben, die mit Stiften, gleich Kämmen ausgerüstet sind. Der eingefüllte Sand wird durch die Zentrifugalkraft an die Stifte und von dort
nach außen geschleudert und dabei gut durchgearbeitet.

Bei der *Schleudermaschine* (Abb. 148) rinnt der in den Einfülltrichter a eingefüllte Kohlenstaub, Alt- und Neusand durch das Sieb b,
gelangt dann zu den doppelwangigen Schleuderscheiben c und wird von
da an die Stahlbacken d geschleudert. Da die Umdrehungszahl der
Schleuderscheiben 3000 U/min beträgt, wird ein besonders gutes Durcharbeiten erzielt.

Sandwölfe sind gleichfalls Schleudermaschinen, sie werden meist
fahrbar, vielfach als Kleinsandaufbereitungsanlage ausgeführt und
vereinen dann das Sieben, Eisenabscheiden und Mischen in einem
Arbeitsgang (Abb. 149). Soweit die Eisenteile nicht zusammen mit den
Sandknollen durch das Schüttelsieb a abgeworfen werden, hält der
Eisenfänger d sie zurück.

Gegenüber den beschriebenen Schleudermaschinen bleibt die Verbreitung der *Sandkämmer* und *Bandschleuderer* stark zurück. Bei diesen erfolgt das Mischen durch ein über zwei Rollen laufendes Schleuderband.

Bei dem in Amerika gebauten *Sandkutter* oder *Sandschneider* wird der angefeuchtete Sand durch umlaufende Trommeln, die mit Schaufeln ausgerüstet sind, hochgeschleudert, wobei die enthaltenden Eisenteile wegen ihres größeren Gewichtes weiter fortgeschleudert und dadurch vom Sand getrennt werden.

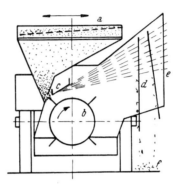

Abb. 149. Sandwolf. *a* Schüttelsieb, *b* Mischtrommel, *c* Prallblech, *d* Eisenfänger, *e* Sandauswurf, *f* Abfall

In Großgießereien werden sämtliche Arbeitsgänge durch eine vollständig *selbsttätige Sandaufbereitungsanlage* zusammengefaßt. Dabei wird der Neu- und Altsand selbsttätig von einer Arbeitsstufe zur anderen befördert, bis er schließlich in einem Behälter vollständig gebrauchsfertig ausfällt. Abb. 150 zeigt eine solche Anlage. Durch die Becherwerke *a* und *b* werden Alt- und Neusand hochgehoben, ersterer gelangt über das Brechwerk zum Eisenabscheider, von dort zur Brause und schließlich zur Sandmischmaschine *d*. Der Neusand nimmt seinen Weg über den Kollergang *c* zum Trommelsieb und von dort zur Brause und zur Sandmischmaschine *d*. Vor dem Befeuchten wird sowohl dem Alt-, als auch dem Neusand Kohlenstaub zugegeben, so daß also der von der Sandmischmaschine in den Behälter fallende Sand vollständig fertig ist.

Die *Lehmaufbereitung* ist ähnlich der Sandaufbereitung, sie erstreckt sich auf das Zerkleinern der Lehmklumpen, auf das Mischen und Durcharbeiten. Das erstere geschieht im *Kollergang*, der sich nicht wesentlich von den bereits beschriebenen unterscheidet, das Mischen und Durcharbeiten wird durch die *Lehmknetmaschinen* besorgt, wobei der Lehm durch eine Anzahl von spiralförmig angeordneten Schaufeln durch die Maschine durchgedreht und dabei gut durchgeknetet wird. Je nach Anordnung der Schaufeln unterscheidet man liegende und stehende Lehmknetmaschinen.

Die zunehmende Verwendung kunstharzgebundener Formsande hat Verfahren zur Sandrückgewinnung[1] zur Folge gehabt, auf die jedoch hier nicht eingegangen werden kann.

Abb. 150. Selbsttätige Formsandaufbereitungsanlage. *a* Becherwerk für Altsand, *b* Becherwerk für Neusand, *c* Kollergang, *d* Schleudermischer, *e* Antrieb, *f* Sandauswurf, *g* Staubabscheidung

3,1203 Die Modelle

Die Modelle dienen zur Herstellung verlorener Formen. Je nach dem angewendeten Formverfahren unterscheidet man *mehrmals verwendbare* und *verlorene* Modelle. Beide besitzen die Gestalt des Gußstückes und müssen, da sich dieses beim Erstarren zusammenzieht, um das

---

[1] Zinnawoda, H.: Verfahren zur Sandrückgewinnung. Gießerei *1972*, 593—599. — Jansen, H.: Die Regenerierung von Formstoffen, besonders kunstharzgebundenen Altsanden. Gießerei *1972*, 599—607. — Utzig, H.: Thermische Regenerierung von Kern- und Maskensanden. Gießerei *1972*, 607—611. — Bindernagel, I.: Die Wiederverwendung harzgebundener Altsande. Gießerei *1972*, 612—615.

Schwindmaß größer ausgeführt werden. Der Modelltischler verwendet bei ihrer Herstellung daher Schwindmaßstäbe. Nach ÖNORM M 1150 (DIN 1511) beträgt das Schwindmaß:

Stahlguß	2 %	Aluminiummehrstoffbronzen	1,8%
Sphäroguß	0,6%	Gußmessing	1,5%
Grauguß	1 %	Zinkgußlegierungen	1,5%
weißer Temperguß	1,6%	Blei	1 %
schwarzer Temperguß	0,5%	Aluminium- und Magnesium-	
Kupfer und Zinn	1,5%	legierungen	1,2%
Gußzinnbronze und Rotguß	1,5%		

An Stellen, an denen die Gußstücke bearbeitet werden sollen, erhalten die Modelle Bearbeitungszugaben, die sich nach Größe und Werkstoff richten. Dort wo sich im Gußstück Hohlräume befinden, werden in die Form *Kerne* eingelegt. Die zugehörigen Modelle sind voll und besitzen sogenannte *Kernmarken*, um in der Form Auflager für die Kerne auszusparen (Abb. 157, 159, 161, 162, 165, 166, 167, 169 und 171).

Diese Kernmarken müssen so beschaffen sein, daß sie eine sichere Auflage für den Kern ergeben.

Als Werkstoff für *mehrmals verwendbare* Modelle finden je nach der Zahl der herzustellenden Formen Holz, Gips, verschiedene Steinmassen, Nichteisenmetalle, Eisenwerkstoffe und Kunststoffe Verwendung. Als *Modellholz* finden Nadelhölzer (Kiefer und Fichte), Laubhölzer (Ahorn, Birne, Kirsche, Nuß, Erle und Linde) und Holzwerkstoffe (Preßvollholz, Lagenholz, Holzspanwerkstoffe) Verwendung. Modelle aus *Blei*- und *Zink*legierungen werden besonders für Mutter- und Arbeitsmodelle und für Formeinrichtungen verwendet. Modelle aus *Leicht*- und *Buntmetall-Legierungen* ergeben glatte Formen und werden beim Formen großer Stückzahlen verwendet. Für diese Fälle verwendet man neuerdings wegen ihrer Vorteile (leicht, glatt, sehr korrosionsbeständig) *Kunststoff*-modelle (Gießharze aus Epoxid-, Phenol- und Polyesterharzen mit Füllstoffen). *Muttermodelle* dienen zur Herstellung gegossener Metallmodelle und müssen das doppelte Schwindmaß besitzen. Außer aus Holz werden sie auch aus *Modellgips* hergestellt, der feinste Einzelheiten wiedergibt. *Lehmmodelle* werden mit Schablonen für nur einmal herzustellende Formen hergestellt. In der *Maschinenformerei* verwendet man Modelle aus Gußeisen, Nichteisenmetallen, Steinmehlmassen, Preßvollholz und Gießharz. Zur Kennzeichnung und als Feuchtigkeitsschutz dienen *farbige Lacke. Spiritus*lacke enthalten als Festkörper *Schellack* und werden wegen ihres hohen Preises durch spirituslösliche *Kunstharz*-lacke, die auch mit *Nitrozellulose*lacken gemischt verwendet werden, verdrängt. Dort wo spirituslösliche Lacke angegriffen werden (Zementsand-, CO_2-Verfahren), werden *Polymerisationslacke* vorgezogen. Nach ÖNORM 1150 sind folgende Farben festgelegt:

Grundfarbe für Flächen am Modell und im Kernkasten, die am Gußteil unbearbeitet bleiben:

Stahlguß	*blau*	Temperguß	*grau*
Sphäroguß	*lila*	Schwermetallguß	*gelb*
Grauguß	*rot*	Leichtmetallguß	*grün*

Am Gußteil zu bearbeitende Flächen ... *gelbes Dreieck* (bei Schwermetallguß *schwarzes Dreieck*),

Sitzstellen loser Modellteile (Ansteckteile) am Modell oder im Kernkasten sowie für Schrauben von losen Teilen werden *schwarz umrandet*,

Stellen für Abschreckplatten und Marken für einzulegende Dorne *weiß*,

Kernmarken ... *schwarz*,

Lage des Kerns auf der Teilfläche der Modelle ... *schwarz* oder *schwarz umrandet*,

Dreh- und Ziehschablonen ... *farbloser Lack*,

Muttermodelle ... *braun* mit Angabe des Schwindmaßes.

Verlorene Modelle werden nach der Herstellung des Formenhohlraumes zerstört. Die Formen sind einteilig und die erhaltenen Gußstücke daher viel genauer. Für große Serien kleiner, komplizierter Gußstücke, die nicht mehr bearbeitet werden (*Feinguß*), werden Modelle aus *Wachs*, die beim Trocknen ausschmelzen (Wachsausschmelzverfahren ist eines der ältesten Gießverfahren), *gefrorenem Quecksilber*, die nach dem Auftauen ausfließen, und *Polystyrol*, die beim Trocknen verbrennen, verwendet. Diese werden in Kokillen aus Stahl oder gut gießbaren Metallen hergestellt. Modelle aus *Polystyrolschaum*, die durch das eintretende flüssige Metall vergasen, werden beim *Vollformguß*[1] (für große Einzelgußstücke) und beim *Magnetformverfahren* (s. 3,15) verwendet. Diese werden durch Zerspanen oder mit glühenden Drähten geformt.

Die mehrfach verwendbaren Modelle werden so ausgebildet, daß sie leicht aus der Form gehen. Sie erhalten zu diesem Zweck eine Formschräge (s. ÖNORM M 1150) von 0° 30' bis 3° je nach ihrer Höhe. Vielfach müssen an Stelle von einteiligen Modellen (Abb. 159b) zwei- und mehrteilige Modelle (Abb. 159a, 165, 166, 167) verwendet werden, die durch Zentrieransätze und durch Modelldübel und Büchsen in ihrer richtigen Lage fixiert werden. Bereits bei der Konstruktion muß auf das Einformen, Ausheben der Modelle und Putzen der Gußstücke Rücksicht genommen werden.

---

[1] Wittmoser, A.: Über das Vollformgießen mit vergasbaren Modellen. Gießerei *1963*, 506—517.

Geringfügige Änderungen an den Modellen können das Einformen oft erheblich erleichtern. Augen und Arbeitsleisten verhindern häufig ein Ausheben der Modelle. Sie werden lose an das Modell geheftet, so daß sie beim Ausheben im Sande stecken bleiben und erst nachträglich ausgebracht werden. Diese Teile können jedoch leicht verlorengehen und vergrößern die Ausschußgefahr. Durch entsprechende Ausbildung (Abb. 151, 152) ist dieser Übelstand in den meisten Fällen zu vermeiden.

Große waagrechte Flächen in der Form (Scheiben, Wände, ...) sollen durch schräge oder kegelförmige Flächen ersetzt werden, da sich an ihnen Luftblasen und Schlackenteilchen festsetzen können (Abb. 153).

Zur Vermeidung von Kernen kann man in vielen Fällen an Stelle von Hohlgußkörpern Rippenkörper verwenden. Sind Hohlgußkörper

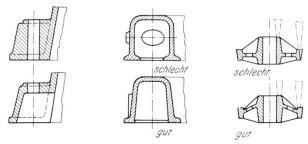

Abb. 151 bis 153. Schwer- und leichtformbare Modellteile

erforderlich, so sind diese so zu konstruieren, daß ihre Kerne mindestens an zwei Stellen aufliegen, um ein Verschieben durch das flüssige Eisen zu vermeiden. An einspringenden Ecken sollen stets größere Abrundungen angebracht werden. Diese erzeugt man an den Modellen durch Auftragen von Ölkitt, plastischem Holz oder Lederecken.

3,1204 Die Formerwerkzeuge

Sandschaufel und *Handsieb* dienen zum Einschaufeln und Durchsieben des Sandes. Mit dem *Spitzstampfer* (Abb. 154a) wird der Modellsand zunächst an das Modell gedrückt und mit dem *Plattenstampfer* weiter gestampft. Kleine Stampfer bestehen aus Hartholz oder Metall, größere aus gußeisernen Schuhen mit Holzstielen (Abb. 154a). Bei großen Formen wird vielfach der *Preßluft*stampfer verwendet, der eine wesentliche Zeitersparnis ergibt. Zum Abstreichen des überschüssigen Sandes dient das *Streichbrett*. Zur Herstellung von Luftkanälen verwendet man den *Luftspieß* (Abb. 154b). Die Trichter für Einguß und Speiser werden durch eingelegte Holzmodelle erzeugt. Das Ausschneiden der Einguß- und Speisermulden erfolgt durch *Lanzetten* (Abb. 154e, f). Zum Befeuchten der Sandränder vor dem Herausnehmen der Modelle

werden *Pinsel* aus Dachshaar verwendet. Zum Herausheben des Modelles
dient der *Modell*heber (Abb. 154 h), zum Losklopfen der Modelle ein
Holzhammer.

Zum Ausbessern der Formen verwendet man die *Poliereisen* oder
Truffeln (Abb. 154 c, d), zum Glätten *Polier-S*, *Polierknöpfe* (Abb. 154 i, k)
und *Lanzetten* (Abb. 154 e, f). Zum Herausholen von Sandteilchen aus der
Form dient der *Sandhaken* (Abb. 154 g); zum Ausblasen der Form wird
der *Blasebalg* verwendet. Leicht ausbrechende Kanten werden mit

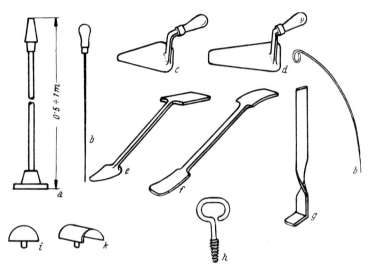

Abb. 154. Formerwerkzeuge. *a* Spitz- und Plattenstampfer, *b* Luftspieß, *c*, *d* Poliereisen, *e*, *f* Lanzetten, *g* Sandhaken, *h* Modellheber, *i*, *k* Polierknöpfe

Formerstiften niedergehalten. Größere Ausbesserungen erfolgen durch
Dämmbretter. Zum Einstauben der Modelle mit *Lykopodium* (Blüten-
staub der Bärlapppflanze) und zum Einstauben der Form mit Holzkohlenpulver und Graphitstaub verwendet man *Staubbeutel*.

3,1205 Die Herdformerei

Je nachdem von Hand oder Maschinen geformt wird, spricht man von
Hand- oder *Maschinenformerei*. Zur Handformerei gehören die Herdformerei, Kastenformerei, Schablonenformerei und Lehmformerei.

Die Herdformerei wird bei einfachen Gußstücken angewendet. In der
Gießereisohle wird eine Grube gegraben, die unten mit Koks angefüllt
und mit einem Rohr *c* zum Abzug der Gase versehen wird (Abb. 155).
Dann wird grober Sand und schließlich Modellsand aufgebracht. Um die
Sandoberfläche mit der Wasserwaage eben richten zu können, befinden

sich rechts und links des Herdes zwei ebenfalls mit der Wasserwaage ausgerichtete, meist auf Beton befestigte Eisenträger *b*.

Soll eine einfache Platte *w* (Abb. 155) hergestellt werden, so fertigt man von dieser zunächst ein Modell *a*, das entsprechend höher ist, damit das flüssige Eisen nicht über die Form läuft. Das Modell wird unter Benützung der Wasserwaage in den Herd eingedrückt und von allen Seiten mit Sand umstampft. Um die Plattendicke zu begrenzen, wird auf einer Seite der Form ein Überlauf *f* angeschnitten und anschließend

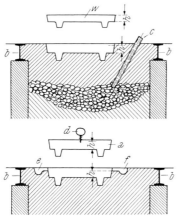

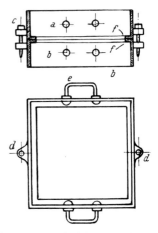

Abb. 155. Offener Herdguß. *a* Modell, *b* I-Profil, *c* Gasabzugsrohr, *d* Modellheber, *e* Einguß, *f* Überlauf, *h* Plattendicke, *w* Werkstück

Abb. 156. Zweiteiliger Formkasten. *a* Oberkasten, *b* Unterkasten, *c* Stifte, *d* Ösen, *e* Handgriffe, *f* Sandleisten

zu einer Mulde erweitert, um das überlaufende Eisen zu sammeln. Auf der anderen Seite wird der Einguß *e* angebracht und ebenfalls mit einer Mulde, dem Sumpf, versehen, über dessen Rand das flüssige Eisen in die Form fließt. Im Sumpf sollen die Schlacke und andere Verunreinigungen zurückgehalten werden. Vor dem Ausheben des Modelles werden die Sandränder mit einem Pinsel angefeuchtet, damit der Rand nicht abbröckelt, und dann ein oder mehrere Modellheber *d* angeschraubt und das Modell mit dem Holzhammer losgeklopft und herausgezogen. Hierauf wird die Form mit Formwerkzeugen ausgebessert, geglättet und mit Kohlepulver eingestaubt. Beim nachfolgenden Gießen bleibt die Form unbedeckt, weshalb man vom *offenen Herdguß* spricht. Die Oberfläche eines solchen Gußstückes wird rauh und uneben, und die Form wird wegen des geringen Druckes nicht sehr scharf ausgefüllt. Auf diese Weise werden nur flache Gußstücke, wie Platten, Roste, Kanalgitter, Kerneisen usw. hergestellt.

Beim *verdeckten Herdguß* (Abb. 164) vermeidet man diese Nachteile durch Aufsetzen eines Formkastens.

3,1206 Die Kastenformerei

Bei dieser werden zur Aufnahme des Formsandes besondere *Formkästen* verwendet. Diese bestehen aus Gußeisen (kein Verziehen beim Trocknen, schwer, stoßempfindlich), Stahlguß (höher beanspruchbar, nur für große Formen), Stahlblech (leichter, Neigung zum Verziehen) oder Leichtmetallen (leichter, teurer, wenig stoßempfindlich, jedoch leichtes Ausbrennen). Sie werden ein- (Abb. 164, 168, 169, 171), zwei-

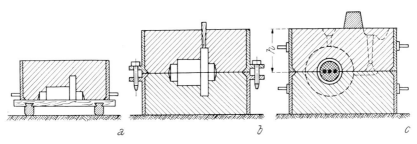

Abb. 157 *a* bis *c*. Einformen einer Büchse mit Flansch in einem zweiteiligen Formkasten. *a* Aufstampfen des Unterkastens, *b* Aufstampfen des Oberkastens, *c* fertige Form

(Abb. 156, 157, 161, 162, 163, 165, 166) und dreiteilig (Abb. 167) ausgeführt. Sie sind rechteckig, quadratisch oder rund und besitzen innen, auf den einander zugekehrten Seiten sogenannte *Sandleisten*, die ein Durchrutschen des Sandes verhindern sollen. Zur genauen Lagefixierung zusammengehöriger Kästen werden Stifte in die zugehörigen Bohrungen von angegossenen Lappen gesteckt. Damit auch nach Erweiterung der Bohrungen durch Abnützung die zusammengehörigen Formkästen in die richtige Lage kommen, dreht der Former den Oberkasten beim Aufsetzen immer im Uhrzeigersinn. Zum Heben der Formkästen dienen je zwei Handgriffe oder zwei Zapfen (bei großen Kästen), die sich an den Seiten ohne Lappen befinden. Große Formkästen werden noch durch mehrere Zwischenwände (Schoren; Abb. 164), an denen Sandhaken befestigt werden können, unterteilt, damit der Sand besser haftet.

Abb. 157a bis c zeigen das *Einformen einer Flanschbüchse* (Abb. 158) mit zweiteiligem Modell (Abb. 159a) in zwei Formkästen. Sie könnte auch mit einteiligem Modell (Abb. 159b) stehend eingeformt werden.

Man legt die mit Löchern versehene Modellhälfte auf ein Modellbrett (Abb. 157a; die beiden Hartholzleisten verhindern ein Werfen und erleichtern ein Aufheben desselben), setzt den Unterkasten mit den

Lappen nach unten darüber, staubt mit Lykopodium ein, siebt Modellsand auf, bringt Füllsand auf, stampft fest, streicht ab und sticht mit
dem Luftspieß Löcher. Dann legt man ein zweites Modellbrett auf den
Kasten, dreht diesen um, entfernt das erste Modellbrett, setzt die zweite
Modellhälfte mit den Dübeln in die Löcher der ersten (Abb. 157 b), setzt
den Oberkasten mit den Stiften auf den Unterkasten, legt ein trapez-
förmiges Modell für den Schlackenlauf und zwei kegelförmige Modelle
für Einguß und Speiser.

Der Einguß sitzt häufig neben der Form und geht bis zur Trennungs-
ebene der beiden Formkästen. Seine tiefste Stelle wird mit der Form

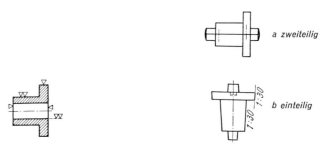

Abb. 158. Büchse mit Flansch   Abb. 159 a und b. Modelle für eine
                                              Büchse mit Flansch

durch einen oder mehrere im Unterkasten befindliche *Anschnitte* verbunden. Um mitgerissene Schlacke abzuhalten, wird zwischen Einguß
und Anschnitten meist ein *Schlackenlauf* angeordnet. Damit das einfließende Eisen stets beschleunigt wird, sollen sich die Querschnitte von
Einguß, Schlackenlauf und Anschnitt wie 4 : 3 : 2 verhalten. Damit
das herabfallende flüssige Eisen die Form nicht beschädigt, wird in
eine neben dem Eingußtrichter befindliche Mulde gegossen. An der
höchsten Stelle der Form befindet sich der *Speiser*[1], durch den die Luft
aus der Form entweicht, die Formfüllung beobachtet werden kann und
ein Nachfließen von flüssigem Eisen in die schwindende Form ermöglicht wird.

Die Modelle werden nun mit Lykopodium eingestaubt, Modellsand
aufgesiebt, Füllsand eingebracht, gestampft, abgestrichen, Luft gestochen, Einguß- und Speisermulden geschnitten, die Modellhölzer für
Einguß und Speiser herausgezogen, ein Modellbrett auf den Oberkasten
gelegt und dieser abgehoben, gewendet und abgesetzt. Dann werden
die Sandränder um die beiden Modellhälften mit Wasser benetzt, die

[1] Holzmüller, A., Kucharcik, L.: Atlas zur Speiser- und Anschnitt-
Technik für Gußeisen. Düsseldorf: Gießerei Verlag. 1969.

beiden Modellhälften vorsichtig losgeklopft und herausgezogen, die
Form ausgebessert, mit der Lanzette im Unterkasten der Einlauf angeschnitten und die Form poliert. Bei *Trockenguß* wird jetzt die Form
getrocknet und dann mit Schwärze angestrichen. Bei *Naßguß* wird sie
jetzt mit Graphit und Holzkohlenpulver eingestaubt. Dann wird der
Kern eingelegt. Ist er länger, so muß er durch verzinnte *Kernstützen*
gegen Durchbiegung durch das Eigengewicht nach unten und durch
den Auftrieb nach oben gesichert werden. Dann wird der Oberkasten
aufgesetzt und entweder mit Belastungseisen beschwert (Abb. 157c)
oder mit dem Unterkasten verklammert, um ein Abheben durch den

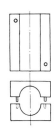

Abb. 160. Kernkasten für
einen zylindrischen Kern

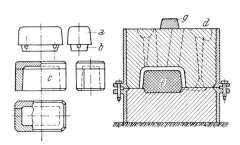

Abb. 161. Einformen einer prismatischen Wanne (steigender Guß). *a* Modell,
b Kernmarke, *c* dreiteiliger Kernkasten,
d fertige Form, *e* eingelegter Kern,
g Beschwereisen

Druck des flüssigen Eisens zu verhindern. Dieser Druck ist um so größer,
je größer die Höhe h des Oberkastens ist: $p = \gamma \cdot h$.

Die Herstellung des Kernes erfolgt in einem Kernkasten (Abb. 160).
Er ist zum leichteren Entfernen des fertigen Kernes zweiteilig. Die
beiden Kernkastenhälften werden in ihrer Lage durch Dübel und Löcher
gesichert und durch Schraubenzwingen zusammengepreßt. Dann wird
Sand eingestampft, wobei durch Einlegen von Stahldraht die Steifigkeit
und durch Einstechen von Kanälen mit dem Luftspieß die Gasdurchlässigkeit verbessert wird. Bei gekrümmten Kernen legt man Wachsfäden
oder Kunststoffgeflechte ein, die beim Trocknen der Kerne schmelzen
und vergasen, so daß Luftkanäle zurückbleiben.

Abb. 161 zeigt Modell (einteilig mit abnehmbarer Kennmarke b,
um es auf das Modellbrett auflegen zu können), Kernkasten c (dreiteilig,
um den Kern leichter herausnehmen zu können) und fertige Form d für
den *steigenden Guß* einer *prismatischen Wanne* mit Abrundungen. Beim
steigenden Guß kann die leichtere Schlacke ungehindert in den Speiser
aufsteigen, während sie beim fallenden Guß immer wieder mit dem
einfließenden Eisen verwirbelt wird. Damit das einfließende Eisen nicht

vorzeitig erstarrt, müssen jedoch dünnwandige Gußstücke fallend gegossen werden.

Für den *fallenden Guß* der Wanne zeigt Abb. 162 Modell (an dem bereits Einguß- und Speiserkanäle angebracht sind) und fertige Form mit hängendem Kern, Abb. 163 die fertige Form mit stehendem Kern

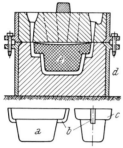

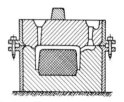

Abb. 162. Einformen einer prismatischen Wanne (fallender Guß). *a* Modell, *b* Kanalmodelle für Einguß und Speiser, *c* Bundmarke, *d* Formkasten, *e* Kern mit Bundmarke

Abb. 163. Form einer prismatischen Wanne (fallender Guß)

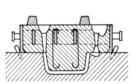

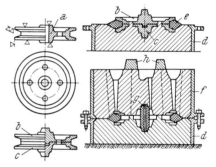

Abb. 164. Verdeckter Herdguß einer prismatischen Wanne (fallender Guß)

Abb. 165. Einformen einer Keilriemenscheibe unter Verwendung eines Kernstückes (Wanderballens) für die Rille. *a* Werkstück, *b*, *c* zweiteiliges Modell, *d* Unterkasten, *e* Kernstück, *f* Oberkasten, *g* Kern für die Bohrung, *h* Beschwereisen

(dieser muß gegen den Auftrieb des allenfalls in das Kernlager fließenden Eisens am Unterkasten befestigt werden) und Abb. 164 die fertige Form ohne Verwendung eines Kernes unter Verwendung eines Naturmodelles (dieses gleicht dem fertigen Gußstück) im verdeckten Herdguß.

Gußstücke, die in der Mitte einen kleineren Umriß als an den Enden besitzen, erfordern besondere Einformmethoden. Abb. 165 zeigt eine *Keilriemenscheibe a*, das für das beschriebene Formverfahren verwendete,

an der Stelle des kleinsten Umfanges geteilte Modell *b*, *c*, den fertigen
Unterkasten *d* und die gießfertige, zweiteilige Form unter Verwendung
eines *Kernstückes* (*Wanderballens*) *e*. Das Kernstück wird an Stelle eines
Kernes verwendet. Zu seiner Herstellung ist jedoch kein Kernkasten
erforderlich. Das Einformen geht bei diesem Verfahren wie folgt vor
sich: Auflegen der Modellhälfte *c* mit der zylindrischen Ausdrehung mit
der Teilebene nach abwärts auf ein Modellbrett, Aufsetzen des Unterkastens *d* mit den Lappen nach unten, Einstauben, Einsieben, Einfüllen
und Stampfen des Formsandes, Abstreichen, Luft stechen und Auflegen
eines zweiten Modellbrettes, Wenden des Unterkastens, erstes Modellbrett

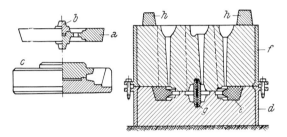

Abb. 166. Einformen einer Keilriemenscheibe unter Verwendung eines Kernes
für die Rille. *a*, *b* zweiteiliges Modell, *c* vierteiliger Kernkasten, *d* Unterkasten,
e Kern für die Rille, *f* Oberkasten, *g* Kern für die Bohrung, *h* Beschwereisen

abheben, Anschneiden der Keilriemenrille bis zur größten Querschnittsfläche, glatt polieren, Streusand streuen, Aufsetzen der zweiten Modellhälfte *b*, Einbringen von fetterem Kernsand zwischen Modell und Form-
sandmulde, Andrücken und Glattstreichen nach einer kegeligen Fläche,
Polieren und Streusand streuen (der so eingeformte Teil heißt Kernstück *e*).

Aufsetzen des Oberkastens *f*, Setzen der Modellhölzer für Einguß und
Speiser, Einstauben, Einsieben, Einfüllen, Stampfen, Abstreichen, Luft
stechen, Ausheben der Mulden für Einguß und Speiser, Herausziehen
der Modelle für Einguß und Speiser, Auflegen eines Modellbrettes und
Abheben und Wenden des Oberkastens.

Obere Modellhälfte herausnehmen, Kernstückauflage im Oberkasten
und Kernstück selbst mit einem Bindemittel bestreichen und den Oberkasten wieder auf den Unterkasten setzen und beide Kästen wenden.
Unterkasten abheben und zweite Modellhälfte herausnehmen, Einstauben
der Form, Einlegen des Kernes *g* für die Nabenbohrung, Aufsetzen des
Unterkastens *d*, beide Kästen wenden, belasten und gießen. Das Einformen mit Kernstück gibt dem Former mehr Arbeit und wird angewendet, wenn nur wenige Abgüsse erforderlich sind.

Abb. 166 zeigt das Modell mit einer Kernmarke *a* für den Rillenkern

und einer abnehmbaren Kernmarke *b* für den Bohrungskern (um das
Modell auf das Modellbrett legen zu können), den zur Herstellung des
Rillenkernes erforderlichen vierteiligen Kernkasten *c* (mit zweiteiligem
Außenring, um den Kern leichter herausnehmen zu können) und die
fertige zweiteilige *Form mit Kern* für den Abguß derselben Keilriemenscheibe. Das Einformen mit Kern erfordert die Anfertigung eines Kern-
kastens und weniger Formarbeit und wird daher für eine größere Stückzahl angewendet.

An Stelle eines Kernes kann auch ein dritter Formkasten (Mittelkasten) verwendet werden. Abb. 167 zeigt ein Kranlaufrad *a*, sein zwei-

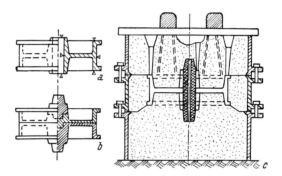

Abb. 167.   Einformen eines Kranlaufrades in einem dreiteiligen Formkasten.
a Werkstück, *b* dreiteiliges Modell, *c* fertige Form

teiliges Modell *b*, an dem noch die Nabe mit der Kernmarke abnehmbar
ist, und die dreiteilige gießfertige Form *c*. Beim Einformen geht man wie
folgt vor: Auflegen des Modelles mit abgenommener Nabe auf ein Modellbrett, Aufsetzen des Mittelkastens, Einstauben, Einsieben und Stampfen
des Sandes, kegelförmiges Ausschneiden der Teilfläche im Mittelkasten,
Polieren und Streusand streuen, Aufsetzen des Unterkastens, Einstauben,
Einsieben, Einfüllen und Stampfen, Abstreichen, Auflegen eines Modellbrettes, beide Formkästen wenden, Aufsetzen der Nabe und des Oberkastens, Setzen der Einguß- und Speisermodelle, Einstauben, Einsieben,
Einfüllen und Stampfen des Sandes, Abstreichen, Luft stechen, Ausschneiden der Einguß- und Speisermulden, Herausziehen der Einguß-
und Speisermodelle, Auflegen eines Modellbrettes und Wenden der ganzen
Form, Abheben und Wenden des Unterkastens, Ausheben der Modellhälfte, Mittelkasten abheben und wenden, zweite Modellhälfte entfernen,
Einstauben der Formen, Einsetzen des Kernes für die Nabenbohrung in
den Unterkasten, Aufsetzen von Mittel- und Oberkasten, belasten und
gießen.

3,1207 Die Schablonenformerei

Um Modellkosten zu sparen, werden große runde oder prismatische Werkstücke mit *Schablonen*, das sind Bretter mit zugeschärften, meist blechbeschlagenen Kanten geformt. Man unterscheidet *Dreh-* und *Zieh-* schablonen.

Abb. 168 zeigt das Einformen einer *runden Schüssel a mit Dreh- schablonen in Bodenformerei.* Auf dem in der Tiefe vorhandenen Beton-

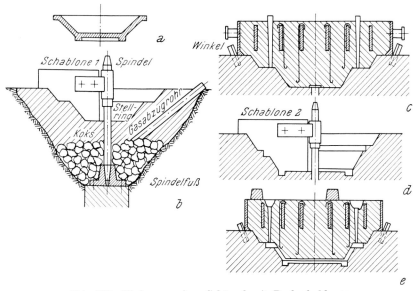

Abb. 168. Einformen einer Schüssel mit Drehschablonen.
a Werkstück, *b* Schablonieren des Modells für den Oberkasten, *c* Fertigstellen des Oberkastens, *d* Schablonieren des Unterteiles, *e* fertige Form

fundament der Gießgrube wird ein Fuß angeschraubt, in dem eine unten konische, genau senkrecht ausgerichtete Stahlspindel sitzt. Um den Gießgasen das Abziehen zu erleichtern, wird zuerst eine Lage Koks eingebracht, auf die Füllsand und Modellsand gestampft werden. Auf die Spindel wird dann ein Arm geschoben, der die erste Schablone trägt und sich gegen einen Stellring stützt. Die erste Schablone entspricht der Innenform der Schüssel. Mit ihr wird durch Drehen um die Spindel im Boden das Modell für den Oberkasten (Abb. 168b) hergestellt. Ihre oberste schräge Kante dient zur Erzeugung einer kegeligen Zentrier- fläche, um die gegenseitige Lage von Ober- und Unterkasten genau zu sichern. Nach Entfernen von Spindel und Schablone, Abdecken des Loches mit einem Plättchen und Bestreuen des Unterteiles mit trockenem Quarzsand (Streusand) wird der Oberkasten aufgesetzt und durch

Winkeleisen oder Holzpflöcke in seiner Lage markiert. Dann werden die Modellhölzer für Speiser und Einguß gesetzt und in die bei großen Formkästen vorhandenen Querwände S-förmige Sandhaken gehängt, die ein Abreißen des herausragenden Sandballens verhindern sollen. Schließlich wird Modell- und Füllsand eingefüllt, gestampft, abgestrichen, Luft gestochen usw. (Abb. 168 c), der Oberkasten abgehoben und seitlich abgestellt. Dann wird nach Entfernen des Plättchens die Spindel mit dem Stellring wieder eingesetzt, auf dem Arm die zweite

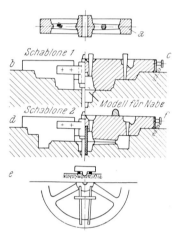

Abb. 169. Einformen eines Schwungrades mit Dreh- und Ziehschablonen und Modellteilen. *a* Werkstück, *b* Schablonieren des Modells für den Oberkasten, *c* Fertigstellen des Oberkastens, *d* Schablonieren des Unterteiles, *e* Schablonieren der Arme, *f* fertige Form

Schablone, die der Außenform des Gußstückes entspricht, befestigt und mit ihr der Unterteil der Form (Abb. 168 d) ausschabloniert. Dann werden Spindel und Schablone entfernt, die Bohrung mit Sand gefüllt, Unterteil und Oberkasten eingestaubt, dieser vorsichtig aufgesetzt und beschwert (Abb. 168 e).

Abb. 169 zeigt das Einformen eines *Schwungrades a* mit Armen. Die Nabe wird mit zwei Modellhälften, der Kranz mit *Drehschablone* und die Arme werden mit *Ziehschablone* geformt. Nach Einbringen der Spindel wird mit der ersten Schablone (Abb. 169 b) zunächst das Modell für den Oberkasten hergestellt. Dann werden Arm und Schablone entfernt und auf die Spindel eine Teilvorrichtung gebracht, mit welcher das Armkreuz eingeritzt wird. Zu seiner besseren Haltbarkeit wurde die ebene Fläche vorher mit Gipswasser bestrichen, das erhärtet. Dann werden die beiden Modellhälften für die Nabe eingebracht, der Unterteil mit Streusand

bestreut und der Oberkasten aufgebracht. Nach seiner Fertigstellung
(Abb. 169 c) wird er abgehoben, die beiden Nabenmodellhälften werden
entfernt, die Spindel eingesetzt und die zweite Schablone aufgebracht,
mit welcher der Unterteil ausschabloniert wird (Abb. 169 d). Nach
Entfernen von Spindel und Schablone erfolgt das Schablonieren der
Arme im Oberkasten und Unterteil, durch eine Ziehschablone, die sich
an zwei Brettchen führt, welche symmetrisch zu den angerissenen und
abgedrückten Mittellinien des Armkreuzes aufgelegt werden (Abb. 169 e).
Schließlich werden Oberkasten und Unterteil eingestaubt, nach Einlegen
des Bohrungskernes zusammengebaut und belastet (Abb. 169 f).

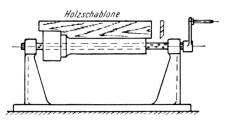

Abb. 170. Kerndrehmaschine

Lange zylindrische Kerne für Rohre werden auf einer *Kerndrehbank*
(Abb. 170) mittels Drehschablone erzeugt. Als Kerneisen dient ein mit
vielen Bohrungen versehenes Stahlrohr. Es wird mit Strohseilen umwickelt, Lehm aufgetragen und mittels einer Schablone auf die verlangte
Form gebracht.

Abb. 171 zeigt das Einformen eines *Rohrkrümmers a* mittels *Ziehschablonen d, f* und Modellteilen *c*. Zuerst wird das Brett *b* mit einer der
Form des Krümmers entsprechenden Ausnehmung und den beiden
Modellhälften *c* für Flansch und Kernmarke in die vorbereitete, eben
gestampfte Gießereisohle gedrückt. Dann wird das Brett *b* abgeschraubt,
auf die Modellhälften *c* die zweiten Modellhälften gesteckt, der Oberkasten aufgesetzt, Modelle für Speiser, Einguß und Schlackengang
gesetzt und der Oberkasten aufgestampft und abgehoben.

Dann wird Brett *b* im Unterteil und dann im Oberkasten wieder an
die Modellhälften *c* geschraubt und mit der Schablone *d* jeweils der halbe
Krümmerhohlraum ausschabloniert und dann die vier Modellhälften *c*
entfernt. Der aus zwei Hälften bestehende Krümmerkern wird mit der
Schablone *f* hergestellt. Zu diesem Zweck wird auf dem mit Führungs-
leisten *g* und *h* versehenen Brett *e* Sand und anschließend eine dünne
Lehmschicht aufgetragen und in diese ein Eisendrahtgerippe gedrückt.
Hierauf drückt man weiteren Lehm auf und streicht den überschüssigen
Lehm mit der Schablone *f* ab, die sich entlang von *g* und *h* führt. Auf

dieselbe Weise wird die zweite Kernhälfte hergestellt und mit der ersten
zusammengeklebt. Dann werden die Formen eingestaubt, der Kern
eingelegt und durch Kernstützen gesichert. Diese sollen ein Durchbiegen
des Kernes durch das Eigengewicht nach unten und durch den Auftrieb
des flüssigen Eisens nach oben verhindern. Damit Roststellen derselben
keine porösen Wände ergeben, müssen sie verzinnt sein.

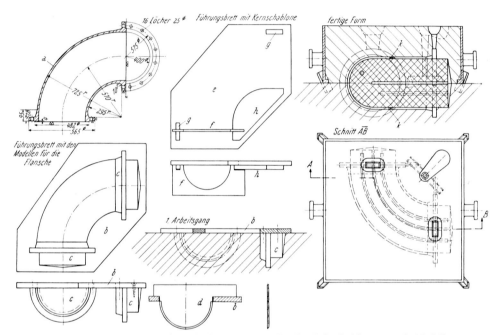

Abb. 171. Einformen eines Rohrkrümmers durch Ziehschablonen und Modellteile. *a* Werkstück, *b* Führungsbrett, *c* Modellteile, *d* Schablone für die Form,
e Führungsbrett für die Kernhälften, *f* Schablone für die Kernhälften, *g, h* Führungsleisten, *k* Kernstützen

Um das Durchbiegen langer Kerne bei rohrförmigen Teilen zu verhindern, wird häufig liegend geformt und stehend gegossen.

3,1208 Die Maschinenformerei

Um austauschbare Gußstücke in Serienfertigung herzustellen, wird
an Stelle der Handformerei die *Maschinenformerei* angewendet, bei der
sich durch Einsparung von Formzeit und Verwendung angelernter
Arbeiter eine wesentliche *Senkung der Formkosten* ergibt. Bei dieser
werden vor allem die *Trennung* von Form und Modell (Gefahr der Beschädigung der Form), das *Verdichten* des Sandes (nicht zu fest wegen

der Gasdurchlässigkeit, nicht zu lose wegen der Festigkeit) und gegebenenfalls das *Wenden* von der Formmaschine ausgeführt. Bei ihnen verwendet man statt der auf ein Formbrett gelegten Modelle *Modellplatten*
(Abb. 172) aus Gußeisen, Holz, Metall, Gips, Kunststein oder Gießharzen.

Bei diesen unterscheidet man *Standard*platten (mit einer oder mehreren gleichen Modellhälften), *Misch*platten (mehrere verschiedene Modellhälften), *einseitige* Platten (für Ober- und Unterteil eine besondere
Platte), *Reversier*platten (Modellhälften für Ober- und Unterteil nebeneinander) und *doppelseitige* Platten (Wendeplatten). Nach der ange-

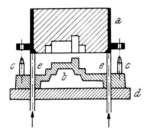

Abb. 172.   Stiftabhebemaschine (schematisch).
a Formkasten, *b* Modellplatte, *c* Stifte, *d* Tisch, *e* Abhebestifte

wendeten Trennung von Modellplatte und Form unterscheidet man
Abhebe-, Absenk-, Wende- und Durchzugverfahren. Nach der Art der
angewendeten Verdichtung des Sandes Maschinen für Sandverdichtung
durch Schwerkraft, Stampfen von Hand, Pressen, Rütteln, Blasen,
Schießen, Schleudern und Schubverdichten.

Bei den *Stiftabhebemaschinen* (Abb. 172), die für niedere Modelle,
die leicht aus dem Sand gehen, angewendet werden, stoßen vier nach
Größe der Formkasten verstellbare Abhebestifte gegen den unteren
Rand desselben und heben ihn ab. Er wird dann von Hand abgenommen.

Bei den *Rollenleistenabhebemaschinen* heben Rollenleisten den Formkasten ab, der von den Rollen auf eine Rollenbahn abgerollt werden kann.

Auf Wendeplattenform-, Umroll- und Gestellwendemaschinen wird
das *Wendeverfahren* durchgeführt. Bei der *Wendeplattenformmaschine*
(schematisch nach Abb. 173) findet eine Wendeplatte *a* Verwendung,
auf welcher sich beide für die Herstellung einer Form erforderlichen
Modellhälften *e* befinden und welche um zwei Zapfen *f* geschwenkt
werden kann. Im Gegensatz zu den Abhebemaschinen benötigt man bei
der Wendeplattenformmaschine für eine aus Ober- und Unterkasten
bestehende Form nur eine einzige Formmaschine. Bei ihr ergibt sich nun
folgende Arbeitsweise:

Zuerst wird der Oberkasten mit seinen Lappen auf die nicht gezeichneten Führungsstifte auf der Oberseite der Wendeplatte gesetzt und

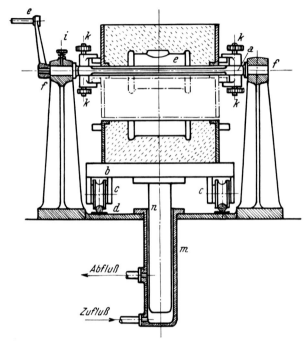

Abb. 173. Wendeplattenformmaschine (schematisch). *a* Wendeplatte, *b* Wagen, *c* Räder, *d* Schienen, *e* Kurbel, *f* Zapfen, *i* Feststellstift, *k* Verriegelung, *m* Zylinder, *n* Kolben

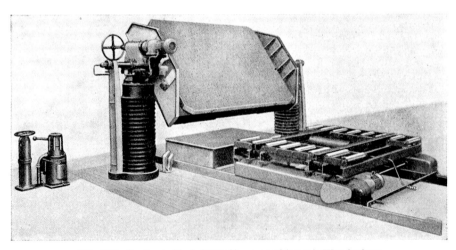

Abb. 174. Große stoßfreie Rüttelformmaschine mit Wendeplatte

durch die Verriegelungseinrichtung k festgeklemmt und aufgestampft.
Dann wird der Fixierstift i gelockert und die Wendeplatte durch die
Kurbel e um 180° geschwenkt und wieder durch i fixiert. Hierauf wird
die Platte b mit den auf den Schienen d laufenden Rädern c durch den
Kolben n hydraulisch gehoben, die Verriegelung k des Formkastens
gelöst und die Platte mit dem Formkasten abgesenkt. Dieser kann mit
dem Wagen nun zum Einlegeplatz für die Kerne gebracht werden. Auf
die jetzt oben befindliche Seite der Wendeplatte wird nun der Unter-

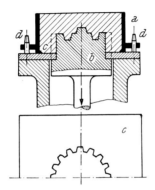

Abb. 175. Durchziehformmaschine.
a Formkasten, b Modell, c Durchziehplatte, d Stifte

kasten gesetzt und wie für den Oberkasten beschrieben aufgestampft,
gewendet und abgesenkt.

Bei großen Formmaschinen erfolgt das Wenden nicht von Hand,
sondern maschinell (Abb. 174) durch hydraulisch oder elektrisch betätigte Getriebe.

Für kleine und mittlere Formkasten verwendet man *Gestellwendemaschinen*, bei denen das gesamte Maschinengestell gedreht wird, für
mittlere und große verwendet man *Umrollmaschinen*, bei denen die
Modellplatte mit den verklammerten Formkasten um eine außerhalb
gelegene Achse geschwenkt wird.

Die *Durchziehmaschinen* (Abb. 175) dienen hauptsächlich zur Trennung steiler Modelle, die keine Verjüngung besitzen, von der Form.
Eine Durchziehplatte c, die sich genau in die Lücken des Modelles b legt,
stützt den Sand beim Ausziehen des Modelles nach unten. Man zieht
nicht immer das ganze Modell durch die Durchziehplatte, sondern häufig
nur Teile, deren Ausheben schwierig ist (bei Riemenscheiben den Kranz,
bei Rippenheizkörpern die Rippen).

Mit Verdichtung des Sandes durch die Schwerkraft arbeitet (außer
dem Zementsandverfahren) das *Formmasken-(Croning-)Verfahren*, bei

welchem Sand mit einem Kunststoffbinder (Novolak mit Hexamethylen-
tetramin) lose auf eine heiße Modellplatte geschüttet wird, wo er durch
Kondensation des Harzanteiles eine Maske von wenigen Millimeter
Dicke bildet. Der überschüssige Sand wird anschließend entfernt.

Durch ruhigen Druck erfolgt die Sandverdichtung bei den Stempel-,
Membran- und Teilklotzpreßmaschinen. *Stempelpreßformmaschinen*
können nur bei flachen Modellen verwendet werden, da sich bei hohen
eine ungleiche Sandverdichtung ergeben würde. Auf die Stifte *s* der
Modellplatte *a* (Abb. 176) kommt der Formkasten *b* mit einem Füll-

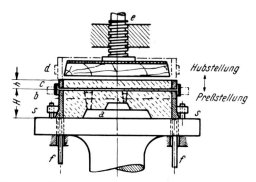

Abb. 176. Preßformmaschine (schematisch). *a* Modell, *b* Formkasten, *c* Füllrahmen,
d Preßplatte, *e* Einstellschraube, *f* Abhebestifte, *s* Stifte

rahmen *c* zur Aufnahme des lockeren Formsandes. Nachdem beide mit
Sand gefüllt wurden, wird die Preßplatte *d*, die sich auf einem Arm
befindet, eingeschwenkt. Sie wird durch eine Spindel *e* so eingestellt,
daß sie knapp über dem Füllrahmen steht. Dann wird die Modellplatte
mit dem Formkasten durch einen Preßkolben gegen die Preßplatte *d*
gepreßt. Nach Absenken des Preßkolbens wird die Form durch die
Abhebestifte *f* abgehoben. Bei den *Membranpreßformmaschinen* wird
an Stelle einer Preßplatte eine druckluftbeaufschlagte Membran verwendet, wodurch sich die Verdichtung den Sandhöhen anpaßt. Dieselbe
Wirkung erzielt man durch Aufteilung der Preßplatte in *Teilklötze*,
deren Verschiebung sich dem Sandgegendruck anpaßt.

Bei der Benützung von Formmaschinen ist stets eine größere Anzahl
genauer Formkasten nötig. *Abschlagformkasten* aus Gußeisen oder
Aluminium, die in diagonaler Richtung aufklappbar sind, können nach
Fertigstellen der Form von dieser abgenommen werden (Abb. 177).

Bei den *Preßmaschinen für kastenlosen Guß* (Abb. 178) sind Oberkasten *a* und Unterkasten *b* dauernd mit der Maschine verbunden und
führen sich an den Säulen *c*. Ein Gegengewicht *d* gleicht das Gewicht
des Oberkastens aus. Der Unterkasten *b* ruht auf einem im Zylinder *e*

durch Preßluft verschiebbaren Kolben f, der gleichzeitig den Zylinder
für den Preßkolben g bildet. Die beiden Modellhälften sitzen auf einer
Platte k, die um eine Säule i schwenkbar ist. Diese Maschine arbeitet
auf folgende Weise: Die Modellplatte k ist zunächst ausgeschwenkt.

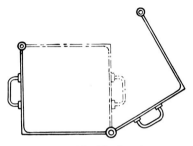

Abb. 177. Abschlagformkasten

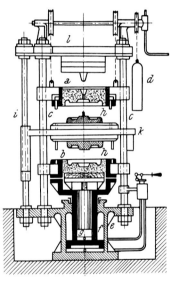

Abb. 178. Preßmaschine für kastenlosen Guß. a Oberkasten, b Unterkasten,
c Führungssäulen, d Gegengewicht, e Zylinder, f hohler Kolben, g Preßkolben,
h Modellhälften, i Säule, k Platte, l Querhaupt

Auf den Preßkolben g wird im Unterkasten ein Brettchen gelegt und
Formsand eingefüllt, hierauf die Modellplatte eingeschwenkt, der Oberkasten herabgelassen und mit Formsand gefüllt. Dann leitet man Preßluft unter den Kolben f, der dadurch Unterkasten, Modellplatte und
Oberkasten bis zum Querhaupt l hebt. Durch den an l sitzenden Preßkopf wird dabei der Sand im Oberkasten verdichtet. Leitet man noch

Preßluft unter den Kolben g, so wird auch der Sand im Unterkasten
verdichtet. Durch Ablassen der Preßluft wird der Unterkasten gesenkt,
dann die Modellplatte ausgeschwenkt, der Oberkasten herabgelassen
und mit dem Unterkasten und den Säulen c verklammert. Schließlich
preßt die auf den Kolben g einwirkende Preßluft die beiden Formen aus
den Kästen oben heraus, so daß sie mit dem darunter liegenden Brettchen
abgenommen werden können. Dieses Verfahren dient zur Massenherstellung kleiner Gußstücke.

Bei diesen kann man auch durch *Doppelseitpressung* (Abb. 179)
Formkästen, Sand und Platz einsparen. Der Preßklotz ist als Modell-

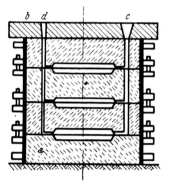

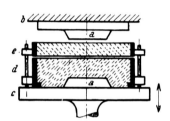

Abb. 179. Doppelseitpressung.
a Modellhälften, *b* Preßklotz,
c Tisch, *d* Formkasten, *e* Füllrahmen

Abb. 180. Stapelguß. *a* Formkasten,
b Belastung, *c* Einguß, *d* Speiser

platte ausgebildet und trägt die eine Modellhälfte, die sich in die Oberseite des Kastens eindrückt. Die Kästen setzt man nach Abb. 180
zusammen und gießt durch einen gemeinsamen Einguß (*Stapelguß*).

Bei den *Rüttelverfahren* unterscheidet man *Stoßrütteln* (mit und
ohne Amboß) und *Schwingrütteln* (Hammer-, Unwuchtrüttler). Bei den
Amboßrüttelformmaschinen erfolgt das Verdichten des Sandes durch
Aufschlagen der Modellplatte mit dem gefüllten Formkasten auf einen
Amboß (Abb. 181). Modellplatte und Modell m, Formkasten d und Füllrahmen f befinden sich auf einem Tisch t, der durch einen Kolben k gehoben wird. Ein Steuerschieber s, der durch eine Stange a vom Tisch t
betätigt wird, steuert die Zufuhr der Preßluft, die den Kolben k hebt
und in einer bestimmten Höhe wieder aus dem Zylinder entweicht.
Durch das Aufprallen des Tisches t auf den Unterteil u erfolgt eine wirksame Verdichtung des Sandes. Die durch den Aufprall hervorgerufenen
heftigen Erschütterungen der ganzen Umgebung vermeidet man bei den
amboßlosen Rüttelformmaschinen (schematisch nach Abb. 182), bei
welchen der Unterteil e auf Federn i in einem Zylinder g gelagert ist.

Beim Rütteln wird der Sand am Modell, beim Pressen an der Oberfläche am stärksten verdichtet. Bei hohen Formkästen stampft man
daher den Sand nach dem Rütteln von Hand nach oder verwendet die

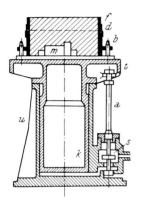

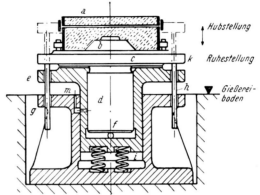

Abb. 181. Rüttelform-
maschine. *a* Stange,
b Stifte, *d* Formkasten,
f Füllrahmen, *k* Kolben,
m Modellhälfte, *s* Steuerschieber, *t* Tisch, *u* Zylinder

Abb. 182. Stoßfreie Rüttelformmaschine.
a Form, *b* Modell, *c* Tisch, *d* Kolben,
e Zylinder, *f* Drucklufteinlaßöffnung,
g Führungszylinder, *h* Führungsstangen,
i Druckfedern, *k* Stoßflächen,
m Auslaßkanal

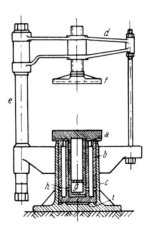

Abb. 183. Vereinigte Rüttel- und Preßformmaschine. *a* Rüttelkolben, *b* Preßkolben, *c* Führungszylinder, *d* Preßholm, *e* Säule, *f* Preßplatte, *g* Rüttelluftraum,
h Luftauslaßkanal

vereinigte Rüttel- und Preßformmaschine, bei welcher der Sand an der
Oberfläche durch zusätzliches Pressen verdichtet wird (Abb. 183).
Bei den *Schleudermaschinen* (Slinger, Abb. 184) wird der Sand durch
einen umlaufenden Wurfbecher *d* mit großer Geschwindigkeit in den

Formkasten geschleudert. Der Sand wird dabei von einem Trichter *a* über Förderbänder *b* und *c* dem Schleuderkopf *d* zugeführt, der schwenkbar ist. Die Schleudermaschinen werden feststehend und fahrbar ausgeführt und finden wegen ihrer Leistungsfähigkeit für große Kästen Verwendung.

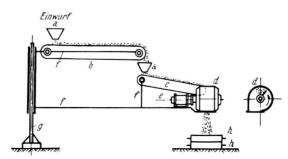

Abb. 184. Schleuderformmaschine (schematisch). *a* Einfülltrichter, *b*, *c* Förderbänder, *d* Schleuderkopf, *e* Antriebsmotor, *f* Gelenkarm, *g* Säule, *h* Formkästen

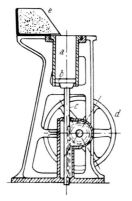

Abb. 185. Schubkolbenverdichter. *a* Kernbüchse, *b* Kolben, *c* Kolbenstange als Zahnstange ausgebildet, *d* Handrad, *e* Kernsandbehälter

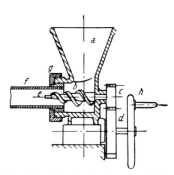

Abb. 186. Schubschneckenverdichter. *a* Einfülltrichter, *b* Schnecke, *c*, *d* Zahnräder, *e* Dorn, *f* Kernbüchse, *g* Überwurfmutter, *h* Handrad

Durch *Schubverdichten* arbeiten die Schubkolben- und die Schubschneckenverdichter, die vorwiegend zur Kernherstellung Verwendung finden. Bei den *Schubkolbenverdichtern* (Abb. 185) wird der Sand in auswechselbare Büchsen *a* gestampft, die durch einen auswechselbaren, auf die Kernlänge einstellbaren Kolben *b* abgeschlossen sind. Durch Drehen des Handrades *d* wird der fertige Kern über einen Zahnstangentrieb mittels des Kolbens *b* ausgestoßen.

Bei den *Schubschneckenverdichtern* (Abb. 186) werden endlose Kerne erzeugt. Die in den Trichter *a* eingefüllte Kernmasse wird durch die

Mischschnecke *b* aus dem auswechselbaren Mundstück *f* gepreßt, wobei
der Dorn *e* den Luftabführungskanal ausspart. Der Antrieb erfolgt durch
Handrad *h*.

Ein *Preß*verfahren für Kerne, die sich in zweiteiligen Kernkästen
herstellen lassen, ist das Verfahren von *Knüttel* (schematisch Abb. 187).
Zwei Kernplatten *a* und *c* werden aufeinandergepreßt. Die untere

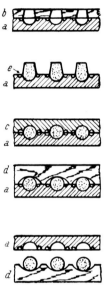

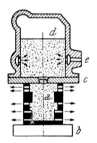

Abb. 187. Kernformmaschine von
Knüttel (schematisch). *a* Kernplatte,
b Füllrahmen, *c* Preßplatte,
d Abhebebrett, *e* Überlaufrinnen

Abb. 188.   Kernblasmaschine
(schematisch). *a* Kernkasten, *b* Tisch,
c Düsenplatte, *d* Sandbehälter,
e Preßlufteintritt

Kernplatte *a* läßt sich nach Art der Wendeplatte drehen, heben und
senken, die obere *c* sitzt meist in einem Preßkopf. Beide Platten enthalten die Ausnehmungen für mehrere Kerne. Der Füllrahmen *b* dient
zur Bemessung der richtigen Sandmenge. Er wird nach Einbringen
des Kernsandes abgenommen und durch die Kernplatte *c* ersetzt, die
meist durch Druckluft angepreßt wird. Der überschüssige Sand entweicht in seitliche Rillen. Die Luftführungskanäle werden mit dem
Luftspieß gestochen, Kerneisen können eingelegt werden. Dann wird
die Unterplatte *a* abgesenkt und auf sie ein mit Rillen versehenes
Ablagebrett *d* gelegt, auf welchem nach dem Wenden der Kern abtransportiert wird.

Bei den *Kernblasmaschinen* wird ein Druckluft-Sandgemisch in
eine Kernbüchse *a* (Abb. 188) gebracht, welche durch eine Einspann-

einrichtung festgeklemmt und durch Anheben des Arbeitstisches *b*
gegen die Düsenplatte *c* gepreßt wird. Nach Öffnen eines Druckluft-
steuerventiles strömt das Druckluft-Sandgemisch aus dem Sandbehälter *d* in die Kernbüchse. Diese muß Entlüftungsöffnungen erhalten, damit die überflüssige Druckluft entweichen kann.

Im Gegensatz zu den Kernblasmaschinen tritt bei den *Kernschieß-
maschinen* keine Druckluft in den Kernkasten, so daß der Verschleiß
durch das Sand-Luftgemisch wegfällt. Da auch die Expansion der
Preßluft ausgenützt wird, ist bei ihnen der Preßluftbedarf geringer.
Der Formsand wird bei ihnen durch eine bestimmte Druckluftmenge

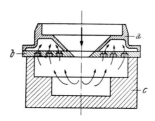

Abb. 189. Kernschießmaschine (schematisch).
a Schießkopf, *b* Platte mit Schlitzdüsen, *c* Kernkasten

schlagartig in den Kernkasten gebracht. Die durch den eingebrachten
Sand verdrängte Luft wird durch Schlitzdüsen *b* (Abb. 189), die in den
Schießköpfen *a* eingebaut sind, aus den Kernkästen *c* entfernt. Die
verwendeten Sande müssen gut fließbar sein, weshalb als Binder Was-
serglas, dünnflüssige Kernöle, flüssige und pulverförmige Kunstharze
Verwendung finden. Beim CO_2-*Verfahren* wird das zur Härtung ver-
wendete CO_2 durch den im Kernkasten befindlichen Kern geblasen.
Beim *hot-box-Verfahren* wird ein Sand mit flüssigen Furanharzen
(Mischungen aus Harnstoffharz, Furfurylalkohol mit schwachsaurem
Katalysator) als Bindemittel in beheizte Kernkästen geschossen, wo
er rasch aushärtet. Beim *cold-box-Verfahren* wird das Aushärten eines
mit flüssigen Phenolharzen gebundenen Quarzsandes, der mit einem
Härter gemischt ist, auf kaltem Wege durch Einleiten eines Katalysa-
tornebels bewirkt.

Zur Herstellung großer Zahnräder, Kettenräder und ähnlicher
Teile, die nur in wenigen Stücken ohne nachfolgende Bearbeitung
hergestellt werden, verwendet man *Zahnradformmaschinen* (Abb. 190).
Sie besitzen einen Rundtisch *t*, der durch Schneckentrieb *s* und Wechselräder *m*, die auf einer Schere *l* angeordnet sind, von der Kurbel *k*
gedreht werden kann. Auf einer senkrecht durch Ritzel z_1 und Zahnstange *i* verstellbaren Säule *d* ist das Holzmodell *e* befestigt. Die Säule *d*
kann durch Verschieben des Armes *a* mittels Zahnstange und Ritzel z_2

in einer Führung h auf jeden Radius eingestellt werden. Für die Herstellung eines Zahnrades (Abb. 191) sei die Arbeitsweise beschrieben: Die Nabe wird durch Modelle, der Kranz durch Schablonen, die Arme durch Kernstücke und die einzelnen Zahnlücken durch das Modell e

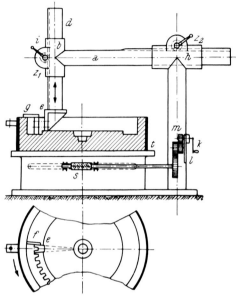

Abb. 190. Zahnradformmaschine. a Arm mit Hülse b, d Säule mit Modell e, f Brettchen, g Durchziehbrettchen, h Hülse, i Zahnstange, k Kurbel, l Schere für Wechselräder m, s Schneckengetriebe, t Rundtisch, z_1, z_2 Zahnräder

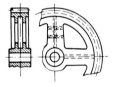

Abb. 191. Zahnrad

erzeugt. Zuerst wird nach Abb. 192a das Modell für den Oberkasten ausschabloniert und dieser nach Abb. 192b aufgestampft. Hierauf stellt man mit der zweiten Schablone den Unterkasten her, wobei der Kranz zunächst auf größere Durchmesser schabloniert wird (Abb. 192c). Dann senkt man das Modell der Zahnlücke e, das zunächst auf beiden Seiten je ein Brettchen f angeschraubt besitzt, und stampft den so entstehenden Raum mit Formsand voll. Dann legt man ein Brettchen g, das genau die Form der Zahnlücke besitzt, auf die Form und zieht

das Modell *e* hoch (*g* wirkt dabei wie eine Durchziehplatte) und schaltet
den Tisch um eine Teilung entgegen dem Uhrzeigersinn weiter. Dann
entfernt man das linke Brettchen *f*, senkt das Modell neuerlich in den
Formkasten und stampft die nächste Lücke auf. Auf dieselbe Weise
werden die weiteren Lücken bis auf die letzte aufgestampft, bei der

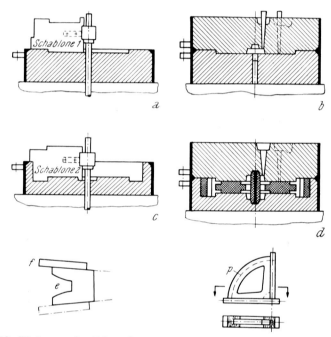

Abb. 192. Einformen des Zahnrades nach Abb. 191 auf der Zahnradformmaschine
Abb. 190. *a* Schablonieren des Modells für den Oberkasten, *b* Fertigstellen des
Oberkastens, *c* Schablonieren des Oberkastens, *d* fertige Form, *e* Modell für die
Zahnlücke, *f* Brettchen, *p* Kernkasten

auch das zweite Brettchen *f* abgeschraubt wird, da es im Wege steht.
Dann werden die mit dem Kernkasten nach Abb. 192 p vier Kerne
hergestellt, die mit dem Bohrungskern in die Form eingelegt werden.
Schließlich wird die Form gußfertig gemacht (Abb. 192 d).

3,1209 Die Lehmformerei

Die Lehmformerei ist eine Vereinigung von Schablonen- und Modell-
formerei und findet für große Gußstücke Anwendung. Die Form wird
meist aus Ziegel- oder Lehmsteinen aufgemauert, auf welche eine
Lehmschichte aufgetragen und mit Schablonen bearbeitet wird. Um
den Lehm in trockenem Zustand gut gasdurchlässig zu machen, wer-

den ihm Pferdemist, Häcksel, Sägespäne usw. zugesetzt. Damit die Form möglichst glatt wird, wird an der Oberfläche ein durch Siebe gepreßter, sogenannter Schlichtlehm aufgetragen. Das beim Trocknen eintretende Schwinden muß bereits bei Herstellung der Form berücksichtigt werden. Abb. 193 zeigt die Form eines Windkessels. Diese

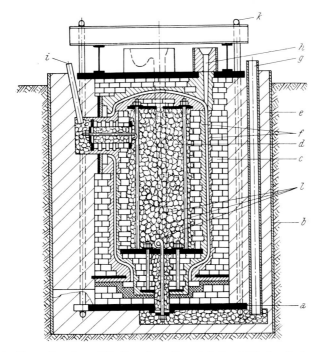

Abb. 193. Form für einen Windkessel. *a* Grundplatte, *b* Blechzylinder, *c* Ziegelsteine, *d* Koksfüllung, *e* Füllsand, *f* Schlichtlehm, *g*, *i* Gasabzugsrohre, *h* drei Speiser, *k* vier Anker, *l* drei Anschnitte

besteht aus dem Mantel, dem Kern und dem Boden, die getrennt auf Blechplatten aufgemauert und schabloniert werden. Alle Teile werden getrocknet und geschwärzt und schließlich zur gießfertigen Form zusammengebaut.

3,1210 Die Dauerformen

Sandformen sind *verlorene Formen*, da sie nach dem Guß zerstört werden.

Lehmformen lassen sich für mehrere Abgüsse verwenden, wenn das Gußstück Gelegenheit hat, in der Form zu schwinden.

Eine größere Anzahl von Abgüssen kann man in *keramischen Dauerformen* erzielen. Die Dauerformmasse besteht aus Schamottemörtel,

Stampfmasse oder Klebsand, Ton- und Koksgrus und wird an Stelle des Modellsandes verwendet. Es muß fester als bei gewöhnlichem Trockenguß gestampft und reichlich Luft gestochen werden. Nach jedem Abguß müssen Eingußtrichter und Steiger mit gewöhnlichem Formsand erneuert werden.

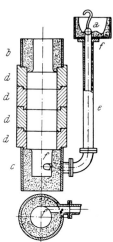

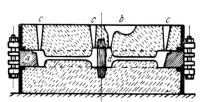

Abb. 194. Form für ein Feldbahnrad.
a Kokille, *b* Einguß, *c* Speiser, *d* Kern

Abb. 195. Form für eine Hartgußwalze. *a* Stopfen aus Gußeisen,
b, c Formkästen, *d* Kokillenringe,
e, f Einguß

Eiserne Dauerformen halten bis zu 3000 Abgüsse aus. Zur Verringerung der härtenden Wirkung der Formwand gibt man derselben einen dünnen Überzug aus in Öl aufgeschlämmtem Graphit und entfernt die Gußstücke in heller Rotglut aus der Form, damit sich der Graphit bei der anschließenden Abkühlung ausscheiden kann. Vor dem Gießen müssen die Formen auf etwa 200° vorgewärmt werden.

Schalen aus Grauguß (Kokillen) werden auch beim *Schalenguß* angewendet, um bei einem grauen Kern eine weiße Schale (Randzone) zu erhalten. Abb. 194 zeigt die fertige Form für ein *Feldbahnrad* aus Schalenguß. Zwischen den beiden Formkästen befindet sich die Kokille *a* aus Gußeisen für die Lauffläche und den Spurkranz. Abb. 195 zeigt die Form für eine *Hartgußwalze*. Die Walzenballen werden von gußeisernen Ringen *d* umschlossen, während die beiden bearbeitbaren Walzenzapfen in Formkästen *b* und *c* mit Masse geformt werden. Der Einguß *f* mündet tangential, so daß das einfließende Eisen schraubenförmig aufsteigt, wobei die Schlacke in der Mitte bleibt. Dadurch erhält man reine fehlerfreie Walzenoberflächen. *Halbhartwalzen* werden ähnlich den Hartgußwalzen in Kokille gegossen, die mit einer dicken Lehmschicht überzogen wird, damit keine Ledeburitbildung eintritt.

Die eigentlichen *Graugußwalzen* werden in Lehmformen vergossen, die an Stelle der Arbeitskaliber Kokillen eingelegt haben, die so bemessen sind, daß sie keine Schreckschicht bilden.

In großem Ausmaß macht man von Dauerformen (Kokillenguß, Druckguß) in der Metallgießerei (s. 3,14) Gebrauch.

3,1211 Das Trocknen der Formen und Kerne

Das Trocknen der Formen hat in der modernen Gießerei sehr an Bedeutung verloren. Einerseits wird wegen der hohen Trockenkosten vielfach im Naßguß vergossen, andrerseits ist bei den neuen Formverfahren (CO_2-, Zementsand-, no-bake-, cold-box-Verfahren usw.) eine Wärmezufuhr nicht mehr nötig. Bei den durch das Croning- und hot-box-Verfahren hergestellten Formen tritt ein Erhärten in der Formeinrichtung ein.

Formen aus fettem Sand, Masse und Lehm werden zur Erhöhung der Gasdurchlässigkeit und Festigkeit bei 250 bis 300 °C, solche mit organischen Bindemitteln bei 180 bis 200 °C getrocknet.

Beim *Oberflächentrocknen* wird die Form nur bis auf eine begrenzte Tiefe getrocknet, was die Trockenkosten verringert.

Trockenkammern sind meist gemauert und werden durch feste, flüssige, gasförmige Brennstoffe oder elektrisch beheizt. Bei ihnen streichen die Verbrennungsgase über die Formen und verdampfen das in ihnen enthaltene Wasser. Durch Luftumwälzung wird für eine gleichmäßige Temperatur gesorgt.

Tragbare Trockenöfen dienen zum Trocknen von Bodenformen. Bei ihnen werden die heißen Verbrennungsgase unter Druck durch die Formen geblasen, in welchen man alle Öffnungen sorgfältig verstopft. Dadurch erreicht man, daß die Verbrennungsgase durch die Wandungen der Form streichen und diese ganz trocknen. Zu fest gestampfte Stellen erkennt man an der zu langen Trocknungsdauer.

Kleinere Kerne werden in *eisernen Trockenschränken* getrocknet. Diese besitzen herausnehmbare Fächer, in die die Kerne gelegt werden. Sie werden mit Gas oder elektrisch beheizt.

Kerne, deren Bindemittel einen genügend großen Verlustfaktor besitzen (Kunstharze, Quellbinder), lassen sich mit *hochfrequentem*[1]

---

[1] Grassmann, H.: Kernherstellungsverfahren mit Hochfrequenztrockenanlagen. Gießerei-Pr. *1962*, 288—294. — Walther, E.: Hochfrequenztrockner und Kunstharze in der Gießerei. Gießerei *1956*, 109—112. — Derlon, H., Raul, C.: Hochfrequenztrocknung von Gießereikernen durch kapazitive Erwärmung. Gießerei *1952*, 179. — Schoch, E.: Kerntrocknung mit Hochfrequenzwärme. Brown-Boveri Mitt. *1952*, 421. — Wirta, K.: Dielektrisches Trocknen von Kernen. Gießerei *1955*, 49. — Walther, E.: Die Bedeutung der Hochfrequenztrocknung in der Gießerei. Gießerei *1957*, 316—318.

Wechselstrom im elektrischen Kondensatorfeld trocknen. Da die Wärme hiebei nicht von außen zugeführt werden muß, sondern direkt im Kern entsteht, ergeben sich sehr kurze Trockenzeiten.

Bei den *Wandertrockenöfen* wandern die Formen im Gegenstrom zu den Verbrennungsgasen durch den Ofen. Ihre Durchlaufzeit ist so abgestimmt, daß sie beim Verlassen des Ofens vollkommen trocken sind. Diese Öfen werden in der Großserienfertigung verwendet.

3,1212 Das Gießen

Beim *Schwerkraftguß* kann man *liegend* und stehend, bei letzterem noch fallend und steigend gießen. Die Formkästen kommen auf ein Formbett aus einer genau waagrecht abgestrichenen Lage von Form-

Abb. 196. Aufstellung flacher Formkästen zum Gießen

sand. Flache Formkästen werden meist so übereinandergestellt, daß gerade der Einguß freibleibt (Abb. 196). Beim Stapelguß (Abb. 180) werden die Formkästen übereinandergestellt und erhalten einen gemeinsamen Einguß. Rohrförmige Teile werden meist liegend geformt und *stehend gegossen*. Sehr dünnwandige Teile werden *fallend* (um vorzeitiges Erstarren zu vermeiden), alle anderen *steigend* (damit die Schlacke ungestört aufsteigen kann) gegossen. Lehmformen werden dabei meist vollkommen im Sand eingegraben, um ein Durchbrechen des flüssigen Metalles zu vermeiden.

Beim *Sturzguß* (Kunstguß, Statuen) wird die Form kurz nach dem Gießen gekippt, so daß das innen noch flüssige Metall ausrinnen kann und (ohne Kern) ein Hohlgußkörper entsteht.

Beim Gießen ist auf das gleichmäßige Füllen der Form zu achten. Bei Unterbrechung des Gießstromes entstehen Oxydation und Kaltschweißstellen. Zur Vermeidung des Eindringens von Schlacke soll der Einguß stets vollgehalten werden. Eingedrungene Verunreinigungen, die leichter als das flüssige Eisen sind, sollen sich in den Speisern sammeln, die daher an der höchsten Stelle des Gußstückes anzuordnen sind. Das Eindringen von Verunreinigungen wird auch durch *Siebtrichter* (siebartige, gelochte Kernsandstücke von 10 bis 20 mm Dicke) oder bei großen Formen durch *gußeiserne Stopfen* (Abb. 195), die erst bei gefülltem Einguß angehoben werden, verhindert.

Man gießt entweder unmittelbar aus dem Ofen (sehr große Stücke),
aus *Handpfannen* mit einem Stiel, aus *Gabelpfannen* (Abb. 197), die
von zwei Männern getragen werden, aus *Kranpfannen* (Abb. 198)
oder aus *Gießtrommeln*, die einen besseren Schutz gegen die Strahlung
des flüssigen Metalles gewähren. Vor dem Gebrauch müssen die Pfannen auf Rotglut vorgewärmt werden, um die Feuchtigkeit zu entfernen
und die Abkühlung der Schmelze zu verringern. Für das *automatisierte*

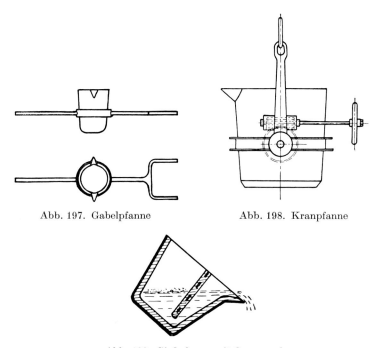

Abb. 197. Gabelpfanne   Abb. 198. Kranpfanne

Abb. 199. Gießpfanne mit Querwand

Fördern, Dosieren und Gießen sind *elektromagnetisch* arbeitende Fördereinrichtungen entwickelt worden.

Die *Gießtemperatur* hängt von der Größe und Wanddicke des Gußstückes ab. Dünnwandige Gußstücke müssen heißer als dickwandige
vergossen werden. Die auf der Pfanne schwimmende Schlacke wird
mit dem *Krampstock*, einer Stange aus Stahl mit einem angeschraub-
ten Blech, zurückgehalten. In der Stahlgießerei werden auch Pfannen
verwendet (Abb. 199), bei denen die Schlacke bereits in dieser durch
eine Querwand zurückgehalten wird.

Fehler im Gußstück können nachträglich durch *Schweißen* (Festigkeit), *Hartlöten* oder *Kitten* mit Metallpulvern und Kunststoffen (Dichtheit) beseitigt werden.

Beim *Schleuderguß*[1] wird das flüssige Metall in eine um eine waagrechte oder senkrechte Achse rotierende Form gegossen. Durch Schleuderguß werden hauptsächlich Hohlkörper aus Gußeisen (Rohre, Zylinderlaufbüchsen, Bremstrommeln, Büchsen für Kolbenringe), Stahlguß (Zahnkränze, Radreifen für Eisenbahnfahrzeuge) und anderen
Metallen (Lagerbüchsen, Lagerausgüsse) in Massenfertigung hergestellt.
Gegossen wird in kalte, wassergekühlte oder vorgewärmte Kokillen
aus Gußeisen, Stahl, Kupfer, Graphit oder Formen, die mit Quarzsand oder Zementsand ausgekleidet sind. Beim Arbeiten mit heißen
Kokillen können diese durch eingestreute Pulver, sonst durch Anstriche
vor der unmittelbaren Berührung mit dem flüssigen Metall geschützt
werden. Vorteile des Schleudergusses sind Lunkerfreiheit und hohe

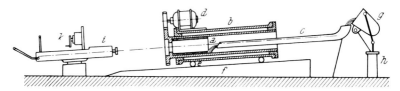

Abb. 200. Rohrschleudergußmaschine. *a* Rohr, *b* wassergekühlte Stahlkokille,
c Gießrinne, *d* Antriebsmotor, *e* Wagen auf Bahn *f* verschiebbar, *g* Kipppfanne,
h Zylinder, *i* Rohrausstoßvorrichtung, *k* Bedienung von *i*

Festigkeit des Gußstückes, Einsparung von Kernen, Speisern, Eingußtrichtern und verlorenen Köpfen.

Abb. 200 zeigt eine Schleudergußmaschine zur Herstellung von
Rohren aus Grauguß. Sie ist auf einer leicht geneigten Schiene *f* aufgestellt und besitzt eine wassergekühlte, durch den Motor *d* angetriebene Kokille *a* aus Stahl. Zur Herstellung von Muffenrohren wird
ein aus Sand hergestellter Kern eingesetzt. Das flüssige Eisen fließt
aus einem, von einem Zylinder *h* betätigten Kipptiegel *g* in die Gießrinne *c*, wobei die Form auf einem Wagen *e* langsam vorwärts bewegt
wird. Nach dem Schleudern wird das Rohr noch rotglühend durch
eine Vorrichtung *i* aus der Kokille gezogen und in einem Ofen langsam
abkühlen gelassen.

Abb. 201 zeigt eine Kokille für ein Doppelzahnrad aus Stahlguß.
Die untere Kokillenhälfte *a* ist mit der Schleudergußmaschine fest
verbunden, während die obere *b* abnehmbar ist. Vor dem Gießen werden in die untere Kokille Kerne *c* eingesetzt, die eine Aussparung im
Rad erzeugen und die Kokille vor dem Aufprallen des flüssigen Stahles schützen sollen.

---

[1] Schiffers, H.: Entwicklung des Schleudergußverfahrens seit dem Jahre
1946. Gießerei *1954*, 618.

Durch *Strangguß*[1] können lange Profile aus allen gießbaren Metallen hergestellt werden. Gegenüber dem Gießen von kurzen Einzelblöcken (Ingots) vermeidet man viele Blockfehler und erzielt durch den fast stetigen Vorgang größeres Ausbringen. Unter der Kranpfanne *a* (Abb. 202), die als Kipppfanne ausgebildet ist, liegt der Verteiler *b*,

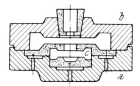

Abb. 201. Schleudergußkokille für ein Doppelzahnrad.
a, b Kokillenhälften, *c* Sandkern

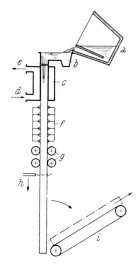

Abb. 202. Stranggießanlage (schematisch). *a* Gießpfanne, *b* Verteiler, *c* wassergekühlte Kupferkokille, *d, e* Wasserein- und Austritt, *f* Wasserbrausen, *g* Vorschubwalzen, *h* Schneidbrenner, *i* Transportband

der das flüssige Metall zur Kokille *c* bringt. Diese besteht aus Kupfer und wird durch Wasser, das bei *d* ein- und bei *e* austritt, gekühlt. In ihr erfolgt die Bildung eines Mantels zur weiteren Aufnahme des flüssigen Metalles. In der Nachkühlstrecke *f* wird die Erstarrung durch Anspritzen mit Wasser beendet. Transportwalzen *g* führen den Strang

---

[1] Petersen, U., Speith, K., Bungerath, A.: Über die Entwicklung des Stranggießens von Stahl und seine großtechnische Anwendung. Stahl u. Eisen *1966*, 333—353.

zu einer aus mitgehenden Autogenbrennern bestehenden Schneidein-
richtung *h*, wo er in Einzelstücke unterteilt wird, die meist hydraulisch
gekippt und durch Transporteinrichtungen *i* weitertransportiert werden. Bei Gießbeginn wird ein Anfahrblock in die Kokille eingelegt
und in dieser Stellung durch die Transportwalzen gehalten. Nach Erreichen einer bestimmten Gußspiegelhöhe beim Angießen wird der Anfahrblock durch die Transportwalzen nach unten bewegt und damit
das kontinuierliche Gießen eingeleitet. Die Kokille ist so dimensioniert,
daß beim Eingießen eine feste Schale entsteht, die dem Druck des flüssigen Metalles widerstehen kann. Erreicht der gegossene Strang die
Transportwalzen, so wird der Anfahrblock selbsttätig ausgeklinkt
und aus dem Arbeitsbereich gebracht.

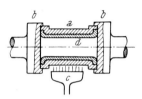

Abb. 203. Ausgießen einer Lager-   Abb. 204. Schleudergießen einer
schale, *a* Stützschale aus Stahl,   Lagerschale. *a* Stützschale, *b* An-
      b Sandkern   drückscheiben, *c* Gasbrenner, *d* Ausguß

Beim *Verbundguß* werden Teile aus Gußeisen oder Stahl außen
oder innen mit Nichteisenmetallauflagen versehen (Lagerschalenaus-
güsse, Kränze von Schrauben- und Schneckenrädern). Das Gießen
erfolgt in Sandformen oder Kokillen nach dem Stand- oder Schleudergußverfahren. Abb. 203 zeigt die Herstellung eines Bleibronzeaus-
gusses in einem Stahlrohling *a* unter Verwendung eines Sandkernes *b*.
Abb. 204 zeigt dasselbe nach dem Schleudergußverfahren. Ein mit
Bleibronzespänen gefüllter Stahlrohling *a* wird seitlich durch zwei
Andrückscheiben *b* abgedichtet, in Drehung gesetzt und mit einem
Azetylenbrenner *c* erhitzt. Nach dem Gießen wird die Büchse in Wasser abgekühlt und anschließend geglüht, um durch Diffusion ein festes
Haften des Eingusses zu erzielen. Beim *Al-Fin-Verfahren*[1] wird Grauguß mit Aluminium (Graugußzylinder mit Aluminiumkühlrippen)
so verbunden, daß ein ungehinderter Wärmeübergang entsteht. Durch
Eintauchen der Eisenteile in ein Tauchbad aus einer Al-Fe-Legierung
wird eine Schicht von sehr geringer Dicke gebildet, die beim nachfolgenden Umgießen eine Al_2O_3-freie Verbundgußzone ergibt (Al_2O_3
verhindert als Wärmeisolator den Wärmedurchgang).

---

[1] Bertram, E.: Das Al-Fin-Verbundgußverfahren. Gießerei *1957*,
593—602.

3,1213 Das Auspacken und Putzen der Gußstücke

Nach dem Gießen und Abkühlen erfolgt das Ausleeren der Formkästen, das mit großer Staubentwicklung verbunden ist. Früher erfolgte
es fast ausschließlich am Gußplatz, meist anschließend an den Gußtag
in der Nachtschicht. Bei kleinen Formen erfolgte es ohne besondere
Hilfsmittel, bei Großkastenformen wurde die Form mit einem Kran
gehoben und Sand und Gußstücke wurden an einem feststehenden Dorn
herausgedrückt.

Zum Ausleeren von Formkästen stark schwankender Größe finden
Rüttelgehänge Verwendung, auf denen die Formkästen mit starren
Bügeln befestigt werden und die auf Kranen hängen.

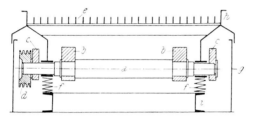

Abb. 205. Vibrationsausschlagrost. *a* Welle mit Gewichten *b* und *c*,
d Antriebsscheibe, *e* Roststäbe, *f* Federn, *g* Schutzblech, *h* Rost, *i* Rahmen

Ein müheloses Ausschlagen annähernd gleich großer Formkästen
erzielt man auf *Vibrationsausschlagrosten* (Abb. 205). Diese bestehen aus
auf Federn *f* gelagerten Rosten *h*, die durch umlaufende exzentrische
Gewichte *b* und *c* in rasche Auf- und Abbewegung gebracht werden.
Der Antrieb erfolgt durch einen, auf dem festen Rahmen *i* befestigten
Elektromotor über Keilriemen auf die Keilriemenscheibe *d* auf der
Welle *a*. Die exzentrischen Gewichte *b* sind fest, die exzentrischen
Gewichte *c* verstellbar angeordnet, um die Schwingungsweite des beweglichen Rostes *h* der Masse der auszuschlagenden Form anpassen zu
können. Die Stäbe *e* des beweglichen Rostes halten die Gußteile zurück,
während der ausgeschlagene Formsand zwischen ihnen durchfällt. Zum
Schutz des Bedienungspersonals ist der ganze Ausschlagrost von einem
Schutzblech *g* umgeben. Durch Neigung der Rostfläche kann man auch
ein selbsttätiges Abwandern des Gußstückes erzielen. Diese Vibrations-
roste werden in stationärer, transportabler und fahrbarer Ausführung
erzeugt und erhalten eine oberhalb oder seitlich angeordnete Absaugung
für den entstehenden Staub.

Die anfallenden Gußstücke müssen noch von den anhaftenden Formstoffen, Kernen, Speisern und Eingußtrichtern, verlorenen Köpfen,
Gußnähten usw. befreit werden. Die Entfernung der Formstoffe muß

möglichst vollständig erfolgen, da anhaftender Sand bei späterer span-
abhebender Bearbeitung die Schneidwerkzeuge beschädigt.

Bei kleinen Stücken werden die Steiger und Eingußtrichter vielfach
abgeschlagen, bei größeren Stücken auf *Abschneidmaschinen* (Abb. 206),
Bandsägen, Kreissägen, Trennschleifmaschinen oder autogen (Gußeisen
nur nach dem Oxyarc- und Pulverschneidverfahren) abgetrennt. Die
Entfernung der *Gußnähte* erfolgt bei kleineren und mittleren Stücken an

Abb. 206. Eingußabschneidemaschine

ortsfesten Schleifböcken, bei großen sperrigen Stücken durch *transportable
Schleifmaschinen*. Nur in Sonderfällen werden einzelne Gußnähte noch
durch Meißeln (Preßluftmeißel) entfernt.

Kleine Gußstücke werden häufig in *Putztrommeln* (Abb. 207) vom
Sand befreit. Es sind dies geschlossene runde Trommeln aus Stahlblech,
die um ihre Längsachse rotieren. Sie werden mit Gußstücken und Hart-
gußsternen vollständig ausgefüllt, so daß ein Aneinanderschlagen der
Gußstücke verhindert wird und die zu putzenden Gußstücke nur eine
scheuernde, gegeneinander reibende Bewegung ausführen. Durch eine
Bandbremse kann die Trommel in jeder gewünschten Lage stillgesetzt
werden. Der Staubabzug erfolgt durch den als Hohlwelle ausgebildeten
seitlichen Trommelzapfen, an dem ein Staubfangkasten angeordnet ist,
in welchem die groben Staubteile ausgeschieden werden; der feine Staub
wird durch ein angeschlossenes Rohr abgesaugt.

Zum Putzen großer, schwerer Stücke finden auch heute noch die *Strahlgebläse* Verwendung. Bei diesen wird ein Strahlmittel durch Preßluft bis zu 6 bar durch eine hartmetallbestückte Düse auf das Gußstück geschleudert. Der früher verwendete Quarzsand ist heute weitgehend durch andere Strahlmittel verdrängt worden, die eine längere Lebensdauer besitzen und bei denen die Gefahr der Silikose geringer ist. Die *Silikose* oder Staublunge ist eine sehr gefährliche Berufskrankheit der Gießer[1]. Sie entsteht durch Einatmen des durch Schlag und Hitze entstehenden feinen Quarzstaubes mit einer Korngröße unter 4 µm, der in

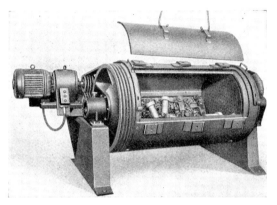

Abb. 207. Putztrommel

die Lungenbläschen dringt. Dieser feine Quarzstaub ist mit dem freien Auge vollkommen unsichtbar und verhält sich in der Luft wie ein Gas, das sich in kurzer Zeit über den ganzen Arbeitsraum verteilt. Wegen der schweren Schädigungen (dauernde Invalidität oder Tod) ist durch die Gewerbeordnung für diese Fälle das Tragen von Atemschutzgeräten vorgeschrieben.

Als *Strahlmittel*[2] für Gußeisen und Stahl finden heute Schrott und Kies (*Granulate*) aus Hartguß, Temperguß und Stahlguß und *Schnittkorn* Verwendung. *Schrott* wird durch Zerstäuben und schnelles Abschrecken eines schmelzflüssigen Werkstoffes, *Kies* durch Brechen eines spröden Ausgangswerkstoffes erzeugt. Schnittkorn wird durch Abschneiden von Stahldraht (Drahtkorn) oder Blech (Blechkorn) erzeugt. Durch die Korngröße dieser Strahlmittel wird die Oberflächengüte des Putzgutes und die Putzzeit bestimmt.

[1] Oehler, A.: Die Silikose und ihre Bekämpfung im Gießereibetrieb. Gießerei *1955*, 552—559.
[2] DIN 8200 Strahlverfahrenstechnik — Begriffe. — Lepand, H., Zieler, W.: Strahlen und Strahlmittel. München: Hanser. 1964.

Beim Putzen mittlerer bis großer Werkstücke in *Putzkammern* steuert der Bedienungsmann von außen, durch Gummivorhänge geschützt, das Strahlgebläse, wobei er den Putzvorgang durch eine Schauöffnung verfolgen kann. Um die Sicht zu erhalten, besitzen die Putzkammern seitliche Staubabsaugung und Frischluftzufuhr von der Decke. Sehr große Gußstücke werden mit Strahlgebläsen in *Putzhäusern* geputzt, in denen sich auch der Bedienungsmann befindet, der mit einem *Staubschutzhelm* ausgerüstet ist.

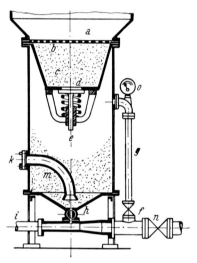

Abb. 208. Druckfreistrahlgebläse. *a* Einfülltrichter, *b* Sieb, *c* Behälter, *d* Ventil, *e* Druckraum, *f* Druckluftventil, *g* Steigrohr, *h* Sandhahn, *i* Schlauchleitung, *k* Deckel, *m* Reinigungsrohr, *n* Drucklufthahn, *o* Manometer

Von den Strahlgebläsen wird am meisten das *Druckfreistrahlgebläse* (Abb. 208) verwendet, in welchem das Strahlmittel durch Druckluft unter Druck gesetzt, mitgerissen und fortgeschleudert wird. Das Strahlmittel wird durch den Trichter *a* mit dem Sieb *b* in den Behälter *c* gefüllt und kann von hier durch das Ventil *d* in den Druckraum fallen, solange dieser nicht unter Druck steht. Wird jedoch das Druckluftventil *f* geöffnet, so strömt die Druckluft durch das Steigrohr *g* in den Druckraum *e*, setzt den dort befindlichen Sand unter Druck und reißt ihn durch den Sandhahn *h* und die Schlauchleitung *i* zum Mundstück. Bei Verstopfung wird der Deckel *k* geöffnet. Die Druckluft strömt dann durch das weite Reinigungsrohr *m* und reißt alle Verunreinigungen mit.

Für kleine bis mittlere Gußstücke werden heute fast ausschließlich *Schleuderradputzmaschinen* verwendet, bei welchen das Strahlmittel durch ein rasch umlaufendes Schleuderrad auf das Gußstück geschleudert wird. Die Gußstücke befinden sich bei diesen auf einem *Raupenband*, einem *Drehtisch* oder einer *Hängebahn*. Wegen des hohen Verschleißes sind die Wurfschaufeln des Schleuderrades meist auswechselbar. Da der Verschleiß durch das verunreinigte Strahlmittel stark gefördert wird, ist eine gute Strahlmittelreinigung von großem Einfluß auf die Lebensdauer der ganzen Anlage.

Durchlaufputzanlagen werden für große Stückzahlen annähernd gleicher Gußstücke verwendet. Die Gußstücke hängen bei diesen an den Haken einer Hängebahn, die durch eine Putzkabine führt. In der Kabine durchwandern die Stücke eine Strahlzone, wobei sie sich um ihre Aufhängeachse drehen. Die Schleuderräder sind in der Kabine so angeordnet, daß alle Seiten des Werkstückes vom Schleuderstrahl erfaßt werden. Die Putzzeit wird durch die Geschwindigkeit der Hängebahn eingestellt. Das Strahlmittel fällt durch eine Rostfläche im Fußboden und wandert von dort über Sieb- und Reinigungsanlagen zu den Schleuderrädern.

Vollkommen staubfrei ist das *Naßputzen*[1], wobei ein Wasserstrahl von 75 bis 160 bar Druck durch eine Düse von 5 bis 6 mm lichter Weite auf die Gußstücke geleitet wird und die anhaftenden Formstoffe auch aus sehr kernreichen Gußstücken in kürzester Zeit entfernt. Die Gußstücke befinden sich in einem mit Fenstern versehenen Putzhaus. Die Strahldüse selbst ist in einem Kugelgelenk nach allen Seiten beweglich und gegen Rückstoß gesichert und geführt und außerdem nach innen verschiebbar, so daß sie auch in Gußstücke (beispielsweise Kokillen) hineingeführt werden kann. Die Wirkung des Wasserstrahles ist um so besser, je näher er an die zu entfernenden Kerne herangebracht wird. Der Arbeiter, der die Strahldüse lenkt, befindet sich außerhalb des Putzhauses und verfolgt den Putzvorgang durch die Fenster. Die Erzeugung des Preßwassers erfolgt durch eine Preßpumpe, der das Wasser aus einem Hochbehälter zufließt. Wasser und Sand sammeln sich in besonderen Klärgruben, aus denen das gereinigte Wasser durch eine Kreiselpumpe wieder in den Hochbehälter gefördert und der Sand durch mechanische Einrichtungen entnommen und aufbereitet wird.

3,13 Die Stahlgießerei

Fast alle Stähle lassen sich in Formen gießen. Für Formguß wird nur *beruhigter Stahl* verwendet, da sich bei unberuhigtem Blasen bilden, welche in der Form nicht wie beim Walzen und Schmieden verschweißen. Stahl besitzt höhere Schmelztemperatur und größere Schwindung als Gußeisen, so daß seine Neigung zur Lunker- und Spannungsbildung größer ist und besonderes Augenmerk auf gleichmäßige Wanddicken zu

---

[1] Brocke, F.: Erfahrungen über Naßputzanlagen unter besonderer Berücksichtigung der Sandrückgewinnung. Gießerei *1956*, 26—30.

legen ist. Verlorene Köpfe an Stellen von Materialanhäufung sind in größerem Maße erforderlich, damit flüssiger Stahl in die beim Schwinden sich bildenden Hohlräume nachfließen kann. Stahl ist auch dickflüssiger als Gußeisen, füllt daher die Form nicht so gut aus und ergibt keine so glatte Oberfläche wie Grauguß. Es sollen daher nur solche Werkstücke aus Stahlguß hergestellt werden, die aus Grauguß den Anforderungen nicht genügen. Gegenüber geschmiedetem und gewalztem Stahl zeigt Stahlguß grobes Gußgefüge, das durch Normalglühen beseitigt werden kann.

3,131 Die Schmelzöfen

Die *Kleinkonverter* werden meist in kleineren, mit Unterbrechung arbeitenden Gießereien für un- und niedriglegierten Stahlguß verwendet. Sie besitzen ein Fassungsvermögen von 0,5 bis 10 t und sind sauer (mit Silikasteinen) ausgekleidet. Zum Unterschied gegen die Bessemerbirne wird der Wind bei ihnen nicht durch den Boden, sondern durch eine seitliche Öffnung über das Bad geblasen. Als Einsatz dient siliziumreiches, phosphorarmes Roheisen, das im Kupolofen geschmolzen wird. Der Abbrand beträgt 12 bis 15%, der Stahl ist hoch überhitzt, so daß man auch dünnwandige Stücke gießen kann.

Siemens-Martin-Öfen werden zur Herstellung un- und niedriglegierten Stahles verwendet, wenn laufend größere Mengen vergossen werden sollen. Bau und Betrieb dieser Öfen gleichen den bei der Stahlherstellung besprochenen. Sie werden sauer oder basisch nach dem Roheisenschrottverfahren (rund 20% Roheisen, Rest Schrott) betrieben. Die Anlagekosten sind gegenüber dem Kleinkonverter hoch, der Abbrand beträgt 5 bis 8%.

Tiegelöfen sind die ältesten zum Schmelzen von Stahl verwendeten Öfen, werden jedoch kaum mehr verwendet.

Von den *Elektroöfen* werden der *direkte Lichtbogenofen* (Héroult-Ofen, unbegrenztes Einsatzgewicht), der *Graphitstabofen* (Abb. 142) und die *Mittel-* und *Netzfrequenztiegelöfen* (begrenztes Einsatzgewicht, hochlegierter Stahl) verwendet (kleiner Abbrand, höhere Schmelzkosten).

3,132 Die Formstoffe

Man verwendet *synthetische Formsande* (mit Bentonit, Zement, Wasserglas, Kunstharzen als Bindemittel) und Formstoffe auf *Schamotte*basis (geringerer und gleichmäßiger Ausdehnungskoeffizient, weniger Reaktionen mit dem flüssigen Stahl). Schamotte wird mit gemahlenen alten feuerfesten Schamottesteinen, rohem Ton und natürlichem Formsand (Bildsamkeit), Graphit oder Koksmehl (Verringerung der Benetzbarkeit, Bildung einer reduzierenden Atmosphäre, Erhöhung der Feuerbeständigkeit) und 6 bis 8% Wasser im Kollergang aufbereitet. Die Trocknung der Schamotteformen muß bei Temperaturen über 500 °C erfolgen, um das im Ton vorhandene Kristallwasser auszutreiben. Vor und nach dem Trocknen wird eine *Schlichte* aufgetragen, um die Formoberfläche zu glätten und das Eindringen von Stahl und Reaktionen zwischen Stahl und Form zu verhindern. Sie besteht aus feinem Schamottemehl, Graphit (Aufkohlung), Chrommagnesit oder Zirkonsilikat (bei Sandformen). Wegen der geringeren Wärmeausdehnung werden auch *Zirkon-*, *Olivin-* und *Chromerzsande* mit entsprechenden Bindemitteln als Formstoffe verwendet. Für den Feinguß dienen *keramische* Formstoffe (Sillimanit, Magnesit, Schamotte, Quarzit usw.).

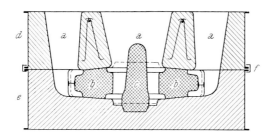

Abb. 209. Form für ein Stahlgußrad.
a Verlorene Köpfe, *b, c* Kerne, *d* Oberkasten, *e* Unterkasten, *f* Verklammerung

3,133 Das Formen und Gießen

Da fester gestampft werden muß, bestehen die Formkästen meist aus Stahlguß. Wegen der hohen Schwindung müssen zur Vermeidung von Lunkern so viele *Speiser* angebracht werden, daß von ihnen alle Bereiche des Gußstückes gesättigt werden können. Um eine *gerichtete*[1] Erstarrung zu erzielen und ein ausreichendes Nachsaugen zu ermöglichen, müssen die Querschnitte zum Speiser (verlorenen Kopf, Abb. 209) zunehmen. Zur Erhöhung des Ausbringens (Verringerung des Speiservolumens) wird der Stahl im Speiser möglichst lange flüssig gehalten. Dies erzielt man durch einen *Kohlelichtbogen* oder durch *exotherme Massen*[2], mit denen der Speiser umgeben wird oder die nach dem Gießen auf die Speiser gestreut werden. Sie enthalten Aluminium, Eisen- und Manganoxide, Ferrosilizium (Desoxydation) u. a. Das Aluminium verbrennt unter Wärmeabgabe und entzieht den Oxiden den Sauerstoff. Die durch

---

[1] Wlodawer, R.: Die gelenkte Erstarrung von Stahlguß. Düsseldorf: Gießerei-Verlag. 1967.
[2] Krauskopf, W.: Lunkerbeeinflussung bei der Erstarrung von Stahl durch exotherme und isolierende Stoffe. Gießerei *1970*, 681—686. — Meir, H., Trinkl, G.: Wirtschaftliche Anwendung von Speiserhilfsstoffen. Gießerei *1970*, 686—691.

behinderte Schwindung knapp unterhalb der Soliduslinie ausgelösten *Warmrisse* sucht man durch Herabsetzung des Schwefelgehaltes, durch nachgiebige Kerne (Hohlräume, Strohseile, organische Binder) und durch Anbringung von *Reißrippen* (Abb. 210), die zuerst erstarren, zu verhindern. Für große Werkstücke werden Stopfenpfannen, für kleinere auch Gießpfannen nach Abb. 199 verwendet.

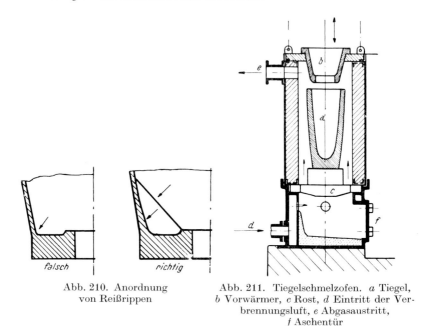

Abb. 210. Anordnung
von Reißrippen

Abb. 211. Tiegelschmelzofen. *a* Tiegel,
b Vorwärmer, *c* Rost, *d* Eintritt der Verbrennungsluft, *e* Abgasaustritt,
f Aschentür

3,14 Die Metallgießerei

In der Metallgießerei werden Aluminium, Blei, Kupfer, Magnesium, Nickel, Zink, Zinn usw. vergossen.

3,141 Die Schmelzöfen

Als Schmelzöfen finden Tiegel-, Kessel-, Flamm- und Elektroöfen Verwendung.

Die *Tiegelöfen* können mit Koks, Öl oder Gas beheizt werden. Die Tiegel aus Graphit halten nur 15 bis 20 Schmelzungen aus, da sie beim Herausnehmen im glühenden Zustand durch die rasche Abkühlung Risse und Sprünge bekommen (Abb. 211). Dies vermeidet man bei den *kippbaren Tiegelöfen*, bei welchen der Tiegel mit dem Ofen gekippt wird. Abb. 212 zeigt einen kippbaren Tiegelofen mit Gasfeuerung, dessen Brenner seitlich sitzt, so daß die Verbrennungsgase schraubenförmig um den Tiegel aufsteigen. Auf dem Tiegel sitzen häufig rohrförmige Vorwärmer, in denen der kalte Einsatz durch die Abgase vorgewärmt wird. Die vorgewärmten Teile müssen zur Vermeidung übermäßiger Oxydation vor dem Schmelzen in den Tiegel gedrückt werden.

Bei den *Kesselöfen* werden gußeiserne Schmelzkessel verwendet, die die Wärme besser leiten und eine größere Lebensdauer als Graphittiegel besitzen. Sie werden für leicht schmelzbare Metalle, wie Blei, Weißmetall

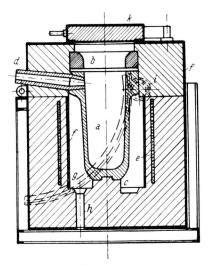

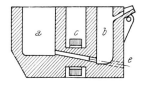

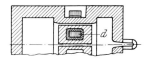

Abb. 212. Kippbarer Tiegelofen.
a Graphittiegel, *b*, *c* Formsteine, *d* Ausgußrohr, *e* Heizleiter, *f* Schutzmantel, *g* Zahnsegment, *h* Ausflußrohr bei Tiegelbruch, *i* Zahnrad, *k* Deckel

Abb. 213. Niederfrequenzofen.
a, *b* Schmelzräume, *c* Eisenkern, *d* Primärwicklung, *e* Öffnung zum Rinnenreinigen

und Zinn, verwendet. Für Aluminium werden sie nur zum Warmhalten verwendet und müssen einen Überzug (Lösung von Kaolin in Wasser) erhalten, da sonst das flüssige Aluminium Eisen aufnehmen würde.

Flammöfen (Abb. 140) werden nur zum Schmelzen großer Metallmengen (Glockengießereien) verwendet. Sie besitzen hohen Brennstoffverbrauch und überhitzen die Badoberfläche. Dies wird beim *Trommelofen* (Abb. 141) vermieden. Durch Einschmelzen mit reduzierender Flamme vermeidet man übermäßige Oxydation.

Widerstandsöfen besitzen meist Heizwendel aus CrNi(Fe)-Legierungen. Diese befinden sich bei den *Tiegelöfen* (für kleine Mengen) um den Tiegel herum, bei den *Herdöfen* knapp über dem Bad. Bei diesen können keine Abdecksalze verwendet werden, da diese die Heizleiter zerstören würden. Sie werden als Warmhalteöfen verwendet.

Netzfrequenzrinnenöfen (Abb. 213) benötigen flüssigen Einsatz und regelmäßiges Reinigen der Rinne. Sie bestehen aus zwei Räumen *a* und *b*, die durch Schmelzrinnen verbunden sind. c ist der Eisenkern, d die Primärwicklung; die Sekundärwicklung bildet das Bad. Nach Entfernung der Rinnenverschlüsse ist bei ihnen eine Rinnenreinigung durch starre Werkzeuge e möglich. Zum Entleeren wird der Ofen um das vordere Kipplager, zum Reinigen um das hintere Kipplager geschwenkt. Durch Zurücklassen eines flüssigen Schmelzrestes kann kontinuierlich geschmolzen werden.

Bei den *Mittelfrequenztiegelöfen* entfällt die Rinnenreinigung und kann fester Einsatz verwendet werden. Im Gegensatz zu den Niederfrequenzöfen, die direkt an das Netz geschaltet werden können, benötigen sie eine besondere Mittelfrequenzlage.

3,142 Form- und Gießverfahren

In der Metallgießerei werden neben verlorenen Formen in großem Ausmaß Dauerformen (Kokillen) verwendet.

Sandguß wird in grünen Formen aus magerem Sand und getrockneten Formen aus Masse hergestellt. Bei Leichtmetallen muß die Gasdurchlässigkeit besonders groß sein, da die geringe Dichte derselben nur geringe Überdrücke hervorruft. Sie werden vorwiegend in grüne Formen gegossen, die nicht zu fest gestampft werden dürfen und denen kein Steinkohlenstaub beigegeben werden darf. Nach Möglichkeit soll steigend gegossen werden.

Formen für Metallguß werden meist liegend geformt und stehend abgegossen. Zu diesem Zweck haben die Formkästen in der Seitenwand eine Eingußöffnung und werden zum Abgießen oft zwischen die Platten einer Formkastenpresse gebracht, wodurch der Platz besser ausgenützt wird und das Gießen rascher vor sich geht, da alle Eingußtrichter unmittelbar nebeneinander liegen. Dies ist jedoch nur bei Trockenformen zulässig, weil bei Naßgußformen Zwischenräume für die Ableitung des Wasserdampfes bleiben müssen. Die Speiser haben birnenförmige oder kugelige Gestalt und sollen möglichst nahe am Gußstück angebracht werden.

In der Serienfertigung von Gußstücken werden fast ausschließlich *Kokillen* verwendet. Diese werden meist durch Gießen nach Muttermodellen aus perlitischem Grauguß und nur bei sehr großen Stückzahlen aus Stahl hergestellt. Sie müssen in den Teilfugen Entlüftungskanäle zur Abführung der Gase erhalten. Die Kerne werden aus warmfestem Stahl (Vollkokille) und dort, wo sie nicht gezogen werden könnten, aus Sand (Gemischtkokille) gefertigt. Wegen der Schwindung müssen nach dem Guß Stahlkerne rasch gezogen und die Gußstücke schnell entformt werden. Angewendet wird das *Schwenkgießverfahren* (kleinste Gießhöhe, Wirbelverhinderung). *Kokillengußteile* besitzen

höhere Festigkeit und Härte (feines Gefüge wegen der raschen Abkühlung), größere Dichtheit (keine Lunker, Poren und Gasblasen),
größere Maßhaltigkeit (kein Nachgeben der Formstoffe), geringere
Putzkosten, schöneres Aussehen (glattere Oberflächen) und geringeren
Werkstoffverbrauch (kleinere Wanddicken und Bearbeitungszugaben).
Wegen der hohen Kokillenkosten sind sie nur für größere Stückzahlen
wirtschaftlich.

Kokillengußlegierungen sollen gute Fließbarkeit, kleines Schwindmaß und möglichst große Warmfestigkeit besitzen. Abb. 214 zeigt

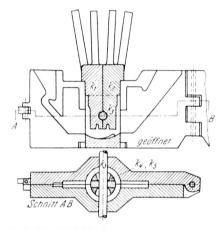

Abb. 214. Zweiteilige Kokille für einen Kolben aus Leichtmetall.
k_1, k_2, k_3, k_4 und k_5 Kerne mit Handgriffen

eine zweiteilige Kokille mit mehreren Kernen k_1, k_2, k_3, k_4, k_5 für einen
Leichtmetallkolben. Die Kokillenhälften sind auf einer Seite durch ein
Scharnier und auf der zweiten Seite durch einen Bügelverschluß zusam-
mengehalten. Wichtig sind die breiten Querschnitte von Einguß und
Speiser. Zur Regulierung der Abschreckwirkung erhalten die Kokillen
meist Anstriche. Bei Gießbeginn muß die Kokille vorgewärmt werden.
Beim *Niederdruckkokillenguß*[1] wird das flüssige Metall durch Druck-
luft oder ein neutrales Gas über ein Steigrohr aus dem geschlossenen
Tiegel in die Kokille gedrückt, die auf ihm befestigt ist. Der Druck
wird bis zum Fortschreiten der von oben beginnenden Erstarrung bis

---

[1] Berger, I.: Erfahrungen einer österreichischen Leichtmetallgießerei
mit dem Niederdruckkokillenguß. Gießerei *1961*, 548—555. — Bertram, E.:
Das Niederdruckkokillengießverfahren für Leichtmetallegierungen. Gießerei
1962, 332—341. — Lefebre, J.: Fortschritte beim Niederdruckkokillengießverfahren für Automobilguß unter Verwendung herkömmlicher und neuer
Einrichtungen. Gießerei *1972*, 681—686.

zum Anschnitt aufrechterhalten. Dann wird der Tiegel entlüftet und der Steigrohrinhalt fließt in den Tiegel zurück (gerichtete Erstarrung, kein Speiser).

Beim *Druckguß*[1] werden besondere Druckgußlegierungen unter hohem Druck und mit großer Geschwindigkeit in Stahlkokillen gedrückt. Man erhält dichte Gußstücke hoher Festigkeit und großer Genauigkeit, die meist nicht mehr bearbeitet werden (Kraftfahrzeugzubehörteile, Gehäuse von Photoapparaten, Ferngläser, Vergaser usw.). Wegen der hohen Werkzeugkosten findet der Druckguß nur in der Massenfertigung Verwendung. Der hohe Druck wird durch *Kolbenkraft* oder *Druckluft* erzeugt. Man unterscheidet *Warm-* und *Kalt*kammer-

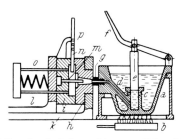

Abb. 215.   Kleine   Kolbendruckgießmaschine.   *a* Schmelzkessel, *b* Gasbrenner, *c* Löcher, *d* Verbindungskanal, *e* Kolben, *f* Handhebel, *g* Spritzmundstück, *h* fester Formteil, *i* beweglicher Formteil, *k, l* Schlitten, *m, n* Kerne, *o* Auswerfer, *p* Hebel

druckgießmaschinen. Bei ersteren ist der Druck mit 20 bis 100 bar begrenzt, da das Metall in der Druckkammer geschmolzen wird. Bei den Kaltkammermaschinen sind Drücke bis 800 bar möglich, da das Metall in einem besonderen Ofen geschmolzen wird und die Druckkammer praktisch kalt bleibt.

Die Hauptteile einer Druckgießmaschine[2] sind der Schließmechanismus für die Form (Schließkraft von der Werkstückfläche abhängig) und der Einpreßteil, mit dem das flüssige Metall unter hohem Druck in die Form gepreßt wird. Wegen der erforderlichen hohen Einpreßdrücke und hohen Einpreßgeschwindigkeiten arbeitet man heute ausschließlich mit hydraulischem Antrieb des Einpreßstempels.

Abb. 215 zeigt eine kleine handbetätigte *Warmkammerdruckgießmaschine*, wie sie für leicht schmelzende Legierungen verwendet wird. Das im Schmelzkessel *a* befindliche Metall wird durch einen Gasbren-

---

[1] Röders, E.: Konstruieren mit Druckguß. Werkst. u. Betr. *1963*, 249—254. — Schulte, H.: Über die Gestaltung und Verwendung von Druckguß. Gießerei *1962*, 235—247.

[2] Bovensmann, W.: Konstruktive Entwicklungen bei Druckgußmaschinen. Gießerei *1966*, 189—194.

ner *b* auf Schmelztemperatur gebracht und gelangt durch die Öffnung *c*
in den Zylinder und den Verbindungskanal *d*. Preßt man dann durch
den Handhebel *f* den Kolben *e* nieder, so drückt er nach Verschließen
der Öffnung *c* das flüssige Metall durch das Spritzmundstück *g* in die
Form, wo es unter Druck erstarrt. Die Form besteht aus mehreren
Teilen: dem festen Teil *h*, der in dem Schlitten *k*, dem verschiebbaren
Teil *i*, der in dem Schlitten *l* befestigt ist, und den Kernen *m* und *n*.
Durch die Auswerferstifte *o* wird das Gußstück aus der Form gedrückt,
wenn die sie verbindende Brücke beim Zurückziehen des Schlittens *l*

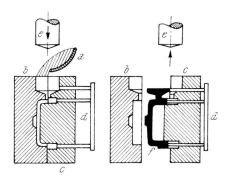

Abb. 216. Druckgießmaschine (Bauart Gebr. Eckert, schematisch). *a* Gießlöffel,
b, *c* verschiebbare bzw. feste Kokillenhälfte, *d* Auswerfer, *e* Preßkolben, *f* Gußstück

an einen festen (nicht dargestellten) Anschlag stößt. Der Kern *n* wird
durch den Hebel *p* herausgezogen.

Mit *Kaltkammerdruckgießmaschinen* werden vor allem schwer
schmelzbare Legierungen vergossen, da sich die Druckkammer bei
Warmkammermaschinen zu hoch erwärmen müßte. Diese Legierungen werden meist in einem besonderen Ofen geschmolzen und in einem
Warmhalteofen auf Gießtemperatur (möglichst niedrig, um die Druck-
gießform zu schonen) gehalten. Aus diesem werden sie mit einem Gießlöffel *a* geschöpft und in den Druckraum der Gießmaschine (schematisch
nach Abb. 216) gebracht und durch einen mit Druckwasser bewegten
Kolben *e* in die Form gepreßt. Diese besteht aus dem festen Teil *c* und
dem verschiebbaren Teil *b*. Durch den Auswerfer *d* wird das fertige
Gußstück *f* mit dem Metallrest ausgedrückt.

Bei dünnflüssigeren Metallen wird der Anschluß des Eingusses
an die Druckkammer mit einem kleinen Kolben verschlossen, der
gleichzeitig mit dem Preßkolben gesteuert wird, um das schädliche
Vorlaufen des Metalles in die Form zu verhindern. Größere Kaltkammermaschinen (Abb. 217: Bauart Schuler-Polak) besitzen einen feder-
belasteten Gegenkolben *c*, der erst bei genügendem Druck dem Preß-

kolben *b* ausweicht und die Düse zum Einströmen des Metalles in die Form freigibt. Durch diesen Gegenkolben wird auch der Metallrest, durch den Auswerfer *e* das Werkstück ausgedrückt.

Um die Leistung der Druckgußmaschinen zu steigern, werden För-der- und Dosiereinrichtungen verwendet. Bei elektromagnetischen Förderrinnen befindet sich unterhalb der Rinne ein Induktor, der aus einem Blechpaket und einer Wicklung besteht (Wirkung eines Asyn-chron-Linearmotors). Grobe nichtmetallische Einschlüsse und Schlacke

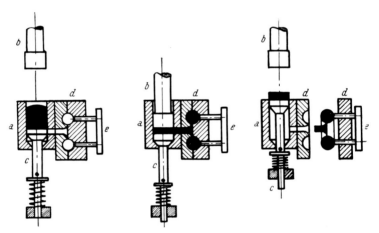

Abb. 217. Druckgießmaschine (Bauart Schuler-Polak).
a Preßzylinder, *b* Preßkolben, *c* Gegenkolben, *d* Kokille, *e* Auswerfer

werden wegen ihrer geringen elektrischen Leitfähigkeit nicht beför-dert[1].

3,143 Das Schmelzen

Vielfach werden *Flußmittel*[2] verwendet, welche auf der Schmelze eine schützende Deckschicht bilden und durch Untertauchen mit Hilfe einer Glocke eine reinigende Wirkung ausüben.

Bei *Aluminium* und seinen Legierungen steigt mit zunehmender Temperatur die Löslichkeit für Wasserstoff und Eisen und die Neigung zu Oxydation. Ein Überhitzen ist daher zu vermeiden. Der atomar ge-löste Wasserstoff stammt aus dem Einsatz, den Heizgasen und der Feuch-

---

[1] Starck, A.: Grundlagen und Anwendungsbereiche der elektromagneti-schen Förderrinnen in Hütten- und Gießereibetrieben. Gießerei-Prax. *1972*, 373—378.

[2] Piwowarsky, E.: Über Abdeck-, Reinigungs-, Entgasungs-, Entschwe-felungs- und Entlunkerungsmittel für Nichteisenmetalle, Gußeisen und Stahlguß. Gießerei *1951*, 417.

tigkeit (Reduktion von Wasserdampf: $2\,Al + 3\,H_2O = Al_2O_3 + 3\,H_2$).
Das Aluminiumoxid ist schwerer ($\varrho = 3,9$) als das flüssige Aluminium und bleibt in Form feinster Häutchen in der Schmelze, die
dadurch dickflüssig wird. Zur Entfernung der Oxide und der gelösten
Gase werden Flußmittel[1] (Salzgemische aus Alkalichloriden und -fluo-
riden) mittels einer Graphittauchglocke in die Schmelze gebracht
oder Stickstoff oder Chlor über einen Kunststoffschlauch mit einem
Graphitrohr eingeblasen. Durch die Gase werden die im Aluminium
unlöslichen Verunreinigungen herausgeschwemmt und der Partialdruck für den Wasserstoff herabgesetzt. Chlor vereinigt sich mit dem
Wasserstoff zu HCl, das auch der Schmelze entweicht (Absaugung).
An Stelle von Chlor werden auch Chlor abgebende Salze (C_2Cl_6 oder
CCl_4) verwendet.

Eutektische AlSi-*Legierungen*[1] werden durch Zusatz von 0,03 bis
0,06% Natrium oder natriumabgebenden Salzen veredelt, wodurch
das Gefüge der Gußstücke verfeinert, die Lunkerneigung herabgesetzt und Festigkeit, Dehnung und Kerbschlagzähigkeit verbessert
werden.

Zum Schmelzen dienen öl-, gas- oder elektrisch beheizte Tiegelöfen und Niederfrequenzöfen. Bei ersteren sollen die Verbrennungsgase nicht auf die Badoberfläche oder Tiegelwand (Diffusion von Wasserstoff) treffen. Verwendet werden Graphittiegel, zum Warmhalten
auch gußeiserne Schmelzkessel, die so wie verwendete Eisenwerk-
zeuge mit Überzügen aus Tonerde oder Kaolin und Wasserglas zur
Verhinderung der Auflösung von Eisen versehen werden müssen.

Das Schmelzen und Warmhalten der *Magnesiumlegierungen* wird
ausschließlich in Stahlblech- oder Stahlgußtiegeln unter SO_2-Schutz-
gas vorgenommen. Zur Entfernung der Oxide und Nitride aus der
Schmelze werden Flußmittel aus $MgCl_2$, MgO, $CaCl_2$ und CaF_2 verwendet. Da sie sehr hygroskopisch sind, müssen sie trocken und warm
aufbewahrt werden. Sie bilden auf der Schmelze eine zähe, schützende
Salzdecke und werden mit einer Tauchglocke untergetaucht. Beim Gießen
muß die Salzdecke zurückgehalten und der Gießstrahl mit Schwefel-
pulver bestreut werden, um neuerliche Oxid- und Nitridbildung zu
vermeiden. Gegossen wird in grünem Sand, dem 3 bis 10% Schwefel-
pulver und 0,35 bis 0,75% Borsäure zugesetzt werden. Kokillen werden zum Schutz gegen Oxydation der Schmelze mit Borsäure angestrichen oder mit Schwefelblüte eingestäubt.

Kupfer[2] wird oxydierend (mit Luftüberschuß) geschmolzen, um

---

[1] Irmann, R.: Methoden zur Reinigung der Aluminiumschmelze und
zur Kornfeinung. Techn. Rdsch. *1960*, 49—51.

[2] Brunnhuber, E.: Die oxydierende Schmelztechnik der Kupferlegierungen. Gießerei *1959*, 86—92.

eine Wasserstoffaufnahme zu verhindern. Die Desoxydation erfolgt mit Phosphor- oder Berylliumkupfer. Gegossen wird meist in grünem Sand unter Überhitzung auf 1300 °C mit kurzem Gießstrahl (Vermeidung von Oxydation).

Bei *Messing* werden zur Verhinderung des Zinkverlustes (Verdampfung ab 906 °C) Deckschichten aus Holzkohle (reduzierend), Glas und trockener Quarzsand (neutral) aufgebracht. Durch Einatmen von ZnO entsteht das Gießerfieber, was durch Absaugen der Zinkdämpfe und Frischluftzufuhr verhindert werden soll. Eine Desoxydation ist nicht erforderlich. Vergossen wird bei 50 bis 150 °C über Liquidustemperatur. Stark verunreinigte Schmelzen sind nach Entfernung der Abdeckung durch Untertauchen von Raffinationssalzen zu raffinieren.

Bronze- und *Rotgußschmelzen* werden mit Anthrazitkohle abgedeckt und mit Phosphorkupfer oder Phosphorzinn desoxydiert.

3,15 Besondere Form- und Gießverfahren

Neben den althergebrachten Form- und Gießverfahren haben sich in der neuzeitlichen Fertigung eine Reihe neuer Verfahren eingeführt, auf die bereits vereinzelt hingewiesen wurde, die aber in diesem Abschnitt zusammengefaßt beschrieben werden sollen.

Beim *Vollformgießen*[1] werden Modelle aus Polystyrolschaum verwendet, die beim Einströmen des flüssigen Metalles vergasen. Dieses Verfahren wird für größere Einzelstücke angewendet. Die Modelle brauchen nicht aus der Form entfernt werden (einteilige Formen ohne Kerne ergeben genauere Gußstücke) und sind billiger als Holzmodelle. Sie werden aus Teilen, die auf Holzbearbeitungsmaschinen oder mit glühenden Drähten bearbeitet werden, durch Kleben zusammengesetzt.

Beim *Magnetformverfahren* werden ebenfalls Modelle aus Polystyrol-Schaumstoff verwendet, die in einen magnetisierbaren Formstoff eingebettet werden. Der rieselfähige Formstoff umgibt das Schaumstoffmodell und wird vor dem Gießen durch ein elektrisches Magnetfeld gebunden, das bis zum Erstarren der Schmelze aufrechtbleibt. Nach dem Ausschalten des Magnetfeldes ist der Formstoff wieder voll rieselfähig und wird nach Kühlung vom Gußstück getrennt und kann neuerlich verwendet werden.

Bei den *Fließsandformverfahren*[2] werden Quarzsande mit speziel-

---

[1] Wittmoser, A.: Über das Vollformgießen mit vergasbaren Modellen. Gießerei *1963*, 506—517.

[2] Cola, G., Sarti, A.: Ein neues Fließsandformverfahren. Gießerei-Pr. *1973*, 105—113.

len Bindern verwendet, denen ein spannungsaktives Netz- oder Schaummittel zugesetzt wird. Der durch Umrühren unter dem Einfluß der Schwerkraft entstehende Schaum vermindert die Reibung zwischen den Sandkörnern, wodurch der Sand fließfähig wird. Somit kann man Form- und Kernkästen durch einfaches Eingießen des Formsandes ohne jede Verdichtung füllen. Je nach der Art der verwendeten Binder härten die Formen durch natürliche oder künstliche Trocknung aus und sind dann gießfertig.

Beim *Feinguß* (Wachsausschmelzverfahren)[1] wird ein verlorenes Modell aus Wachs oder Polystyrol zur Herstellung einer einteiligen Form verwendet und aus dieser durch Ausschmelzen (Wachs) oder Ausbrennen (Polystyrol) entfernt. Die Modelle werden durch Einpressen in zwei- oder mehrteilige Kokillen aus Stahl oder weichem Metall hergestellt. Der Druck wird bis zum Erstarren aufrechterhalten und dann das Modell ausgestoßen. Die Modelle werden zu Trauben zusammengefaßt, mit Hilfe von heißen Spateln Einlauf und Trichter angeordnet, Gießtümpel angefertigt und die Übergänge geglättet. Der Zusammenbau wird von Hand ausgeführt. Die Modelle werden dann in ein feuerfestes chemisch aufgeschlämmtes Pulver getaucht und anschließend ein grober feuerfester Stoff aufgesiebt. Das so überzogene Modell kommt dann in einen hitzebeständigen Stahlblechzylinder, der mit einer breiigen Masse aus feuerfesten Stoffen chemisch gehärteten Bindemitteln ausgegossen wird. In einem Ofen werden dann die Modelle ausgeschmolzen. Dann wird die Form abgegossen und zur Freilegung des Gußstückes zerstört. Dieses Verfahren eignet sich vor allem für kleinere, sehr genaue Teile aus schwer bearbeitbaren Werkstoffen (Turbinenschaufeln, Fräser usw.), die nicht mehr bearbeitet werden sollen.

Beim *Formmaskenverfahren* von *Croning*[2] werden an Stelle kompakter Formen und Kerne Formmasken (Schalen) bzw. Hohlkerne verwendet. Als Formstoff wird feiner reiner Quarzsand (frei von Tonen und anderen Metalloxiden) mit einem Bindemittel, bestehend aus Phenol- oder Kresolformaldehydharz und Hexamethylentetramin, verwendet.

Zur Herstellung der Formmasken wird ein Formstoffaufgabegefäß *a*

[1] Krekeler, K.: Feinguß. Stuttgart: Deutsche Verlagsges. 1963. — Marshall, H.: Das Austenal-Wachsausschmelzverfahren. Gießerei *1954*, 120.

[2] Klemmer, M.: Maskenformmaschinen. Gießerei *1959*, 517—524. — Maschinen zur Herstellung von Maskenformen und Kernen. Gießerei *1965*, 135—140. — Nitsche, J., Boenisch, D.: Eigenschaften von Maskenformstoffen. Gießerei *1970*, 668—674. — Pohl, P.: Herstellung von harzumhüllten Sanden für die Fertigung von Maskenkernen und -formen. Gießerei *1970*, 675—681.

und ein Anwärm- und Aushärteofen *b* benötigt (Abb. 218). Die noch
warme Modellplatte (Kernkasten) *c* wird mit einer dünnen Schicht
Trennmittel bestreut oder bespritzt und dann auf ein Kippgefäß *a*,
das zu zwei Dritteln mit Formstoff gefüllt ist, gebracht. Nach auto-
matischer Verklammerung wird das Gefäß gekippt und nach einer
Aushärtezeit von wenigen Sekunden wieder zurückgeschwenkt. Je
nach der Einwirkungszeit des Formstoffes und der Temperatur hat
sich eine 3 bis 5 mm dicke Maske *g* gebildet. Der nicht ausgehärtete
Formstoff fällt in das Kippgefäß zurück. Die Modellplatte mit der

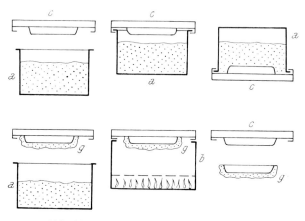

Abb. 218. Croning-Verfahren (schematisch).
a Kippgefäß, *b* Aushärteofen, *c* Modellplatte, *g* Formmaske

Maske *g* wird zum Aushärten, das etwa 2 Minuten dauert, in den Aushärteofen *b* gebracht. Anschließend erfolgt das Abheben der Maske *g*
mittels Preßluft. Die Formmasken geben die Konturen des Modelles
sehr genau wieder, sind nicht hygroskopisch und daher unbegrenzt
lagerbar, sind glatt und besitzen hohe Festigkeit und Gasdurchlässigkeit und gestatten eine Schwindung des Gußstückes, wodurch Spannungen und Risse weitgehend vermieden werden. An Stelle der Schwer-
kraftbeschickung können die Formteile oder Kerne auch geblasen werden.

Zur Aufnahme des Druckes des flüssigen Metalles werden die Masken
je nach Größe des Gußstückes ganz oder teilweise in Stahlkies, Sand
oder sonstiger Hinterfüllmasse eingebettet oder bei kleinen Stücken
auch ohne Hinterfüllmasse abgegossen.

Das Verfahren ist für alle Metalle anwendbar, deren Schmelzpunkt
so hoch liegt, daß beim Vergießen das Bindemittel des Formstoffes
verbrennt.

3,2 Die Pulvermetallurgie[1]

Durch die Pulvermetallurgie werden Werkstücke aus Metallpulvern hergestellt (s. auch 1,1326). Sie besteht aus folgenden Verfahrensstufen:

1. Herstellung der Pulver,
2. Herstellung von Formkörpern aus diesen Pulvern durch Verdichten in besonderen Werkzeugen und
3. Sintern dieser Formkörper vorzugsweise im Schutzgas oder Vakuum bei genügend hoher Temperatur.

Für die Herstellung von Metallpulvern sind folgende Verfahren möglich:

1. *Mechanisches Zerkleinern* kompakter Ausgangsstoffe in geeigneten Zerkleinerungsgeräten (Schlagstiftmühlen, Wirbelschlagmühlen),
2. *Reduktion* sehr feinkörniger Metalloxide (Wolfram, Molybdän, Kobalt) meist mittels Wasserstoff,
3. *Elektrolyse* von *Metallsalzlösungen*,
4. *Thermische Zersetzung flüssiger Karbonyle* (*Karbonylverfahren*, Eisen und Nickel),
5. *Zerstäuben* oder *Verdüsen* von *geschmolzenen* Metallen oder Legierungen im Wasser-, Dampf- oder Preßluftstrom und
6. *Chemisches Fällen* (vornehmlich Edelmetallpulver).

Das Verdichten kann durch Pressen, Strangpressen, Walzen, Rütteln und Schlickern erfolgen. Die Werkzeuge bestehen aus gehärtetem Stahl, dessen Innenwandungen zur Herabsetzung der Reibung poliert werden. Bei großen Stückzahlen werden die Werkzeuge hartverchromt, mit einem Hartmetallüberzug versehen oder Büchsen aus Hartmetall eingepreßt. Eine leicht konische Ausbildung des Preßraumes erleichtert das Ausstoßen der Preßlinge. Zur Erleichterung des Fließens erhalten die Pulver häufig Beimengungen von Paraffin, Stearinsäure oder anderen als Schmiermittel wirkenden Stoffen, die beim Sintern verbrennen.

Beim *Sintern* (Erhitzen auf $\frac{2}{3}$ bis $\frac{3}{4}$ der Schmelztemperatur) soll eine Diffusion der einzelnen Pulverteilchen und bei Pulvergemischen noch eine Legierungsbildung stattfinden. Das Sintern ist mit einer Volumenabnahme der Preßlinge verbunden, die bei ihrer Herstellung berücksichtigt werden muß. Auch nach dem Sintern sind die Werkstücke noch porös. Ihre mechanischen Eigenschaften sind von der Dichte, die von den Herstellungsbedingungen (Druck beim Pressen, Größe und Gestalt der Pulverteilchen, Temperatur und Zeit beim Sintern) beeinflußt wird, abhängig. Die Werkstücke lassen sich wie die auf dem Schmelzweg hergestellten Teile umformen und zerspanen.

---

[1] Eisenkolb, F.: Fortschritte der Pulvermetallurgie (Bd. I Grundlagen der Pulvermetallurgie; Bd. II Technologische Einrichtungen und pulvermetallurgische Werkstoffe). Berlin: 1963. — DIN 30900 Terminologie der Pulvermetallurgie.

3,3 Das Schmieden

3,31 Allgemeines

Schmieden (Freiformen, Gesenkformen) gehört mit Walzen, Strangpressen, Fließpressen, Eindrücken usw. vorwiegend zu den Fertigungsverfahren *Druckumformen* (DIN 8583, Bl. 1 bis 6). Nach DIN 8580,
Begriffe der Fertigungsverfahren ist *Umformen* Fertigen durch *bildsames (plastisches)* Ändern der Form eines festen Körpers. Eine Verformung ist plastisch, wenn sie nach Aufhören der sie erzeugenden Kräfte
nicht wieder zurückgeht.

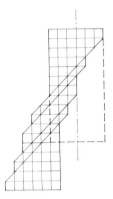

Abb. 219. Verformen eines Kristalls durch Gleitung (Ausgangsform strichliert)

Unter *Warmumformen* (ohne bleibende Festigkeitsänderung) ver-
stand man bisher ein Umformen oberhalb der Rekristallisationstemperatur, wobei die Umformgeschwindigkeit kleiner als die Rekristallisationsgeschwindigkeit sein muß, und unter *Kaltumformen* (mit bleibender
Festigkeitsänderung) ein Umformen unter Rekristallisationstemperatur,
wobei die Rekristallisationsgeschwindigkeit kleiner als die Umformgeschwindigkeit ist. Nach DIN 8580 spricht man jetzt von Umformen
nach Wärmen (Warmumformen) und Umformen ohne Wärmen (Kaltumformen) und Umformen ohne, mit vorübergehender und mit bleibender Festigkeitsänderung.

Der Grundprozeß jeder plastischen Verformung kristalliner Stoffe ist
das *Gleiten* innerhalb der einzelnen Kristallite, das zunächst an *Ein-
kristallen* näher verfolgt werden soll.

Es stellt ein Abschieben in einzelnen zueinander parallelen Gleitebenen dar (schematisch Abb. 219). Bei kubischen Kristallen sind
mehrere Gleitebenenscharen, bei hexagonalen nur eine vorhanden. Die
Gleitung beginnt, sobald die Schubspannung einen kritischen Wert
überschreitet. Bei weiterer Kaltumformung tritt infolge Blockierung der

Gleitebenen durch örtliche Raumgitterstörungen eine Festigkeitssteigerung ein.

Die technischen Werkstoffe sind *Vielkristalle* (Kristallhaufwerke) mit verschiedener Orientierung der einzelnen Körner, so daß etwa im Zugversuch die kritische Schubspannung bei verschiedenen Zugspannungen erreicht wird. Daher wechseln einzelne schon plastisch gewordene Körner mit nur elastisch verspannten ab, so daß wegen Wahrung des Zusammenhaltes ausgiebiges Fließen des Werkstückes erst einsetzt, wenn sich alle Körner plastisch verformen. Durch die gegenseitige Verspannung der Körner tritt eine zusätzliche Verfestigung gegenüber dem Einkristall auf, die besonders hoch bei hexagonalen Kristallen ist.

Durch Auflösung der Versetzungen durch Diffusion tritt bei höherer Temperatur ohne wesentliche Gefügeänderung eine *mechanische Erholung* ein. *Rekristallisation* ist Kristallneubildung durch ausreichende Wärmeeinwirkung nach Kaltumformung, ohne daß ein Umwandlungspunkt überschritten wird. Nach der Rekristallisation hat der Werkstoff wieder die gleichen Eigenschaften und ist spannungsfrei wie vor der Kaltumformung. Je größer der Umformgrad, um so mehr Keime bilden sich und bei um so niedriger Temperatur beginnt Rekristallisation. Die folgende Tabelle gibt die Rekristallisationstemperaturen bei sehr starker Kaltverformung an (die Feststellung der Rekristallisation kann röntgenologisch oder metallographisch erfolgen):

Blei	-3 °C	Molybdän	900 °C
Aluminium	150—240 °C	Nickel	600—700 °C
Chromnickelstähle	750—800 °C	Magnesium	150 °C
Eisen	350—500 °C	Tantal	1000 °C
Gold, Silber	200 °C	Zinn	0—30 °C
Kadmium	10 °C	Wolfram	1200 °C
Kupfer	200—230 °C	Zink	10—50 °C

Bei der Warmumformung laufen Verfestigung und Erweichung so ab, daß man praktisch von einem ideal-plastischen, also verfestigungslosen Prozeß sprechen kann.

In der Praxis wählt man im allgemeinen die Warmverformungstemperatur so hoch, daß die Rekristallisation rascher als die Verfestigung vor sich geht. Durch die Erwärmung erzielt man außerdem eine Herabsetzung der Elastizitätsgrenze und eine Verringerung der Formänderungsfestigkeit. Warmverformbar sind die meisten Stähle, Aluminium, Nickel, Zink und deren als Knetlegierungen bezeichnete Legierungen.

Als rechnerische Fließbedingung gilt angenähert die Gleichung

$$\sigma_1 - \sigma_3 = k_f,$$

d. h. der zum Hervorrufen des bildsamen Zustandes notwendige Unterschied zwischen der größten Hauptspannung σ_1 und der kleinsten Hauptspannung σ_3 ist gleich der *Formänderungsfestigkeit* k_f.

Bei Kaltverformung erhöht sich die Formänderungsfestigkeit mit steigendem Verformungsgrad[1]. Bei Stahl wächst sie mit dem Gehalt an Kohlenstoff und sonstigen Legierungsbestandteilen.

Die gesamte ohne Reibung benötigte *ideelle* Arbeit W_{id} für das Stauchen eines Volumens V ist:

$$W_{id} = w \cdot V = V \cdot \int_0^{\varphi_g} k_f \cdot d\varphi = V \cdot k_{fm} \cdot \varphi_g.$$

w ... Arbeit für das Stauchen von 1 cm³

k_{fm} ... mittlere Formänderungsfestigkeit

$\varphi_g = \ln \dfrac{l_0}{l}$ ... logarithmisches Formänderungsverhältnis

 l_0 ... anfängliche,

  l ... nachherige Größe einer Abmessung in Richtung der absolut größten Hauptformänderung

Die Reibung wird durch Einführen eines Umformwirkungsgrades η_f berücksichtigt, so daß die *Umformarbeit*

$$W = W_{id}/\eta_f$$

und der *Formänderungswiderstand*

$$k_w = k_f/\eta_f$$

wird. Der Faktor η_f ist abhängig von der Art des Umformvorganges (beim Gesenkschmieden sinkt η_f bis unter 0,1).

Der *Formänderungswiderstand* nimmt mit steigender Temperatur und fallendem Kohlenstoffgehalt ab und mit steigender Verformungsgeschwindigkeit zu. Er ist daher beim Schmiedehammer größer als unter der Schmiedepresse. Zwecks guter Schmiedbarkeit soll bei Stählen der Mangangehalt unter 0,8%, der Siliziumgehalt unter 0,35%, der Phosphorgehalt unter 0,035% (Kaltbrüchigkeit) und der Schwefelgehalt unter 0,035% (Rotbrüchigkeit) betragen. Abb. 220 zeigt den Formänderungswiderstand von Kohlenstoffstahl abhängig von der Temperatur.

Die Temperaturbereiche für die einzelnen Stahlsorten beim Schmieden sind verschieden. Kohlenstoffstähle können auf 1050 bis 1150° (die höheren Werte bei kleinerem Kohlenstoffgehalt), Schnellstähle bis 1250°, Chromnickelstähle bis 1100°, Werkzeugstähle auf 950 bis 1000°, Federstähle bis 1100° usw. erhitzt werden. Die untere Erwärmungsgrenze soll

---

[1] VDI-Richtlinien 3200, Bl. 1 bis 3 Fließkurven metallischer Werkstoffe.

bei 850° liegen. Zur Messung der Temperaturen verwendet man die in Abschn. 1,1237 beschriebenen Einrichtungen. Bei Verformung zwischen 300 und 500° wird der Stahl *blaubrüchig*. Er ist dabei spröde und bekommt leicht Risse. Durch zu hohes und zu langes Erhitzen wird der Stahl *überhitzt*, er wird dadurch grobkörnig. Die Beseitigung des groben

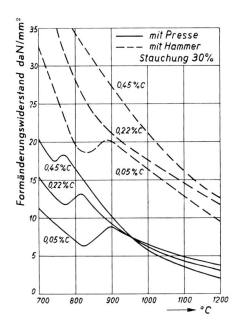

Abb. 220. Formänderungswiderstand unlegierter Stähle in Abhängigkeit von der Temperatur

Kornes erfolgt durch *Normalglühen* (s. Abschn. 1,1239). Bei Temperaturen über 1200° beginnen kohlenstoffreiche Stähle zu verbrennen. Verbrannter Stahl ist unbrauchbar.

3,32 Die Einrichtungen zum Erhitzen

Das *Erhitzen* größerer Werkstücke muß gleichmäßig und entsprechend langsam erfolgen. In den Werkstücken treten beim Erhitzen außen Druck und innen Zugspannungen auf. Bei zu schneller Erhitzung kann der Werkstoff in der Kernzone reißen. Bis 650° (untere Grenze der plastischen Verformbarkeit) soll das Erhitzen je nach Stückgröße mit einer Temperatursteigerung von 30 bis 250° je Stunde erfolgen.

Beim raschen *Abkühlen* treten zuerst außen Zug- und innen Druckspannungen auf. Große, empfindliche Stücke kühlt man am besten im

Ofen oder in mit Asche oder anderen schlechten Wärmeleitern gefüllten
Kästen oder Gruben ab.

Die älteste Einrichtung zum Erhitzen des Stahles ist das einfache
Schmiedefeuer (Abb. 221). Es besteht aus einem gemauerten Herd *a*, in
welchem eine Feuergrube *b* ausgespart ist. In dieser wird das Feuer aus
feinkörniger, schwefelarmer Schmiedekohle angemacht. Zur Erzeugung
der erforderlichen Verbrennungstemperatur wird durch die Winddüse *e*

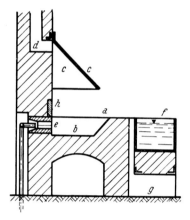
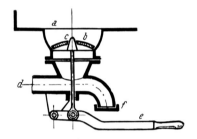

Abb. 221. Schmiedefeuer. *a* Herd,
b Feuergrube, *c* Abzug, *d* Esse,
e Winddüse, *f* Löschtrog,
g Schlackenkanal, *h* Schutzplatte

Abb. 222. Schmiedeherdeinsatz.
a Schale, *b* Düse, *c* Ventilkegel,
d Windzuleitung, *e* Hebel,
f Reinigungsverschluß

Luft mit 150 bis 200 mm Wassersäule Überdruck zugeführt. Die Verbrennungsgase ziehen durch den Rauchfang *c* zur Esse *d* und von dort
in den Schornstein. An der Vorderseite des Schmiedefeuers befindet sich
der mit Wasser gefüllte Löschtrog *f*, in den der Löschwedel, ein Reisig-
besen, zum Dämpfen des Feuers eingetaucht wird. Die anfallende
Schlacke wird durch den Schlackenkanal *g* abgeführt. Zum Schutz des
Mauerwerkes dient die gußeiserne Schutzplatte *h*. Das Werkstück wird
allseits mit Schmiedekohle umgeben und diese befeuchtet. Unter der
Einwirkung der Hitze backt sie zusammen und schützt das Werkstück
vor übermäßiger Oxydation.

Zur besseren Verteilung des Gebläsewindes verwendet man häufig
einen *Schmiedeherdeinsatz* nach Abb. 222. Dieser besteht aus einer gußeisernen Schale *a*, in welcher die Düsenöffnung *b* liegt, die durch den
Ventilkegel *c* je nach Einstellung des Handhebels *e* geöffnet oder geschlossen werden kann. Dadurch wird der aus der Windführung *d* kom-
mende Gebläsewind in seiner Menge und Stärke geregelt. Wenn Kohle
oder Schlacke die Düsenöffnung verlegen, kann durch mehrmaliges

kräftiges Betätigen des Hebels *e* die Öffnung wieder freigemacht werden und die Verunreinigung durch den Reinigungsverschluß *f* entfernt werden. Schmiedefeuer besitzen einen schlechten Wirkungsgrad, ergeben ungleiche Erhitzung sowie Schwefel- und Kohlenstoffaufnahme des Werkstückes und werden nur noch in kleinen Landschmieden, auf Baustellen usw. verwendet.

In industriellen Betrieben werden ähnliche Einrichtungen, wie sie in Abschn. 1,1237 beschrieben wurden, verwendet. Abb. 223 zeigt einen kleinen *Schmiedeofen mit Ölfeuerung.* Er besteht aus einem Stahlmantel,

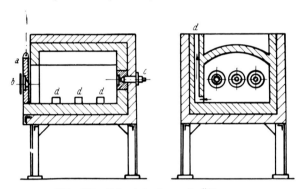

Abb. 223. Schmiedeofen mit Ölfeuerung.
a Einsatztür, *b* Schauloch, *c* Brenner, *d* Abzug

der innen mit Schamotteziegeln ausgemauert ist. Die Einsatztür *a* ist ebenfalls durch Schamotteziegel geschützt und besitzt ein Schauloch *b*. An der Rückwand des Ofens befinden sich einige Brenner *c*, denen das Heizöl aus einem etwa 2 m höher gelegenen Behälter zufließt und in denen es zur Verbrennung mit Preßluft zerstäubt wird. Die Verbrennungsgase ziehen durch die Öffnungen *d* ab.

In der Serienfabrikation kleiner Teile erzielt man durch *induktive*[1] Erwärmung mit mittelfrequentem Wechselstrom praktisch zunderfreie Erwärmung bei sofortiger Arbeitsbereitschaft (keine Anheiz- und Wartezeiten) und sehr kurzer Erhitzungszeit. Stangen können durch *direkten Stromdurchgang* erwärmt werden (geringere Umformverluste).

Bei großen Gas- und Ölöfen benützt man die Wärme der Abgase zum Vorwärmen der Verbrennungsluft und mancher Heizgase. Man kennt hierfür das *Regenerativ*- und das *Rekuperativ*verfahren. Für Schmiede- und Walzwerksöfen findet meist das Rekuperativverfahren Anwendung. Bei diesem durchziehen die Frischluft bzw. die Heizgase ein Kanalsystem

---

[1] VDI-Richtlinie 3132 Induktive Erwärmung für das Warmformen. — Brunst, W.: Die induktive Wärmebehandlung. Berlin-Göttingen-Heidelberg: Springer. 1957.

im Gegenstrom zu den durch eine Wand getrennten heißen Abgasen. Während man früher Rekuperatoren aus feuerfesten Steinen verwendete, die infolge ihres großen Platzbedarfes unter den Öfen angebracht wurden und dort schlecht zu warten waren, verwendet man jetzt solche aus zunderbeständigem Gußeisen oder Stahlblech, die auf dem Ofen gut zugänglich angebracht werden können.

Größe und Form der *geschlossenen Schmiedeöfen* hängen von der Stückgröße und dem Ofendurchsatz (Stückzahl je Zeiteinheit) ab. Öfen für feste Brennstoffe werden kaum mehr verwendet. Für große Schmiedestücke ist der Herd meist ausfahrbar, um diese mit dem Kran leicht abnehmen zu können. Zwischen Herd und Ofenwand müssen in diesem Falle besondere Abdichtungen vorgesehen werden. Die Öfen besitzen ein Gerippe aus Stahl und sind innen mit feuerfesten Stoffen ausgekleidet und außen gegen Wärmeverluste isoliert (Alu-Folien zur Herabsetzung der Ausstrahlung).

Bei den *Roll-* und *Stoßöfen* werden die Blöcke durch mechanische Einrichtungen durch den Ofen gedrückt. Ihre Durchlaufgeschwindigkeit ist so bemessen, daß sie nach Durchwandern des Ofens die richtige Temperatur besitzen.

Die zur Temperaturbestimmung erforderlichen Einrichtungen wurden bereits im Abschnitt über Härten besprochen (s. 1,1237).

3,33 Die Schmiedewerkzeuge

Zum Schmieden wird eine Reihe von besonderen Werkzeugen benützt (Abb. 224). Der *Handhammer* (Schmiedehammer) mit einer Masse von 1 bis 2 kg besteht aus Stahl und ist an der breiten Fläche, der ,,Bahn", und an der schmalen Fläche, der ,,Finne" (Abb. 224a), gehärtet. Der Handhammer wird mit *einer* Hand geführt, zum Unterschied von dem *Vor-* und *Zuschlaghammer*, der ähnlich ausgebildet ist, aber eine Masse von 5 bis 10 kg besitzt und mit *zwei* Händen bedient wird. Bei dem *Kreuzschlaghammer* (Abb. 224b) ist die Finne parallel zur Stielrichtung, bei dem *Schlichthammer* (Abb. 224c) ist die Bahn besonders groß und rechteckig ausgebildet. Der Schlichthammer wird nie zum Schlagen benützt, sondern stets ruhig auf das Werkzeug aufgelegt. Beim *Schrotmeißel* (Abb. 224d) ist die Finne zu einer scharfen Schneide ausgebildet und wird zum Abtrennen des Werkstückes verwendet. Dabei dient als Unterlage der *Abschrot* (Abb. 224f), der mit seinem Zapfen in dem Amboßloch steckt. Will man einem Schmiedestück besondere Umrißformen geben, so verwendet man *Gesenke*. Diese können entweder als einfache oder als doppelte Gesenke (Abb. 224e) ausgeführt sein. Das *Obergesenk* wird mit dem Stil gehalten, das *Untergesenk* steckt mit dem Zapfen in dem Loch des Ambosses. Zum Lochen von Schmiedestücken nimmt man den *Durchschlag* (Abb. 224g).

Als Unterlage für die Schmiedestücke dient der *Amboß* (Abb. 224 h), ein schmiedeeiserner Körper von 100 bis 400 kg Masse. Die obere, flache Bahn, die Amboßbahn, ist verstählt, das heißt, es ist eine dünne, härtere Platte aufgeschweißt. Die Amboßbahn läuft entweder nach beiden Seiten hin oder nur nach einer Seite in ein kegelförmiges „Horn" aus, auf welchem die Biegearbeiten durchgeführt werden. Auf der

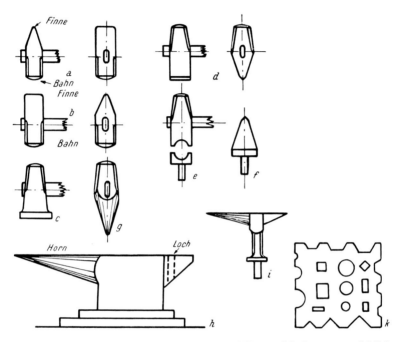

Abb. 224. Schmiedewerkzeuge. *a* Handhammer, *b* Kreuzschlaghammer, *c* Schlicht-hammer, *d* Schrotmeißel, *e* offenes Gesenk, *f* Abschrot, *g* Durchschlag, *h* Amboß, *i* Sperrhorn, *k* Gesenkplatte

einen Seite befindet sich noch das rechteckige Loch zur Aufnahme der Zapfen des Untergesenkes oder des Abschrotes. Das Amboßgewicht soll mindestens 30mal so groß wie das Hammergewicht sein, um die Arbeit des Hammers möglichst nur auf das Werkstück, nicht aber zum Einrammen des Ambosses zu übertragen. Bei Maschinenhämmern wird der Amboß nach unten durch eine besonders schwere guß-eiserne Unterlage, die *Schabotte*, abgestützt. Für kleine Schmiede-arbeiten setzt man das *Sperrhorn* (Abb. 224 i) auf den Amboß auf.

Die *Loch-* oder *Gesenkplatte* (Abb. 224 k) ersetzt manchmal die Untergesenke, dient aber auch als Unterlage beim Lochen.

Das Festhalten der glühenden Schmiedestücke erfolgt durch die

Zangen (Abb. 225), deren Form recht verschieden sein kann. Die Aufnahme des Werkstückes geschieht in dem *Maul*, welches der Form des Schmiedestückes möglichst angepaßt sein soll. Die Zange wird an den *Schenkeln* gehalten, wobei insbesondere bei größeren Zangen oft ein Ring zum Festhalten über die Schenkel gezogen wird.

Große Schmiedestücke faßt man in Zangen, die auf einem Kran hängen oder in *Schmiedemanipulatoren*[1]. Das sind hydraulisch oder pneumatisch betätigte Zangen, die nach einer oder beiden Richtungen drehbar sind und parallel gehoben und gesenkt werden können, um auf verschiedene Werkzeughöhen bzw. Werkstücke eingestellt zu wer-

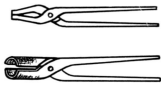

Abb. 225. Schmiedezangen

den. Der Manipulator selbst muß vor und zurück fahren und sich um 360° drehen können. Man verwendet schienengebundene und frei bewegliche oder Automanipulatoren, die weitgehend hydraulisch angetrieben werden. Schwere Werkzeuge können durch *Werkzeugmanipulatoren* betätigt werden. Durch sie wird die körperliche Anstrengung und die Unfallgefahr herabgesetzt.

3,34 Die Maschinenhämmer

Hämmer über 10 kg Masse müssen durch mechanische Hilfsmittel betätigt werden. Der bewegte Teil des Maschinenhammers ist der *Bär*. Das Werkstück ruht auf dem *Amboß*, der sich auf der *Schabotte* befindet, welche ein entsprechendes Fundament besitzen muß. Der Wirkungsgrad des Hammers ist:

$$\eta = \frac{m_2}{m_1 + m_2} \qquad \begin{array}{l} m_1 \ldots \text{Masse des Bären} \\ m_2 \ldots \text{Masse von Amboß und Schabotte} \end{array}$$

Um die kinetische Energie des Bären möglichst auszunützen, soll daher das Gewicht von Schabotte und Amboß 10- bis 20mal so groß als das Bärengewicht sein.

Bei den *Fall*hämmern wird der Bär gehoben und fällt unter der Wirkung der Schwerkraft auf das Werkstück. Es gibt jedoch auch

---

[1] Kirmse, H.: Manipulatoren und Flurfördereinrichtungen als Hilfsmittel zur Mechanisierung in der Freiformschmiede. Stahl u. Eisen *1962*, 1655—1662.

Hämmer, bei denen der fallende Bär noch durch zusätzliche Kräfte beschleunigt wird. Nach der Bauart unterscheidet man *Hebel*hämmer, bei denen sich der Bär um eine horizontale, auf dem Hammerstiel liegende Achse bewegt, und *Parallel*hämmer.

Die Hebelhämmer zählen zu den ältesten Maschinen überhaupt. Sie wurden ursprünglich ausschließlich durch Wasserkraft betrieben, und zwar derart, daß das Wasserrad durch eine Welle mit einem Daumenrad in Verbindung stand und dieses den Stiel des Hammers hochhob. Nach der Stelle, wo der Daumen angreift, unterscheidet man die *Schwanz-*,

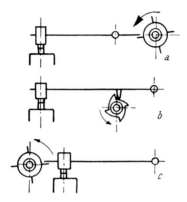

Abb. 226. Stielhämmer. *a* Schwanzhammer, *b* Brusthammer, *c* Stirnhammer

Brust- und *Stirn*hämmer (Abb. 226). Die Bärmasse bei den Schwanzhämmern beträgt 50 bis 350 kg, bei den Brusthämmern 150 bis 350 kg und bei den Stirnhämmern 2,5 bis 8 t. Die minutliche Schlagzahl der Winkelhämmer ist gering, sie liegt im allgemeinen zwischen 50 und 100 und steigt nur bei den Schwanzhämmern auf 120 bis 400. Neuerdings werden verbesserte Stielhämmer durch Transmissionen betrieben, sie laufen unter dem Namen *Aufwerfhämmer* in kleineren und mittleren Betrieben und sind wegen ihrer Einfachheit und leichten Bedienbarkeit sehr beliebt. Sie eignen sich gut für kleinere, insbesondere dünne Schmiedestücke.

Hebelhämmer haben den Nachteil, daß die Bahn des Bären und des Ambosses nur bei einer einzigen Stellung parallel zueinander liegen.

Bei den *Parallelhämmern* wird der Bär in einer zur Amboßbahn senkrechten Führung bewegt, so daß Hammer- und Amboßbahn stets parallel sind. Man unterscheidet Riemenfall-, Brettfall-, Kettenfall-, Blattfeder-, Luftfeder-, Magnet-, Dampf- und Preßlufthämmer.

Beim *Riemenfallhammer* wird der an einem Riemen befestigte Bär von einer angetriebenen Rolle, auf deren Welle sich meist ein

Schwungrad befindet, durch Reibung gehoben. Diese erzeugt man durch Ziehen am freien Riemenende von Hand ($F = G/e^{\mu\alpha}$) (Abb. 227) oder durch Anpressen des Riemens mit Hilfe einer zweiten Rolle. Um Abnützung des Riemens durch gleitende Reibung beim Fall oder bei Stillstand des Bären zu vermeiden, verwendet man besondere Riemenabhebevorrichtungen. In der Höchststellung kann der Bär durch eine Klinke festgehalten werden.

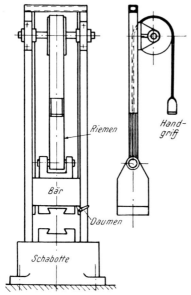

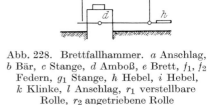

Abb. 227. Riemenfallhammer

Abb. 228. Brettfallhammer. *a* Anschlag, *b* Bär, *c* Stange, *d* Amboß, *e* Brett, f_1, f_2 Federn, g_1 Stange, *h* Hebel, *i* Hebel, *k* Klinke, *l* Anschlag, r_1 verstellbare Rolle, r_2 angetriebene Rolle

Beim *Brettfallhammer* (Abb. 228) trägt der Bär *b* einen durch Keil befestigten Stiel *e* aus Buchenholz, welcher durch zwei Rollen r_1 und r_2 gehoben werden kann. Die linke Rolle r_1 ist in einem schwenkbaren Hebel *i* exzentrisch gelagert und wird durch die Feder f_1 und das Gewicht der Stange g_1 gegen das Brett und die fest gelagerte und angetriebene Rolle r_2 gepreßt. Der Bär hebt in seiner Höchststellung die Stange g_1 durch den an ihr befestigten Anschlag *a*, wodurch über Hebel *i* die Rolle r_1 vom Brett abgehoben wird. Das Herabfallen des Bären *b* verhindert eine Klinke *k*, die durch eine Feder f_2 an den Anschlag *l* gedrückt wird. Wünscht man einen Schlag des Bären, so senkt man den Hebel *h*, wodurch einerseits die durch die Stange *c* zurückgezogene

Klinke k den Bären freigibt, andererseits das andere Ende von h ein Herabsinken von g_1 und dadurch ein Anpressen der Rolle r_1 verhindert. Um den Bären zu heben, bringt man den Hebel h in die Ausgangsstellung.

Beim *elektroölhydraulischen Fallhammer* wird der Bär durch einen mit Drucköl betriebenen Kolben gehoben. Das Drucköl wird durch eine eingebaute elektrisch angetriebene Pumpe erzeugt.

Beim *Kettenfallhammer* wird eine, auf einer exzentrisch gelagerten Hubscheibe aufgewickelte Kette zum Heben des Bären verwendet.

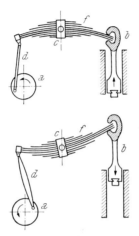

Abb. 229. Blattfederhammer.
a Kurbelwelle, b Bär, c Drehpunkt, d federnde Schubstange, f Blattfeder

Die Umsteuerung des Bären in der höchsten Stellung und nach dem Aufschlag erfolgt durch eine elektromagnetisch über Kontakte gesteuerte Druckluftreibungskupplung und -bremse.

Alle diese Hämmer sind einfach und billig und besitzen hohen Wirkungsgrad. Da mit ihnen nur Einzelschläge ausgeführt werden können, werden sie zum Gesenkschmieden verwendet.

Bei den *Federhämmern* wird der Bär unter Zwischenschaltung einer Stahlfeder oder eines Luftpolsters von einem Kurbeltrieb bewegt. Die Verwendung eines elastischen Zwischengliedes ist erforderlich, um sich dem Werkstück anpassen zu können. Ohne diese wäre die kinetische Energie im unteren Totpunkt der Kurbel Null.

Beim *Blattfederhammer* wird der Bär b durch eine geschichtete Blattfeder f (Abb. 229) über eine federnde Pleuelstange d von einer unten liegenden Kurbelwelle a angetrieben. Die Schlagstärke läßt sich durch Verändern der Exzentrizität und Drehzahl verändern. Dieser Hammer wird hauptsächlich für Streckarbeiten verwendet.

Bei den *Luftfederhämmern* verwendet man als federndes Zwischen-
glied einen Luftpolster. Die anfänglich verwendeten Einzylinderhäm-
mer sind durch die Zweizylinderhämmer vollständig verdrängt worden. Abb. 230 zeigt schematisch einen *doppelwirkenden Zweizylinderluftfederhammer*. Bei ihm ist der Bär durch eine starke Kolbenstange
mit dem Kolben *h* verbunden, der seinerseits im Bärzylinder *a* läuft.
Die Kurbelwelle *k* überträgt ihre drehende Bewegung durch die Pleuel-

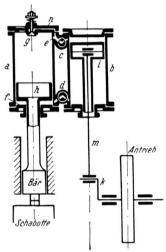

Abb. 230. Doppelt wirkender Zweizylinderluftfederhammer. *a* Bärzylinder,
b Pumpenzylinder, *c*, *d* Ventile, *e*, *f* Luftkanäle, *g* Ventil, *h* Bärkolben, *i* Pumpenkolben, *k* Kurbelwelle, *m* Pleuelstange, *n* Luftkanal

stange *m* auf den Pumpenkolben *i*. Zwischen diesem und dem Bärzylinder sind die Ventile *c* und *d* eingebaut und durch Luftkanäle *e*
und *f* mit beiden Zylindern in Verbindung. Beim Niedergehen des
Pumpenkolbens hebt die verdichtete Luft durch den Luftkanal *f* und
das geöffnete Ventil *d* den Bärkolben samt Bären hoch. Nähert sich
dieser seiner oberen Totpunktlage, so schließt er dabei den Luftkanal *e*
und bewirkt dadurch ein Verdichten der Luft. Der sich dabei bildende
Luftpolster verhindert das Anschlagen des Kolbens an den oberen
Deckel. Dabei hält jedoch der Kanal *n* die Verbindung mit dem Pumpenzylinder aufrecht. Beim Hochgehen des Pumpenkolbens wird der
Bärkolben durch die verdichtete Luft nach abwärts gedrückt. Diese
Bewegung, die an sich schon durch das Gewicht des Bären hervorgerufen wird, kann durch mehr oder weniger weites Öffnen und Schließen
der Ventile noch weiter verstärkt, aber auch durch Schließen des Ventils
durch den sich bildenden Luftpolster wesentlich gedämpft werden.
Die Ventile sind entweder durch Fuß- oder Handhebel zu betätigen.

Magnethämmer besitzen im Hammerkopf eine Spule, die für kurze Zeit unter Strom gesetzt werden kann. Durch das entstehende Magnetfeld wird ein Stößel, der den Bären trägt, nach abwärts getrieben. Die Rückholung des Stößels erfolgt durch eine Feder. Zum Antrieb ist Gleichstrom erforderlich. Die Schlagstärke kann durch einen Regulierwiderstand verändert werden. Es sind wahlweise Einzelschläge oder Reihenschläge möglich.

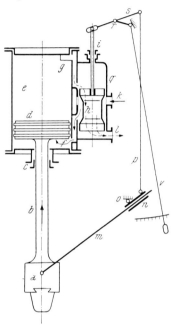

Abb. 231. Selbsttätige Dampfhammerstreuung. *a* Bär, *b* Kolbenstange, *c* Stopfbüchse, *d* Kolben, *e* Zylinder, *f, g* Dampfkanäle, *h* Schieber, *i* Schieberstange, *k* Dampfeintritt, *l* Dampfaustritt, *m* gelenkig befestigte Stange, *n* Hülse, *o* Drehpunkt, *p* Stange, *q* Schieberkasten, *r* Drehpunkt, *s* Hebel, *v* Hebel

Dampfhämmer weisen von allen Maschinenhämmern die beste Steuerbarkeit auf und sind für alle Schmiedearbeiten geeignet. Infolge des unregelmäßigen Dampfverbrauches arbeiten sie jedoch unwirtschaftlich und werden vielfach heute durch Preßluft betrieben.

Man unterscheidet *Dampffallhämmer* (Unterdampfhämmer), bei denen der Dampf nur zum Heben des Bären Verwendung findet, und die *Oberdampfhämmer* (DIN 55151 Einständeroberdruckhämmer; DIN 55152 Zweiständeroberdruckhämmer), bei welchen zur Verstärkung des Schlages Frischdampf oder Dampf von der Zylinderseite unter dem Kolben auf die Oberseite geleitet wird. Die entsprechende Dampfführung erfolgt durch eine *Steuerung*, die als Hand-, selbsttätige oder kombinierte Steuerung ausgeführt werden kann. Um auch bei Handsteuerung zu vermeiden, daß der Kolben infolge Unachtsamkeit zu hoch steigt und den Deckel durchschlägt, wird eine Verbindung des Handhebels mit der Kolbenstange hergestellt, welche ein Umsteuern in der oberen Kolbenlage bewirkt. Als Steuerorgane verwendet man Kolbenschieber (Flachschieber benötigen wegen der auftretenden Reibung zu hohe Verstellkräfte), Hähne und Ventile. Die Abb. 231 zeigt eine selbsttätige Dampfhammersteuerung (sogenannte Innen-

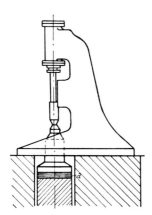
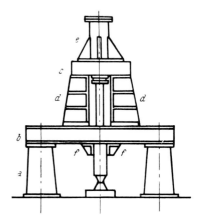

Abb. 232. Einständerhammer.   Abb. 233. Brückenhammer. *a* Säulen,
a Hammerfilz   *b* Brücke, *c* Rahmen, *d* Ständer,
                                      e Dampfzylinder, *f* Führung

kantensteuerung, weil die Innenkanten des Schiebers den Dampfeintritt steuern). Der Dampf gelangt durch eine Rohrleitung bei *k* in den Schieberkasten und tritt in der gezeichneten Schieberstellung durch den unteren Kanal *f* in den Zylinder unter den Kolben *d*, wodurch der mit ihm durch die Kolbenstange *b* verbundene Bär *a* gehoben wird. Der im Zylinder *e* oberhalb des Kolbens befindliche Dampf gelangt durch den oberen Kanal *g* in den Schieberkasten *q* und durch die bei *l* angeschlossene Rohrleitung ins Freie oder zur Abdampfverwertung.

Die Bewegung des Kolbenschiebers *h* erfolgt durch eine am Bären *a* gelenkig befestigte Stange *m*, die in einer bei *o* drehbar befestigten Hülse *n* gleitet. Die an *n* gelenkig befestigte Stange *p* betätigt über den Hebel *s* die Schieberstange *i* (bei der Innenkantensteuerung ist die Bewegung von Kolbenschieber *h* und Kolben *d* gleichläufig). Der Drehpunkt *r* des Hebels *s* kann von Hand durch den Hebel *v* in der Höhe verstellt werden, wodurch die Schiebermittellage und damit die Schlagstärke des Bären eingestellt werden. Der Hebel *v* ist an einem

gezahnten Bogen feststellbar, so daß man eine große Zahl gleicher
Schläge hintereinander ausführen kann.

Kleinere Hämmer besitzen ein Gestell in C-Form. Der Vorteil dieser *Einständerhämmer* (Abb. 232) ist die allseitige Zugänglichkeit,
ihr Nachteil die durch die Bärbewegung erregten Schwingungen des
Gestells. *Zweiständerhämmer* vermeiden solche Schwingungen, sind aber
schlechter zugänglich. Bei der *Brückenbauart* nach Abb. 233, die bei
großen Hämmern ausgeführt wird, sind beide Vorteile vereinigt. Da

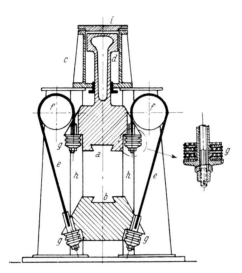

Abb. 234. Gegenschlaghammer. *a* oberer Bär, *b* unterer Bär, *c* Zylinder, *d* Kolben,
e Stahlband, *f* Rollen, *g* Gummipuffer, *h* Führung, *i* Deckel

ein Teil der kinetischen Energie des Bären von der Schabotte auf das
Fundament übertragen wird, muß die Fundamentierung besonders
sorgfältig vorgenommen werden, um die Übertragung von Schwingungen auf die benachbarten Öfen und Gebäude zu vermeiden. Man verwendet schwere Fundamente, deren Größe der Beschaffenheit des
Baugrundes angepaßt wird.

Die hohen Gründungskosten werden durch eine besondere Bauart, den *Doppelgesenk-* oder *Gegenschlaghammer* (Abb. 234) (DIN 55158),
vermieden, bei dem sich Bär *a* und Amboß *b* gegenläufig bewegen.
Der obere Bär wird durch einen Kolben *d* betätigt und ist mit dem
unteren Bären *b* durch zwei Stahlbänder *e*, die über je eine Rolle *f*
laufen, verbunden. Da sich bei diesen Hämmern auch der dem Amboß
entsprechende untere Bär bewegt, eignen sie sich nur zum Gesenkschmieden.

Bei den *Preßlufthämmern* wird Druckluft als Betriebsmittel verwendet. Auch Dampfhämmer werden vielfach heute mit Druckluft
betrieben, um die Betriebskosten herabzusetzen. Die zum Nieten,
Meißeln, Stampfen und Verstemmen verwendeten Preßlufthämmer
besitzen einen Bären aus gehärtetem Stahl und werden mit sehr hoher
Schlagzahl (1000 pro Minute) betrieben (Abb. 235). Die Druckluft

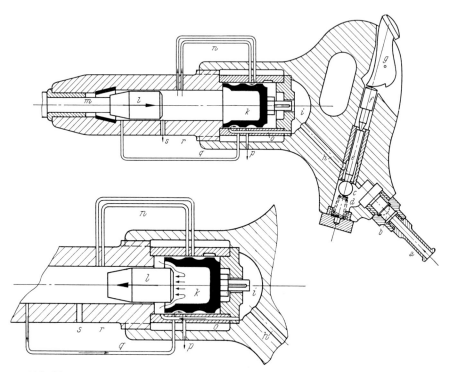

Abb. 235 und 236. Preßlufthammer. *a* Schlauchanschluß, *b* Sieb, *c* Kugelventil,
d Feder, *e, f* Bolzen, *g* Drücker, *h* Kanal, *i* Steuervorraum, *k* Topfschieber, *l* Bär,
m Werkzeug, *n, o, q* Kanäle, *p* Auspuff, *r* Zylinder, *s* weiter Kanal

gelangt durch die Bohrung *a* über ein Sieb *b*, ein Kugelventil *c* und die
Bohrung *h* in den Steuervorraum *i*, in welchen auch ein Zapfen des
Topfschiebers *k* ragt. Durch den Druck der Luft auf diesen Zapfen
wird der Schieber in seine tiefste Lage gedrückt. Die Luft kann dann
durch die Bohrung *o* des Schiebergehäuses in den unteren Muschelraum des Schiebers und über *q* unter den Hammerbären *l* strömen und
dessen Rückhub bewirken. Die vom Bären verdrängte Luft entweicht
durch zwei Kanäle *n* über den oberen Muschelraum durch die Bohrung *p*
ins Freie. Dann überdeckt der Bär die Auspuffkanäle und komprimiert
die Luft unter dem Schieber *k*. Schließlich gibt er die Bohrung *s* frei,

so daß der Überdruck verschwindet. Durch die Kompression wird der
Schieber nach oben bewegt und der Bär abgebremst (Abb. 236). Der
Schieber gibt den Kanal o frei, so daß die Druckluft über den Kolben
strömen kann, verschließt den inneren der beiden Auspuffkanäle n
und verbindet die Bohrung q mit dem Auspuff p. Der Bär beschleunigt
sich zum Schlag nach unten, und der Rückhub wird vorbereitet. Dann
überdeckt er die weite Bohrung s, so daß die Luft nur noch durch
die enge untere Bohrung q entweichen kann. Es erfolgt Drosselung
und Auffüllung des Raumes mit Druckluft. Hierauf gibt der Bär die
äußere Bohrung n frei und verbindet dadurch den Raum oberhalb des
Kolbens mit der oberen Muschel des Schiebers. Aus dieser gelangt
die Luft durch eine Aussparung in der linken Wand des Schiebergehäuses in den Raum über dem Schieber, so daß dieser von allen Seiten
gleichen Druck erhält und wieder die Ausgangsstellung einnimmt.

3,35 Die Pressen

Pressen ohne Schwungrad arbeiten mit ruhigem Druck, solche mit
Schwungrad besitzen eine ähnliche Wirkung wie die Hämmer, jedoch
geringere Verluste, weniger Geräusch und geringere Fundamentkosten.
Durch ruhigen Druck ergibt sich ein kleinerer Formänderungswiderstand
und eine tiefgreifendere Verformung als bei Schlag. Man verwendet für
große Werkstücke hauptsächlich Schmiedepressen, für kleine fast ausschließlich Schmiedehämmer.

Bei Hämmern und Pressen mit Schwungmasse kommt der Bär bzw.
Schlitten zum Stillstand, wenn das Arbeitsvermögen durch die Um-
formungsarbeit aufgezehrt wird. Der Schlitten der Pressen ohne Schwungmasse bleibt stehen, wenn die zur Verfügung stehende Preßkraft gleich
der Umformungskraft am Werkstück wird. Bei Kurbel-, Exzenter- und
Kniehebelpressen ist die Endlage des Schlittens durch den Hub gegeben
(Sicherung gegen Überlastung erforderlich).

Nach der Konstruktion unterscheidet man Spindel-, Hebel-, Ex-
zenter-, Kurbel- und hydraulische Pressen.

Bei den *Spindelpressen* wird eine Schraubenspindel zum Antrieb des
Pressenschlittens verwendet. Bei *kleinen* Handspindelpressen wird eine
eingängige, selbsthemmende Spindel verwendet, um auch einen dauernden Druck ausüben zu können. *Größere Handspindelpressen* (Abb. 237)
besitzen eine mehrgängige, nicht selbsthemmende Spindel a, die durch
einen zweiarmigen Hebel b mittels eines Handgriffes i betätigt wird. Auf
dem Hebel b sitzen zwei Schwungkugeln c als Energiespeicher zur Verstärkung der Schlagwirkung. Die Spindel a verschraubt sich in der
Bronzemutter d, die sich in dem als Träger gleicher Festigkeit ausgebildeten Ständer h befindet. Die Spindel ist mit dem Pressenschlitten e, der

sich in seiner Führung g auf und ab bewegen kann, drehbar verbunden. Diese Pressen finden für Stanz-, Präge- und Biegearbeiten Verwendung. Die *Friktionsspindelpressen* (Abb. 238) verwenden statt der Schwungkugeln ein Schwungrad d. Sie besitzen einen Ständer aus Gußeisen n, an welchen zwei Arme angeflanscht sind, die die Lagerung für die Antriebswelle a tragen. Diese wird entweder durch einen Elektromotor oder eine Transmission angetrieben und trägt die beiden Reibscheiben b und c. Die beiden Reibscheiben können durch den Steuerhebel g seitlich derart verschoben werden, daß entweder die Scheibe b oder die Scheibe c das

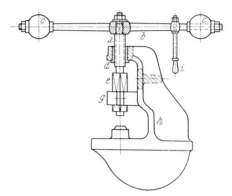

Abb. 237. Handspindelpresse. a Schraubenspindel, b Arm, c Schwungkugeln, d Mutter, e Pressenschlitten, g Schlittenführung, h Pressenständer, i Handgriff

Schwungrad d berührt. Das Schwungrad ist am Umfang mit einem Reibbelag aus Leder überzogen. Je nachdem das Reibrad b oder c an das Schwungrad angepreßt wird, bewegt sich die meist mehrgängige Schraubenspindel e nach abwärts oder nach aufwärts, wodurch der Stößel f gesenkt oder gehoben wird. Die Höhe des Hubes kann durch die Steuerknagge h je nach Bedarf eingestellt werden. Um das Schwungrad im oberen Totpunkt festzuhalten, fällt die sicherwirkende Bandbremse k, gesteuert durch die in der Höhe verstellbare Kurve l, ein und hält das Rad und die Spindel fest. Die Betätigung der Maschine erfolgt durch den Steuerhebel g. Um jedoch zu verhindern, daß der Arbeiter während des Arbeitsvorganges mit der freien Hand in die Maschine hineingreift, ist der Sicherheitshandhebel i mitzubedienen. Sobald der Arbeiter diesen Hebel ausläßt, fällt automatisch die Bandbremse ein, stellt damit die Maschine ab und verhindert dadurch einen Unfall. Das gußeiserne Maschinengestell besitzt zur Aufnahme der beträchtlichen Zugspannungen die beiden starken Zuganker m. Um bei harten Schlägen eine Überbeanspruchung der Spindel zu vermeiden, ist diese mit dem Schwungrad durch eine Reibungskupplung oder einen Abscherstift verbunden. Neben

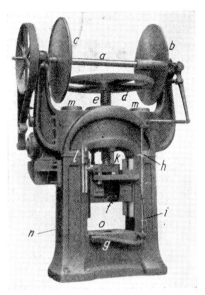

Abb. 238. Friktionsspindelpresse. *a* Antriebswelle, *b*, *c* Reibscheiben, *d* Schwungrad, *e* Schraubenspindel, *f* Pressenschlitten, *g* Steuerhebel, *h* Steuerknagge, *i* Sicherheitshandhebel, *k* Bandbremse, *l* verstellbare Kurve, zum Einrücken der Bandbremse, *m* Zuganker, *n* Ständer, *o* unteres Querhaupt

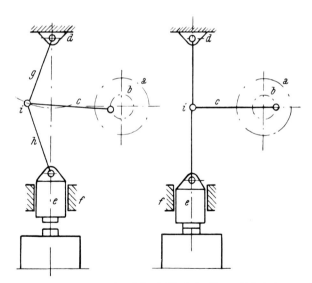

Abb. 239. Kniehebelpresse. *a* Antrieb, *b* Kurbelwelle, *c* Schubstange, *d* Gelenk, *e* Pressenschlitten, *f* Führung, *g*, *h* Kniehebel, *i* Gelenk

der dargestellten Ausführung mit Doppelständer finden auch solche mit C-Ständer Verwendung.

Neben den Friktionsspindelpressen mit bewegter Spindel werden auch welche mit feststehender Spindel erzeugt, bei denen der Schlag von unten nach oben erfolgt. Sie werden mit Antrieb durch zwei Reibscheiben oder

Abb. 240. Doppelständerkniehebelpresse

mit Antrieb durch eine Reibrolle und Umkehrmotor ausgeführt. Die Steuerung aller Reibspindelpressen erfolgt heute elektropneumatisch. Friktionsspindelpressen werden zum Gesenkschmieden und Tiefziehen verwendet.

Bei den *Hebelpressen* wird ein Hebel zur Kraftübersetzung verwendet. Bei den *Handhebelpressen* wird der kleine Hebelarm häufig als Zahnrad-ritzel ausgeführt, das in eine Zahnstange, die am Schlitten befestigt ist, eingreift. Im Gegensatz zu diesen Pressen, die mit konstanter Übersetzung arbeiten, besitzen die *Kniehebelpressen* (Abb. 239) eine veränderliche Übersetzung (zunehmende Preßkraft). Der Antrieb des Kniehebels kann von Hand, durch Schraubenspindel oder Kurbeltrieb (Abb. 239) erfolgen. Bei diesem wird der senkrecht geführte Pressenschlitten *e* durch die beiden Kniehebel *g* und *h* auf und ab bewegt. In dem gemeinsamen Gelenk *i* der beiden Kniehebel *g* und *h* greift die Schubstange *c* an, die durch eine Kurbel *b* in schwingende Bewegung versetzt wird. Der

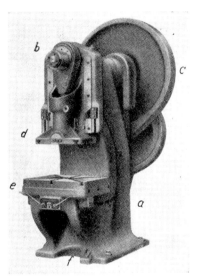

Abb. 241. Einständerexzenterpresse. *a* Ständer, *b* Exzenter, *c* Schwungrad,
d Pressenschlitten, *e* Pressentisch, *f* Fußschalter

Antrieb erfolgt über eine Kupplung und ein Zahnradvorgelege von einem Elektromotor. Eine Kniehebelpresse für 10 MN Preßkraft zeigt die Abb. 240. Kniehebelpressen werden zum Prägen und Tiefziehen verwendet.

Bei den *Kurbel-* und *Exzenterpressen*[1] (Abb. 241) wird die Bewegung des Pressenschlittens durch eine Kurbel oder einen Exzenter bewirkt.

Der Antrieb der Exzenterwelle erfolgt mittels Riemen auf ein Schwungrad, das bei kleinen Pressen direkt auf der Welle sitzt, bei großen Pressen sich auf einem Zahnradvorgelege befindet. Bei der häufigsten Ausführung besitzt der Ständer der Presse, in dessen Kopf sich die Exzenterwelle mit dem Schwungrad und den Getriebeteilen befindet, C-Form (Abb. 241). Dies ergibt zwar gute Zugänglichkeit der

---

[1] Panknin, W.: Forderungen an den Bau von C-Gestellexzenterpressen für die spanlose Formung. Z. VDI *1958*, 1287—1293.

Antriebsteile, aber wegen der hohen Schwerpunktlage bei schnell-
laufenden Maschinen die Gefahr von Schwingungen. Der Stößel d ist
durch die seitliche Prismenführung einwandfrei geführt. Zwischen
Exzenterwelle und Antriebsscheibe ist eine Kupplung eingebaut, deren
Betätigung unter anderem durch den Fußschalter f erfolgen kann.

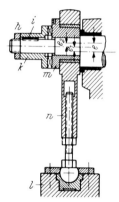

Abb. 242. Einstellung von Hubgröße und Hublage an der Exzenterpresse.
e_1 Exzentrizität des Exzenters auf der Kurbelwelle, e_2 Exzentrizität der Büchse m,
$e = e_1 \pm e_2$, h Mutter, i Paßfeder, k Klauenring, l Pressenschlitten, m drehbare
exzentrische Büchse, n Schubstange mit Gewindespindel

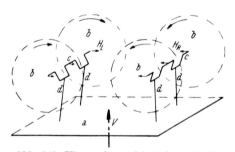

Abb. 243. Vierpunktantrieb (schematisch).
a Aufspannplatte, b Pfeilräder, c Kurbelwellen, d Schubstangen,
H_L, H_R Horizontalkräfte, V Vertikalkraft

Der Hub der Presse läßt sich durch Verdrehen einer exzentrischen
Büchse m (Abb. 242) mit der Exzentrizität e_2, welche sich auf dem
Exzenter der Kurbelwelle mit der Exzentrizität e_1 befindet, einstellen.
Der größte Hub entsteht durch Addition, der kleinste durch Subtraktion
der beiden Exzentrizitäten. Die drehbare exzentrische Büchse m wird
durch den Klauenring k in der eingestellten Lage festgehalten. Die Anzahl
der einstellbaren Hübe ist von der Anzahl der Klauen desselben abhängig. Die Hublage kann durch Verstellen der Länge der Pleuelstange n
eingestellt werden.

Der Antrieb breiter Pressenstößel erfolgt häufig durch zwei Pleuelstangen von einer Doppelkurbelwelle. Sehr große Stößel bei Karosserie-
pressen werden von vier Pleuelstangen d angetrieben, die durch zwei
entgegengesetzt laufende Doppelkurbelwellen c (Abb. 243) (Entlastung
der Schlittenführung von den Horizontalkräften H_L und H_R) oder durch

Abb. 244. Breitständerziehpresse für 20 MN Höchstdruck und 2,5 × 5 m Spannfläche. a Kopfstück, b Pfeilräder, c Spannkopf

Hubscheiben betätigt werden. Bei der Breitständerziehpresse nach
Abb. 244 erfolgt der Antrieb der im Kopfstück der Presse befindlichen
Kurbelwellen durch Pfeilräder b.

Als Überlastungssicherung dienen bei kleinen Pressen im Stößel
untergebrachte Scherplatten, bei größeren vorgespannte Ringfedersätze
oder hydraulische oder pneumatische Kissen. Überlastungssicherungen
können auch im Pressenständer untergebracht werden. Meist wird durch
die Auffederung des Pressenständers, die durch Meßuhr oder Dehnungsmeßstreifen festgestellt wird, der Antrieb bei Überschreiten der Höchst-
last ausgeschaltet.

Zum raschen Stillsetzen des Schlittens der Exzenterpresse befindet
sich auf der Exzenterwelle noch eine Bremse. Von dem einwandfreien
Arbeiten derselben und der Kupplung hängt die Sicherheit für Werkzeug, Bedienungsmann und Maschine ab. Zum Schutz des Bedienungs-
mannes muß eine Nachgreifsicherung, Nachschlagsicherung, Stillstandssicherung und eine Sicherung bei Stromunterbrechung möglich sein.
Nachgreifsicherung: Dem Bedienungsmann darf es nicht möglich sein,

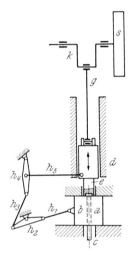

Abb. 245. Horizontalschmiede- und
Stauchmaschine. a feste Backe,
b bewegliche Backe, c Werkstück,
d Pressenschlitten, e Stauchstempel,
g Schubstange, h_1, h_2, h_3, h_4 und
h_5 Hebel, k Kurbelwelle, s Schwungrad

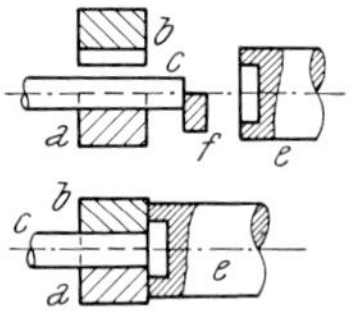

Abb. 246. Stauchen eines Kopfes.
a, b Gesenkhälften, c Werkstück,
e Stauchstempel, f Anschlag

nach Einleiten der Stößelbewegung in das Werkzeug zu greifen bzw. muß
der Stößelhub sofort unterbrochen werden, wenn der Mann in das Werkzeug greift. Nachschlagsicherung: Durch diese muß verhindert werden,
daß bei Einstellung auf Einzelhübe der Stößel unmittelbar im Anschluß
an den ersten Hub ein zweites Mal niedergeht, ohne daß die Presse neu
ausgelöst wurde. Die Stillstandssicherung soll verhindern, daß der Stößel
bei stehender Presse mit dem Schwungrad gekuppelt werden kann und
sich dann beim Einschalten des Elektromotors in Bewegung setzt.
Schließlich muß sich die Presse bei Stromunterbrechung sofort stillsetzen und darf nicht selbsttätig wieder anlaufen, wenn die Netzspannung zurückkehrt. Wenn mit geschlossenem Werkzeug oder automatischem Vorschub gearbeitet wird, also keine Gefahr für die Hände besteht,
kann mit Fußkontakten für Einzelhübe oder Dauerlauf gearbeitet werden. Andernfalls verwendet man zum Schutz der Hände des Arbeiters

verschiedene Einrichtungen. Mit Hebeln oder Druckknöpfen betätigte *Zweihandeinrückeinrichtungen* verlangen beide Hände des Arbeiters zum Einrücken. Läßt eine Hand los, so stellt sich die Presse selbsttätig ab. *Schutzgitter* oder *durchsichtige Schutzschirme* gehen vor dem Pressenschlitten nieder und verhindern das Nachgreifen. Vor Herabgehen derselben läßt sich die Presse nicht einrücken. Schließlich werden auch Einrichtungen mit *Photozellen* ausgeführt. Bei diesen sperrt ein Lichtstrahl, der eine Photozelle trifft, das Einrücken der Presse, sofern er durch eine in seiner Bahn befindliche Hand unterbrochen wird.

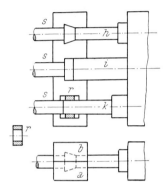

Abb. 247. Herstellung eines Ringes.
a, b Gesenkhälften, *h, i, k* Stauchstempel, *r* fertiger Ring, *s* Stange

Eine Sonderform der Kurbelpressen sind die *Horizontalschmiede-* und *Stauchmaschinen* zur abfallosen Massenherstellung von Kopfschrauben, Nieten, Fahrradnaben, Ringen usw. aus Stangenmaterial. Die Abb. 245 und 246 zeigen schematisch ihre Wirkungsweise: Das stangenförmige glühende Werkstück *c* wird zwischen die beiden Backen *a* und *b* bis zu einem Anschlag *f* geschoben. Die Backe *a* steht fest, die Backe *b* wird durch ein Hebelgestänge h_1, h_2, h_3, h_4 und h_5 vom Stauchschlitten *d* an das Werkstück angepreßt, das infolge der Reibung festgehalten wird. Durch den im Stauchschlitten *d* befestigten Stauchstempel *e*, der durch Kurbelwelle *k* und Pleuelstange *g* betätigt wird, erfolgt das Anstauchen der gewünschten Form.

Die Abb. 247 zeigt die Herstellung von Ringen *r* aus einer Stange *s* im dreiteiligen Gesenk. Im ersten Arbeitsgang wird die zwischen beiden Backen *a* und *b* festgeklemmte Stange *s* durch den Stempel *h* konisch vorgestaucht, im zweiten durch *i* zylindrisch fertiggestaucht und im dritten durch *k* gelocht. Die drei Arbeitsgänge erfolgen in einer Hitze; nach jedem Arbeitsgang wandert das Werkstück zum nächsten Gesenk. Die drei Stempel sitzen gemeinsam im Stauchschlitten. Auf ähnliche Weise kann man auch andere Werkstücke wirtschaftlich herstellen.

Auf *Elektrostauchmaschinen* lassen sich an Stangen durch Widerstandserhitzung begrenzte Abschnitte auf Schmiedetemperatur bringen und anschließend frei oder im Gesenk zusammenstauchen. Diese Maschinen werden mit waagrechter oder senkrechter Stauchrichtung ausgeführt. Letztere haben den Vorteil geringeren Platzbedarfes, besitzen aber beschränkte Einspannlänge.

Die *hydraulischen Pressen*[1] beruhen auf der Eigenschaft, daß sich in allseitig eingeschlossenen Flüssigkeiten der Druck nach allen Seiten gleichmäßig fortpflanzt. (Die Kolbenkräfte verhalten sich wie die Kolbenflächen.)

Man unterscheidet folgende Betriebsarten hydraulischer Pressen:

Beim *reinhydraulischen Betrieb* mit *Pumpe* und *Akkumulator* wird Druckwasser (Wasser mit Zusätzen zur Vermeidung von Korrosion usw.) durch eine elektrisch angetriebene Kolbenpumpe mit mehreren Zylindern (zur Erzielung eines gleichförmigen Flüssigkeitsstromes) in einen Akkumulator geleitet, aus dem es bei Bedarf der Presse zugeführt wird.

Die früher verwendeten *Gewichts*akkumulatoren bestanden aus einem Zylinder, in dem sich ein gewichtsbelasteter Kolben befand. Beim Sinken des Gewichtes entstanden beim raschem Absperren infolge seiner kinetischen Energie sehr hohe Drücke in den Rohrleitungen, welche diese gefährdeten. Man verwendet daher heute vorwiegend *Druckluft*akkumulatoren, die aus einer Anzahl von miteinander in Verbindung stehenden Flaschen bestehen (Wasserinhalt zu Luftinhalt = 1 : 10).

Abb. 248 zeigt schematisch eine moderne hydraulische Presse mit Steuerung. Das untere Querhaupt *a* ist mit vier Säulen *b* mit dem oberen Querhaupt *e* verbunden, in dem sich der Hauptzylinder *g* mit dem Preßkolben *d* befindet. Dieser trägt den Pressenschlitten *c*, auf dem die Werkzeuge befestigt werden und der sich auf den Säulen *b* führt. Der Pressenschlitten *c* kann durch Rückzugkolben *f* wieder hochgebracht werden. Die Rückzugzylinder *r* befinden sich im unteren Querhaupt *a* und werden durch Druckwasser aus der Leitung *i* betätigt.

Das Steuerorgan *k* ist als Vierventilsteuerung ausgebildet und wird durch einen einzigen Hebel bedient. Die Stellung der Ventile ist dem Ventilerhebungsdiagramm (Abb. 248, links unten) zu entnehmen. In Stellung II (Vordruck) ist nur Ventil 2 geöffnet. Druckwasser aus dem Vorfüllbehälter *n* gelangt über Leitung *q* durch Rückschlagventil *s* in den Zylinder *g* und drückt Kolben *d* bis zum Werkstück nach unten. Das Wasser aus den Rückzugzylindern *r* gelangt über Leitung *i* und Ventil 2 in den Vorfüllbehälter *n*. In Stellung I (Preßdruck) wird noch das Ventil 3 geöffnet, so daß Druckwasser aus dem Akkumulator über

---

[1] Oehler, G.: Hydraulische Pressen. München: Hanser. 1962. — Kreislauf hydraulischer Schmiedepressen. Werkst. u. Betr. *1963*, 581—588. — Kreislaufsysteme hydraulischer Pressen. Werkst. u. Betr. *1963*, 516—522.

Leitung l, Ventil 3 und Leitung h in den Zylinder g gelangt und den Kolben d gegen den Verformungswiderstand nach abwärts bewegt. Rückschlagventil s ist geschlossen. In Stellung III (Stillstand) ist nur Ventil 4 a geöffnet, wodurch Zylinder g über Leitung h mit dem Füllbehälter verbunden wird. In Stellung IV (Rückzug) öffnet sich noch

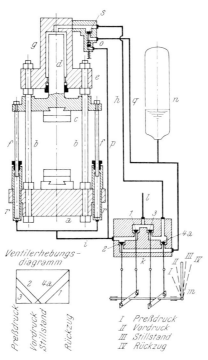

Abb. 248. Hydraulische Presse mit Steuerung. a Unteres Querhaupt, b Säulen, c Pressenschlitten, d Preßkolben, e oberes Querhaupt, f Rückzugkolben, g Hauptzylinder, h Druckleitung, i Druckleitung, k Steuerorgan, l Druckleitung, m Steuerhebel, n Vorfüllbehälter, o Kolben, p Druckleitung, q Druckleitung, r Rückzugzylinder, s Rückschlagventil, 1, 2, 3, 4a Ventile

Ventil 1, so daß Druckwasser vom Akku über Leitung i zu den Rückzugzylindern r und über Leitung p zum Kolben o gelangt, welcher das Rückschlagventil s offen hält. Aus dem Zylinder g strömt das Druckwasser über die Leitung h und q zum Füllbehälter n.

Man kann die Bewegung des Kolbens d auch mit einer Zweiventilsteuerung hervorrufen, wenn man die Rückzugzylinder direkt an die Druckleitung anschließt. Der Kolben d muß dann die vom Rückzugzylinder ausgeübte Kraft überwinden. Meist werden mit einer Pumpe und einem Akku mehrere Pressen versorgt (nur kleine Pumpen erforderlich).

Beim *Betrieb mit Pumpe ohne Speicher* wird eine elektrisch angetriebene umlaufende Kolbenpumpe mit regelbarer Fördermenge und Öl
als Betriebsmittel verwendet. Zu jeder Presse gehört eine Pumpe, die so
bemessen sein muß, daß auch der größte Ölbedarf der Presse gedeckt
wird. Der Öldruck entspricht stets dem wechselnden Arbeitswiderstand.
Um die Pumpenleistungen in erträglichen Grenzen zu halten, kann die
Pressengeschwindigkeit nicht groß sein (Strangpressen, Kabelpressen,
Bleirohrpressen, . . .). Für rasche Leerhübe können Vorfüllbehälter oder
besondere Niederdruckpumpen verwendet werden.

Beim *dampf-* oder *lufthydraulischem Betrieb mit Treibapparat* wird
zur Erzeugung des Druckwassers ein mit Dampf oder Druckluft be-
schickter Druckübersetzer verwendet, der meist direkt auf der hydraulischen Presse angeordnet ist. Bei jedem Arbeitshub wird der Dampfkolben
durch ein Steuerorgan von Hand gesteuert und erzeugt durch einen
Preßkolben Druckwasser, das der hydraulischen Presse zugeführt wird.
Wegen des großen Dampfverbrauches sind die dampfhydraulischen
Pressen weitgehend durch *lufthydraulische* Pressen verdrängt worden.

Beim *elektrisch angetriebenen Treibapparat* wird der Pumpenkolben
von einem Elektromotor über eine Zahnstange, Schraubenspindel oder
einen Kurbeltrieb bewegt. Das Hubvolumen des Treibapparates entspricht dem größten Druckwasserbedarf der Presse. Zur Energie-
speicherung verwendet man Schwungräder. Diese Presse arbeitet wie
ein Luftfederhammer, in dem sich Wasser statt Luft hin- und herbewegt.
Durch Veränderung des Volumens der pendelnden Wassersäule läßt sich
der Einzelhub schnell in den Grenzen des Gesamthubes nach oben oder
unten verlegen, wie es die Höhe des Schmiedestückes und die wechselnde
Eindringtiefe erfordert. Man erzielt eine hohe Pressengeschwindigkeit.

Der Vorteil der hydraulischen Pressen ist der gute Wirkungsgrad
und die einfache Druckbegrenzung durch Sicherheitsventile. Sie finden
zum Freiform- und Gesenkschmieden, zum Ziehen, als Scheren, Strang-,
Abkant- und Kunstharzpressen Verwendung.

Freiformschmiedepressen[1] werden als Einständerpressen, Viersäulen-
pressen mit Überflurantrieb (Abb. 248) und als Vier- und Zweisäulen-
pressen mit Unterflurantrieb ausgeführt. Die *Einständer*bauart wird bis
8 MN Preßkraft verwendet und besitzt gute Zugänglichkeit aber geringe
Starrheit. Pressen mit *Unterflurantrieb* haben geringe Bauhöhe über
Flur und geringe Schwerpunkthöhe über Fundamentauflage. Die *Zwei-
säulen*bauart mit diagonaler Anordnung der Säulen weist bessere Zu-

---

[1] Dorn, W., Winkler, H.: Freiformschmiedepressen, deren Antrieb
und Steuerung. Stahl und Eisen *1963*, 1058—1067. — Dreyer, H., Pahnke,
H.: Schmiedepressen mit Unterflurantrieb. Stahl und Eisen *1955*, 1518 bis
1519. — Winkler, H.: Schnellschmiedepressen in Zweisäulenbauart. Werkst.
u. Betr. *1963*, 565—568.

gänglichkeit der Werkzeuge und Beobachtungsmöglichkeit des Schmiede-
vorganges durch den Pressenführer auf. Pressen mit über 16 MN Preßkraft werden mit drei Zylindern ausgeführt, wodurch sich drei Kraft-
stufen ergeben (1, 2 + 3, 1 + 2 + 3).

Als Hilfseinrichtungen findet man Verschiebetische, untere und
obere Sattelverschiebeeinrichtungen und Obersatteldrehvorrichtungen.

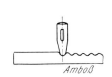

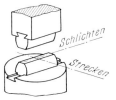

Abb. 249. Recken mit der
Hammerfinne

Abb. 250. Recken mit dem
Maschinenhammer

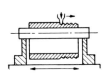

Abb. 251 und 252. Recken von Rohren über einem Dorn in axialer und tangentialer Richtung

3,36 Das Freiformschmieden

Die in diesem Abschnitt zusammengefaßten Arbeiten entsprechen
DIN 8583, Bl. 3 und 5, 8586 und 8587.

Das auf die richtige Temperatur erwärmte Werkstück wird mittels
Hand, Kranzangen oder Schmiedemanipulatoren aus dem Ofen gezogen und von anhaftenden Schlacken- und Zunderteilen durch Klopfen
befreit. Beim Freiformschmieden unterscheidet man die folgend skiz-
zierten Grundarbeiten.

Recken ist ein Verlängern des Stückes unter gleichzeitiger Quer-
schnittsverminderung. Man reckt mit der Hammerfinne (Abb. 249).
Die entstehenden Unebenheiten beseitigt man mit der Bahn des Hammers oder dem Setzhammer. Rechteckige Stücke wendet man nach
jedem Schlag um 90°, zylindrische Stücke um weniger, um gutes Durch-
schmieden zu erzielen und die Breitung zu beseitigen. Mit dem Maschinenhammer wird quer zur Hammerbahn (Abb. 250) gereckt und in
Längsrichtung geschlichtet. Große Stücke werden erst nach Durch-
schmieden der Gesamtlänge gewendet. Dickwandige Rohre größeren
Durchmessers kann man durch Recken über dem Dorn herstellen.

Das Recken erfolgt in Längsrichtung (Abb. 251) oder in tangentialer Richtung (Abb. 252).

Stauchen ist ein Längenverkürzen unter Querschnittszunahme. Soll das Ende einer langen Stange gestaucht werden, so wird dieses erwärmt und auf den Amboß oder eine Stauchplatte aufgestoßen. Dieselbe Werkstückform kann man auch durch Strecken erzeugen.

Breiten (Abb. 253) ist eine Vergrößerung der Breite ohne merkliche Querschnitts- und Längenänderung. Nach jedem Schlag oder Druck wird das Werkstück parallel zu seiner Längsachse verschoben.

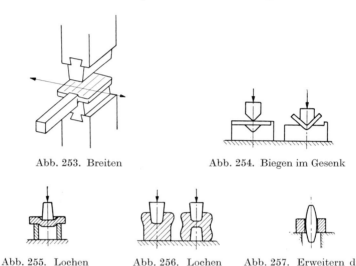

Abb. 253. Breiten   Abb. 254. Biegen im Gesenk

Abb. 255. Lochen   Abb. 256. Lochen   Abb. 257. Erweitern durch
dünner Werkstücke   dicker Werkstücke   doppelt kegeligen Dorn

Zum *Biegen* kleiner Stücke verwendet man je nach der Form das runde oder eckige Amboßhorn. Beim Biegen tritt eine Veränderung der Querschnittsform auf. Wenn die Stabenden gerade bleiben sollen, erwärmt man nur die Biegestelle. Große Stücke werden zwischen Bär und Amboß des Hammers oder der Presse gebogen. Biegegesenke (Abb. 254) dienen zur Herstellung genauer Biegeformen in der Serienfertigung.

Zum *Lochen* (Dornen) verwendet man Lochdorne. Dünne Stücke (Abb. 255) werden mit dem verkehrten Dorn nach Auflegen auf einem Ring gelocht. Bei dickeren Stücken wird der Dorn von zwei Seiten (Abb. 256) eingetrieben (Abfall). Zum Erweitern benützt man Dorne, die nach beiden Seiten kegelig verlaufen (Abb. 257). Durch Verwendung mehrerer Auftreiber hintereinander kann man auch dünnere Ringe herstellen. Das Profil eines Dornes mit dem kleinsten Fließwiderstand bezeichnet man als *Fließlinie*. Zwischen Loch und Dorn wird zerkleinerte Kohle geworfen, welche vergast und das Herausziehen des Dornes erleichtert.

Durch *Schlitzen* mit dem Schlitzmeißel (Abb. 258) kann man Ringe ohne Abfall herstellen.

Das *Abschroten* erfolgt mit dem Schrotmeißel. Um rechtwinkelige Enden zu bekommen, schrotet man das Stück von zwei Seiten ab (Abb. 259). Dünne Stücke werden von zwei Seiten gekerbt (Abb. 260) und mit dem Hammer abgeschlagen.

Um scharfe *Absätze* herzustellen, wird eingeschrotet. Bei kleineren Stücken benützt man den Setzhammer.

Abb. 258. Schlitzen   Abb. 259. Abschroten   Abb. 260. Abschroten mit
                                                   Abschrot und Handhammer

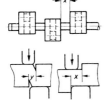

Abb. 261. Durchsetzen   Abb. 262. Recken und Biegen einer Gabel
                               ohne Unterbrechung der Faserrichtung

Kurbelwellen werden zur Erzielung besseren Kraftlinienverlaufes *durchgesetzt* (Abb. 261). Eine genaue Berechnung der Länge y ist erforderlich.

Durch *Verdrehen* kann man die Arme einer Kurbelwelle in die vorgeschriebene Lage bringen. Durch *Verwinden* kann man Spiralbohrer herstellen.

Durch Schmieden ist es möglich, den Werkstoff so zu verformen, daß die Faserrichtung nicht unterbrochen wird. Die Abb. 262 zeigt die Herstellung einer Gabel. Große, hochbeanspruchte Scheiben werden aus Brammen abgeschnitten, so daß die Fasern in der Scheibenebene verlaufen.

3,37 Das Gesenkschmieden[1]

Gesenkschmieden (DIN 8583, Bl. 4) wird angewendet zur Massenherstellung kleinerer Schmiedestücke. Gegenüber dem Freiformschmie-

---

[1] Lange, K.: Gesenkschmieden von Stahl. Berlin-Göttingen-Heidelberg: Springer. 1958. — Haller, H.: Zur Automatisierung in der Gesenkschmiede. Werkstatt und Betrieb *1960*, 63—73.

den erzielt man größere Genauigkeit, bessere Oberfläche, geringeren Werkstoffverbrauch (kleinere Bearbeitungszugaben) und geringere Lohnkosten (Verwendung angelernter Arbeiter, kürzere Arbeitszeit). Man verwendet Fallhämmer, Gegenschlaghämmer, Exzenter-, Friktionsspindel- und hydraulische Pressen.

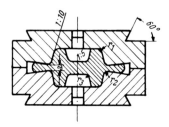

Abb. 263. Ausbildung eines Gesenkes. a Gratdicke, r_1, r_2 und r_3 Abrundungsradien

Abb. 264 und 265. Führung der beiden Gesenkhälften durch Leisten oder Dübel und Löcher

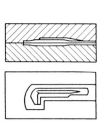

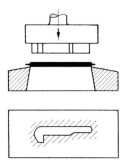

Abb. 266. Geschlossenes Gesenk   Abb. 267. Abgratgesenk

Die *Gesenke* sind meist zweiteilig. Sie werden bei geringeren Stückzahlen aus Grauguß (selten), sonst aus anlaßbeständigem Werkzeugstahl[1] hergestellt. Bei ihrer Herstellung muß ein Schwindmaß von rund 1,5% berücksichtigt werden. Um die Werkstücke leicht herauszubringen, müssen die Gesenke gegen die Teilflächen zu größer werden (Abb. 263; Neigung 1 : 10 bei Außenflächen, 1 : 5 bei Innenflächen). Alle Kanten sind möglichst abzurunden. Da man mit Stoffüberschuß

---

[1] Zur Erhöhung der Standzeit können die Gesenke druckstrahlgeläppt oder hartverchromt werden.

arbeitet, muß der überschüssige Werkstoff in Form eines Grates zwischen den Gesenkhälften entweichen können (Abb. 264, 265, 266). Dieser Grat wird durch *Abgratgesenke* (Abb. 267), die aus Stempel und Schneidplatte bestehen, entfernt.

Man unterscheidet *offene* (Abb. 225e) und *geschlossene Gesenke* (Abb. 264, 265, 266). Erstere dienen zur Herstellung von Stangenmaterial, wobei das Werkstück stetig vorgeschoben und gewendet wird. Ober- und Unterteil der geschlossenen Gesenke werden durch Leisten (Abb. 264) oder Dübel und Löcher (Abb. 265) geführt. Der Oberteil wird am Hammerbären oder Pressenschlitten, der Unterteil am Amboß oder Pressentisch mit Schwalbenschwanz befestigt. Der Druckmittel-

Abb. 268. Vorgeschmiedeter Rohling

Abb. 269. Hakenschlüssel mit Grat

Abb. 270. Gespaltener Rohling

Abb. 271. Werkstück mit Grat

punkt von Gesenk und Hammer oder Presse muß zusammenfallen, um die Führungen nicht zusätzlich zu belasten. Vor der Inbetriebnahme sollen die Gesenke auf 200 bis 300 °C vorgewärmt und im Betrieb durch Druckluft oder Dampfstrahl gekühlt werden, wodurch gleichzeitig der zurückbleibende Zunder entfernt wird. Zur Herabminderung des Fließwiderstandes werden die Gesenkhälften mit dicken Ölen, Talg, Fett usw. geschmiert, welche bei hoher Temperatur vergasen und ein Ausheben der Werkstücke erleichtern.

Je nach der Form des fertigen Werkstückes finden verschiedene Verfahren zur Herstellung des Rohlings Anwendung:

Einfache Werkstücke werden aus *Stangenabschnitten* hergestellt.

In vielen Fällen müssen die Rohlinge unter einem schnell schlagenden *Hammer vorgeschmiedet* werden, um sich der Gesenkform besser anpassen zu können. Die Abb. 268 und 269 zeigen den vorgeschmiedeten Rohling sowie den daraus hergestellten fertigen Hakenschlüssel mit Grat.

Ein besonders wirtschaftliches Verfahren ist das sogenannte *Spalten*. Es werden durch *Spaltschneidwerkzeuge* Teile ohne Abfall meist aus Flacheisen hergestellt, die eine gute, ins Gesenk passende Rohlingsform ergeben. Die Abb. 270 und 271 zeigen das Spalten der Rohlinge, die noch vorgebogen werden, sowie das sich daraus ergebende Werkstück.

Manchmal werden auch *Vorgesenke* verwendet. Das Biegen der
Rohlinge nach Abb. 270 erfolgt in einem besonderen *Biegegesenk.*

Für sehr große Stückzahlen werden zur Herstellung von verwickel-
ten Rohlingen aus Stangenmaterial sogenannte *Schmiedewalzen* verwendet. Es sind dies Walzenpaare mit periodischem Kaliber. Diese
arbeiten im Gegensatz zu den üblichen Walzwerken nicht kontinuierlich, sondern machen jeweils nur eine Umdrehung. Die Gesenke (Kaliber) reichen höchstens über den halben Walzenumfang (Abb. 272).
Die Walzen *c* haben eine solche Drehrichtung, daß das mit der Zange *b*

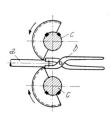

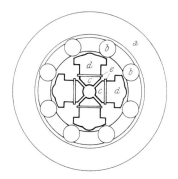

Abb. 272. Schmiedewalzen.
a Werkstück, *b* Zange, *c* Walzen

Abb. 273. Schubkurvengetriebe.
a Feststehender Laufring, *b* Rollen,
c radial geführte Knetbacken,
d Knetköpfe, *e* Zwischenlagen

als Anschlag eingeführte Werkstück *a* auf den Schmied zu aus dem Wal-
zenspalt geschoben wird. Man erzielt durch diese Methode eine Herabsetzung der Arbeitszeit, so daß es möglich wird, Rohlinge und Fertig-
stück in einer Hitze zu verformen.

Zu den Gesenkschmiedearbeiten sind auch die auf Schmiede- und
Stauchmaschinen durchgeführten Arbeiten zu rechnen.

3,38 Das Rundkneten (Feinschmieden)

Bei diesem Verfahren werden vorwiegend stangenförmige Werkstücke durch zwei, drei oder vier in einer Ebene koaxial liegende Knetbacken verformt. Die Hubgröße dieser Knetbacken ist relativ klein,
ihre Hubzahl sehr hoch, so daß die Umformung einem Schnellpressen
entspricht. Die Knetbacken befinden sich in einem Schmiedekasten,
der die Verformungskräfte aufnimmt, und werden durch Schubkurven-
oder Schubkurbelgetriebe angetrieben.

Bei dem in Abb. 273 schematisch dargestellten *Schubkurvengetriebe*
laufen die in einem Käfig geführten Rollen *b* in einem feststehenden

Laufring a um. Die radial geführten Knetbacken c mit den Knetköpfen d werden in den Lücken zwischen zwei Rollen durch die Fliehkraft nach außen geschleudert und beim Vorbeilaufen an der folgenden Rolle nach innen gedrückt. Durch Zwischenlagen e werden die Werkstückabmessungen eingestellt.

Bei der Ausführung nach Abb. 274 (GFM Steyr) werden vier in schwingenden Führungen d gleitende *Schubstangen* a verwendet, durch welche das Werkstück b während des Knetens vorgeschoben werden

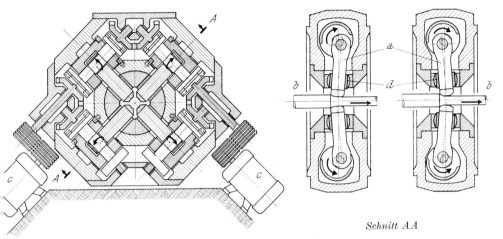

Schnitt AA

Abb. 274. Schmiedekasten einer Streckschmiedemaschine mit Werkstückvorschub durch die Schmiedepleuel (GFM). a Schubstangen, b Werkstück, c Antriebsmotor, d schwingende Führung

kann. Dies ergibt den Vorteil, daß das Werkstück beim Schmieden nicht durch Spannbacken gehalten werden muß, wodurch es keine Abkühlung an den Einspannstellen erfährt, was beim Schmieden von kleinen Querschnitten aus hochlegierten Stählen vorteilhaft ist. Durch Änderung der Drehrichtung der Schmiedemotoren c kann die Vorschubrichtung umgekehrt werden, so daß ein Vor- und Zurückschmieden des Werkstückes möglich wird.

Bewegen sich die Schubstangen senkrecht zur Werkstückachse, so erfolgt die Vorschubbewegung beim Längsschmieden durch einen Spannkopf (meist hydraulisch). Zum Rundschmieden ist noch eine Drehbewegung erforderlich. Beim Schmieden abgesetzter Wellen erfolgt eine Nocken- oder NC-Steuerung der Spannkopfbewegung (vollautomatischer Arbeitsablauf). Die Querschnittsabmessungen des Schmiedestückes werden durch Verstellung der Hublage der Schmiedewerkzeuge vergrößert oder verkleinert.

Die Vorteile des Feinschmiedens liegen in der hohen Schmiede-
leistung, der hohen Querschnittsreduktion in einem Durchgang, der
guten Form- und Maßgenauigkeit der hergestellten Werkstücke, den
kurzen Umstellzeiten und dem geringen Platzbedarf der Schmiede-
maschinen. Die Werkzeuge bestehen bei kleinen Abmessungen aus

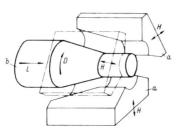

Abb. 275. Rundkneten mit Längsvorschub in kegeligen Knetbacken.
a Knetbacken, b Werkstück,
H Hubbewegung, D Dreh-,
L Längsvorschub

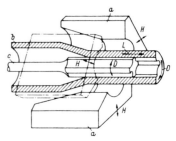

Abb. 276. Rundkneten eines inneren
Querschnittprofils mit Längsvorschub
über Profildorn. a, b, H, D und L
wie Abb. 275, c Profildorn

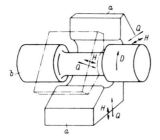

Abb. 277. Rundkneten mit Querzustellung der Knetbacken. a, b, H
und D wie Abb. 275, Q Querzustellung

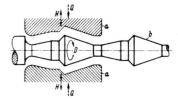

Abb. 278. Rundkneten einer
Außenlängsform mit Querzustellung
profilierter Knetbacken. Bezeichnungen wie Abb. 275 und 277

Hartmetall, bei größeren Abmessungen aus gegossenen hochlegierten
hitzebeständigen Werkstoffen (Auftragsschweißung möglich).

Durch *Kaltrundkneten*[1] können auch schwierige Innenprofile an
rohrförmigen Werkstücken erzeugt werden (Formrundkneten). Die
Werkstücke werden so genau, daß jede spanende Nacharbeit entfällt,
sie besitzen außerdem hohe Oberflächengüte und nichtunterbrochenen
Faserverlauf.

---

[1] VDI-Richtlinie 3178 Kaltrundkneten massiver und rohrförmiger
Werkstücke. — Uhlig, A.: Werkzeugbewegung und erzeugbare Formen
beim Rundkneten. Werkstatt und Betrieb *1965*, 299—304.

Beim *Vorschub-(Durchlauf-)Verfahren* werden kegelige Knetbacken verwendet (Abb. 275). Beim Rundkneten zylindrischer Stangen macht das Werkstück außer seiner Längs- noch eine Rundvorschubbewegung. Seine Länge nimmt entsprechend zu.

Abb. 276 zeigt die Herstellung eines Innenprofils durch Formrundkneten mit Längsvorschub über einen Profildorn. Auf diese Weise sind auch schraubenförmige Nuten herstellbar (Züge in Gewehrläufen). Soll der Dorn lose sein, so werden zwei der vier Knetbacken um ca. 0,1 mm enger gestellt. Andernfalls entsteht eine Preßverbindung.

Beim *Einstechverfahren* macht das Werkstück nur die Rundvorschubbewegung, die Backen werden zusätzlich zu ihrer Hubbewegung quer zugestellt (Abb. 277).

Ein Formrundkneten mit Querzustellung profilierter Knetbacken zeigt Abb. 278.

Innenformen können auch ohne Dorn hergestellt werden, wenn von einer entsprechenden Außenform ausgegangen wird.

Weitere Anwendungsmöglichkeiten des Rundknetens sind die Fertigung kegeliger Stangen und Rohre, Preßsitzverbindungen zwischen Stangen und Rohren, Einhalsungen von Stangen und Rohren, Verjüngungen an Stangen und Rohren zum Einführen in Ziehwerkzeuge usw. an allen bildsamen Werkstoffen.

3,4 Das Walzen[1]

3,41 Allgemeines

Durch Walzen werden Bleche, Bänder, Profile, Vielkeilwellen, Rohre, Gewinde, Ringe usw. hergestellt. Nach DIN 8583, Bl. 2 unterscheidet man *Längs-*, *Quer-* und *Schräg*walzen. Beim Längswalzen bewegt sich das Walzgut senkrecht zu den Walzenachsen durch den Walzspalt, beim Querwalzen dreht es sich um seine Achse und beim Schrägwalzen tritt Drehung und Axialbewegung des Werkstückes durch schräggestellte Walzen auf. Schließlich unterscheidet man noch zwischen *Flach-* und *Profil*walzen und zwischen Walzen von Voll- und von Hohlkörpern.

Es soll zunächst das *Längswalzen* von Vollkörpern besprochen werden. Beim Walzen von Blechen und Bändern werden glatte Walzen, beim Walzen von Profilen kalibrierte Walzen verwendet. Profile wer-

---

[1] Hoff, H., Dahl, T.: Walzen und Kalibrieren. Düsseldorf: Stahleisen. 1954. — Sedlaczek, H.: Das Walzen von Edelstählen. Düsseldorf: Stahleisen. 1954. — Hoff, H., Dahl, T.: Grundlagen der Walzverfahren. Düsseldorf: 1955.

den fast stets im warmen Zustand, Bleche und Bänder auch im kalten
Zustand gewalzt.

Im Walzspalt geht der Werkstoff unter dem Druck der beiden Walzen in den bildsamen Zustand über. Da dieselbe Werkstoffmenge in
den Walzspalt ein- und austritt, muß die Eintrittsgeschwindigkeit v_e
kleiner als die Austrittsgeschwindigkeit v_a (Abb. 279) sein. Die Geschwindigkeit des Walzgutes nimmt demnach im Walzspalt ständig
zu. Da die Walzen eine konstante Geschwindigkeit v haben, muß es
zwischen den Walzen und dem Walzgut zu Verschiebungen kommen.
In der Fließscheide f besitzen Walzen und Walzgut die gleiche Ge-

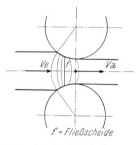

Abb. 279. Geschwindigkeitszunahme
im Walzspalt. f Fließscheide

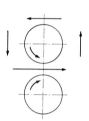

Abb. 280. Duowalzwerk

schwindigkeit. Vor der Fließscheide tritt ein Rückstau, nach der Fließscheide ein Voreilen des Walzgutes auf.

Beim Längswalzen werden die Werkstücke stets mehrmals durch
ein Walzenpaar, dessen beide Walzen nach jedem Durchgang einander genähert werden, oder durch mehrere Walzenpaare durchgeschickt.

3,42 Die Anordnung der Walzen

Je nach der Form der Werkstücke, den Eigenschaften des Werkstoffes
und der Erzeugungsmenge finden zwei und mehr Walzen in den verschiedensten Anordnungen Verwendung.

Das *Duowalzwerk* (Abb. 280) besitzt zwei Walzen, die in entgegen-
gesetztem Drehsinn angetrieben werden. Diese Anordnung verwendet
man nur zum Walzen von dünnen Blechen. Da es nicht möglich ist, die
angestrebte Dicke in einem Durchgang zu erzielen, muß das Werkstück
mehrere Durchgänge (Stiche) machen, wobei jedesmal der Walzen-
abstand verringert werden muß. Da die Umlaufrichtung der Walzen bei
dieser Anordnung dieselbe bleibt, muß das Walzgut zu jedem neuen
Stich wieder zurückgebracht werden.

Um auch den Rückgang des Walzgutes nutzbringend zu verwerten,
wird das *Triowalzwerk* (Abb. 281) verwendet. Es besteht aus drei Walzen,

von denen die mittlere die entgegengesetzte Drehrichtung wie die Ober-
und Unterwalze besitzt. Das Werkstück muß abwechselnd gehoben und
gesenkt werden. Beim Walzen von Profilen bringt man nur die gleiche
Zahl von Kalibern wie beim Duo unter. (An der Stelle, wo die Oberwalze
ein Kaliber aufweist, kann die Unterwalze kein Kaliber erhalten und umgekehrt.) Ober- und Unterwalze sind also nur zur Hälfte ausgenutzt.

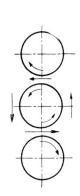

Abb. 281. Triowalzwerk

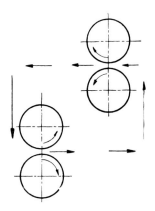

Abb. 282. Doppelduowalzwerk

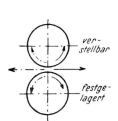

Abb. 283. Reversierwalzwerk

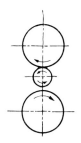

Abb. 284. Lauthsches Triowalzwerk

Um diesen Nachteil zu vermeiden, verwendet man das *Doppelduowalzwerk* (Abb. 282).

Für schwere Blöcke werden die Hebevorrichtungen zu teuer. Man
verwendet dann das *Kehr-* oder *Reversierwalzwerk* (Abb. 283), bei welchem die Drehrichtung der Walzen nach jedem Stich geändert wird. Es
sind dann besonders leistungsstarke Antriebsmaschinen erforderlich, da
kein Schwungrad verwendet werden kann.

Die streckende Wirkung der Walzen steigt mit abnehmendem
Walzendurchmesser (Finne beim Hammer). Die Durchbiegung der
dünnen Walzen verhindert man durch *Stütz*walzen. Beim *Lauthschen*

Trio (Abb. 284) werden die Ober- und Unterwalzen größeren Durchmessers angetrieben, während die kleinere Mittelwalze als sogenannte *Schleppwalze* durch die Reibung mitgenommen wird. Diese legt sich abwechselnd gegen die Ober- und Unterwalze.

Zum Walzen von Blechen und Bändern verwendet man vielfach das *Quartowalzwerk* (Abb. 285) mit vier Walzen. Davon sind die beiden

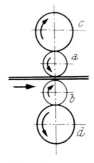

Abb. 285. Quartowalzwerk.
a, b Angetriebene Arbeitswalzen,
c, d Schleppwalzen

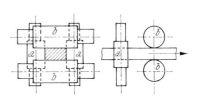

Abb. 286. Universalgerüst.
a Senkrechte, *b* waagrechte Walzen

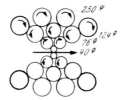

Abb. 287. Walzwerk von Sendzimir

kleineren Walzen *a* und *b* angetrieben und die beiden größeren Walzen *c* und *d* Schleppwalzen.

Stauchgerüste besitzen senkrecht angeordnete Walzen. Sie werden in kontinuierlichen Straßen verwendet, um ohne Wenden der Stücke die unerwünschte Breitung zu beseitigen. Häufig werden sie mit waagrechten Walzen kombiniert als *Universalgerüste* (Abb. 286) ausgeführt.

Steckelwalzwerke sind Quartoumkehrgerüste zum Walzen von Bändern mit Haspeln vor und hinter dem Gerüst. Bei den Steckel-*Warm*walzwerken sind die Arbeitswalzen angetrieben und die Haspeln vor und hinter den Gerüsten in Öfen untergebracht, um Wärmeverluste des Bandes beim Walzen auszugleichen. Bei den Steckel-*Kalt*walzgerüsten (Abb. 305) werden die Arbeitswalzen *c* und die Stützwalzen *d* nicht angetrieben, sondern das Walzgut mit den Haspeln *a* und *e* durch die Walzen gezogen.

Für das Walzen sehr dünner Bänder werden *Sechswalzen-* und *Vielwalzengerüste* mit besonders dünnen Arbeitswalzen verwendet. Das Walzwerk von *Sendzimir* (Abb. 287) besitzt bis zu 18 Stützwalzen, die teilweise angetrieben werden. Man erzielt größere Querschnittsabnahme und besonders kleine Maßabweichungen.

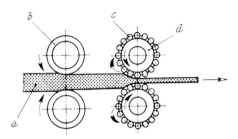

Abb. 288. Planetenwalzen von Band mit umlaufender Stützwalze.
a Werkstück, *b* Treibwalze, *c* Planetenwalzen, *d* Stützwalze

Bei den *Planetenwalzwerken*[1] (Abb. 288) sind um zwei große Stützwalzen viele dünne Arbeitswalzen angeordnet (Ausführungen von Sendzimir und Platzer). Es macht die Herstellung dünner Bänder in einem Durchgang möglich (Anwendung bei niedrigen Erzeugungsmengen bei wechselndem Walzprogramm).

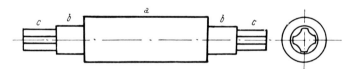

Abb. 289. Blechwalze. *a* Ballen, *b* Laufzapfen, *c* Kuppelzapfen

3,43 Die Walzen

Die Walzen sind die Werkzeuge der Walzwerke. Nach ihrer Form unterscheidet man *glatte Walzen* (Abb. 289) für Bleche und Bänder und *Kaliber*walzen (Abb. 290) für Walzgut mit verschiedenartigen Querschnitten. Sie bestehen aus dem Ballen, den beiden Laufzapfen für die Lager und den Kuppelzapfen zur Aufnahme der Kupplungsglieder für den Antrieb der Walzen. Bei den Kaliberwalzen unterscheidet man *offene* Kaliber (Abb. 290 bis 292) und *geschlossene* Kaliber (Abb. 293 bis

---

[1] Aggermann, W., Müller, H.: Gegenüberstellung der Planetenwalzverfahren nach Sendzimir und Platzer. Stahl und Eisen *1965*, 1423—1431. — Münker, C., Fischer, F., Fink, P.: Konstruktion und erste Betriebserfahrungen mit einem Planetenwalzwerk. Stahl und Eisen *1967*, 1331—1340.

295), bei denen ein Teil der Walzen ineinandergreift. Nach der Form
unterscheidet man *Flach-* oder *Kasten*kaliber, *Spitzbogen*kaliber (Abb. 292),
*Spießkant*kaliber, *Oval*kaliber (Abb. 290), *Quadrat*kaliber (Abb. 291)
und *Rund*kaliber. Nach dem Zweck unterscheidet man *Streck*kaliber
(Abb. 290 bis 292), *Stauch*kaliber zur Beseitigung übermäßiger Breitung
und *Fertig*kaliber zur Herstellung der endgültigen Form.

Zur leichteren Lösung des Walzgutes aus den Kalibern verlaufen die
Kaliberflanken fast nie senkrecht zur Walzenachse. Wenn das Profil die
Walzen nicht umschließt, sind im Fertigkaliber Schrägen von 1 bis 1,5%

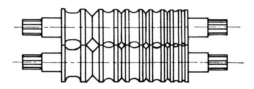

Abb. 290. Profilwalzen (Oval-Quadrat-Kaliber)

  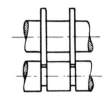

| Abb. 291. | Abb. 292. | Abb. 293. Geschlossenes |
| Quadratkaliber | Spitzbogenkaliber | Kaliber für Universaleisen |

in Streckkalibern bis zu 10% üblich. Für die Kalibrierung der Walzen
sind noch das *Schwindmaß* (1,3 bis 1,5%) und der zulässige *Abnahme-
koeffizient* maßgebend. Dieser ist das Verhältnis der Querschnitte nach
dem Durchgang zu denen vor dem Durchgang. Zu großer Abnahme-
koeffizient ergibt ein Reißen des Walzgutes und verhindert das Einziehen.
Nach Abb. 296 können die Walzen das Walzgut infolge der Reibung nur
dann einziehen, wenn die Resultierende R der Kräfte K in die Einzieh-
richtung weist. K ist die Resultierende aus Normalkraft N und Reibungs-
kraft μN. Diese Bedingung ist erfüllt für $\varphi \leqq \rho$ (ρ = Reibungswinkel)
oder $\delta \leqq r \,(1 - \cos \rho)$. Bei $\rho < \varphi < 2\,\rho$ wird das Walzgut von den
Walzen noch erfaßt, wenn es in den Walzspalt eingestoßen wird. Bei
$\varphi \geqq 2\,\rho$ fassen die Walzen das Walzgut auch beim Einstoßen nicht mehr.
Bei Blockwalzwerken wird häufig durch Rillen im Kaliber der Reibungs-
koeffizient gesteigert (von $\rho = 22°$ auf 25 bis 30°).

Nach der Lage der Walzen im Gerüst unterscheidet man *Ober-*,
Mittel- und *Unter*walzen. In der Regel führt man die Oberwalze etwas
größer aus, um *Oberdruck* zu bekommen. Dadurch wird das Walzgut

infolge größerer Walzgeschwindigkeit gegen die Unterwalze gedrückt, an welcher man Einrichtungen zum Abstreifen anbringen kann. *Arbeits-* walzen nehmen an der Verformung des Walzgutes unmittelbar teil. Durch *Stütz*walzen verhindert man die Durchbiegung dünner Arbeitswalzen. Nicht angetriebene Walzen nennt man *Schlepp*walzen.

Nach dem verwendeten Werkstoff unterscheidet man *geschmiedete Stahl*walzen für hohen Walzdruck bei tief eingeschnittenen Kalibern und

Abb. 294 und 295. Geschlossene Kaliber für Winkel- und U-Stahl

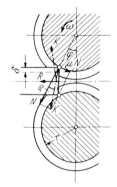

Abb. 296. Kräfte beim Einziehen des Walzgutes

stoßartiger Beanspruchung (Blockwalzen). Sie werden meist mit Wasser gekühlt, um Härterisse zu vermeiden. *Stahlguß*walzen besitzen wegen des Gußgefüges geringere Stoß- und Bruchfestigkeit. Sie werden für leichtere Block- und Vorstraßen und nicht zu tief eingeschnittene Profile verwendet. *Halbhartguß*walzen werden in mit Lehm ausgekleideten Kokillen gegossen und haben graues perlitisches Gefüge. Sie werden für Block-, Knüppel- und schwere Profilwalzen verwendet. *Mildhartguß-* walzen werden in Kokillen gegossen, besitzen jedoch keine Hartguß- schicht, aber ein feinkörniges und dichtes Gefüge. Sie werden für Walzen mit kleinerem Knüppelkaliber, Fertigwalzen offener Fertigstraßen für Rund-, Quadrat- und Flachstahl verwendet. *Schalenhartguß*walzen haben infolge Abschreckwirkung der Kokille karbidische Abschreck- zonen, deren Dicke 10 bis 15% des Walzendurchmessers beträgt. Sie werden für Vor- und Fertigkaliber kleiner, nicht zu tief eingeschnittener

Profile und Warm-, Kühl- und Kaltwalzen für Feinbleche verwendet. *Graugußwalzen* werden in Lehmformen gegossen, die Kokillen eingelegt haben, die jedoch so bemessen sind, daß keine Karbidschicht entsteht. *Graugußwalzen* mit *Kugelgraphit* besitzen höhere Bruchfestigkeit. *Indefinitegußwalzen* besitzen sehr geringe Härteabnahme vom Ballen zum Kern und eignen sich daher für tief eingeschnittene Kaliber. *Verbundgußwalzen* bestehen aus einem hochlegierten, sehr harten Mantel und einem unlegierten, zähen Kern. Kaltwalzen für legierte Bänder hoher Festigkeit besitzen einen Mantel aus *Hartmetall*.

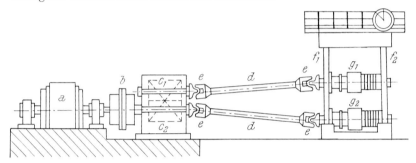

Abb. 297. Walzgerüst. a Antriebsmotor, b Kupplung, c_1, c_2 Kammwalzen, d Spindeln mit Gelenken e, f_1, f_2 Walzenständer, g_1, g_2 Walzen

3,44 Walzenstraßen und Einrichtungen der Walzwerke

Walzenstraßen sind Anordnungen von Walzgerüsten zu Erzeugungseinheiten. Sie können aus einem oder mehreren Gerüsten bestehen. Man unterscheidet nach dem *Walzgut:* Block-, Brammen-, Platinen-, Träger-, Schienen-, Mittel-, Feinstahl-, Drahtstraßen; Grob-, Mittel- und Feinblechstraßen; Band-, Knüppelstraßen usw.; nach der *Lage* des Straßenteiles im Gang des Formgebungsprozesses: Vor-, Mittel- und Fertigstraßen; nach dem *Durchmesser* der Walzen: 600er-Straße usw.; nach der *Anordnung* der Straße: offene Straßen, kontinuierliche Straßen.

Einzelgerüste sind noch üblich als Blockstraßen (meist Reversierduo) und Grobblechstraßen (Quarto). Bei kleineren Blockstraßen erfolgt der Antrieb durch einen Einzelmotor a (Abb. 297) über Kammwalzengerüste zur Erzeugung der gegenläufigen Bewegung der Ober- und Unterwalze oder Zwillingsantrieb (twin-drive), wobei die Ober- und Unterwalze jede durch einen besonderen Gleichstrommotor direkt angetrieben werden. Die Blockstraße nach Abb. 297 besitzt nach dem Antriebsmotor a eine Kupplung b. c_1 und c_2 sind die beiden Kammwalzen (Pfeilräder), die über Gelenkköpfe e der beiden Spindeln d die Oberwalze g_1 und die Unterwalze g_2 antreiben. Die beiden Walzen sind in Walzenständern f_1 und f_2 gelagert. Es werden Bronze-, Weißmetall und Kunststofflager bei

Grobstrecken, Wälzlager bei Draht- und Feinblechstrecken verwendet. Die Walzenständer *f* (Abb. 298) sind durch Schrauben *p* auf zwei parallelen Schienen *o* befestigt. Die Lagerschale *d* für den Laufzapfen der unteren Walze *b* ist fest. Die Lagerschale *c* für den Laufzapfen der oberen Walze *a* befindet sich in einem senkrecht verstellbaren Einbaustück *i*. Ein Herabfallen der Oberwalze wird durch den Bügel *e* verhindert. Die Einbaustücke *i* hängen mit Stangen *k* an Federn *l* und können durch die Spindel *m* in der Mutter *n* verstellt werden. Der Brechtopf *r* schützt die

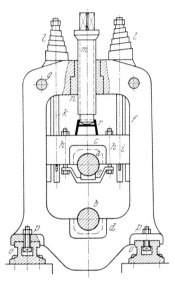

Abb. 298. Walzenständer. *a, b* Laufzapfen, *c, d* Lagerschalen, *e* Lagerbügel, *f* Walzenständer, *g* Verbindung, *h* Lagerschrauben, *i* Einbaustück, *k* Stangen, *l* Federn, *m* Schraubenspindel, *n* Mutter, *o* Schienen, *p* Befestigungsschrauben, *r* Brechtopf

Walzen vor Bruch bei Überlastung. Außer diesen *Rahmen*ständern, die sehr starr sind, finden noch *Kappen*ständer Verwendung, die oben offen sind und einen leichteren Ausbau der Walzen gestatten. Bei Blech- und Blockwalzwerken, die nach jedem Stich verstellt werden müssen, verwendet man motorischen Antrieb der beiden Verstellspindeln. Die Größe des Walzenspaltes wird an einer großen Skala am Walzengerüst (Abb. 297) sichtbar gemacht.

Bei den *offenen (Belgischen) Straßen* (schematisch nach Abb. 299) befinden sich mehrere Walzgerüste gleichachsig aneinandergereiht. Alle Gerüste haben dieselbe Walzendrehzahl. Änderungen der Walzgeschwindigkeiten in den einzelnen Gerüsten lassen sich nur durch Änderung des Walzendurchmessers erzielen.

Bei den *gestaffelt offenen (Deutschen) Straßen* (Abb. 300) sind Vor-
gerüste c_1 in zweiter Achse vor den Fertiggerüsten c_2 angeordnet. Es
findet auch Aufteilung in drei Stränge, Vor-, Mittel- und Fertigstraße,
Verwendung. Jeder Strang wird durch einen besonderen Motor angetrieben. Dadurch wird die Angleichung der Walzendrehzahlen und
Walzendurchmesser je Strang auf das betreffende Walzprogramm
möglich.

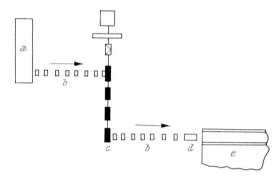

Abb. 299. Offene (Belgische) Straße.
a Ofen, *b* Rollgänge, *c* Walzenstraße, *d* Schere, *e* Kühlbett

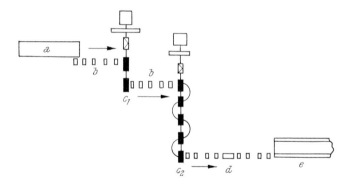

Abb. 300. Gestaffelt offene (Deutsche) Walzenstraße.
a, b, d und *e* wie Abb. 299, c_1 Vorstraße, c_2 Fertigstraße

Bei den *kontinuierlichen Straßen* (Abb. 301) werden alle Gerüste
(Duos und Quartos) hintereinander angeordnet. c_1 ist eine Vorstraße,
c_2 eine Mittel- und g eine Fertigstraße. Für Stauchstiche sind Vertikal-
gerüste f vorgesehen. Bei den kontinuierlichen Straßen wird das Walzgut
in zwei oder mehreren Gerüsten gleichzeitig verformt. Sie werden mit
Einzel- oder Gruppenantrieb versehen. In den Vorstraßen erzeugt man
durch entsprechend größere Umfangsgeschwindigkeiten der Walzen
Längszug, um einen Stau zwischen den Gerüsten zu vermeiden. Außer

sehr hohen Walzgeschwindigkeiten (Drahtstrecken bis 33 m/s) haben die
kontinuierlichen Straßen den Vorteil der Anpassung der Walzgeschwindigkeiten an den Walzquerschnitt von Stich zu Stich, des Fehlens von
Handarbeit und hoher Bund-(Ring-)Gewichte und den Nachteil, daß sie
wegen der teuren elektrischen Regel- und Antriebsanlagen nur für ausgesprochene Massenfertigung wirtschaftlich sind. Sie finden für Halb-

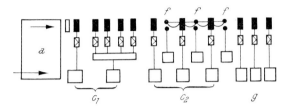

Abb. 301. Kontinuierliche Walzenstraße.
a Ofen, c_1 Vorstraße, c_2 Mittelstraße, f Stauchgerüste, g Fertigstraße

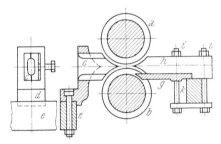

Abb. 302. Führung und Abstreifmeißel. a, b Walzen, c Führung, d Einbaustück,
e, k Balken, g Abstreifmeißel, h Führung, i Schrauben

zeug-, Breitband-, Mittelband-, Stabstahl- und Drahtwalzwerke Verwendung.

Halbkontinuierliche Straßen entstehen durch Kombination von
offenen und kontinuierlichen Straßen.

Um das Einbringen hochkantiger Profile in die Kaliberwalzen zu
erleichtern, werden vor den Walzen Führungen nach Abb. 302 angebracht, die auch ein Umfallen der Profile verhindern sollen. Auf der
Austrittsseite befindet sich ein Abstreifmeißel (Abb. 302), um ein Auf-
wickeln des Walzgutes auf die Unterwalze zu verhindern.

Rollgänge (b in Abb. 299 und 300) bestehen aus Rollen, die nur wenig
über den mit Eisenplatten abgedeckten Fußboden ragen und einzeln
durch eingebaute Motoren oder gemeinsam durch Kegelradgetriebe oder
Kuppelstangen angetrieben werden. *Arbeits*rollgänge dienen zum Bewegen des Walzgutes vor und hinter den Walzgerüsten und erfordern

häufige Drehrichtungsänderungen. *Transport*rollgänge dienen zum Transport des Walzgutes vom Ofen zum Walzgerüst, vom Walzgerüst zur Schere usw. In der Nähe der Walzgerüste sind die Rollenabstände kleiner. Bei schweren Straßen sind die Rollen aus einem Stück geschmiedet, sonst besitzen sie Mäntel aus Stahlguß, Stahlrohren oder Grauguß. *Lose* Rollen werden vom Walzgut in Drehung versetzt, *Ständer*rollen befinden sich auf den Ständern schwerer Straßen, *Kurven*rollgänge ergeben Richtungsänderungen, *Schräg*rollgänge dienen zum Stapeln oder Sammeln des Walzgutes, *Kamm*rollgänge mit kammförmig ineinandergreifenden Rollen zum Befördern kurzen Walzgutes.

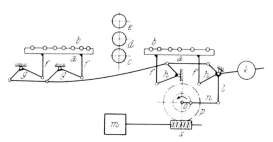

Abb. 303. Hebe- oder Wipptische. *a* Tische, *b* Rollen, *c, d, e* Walzen, *f* Tischstützen, *g, h* Winkelhebel, *k* Gegengewicht, *l* Hebel, *m* Antriebsmotor, *n* Pleuelstange, *o* Kurbel, *p* Schneckenrad, *s* Schnecke

Blockkipper legen den vom Tiefofenkran senkrecht abgestellten Block in Längsrichtung auf den Rollgang. Sie können fahrbar und ortsfest ausgebildet sein.

Verschiebeeinrichtungen dienen dazu, das Walzgut vor das entsprechende Kaliber zu bringen. Verschiebelineale befinden sich auf einer oder beiden Seiten des Rollganges und werden auch zum Richten des Walzgutes benützt.

Kantvorrichtungen sollen das Walzgut um 90° kanten, um Flach- oder Stauchstiche durchführen zu können. Sie werden als Zangenkanter unter Flur, als Rollenkanter, Friemelkanter und Gabelkanter ausgeführt und elektrisch oder hydraulisch betätigt. Zum Drehen der Blöcke, die mit Fuß oder Kopf voraus gewalzt werden, verwendet man *Drehvorrichtungen*. Bleche müssen um 90° gedreht, aber auch mittels *Wendevorrichtungen* gewendet werden, um ihre Oberflächenbeschaffenheit zu prüfen.

Bei Triowalzwerken ist ein Heben und Senken des Walzgutes um den Durchmesser der Mittelwalze erforderlich. *Wipptische* für langes und dünnes Material besitzen ebenso wie die *Hebetische* für kurze Blöcke (Abb. 303) angetriebene Rollen. Die Tische *a* mit den Rollen *b* sind mit dem Gegengewicht *k* in Gleichgewicht und werden parallel gehoben und gesenkt. Der Antrieb erfolgt durch Motor m, Schneckengetriebe s und p, Kurbel o und Pleuelstange n auf den Winkelhebel l. Die Endstellen der Tische sind durch die beiden Totlagen der Kurbel o festgelegt.

Hochläufe sind Bahnen, die an die Rollgänge anschließen und sich über Hüttenflur erheben und zur Aufnahme kleiner Walzstäbe bis 100 m Länge dienen. *Tiefläufe* werden verwendet, um Schlingen bei länger werdendem Walzgut innerhalb einer Straße aufzunehmen. *Umführungen* haben das Walzgut von einem Kaliber zum nächsten oder von einem Gerüst zum anderen zu führen. *Treibapparate* dienen zum Weitertransport des Walzgutes.

Kühl- oder *Warmbetten* dienen zur Aufnahme des aus der Walzenstraße auslaufenden Walzgutes und zur Abkühlung. Schlepper mit Daumen ziehen das Walzgut über Roste aus Schienen, hochgestellten Brammen oder gußeisernen Gleitschienen. Für Walzgut von Fein- und Mittelstahlstraßen dienen selbsttätige Kühlbetten, die aus festen und beweglichen Trägern bestehen, auf denen das Walzgut weiterbefördert wird und auskühlt.

Durch *Haspeln* kann Rundstahl bis 12 mm Durchmesser und Bandstahl zu Bunden gewickelt werden. Zum Unterteilen des Walzgutes dienen *Scheren* (Warm- und Kaltscheren; Block-, Brammen-, Blech-, Profilstrahl- und Platinenscheren), *Blechzerteilanlagen* und *Heißsägen*. *Richtpressen* dienen zum Richten von Profilen, *Rollenrichtmaschinen* zum Richten von Profilen und Blechen. *Blockbrecher* dienen zum Zerteilen gegossener oder gewalzter Blöcke für die Herstellung nahtloser Rohre. Der Block wird durch zwei Blockmesser gekerbt und anschließend durch Brechbacken gebrochen.

3,45 Walzwerkerzeugnisse und Walzarbeiten

Bei den Walzwerkerzeugnissen unterscheidet man zwischen Vor- und Fertigerzeugnissen. *Vorerzeugnisse* sind *Vorblöcke* (über 140 mm □), *Vorbrammen* (Platten über 40 mm Dicke) und *Halbzeug*. Zu diesem gehören *Knüppel* (Vierkantknüppel 40 bis 140 mm □, Flachknüppel). *Platinen* (Vorprodukte für Feinbleche, Breite 150 bis 400 mm, Dicke 6 bis 30 mm) und *Warmband* (Breitband in Rollen, über 1,5 mm Dicke, über 600 mm Breite; Mittelband 100 bis 600 mm Breite und Schmalband unter 100 mm Breite).

Zu den *Fertigerzeugnissen* gehören *Stabstahl* (rund, vierkant, halbrund, flach, sechskant, achtkant, gleich- und ungleichschenkelige Winkel, scharfkantig und rundkantig; T-Stahl, Z-Stahl, U-Stahl unter 80 mm Höhe, Wulstwinkel- und Flachwulststahl und Sonderprofile), *Formstahl* (Normalträger bis 600 mm Höhe, U-Stahl 80 bis 400 mm Höhe, Breitflanschträger, Parallelflanschträger, Belageisen und Sonderprofile), *Spundwandstahl, Oberbauprofile* (Vignol-, Zungen-, Kranbahn-, Vollkopf-, Rillenschienen, Schwellen, Laschen usw.), *Walzdraht* (Rund-, Oval-, Vierkant-, Sechskant-, Achtkant- und Flachdraht, 5 bis 16 mm in Ringen), *Breitflachstahl* (Universalstahl 5 bis 60 mm dick, 151 bis 2000 mm breit), *Bandstahl* und *Röhrenstreifen, Bleche* (Grobbleche über 4,76 mm Dicke, Mittelblech 3,0 bis 4,75 mm Dicke und Feinblech unter 3 mm Dicke), *Radreifen, Radscheiben* und *Ringe.*

Beim Walzen geht man von Blöcken quadratischen Querschnitts, den sogenannten *Ingots,* oder rechteckigen Querschnitts, den sogenannten *Brammen* (für Grobbleche) aus, welche im Stahlwerk in Kokillen gegossen werden. Diese Blöcke kommen aus den Kokillen in Ausgleichsgruben oder Tieföfen oder nach dem Erkalten in *Blockwärmöfen,* die als *Roll-* oder *Stoßöfen* ausgeführt sind. Nachdem sie gleichmäßig auf Walztemperatur gekommen sind, durchlaufen sie eine eingerüstige Block- oder Brammenstraße (meist Reversierduo). Die Walzen werden nach jedem Stich einander genähert und die Blöcke durch Kantvorrichtungen um 90° gewendet. Die Bramme durchläuft das Gerüst in den ersten Stichen in diagonaler Richtung, um die Stöße auf das Gerüst zu mildern. Die erhaltenen Vorblöcke und Vorbrammen werden auf meist hydraulischen Blockscheren von den unbrauchbaren Enden befreit. Vorbrammen werden vor dem Weiterwalzen durch Flämmen mit autogenen Brennern oder spanabhebend (Schleifen, Hobeln, Fräsen) von den Oberflächenfehlern befreit. Bei Edelstählen werden auch die Ingots so behandelt. In letzter Zeit finden auch *Strangguß*blöcke Verwendung.

Schienen werden in Europa direkt aus dem Rohblock ohne Zwischenerwärmen auf Duo- oder Trio-Straßen in offener (seltener Zickzack-) Anordnung gewalzt. Auf Vorbiegemaschinen werden die Schienen warm vorgerichtet. *Halbzeugstraßen* werden offen als Duo und Trio oder kontinuierlich mit horizontal und vertikal angeordneten Walzen (zur Vermeidung jeden Dralles) ausgeführt.

Schwere Profile werden auf offenen Straßen (Duo oder Trio von 600 bis 950 mm Durchmesser) gewalzt. *Parallelflanschträger* walzt man auf Duo- oder Trio-Straßen unter Verwendung von Vertikalrollen für Fertigstich oder auf Universalgerüsten (Abb. 304). Leichtere Profile werden meist auf kontinuierlichen Straßen mit 9 bis 12 Gerüsten gewalzt, da bei offenen Straßen der Temperaturverlust zu groß ist. Den größten Anteil an der Walzstahlerzeugung hat der *Stabstahl.* Je nach Losgröße finden halbkontinuierliche und vollkontinuierliche Stabstahlstraßen Verwendung. *Walzdraht* wurde früher auf offenen Straßen, heute wird er auf kontinuierlichen Straßen gewalzt, die Walzgeschwindigkeiten bis 35 m/s aufweisen.

Beim Walzen von *Blechen* und *Bändern* ist der Entfernung des *Zunders* besonderes Augenmerk zuzuwenden, damit er nicht eingewalzt wird und die Bleche für viele Zwecke unbrauchbar macht. Man unterscheidet *Primär*zunder, welcher im Ofen, *Sekundär*zunder, welcher beim Walzen, und *Tertiär*zunder, welcher beim Abkühlen entsteht. Letzterer ist ungefährlich, da er nicht mehr eingewalzt werden kann. Den Zunder entfernt man an den Vorbrammen durch Hochkantstiche und Zunderbrecher (Duogerüste mit aufgerauhten oder welligen Walzen) und bei kleineren Dicken durch Abspritzen mit Druckwasser von 90 bis 120 bar oder Abblasen mit Dampf oder Einbringen von Reisig (bei alten Anlagen) zwischen Walzgut und Walzen.

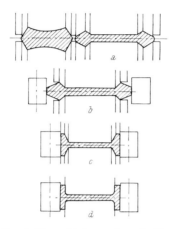

Abb. 304. Parallelflanschträgerwalzwerk (Bauart Grey).
a Blockwalzwerk, *b*, *c*, *d* Universalgerüste

Grob- und *Mittelbleche* wurden früher auf Duo- oder Trio-Gerüsten und werden in letzter Zeit nur noch auf Quartogerüsten gewalzt. Bei Straßen mit hoher Produktion wählt man ein Quartovor- und -fertiggerüst mit je einem Vertikal-Stauchgerüst vor und hinter diesen.

Aus wirtschaftlichen Gründen walzt man heute vielfach statt einzelnen Blechtafeln *Breitbänder*, die entweder auf besonderen Einrichtungen zu großen Bunden (Coils) eingerollt oder auf rotierenden Scheren zu Tafeln zerteilt werden. *Kontinuierliche Breitbandstraßen* bestehen aus Vor-, Zwischen- (meist drei Quartogerüste mit je einem Stauchwalzenpaar auf der Einlaufseite) und Fertigstraße (sechs Quartogerüste). Die Walzen werden durch Wasser gekühlt, das durch eine große Zahl von Düsen auf die Oberfläche derselben gespritzt wird. *Halbkontinuierliche* Breitbandstraßen haben als Vorstraße ein Quartoreversiergerüst in Verbindung mit einem Stauchgerüst und keine Zwischenstraße. Warmband kann aber auch auf einer *Warmsteckelstraße* (ähnlich Abb. 305) erzeugt werden, der eine Brammenstraße vorgeschaltet ist. Die Haspeltrommeln aus hochhitzebeständigem Werkstoff befinden sich in feuerfest ausgekleideten Haspelöfen, wo sie auf Temperaturen zwischen 1050 und 1100 °C gehalten werden. Sie werden so oft reversiert, bis das Band die gewünschte Dicke erreicht hat. Neben den Breitbandstraßen gibt es noch Schmal- und Mittelbandstraßen.

Beim Walzen von *Feinblech* (Tafelblech) geht man von *Platinen* oder *Sturzen* (unterteilte Breitbänder, Grob- oder Mittelbleche) aus. Als Vorgerüst findet meist das Lauthsche Trio, als Fertiggerüst das Duo Verwendung. Um ein zu rasches Abkühlen dünner Bleche beim Walzen zu vermeiden, werden sie gedoppelt, d. h. ein- bis zweimal gefaltet und erst nach dem Walzen getrennt. Man unterscheidet das Kühlwalzen und das Warmwalzen. Beim *Kühlwalzen* werden die Walzenballen und Zapfen mit Wasser gekühlt. Zum Ausgleich der Durchbiegung und des Verschleißes werden die Walzen leicht ballig geschliffen. Das Kühlwalzen wird meist nur zum Vorwalzen von Blechen über 1,5 mm Dicke angewendet, da infolge des höheren Wärmeentzuges höhere Anstichtemperatur erforderlich ist, die eine vermehrte Zunderbildung und rauhere Blechoberfläche ergibt. Beim *Warmwalzen* werden nur die Walzenballen mit vorgewärmter Luft gekühlt. Um die größere Wärmedehnung in der Ballenmitte auszugleichen, müssen sie um 0,2 bis 0,5 mm hohlgeschliffen werden. Vor Walzbeginn müssen die Walzen durch Hindurchschicken warmer Abfallbleche vorgewärmt werden. Nach dem Walzen werden die Bleche geschnitten, getrennt (gedoppelte Bleche geöffnet), *dressiert* (mit geringer Verformung kaltgewalzt, um Spannungen aus dem Walzzustand zu beseitigen) und auf Rollenrichtmaschinen gerichtet. Die Erzeugung von Feinblech kann auch durch Zerteilung von warm- oder kaltgewalzten Breitbandstahl durchgeführt werden, was bei Herstellung großer Mengen gleicher Abmessungen und gleicher Qualität wirtschaftlicher ist.

Dünne Feinbleche und Bänder werden vielfach *kalt gewalzt*. Vor dem Walzen muß der an der Oberfläche befindliche Zunder vollständig entfernt werden[1]. Dies kann *chemisch*, *mechanisch* oder *thermisch* erfolgen.

Beim *Beizen* wird der Zunder auf chemischem Wege durch Behandlung mit Säuren oder Salzschmelzen entfernt. Bei unlegierten und niedrig legierten Stählen verwendet man verdünnte Schwefel- oder Salzsäure, bei hochlegierten noch Zusätze von Salpeter- oder Flußsäure. Bei unlegierten Stählen besteht die Zunderschicht aus FeO, Fe_3O_4 und Fe_2O_3, wobei FeO dem Eisen am nächsten liegt und am besten lösbar ist. Fe_2O_3 liegt außen und ist am schwersten lösbar. Da eine geschlossene Fe_2O_3-Schicht mit normalen Beizsäuren schwer zu entfernen

---

[1] VDI-Richtlinie 3162 Entzundern vor der Kaltformung.

ist, geht dem Beizen häufig eine mechanische Auflockerung des Zunders voraus (Biegen, Richten, Strahlen, ...). Bei den legierten Stählen treten zu den Eisenoxiden noch die oft schwer löslichen Oxide der verschiedenen Legierungsmetalle.

Schwefelsäure mit 15 bis 20% freier Säure wird bei Temperaturen von 40 bis 110 °C verwendet. Es treten folgende Reaktionen auf:

$$Fe_2O_3 + 3 H_2SO_4 = Fe_2(SO_4)_3 + 3 H_2O,$$
$$Fe_3O_4 + 4 H_2SO_4 = FeSO_4 + Fe_2(SO_4)_3 + 4 H_2O,$$
$$FeO + H_2SO_4 = FeSO_4 + H_2O.$$

Die sich bildenden Eisensulfate beschleunigen den Beizvorgang, hemmen aber den Eisenangriff. Durch Angriff von reinem Eisen bildet sich

$$Fe + H_2SO_4 = FeSO_4 + H_2$$

atomarer Wasserstoff, der den Zunder teilweise absprengt (Verkürzung der Beizzeit), sich aber auch im Stahl löst und an Hohlräumen und nichtmetallischen Einschlüssen in molekularen Wasserstoff übergeht und sich unter hohem Druck ansammelt. Bei anschließender Erwärmung (Verzinken, Emaillieren, ...) bildet er dann Risse und Blasen (*Beizsprödigkeit*, Beizblasen). Zur Verhinderung der Auflösung des metallischen Eisens und der Diffusion des Wasserstoffes verwendet man organische Zusätze (*Sparbeizen*). Durch diese wird die Gefahr des Überbeizens verringert, die Zunderlöslichkeit nur wenig beeinflußt, der Säureverbrauch herabgesetzt und die Beizzeit erhöht (durch geringe Wasserstoffentwicklung wird weniger Zunder abgesprengt). Durch Zusatz von *Netzmitteln* erzielt man einen besseren Säureangriff, besseres Abtropfen der Säure und längere Beizzeit.

*Salzsäure*bäder mit 10 bis 15% freier Säure werden bei Temperaturen von 20 bis 50 °C verwendet. Es treten folgende Reaktionen auf:

$$Fe_2O_3 + 6 HCl = 2 FeCl_3 + 3 H_2O,$$
$$Fe_3O_4 + 8 HCl = 2 FeCl_3 + FeCl_2 + 4 H_2O,$$
$$FeO + 2 HCl = FeCl_2 + H_2O,$$
$$Fe + 2 HCl = FeCl_2 + H_2.$$

Für dünne Oxidschichten verwendet man auch *Phosphorsäure*, wobei man durch Bildung unlöslicher Phosphate einen gewissen Korrosionsschutz erzielt. Für alle Beizbäder sind wegen der entstehenden Dämpfe Absaugeinrichtungen erforderlich.

Zur Verkürzung der Beizzeit können Ultraschalleinrichtungen, Spritzverfahren und elektrischer Strom verwendet werden. Bei dessen Verwendung unterscheidet man zwischen anodischen Verfahren, kathodischen Verfahren und solchen mit wechselnder Polung, bei welchen die Vorteile der kathodischen (absprengende Wirkung des abgeschiedenen Wasserstoffes) und anodischen Methode (stärkerer Angriff) vereinigt werden. Bei diesen elektrolytischen Verfahren ist die Behandlungsdauer wesentlich kürzer, der Gehalt an Metallverbindungen geringer, jedoch die Anlage- und Betriebskosten höher als bei den rein chemischen Verfahren.

Das Beizen in *Salzschmelzen* erfolgt vorwiegend bei hochlegierten Stählen, da nur der Zunder und nicht der Grundwerkstoff angegriffen wird (keine Beizverluste). Beim Dupont-Verfahren wird *Natriumhydrid*, das eine stark reduzierende Wirkung besitzt, in einer Ätznatronschmelze von 380 °C durch Zusatz von metallischem Natrium und Einleiten von Wasserstoff erzeugt:

$$2\,Na + H_2 = 2\,NaH,$$
$$Fe_3O_4 + 4\,NaH = 3\,Fe + 4\,NaOH.$$

Der durch Eintauchen der Teile gelockerte Zunder wird entweder bereits durch Abschrecken in Wasser beseitigt oder durch Abspritzen mit einem kräftigen Wasserstrahl entfernt.

Nach dem Beizen in Säuren werden deren Reste mit heißem Wasser abgespült und durch Eintauchen in Kalkmilch neutralisiert. Anschließend wird in Trockenöfen bei 100 bis 200 °C getrocknet.

Wegen der Schwierigkeiten der Beseitigung der Beizabwässer haben sich mechanische Entzunderungsverfahren eingeführt. Bei der *Biegeentzunderung* (vorwiegend bei Drähten angewendet) wird das Walzgut durch Biegen vom groben Zunder befreit. Noch anhaftender feinerer Zunder wird durch Bürsten oder durch Stahlwolle, scharfkantige Stückchen aus Hartstahl usw. abgestreift. Beim *Strahlenzundern* wird ein Strahlmittel durch Schleuderräder (nur noch selten durch Preßluft) auf das Gut geschleudert (s. Gußputzen).

Zu den thermischen Entzunderungsverfahren gehört das *Flammmentzundern* (Flammstrahlen). Es besteht in einem Bestreichen der Oberfläche mit einem *Flammstrahlbrenner*, der eine größere Anzahl von Düsen besitzt, durch die ein Azetylen-Sauerstoff-Gemisch ausströmt. Durch das rasche Erhitzen tritt infolge der verschiedenen Wärmeausdehnung der Zunderschicht und der darunter liegenden Stahlteile eine Lösung der Zunderschicht ein, die durch anschließendes Bürsten leicht entfernt werden kann. Durch dieses Verfahren können auch Rostschichten, Farbrückstände, Kesselstein und organische Überzüge entfernt werden. Bei der Entfernung von Bleianstrichen muß man sich gegen die entstehenden sehr giftigen Bleidämpfe entsprechend schützen.

Das *Kaltwalzen einzelner Blechtafeln* wird nur noch für kleine Erzeugungsmengen, für die Herstellung von Sonderformaten und Blechen aus legierten und plattierten Stählen durchgeführt. Anwendung finden *Duo*-Gerüste, bei denen meist nur die untere der unter Druckvorspannung laufenden Walzen angetrieben wird und die Tafeln über die Oberwalze zurückgeführt werden (Überhebeduo), *Lauthsche Trio*-Gerüste mit angetriebener Unterwalze und *Quarto*-Gerüste mit angetriebenen Arbeitswalzen (Stapelwalzung: nach Durchlaufen des Blechstapels wird dieser auf die Antriebsseite zurückgebracht oder das Gerüst reversiert).

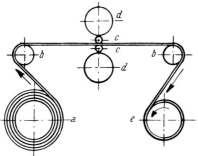

Abb. 305. Bandwalzwerk von Steckel.
a Abhaspel, *b* Führungswalzen, *c* Arbeitswalzen, *d* Stützwalzen, *e* Aufhaspel

Für das *Kaltwalzen* von *Bändern* finden *Duo*-Gerüste (Vorwalzen dicker Bänder und Nachwalzen geglühter Bänder), *Quarto*-Gerüste mit angetriebenen Arbeitswalzen oder bei kleinem Durchmesser derselben auch angetriebenen Stützwalzen, *Sechswalzen*-Gerüste mit angetriebenen Arbeitswalzen (bei schmalen und mittelbreiten Bändern), *Vielwalzengerüste* (Abb. 287) mit teilweise angetriebenen Stützwalzen, die ein Durchbiegen der sehr dünnen Arbeitswalzen (6 bis 80 mm Durchmesser) durch den Walzdruck *und* den Bandzug verhindern (für sehr hartes und dünnes Band in allen Breiten) und *Steckel*-Gerüste (Abb. 305) Verwendung. Letztere sind Reversierquartogerüste, die sehr dünne, *nicht* angetriebene Arbeitswalzen *c* besitzen. Das Band läuft von einer gebremsten Abhaspel *a* über Leitwalzen *b* zu einer angetriebenen Aufhaspel *e*, welche durch starken Zug eine Streckwirkung des Bandes erzeugt. Nach einem Durchgang des Bandes wird umgeschaltet und das Band durchläuft das Walzwerk in entgegengesetzter Richtung.

Zur Herabsetzung der Walzenabnützung werden die Walzen *geschmiert*[1] und *gekühlt*. Man verwendet *Emulsionen* aus Mineralölen oder synthetischen Ölen mit Wasser und Hochdruckzusätzen, die mit 3 bis

---

[1] VDI-Richtlinie 3165 Schmierstoffe der Kaltformung.

6 bar auf die Walzen und das Walzgut gespritzt werden, *reine Öle* bei empfindlichem Walzgut und *Palmöl* als Schmier- und Wasser als Kühlmittel bei sehr dünnem Walzgut.

Da das Walzgut durch die Kaltverformung verfestigt wird (Kalthärtung), müssen legierte und höher gekohlte Stähle sowie dünnes Band zwischengeglüht werden. Damit sich kein neuer Zunder bildet, erfolgt das Glühen in luftdichter Verpackung oder in Öfen mit Schutzgas (Topf-, Hauben- oder Durchlauföfen).

Nach dem Walzen werden die Bleche bzw. Bänder beschnitten, gerichtet, entfettet und vielfach geglüht. Zur Entfernung der Fließ-

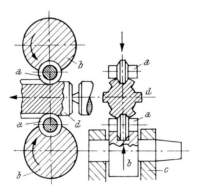

Abb. 306. Längswalzen von Keilwellen.
a Walzen, *b* Walzenträger, *c* Rollenköpfe, *d* Werkstück

figuren an geglühten Bändern und zur Erzeugung von Hochglanz erfolgt vor dem Verbrauch ein *Nachwalzen* (*Dressieren*) mit einem Verformungsgrad von etwa 2% oder ein *Walken*, wobei das Band durch kleine, hintereinander liegende Walzen geführt und schwach hin- und hergebogen wird.

Ein Längswalzen von Vollkörpern ist auch die spanlose Herstellung von *Keilwellen* und ähnlichen Profilen nach Abb. 306. Zwei sich gegenüberliegende gegenläufig rotierende, an ihrem Umfang mit planetenartig gelagerten Rollen *a* ausgerüstete Rollenträger *b* arbeiten gleichzeitig symmetrisch auf ein zwischen Spitzen gelagertes, sich drehendes und axial verschiebendes Werkstück *d*. Die Rollenträger *b* sind in den bis zu 10° schwenkbaren Rollenköpfen *c* gelagert. Die Rollen *a* sind aus gehärtetem hochlegiertem Chromstahl. Die Drehzahl des Rollenträgers *b* ist das *z*-fache (*z* = Keilwellenzähnezahl) der Werkstückdrehzahl.

Schmiedewalzen (Reckwalzen) ist Längswalzen in Kalibern, deren Profil sich in Umfangsrichtung stetig oder sprunghaft ändert (s. 3,37 Abb. 272).

Anspitzwalzen ist Verjüngen der Enden von Werkstücken durch Längswalzen in entsprechend geformten Kalibern, deren Profil sich in Umfangsrichtung gleichförmig ändert (s. 3,7 und Abb. 307).

Längswalzen von *Hohlkörpern* wird bei der Rohrherstellung ausführlich beschrieben (s. 5,3).

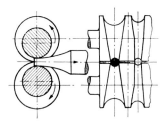

Abb. 307. Anspitzwalzwerk

3,46 Querwalzwerke

Zum Walzen der Radreifen von Eisenbahnrädern dienen *Radreifenwalzwerke*. Ein in Kokille gegossener Block *a* (Abb. 308) wird unter dem Hammer oder der Presse gestaucht und gelocht *b* und auf Hornhammer

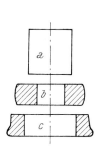

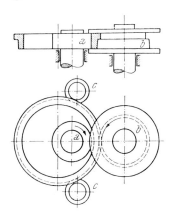

Abb. 308. Vorschmieden von Radreifen. *a* Rohblock, *b* gelochter und gestauchter Block, *c* aufgeweiteter Block

Abb. 309. Radreifenwalzwerk. *a* Schleppwalze, *b* angetriebene Walze, *c* Führungswalzen

oder Presse aufgeweitet *c*. Das Auswalzen auf Fertigmaß erfolgt in dem Walzwerk Abb. 309 in horizontaler Lage. Bei ihm wird die Tellerwalze *b* angetrieben und die innere Schleppwalze *a* hydraulisch angepreßt. Zur Führung dienen die beiden Zentrierrollen *c*. Die Walzen arbeiten meist fliegend (Kopfwalzwerke). Das Aufweiten des gestauchten und gelochten Rohlings kann auch in einem Vorwalzwerk erfolgen.

Beim Walzen von Vollrädern geht man ebenfalls von einem gegossenen Rohblock *a* (Abb. 310) aus, der vorgestaucht *b*, gepreßt und
vorgelocht, fertiggelocht *c* und anschließend in einem *Radwalzwerk*
(Abb. 311) fertiggewalzt wird. Die beiden schrägliegenden Walzen
werden angetrieben. Die feststehende Druckwalze ist als Schleppwalze
ausgebildet. Die seitlichen Druckrollen werden elektrisch oder hydrau-

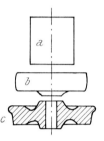

Abb. 310. Vorschmieden von Radscheiben.
a Rohblock, *b* gepreßter, *c* fertiggelochter Block

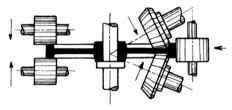

Abb. 311. Radscheibenwalzwerk

lisch angestellt. Das Rad wird von einem Dorn in der Nabenbohrung
aufgenommen oder ohne Zentrierung ausgewalzt.

Große Bedeutung besitzen die Verfahren zur spanlosen Herstellung von Gewinden, die man als *Gewindewalzen*[1] bezeichnet.

Diese Verfahren werden meist als Kaltformung durchgeführt und
ergeben glatte Oberflächen, durch die dabei auftretende Verfestigung
der Gewindegänge eine außerordentliche Steigerung der Dauer- und
Verschleißfestigkeit, kurze Arbeitszeit und eine Werkstoffersparnis
(kein Abfall). Das Gewindewalzen kann mit Flachwerkzeugen und mit
Rundwerkzeugen durchgeführt werden.

Durch *Gewindewalzen mit Flachwerkzeugen* wird der größte Teil
der Befestigungsgewinde bis 40 mm Durchmesser hergestellt. Als

---

[1] VDI-Richtlinie 3174 Rollen von Außengewinden durch Kaltformung. — Schimz, K.: Das Gewinderollen. Werkstatt und Betrieb *1958*,
538—544. — Das Gewinderollen und die Gewinderollwerkzeuge. ZVDI
1958, 1304—1310. — Reichel, W.: Das Walzen von Gewinden und seine
Maschinen. Draht *1952*, 226.

Werkzeuge dienen zwei gehärtete, auf den einander zugekehrten Seiten mit gefrästen, dem Gewindeprofil und dem Steigungswinkel entsprechenden Rillen versehene Gewinderollbacken aus chromlegiertem Werkzeugstahl (Abb. 312). Die eine Rollbacke *a* ist in der Gewindewalzmaschine ortsfest, während die andere *b* durch einen Kurbeltrieb *d*, *e* gegen die feste bewegt wird. Die bewegte Backe *b* ist etwas länger als

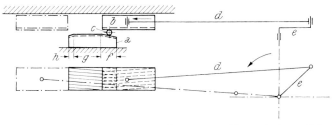

Abb. 312. Gewindewalzen mit Flachwerkzeugen. *a* Feste, *b* bewegliche Walzbacke, *c* Werkstück, *d* Schubstange, *e* Kurbel, *f* Einlaufteil, *g* Kalibrierteil, *h* Auslaufteil

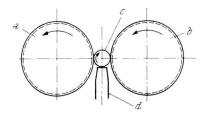

Abb. 313. Gewindewalzen mit Rundwerkzeugen.
a, b Walzen, *c* Werkstück, *d* Auflage

die feststehende, um sicheres Auswerfen des Werkstückes *c* zu gewährleisten. Bei Beginn wird das Werkstück *c* (es muß sehr genauen Außendurchmesser etwa gleich dem Kerndurchmesser besitzen) in den einseitig abgeschrägten Einlauf *f* (Mindestlänge gleich dem Umfang) gebracht. Im anschließenden Kalibrierteil *g* (Länge 2 bis 4 *u*) erfolgt das Glätten und Runden. Um genaue Gewinde zu erhalten, müssen die Maschinen sehr starr ausgeführt werden.

Das *Gewindewalzen mit Rundwerkzeugen* erfolgt in kaltem oder warmem Zustand mit zwei oder drei angetriebenen oder nicht angetriebenen Rollwerkzeugen.

Das Gewindewalzen mit zwei angetriebenen Rollwerkzeugen zeigt vereinfacht Abb. 313. Zwischen den beiden gehärteten und geschliffenen Walzen aus hochlegiertem Chromstahl *a* und *b* befindet sich das Werkstück *c* auf einer hartmetallbestückten Auflage *d*. Der Rohling *c* muß sehr genauen Durchmesser besitzen. Angewendet wird das Einstech- und das Durchlaufverfahren. Beim *Einstechverfahren* besitzen die Walzen Gewinde mit entgegengesetzter Steigungsrichtung wie das herzustellende Werkstück und werden im gleichen Drehsinn angetrieben. Die eine Walze ist unverschieblich, die zweite Walze in einem Schlitten gelagert, der hydraulisch vorgeschoben wird. Beim *Durchlaufverfahren* besitzen die Walzen meist steigungslose Rillen, entsprechend dem herzustellenden Gewindeprofil. Sie werden in das Werkstück entsprechend dessen Steigungswinkel eingeschwenkt und durch Kardanwellen angetrieben. Nach diesem Verfahren kann man mit einem Walzensatz Werkstücke verschiedenen Durchmessers mit ein- oder mehrgängigen Rechts- oder Linksgewinden gleicher Steigung aber beliebiger Länge walzen. Nach dem Durchlaufverfahren arbeiten auch *Warmgewindewalzmaschinen* mit drei unter 120° angeordneten angetriebenen Rollwerkzeugen zum Walzen von Holzgewinden an Schwellenschrauben, Isolatorstützen usw.

Nach dem Durchlaufverfahren mit nicht angetriebenen, um 120° versetzten, schräggestellten Profilwalzen arbeitet der *selbstöffnende Gewinderollkopf*, der in Dreh-, Revolverdreh-, Gewindeschneid- und Bohrmaschinen und Drehautomaten verwendet wird. Sobald die gewünschte Gewindelänge erreicht ist, geben die Gewindewalzen das fertiggestellte Gewinde frei, so daß die Zurückführung des Gewinderollkopfes oder des Werkstückes ohne Drehzahländerung und ohne Berührung des Gewindes im Eilgang möglich ist.

Durch *Oberflächenfeinwalzen* können Werkstückoberflächen besonders wirtschaftlich geglättet (*Glattwalzen*), verfestigt (*Festwalzen*) und in engen Toleranzen hergestellt werden (*Maßwalzen*). Das Feinwalzen kann als Einstech- und als Vorschubverfahren für Außen- und Innenbearbeitung ausgeführt werden. Angetrieben werden die Glättwerkzeuge oder das Werkstück, wobei die Walzen angepreßt werden.

Schrägwalzwerke finden vor allem bei der Rohrherstellung (s. 5,3) Verwendung.

3,5 Das Strangpressen[1]

Durch Strangpressen werden Voll- und Hohlprofile aus allen schmiedbaren Metallen und Legierungen hergestellt. Nach DIN 8583, Bl. 6 Druckumformen, Durchdrücken, unterscheidet man beim Strangpressen

---

[1] Legros, L.: Eine neue hydraulische Stahlrohr- und Profilpresse. ZVDI *1957*, 1221—1222. — Fromm, N.: Verwendungsbereiche stranggepreßter Stahlprofile. Werkstatt und Betrieb *1964*, 545—550. — Kursetz, E.: Das Warmstrangpressen von Aluminium und Aluminiumlegierungen. Werkstatt und Betrieb *1964*, 557—561. — Eckhardt, H.: Aufbau und Betriebsergebnisse einer Strangpreßanlage für Stahlprofile. Stahl und Eisen *1962*, 883—896.

mit starrem Werkzeug Vorwärts- (Abb. 314, 315), Rückwärts- und Querstrangpressen (Abb. 316) sowie Voll- (Abb. 314) und Hohlstrangpressen (Abb. 315, 316).

Beim Voll-Vorwärts-Strangpressen wird der auf Preßtemperatur erhitzte Rohling *c* (Abb. 314) in eine dickwandige Preßkammer *d* gelegt,

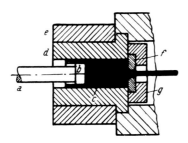

Abb. 314. Voll-Vorwärts-Strangpressen. *a* Preßstempel, *b* Scheibe, *c* Rohling, *d* Preßkammer, *e* Mantel, *f* Matrize, *g* Matrizenhalter

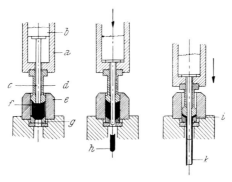

Abb. 315. Strangpressen von Rohren. *a* Zylinder, *b* Kolben, *c* Preßdorn, *d* Preßstempel, *e* Aufnehmer, *f* Rohling, *g* Matrize, *h* Preßputzen, *i* Preßteller, *k* Stahlrohr

die an einem Ende durch eine Matrize *f*, die das gewünschte Profil besitzt, abgeschlossen ist. Von der anderen Seite dringt der Preßstempel *a*, dem zur Schonung eine Scheibe *b* vorgelegt ist, ein und preßt den den in den Fließzustand gelangenden Rohling *c* durch die Matrize *f*. Diese besteht aus Warmarbeitsstahl oder Hartmetall (bzw. Hartmetallpanzerung) und wird durch einen Matrizenhalter *g* fest gegen die Preßkammer gedrückt.

Um *Rohre* zu pressen, wird der Rohling zunächst durch Eintreiben eines Dornes *c* (Abb. 315) gelocht und dann durch einen hohlen Preßstempel *d*, der um den Dorn angeordnet ist, durch die Matrize gepreßt (s. 5,31).

Durch *Hohl-Quer-Strangpressen* können Kabel ummantelt (Abb. 316) werden.

Die beim Strangpressen von Stahl zunächst unzureichende Haltbarkeit der Matrizen wurde durch Verwendung von Glas als Schmiermittel, Wärmeisolator und Schutz gegen Zunderbildung behoben. Das Glas fließt mit dem sich umformenden Stahl durch die Matrizenöffnung und bildet einen kontinuierlichen Film von etwa 20 μm Dicke, der Werkstoff und Matrize trennt. Da grober Zunder die Matrizen zerstört, müssen die

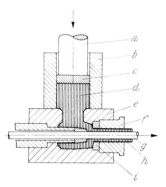

Abb. 316. Ummanteln von Kabeln durch Hohl-Quer-Strangpressen. *a* Stempel, *b* Blockaufnehmer, *c* Preßscheibe, *d* Block, *e* Werkzeugaufnehmer, *f* Matrizenhalter, *g* Kabelseele, *h* Kabelmantel, *i* Matrize

gewalzten, geschmiedeten oder stranggegossenen, fehlerfreien (häufig geschälten oder geschliffenen) Blöcke zunderfrei (in Salzbad- oder Schutzgasöfen) erwärmt werden. Die welligen oder verdrallten Profile werden auf einer Streckbank gerichtet (1 bis 2% bleibende Dehnung), wobei die Glasreste und der beim Abkühlen entstandene Zunder abspringen. Die vornehmlich hydraulisch betätigten Strangpressen werden mit waagrechtem oder senkrechtem Preßstempel ausgeführt.

Gegenüber dem Walzen ergeben sich beim Strangpressen geringere Anlagekosten (die Herstellung der verschiedensten Profile ist durch Auswechslung der Matrizen möglich), geringer Platzbedarf (das Profil wird in einem Arbeitsgang hergestellt) und kleinere Toleranzen. Strangpressen wird für Vollprofile aus schwer verformbaren bzw. in geringer Menge benötigten hochwertigen Stählen und für nicht walzbare Voll- und Hohlprofile angewendet.

3,6 Das Richten

Durch Richten sollen Formabweichungen von Stangen, Rohren und Blechen, die durch zurückbleibende Eigenspannungen entstehen, beseitigt werden. Dazu dienen eine Reihe unterschiedlicher Verfahren,

bei denen eine Biegung über die Streckgrenze erfolgt (DIN 8586 Biegeumformen, Walzrichten). Während nach dem Biegen stets Eigenspannungen zurückbleiben, treten solche beim Streckrichten (DIN 8585,
Bl. 2 Zugumformen, Längen) nicht auf.

Bei *Stäben* liegen die größten Krümmungen senkrecht zur Ebene
des kleinsten Widerstandsmomentes des Querschnittes. Bei symmetrischen Trägerquerschnitten genügt es diese in einer, manchmal auch
in zwei Ebenen durch die Maschine laufen zu lassen. Rundprofile sind

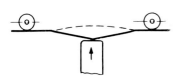

Abb. 317. Richten auf der Presse

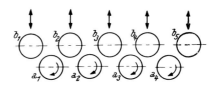

Abb. 318. Walzrichtmaschine
(schematisch). a_1, a_2, a_3 und a_4
angetriebene Walzen, b_1, b_5 einzeln
verstellbare, b_2, b_3 und b_4 gemeinsam
verstellbare Walzen

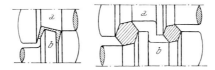

Abb. 319. Profilrichtwalzen. *a* Obere, *b* untere Richtwalze

räumlich gekrümmt, so daß eine Rotation um ihre Längsachse beim
Durchlauf erforderlich ist.

Walzprofile werden noch im warmen Zustand auf Richtbänken,
die sich im Auslauf der Walzenstraßen befinden, gerichtet. Bei diesen
werden eine Anzahl von Stempeln meist hydraulisch über eine Schiene
gegen das Werkstück gedrückt. Nach einmaligem Richten wird um
90° gekantet.

Genaues Richten kann erst nach völligem Erkalten des Stückes
vorgenommen werden. Einzelne Knicke an größeren Einzelstücken
können nach Abb. 317 durch entgegengesetztes Biegen des auf zwei
Rollen gelegten Stückes auf Spindel- oder hydraulischen Pressen beseitigt werden.

Lange Walzprofile werden auf *Walzrichtmaschinen* (Abb. 318) gerichtet. Diese besitzen angetriebene Walzen a_1 bis a_4, einzeln verstellbare b_1 und b_5 und gemeinsam verstellbare b_2 bis b_4. Die Walzen sind
meist fliegend gelagert und besitzen das Profil (Abb. 319) des Werkstückes.

Das Richten von *Draht* erfolgt behelfsmäßig durch Durchziehen über eine Reihe fester runder Stifte oder durch das rotierende *Umlaufbiegewerkzeug* nach Abb. 320.

Das Richten von *runden Stangen* und *Rohren* erfolgt durch *Walzrichtmaschinen*, deren Walzenachsen geneigt zur Biegeebene stehen. In Abb. 321 sind *a, b* und *c* angetriebene, *d* bis *h* Schleppwalzen. Richten und Entzundern runder Stangen erfolgt durch das Walzwerk nach

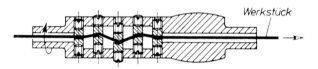

Abb. 320. Umlaufbiegewerkzeug zum Richten von Draht

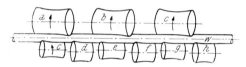

Abb. 321. Walzrichtmaschine.
a, b und *c* Angetriebene Walzen, *d, e, f, g, h* Schleppwalzen, *w* Werkstück

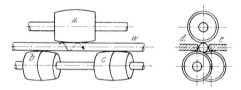

Abb. 322. Richt- und Entzunderungswalzwerk.
a, b, c Walzen, *d, e* Backen, *w* Werkstück

Abb. 322 (links ein Grundriß), bei welchen die Stange zwischen drei Walzen *a, b* und *c* schraubenförmig durchbewegt wird. Die Backen *d* und *e* verhindern ein Ausweichen nach oben oder unten.

Stäbe und Rohre können auch durch *Streckrichten* (Recken), dünnwandige Rohre großen Durchmessers durch *hydraulischen Innendruck* gerichtet werden. *Kontinuierliches Streckrichten* von Drähten und Bändern kann durch Walzwerke nach Abb. 323 erfolgen, bei denen diese über drei oder mehr Streckwalzen[1] geführt werden (Streckbiegerichten). Gegenüber dem Streckrichten sind geringere Zugkräfte erforderlich.

Einzelne Buckel in *Blechen* werden von dem Spannhammer mit

---

[1] Noé, O.: Eigenschaften des kontinuierlichen Streckbiegerichtens auf die Bandeigenschaften. Stahl und Eisen *1971*, 916—924.

kugelförmiger Bahn entfernt, mit welchem das Blech um den Buckel herum gestreckt wird, so daß dieser in der Ebene Platz findet.

Sonst verwendet man zum Richten von Blechen und Bändern *Walz-richtmaschinen* nach Abb. 318 mit 7 bis 11 Walzen. Die erste und letzte Walze sind einzeln verstellbar, die angetriebenen Walzen reversierbar. Bei breiten Blechen und Bändern wird die Durchbiegung der Walzen durch viele Stützwalzen verhindert.

Beim *Richten* mit der *Flamme* erfolgt die Verkürzung der zu langen Stellen durch Schrumpfung nach dem Erwärmen. Es muß der Buckel und seine Umgebung erwärmt werden. Eine Steigerung der Schrumpf-

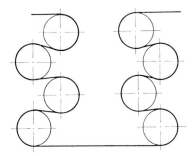

Abb. 323. Streckbiegerichten

wirkung der freien Erwärmung erzielt man durch Behinderung der Ausdehnung während der Erwärmung (Einspannen), durch Abkühlen der erhitzten Stellen mit Preßluft oder Wasser oder durch mechanische Stauchung der auf Rotwärme erhitzten Richtstelle. Wegen der Gefahr der Werkstoffschädigung ist das Richten mit der Flamme auf unlegierte Stähle bis 450 N/mm² Festigkeit beschränkt, wobei Temperaturen von 1000° nicht überschritten werden sollten (Grobkornbildung). Zum Erwärmen benützt man den Schweißbrenner. An großen sperrigen Teilen (Kranlaufbahn) ist diese Methode oft die einzige, die anwendbar ist. Sie kann jedoch auch bei einfachen Teilen wirtschaftlich sein.

3,7 Das Drahtziehen[1]

Nach DIN 8584, Bl. 2 Zugdruckformen, Durchziehen, ist Draht-(Stab-)ziehen ein *Gleitziehen* durch ein Werkzeug (Ziehstein, -ring) mit kreisförmiger oder anders geformter Austrittsöffnung.

Als Ausgangsmaterial verwendet man bei Stahl gewalzte (seltener geschmiedete) Stangen und Drähte, für Nichteisenmetalle gewalzte oder stranggepreßte Stangen und geschnittene Blechstreifen.

---

[1] Die Herstellung von Stahldraht. Düsseldorf: Stahleisen. 1969.

Vor der Querschnittsverringerung im *Ziehwerkzeug* muß der Zunder nach einem der im Abschnitt Walzarbeiten besprochenen Verfahren entfernt werden. Für die Lebensdauer und den Ziehwiderstand ist die *Form der Ziehdüse* (Ziehhol) von großer Bedeutung. Nach Abb. 324 unterscheidet man vier Zonen, die durch nicht gezeichnete Abrundungen ineinander übergehen: *Eintrittskegel a* mit Öffnungswinkel bis 90°, *Reduktionskegel b* mit 8 bis 20° Düsenöffnungswinkel zur eigentlichen Formänderung, *Führungszylinder c* zur Kalibrierung und *Austrittskegel d* mit Öffnungswinkel bis 60°.

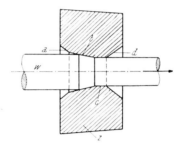

Abb. 324. Ziehen von Draht. *a* Eintrittskegel, *b* Reduktionskegel, *c* Führungszylinder, *d* Austrittskegel, *w* Werkstück, *z* Ziehwerkzeug

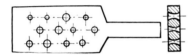

Abb. 325. Englisches Zieheisen
mit Handgriff

Abb. 326. Deutsches Zieheisen

Je nach gewünschter Lebensdauer des Werkzeuges, Festigkeit, Härte und Durchmesser des verarbeitenden Drahtes finden Ziehwerkzeuge aus Werkzeugstahl, Hartmetall und Diamant Verwendung.

Ziehwerkzeuge aus *Werkzeugstahl* werden durch Kaltaufdornen der vorgebohrten Ziehlöcher mit mehreren Sätzen konisch geschliffener Dorne oder Durchschläge aus Werkzeugstahl hergestellt, wodurch sich hohe Verfestigung des Ziehkanales und hohe Verschleißfestigkeit ergeben. Für Drähte von 5 bis 15 mm Durchmesser verwendet man *Einlochzieheisen* (Abb. 324) mit 12% Cr, die oft in eine Fassung eingeschrumpft werden. Zu den *Viellochzieheisen* gehören die *Englischen* Zieheisen mit Handgriff (Abb. 325), 12 bis 18 Ziehlöcher, 1,8 bis 2,5% C und 3 bis 4% Cr für Drähte von 0,5 bis 12 mm Durchmesser, die *Deutschen Zieheisen* ohne Handgriff (Abb. 326) mit bis zu 120 Ziehlöchern, 0,8 bis 1,5% C und 3 bis 4% Cr für dünnen, weichen Draht von 0,2 bis 0,5 mm Durch-

messer und die *Wiener* Zieheisen (Abb. 327) aus Hartguß mit 3 bis 3,5% C
und 1% Mn für sehr dünnen Draht.

Hartmetall-Ziehwerkzeuge aus Sinterhartmetallen haben wegen ihrer
größeren Lebensdauer die Ziehwerkzeuge aus Werkzeugstahl stark verdrängt. Für Bohrungen bis 2 mm Durchmesser werden sie in Metall-
fassungen (Abb. 328), für größere Bohrungen in Stahlfassungen (eingeschrumpft, eingepreßt) verwendet.

Ziehsteine aus brasilianischen und südafrikanischen *Industriediamanten*

 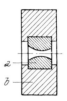

Abb. 327. Wiener Zieheisen   Abb. 328. Diamantziehstein *a*
                                        in Fassung *b*

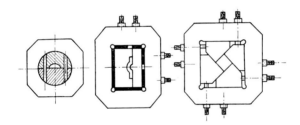

Abb. 329. Zusammengesetzte Ziehwerkzeuge

werden zum Ziehen aller Arten von Drähten bis 0,5 mm Durchmesser verwendet. Sie besitzen sehr hohe Lebensdauer und werden meist
in Messingfassung (Abb. 328) eingebettet. Die Herstellung des Ziehholes
kann auf verschiedene Arten erfolgen. Das Bohren mit Stahlnadel und
Diamantpulver ist sehr zeitraubend. Rascher geht das Brennbohren mit
Sauerstoff. Bei diesem trifft ein Sauerstoffstrahl aus einer Quarzdüse von
0,1 mm Durchmesser auf den in Wasserstoff befindlichen auf 900° erhitzten Diamanten. Ohne die Wasserstoffatmosphäre würde der Stein
verbrennen. Ein neues Verfahren ist auch das Erzeugen des Loches
durch elektrische Funkenentladungen. Der Diamant liegt dabei in einer
leitenden Flüssigkeit, die einen Pol der Stromquelle bildet. Der andere
Pol liegt an einer Platin-Iridium-Nadel, die den Diamanten berührt.
Durch die bei steigender Spannung auftretende Funkenentladung
entsteht in kurzer Zeit eine trichterförmige Öffnung. Das modernste

Verfahren ist das Bohren mit dem *Laser*-Strahl[1]. An das Bohren schließt sich ein Polieren mit Diamantpulver an.

Für von der Kreisform abweichende Profile (Abb. 329) wird das Ziehwerkzeug aus mehreren Teilen zusammengebaut. Die einzelnen Teile erhalten durch Einpressen oder durch Schrauben eine Vorspannung, damit sie nicht unter dem Verformungsdruck nachgeben.

Beim Durchziehen des Drahtes durch das Ziehwerkzeug muß der *Ziehwiderstand* überwunden werden. Dieser setzt sich aus dem Reibungswiderstand und dem Umformungswiderstand zusammen und muß kleiner als die Zugfestigkeit des Drahtes sein. Der *Reibungswiderstand* wird durch Polieren des Ziehholes, durch Schmieren und durch eine günstige Form des Ziehholzes niedrig gehalten. Der *Umformungswiderstand* wird durch Weichglühen (Beseitigung der Kaltverfestigung), durch Beschränkung des Querschnittsverhältnisses nach und vor dem Zug und durch Ziehen mit Gegenzug verringert. Beim Ziehen mit *Gegenzug* wird der wirksame Querdruck im Ziehhol verringert, wodurch auch Reibung und Abnützung herabgesetzt werden. Dem Vorteil der gleichmäßigeren Spannungsverteilung und der Verringerung der Eigenspannungen stehen als Nachteile die stärkere Drahtbeanspruchung und die verringerte Querschnittsabnahme je Zug gegenüber.

Um die Reibung zwischen Werkstoffoberfläche und Ziehhol zu verringern, wird geschmiert. Als Schmiermittel[2] werden verwendet: Organische oder synthetische Fette, Natriumseife als Pulver oder Nadeln, Metallseifen als Pulver (Kalziumstearat bei Schmiermittelträger Kalk, Aluminiumstearat bei Borax), Mineralöle mit Fett- und Hochdruckzusätzen, Flüssigkeitsbäder mit wasserlöslichen Fetten, Graphit, Molybdändisulfid (meist als Zusatz zu anderen Schmiermitteln) und weiche Metalle. Damit diese Schmiermittel trotz des hohen Druckes auf der Oberfläche haften, verwendet man als Schmiermittelträger Borax, Kalk, Kupfer- und Phosphatüberzüge[3]. Beim Ziehen von Stahldraht unterscheidet man je nach der verlangten Oberfläche: Schmier-, Trocken- und Naßzug.

Beim *Schmierzug* durchläuft der Draht unmittelbar vor dem Ziehen einen Kasten, in dem sich Ziehfette befinden. Ein Teil desselben wird von dem Draht in das Ziehhol mitgerissen, der Rest wird abgestreift.

Beim *Trockenzug*[4] wird Natriumseife in Pulver- oder Nadelform oder Metallseife in Pulverform verwendet.

[1] Strascheg, F.: Vorteile des CaWO$_4$-Lasers beim Bohren von Diamantziehsteinen. Ind. Diamant Rdsch. *1971*, 38—43.

[2] VDI-Richtlinie 3165 Schmierstoffe der Kaltformung.

[3] VDI-Richtlinie 3164 Phosphatieren zum Erleichtern der Kaltformung.

[4] Schmid, W.: Aufbau von Trockenziehmitteln und Anforderungen an Trockenziehmittel beim Drahtziehen. Stahl und Eisen *1971*, 1374—1381.

Beim *Naßzug* wird in einem Bad gezogen, das je nach verlangter Oberfläche (weißblank, rötlich oder verkupfert) aus Wasser, Schwefelsäure, Kupfer- oder Zinnsulfat mit wasserlöslichem Fett besteht.

In der Regel wird kalt gezogen. Nach mehreren Zügen muß der Draht *weichgeglüht* werden. Damit sich dabei kein neuer Zunder bildet, wird der Draht in Töpfe verpackt, in die Holzkohlenpulver zur Aufnahme des Luftsauerstoffes gebracht und deren Deckel mit Lehm verschmiert wird. Rascheres Arbeiten ermöglicht das Glühen in *Öfen mit Schutzgasatmosphäre*[1]. Verwendung finden Topf-, Hauben-, Salzbad- und Durchlaufglühöfen. Die *Haubenglühöfen* verdrängen die Topfglühöfen. Bei ihnen werden die Drahtringe auf einem Untersatz ge-

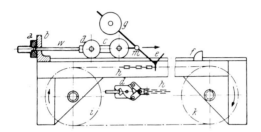

Abb. 330. Schleppzangenziehbank. *a* Ziehwerkzeug, *b* Widerlager, *c* Wagen mit Zange *d*, *e* Haken, *f* Anschlag, *g* Gegengewicht, *h* Kette, *i*, *k* Kettenräder, *w* Werkstück

schichtet und mit einer Schutzhaube aus dünnem Blech abgedeckt, die zur Abdichtung in einer Sand-, Öl- oder Wassertasse ruht. Darüber wird eine Glühhaube mit elektrisch oder gasbeheizten Strahlrohren gestülpt. Nach Beendigung des Glühens wird die Glühhaube entfernt und eine Abkühlhaube über die innere Schutzhaube gestellt, die mit Kaltluft gekühlt wird. Unter der Schutzhaube befindet sich Schutzgas. Zu jeder Glühhaube gehören drei Untersätze. *Beim Glühen im Salzbad* schützt das Salz vor dem Luftsauerstoff.

Zum Einführen in das Zieheisen muß das Material *zugespitzt* werden. Dies geschieht bei dickerem Material durch Schmieden unter dem Hammer, Anfräsen mit Anfräsmaschinen, Kaltkneten mit Knetmaschinen oder Warm- (10 bis 80 mm) und Kaltanspitzen (5 bis 25 mm) in *Anspitzwalzwerken* (Abb. 307). Diese bestehen aus zwei Walzen mit mehreren exzentrischen Kalibern, von denen jede jeweils nur eine halbe Umdrehung macht. Die zuzuspitzende Stange wird in das große Kaliber eingeschoben und durch Drehung der Walzen zugespitzt und ausgeschoben. Dünne Drähte werden durch Zufeilen (behelfs-

---

[1] VDI-Richtlinie 3163 Schutz- und Reaktionsgase für die Wärmebehandlung von Kaltformteilen.

mäßig), Abreißen (Einschnürung bei Kupferdrähten), Einlegen in
Säuren (Wolframdrähte) usw. zugespitzt.

Das Ziehen von Stangen erfolgt auf der *Schleppzangenziehbank*
(Abb. 330). Bei dieser werden die Stangen w von einer Zange d, die
an einem Wagen c befestigt ist, durch ein Zieheisen a, das sich gegen
einen Winkel b stützt, gezogen. Die Zange ist so ausgebildet, daß sich
ihr Maul selbsttätig um so fester schließt, je stärker die erforderliche
Zugkraft ist. Beim Verschwinden der Zugkraft öffnet sich das Maul

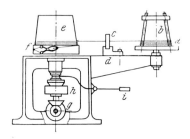

Abb. 331. Scheibenziehmaschine. *a* Drahtbund, *b* Haspel, *c* Ziehwerkzeug, *d* Ziehwerkzeughalter, *e* Ziehtrommel, *f* Zange, *g* Kegelräder, *h* Reibungskupplung, *i* Hebel

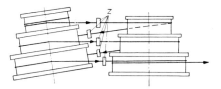

Abb. 332. Mehrfachdrahtziehmaschine (schematisch). *z* Ziehwerkzeuge

von selbst. Der Zangenwagen c wird durch eine endlose Kette h bewegt, die über zwei Kettenrollen i und k läuft. Die Kettenrolle k wird
angetrieben. Der Wagen wird mit einem Haken e in die Kette eingehängt. Beim Anstoßen des Hakenfortsatzes an den Anschlag f wird
er mit Hilfe des Gegengewichtes g selbsttätig ausgehakt. Neuzeitliche
Stangenziehbänke besitzen Ziehlängen bis zu 15 m, Ziehgeschwindigkeiten bis zu 50 m/min und können bis zu 5 Stangen gleichzeitig ziehen. Sie besitzen einen Ziehwagen zum selbsttätigen Greifen der Stangenenden mit Rücklaufgeschwindigkeiten bis zu 120 m/min. Mit Einstoßvorrichtungen können auch ungespitzte Stangen in das Ziehwerkzeug eingestoßen werden.

Zum Ziehen von Drähten verwendet man *Scheibenziehmaschinen.*
Mehrere Scheiben werden durch einen Motor über eine Welle mit Kegelrädern g (Abb. 331) angetrieben. Die Scheiben e verjüngen sich nach
oben. Bei Grob- und Mittelzügen liegt unten in einer Aussparung der

Scheibe *e* eine an einer Kette befestigte Zange *f* zum Durchziehen der angespitzten Drahtenden durch das Ziehwerkzeug *c*. Das Ziehwerkzeug *c* ist in einem schwenkbaren Halter *d* befestigt. Der Draht kommt in Form eines ringförmigen Bundes *a* auf eine frei um eine Achse drehbare Haspel *b*. Diese Reihenzüge werden durch Einzelblöcke verdrängt. Bei diesen besitzt jede Scheibe einen besonderen Antriebsmotor, der mit der Scheibe *e* durch eine Kupplung *h* (Abb. 331) und Hand- oder Fußhebel *i* gekuppelt werden kann. Nach der Drahtdicke unterscheidet man *Grobzüge* für Drähte über 4,2 mm, *Mittelzüge* 1,6 bis 4,2 mm, *Feinzüge* 0,7 bis 1,6 mm und *Kratzenzüge* unter 0,7 mm.

Zur Herabsetzung der Arbeitszeit verwendet man *Mehrfachdrahtziehmaschinen*, bei denen der Draht gleichzeitig durch mehrere hintereinander angeordnete Ziehdüsen gezogen wird. Bei diesen unterscheidet man solche mit Drahtansammlung, die mit einem größeren Drahtvorrat auf den einzelnen Ziehscheiben arbeiten (*Obenüber*-Verfahren) und solchen, die ohne größeren Drahtvorrat auf den einzelnen Ziehscheiben arbeiten (Abb. 332) (*Geradeaus*-Verfahren). Beim Obenüber-Verfahren wird der Draht nach Durchgang durch das erste Ziehwerkzeug von einer Ziehscheibe aufgenommen, dort angesammelt und später „über Kopf" von dieser Ziehscheibe abgenommen und dem nächsten Ziehwerkzeug zugeführt. Der Draht wird dabei verdreht, die Maschinen sind jedoch einfach zu warten. Die Geradeausziehmaschinen arbeiten verdrehungsfrei, sind schwieriger zu bedienen und ergeben längere Leerzeiten bei Drahtbrüchen.

3,8 Stanztechnik und weitere Verfahren der Kaltumformung

3,81 Allgemeines

Unter Stanzen faßt man eine Reihe von Arbeitsverfahren zusammen, die im kalten Zustand mit aus Ober- und Unterteil bestehenden Werkzeugen ausgeführt werden, die im folgendem angeführt sind:

Werkstofftrennung durch *Schneiden mittels Scheren* und *Schneidwerkzeugen* (Zerteilen nach DIN 8588) und

Werkstoffumformung durch *Prägen, Stauchen, Fließpressen* (Druckumformen nach DIN 8583), *Tiefziehen, Durchziehen, Kragenziehen, Drücken* (Zugdruckformen nach DIN 8584), *Längen, Weiten, Tiefen* (Zugumformen nach DIN 8585) und *Biegen* (Biegeumformen nach DIN 8586).

Da eine strenge Einteilung aus verschiedenen Gründen nicht möglich ist, werden die verschiedenen Verfahren im folgenden etwas zwanglos beschrieben. Kaltumformen wurde bereits beim Rundkneten, Walzen, Richten und Drahtziehen besprochen.

3,82 Schneiden mittels Scheren und Schneidwerkzeugen

Nach DIN 8588 unterscheidet man beim Zerteilen Scherschneiden, Keilschneiden, Reißen und Brechen. Das Schwergewicht der folgenden Zeilen liegt beim Scherschneiden.

Beim Schneiden erfolgt die Trennung durch Abscheren. Bei reiner Schubbeanspruchung müßten die Kräfte in der Scherebene parallel und einander entgegengerichtet wirken. Zur Übertragung der Scherkräfte sind jedoch Flächen erforderlich, so daß die Schubspannungen

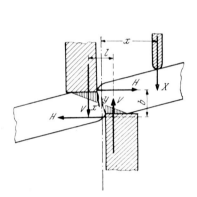

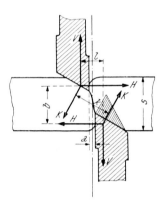

Abb. 333. Schneiden
mit rechtwinkeligen Schneiden

Abb. 334. Schneiden
mit zugeschärften Schneiden

nur auf dem Umweg über Druckspannungen erzeugt werden können (Verquetschung). Bei *rechtwinkeligen* Schneiden (Abb. 333) wandert die resultierende Scherkraft V mit dem Vordringen der Schneiden bei zunehmender Berührungsfläche aus der Scherebene heraus. Durch das entstehende Moment $V \cdot l$ wird der Werkstoff gegen die Waagrechte geneigt. Durch die Neigung des Werkstoffes wird ein Moment $H \cdot b$ hervorgerufen, welches die Schneiden auseinanderdrückt und verbiegen will. Um das zu verhindern, ordnet man einen Niederhalter an, dessen Moment $X \cdot x$ dem Moment $H \cdot b$ entgegenwirkt. Bei *zugeschärften* Schneiden (Abb. 334) wird die Neigung zum Auseinanderpressen der Scherblätter und der Kraft- und Arbeitsbedarf zum Trennen verringert. Zum Erreichen sauberer Schnittflächen müssen die Kurven x und y der Einrisse (Abb. 333) zusammenfallen. Dies wird durch den richtigen *Schneidspalt* a erreicht. Dieser muß mit der Blechdicke s (mm) und der Schubfestigkeit τ_B (daN/mm²) des Werkstoffes zunehmen:

für $s \leqq 3$ mm $a = c \cdot s \cdot \sqrt{\tau_B},$

$s \geqq 3$ mm $a = (1{,}5 \cdot c \cdot s - 0{,}015) \cdot \sqrt{\tau_B},$

$c = 0,005$ für saubere Schnittfläche bei großer Schnittarbeit,
$c = 0,035$ für rauhe Schnittfläche bei kleiner Schnittarbeit.

Durch die Anordnung des Scherspaltes wird vor allem die Reibung zwischen Werkstoff und den Schermessern herabgesetzt.

Dünne Werkstücke aus weichem Werkstoff werden in der Regel kalt, dicke Werkstoffe aus hartem Werkstoff warm geschnitten. Durch das Erwärmen wird die Scherfestigkeit verringert und die Zähigkeit erhöht, wodurch eine reinere Schnittfläche entsteht (Block- und Knüp-

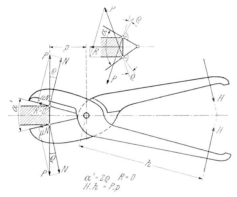

Abb. 335. Hebelschere. α, α' Öffnungswinkel, ϱ Reibungswinkel, μ Reibungszahl, N Normalkraft, H Handkraft, R resultierende Kraft, h, p Hebelarme

pelscheren). Um ein Einziehen dünnen Werkstoffes zwischen die Scherblätter zu vermeiden und dem Aufkippen des Werkstückes (sogenanntes Kauen der Schere) entgegenzuwirken, werden bei vielen Scheren die Scherblätter gegeneinandergedrückt. Die Gefahr des Aufeinandertreffens der Scherblätter vermeidet man, indem man die Scherblätter auch bei ihrer weitesten Stellung nicht außer Berührung kommen läßt (Abb. 346).

Nach der gegenseitigen Bewegung der Scherblätter unterscheidet man Hebelscheren, Parallelscheren und Kreisscheren.

3,821 Die Hebelscheren

Bei den Hebelscheren drehen sich die beiden Scherblätter relativ zueinander (Abb. 335). Überschreitet der Öffnungswinkel α den doppelten Reibungswinkel ϱ, so wird das Werkstück hinausgeschoben. Die *Tafelschere* nach Abb. 336 erhält durch Krümmung des beweglichen Scherblattes nach einer logarithmischen Spirale einen unveränderlichen Kreuzungswinkel. Das feste, gerade Scherblatt ist am Rande einer Tischplatte angebracht. Die Schere dient zum Schneiden dünner Werkstücke. Bei der *Papierschere* (Abb. 337) werden die Scherblätter durch einen Niet zusammengehalten. Sie sind etwas gekrümmt, so daß sie sich an der Berührungsstelle kreuzen. Dadurch wird verhindert,

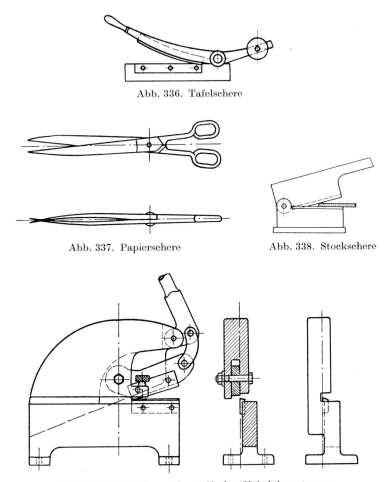

Abb. 336. Tafelschere

Abb. 337. Papierschere   Abb. 338. Stockschere

Abb. 339. Hebelschere mit zweifacher Hebelübersetzung

daß das Papier zwischen die beiden Scherblätter gezogen wird. Mit den Blechscheren nach Abb. 335 kann man wegen der durch die Handkraft H beschränkten Scherkraft P ($P = H \cdot h/p$) nur dünne Bleche schneiden. Die *Stockschere* (Abb. 338) besitzt einen größeren Hebelarm h. Bei ihr liegt das eine Scherblatt fest. Die *Hebelschere* nach Abb. 339 besitzt eine doppelte Hebelübersetzung. Bei ihr ist es durch die gekröpfte Form des Ständers möglich, Bleche jeder Breite in beliebiger Länge zu schneiden. Das zu schneidende Blech muß nach jedem Hub um die Länge des Obermessers vorgeschoben werden. Dabei wird das eine Blechtrum nach unten gebogen und bewegt sich unter der Kröpfung des Ständers, während das andere Trum gerade bleibt und die im Kreuzriß sichtbare Nut des Ständers passiert. Sollen statt Blechen Profile abgeschnitten werden, so ist reines Abscheren nur möglich, wenn das Profil vom Schermesser allseitig umschlossen wird. Andernfalls tritt starkes Verquetschen des Querschnittes auf. Bei der *Drahtschere* nach Abb. 340 wird zwar diese Bedingung gut erfüllt, ein Abschneiden langer befestigter Drähte ist mit ihr jedoch nicht möglich,

Abb. 340 und 341. Drahtscheren

da dann ein Einfädeln undurchführbar ist. Die Drahtschere nach Abb. 341 ermöglicht zwar an jeder Stelle ein Abschneiden, ergibt jedoch wegen der schlechteren Unterstützung ein stärkeres Verquetschen des Drahtes.

3,822 Die Parallelscheren

Alle Scheren für größere Querschnitte werden als Parallelscheren ausgeführt, bei welchen das obere Schermesser parallel zum unteren geführt wird. Bei Blechscheren wird das obere Scherblatt in der Regel um 3 bis 10° gegen das untere Scherblatt geneigt. Man erzielt dadurch eine Herabsetzung des größten Druckes, da das Schneiden auf einem längeren Hub erfolgt. Dadurch sind schwächere Abmessungen des Ständers und der Antriebsorgane möglich. Nachteilig wirkt sich die erhöhte Beanspruchung der Führungen (Ecken) und die Verbiegung des einen Blechteiles aus.

Kleine Scheren (Abb. 342) werden von Hand über einen Hebel a mit Zahnsegment b betätigt, das in eine im Pressenschlitten c befestigte Zahnstange d eingreift. Im beweglichen Obermesser g sind meist entsprechende Ausnehmungen, um Rund-, Quadrat-, T- und L-Profile zu schneiden. Um ein Verquetschen dieser Profile zu vermeiden, sind die Schermesser so ausgebildet, daß eine gute Unterstützung dieser Profile erfolgt. Abb. 343 zeigt schematisch die Ausbildung der beiden Messer für ein Winkel- und ein Quadrateisen.

Bei großen Scheren ist das Obermesser in einem Schlitten befestigt, der durch Exzenter, Kurbeln, Kniehebel oder hydraulisch betätigt wird. Sie werden als Tafelscheren, Durchschiebescheren, kombinierte Scheren, Knüppelscheren und Aushauscheren ausgeführt.

Abb. 342. Kleine Parallelschere zum Schneiden von Flach-, Rund-, Quadrat- und L-Stahl. *a* Hebel, *b* Zahnsegment, *c* Schlitten, *d* Zahnstange, *e* Niederhalter, *f* Untermesser, *g* Obermesser

Blechtafelscheren (schematisch nach Abb. 344) besitzen 1 bis 4 m lange Messer. Sie haben zwei gekröpfte Seitenständer *a* und *b*. Die Bewegung des Obermesserschlittens *c* erfolgt von einer doppeltge-kröpften Exzenterwelle *d* über Druckstelzen *e*. Der Niederhalterbalken *f* setzt vor Beginn des Schnittes auf das Blech auf und soll das Aufkip-

pen desselben verhindern. Er wird durch Kurven *g* über Doppelhebel
(s. auch Abb. 345) gesteuert. Damit er bei veränderlicher Blechdicke
nicht jedesmal in der Höhe verstellt werden muß, ist er federnd aufgehängt. Die Scheren sind, wie bei den Exzenterpressen (s. Abschn. 3,35)

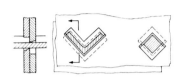

Abb. 343. Schermesser für Winkel-
und Quadratstahl

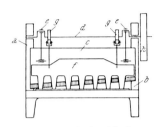

Abb. 344. Blechtafelschere.
a, b Seitenständer, *c* Obermesserschlitten,
d Exzenterwelle, *f* Niederhalterbalken,
g Kurvenscheiben, *h* Antriebsscheibe

Abb. 345. Große Tafelschere

beschrieben, mit besonderen Kupplungen und Bremsen ausgerüstet,
um entsprechenden Schutz des Arbeiters zu gewährleisten. Der Schnitt-
hub wird durch Betätigen eines Fußhebels ausgelöst. Beim Einzelhub
rückt die Kupplung selbsttätig aus, wenn der Messerschlitten seinen
Höchststand wieder erreicht hat. Der nächste Hub kann erst nach
nochmaligem Niedertreten des Fußhebels ausgelöst werden. Bei Dauer-
hub läuft die Schere so lange weiter, wie der Fußhebel niedergedrückt
bleibt. Die Exzenterwelle wird bei kleineren Scheren von einem Schwungrad angetrieben, das durch Keilriemen von einem Elektromotor in

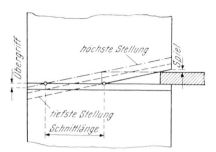

Abb. 346. Höchste und tiefste Stellung des Obermessers einer Durchschiebeschere

Abb. 347. Kombinierte Schere. *a* Antriebsmotor, *b* Schwungräder, *c* Lochstanze,
d Ausklinkapparat, *e* Blechschere, *f* Profilstahlschere, *g* Fußhebel

Bewegung gesetzt wird. Durch das Schwungrad wird der Motor entlastet und der Drehzahlabfall während des Schnittes in zulässigen Grenzen gehalten. Sehr große Tafelscheren für Blechwalzwerke (Abb. 345) erhalten Antrieb durch zwei Elektromotoren ohne Zuhilfenahme eines Schwungrades und ohne Kupplung. Die Motoren sind umsteuerbar, so daß die Schere auch während des Schnitthubes stillgesetzt und rückgedreht werden kann. Zur leichten Bewegung schwerer Blechtafeln dienen sogenannte Scharwenzelrollen (Abb. 345).

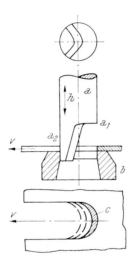

Abb. 348.   Aushauschere. a Stempel, b Matrize, a_1 Schneidenteil, a_2 Führungsteil, c Späne, h Hub, v Vorschubrichtung

Durchschiebescheren haben kurze Messer von 200 bis 600 mm Länge. Sie werden zum Schneiden von Knotenblechen, Flachstahl, Laschen usw. verwendet. Langes Blech kann nur in mehreren Hüben und unter wiederholtem Nachschieben geschnitten werden. Um eine Beschädigung der Schnittkanten zu vermeiden, darf bei der tiefsten Stellung des Obermessers dessen Ende noch nicht in das Blech eindringen und muß das Obermesser in der höchsten Stellung noch in Eingriff bleiben (Abb. 346). Die Schnittlänge je Hub muß demnach erheblich kleiner als die Messerlänge sein.

Durchschiebescheren werden meist mit Profilscheren, Lochstanzen und Ausklinkapparaten zu *kombinierten Scheren* (Abb. 347) vereinigt. Der Antrieb erfolgt von einem Elektromotor a über Keilriemen auf zwei Schwungräder b. Die Profilstahlschere f wird durch eine einrückbare Pleuelstange, die Lochstanze c durch einen Hebel, der Ausklinkapparat d und die Blechschere e durch eine Exzenterwelle angetrieben. Um den

Winkelstahl bequem in die Schere zu bringen, muß er mit einem Schenkel waagrecht liegen. Das Messer muß sich dann um 45° gegen die Waagrechte bewegen. Durch Auswechseln der normalen gegen Sondermesserplatten lassen sich auch T- und H-Profile schneiden.

Bei den *Aushauscheren* (*Nibbel-* oder *Nagemaschinen*) arbeitet ein Stempel a (Abb. 348) bei hoher Hubzahl gegen eine Matrize b. Der Stempel a besitzt einen Schneidenteil a_1 und einen Führungsteil a_2, welcher sich in der Matrize führt. Es entstehen mondförmige Späne c. Mit diesen Scheren lassen sich mitten aus dem Blech heraus beliebige Stücke freihändig nach Anriß, mit Schablonen oder auf besonderen Koordinatenmaschinen schneiden.

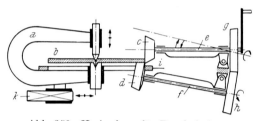

Abb. 349. Kreisschere für   Abb. 350. Kreisschere für Rundschnitte.
gerade Schnittkanten a Bügel, b Werkstück, d, c Scherenmesser,
     e, f Wellen, g, h Antriebszahnräder, i Abfall,
     k Führung für a

3,823 Die Kreisscheren

Kreisscheren arbeiten mit rotierenden kreisförmigen Messern und ermöglichen lange Schnitte mit höherer Schnittgeschwindigkeit. Zum sicheren Einziehen soll der Scheibendurchmesser gleich der 20- bis 30fachen Blechdicke gewählt werden.

Für gerade Schnittkanten wählt man die Anordnung nach Abb. 349 mit parallelen waagrechten Scherachsen. Zur Anpassung an die Blechdicke ist meist die Oberwelle senkrecht und die Unterwelle waagrecht verstellbar.

Für die Herstellung einfacher Rundschnitte wird die Schere mit einem Bügel a ausgestattet (Abb. 350), der es ermöglicht, das Blech b in seinem zukünftigen Mittelpunkt festzuhalten. Damit die ausgeschnittene Blechscheibe b nicht mit dem oberen Schermesser c kollidiert und aufgebördelt wird, muß nach Abb. 351:

die Achse f der unteren Schneidscheibe d geneigt werden, so daß ihre Scherkante die Scherebene nur im Punkt A berührt;

die untere Schneidscheibe d entgegengesetzt der Bewegungsrichtung des Bleches verschoben werden und

der Mittelpunkt des auszuschneidenden Bleches in das in A errichtete Lot verlegt werden.

Die untere Schneidscheibe d wird doppelt kegelförmig ausgebildet. Die obere Schneidscheibe c ist nach oben mit ihrer Welle e ausschwenkbar, um den geschlossenen äußeren Blechteil i entfernen zu können. Da beide Schneidscheiben durch Nachschleifen ihren Durchmesser ändern, wird auch die untere Schneidscheibenwelle f schwenkbar ausgeführt. Zur Änderung des Blechscheibenradius läßt sich der Bügel a längs der

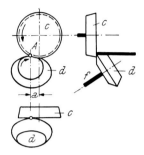

Abb. 351. Anordnung der Schermesser zum Rundschneiden.
A Berührungspunkt, a Achsabstand, c, d Schermesser, f Welle

Abb. 352. Anordnung der
Schermesser für Kurvenschnitt

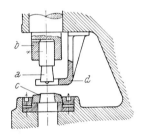

Abb. 353. Lochwerkzeug.
a Lochstempel, b Pressenschlitten,
c Lochplatte, d Abstreifer

Führung k verschieben. Die Führung k ist um ihre Mittelachse schwenkbar, um die Exznetrizität des Blechmittelpunktes zu ändern. Der Antrieb der beiden Schneidscheibenwellen e und f erfolgt durch zwei Hyperboloidräder g und h, die meist durch zwei Kegelräder ersetzt werden. Mit diesen Scheren kann man jedoch keine Schlangenlinien schneiden.

Werden beide Schermesser kegelstumpfförmig mit geneigten, parallelen Achsen nach Abb. 352 angeordnet, so lassen sich gerade Kanten und Kurven schneiden. Die obere Schneidscheibe muß gehoben und gesenkt, die untere, je nach Blechdicke oder Nachschliff der Messer, verschoben werden können.

3,824 Die Lochwerkzeuge

Beim Lochen wird längs zylindrischer Flächen abgeschert. Für große Blechdicken verwendet man Lochwerkzeuge nach Abb. 353, die auf besonderen Lochscheren oder auf kombinierten Scheren (Abb. 347) angeordnet sind. Sie bestehen aus dem leicht konischen Lochstempel a, der im Schlitten b der Schere durch eine Schraube festgehalten wird, und der Lochplatte c, die am Scherentisch befestigt wird (s. auch Abb. 347). Die Loch- oder Schnittplatte c ist innen nach unten konisch erweitert, um ein leichtes Durchfallen des Putzens zu ermöglichen. Zum Lochen nach Ankörnung besitzt der Lochstempel eine Zentrierspitze.

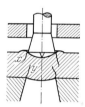 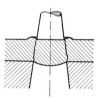

Abb. 354 und 355. Vorgang beim Lochen dicker Bleche. x, y Rißflächen

Ein Abstreifer d verhindert ein Mitgehen des Bleches beim Hochgang des Lochstempels.

Den Vorgang beim Lochen von dickem Blech zeigt die Abb. 354 in übertriebener, schematischer Darstellung. Der plastisch gewordene Werkstoff weicht nach oben in Form eines Wulstes aus und baucht sich im Lochring nach unten. Bei weiterem Vordringen des Lochstempels tritt zuerst eine Verfestigung ein und dann bilden sich kegelförmige Rißflächen x und y, die von den Ecken des Lochstempels nach außen und von den Ecken des Lochringes nach innen dringen. Bei weiterem Vordringen des Lochstempels wird durch diesen schließlich die Fläche zwischen den beiden Rißflächen abgeschert. Diese Vorgänge beim Lochen lassen sich auch an dem ausgestoßenen Blechputzen verfolgen.

Einen erheblich kleineren Kraftaufwand erzielt man, wenn man den Durchmesser des Lochstempels kleiner als den des Lochringes ausführt (Abb. 355). Löcher und Putzen werden dann allerdings konisch. Der geringere Kraftaufwand ist durch das Zusammenfallen der kegeligen Rißflächen zu erklären.

Durch das Lochen treten stets bleibende Verformungen und Kaltverfestigung der Lochwand und dadurch bedingt Spannungen auf, die bei ungünstiger Beanspruchung zu Rissen im Blech führen können. Diese Rißbildung kann man durch nachträgliches Aufreiben weitgehend verhindern. Man erhält dann auch zylindrische Löcher bei wesentlich höheren Arbeitskosten.

Das Lochen dünner Bleche von Hand kann mit dem *Bankdurchschlag* zwischen den entsprechend geöffneten Schraubstockbacken erfolgen. Dabei tritt wegen der fehlenden allseitigen Unterstützung ein stärkeres Verquetschen auf.

3,825 Die Schneidwerkzeuge[1]

Schneidwerkzeuge dienen zur Herstellung von Teilen mit bestimmten Umrissen aus Blech (Anker-, Pol- und Statorbleche, Apparateteile, Kabelschuhe usw.) oder anderen Werkstoffen (Pappe, Kunststoff). Nach der Konstruktion unterscheidet man:

Schneidwerkzeuge ohne Führung (Abb. 353), bei denen Schneidstempel und Schneidplatte nur durch die Presse gegenseitig geführt werden,

Schneidwerkzeuge mit *Plattenführung* (Abb. 356, 358), bei denen der Stempel durch eine Führungsplatte, und mit *Säulenführung* (Abb. 359), bei denen der Oberteil durch zwei Säulen geführt wird,

Messerschneidwerkzeuge, bei denen eine keilförmige Schneide den Werkstoff auseinanderdrängt (Abb. 360, 361),

mit *elastischem Kissen arbeitende Schneidwerkzeuge* (Abb. 362), bei denen statt des Schneidstempels eine Stahlschablone und statt der Schneidplatte ein allgemein verwendbares Gummikissen verwendet wird, und

Feinschneidwerkzeuge[2] mit sehr kleinem Schneidspalt zur Herstellung sehr genauer Teile.

Nach der *Wirkungsweise* unterscheidet man:

Einfache Schneidwerkzeuge (Abb. 353, 356), mit denen Teile mit einfachem Umriß hergestellt werden,

Folgeschneidwerkzeuge (Abb. 358), mit welchen Teile mit mehreren Umrissen in mehreren Hüben hergestellt werden, und

Gesamtschneidwerkzeuge (Abb. 359), mit welchen solche Teile in einem Hub hergestellt werden.

Ein *einfaches Schneidwerkzeug ohne Führung* (Abb. 353) besteht aus Schneidstempel *a* und Schneidplatte *c*. Beide sind aus Werkzeugstahl, die Platte wird stets, der Stempel meist gehärtet. Zur Herabsetzung der Schneidkraft erhalten die Schneidstempel Schneidkanten,

---

[1] DIN 9869, Bl. 2 Begriffe für Werkzeuge der Stanztechnik, Schneidwerkzeuge. — DIN 9870, Bl. 1 Begriffe für Arbeitsverfahren der Stanzereitechnik; Übersicht. Bl. 2 —; Fertigungsverfahren und Werkzeuge zum Zerteilen. — Oehler, G.: Schnitt-, Stanz-, und Ziehwerkzeuge. Berlin-Göttingen-Heidelberg: Springer. 1957. — VDI-Richtlinie 3368 Schneidspalt, Schneidstempel und Schnittplattenmaße für Schnittwerkzeuge.

[2] Guidi, A.: Feinschneiden. Werkstatt und Betrieb *1962*, 637—648. — Haack, J.: Feinschneiden. ZVDI *1972*, 281—284.

die nicht gleichzeitig schneiden (Hohlschliff), wodurch jedoch die
ausgeschnittenen Blechteile krumm werden. Werkzeuge ohne Führung sind von der Führungsgenauigkeit der Presse abhängig. Die gelochten Blechteile werden durch Abstreifer *d* vom Stempel abgestreift.
Auch die *Abgratwerkzeuge* zum Entfernen des Grates von Gesenkschmiedestücken besitzen meist keine Führung. Durch ein seitlich

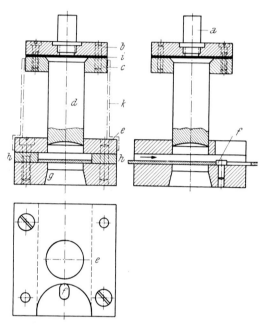

Abb. 356.   Einfaches Schneidwerkzeug mit Plattenführung. *a* Einspannzapfen,
b Kopfplatte, *c* Stempelplatte, *d* Schneidstempel, *e* Führungsplatte, *f* Aufhäng-
stift, *g* Schneidplatte, *h* Führungsleisten, *i* Druckplatte, *k* Schutzblech

des Schneidstempels angebrachtes Messer wird der Grat durchschnit-
ten, um ihn zu entfernen.

Das *einfache Schneidwerkzeug mit Plattenführung* (Abb. 356) besteht aus Einspannzapfen *a*, Kopfplatte *b*, Stempelplatte *c*, Schneidstempel *d*, Schneidplatte *g*, Führungsleisten *h*, Führungsplatte *e* und
Auffangstift *f*. Stempel- und Kopfplatte sowie Führungsleisten, Füh-
rungs- und Schneidplatte sind durch je zwei Paßstifte und Schrauben
miteinander verbunden. Der Schneidstempel ist an seinem oberen
Ende angestaucht oder angedreht, damit er beim Rückgang nicht
herausgezogen wird. Zwischen Kopf- und Stempelplatte befindet sich
bei dünnen Stempeln eine gehärtete Stahlplatte *i*, damit sich der Stempel
nicht eindrückt. Die Führungsplatte *e* dient zur Führung des Schneid-

stempels und zum Abstreifen des Bleches. Der Stift f sichert die Teilung. Durch den hochgehenden Stempel wird der Blechstreifen etwas über den Stift f gehoben und dann von Hand schräg nach vorne und abwärts gezogen, so daß er sich in dem eben erzeugten Loch fängt. Zur besseren Beobachtung dieses Vorganges ist die Führungsplatte vorne ausgeschnitten: Schneidstempel, Paßstifte und Schneidplatte sind aus gehärtetem Werkzeugstahl. Für große Stückzahlen verwendet man Auflagen aus Hartmetall oder Ferro-TiC[1] (besteht aus ca. 50% TiC, das in eine mit Cr und Mo legierte martensitische Grundmasse eingelagert ist und sich im geglühten Zustand bearbeiten läßt). Die übrigen Teile bestehen aus Baustahl. Beim Ausschneiden von Außenformen

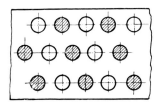

Abb. 357. Versetzte Anordnung der Schneidstempel

erhält die Schneidplatte, beim Lochen der Schneidstempel das Nennmaß. Führungsplatten werden auch durch Umgießen des Schneidstempels mit einer Zinklegierung oder mit Gießharzen[2] hergestellt.

Sollen im Verhältnis zur Blechdicke kleine Löcher hergestellt werden, so verwendet man abgesetzte oder durch eine Hülse oben verstärkte Stempel, um ein Ausknicken zu verhindern. Ordnet man mehrere Schneidstempel an, so versetzt man diese nach Abb. 357, um ein Reißen der dünnen Stege der Schneidplatten zu verhüten. *Perforierwerkzeuge* für Papier (Briefmarken) verwenden verschieden lange Schneidstempel, um Kraft zu sparen und Risse im Papier zu vermeiden.

Die zum Schneiden erforderliche Kraft ergibt sich aus:

$$F = A \cdot \tau_S \quad (N).$$

$A \ (mm^2) \ \ldots \ldots$ Schneidfläche = Umfang $\times$ Blechdicke.
$\tau_S \ (N/mm^2) \ \ldots$ Scherfestigkeit.

Das Spiel zwischen Schneidstempel und Schneidplatte ist von der Blechdicke und dem zu schneidenden Werkstoff abhängig (0,05

---

[1] Frehn, F.: Anwendung bearbeitbarer Hartstoffe zur Steigerung der Werkstückstandmenge in der Stanztechnik. Werkstatt und Betrieb *1972*, 697—706.
[2] Schrödl, W.: Das Ausgießen von Führungsplatten im Werkzeugbau. Werkstatt und Betrieb *1958*, 202—203. — VDI-Richtlinie 3369 Gießharze im Schnitt- und Stanzenbau.

bis 0,1 Blechdicke). Bei großen Schneidwerkzeugen wird die Schneidplatte aus mehreren Teilen zusammengesetzt und auf eine Grundplatte montiert.

Abb. 358 zeigt ein *Folgeschneidwerkzeug mit Plattenführung* für
eine gelochte Scheibe. Zur Begrenzung des Vorschubes wird bei diesem
ein seitlich angebrachter rechteckiger Schneidstempel, der *Seitenschneider s*, verwendet, der die Länge der gewünschten Teilung besitzt
und seitlich vom Blechstreifen ein schmales Stück abschneidet, um
das der Streifen dann vorgeschoben werden kann. Der Seitenschneider

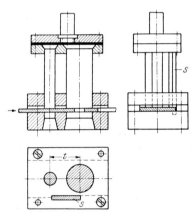

Abb. 358. Folgeschneidwerkzeug mit Plattenführung. *s* Seitenschneider, *t* Teilung

begrenzt die Teilung genauer als ein Auffangstift. Um den Streifen
für den ersten Stempelhub richtig einschieben zu können, ist ein nicht
dargestellter Anschneideanschlag erforderlich. Er wird vor dem Anschneiden von Hand aus eingedrückt und durch eine Feder in die Ruhestellung zurückgezogen. Zum Zentrieren des vorgeschnittenen kleinen
Loches werden im großen Schneidstempel häufig Suchstifte angebracht.

Abb. 359 zeigt ein *Gesamtschneidwerkzeug mit Säulenführung*[1],
mit welchem der äußere und der innere Umriß der Scheibe in einem
Hub gleichzeitig hergestellt werden. Der bewegliche Oberteil *o* wird
durch den Knopf *p* am Pressenstößel befestigt und durch die beiden
am Unterteil *u* befestigten Säulen *b* geführt. Die Säulen sind oberflächen-
gehärtet und geläppt und führen genauer als eine Führungsplatte.
Sie haben verschiedene Außendurchmesser, um ein seitenverkehrtes
Aufsetzen des Oberteiles zu verhindern. Um bei hohen Hubzahlen
die Reibung herabzusetzen, verwendet man auch Kugelführungen.

---

[1] VDI-Richtlinie 3350 Schneidwerkzeuge mit Säulenführung. — DIN 9811,
9812, 9814, 9816, 9819, 9822 und 9825, Bl. 2.

Am Oberteil *o* sind die Schneidplatte *h* für den äußeren Umriß, der Schneidstempel *e* für den inneren Umriß und der durch die Schraubenfeder *n* über Stifte betätigte Auswerfer *m* angeordnet. Reicht die Kraft einer Feder (es können auch Teller- oder Ringfedern verwendet werden) zur Betätigung des Auswerfers nicht aus, so muß ein zwangsläufig betätigter Auswerfer verwendet werden, der durch Stifte beim Hochge-

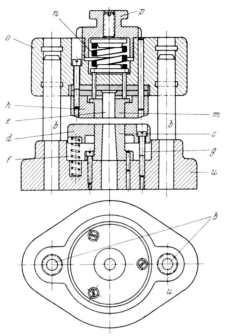

Abb. 359. Gesamtschneidwerkzeug mit Säulenführung. *b* Säulen, *c* Schneidstempel für den äußeren Umriß und Schneidring für die Bohrung, *d* Abstreifer, *e* Lochstempel, *f* Schraubenfedern, *g* Hubbegrenzungsschrauben, *h* Schneidplatte, *m* Auswerfer, *n* Schraubenfeder, *o* Oberteil, *p* Einspannkopf, *u* Unterteil

hen des Oberteils betätigt wird. Im Unterteil *u* ist der Schneidstempel *c* für den äußeren Umriß durch Schrauben und Paßstifte befestigt. Er ist Schneidring für *e* und vom Abstreifer *d* umgeben, der durch Schraubenfedern *f* nach aufwärts gedrückt und von drei Schrauben *g* geführt und gehalten wird. Führung und Vorschubbegrenzung liegen hier in besonderen Vorschubapparaten[1] (Walzen-, Greifzangenvorschub) seit-

---

[1] VDI-Richtlinie 3370 Mechanisierte und automatisierte Arbeitsvorgänge in Stanzwerkzeugen. Einlegearbeiten. — VDI-Richtlinie 3360, Bl. 1 Sicherung von Stanzwerkzeugen durch elektrische Kontaktschalter; Bl. 2 Sicherung von Stanzwerkzeugen mit akustischen, optischen, induktiven und pneumatisch-elektrischen Schalterelementen.

lich des Pressentisches und werden vom Pressenschlitten über Hebelgestänge betätigt. Sobald der Blechstreifen in der richtigen Lage liegt, bewegt sich der Oberteil nach unten. Der Schneidring h drückt den Blechstreifen auf den Abstreifer d und diesen, den Gegendruck der Federn f überwindend, etwas nach unten. Hiebei schneiden die beiden Stempel e und c gleichzeitig beide Umrisse aus. Beim Aufwärtsgehen des Oberteiles dehnen sich die Federn f und n wieder aus, so daß der Blechstreifen durch den Abstreifer d vom Schneidstempel c abgestreift und die fertige Scheibe vom Auswerfer m ausgestoßen wird. Ihr weiterer Transport erfolgt durch den geneigten Tisch oder durch Druckluft.

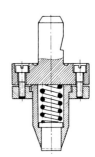

Abb. 360. Messerschneidstempel   Abb. 361. Messerschneidwerkzeug
für Außenteile   für Innenteile

Der ausgeschnittene Innenteil fällt durch das Loch. Gesamtschneidwerkzeuge sind zwar teuer, liefern aber die genaueste Arbeit, da Außen- und Innenkonturen gleichzeitig geschnitten werden.

Säulenführungsschneidwerkzeuge gewährleisten das Einhalten eines symmetrischen Schneidspaltes und sind unempfindlich gegen Ungenauigkeiten der Stößelführung. Sie sind den Plattenführungsschneidwerkzeugen in bezug auf Leistung und Maßhaltigkeit der Werkstücke überlegen. Durch Normung ist eine wirtschaftliche Herstellung möglich. Sie können mit Führungssäulen in der Längsrichtung, mit diagonal angeordneten Säulen, mit Führungssäulen hinter der Arbeitsfläche und mit vier Führungssäulen hergestellt werden.

Messerschneidwerkzeuge dienen zum Ausschneiden von Teilen aus Leder, Papier, Pappe, Tuch und Stoffen. Die Schneidplatte wird bei ihnen durch eine Unterlage aus Hartpappe, Holz, Blei oder anderen weichen Werkstoffen ersetzt. Der Stempel hat die Form nach Abb. 360, wenn der Außenteil, nach Abb. 361, wenn der Innenteil verwendet wird. Die ausgeschnittenen Teile werden durch einen Federauswerfer herausgestoßen. Wegen der Unfallgefahr darf der Pressenhub nicht größer als 8 mm sein. Große Messerschneidwerkzeuge für die Leder-, Papier- und Textilindustrie können aus besonderen gewalzten Profilen gebogen werden. Diese legt man auf den zu schneidenden Werkstoff und drückt mit einer im Pressenschlitten eingespannten Platte auf das Messer.

Schneidwerkzeuge mit elastischem Kissen (Abb. 362) werden zum Ausschneiden kleiner Stückzahlen von Werkstücken aus Leichtmetall-,

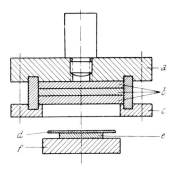

Abb. 362. Schneidwerkzeug mit elastischem Kissen. *a, c* Oberteil, *b* Platten aus elastischem Werkstoff (Gummi), *d* Werkstück, *e* Schablone, *f* Grundplatte

Messing-, Kupfer- und Stahlblechen bis 1,5 mm Dicke verwendet. Das zu schneidende Blech wird auf eine 6 mm dicke Schablone *e* aus ungehärtetem Stahlblech, die den Umriß des Werkstückes besitzt, gelegt. Beim Niedergehen des Oberteiles *a* wird das Werkstück *d* zuerst festgehalten und dann durch den unzusammendrückbaren Gummi *b* sein Rand um die scharfe Kante der Schablone *e* abgeschert.

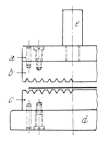

Abb. 363. Prägestanze. *a* Stempelkopf, *b* Oberstempel, *c* Unterstempel, *d* Grundplatte, *e* Einspannzapfen

3,83 Prägen, Pressen, Stauchen, Nieten

Prägerichten ist das Richten von Teilen durch Eindrücken eines Werkzeugober- und -unterteiles mit rasterförmig angeordneten Erhöhungen in die Oberfläche dünner Werkstücke (Abb. 363, links).

Einprägen ist Eindrücken eines mit Zeichen (Ziffern, Buchstaben)

24*

versehenen Prägestempels in die Werkstückoberfläche. Es wird zum Bezeichnen von Werkstücken angewendet.

Beim *Kalteinsenken*[1] wird die Innenform von Gesenken durch Einpressen eines durchgehärteten Stempels auf einer hydraulischen Presse hergestellt. Man erhält ohne spanende Nacharbeit Werkzeuge hoher Oberflächengüte mit nicht unterbrochenem Faserverlauf.

Wälzprägen ist Eindrücken einer mit Zeichen versehenen Prägewalze in die Werkstückoberfläche.

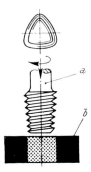

Abb. 364. Gewindefurchen von Innengewinden. *a* Gewindefurcher, *b* Werkstück

Abb. 365. Münzprägen. *a, b* Prägestempel, *c* Ring, *w* Werkstück

Beim *Rändeln* und *Kordeln* werden gehärtete Rändel- bzw. Kordelwalzen, die sich auf der Oberfläche des Werkstückes abwälzen in diese eingedrückt.

Beim *Gewindefurchen* werden Innengewinde mit einem Werkzeug mit schraubenförmigen Rillen spanlos erzeugt (Abb. 364).

Flachprägen[2] ist Stauchen mit kleiner Höhen- bzw. Dickenabnahme. Es kann auch zum Richten flacher Werkstücke dienen (Abb. 363, rechts).

Maßprägen ist Flachprägen auf genaues Maß, *Glattprägen* ist Flachprägen zum Glätten der Oberfläche. Diese beiden Verfahren werden bei Gesenkschmiedeteilen, Sinterteilen und Gußstücken mit ausreichendem Formänderungsvermögen angewendet.

Ein *Formpressen ohne Grat* ist das *Münzprägen* (Abb. 365). Da sich kein Grat ausbilden kann, muß das Gewicht des Rohlings genau dem Fertigteil entsprechen.

---

[1] VDI-Richtlinie 3170 Kalteinsenken von Werkzeugen. — Hoischen, H.: Werkzeugformgebung durch Kalteinsenken. Werkstatt und Betrieb *1971*, 275—282.
[2] VDI-Richtlinie 3172 Flachprägen

Anstauchen ist Stauchen zum örtlichen Stoffanhäufen an einem Werkstück (s. Abb. 247, 246, Anstauchen im Gesenk).

Nieten ist Umformen von Nietschäften durch Stauchen ihrer Schaftenden mit einem Nietstempel zur Verbindung von Teilen. Eine Nietverbindung kann auch durch *Gesenkziehen* (früher Formstanzen, Abb. 366) oder durch *Biegestanzen* (Abb. 367) erzeugt werden.

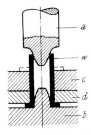

Abb. 366. Gesenkziehen einer Nietverbindung. *a* Stempel, *b* Unterteil, *c*, *d* zu verbindende Bleche, *w* Niete

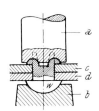

Abb. 367. Biegestanzen einer Nietverbindung. *a*, *b* Stempel, *c*, *d* zu verbindende Bleche, *w* Niete

3,84 Tiefziehen, Abstreckziehen, Weiten, Streckziehen

Nach DIN 8584, Bl. 3 ist Tiefziehen Zugdruckumformen eines Blechzuschnittes zu einem Hohlkörper oder eines Hohlkörpers zu einem Hohlkörper mit kleinerem Umfang ohne beabsichtigte Veränderung der Blechdicke. Das Tiefziehen kann mit Werkzeugen, Wirkmedien oder Wirkenergie erfolgen. Die Werkzeuge können starr und nachgiebig sein.

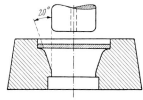

Abb. 368. Ziehwerkzeug ohne Niederhalter (Napfzug)

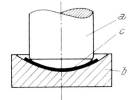

Abb. 369. Kümpeln. *a* Stempel, *b* Matrize, *c* Werkstück

Ein Tiefziehen im *Erstzug ohne Niederhalter* mit düsenförmigem Ziehring ist das *Napfziehen* (Abb. 368), das bei dicken Blechen, geringer Ziehhöhe, kleinerem Ziehverhältnis und zum Kalibrieren vorgezogener Werkstücke angewendet wird.

Kümpeln ist Tiefziehen im Erstzug ohne Niederhalter zur Erzeugung gewölbter Kesselböden, wobei das Werkstück *c* im Endzustand zwischen Stempel *a* und Matrize *b* eingeschlossen ist (Abb. 369).

Auf den Erstzug folgen die Weiterzüge. Zwischen den einzelnen Zügen erfolgt ein Weichglühen. Das Weiterziehen kann in gleicher Richtung oder in entgegengesetzter Richtung des vorangegangenen Zuges erfolgen (Stülpziehen). Abb. 370 zeigt schematisch einen *Stülpzug* ohne Niederhalter. Durch den Hohlstempel *a* wird das Blech *b* zu einem Hohlgefäß *c* gezogen. Bei weiterem Vordringen des Hohlstempels *a* stößt der Boden des Gefäßes *c* gegen den Umstülpstempel *d*, so daß *c* zu einem Gefäß kleineren Durchmessers *e* umgeformt wird.

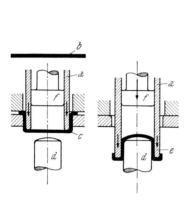 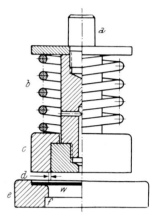

Abb. 370. Stülpzug ohne Niederhalter. *a* Hohlstempel für Erstzug, *b* Blechscheibe, *c* Zwischenform, *d* Stülpstempel, *e* Endform, *f* Auswerfer

Abb. 371. Einfaches Ziehwerkzeug. *a* Einspannzapfen, *b* Schraubenfeder, *c* Niederhalter, *d* Ziehspalt, *e* Ziehring, *f* scharfe Kante, *w* Blechronde

Das im Rohrstempel *a* festgeklemmte Gefäß *e* wird beim Hochgehen vom Umstülpstempel *d* abgestreift und durch den Auswerfer *f* ausgeworfen. Das selten angewendete Umstülpen ermöglicht ein größeres Ziehverhältnis.

Abb. 371 zeigt ein einfaches Ziehwerkzeug, bei welchem der Niederhalter *c* durch eine Feder *b* auf das Blech gepreßt wird. Der *Niederhalter* hat die Aufgabe Faltenbildung zu verhindern. Er kann noch durch Luft- oder Wasserdruck, Gummipolster oder mechanische Vorrichtungen auf das Blech gepreßt werden. Wegen der mit zunehmendem Hub steigenden Federkraft kann das Blech reißen oder bei Hubbeginn Falten bilden. Zur Verringerung der Reibung werden die Arbeitsflächen des Ziehstempels geschliffen und poliert. Zur Herabsetzung der Schleifarbeit werden Ziehstempel über 20 mm Durchmesser abgesetzt, über 50 mm Durchmesser zweiteilig hergestellt (Schaft aus Gußeisen oder Baustahl). Die gegenüberliegenden Kanten von Ziehstempel und Ziehring *e* müssen gut abgerundet und poliert sein. In der Mitte erhält der Ziehstempel eine Bohrung, damit beim Abstreifen des Napfes die Luft eintreten kann. Die Kante f des Ziehringes muß scharf sein, damit beim Hochgehen des Ziehstempels der Napf, der etwas aus-

Abb. 372. Doppelt wirkende Ziehpresse mit mechanisch angetriebenem Ziehstempel und Drucklufteinrichtungen im Tisch

Abb. 373. Stufenpresse

einanderfedert, abgestreift wird. Für dünne Bleche sind besondere Auswerfer vorteilhaft. Der Oberteil wird mit dem Einspannzapfen a im Pressenschlitten, der Ziehring mit Spanneisen auf dem Pressentisch befestigt.

Die *Ziehkraft* ist abhängig von der Größe des Werkstückes, von dessen Dicke s und Festigkeit σ_B, vom Ziehverhältnis $m = d/D$ ($d =$

Werkstückdurchmesser, D = Platinendurchmesser) und der Reibung zwischen Werkstück und Werkzeug:

$$F_z = k \cdot U \cdot s \cdot \sigma_B \qquad m = 0{,}55 \quad 0{,}7 \quad 0{,}8 \quad 0{,}9 \qquad (U = \text{Umfang})$$
$$k = 1 \qquad 0{,}6 \quad 0{,}4 \quad 0{,}2$$

Der Ziehspalt wird zur Herabsetzung der Reibung etwas größer als die Blechdicke s ausgeführt. Die Nachteile der Feder vermeidet man durch Einschalten größerer Luftpolster, die einen nahezu konstanten Niederhalterdruck ergeben.

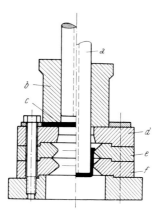

Abb. 374. Abstreckziehwerkzeug.
a Ziehstempel, *b* Niederhalter, *c* Blechronde, *d* Ziehring, *e, f* Abstreckringe

Für das Ziehen finden *Exzenter-, Kurbel-, Kniehebel-* und *hydraulische* Pressen Verwendung. Diese können zusätzliche hydraulische oder pneumatische Ziehkissen haben, um Bewegungen in gegenläufigen Richtungen durchführen zu können. *Zahnstangenziehpressen* sind für tiefe Züge besonders geeignet. Bei den *doppelt wirkenden* Ziehpressen (Abb. 372) wird der Ziehstempel meist durch Kurbeltrieb und der Niederhalter durch ein besonderes Nockenpaar angetrieben. *Stufenpressen* (Abb. 373) sind automatisch arbeitende Maschinen mit großem Abstand zwischen den Ständern. Auf ihnen können viele Werkzeuge nebeneinander aufgespannt werden. Die Werkstücke werden selbsttätig von Werkzeug zu Werkzeug befördert, so daß mehrere Arbeitsgänge nacheinander verrichtet werden können. Bei jedem Stößelhub wird ein fertiges Werkstück ausgeworfen, so daß die Stückzeit gering gegenüber dem Arbeiten auf Einzelpressen wird.

Beim *Abstreckziehen* werden Hohlkörper hergestellt, die eine unterschiedliche Dicke im Mantel und Boden besitzen sollen. Man kann das Gefäß im normalen Ziehwerkzeug vorformen und in einem anschließenden Abstreckzug auf Maß ziehen oder gemäß Abb. 374 in einem gemeinsamen Werkzeug ziehen und abstrecken. Der Ziehstempel *a* zieht das durch Niederhalter *b* gehaltene Blech *c* zuerst durch den Ziehring *d* und anschließend durch die beiden Abstreckringe *e* und *f*, wobei die Wanddicke verringert wird.

Auch beim Ziehen finden *Folgewerkzeuge*, welche zwei Arbeitsgänge in zwei aufeinanderfolgenden Hüben und *Gesamtwerkzeuge*, welche mehrere Arbeiten in einem Hub ausführen, Verwendung.

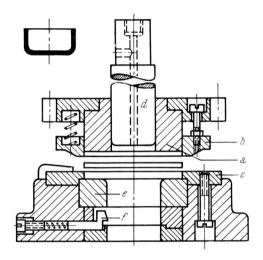

Abb. 375. Gesamtverbundwerkzeug zum Schneiden und Ziehen für eine doppelt wirkende Presse. *a* Niederhalter und Schneidstempel, *b* Auswerfer, *c* Schneidring, *d* Ziehstempel, *e* Ziehring, *f* Abstreifer

Verbundwerkzeuge[1] sind Werkzeuge, die mehrere verschiedene Arbeitsverfahren, z. B. Ziehen und Schneiden in sich vereinigen. Man unterscheidet *Gesamtverbund-* und *Folgeverbundwerkzeuge*. Sie sind für mittlere bis große Stückzahlen geeignet.

Abb. 375 *zeigt ein Gesamtverbundwerkzeug* zum *Schneiden* und *Ziehen* für eine doppelt wirkende Presse. Bei diesem ist der Schneidstempel *a* gleichzeitig Niederhalter. Beim Niedergang des Oberteiles preßt zunächst der Auswerfer *b* den Ausgangsblechstreifen auf den Schneidring *c*. Nach vollendetem Schnitt beginnt der Ziehstempel *d* im Ziehring *e* seine Arbeit. Beim Hochgehen des Ziehstempels halten drei durch Federn betätigte Abstreifer *f* den entstandenen Napf zurück. Abb. 376 zeigt ein *Verbundwerkzeug* zum *Schneiden* und *Ziehen* für eine einfach wirkende Presse mit *Federdruckapparat*. Die Anordnung

---

[1] VDI-Richtlinie 3351 Verbundwerkzeuge.

ist gerade umgekehrt wie beim vorhin beschriebenen Werkzeug. Oben im Pressenschlitten befestigt, befindet sich der Ziehring *a*, der gleichzeitig Schneidstempel ist. Der Ausstoßer *d* in ihm wird durch die Feder *n* betätigt. Schneidring *c* und Ziehstempel *b* sind fest im Unterteil auf einer Grundplatte *e* befestigt. Der Ausstoßer und Niederhalter *f* wird

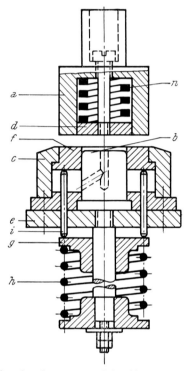

Abb. 376. Gesamtverbundwerkzeug zum Schneiden und Ziehen für eine einfach wirkende Presse mit Federdruckapparat. *a* Ziehring und Schneidstempel, *b* Ziehstempel, *c* Schneidring, *d* Ausstoßer, *e* Grundplatte, *f* Niederhalter und Auswerfer, *g* Federteller, *h* Druckfeder, *i* Stifte, *n* Ausstoßerfeder

durch die Stifte *i* vom Federteller *g* und der Schraubenfeder *h* des Federdruckapparates betätigt.

Weiten nach DIN 8585, Bl. 3 ist Zugumformen zum Vergrößern des Umfanges eines Hohlkörpers. *Aufweiten* ist Weiten an den Enden oder der ganzen Länge eines Hohlkörpers; *Ausbauchen* ist Weiten in der Mitte eines Hohlkörpers. Das Weiten kann mit Dornen, mit Spreizwerkzeugen, mit nachgiebigen Werkzeugen (Gummistempel), mit kraftgebundenen Wirkmedien (Sand, Stahlkugeln, Flüssigkeiten oder Gasen) und mit energiegebundenen Wirkmedien (Detonation eines

Sprengstoffes, Explosion eines Gasgemisches, Funkenentladung oder kurzzeitige Entspannung hochkomprimierter Gase) erfolgen.

Abb. 377 zeigt ein *Ausbauchwerkzeug mit Gummikeilring* zur Herstellung eines Teekannendeckels. Bei ihm trägt der Ausbauchstempel *a* auf einem Zapfen hängend und durch einen Stift *d* am Herabfallen gehindert den Formstempel *c*. Durch die schrägen Flächen der beiden Stempel *a* und *c* wird beim Zusammenpressen des Werkstückes ein Gummiring *b* keilartig nach außen gepreßt, wie dies in der rechten Bildhälfte dargestellt ist. Dadurch wird der in die Formhälften *e* eingelegte Blechteil in die Endform gedrückt. Die Formhälften *e* befinden

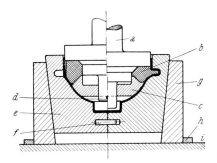

Abb. 377. Ausbauchwerkzeug mit Gummikeilring. *a* Stempel, *b* Gummiring, *c* Formstempel, *d* Haltestift, *e* Formhälften, *f* Zentrierstift, *g*, *h* Ringe, *i* Pressentisch

sich durch einen Stift *f* zentriert in einem konischen Ring *g*, der durch einen Ring *h* auf dem Pressentisch *i* zentriert wird.

Tiefziehen und Weiten wenig bildsamer Werkstoffe (hochfeste Stähle, Titan, Wolfram usw.), die in der Luft- und Raumfahrt, in der Kerntechnik usw. steigende Verwendung finden, kann durch *Verfahren* der *Hochenergieumformung*[1] erfolgen, bei welcher diese Werkstoffe durch die angewendeten hohen Umformgeschwindigkeiten und -drücke bildsam werden.

Man verwendet das *Explosiv-Umformen* (durch Sprengstoffe wird eine Druckwelle erzeugt, die das auf einem Gesenk liegende Blech verformt), *elektromagnetisches Umformen* (durch Kondensatorentladung über eine Magnetspule wird in Mikrosekunden ein starkes Magnetfeld aufgebaut, das gegenläufige Ströme im Werkstück induziert, die eine abstoßende Umformkraft ergeben), *Umformen durch Unterwasser-*

---

[1] Kursetz, E.: Umformen mit Sprengstoffen. Werkstatt und Betrieb *1968*, 547—550. — Schinnerling, E.: Explosivumformung — eine neue Verfahrenstechnik der Umformung. Werkstatt und Betrieb *1971*, 183 bis 186. — Bühler, H., Bauer, D.: Ein Beitrag zur Magnetumformung rohrförmiger Werkstücke. Werkstatt und Betrieb *1968*, 513—516.

funkenentladung bzw. *-drahtexpolsion* und *pneumatisch-mechanisches Umformen* (hohe Umformgeschwindigkeit wird durch plötzliches Entspannen von Hochdruckgas erzeugt).

Zur Herstellung großflächiger Blechteile durch Ziehen verwendet man bei kleineren Stückzahlen zur Herabsetzung der Werkzeugkosten an Stelle eines Ziehringes einen sogenannten Gummikoffer. Beim *Guerin*-Verfahren (Abb. 378) befinden sich in einem Gehäuse *a* (Koffer genannt) mehrere 20 bis 40 mm dicke, lose geschichtete oder verleimte Gummiplatten *b*. Auf dem Werkzeugtisch *c*, dessen Außenmaße den

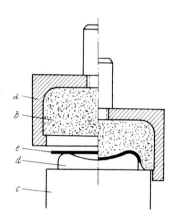

Abb. 378. Guerin-Verfahren.
a Koffer, *b* Gummiplatten, *c* Tisch,
d Ziehstempel, *e* Blechronde

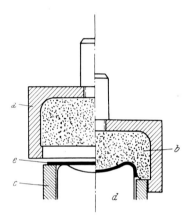

Abb. 379. Marform-Verfahren.
a Koffer, *b* Gummiplatten, *c* Niederhalter, *d* Ziehstempel, *e* Blechronde

Innenmaßen des Koffers *a* entsprechen, befindet sich der Ziehstempel *d*, auf welchem bei Arbeitsbeginn der Blechzuschnitt *e* aufgelegt wird. Beim Niedergehen des Pressenschlittens mit dem in ihm befestigten Koffer legt sich die Unterseite des Gummis auf das Blech *e* und den Werkzeugtisch und füllt bei weiterem Niedergang den Zwischenraum zwischen Koffer *a*, Stempel *d* und Werkzeugtisch *c* vollkommen aus. Dadurch wird das Blech gezwungen, genau die Form des Stempels *d* anzunehmen.

Beim *Marform*-Verfahren (Abb. 379) ist nur der Stempel *d* fest angeordnet. An Stelle des festen Werkzeugtisches verwendet man einen beweglichen Niederhalter *c*. Dadurch wird es bei größerer Lebensdauer der Gummiplatten möglich, auch tiefere, steilere Teile zu ziehen. Der Niederhalter *c* gibt unter dem Druck des Gummikissens *b* nach. Gegenüber dem Guerin-Verfahren erzielt man ein größeres Ziehverhältnis und geringere Blechdickenabweichungen am Bodenrand.

Beim *Hydroform*-Verfahren (Abb. 380) wird an Stelle des Gummikissens eine durch Druckwasser *b* beaufschlagte Gummimembrane *f*
verwendet. Diese ist durch einen Klemmring *g* auf dem Gehäuse *a*
befestigt. Der Druck des Wassers über der Gummimembrane ist regelbar. Nach Aufsetzen der Membrane *f* auf das Blech *e* bewegt sich der
Ziehstempel *d* nach oben und verdrängt einen Teil der Flüssigkeit
in einen Druckbehälter.

Beim *Streckziehen* (DIN 8585, Bl. 4 Zugumformen, Tiefen) werden
Blechteile oder Bänder *d*, die auf zwei gegenüberliegenden Seiten durch

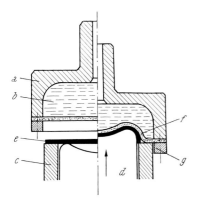

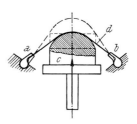

Abb. 380. Hydroform-Verfahren.
a Gehäuse, *b* Druckwasser, *c* Niederhalter, *d* Ziehstempel, *e* Blechronde,
f Gummimembran, *g* Klemmring

Abb. 381. Streckziehen.
a, b Spannvorrichtungen,
c Stempel, *d* Blech

Spannvorrichtungen *a* und *b* gespannt werden, von einem emporgehen-
den Stempel *c* umgeformt. Die Stempel bestehen für schwere Arbeiten
aus Grauguß, für leichtere Arbeiten aus Zinklegierungen und Holz.
Das Verfahren findet Anwendung zur Herstellung von Kotflügeln,
Karosseriedächern u. ä. in kleinen Stückzahlen. Es hat den Nachteil
geringer Umformungsgeschwindigkeit und größerer Werkstoffverluste
durch das Einspannen (Abb. 381).

3,85 Das Fließpressen[1]

Nach DIN 8583, Bl. 1 Druckumformen, Durchdrücken, ist Fließpressen ein Durchdrücken eines zwischen Werkzeugteilen aufgenom-
menen Werkstückes. Danach unterscheidet man Voll-, Hohl- und

[1] Feldmann, H.: Fließpressen von Stahl. Berlin-Göttingen-Heidelberg:
Springer. 1959. — VDI-Richtlinie 3138, Bl. 1, 2 und 3 Kaltfließpressen
von Stählen und NE-Metallen.

Napf-Fließpressen sowie Vorwärts-, Rückwärts- und Querfließpressen mit starren Werkzeugen und Fließpressen mit Wirkmedien.

Abb. 382 zeigt ein Fließpreßwerkzeug zum *Napf-Rückwärts-Fließpressen*. Bei diesem werden Zuschnitte (Scheiben, Stangenabschnitte) im kalten Zustand durch hohen Druck zum Fließen gebracht und durch eine von Preßstempel *a* und offenem Gesenk *c* gebildete Öffnung hindurchgepreßt. Da sie unter allseitigem Druck stehen, sind alle Werkstoffe fließbar, die genügende Kaltverformbarkeit besitzen, wie

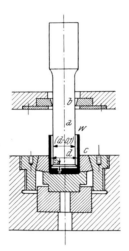

Abb. 382. Napf-Rückwärts-Fließpreßwerkzeug. *a* Preßstempel, *b* Abstreifer,
c offenes Gesenk, *d* Durchmesser des Stempelkopfes, *w* Werkstück

Aluminium, Blei, Zinn, Kupfer, Messing, Stahl unter 500 N/mm² Festigkeit und Zink. Werkstoffe mit hexagonalem Raumgitter, wie Magnesium und seine Legierungen, lassen sich nicht fließpressen. Um die Reibung zwischen Stempelschaft *a* und Werkstück *w* zu verringern, wird der Stempelschaft um etwa 0,1 mm hinterarbeitet. Beim Hochgehen des Stempels wird das Werkstück *w* durch den Abstreifer *b* vom Stempel abgestreift. Nichteisenmetalle werden durch Wollfett und Talg oder Mischungen aus Wachs und Zylinderöl geschmiert. Stahl erhält als Schmiermittelträger Phosphat-, Zink- oder Kupferschichten und wird mit Natrium-, Kalium-, Aluminium- und Zinkstearaten, Talg mit Graphitzusätzen und dünnen Schichten von Molybdändisulfid geschmiert. Anwendung findet das Fließpressen in der Verpackungsindustrie (Tuben, Dosen, Hülsen), für Zinkbecher von Taschenlampenbatterien usw. Wegen der hohen Werkzeugkosten ist es nur für große Stückzahlen anwendbar. Infolge der hohen Oberflächengüte erübrigt sich eine Bearbeitung der Werkstücke. Gegenüber dem

Tiefziehen werden weniger Werkzeuge benötigt und treten keine Werkstoffverluste ein. Verwendet werden für kleine Teile Exzenter-, Spindel- und Kniehebelpressen, für mittlere Teile Kurbelpressen und für große Teile hydraulische Pressen.

3,86 Drücken[1], Drückwalzen (Abstreckdrücken)

Nach DIN 8584, Bl. 4 ist Drücken Zugdruckumformen eines Blechzuschnittes zu einem Hohlkörper oder Verändern des Umfanges eines Hohlkörpers, wobei ein Werkzeugteil (Drückform, Drückfutter) die Form

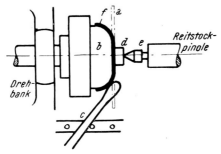

Abb. 383. Drücken. *a* Blechronde, *b* Drückfutter, *c* Drückstahl, *d* Gegenhalter, *e* Körner, *f* Werkstück

des Werkstückes enthält und mit diesem umläuft, während das Gegenwerkzeug (Drückstab, Drückwalze) nur örtlich angreift.

Das auf die Spindel einer Drückmaschine (oder Drehmaschine) aufgeschraubte Drückfutter *b* (Abb. 383) besteht aus Hartholz, Stahl oder Metall. Die Blechscheibe *a* (Platine, Ronde) wird unter Verwendung einer Gegenhalterscheibe *d* zwischen Reitstockkörner *e* und Futter *b* eingespannt und bei umlaufender Spindel von der Mitte aus mit dem kugelförmigen Ende eines Drückstahles *c* gegen das Futter gedrückt, bis sie dessen Gestalt annimmt. Der Drückstahl *c* stützt sich dabei gegen einen versetzbaren Stift und wird mit Öl oder Seifenwasser geschmiert. Wegen der geringen Werkzeugkosten wird das Drücken für Hohlkörper aus Aluminium, Kupfer, Messing, Stahl und Zink (nur angewärmt), die in kleinen Stückzahlen benötigt werden, angewendet. Bei nicht in einem Fertigungsgang herstellbaren Formen verwendet man Vordrückfutter. Bei großen Stückzahlen erfolgt vielfach ein Vorziehen durch Ziehwerkzeuge und Fertigdrücken auf der Drückbank, da bestimmte Formen mit Ziehwerkzeugen nicht fertiggestellt werden können. Bei

---

[1] Drücken von Stahlblech. Merkblatt 365 der Beratungsstelle für Stahlverwendung, Düsseldorf.

schwierigen Formen ist Zwischenglühen erforderlich. Mit dem Drückstahl können nur dünnwandige Bleche verarbeitet werden. Für dickere Bleche dienen *Drück-* oder *Planierrollen*, die auf Schlitten befestigt sind, welche hydraulisch oder durch Schraubenspindeln bewegt werden (Planierbänke). Mit Wanddickenverringerung arbeitet das *Abstreckdrücken* (Abb. 384), das zur Herstellung von Elektrogeschirr (dicker Boden, dünne Wand), Eimern, Düsentriebwerksteilen, ... dient. Durch *Gewindedrücken* werden Rundgewinde in zylindrischen Blechteilen (Sicherungs-, Glühlampensockel, Schraubdeckel) hergestellt. Angewendet werden das *Einstech-* (radialer Vorschub der Drückrolle, die Gewinde von gleichem

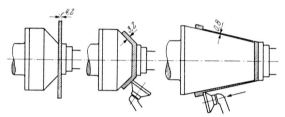

Abb. 384. Abstreckdrücken

Steigungswinkel und gleicher Länge wie das Werkstück besitzt) und das *Vorschubverfahren* (axialer Vorschub der Drückrolle, die kurzes Rillenprofil besitzt).

3,87 Das Biegen [1]

Biegeumformen ist nach DIN 8586 Umformen eines Körpers vorwiegend durch Biegebeanspruchung. Man unterscheidet Biegen mit geradliniger und mit drehender Werkzeugbewegung.

Freies Biegen stabförmiger Körper erfolgt im Schraubstock oder über das Amboßhorn.

Größere Stückzahlen gleicher Werkstücke werden durch *Gesenkbiegen* hergestellt. Abb. 385 zeigt ein Biegegesenk für ein Werkstück *w*. Zur Sicherung der Lage wird der gerade Streifen zwischen zwei Anschlägen eingelegt. Es soll stets senkrecht zur Walzrichtung gebogen werden. Mit *Folge*werkzeugen können mehrere Biegungen nacheinander, mit *Gesamt*werkzeugen gleichzeitig ausgeführt werden.

Walzrunden erfolgt auf *Dreiwalzenbiegemaschinen* (Abb. 386). Bei diesen sind meist die Oberwalze *a* und eine Unterwalze *b* angetrieben, während die zweite Unterwalze *c* nur verstellbar ist. Die Walzen werden meist fliegend gelagert und sind dem Profil angepaßt (Abb. 319).

---

[1] Oehler, G.: Biegen. München: Hanser. 1963. — Oehler, G.: Biegewerkzeuge in der Blech- und Bandverarbeitung. Werkstatt und Betrieb *1971*, 715—720.

Zum Biegen von *Rohren*[1] verwendet man der Rohrform angepaßte
Backen, Biegeschablonen und Rollen, wobei sehr dünnwandige Rohre
noch zur Verhinderung des Verquetschens mit trockenem Sand, thermoplastischen Kunststoffen, Kolophonium, Pech, Blei, Schraubenfedern,
Füllschläuchen (die während des Biegens mit hohem Druck beaufschlagt
werden) gefüllt werden. Abb. 387 zeigt eine *Rohrbiegevorrichtung*, mit
fester Biegescheibe *a*, Biegerolle *b*, Spannbacke *c* und Anschlag *d*.

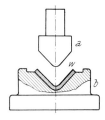

Abb. 385. Biegegesenk. *a* Stempel,
b Unterteil, *w* Werkstück

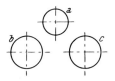

Abb. 386. Dreiwalzenblechrundmaschine.
a Angetriebene Oberwalze, *b* angetriebene
Unterwalze, *c* verstellbare Unterwalze

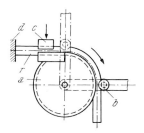

Abb. 387. Rohrbiegevorrichtung.
a Feste Biegescheibe, *b* Biegerolle,
c Spannbacke, *d* Anschlag, *r* Rohr

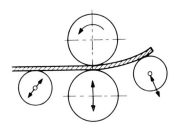

Abb. 388.
Vierwalzenblechrundmaschine

Das *Walzrunden* von *Blechen* erfolgt auf *Dreiwalzenblechrundmaschi-
nen* ähnlich Abb. 386, bei denen das geradebleibende Blechende auf
besonderen hydraulischen Pressen vorgebogen werden muß und auf
Vierwalzenblechrundmaschinen nach Abb. 388, bei denen die zweite
Seitenwalze nur für das Blechende in Tätigkeit tritt. Zum Runden
schwerer Schiffsbleche werden die Walzen auch lotrecht gelagert. Um
das voll eingerollte Blech von der Oberwalze abnehmen zu können,

---

[1] Oehler, G.: Verhinderung von Faltenbildung und Einknicken dünnwandiger Rohre beim Biegen. Werkstatt und Betrieb *1971*, 271—274. —
Kaltbiegen dünnwandiger Konstruktionsrohre aus Stahl. Merkblätter über
sachgemäße Stahlverwendung Nr. 253. Düsseldorf: 1961.

macht man diese nach Abb. 389 kippbar. Die Betätigung des Kugel-
zapfens *k* der Walze *w* erfolgt durch eine Schraubenspindel oder hydraulisch. Das linke Lager ist um den Punkt O_1 drehbar, das rechte wird
durch einen schwenkbaren Bügel *b* zum Kippen freigegeben.

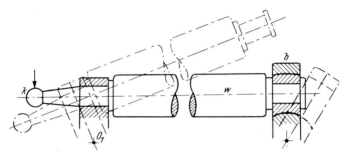

Abb. 389. Schwenkbare Oberwalze.
b Schwenkbare Kappe, *k* Kugelzapfen, *w* kippbare Walze

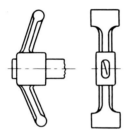

Abb. 390. Sickenhammer

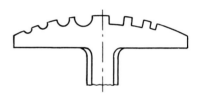

Abb. 391. Sickenstock

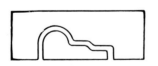

Abb. 392. Sickenziehbiegewerkzeug

Abb. 393. Sickenmaschine

In der Spenglerei erzeugt man *Sicken* mit dem *Sickenhammer*
(Abb. 390) und dem *Sickenstock* (Abb. 391) (Gesenksicken). In der
Massenfabrikation erzeugt man Sicken durch *Gleitziehbiegen*, indem ein
vorgebogener Blechstreifen durch ein *Ziehbiegewerkzeug* (Abb. 392) mit
dem entsprechenden Profil gezogen wird. Auch durch Walzrunden auf

Sickenmaschinen (Abb. 393) mit zwei gegenläufigen Walzen können Sicken hergestellt werden.

Das *Abkanten* (*Schwenkbiegen*) dünner langer Bleche erfolgt auf der *Schwenkbiegemaschine* (früher Abkantmaschine) (Abb. 394). Diese be-

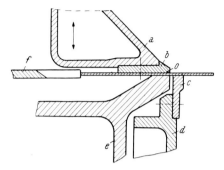

Abb. 394. Schwenkbiegemaschine. *a* Oberwange, *b, c* Einsatzstücke, *d* Unterwange, *e* Maschinentisch, *f* Anschlag, *O* Drehpunkt von *d*

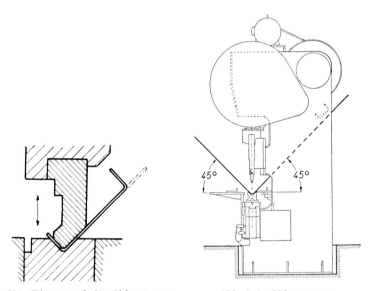

Abb. 395. Biegegesenk für Abkantpresse   Abb. 396. Abkantpresse

steht aus dem unteren festen Maschinentisch *e*, der je nach Blechdicke einstellbaren Oberwange *a* mit dem Stahleinsatz *b* und der um den Punkt *O* schwenkbaren Unterwange *d* mit der auswechselbaren Biege-schiene *c*. Durch Hochschwenken der Biegewange *d* von Hand oder Motorkraft über Getriebe wird das Blech gebogen. Zum Biegen dickerer

25*

Bleche arbeitet man mit langen *Biegegesenken* (Abb. 395) auf *Abkant-
pressen* (Abb. 396), auf denen die Oberwange eine durch Kurbeltrieb
oder Druckwasser erzeugte Bewegung ausführt. Verschiedene Werk-
stückformen können durch Auswechseln der Biegeschiene erzeugt
werden.

Durch *Rollbiegen* werden Wülste für Versteifungszwecke, Scharniere
usw. hergestellt. Abb. 397 zeigt eine aus Unterteil *a* und Rollstempel *c*

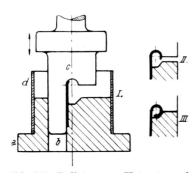
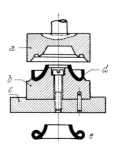

Abb. 397. Rollstanze. *a* Unterstempel,   Abb. 398. Rollstanze. *a* Rollstempel,
b Führung in *a*, *c* Rollstempel,   *b* Werkstückaufnahme, *c* Grundplatte,
d Schutzblech   *d* Werkstück vor, *e* nach dem Einrollen

bestehende Rollstanze zur Herstellung eines Scharnieres aus einem
Blechstreifen. Der Rollstempel *c* ist im Unterteil bei *b* geführt. Der
bereits etwas angekippte Blechstreifen wird beim Niedergang des Roll-
stempels eingerollt. Rollstanzen für Scharniere werden zur einfacheren
Bedienung häufig mit waagrechter Auflage für das Blech hergestellt.
Die waagrechte Bewegung des Stempels wird dann durch einen Keil von
der senkrechten Bewegung des Pressenschlittens abgeleitet. Abb. 398
zeigt eine Rollstanze für einen runden, vorgezogenen Teil. Das auf den
Unterstempel *b* aufgelegte Werkstück *d* wird beim Niedergehen des
Rollstempels *a* an seinem äußeren Rand eingerollt, wie aus dem fertigen
Werkstück *e* zu ersehen ist. Der Unterteil *b* ist auf einer Grundplatte *c*
durch eine Schraube und zwei Paßstifte befestigt.

Zum Biegeumformen gehören auch die meisten in Abschnitt 3,6 beschriebenen Richtverfahren.

4. Verbindende Arbeitsverfahren

Nach DIN 8593 versteht man unter *Fügen* das Zusammenbringen von zwei oder mehr Werkstücken geometrisch bestimmter Form oder von ebensolchen Werkstücken mit formlosen Stoff. Dazu zählen Zusammenlegen, Füllen, An- und Einpressen, Fügen durch Urformen, Fügen durch Umformen und Stoffvereinigen. In diesem Abschnitt wird nur das Stoffvereinigen durch Schweißen, Löten und Kleben besprochen.

4,1 Das Schweißen

4,11 Allgemeines

Nach DIN 1910 ist Schweißen das unlösbare Vereinigen von Grundwerkstoffen (*Verbindungs*schweißen) oder das Beschichten eines Grundwerkstoffes (*Auftrags*schweißen) unter Anwendung von Wärme oder Druck oder von beiden ohne oder mit Schweißzusatzwerkstoffen. Beim Metallschweißen unterscheidet man zwischen Preß- und Schmelzschweißen.

Preßschweißen ist das Schweißen unter Druck (plastischer Zustand der Schweißzone; Erleichterung durch örtlich begrenzte Erwärmung). Man unterscheidet *Kaltpreßschweißen* (ohne Wärmezufuhr), *Ultraschallschweißen* (mechanische Schwingungen im Ultraschallbereich), *Reibschweißen* (Erwärmen durch Reiben), *Feuerschweißen* (Erwärmung im offenen Feuer, Ofen oder mit Flamme, Schweißen durch Hämmern, Walzen oder Pressen), *Gießpreßschweißen* (Erwärmen durch Übergießen mit im Ofen oder aluminothermisch geschmolzenem Wärmeträger), *Gaspreßschweißen* (Erwärmen durch Brenngassauerstoff-Flamme). Beim *Widerstandspreßschweißen* wird die zum Schweißen erforderliche Wärme durch den elektrischen Strom unter Nutzen des elektrischen Widerstandes in der Schweißzone erzeugt (DIN 1910, Bl. 5). Der Strom wird *konduktiv* über Elektroden oder *induktiv* über Induktoren übertragen. Beim konduktiven Widerstandspreßschweißen unterscheidet man *Punktschweißen*, bei dem Strom und Kraft durch stabförmige Elektroden,

Buckelschweißen durch plattenförmige Elektroden, *Preßstumpf-* und *Abbrennstumpfschweißen* durch Spannbacken übertragen werden, *Rollentransformatorschweißen* (s. 5,22) und *Schleifkontaktschweißen* (s. 5,22), bei welchen der Strom durch einen Rollentransformator bzw. Schleifkontakte und die Kraft durch Druckrollen übertragen wird. Beim induktiven Widerstandspreßschweißen kann der Strom durch stabförmige oder umschließende (s. 5,22) Induktoren übertragen werden. Zum Preßschweißen gehören noch *Lichtbogenpreßschweißen* (Erwärmen durch Lichtbogen) und *Diffusionsschweißen* (erwärmte Schweißzone wird unter geringem Druck im Vakuum oder in einem Schutzgas zusammengedrückt, bis sich Teile durch Diffusion vereinigen).

Schmelzschweißen ist Schweißen durch örtlich begrenzten Schmelzfluß (flüssiger Zustand der Schweißzone). Man unterscheidet *Gasschmelzschweißen* (örtliches Einwirken einer Brenngas-Sauerstoff-Flamme), *Lichtbogenschweißen* (der Schmelzfluß entsteht durch Einwirken eines Lichtbogens, welcher zwischen einer Elektrode und dem Werkstück oder zwischen zwei Elektroden brennt); beim *Kohle-Lichtbogenschweißen* sind die Elektroden aus Kohle, erforderlicher Zusatzwerkstoff wird stromlos zugeführt, beim *Metall-Lichtbogenschweißen* brennt der Lichtbogen sichtbar zwischen einer abschmelzenden Elektrode, die gleichzeitig Zusatzwerkstoff ist, und dem Werkstück; beim *Unter-Schiene-Schweißen* brennt der Lichtbogen unsichtbar zwischen einer in die Fuge oder in die Kehle eingelegten abschmelzenden umhüllten Stabelektrode und dem Werkstück und wird durch eine Schiene abgedeckt; beim *Unter-Pulver-Schweißen* brennen ein oder mehrere Lichtbögen zwischen einer bzw. mehreren nackten abschmelzenden Draht- oder Bandelektroden und dem Werkstück. Sie werden durch eine Pulverschicht abgedeckt, welche eine Schlacke bildet, die das Schmelzbad gegen die Atmosphäre schützt; beim *Schutzgas-Lichtbogenschweißen* (s. 4,122) wird ein Schutzgas als Schutz gegen die Atmosphäre verwendet, *Gießschmelzschweißen* (zum Anschmelzen der Teilfugen erforderliche Wärme wird durch im Ofen oder aluminothermische Reaktion verflüssigten Schweißzusatzwerkstoff eingebracht), *Widerstands-Schmelzschweißen* (Wärme wird durch den elektrischen Strom und Ohmschen Widerstand im Bereich der Schweißstelle erzeugt), *Elektro-Schlacke-Schweißen* (Wärme wird in der zwischen den Teilen liegenden eingeformten Schweißstelle durch die Widerstands-Erwärmung einer verflüssigten und dadurch elektrisch leitend gewordenen Schlacke erzeugt. Der stromführende Schweißzusatzwerkstoff schmilzt in der verflüssigten Schlacke fortlaufend ab), *Elektronenstrahlschweißen* (Wärme entsteht durch das Auftreffen der Elektronen eines im Hochvakuum erzeugten gebündelten Elektronenstrahls auf das Werkstück) und *Lichtstrahlschweißen* (Wärme wird durch gebündelte Lichtstrahlen erzeugt).

Nach der *Art der Fertigung* wird zwischen *Hand*schweißen (manuelles Schweißen), *teilmechanisiertem* Schweißen, *vollmechanisiertem* Schweißen und *automatischem* Schweißen unterschieden.

Vor dem Schweißen müssen die entsprechenden Werkstückoberflächen sorgfältig von Öl, Fett, Gußhäuten, Oxidschichten usw. befreit werden. Während des Schweißvorganges muß eine neuerliche Oxydation verhindert werden.

4,12 Das Schmelzschweißen

4,121 Die Gasschmelzschweißung

Bei dieser werden die Werkstücke durch eine Flamme aus einem brennbaren Gas und Sauerstoff über ihre Schmelztemperatur erhitzt. Bei Verwendung reinen Sauerstoffs erhält man eine viel höhere Tem-

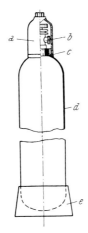

Abb. 399. Stahlflasche für komprimierte Gase.
a Schutzkappe, *b* Flaschenventil, *c* Ring, *d* Flasche, *e* Flaschenfuß

peratur als bei Verwendung von Luft, da kein Stickstoff miterwärmt werden muß.

Als Brenngase verwendet man vorwiegend Azetylen, vereinzelt noch Wasserstoff, Leuchtgas und Propan.

Sauerstoff wird aus flüssiger Luft gewonnen und kommt meist in Stahlflaschen mit 40 Liter Inhalt (Leermasse 73 kg, gefüllt 81 kg) auf 150 bar verdichtet zur Verwendung. Die Abb. 399 zeigt eine solche Flasche *d*. Diese ist nahtlos und hat einen runden Boden, auf dem ein vierkantiger Flaschenfuß *e* befestigt ist, der in liegendem Zustand der Flasche ein Rollen verhindern soll. Oben ist die Flasche so weit eingezogen, daß eine Öffnung zum Einschrauben des Flaschenventils *b* entsteht. Auf dem Flaschenhals ist ein Ring c aufgezogen, der ein Außengewinde für die Schutzkappe a besitzt. Diese soll beim Transport das Flaschenventil b vor Beschädigungen schützen. Am oberen Flaschenrand sind eingeschlagen: Gasart, Flaschennummer, Name des Eigentümers, Gewicht und Rauminhalt der Flasche, Füllungs- und Prüfdruck, Abnahmestempel und Prüfdatum. Die Flaschen müssen alle fünf Jahre überprüft werden und erhalten dann einen Kontrollstempel. Zur besonderen Kennzeichnung erhalten *Sauerstoff*flaschen einen *blauen* Anstrich und, wie alle nicht brennbaren Gase, ein *rechtes* Anschlußgewinde (R 1/4″). Die Armaturen sind aus Messing, da Stahl in reinem Sauerstoff brennbar ist und durch die Reibungswärme eine Entzündung eingeleitet werden könnte. Sie müssen von Öl und Fett freigehalten werden. Wegen der geringeren Frachtkosten wird bei ortsfesten Anlagen auch flüssiger Sauerstoff verwendet.

Wasserstoff kommt ebenfalls in Stahlflaschen auf 150 bar verdichtet zur Anwendung. Die Flaschen erhalten *roten* Anstrich und *linkes* Anschlußgewinde.

Azetylen (C_2H_2) wird aus Kalziumkarbid und Wasser erzeugt:
$CaC_2 + 2\,H_2O = C_2H_2 + Ca(OH)_2$. Es hat einen Heizwert von etwa 54 000 kJ/m³. 1 kg Karbid liefert rund 250 bis 300 Liter Azetylen von normaler Temperatur. Der entstehende gelöschte Kalk $Ca(OH)_2$ muß von Zeit zu Zeit entfernt werden. Kalziumkarbid CaC_2 wird durch Zusammenschmelzen von Kalk und Kohle im elektrischen Ofen erzeugt:
$CaO + 3\,C = CaC_2 + CO$. Die Verunreinigungen des Azetylens, wie Schwefelwasserstoff, Phosphorwasserstoff, Siliziumwasserstoff, Ammoniak usw., müssen durch Waschen und chemische Reinigungsmassen entfernt werden. Azetylen bildet mit Luft ein explosibles Gemisch (3 bis 80% C_2H_2), weshalb bei seiner Erzeugung eine Reihe von gesetzlichen Bestimmungen eingehalten werden muß (Azetylenverordnung).

Die *Einteilung* der Azetylenentwickler kann erfolgen:

Nach der *Karbidmenge* in *bewegliche Montageentwickler* (*M*) mit einer Höchstfüllung von 2 kg Karbid, ohne polizeiliche Anmeldung verwendbar; *ortsveränderliche Werkstättenentwickler* (*J*) mit einer Höchstfüllung von 10 kg Karbid, nach polizeilicher Anmeldung in Werkstättenräumen verwendbar; *ortsfeste Anlagen* (*S*) mit mehr als 10 kg Karbidfüllung, welche polizeilich anzumelden und in besonderen Räumen unterzubringen sind.

Nach der *Höhe des Gasdruckes* in *Niederdruckentwickler* mit einem Betriebsdruck bis 300 mm WS. *Mitteldruckentwickler* bis 2000 mm WS; *Hochdruckentwickler* bis 1,5 bar. Höhere Drücke sind verboten.

Nach der *Erzeugung* des Azetylens in *Einwurf-*, *Zufluß-* und *Tauch-* oder *Verdrängungsentwickler*.

Bei der Azetylenerzeugung aus Kalziumkarbid und Wasser entstehen größere Wärmemengen, die durch großen Wasserüberschuß unschädlich gemacht werden müssen, da sich Azetylen bei höheren Temperaturen zersetzt. Alle Entwickler bestehen aus den folgenden Teilen: Dem eigentlichen Entwicklungsgefäß, dem Gasbehälter zum Sammeln des Gases und dem Reiniger zum Entfernen des Phosphor- und Schwefelwasserstoffes.

Beim *Tauch*entwickler ist das Karbid in einem am Gasbehälter befestigten Korb untergebracht. Bei Entwicklung von Azetylen wird der Behälter gehoben und das Karbid aus dem Wasser gezogen, wodurch die Gasentwicklung aufhört.

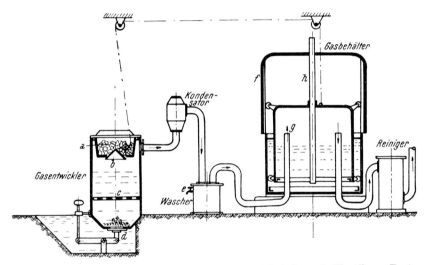

Abb. 400. Azetylenerzeugungsanlage. *a* Karbidbehälter, *b* Ventil, *c* Rost, *d* Schlammablaß, *e* Kontrollhahn, *f* Gerüst, *g* Gasglocke, *h* Sicherheitsrohr

Beim *Einwurf*entwickler (Abb. 400) wird Karbid ins Wasser gebracht. In dem Behälter *a* befindet sich Karbid, das durch Öffnen des Ventiles *b* in den Wasserbehälter fällt und auf dem Rost *c* liegenbleibt. Hiebei bildet sich Azetylen und als Rückstand gelöschter Kalk, der in den Schlammbehälter fällt und durch den Schlammablaß *d* entfernt werden kann. Das Azetylen wird im Kondensator vom Wasser und im Wascher von den gasförmigen Verunreinigungen befreit. Der Wascher ist bis zum Kontrollhahn *e* mit Wasser gefüllt. Vom Wascher gelangt das Gas in die Gasglocke *g*, die im Gasbehälter *f* beweglich geführt ist. Das Azetylen hebt nun die Gasglocke *g* und schließt das Ventil *b*, welches mit der Glocke durch Seilzug verbunden ist. Wenn Gas entnommen wird, sinkt die Gasglocke und öffnet dadurch das Ventil *b*, so daß neues Azetylen erzeugt werden kann. Das Gas aus der Gasglocke geht noch durch einen Reiniger, wo es vom Phosphorwasserstoff befreit wird, und von dort zum Verbraucher. In der Mitte der Glocke ist ein Sicherheitsrohr h angebracht, dessen unterer Rand höher liegt als der der Gasglocke. Wird mehr Gas erzeugt als in der Glocke Platz findet, so entweicht der Überschuß durch das Sicherheitsrohr über Dach.

Beim *Zuflußentwickler* fließt das Wasser nach Bedarf auf das Karbid. Sie werden meist als sogenannte Schubladenentwickler ausgeführt, die einen kleineren Wasserverbrauch als die Einwurfentwickler haben. Der Wasserzulauf wird durch die Gasentnahme so gesteuert, daß bei zunehmendem Gasdruck die Zulaufmenge verringert, bei Druckabfall infolge verstärkter Gasentnahme jedoch vergrößert wird.

Es dürfen nur behördlich geprüfte und von sachverständiger Seite abgenommene Entwickler verwendet werden.

An Stelle von stückigem Karbid kann feingemahlenes, mit einem Bindemittel verrührtes und verpreßtes Karbid (Handelsnamen Patronid, Beagid) verwendet werden. Dieses zerfällt bei Berührung mit Wasser nicht so rasch.

Da Azetylen bereits bei Verdichtung auf 2 bar äußerst explosiv ist, ist eine Verdichtung in Flaschen wie bei anderen Gasen nicht ohne weiteres möglich. Man verwendet Flaschen, die mit einer porösen Masse aus Holzkohle, Kieselgur, Bimsstein usw. gefüllt sind, so daß der ganze Flaschenhohlraum in Kapillarräume zerlegt wird. Dadurch wird jede Explosion sofort zum Stillstand gebracht. Dann wird Azeton in die Flaschen gefüllt, welches große Mengen von Azetylen löst. In diesen Flaschen besitzt das Azetylen einen Druck von 15 bar und wird als *Dissousgas* gehandelt. Die Flaschen sind *weiß* (gelb) gekennzeichnet und besitzen einen *Bügelverschluß*. 1 Liter Azeton löst bei atmosphärischem Druck etwa 24 l Azetylen, somit bei 15 bar 360 l. Eine 40-l-Flasche enthält annähernd 6 m³ Azetylen vom Normzustand. Für Rohrleitungen verwendet man Stahl, für Amaturen Preßmessing mit weniger als 70% Cu, da Azetylen mit Kupfer eine explosible Verbindung eingehen kann. Dissousgasflaschen sollen stehend verwendet werden, da im liegenden Zustand Azeton mitgerissen wird. Sie sind ebenso wie die anderen Gasflaschen vor Kälte oder Wärme (Sonne oder künstliche Wärmequellen) zu schützen. Sie dürfen nicht geworfen oder gestoßen werden (Hohlraumbildung, Bruchgefahr). Aus Dissousgasflaschen sollen nicht mehr als 900 l/h Azetylen entnommen werden, da andernfalls Azeton mitgerissen wird, das in die Schweißflamme gelangt und die Verbrennungstemperatur herabsetzt. Werden größere Azetylenmengen benötigt, so müssen zwei oder mehrere Flaschen zu einer Batterie verbunden werden.

Eine *autogene Schweißanlage* besteht aus den beiden Gasflaschen (oder einer Sauerstoffflasche und einem Azetylenentwickler), die je ein Absperrventil besitzen, das beim Transport durch eine aufschraubbare Kappe *a* (Abb. 399) geschützt ist, dem Inhaltsmanometer, das den Flaschendruck anzeigt, einem Druckregler (Druckminderventil), das den Flaschendruck auf den Betriebsdruck herabsetzt, dem Betriebsmanometer, das den Betriebsdruck angibt, zwei Schläuchen aus Gummi mit Hanfeinlage und dem Brenner. Um Verwechslungen der Schläuche auszuschließen, sind sie durch verschiedene Farbe und

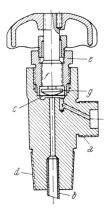

Abb. 401. Membranabsperrventil für Sauerstoff. *a* Anschlußgewinde für den Druckregler, *b* Schutzrohr, *c* Metallmembran, *d* Anschlußgewinde für die Stahlflasche, *e* Stopfbüchse, *f* Gewindespindel, *g* Druckteller

lichten Durchmesser gekennzeichnet (Sauerstoff 6 mm Durchmesser, blau, grau oder schwarz; Azetylen 9 mm Durchmesser, rot oder gelb). Ihre Länge beträgt meist 5 m (Mindestlänge bei Dissousgas 3 m, bei Entwicklergas 4 m). Sie werden auf passende Tüllen geschoben und müssen durch Schlauchklemmen gesichert werden. Schließlich müssen sie vor Hitze, Flammen, Kälte usw. geschützt und dürfen nicht geknickt werden.

Flaschenventile dienen zum Abschließen, Füllen und Entleeren der Flaschen. Sie sind mit konischem Gewinde in die Flaschen eingeschraubt, damit durch festes Anziehen vollkommene Dichtung erfolgt. Festziehen und Prüfen auf Dichtheit erfolgen im Füllwerk. Abb. 401 zeigt ein modernes Membranventil für Sauerstoff (AGA-Werke). Als Absperrorgan dient eine Membrane *c*, die gasdicht ist, keinen Verschleiß aufweist und Ventilbrände, wie sie bei Verwendung von Hartgummistöpseln auftraten, vermeidet. Die Membrane *c* wird durch die Stopfbüchsenschraube *e* festgepreßt, so daß ein Entweichen des Sauerstoffes unmöglich ist. Die Gewindespindel *f* preßt mit Hilfe des Drucktellers *g* die Membrane *c* auf den Ventilsitz. Bei geöffnetem Ventil kann der Sauerstoff unter der Membrane durch die Bohrung zum Anschluß des Druckreglers strömen. Um ein Mitreißen von Rostteilchen aus der Flasche zu verhindern, besitzt der Ventilkörper mit dem konischen Anschlußgewinde *d* ein Schutzrohr *b* aus Kupfer. Die Abb. 402 zeigt ein älteres Stopfbüchsenventil für eine Dissousgasflasche. Der Ventilkörper besitzt im Einströmkanal ein Staubfilter *b*, das durch einen Sicherungsring *c* gehalten wird. Es soll Teile der porösen Masse, die mitgerissen wurden, zurückhalten, um ein Verstopfen des Druck-

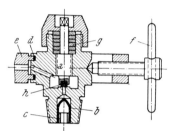

Abb. 402. Stopfbüchsenventil für Dissousgas. *a* Ventilspindel, *b* Staubfilter, *c* Sicherungsring, *d* Dichtung, *e* Bügel zum Anschluß des Druckreglers, *f* Knebelschraube, *g* Stopfbüchse, *h* Dichtungsscheibe

reglers zu verhindern. Dieser ist mit einem Bügel *e* versehen, der das Ventil umgreift und mittels der Knebelschraube *f* die Dichtung *d* anpreßt. Die Ventilspindel *a* besitzt an ihrem unteren Ende eine Dichtungsscheibe *h*, die auf den Sitz gepreßt wird. Die Abdichtung nach außen erfolgt durch eine Stopfbüchse *g*.

Die *Druckregler* (Druckminderventile) sollen die den Flaschen entnommenen Gase vom Flaschendruck auf den beim Schweißen erforderlichen Arbeitsdruck bringen und diesen auch bei abnehmendem Flaschendruck konstant halten. Abb. 403 zeigt schematisch einen Druckregler für Sauerstoff, der mit einer Überwurfmutter an das Flaschenventil der Sauerstoffflasche angeschlossen wird. *g* ist das Inhaltsmanometer, mit welchem der Flaschendruck, *h* das Arbeitsmanometer, an welchem der Arbeitsdruck abgelesen wird. Im Niederdruckteil des Reglergehäuses ist ein kleines federbelastetes Sicherheitsventil angebracht, um dieses vor zu hohen Drücken bei Versagen des Reglers zu schützen. *c* ist eine Knebelschraube zum Einstellen des erforderlichen Arbeitsdruckes, die bei Außerbetriebnahme stets spürbar locker sitzen muß. Hat man sich davon überzeugt, so wird das Flaschenventil langsam geöffnet. Der Sauerstoff strömt in den Hochdruckteil, das Inhaltsmanometer schlägt aus, die Schließfeder *a* drückt den Ventilkegel *b* auf seinen Sitz und sperrt den Hochdruckteil. Dreht man jetzt die

Knebelschraube c in das Ventilgehäuse hinein, so wird die Feder d zusammengedrückt und drückt die Gummimembrane e nach links, wodurch der Ventilkegel b von seinem Sitz abgehoben und der Hochdruckkanal geöffnet wird. Der in den Niederdruckteil strömende Sauerstoff bewirkt einen Druckanstieg und bringt den Zeiger des Arbeitsmanometers zum Ausschlagen. Bei steigendem Druck auf die Membrane e wird der Ventilkegel b wieder auf seinen Sitz gepreßt. Der Arbeitsdruck wird um so höher, je weiter die Knebelschraube c eingeschraubt war. Die Einstellung des Gasdruckes muß bei geöffnetem Brenner-

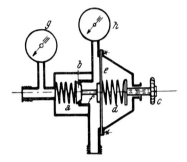

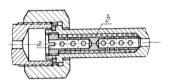

Abb. 403. Druckregler. a Schließfeder, b Ventilteller, c Stellschraube, d Stellfeder, e Membran, f Stift, g Inhaltsmanometer, h Arbeitsmanometer

Abb. 404. Ausbrennschutz. a Kupferzylinder, b Kupferdrahtnetz

ventil erfolgen. Während der ständigen Gasentnahme bleibt der Ventilkegel b in einer bestimmten Stellung, die vom Gasdruck über der Gummimembrane abhängt, stehen. Es strömt nur soviel Gas aus der Flasche, als der Brenner verbraucht. Fett oder Öl ist dem Druckregler fernzuhalten, da sonst Ventilbrände und Explosionen auftreten können. Nach Abstellen der Anlage muß die Knebelschraube c unbedingt herausgedreht werden, bis sie vollkommen locker ist, da sonst der Sauerstoff bei raschem Öffnen des Flaschenventiles durch das geöffnete Regulierventil stoßartig auf die Gummimembrane auftreffen und diese in Brand setzen könnte. Als Schutzmaßnahme ist bei Sauerstoffdruckreglern im Hochdruckkanal ein *Ausbrennschutz* (Abb. 404) angeordnet, der den Zweck hat, die bei zu raschem Öffnen des Flaschenventiles entstehende Kompressionswärme abzuleiten, um eine Entzündung des Ventiltellers (Fiber) oder der Membrane zu verhindern. Er besteht (Abb. 404) aus einem von zwei Seiten angebohrten Kupferzylinder a, der mit Löchern versehen ist und um den ein Kupferdrahtnetz b gewickelt ist. Der innere Aufbau und die Wirkungsweise der Druckregler für Azetylen unterscheidet sich nicht von denen für

Sauerstoff. Im Gegensatz zu diesen erfolgt jedoch sein Anschluß an
das Flaschenventil durch einen Bügel (e in Abb. 402). Um eine Beschädigung des Druckreglers durch Explosionen bei Rückschlägen
zu verhindern, verwendet man *Rückschlagpatronen*, die zwischen
Druckminderventil und Brenner eingebaut werden. Deren wirksamer
Teil besteht aus poröser keramischer Masse oder Sintermetall, in deren
Kapillarkanälen jede Explosion zum Stillstand kommt. Da der poröse
Einsatz (Abb. 405) eine genügend große Querschnittsfläche aufweist,
kann das Gas im normalen Betrieb ungehindert durchströmen.

Bei den Brennern unterscheidet man Mischdüsen- und Injektorbrenner. Der *Mischdüsenbrenner* (Hochdruck-, Gleichdruckbrenner;

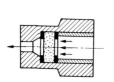

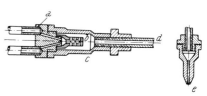

Abb. 405. Rückschlagpatrone

Abb. 406. Mischdüsenbrenner.
a Mischkopf, b Mischrohr, c Mischraum,
d Gemischrohr, e Düse

Abb. 406) wird verwendet, wenn Brenngas und Sauerstoff annähernd
denselben Druck besitzen. Die beiden Gase gelangen über die beiden
Zuführungsrohre durch zwei Kanäle des Mischkopfes a in das Mischrohr b und durch Bohrungen derselben in den Mischraum c und von
dort durch das Gasgemischrohr d zur Düse e, wo sie angezündet eine
Stichflamme bilden. Die Mundstücke sind für verschiedene Blechdicken
auswechselbar (verschiedene Innendurchmesser). Der *Injektorbrenner*
(Abb. 407) erfordert einen bestimmten Sauerstoffarbeitsdruck und
einen geringen Druck des Brenngases (Entwicklerazetylen). Bei ihm
saugt der Sauerstoffstrahl durch einen Injektor, in dessen engstem
Querschnitt ein Unterdruck auftritt, das Brenngas an. a und b sind
die Anschlußleitungen für Sauerstoff und Azetylen, die mit je einem
Absperrventil c_1 und c_2 versehen sind. Der Sauerstoff gelangt durch
die Bohrung d zur Düse e, aus der er mit großer Geschwindigkeit austritt. Er saugt hiebei das in der Bohrung f zugeführte Azetylen durch
die ringförmige Düse g an. Beide Gase mischen sich im Mischrohr h
und ziehen durch das Rohr i zur Spitze k. Spitze k, Rohr i, Mischrohr
und Sauerstoffdüse sind auswechselbar, um sich den verschiedenen
Blechdicken anpassen zu können. Diese Teile können gemeinsam
nach Lösen der Überwurfmutter l abgenommen werden. Zum Reinigen der Düsenbohrungen verwendet man Nadeln aus Messing. Um
eine durch Erwärmung der Mischdüse h eintretende Gemischände-

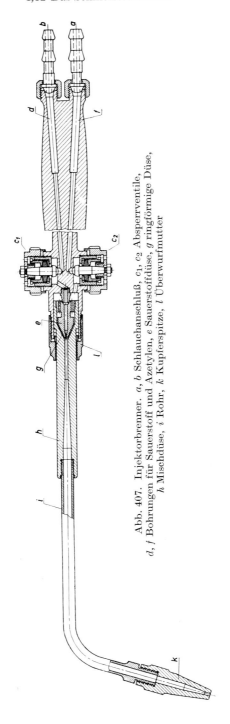

Abb. 407. Injektorbrenner. a, b Schlauchanschluß, c_1, c_2 Absperrventile, d, f Bohrungen für Sauerstoff und Azetylen, e Sauerstoffdüse, g ringförmige Düse, h Mischdüse, i Rohr, k Kupferspitze, l Überwurfmutter

rung zu verhüten, taucht man den Brenner bei längerer Benützung in ein Kühlwassergefäß ein, wobei man Sauerstoff ausströmen läßt, damit nicht Wasser in den Brenner eintritt. Die Brenngaszufuhr ist dabei am Brenner zu schließen. Zur Gewichtsverminderung wird das Griffrohr des Brenners aus Leichtmetall oder Kunststoff, das Mischrohr statt aus Messing auch aus Leichtmetall hergestellt. Der Injek-

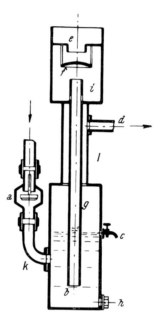

Abb. 408. Wasservorlage. *a* Rückschlagventil, *b* Wasserverschluß, *c* Probierhahn, *d* Gasentnahme, *e* Einfüllöffnung, *f* Prallblech, *g* Steigrohr, *h* Ablaßschraube, *i* Wasserraum, *k, l* Rohre

tor besteht aus Messing und das Mundstück aus Kupfer (gute Wärmeleitung). Meist werden drei Größen von Schweißbrennern vorgesehen: *Klein*schweißbrenner für Blechdicken von 0,3 bis 6 mm; *normale* Schweißbrenner für Blechdicken von 0,3 bis 30 mm; *Groß*schweißbrenner für Blechdicken von 30 bis 100 mm. Bei diesen sind die Zuleitungsrohre im Griffstück für den größten Gasverbrauch ausgelegt, so daß die Gasmenge durch Auswechseln der Mischrohre verändert werden kann.

Zur Erhöhung der Schweißgeschwindigkeit verwendet man *Zweiflammen*brenner, bei denen der eigentlichen Schweißflamme eine Vorwärmflamme zum Vorwärmen der Schweißstelle vorausgeht. Lange Schweißnähte an Rohren und Blechen werden durch *Schweißmaschinen*

mit mechanischem Vorschub von *Mehrflammenschweißbrennern* hergestellt.

Zwischen Entwickler und Brenner muß eine *Sicherheitsvorlage*
angeordnet sein. Man unterscheidet zwischen *Trocken-* und *Wasser-
vorlagen* (Abb. 408). Diese haben zu verhindern, daß Sauerstoff oder
Luft in die Azetylenleitung oder den Azetylenentwickler tritt und
daß die Flamme vom Brenner in die Leitung zurückschlägt. Der Sauerstoff tritt in den Injektor mit erheblich höherem Druck als das Azetylen ein. Bei Verstopfung der Düsenöffnung dringt der Sauerstoff
in die Gasleitung und in den Azetylenentwickler und bildet dort ein
explosibles Azetylen-Sauerstoff-Gemisch, das durch ein mitgerissenes
glühendes Rußteilchen entzündet und zur Explosion gebracht wer-

Abb. 409. Azetylenflamme (schematisch). *a* Flammenkern, *b* leuchtender Schleier
kennzeichnet den Ablauf der ersten Verbrennungsstufe, *c* schwach leuchtende
Vorflamme kennzeichnet den Ablauf der zweiten Verbrennungsstufe

den kann. Dasselbe kann beim Zurückschlagen der Schweißflamme
in den Brenner eintreten. Die Vorlage wird bis zum Wasserstands-
hahn *c* vom Trichter *e* aus mit Wasser gefüllt. Das Gas gelangt durch
das Rohr *k*, den Wasserverschluß *b* und Rohr *l* zu dem bei *d* angeschlossenen Gasentnahmehahn. Tritt vom Brenner Sauerstoff mit Überdruck
in die Vorlage, so wird das Wasser in das Rohr *k* gedrückt und das
Rückschlagventil *a* schließt sich. Das Wasser aus dem Raum *g* wird
durch das Rohr *i* herausgeschleudert, prallt gegen das Prallblech *f*
und sammelt sich im Raum unter *f*. Der Sauerstoff kann ins Freie
entweichen, das Wasser fließt durch Löcher des Rohres *i* wieder nach *b*
zurück. Auch das Wasser aus dem Rohr *k* fließt in den Raum *b*, wobei
sich das Rückschlagventil *a* öffnet. Bei jedem Flammenrückschlag
ist das Wasser in der Vorlage zu wechseln.

Abb. 409 zeigt die Azetylenflamme bei richtiger Einstellung. *a* ist
ein dunkler Kern (ein Teil des C_2H_2 zerfällt in C und H, die hohe Temperatur an der Oberfläche des Kegels bringt den Kohlenstoff zum
Glühen). *b* ist ein leuchtender Schleier, der den Ablauf der ersten Verbrennungsstufe kennzeichnet: $C_2H_2 + O_2 = 2\,CO + H_2$ (wirkt reduzierend). *c* ist die schwach leuchtende Vorflamme der zweiten Verbrennungsstufe: $2\,CO + H_2 + 3\,O = 2\,CO_2 + H_2O$. Der zur Verbrennung von CO und H_2 erforderliche Sauerstoff wird der Luft entnommen. Wegen der auftretenden großen Abgasmengen und der
benötigten Luft ist eine entsprechende Frischluftzufuhr erforder-

lich. Die heißeste Zone der Azetylenflamme befindet sich in einer Entfernung von 3 bis 5 mm vom Kern a und besitzt eine Temperatur von 3100 bis 3200 °C. Bei der Normalflamme stellt man ein Mischungsverhältnis Azetylen : Sauerstoff = 1 : 1 bis 1 : 1,1 (geringer Sauerstoffüberschuß) ein. Eine Flamme mit Sauerstoffüberschuß wird bei Zink und zinkhaltigen Legierungen (Hartlötung von Gußeisen) verwendet. Bei ihr tritt eine Kürzung der reduzierenden Zone ein (schwer zu erkennen), Stahl wird verbrannt. Der geringste Azetylenüberschuß ist an einer leuchtenden Vorflamme ersichtlich. Die reduzierende Zone der Flamme erfährt eine Vergrößerung. Der Kohlenstoff bewirkt eine Aufhärtung der Naht, wodurch ihre Dehnung verringert wird und die Gefahr der Rißbildung besteht. Eine Flamme mit Azetylenüberschuß wird nur bei Grauguß und Stelliten (Ausgleich des Kohlenstoffabbrandes) angewendet.

Unter *harter* Flamme (zischendes Geräusch, angewendet bei X-Nähten) versteht man eine Flamme mit einer Ausströmgeschwindigkeit über 130 m/s, unter *mittlerer* Flamme eine mit 110 bis 130 m/s und unter *weicher* Flamme (geringes Geräusch) eine mit unter 110 m/s Ausströmgeschwindigkeit. Ist die Ausströmgeschwindigkeit kleiner als die Brenngeschwindigkeit, so tritt ein Rückschlag der Flamme ein. Bei jedem Flammenrückschlag sind die Brennerventile zu schließen. Die erforderliche Flammengröße hängt von der Dicke der zu schweißenden Bleche ab und wird durch die Größe des Brennereinsatzes eingestellt: Brennereinsatz 1 bis 2 mm, kleine Flamme, Verbrauch 150 l/h; 15 bis 20 mm, große Flamme, 1800 l/h.

Bei Wasserstoff wird zuerst das Brenngas allein entzündet und dann Sauerstoff zugegeben; beim Abstellen des Brenners wird erst der Sauerstoff und dann der Wasserstoff abgestellt. Da das Azetylen wegen seines Kohlenstoffgehaltes an der Luft mit stark rußender Flamme verbrennt, wird beim Anzünden gleich die schätzungsweise (oder am Brenner angegebene) notwendige Sauerstoffmenge zugegeben. Bei zu hoch eingestelltem Sauerstoffdruck fliegt die Flamme fort, d. h. sie verschwindet in Richtung des Gasstromes. Zu niedrig eingestellter Sauerstoffdruck führt zum Rückschlagen der Flamme ins Brennerinnere. Beim Abstellen schließt man zuerst das Azetylenventil und dann das Sauerstoffventil. Bei Flammenrückschlag muß das Brenngasventil und am besten auch das Sauerstoffventil geschlossen werden. Nach einer Arbeitspause von 5 Sekunden wird sich in den meisten Fällen die normale Flamme wieder einstellen lassen. Da infolge des leuchtenden Schleiers ein Gasüberschuß viel leichter erkennbar ist als ein Sauerstoffüberschuß, so erfolgt die Regelung des Brenners ausnahmslos derart, daß man vom Gasüberschuß auf den normalen, scharf begrenzten Flammenkern herunterregelt. Die Regelung zur Feineinstellung der Flamme wird also stets am Brennerventil und niemals am Druckregler vorgenommen.

Zum Schutz der Augen muß man beim Schweißen stets eine *Brille mit dunklen Gläsern* tragen. Zum Schutz gegen Hitze kommen *Asbesthandschuhe* und *-schürzen* zur Verwendung. Beim Arbeiten in Kesseln, Behältern, Gruben, Rohren u. dgl. darf nur schwer entflammbare Kleidung getragen werden.

In bezug auf die *Brennerhaltung* unterscheidet man zwei Arten der Schweißung. Bei der *Linksschweißung* (Abb. 410) vollführt der Bren-

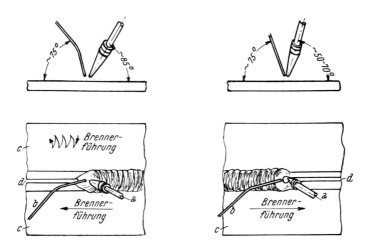

Abb. 410 und 411. Links- und Rechtsschweißung. *a* Brenner, *b* Schweißdraht, *c* Werkstücke, *d* Schweißfuge

ner eine pendelnde Bewegung von rechts nach links. Die Flamme treibt den flüssigen Werkstoff in die noch nicht genügend vorgewärmte Rinne (daher auch Vorwärtsschweißen genannt). Die Wärme wird schlecht ausgenützt, weshalb die Linksschweißung nur für Bleche unter 5 mm Dicke verwendet wird. Bei der *Rechtsschweißung* (Abb. 411) wird der Brenner geradlinig von links nach rechts geführt. Der Zusatzwerkstoff vollführt zwischen Flamme und Schmelze halbkreisförmige Bewegungen. Das Schmelzbad wird von der Flamme gegen die schon fertige Raupe geblasen und in der Schweißrinne zusammengehalten. Die Rechtsschweißung arbeitet unter besserer Wärmeausnutzung sparsam, schnell und mit weniger Verzug als die Linksschweißung. Sie wird bei dicken Stahlblechen angewendet. Die Streuflamme hüllt das Schmelzbad in einen Schutzmantel ein und verhindert (Abb. 412) so den Zutritt des Sauerstoffes und Stickstoffes der Luft. Sie bestreicht die fertige Naht, wodurch ein Nachglühen erfolgt. Durch

26*

die dauernde Rührbewegung des Drahtes werden Oxide und andere Verunreinigungen, die sich im Schmelzbade bilden, an die Oberfläche gebracht, so daß ein reines, dichtes Gefüge entsteht. Die Links- und Rechtsschweißung sind in allen drei möglichen Positionen, das ist *waagrecht, senkrecht* und *über Kopf* anwendbar.

Man unterscheidet ferner zwischen Auftrags- und Verbindungsschweißung. Bei der *Auftragsschweißung* werden meist harte und spröde

Abb. 412. Wirkung der Flamme beim Rechtsschweißen

Abb. 413. Stumpfstöße. Bördel-, Stumpf-, V- und X-Naht

richtige   falsche
Anordnung der Raupen

Abb. 414. Raupenfolge

Werkstoffe auf weichere und zähe aufgetragen, um einem Verschleiß vorzubeugen oder eingetretene Abnützung zu beseitigen. Nach diesem Verfahren werden auch Werkzeuge (Gesteinsbohrer, Drehstähle, Fräser usw.) an den Schneiden mit Hartmetall- oder Schnellstahlauflagen versehen. Die *Verbindungsschweißung* wird hauptsächlich zum Verbinden von Blechen oder blechförmigen Werkstücken, wie Behälter, Kessel, Brücken usw., verwendet. Die Verbindung kann in Form von Stumpf-, Überlappungs- oder Laschenstößen erfolgen. *Stumpfstöße* (Abb. 413) erfordern den geringsten Werkstoffaufwand (geringstes Gewicht), ergeben keine zusätzlichen Biegespannungen, erfordern jedoch meist eine Vorbereitung der Naht. Je nach der Werkstückdicke werden die Schweißstellen verschieden vorbereitet. Die Abb. 413 zeigt der Reihe nach Bördel-, Stumpf-, V-, und X-Naht. Große V-, X- und U-Nähte müssen in mehreren Lagen in der durch Ziffern gekennzeichneten Reihenfolge (Abb. 414) hergestellt werden. *Überlappungsstöße* (Abb. 415) und *Laschenstöße* (Abb. 416) erfordern größeren Werkstoffaufwand, ergeben zusätzliche Biegespannungen, erfordern jedoch meist keine Vorbereitung der Bleche (Anwendung von Kehlnähten). Die Darstellung der Schweißnähte in Zeichnungen ist durch Zeichen und Sinnbilder genormt (ÖNORM M 7800). Gasschmelzarbeiten werden durch den Buchstaben G gekennzeichnet.

Beim Schweißen werden durch die Wärmedehnung bzw. -schrumpfung Spannungen in den Schweißnähten und Werkstücken hervorgerufen. Abb. 417a zeigt, wie bei einer Auftragsschweißung infolge

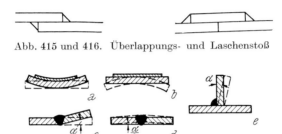

Abb. 415 und 416. Überlappungs- und Laschenstoß

Abb. 417. Auswirkungen der Schweißspannungen.
a, b Auftragsschweißung, c, d Stumpfstoß, e T-Stoß

Abb. 418. Besondere Stumpfstöße

Schrumpfens der Schweiße eine Verbiegung des Bleches eintritt, der man durch eine Verbiegung des Bleches in entgegengesetzter Richtung vor dem Schweißen (Abb. 417b) entgegenwirken kann. Beim V-Stoß (Abb. 417c) biegen sich die Bleche um den Winkel α, was nach Abb. 417d durch vorheriges Schrägstellen ausgeglichen werden kann. Das gleiche gilt für die Kehlnaht nach Abb. 417e. Beim Schweißen ungleich dicker Stücke muß das Anschweißende des dickeren Stückes nach Abb. 418 zugeschärft werden. Um Biegebeanspruchungen der Schweißnähte zu vermeiden, soll man die Stumpfstöße den Überlappungs- und Laschenstößen vorziehen und Behälterböden nicht in den Ecken, sondern in den Seitenwänden schweißen (Abb. 418). Abb. 419a bis g zeigt eine Reihe häufig auftretender Schweißfehler[1]. a) *Wurzelfehler*, zu kleiner Spalt, wurzelseitig wurde nicht ausgekreuzt und nicht durchgeschweißt; b) *Einbrandkerben*, zu starkes Aufschmelzen des Grundwerkstoffes, ungenügendes Auftragen von Zusatzmaterial am Rand; c) *Bindefehler*, ungenügender Einbrand, weil Brenner zu sehr auf eine Seite

---

[1] DIN 8524, Bl. 1 Fehler an Schmelzschweißverbindungen aus metallischen Werkstoffen.

gerichtet wurde; d) *Gasporen*, Verunreinigungen an der Oberfläche des Grundwerkstoffes (Farbe, Rost, Zunder), unpassender Zusatzwerkstoff; e) *Schlackeneinschlüsse*, schlechte Führung des Schmelzbades; f) zu kleiner *Schweißraupenquerschnitt*, zu wenig aufgetragenes Zusatzmaterial, zu kleine Zahl der Schweißlagen; g) *Bindefehler zwischen den Lagen*, ungenügender Einbrand, ungenügendes Schlackenreinigen. Diese Schweißfehler ergeben nicht nur eine Verringerung des kraftübertragenden Querschnittes, sondern auch eine zusätzliche Kerbwirkung. Durch falsch eingestellte Flammen erhält man Oxideinschlüsse oder Aufkohlung, bei Verwendung schweißempfind-

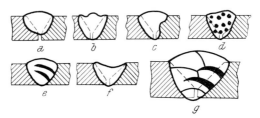

Abb. 419. Schweißfehler. *a* Wurzelfehler, *b* Einbrandkerbe, *c* Bindefehler, *d* Gasporen, *e* Schlackeneinschlüsse, *f* zu kleiner Schweißraupenquerschnitt, *g* Bindefehler zwischen den Lagen

licher (aufhärtender) Werkstoffe oder zu geringer Vorwärmung erhält man offene und verdeckte Schrumpfrisse.

Zur Nachbehandlung der geschweißten Werkstücke dient das *Spannungsfreiglühen* (550 bis 600 °C zur Beseitigung von Spannungen), das *Normalglühen* (800 bis 900 °C zur Verfeinerung des Gefüges und Verbesserung der Festigkeitseigenschaften; bei Kesselschweißung vorgeschrieben) und das *Warmhämmern* (Verbesserung der Festigkeitseigenschaften durch Kornstreckung und Gefügeverdichtung). Kalthämmern ist zu vermeiden. Wenn ein Glühen des ganzen Werkstückes nicht möglich (Größe) oder nicht erwünscht (Kosten) ist, kann ein örtliches Glühen durch Gasbrenner oder ein autogenes Entspannen erfolgen, um gefährliche Schweißspannungen abzubauen.

Gut schweißbar[1] sind Stähle mit geringem Kohlenstoffgehalt (unter St 42), niedrig legierte Stähle und austenitische Stähle. Martensitische Stähle und Stähle mit hohem Kohlenstoffgehalt neigen zu Sprödigkeit und Rißbildung. Von *Schweißrissigkeit* spricht man, wenn der Werkstoff neben der Schweißnaht während des Schweißens aufreißt. Die *Schweißeignung* der Stähle sinkt mit zunehmendem Gehalt an

---

[1] Bettzieche, P.: Schweißbarkeit der Stahlwerkstoffe. Stahl und Eisen *1965*, 29—36. — DIN 8528, Bl. 1 Schweißbarkeit, Begriffe.

Kohlenstoff, Phosphor, Sauerstoff, Stickstoff und Schwefel, größeren Wanddicken und räumlichen Spannungszuständen. Unberuhigte Thomasstähle sind nicht, Feinkornstähle (mit Aluminium beruhigt) gut geeignet. Bei der *Schweißnahtrissigkeit* treten die Risse in der Naht selbst auf. Um bei Stählen über 0,25% C im Grundmaterial Aufhärtung zu vermeiden, die während des Abkühlens zu Spannungsrissen führen kann, wird die Schweißnaht vor dem Schweißen je nach Stahlart auf 150 bis 400 °C vorgewärmt. Durch anschließendes Nachwärmen erzielt man verlangsamtes Abkühlen. Bei schwach härtenden Stählen genügt oft ein Nachwärmen mit dem Autogenbrenner allein. Eine Verbindung von Werkstoffen ungleicher Wärmedehnzahl (Baustahl

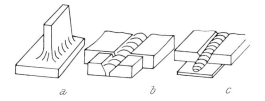

Abb. 420. Vermeidung von Kerbwirkungen

mit Schnellstahl) erfordert ein Vorwärmen (des Schnellstahles) und Glühen nach dem Schweißen mit langsamer Abkühlung, um Risse zu vermeiden.

Kerbwirkungen treten insbesondere an den Anfangs- und Endstellen von Schweißnähten auf. Daher sind Kehlnähte herumzuziehen und endkraterfrei zu machen (Abb. 420a). Bei Stumpfnähten ist auf fugengleichen Ansatzstücken (Abb. 420b) oder auf Unterlagen aus Blech oder Kupfer weiterzuschweißen (Abb. 420c), die anschließend abgearbeitet werden und einwandfreie Nahtenden ergeben. Sinngemäß ist bei Kehlnähten zu verfahren, bei denen ein Herumschweißen nicht möglich ist.

Gasschweißdrähte und *-stäbe* für *Verbindungs*schweißen von Stählen sind nach DIN 8554, Bl. 1 genormt und erhalten außer dem Kurzzeichen G für das Schweißverfahren noch zusätzliche Zeichen für die Schweißstabklasse und Gütewerte. Schweißzusatzwerkstoffe zum *Auftrags*schweißen sind nach DIN 8555, Bl. 1 genormt und erhalten außer dem G noch Kennzahlen für die Legierungsgruppe und Härtestufen und Kennbuchstaben für die Schweißguteigenschaften. Außer gewalzten, gezogenen und gegossenen Stäben und Drähten werden hier auch *Füll*drähte und -stäbe verwendet, die in Rohrform oder durch mehrmaliges Falzen von Stahlbändern in Längsrichtung und nachfolgendem Ziehen auf Fertigmaß hergestellt werden und im Innern schmelzbare

Stoffe zum Auflegieren des Schweißgutes oder schwer schmelzbare
Hartmetalle und schlackenbildende Flußmittel enthalten.

4,122 Die elektrische Lichtbogenschmelzschweißung

Bei diesem Verfahren wird die zum Schmelzen des Werkstoffes
erforderliche Hitze durch den elektrischen Lichtbogen erzeugt.

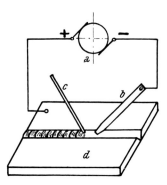 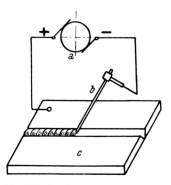

Abb. 421. Verfahren von Benardos.
a Schweißgenerator, *b* Kohlenelektrode,
c Schweißdraht, *d* Werkstück

Abb. 422. Verfahren von Slavianoff.
a Schweißgenerator,
b Metallelektrode, *c* Werkstück

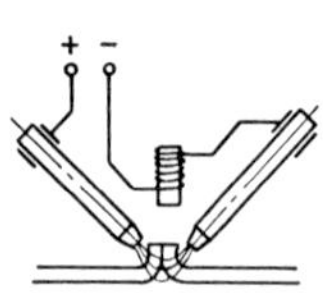

Abb. 423. Verfahren von Zerener

Beim Verfahren von *Benardos* (1885, Abb. 421) wird der Lichtbogen zwischen einer Kohleelektrode und dem Werkstück gezogen.
Bei dem am häufigsten verwendeten Verfahren von *Slavianoff* (1891,
Abb. 422) wird eine Elektrode aus demselben Werkstoff wie das zu
schweißende Werkstück verwendet. Beim Verfahren von *Zerener*
(1891, Abb. 423) werden zwei schräg zueinanderstehende Elektroden
aus Kohle verwendet und der zwischen ihnen sich bildende Lichtbogen durch einen Elektromagneten auf das Werkstück gelenkt. Das
Schweißen mit dem Kohlelichtbogen wird noch zum Schweißen dünner
Bleche angewendet (Gleichstrom mit dem Werkstück am positiven
Pol). Schließlich werden noch bei einigen Schutzgasschweißverfahren
Wolframelektroden verwendet (ohne Schutzgas würden diese verbrennen).

Zum Schweißen kann *Gleich-* oder *Wechselstrom* verwendet werden. Zur Erzeugung von Gleichstrom werden *Schweißgeneratoren* (-umformer) besonderer Konstruktion oder *Gleichrichter* verwendet. Wechselstrom wird in *Schweißumspannern* (-transformatoren) erzeugt. Alle Schweißstromquellen müssen folgenden Bedingungen genügen: Begrenzung des Kurzschlußstromes bei Berühren der Elektrode, Regelung von Spannung und Stromstärke innerhalb gewisser Grenzen entsprechend den Betriebsverhältnissen, Anpassung von Spannung und Stromstärke an die schwankende Lichtbogenlänge und rascher Spannungsanstieg nach jedem vorübergehenden Kurzschluß (Tropfenübergang).

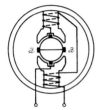

Abb. 424. Querfeldschweißmaschine.
a Kurzgeschlossene Hilfsbürsten

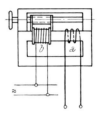

Abb. 425. Schweißtransformator.
a Feste Sekundärwicklung,
b verschiebbare Primärwicklung

Schweißumformer bestehen aus einem Schweiß*generator* und einer Antriebsmaschine, welche meist als Drehstrommotor ausgeführt und mit dem Generator in ein eigenes Gehäuse eingebaut und auf ein Fahrgestell gesetzt wird. Als Beispiel eines Schweißgenerators sei die *Querfeld-Schweißmaschine von Rosenberg* (Abb. 424) angeführt. Sie ist eine Hauptstrommaschine mit Selbsterregung und einem kurzgeschlossenen Hilfsbürstenpaar *a*, durch das ein Querfeld erzeugt wird. Durch dieses Querfeld werden in den Ankerleitern Ströme induziert, die ein dem Hauptfeld entgegengerichtetes Feld erzeugen. Dieses schwächt das Hauptfeld, so daß bei Kurzschluß ein weiteres Ansteigen des Stromes begrenzt wird.

Schweißumspanner werden mit großer Streuung (Abb. 425), das ist mit großem Abstand der Primärwicklung *b* von der Sekundärwicklung *a*, gebaut, um ein ruhiges Brennen des Lichtbogens und eine steile Charakteristik zu erzielen. Die Stromstärke kann durch Verschieben der Primärspule *b* am gemeinsamen Eisenkern stufenlos geregelt werden. Andere Ausführungen von Schweißumspannern erzielen eine feinstufige Regelung der Schweißspannung durch Veränderung der wirksamen Windungszahl der Primärspule, die zu diesem Zweck mit Anzapfungen versehen ist.

Schweißgleichrichter können direkt an das Drehstromnetz angeschlossen werden und bestehen (Abb. 426) aus dem dreiphasigen Um-
spanner *a*, der die Netzspannung in die Schweißspannung transformiert,
und dem eigentlichen Gleichrichter *b*, der als Trockengleichrichter
ausgeführt wird (Siliziumgleichrichter).

Wechselstrom hat gegenüber dem Gleichstrom den Vorteil der
geringeren Anschaffungskosten für die Schweißstromquelle, der kleineren Leerlaufverluste und des besseren Wirkungsgrades. Dafür entstehen höhere Kosten für den Schweißzusatzwerkstoff, weil nur Seelenelektroden und umhüllte Elektroden verschweißt werden können.
Wegen der geringeren Blaswirkung wird die Ausführung des Schweißens

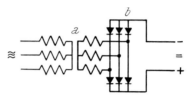

Abb. 426. Schweißgleichrichter. *a* Transformator, *b* Trockengleichrichter

häufig erleichtert. Dagegen ist die fehlende Anpassungsmöglichkeit
(keine verschiedenen Polungsmöglichkeiten) an die jeweilige Arbeit
insbesondere beim Schweißen von Nichteisenmetallen ein Nachteil.
Ein Nachteil ist auch die große Phasenverschiebung des Schweiß-
trafos, wenn dieser keine Blindstromkompensation besitzt. In der
Praxis werden nackte Elektroden kaum mehr verwendet. Da auch
bei Gleichstrom hauptsächlich mit umhüllten Elektroden gearbeitet
wird, entstehen für die Schlackenentfernung keine zusätzlichen Kosten.

Die *Schweißelektroden* werden in *Elektrodenhaltern* geführt, die
eine möglichst leichte Auswechselbarkeit der verbrauchten Stäbe
gestatten müssen. Nach dem Verwendungszweck unterscheidet man
Schweißelektroden für *Verbindungsschweißen* und Schweißzusatzwerkstoffe für *Auftragsschweißen*. Nach ihrer äußeren Beschaffenheit werden die Schweißelektroden eingeteilt in nichtumhüllte und umhüllte
Elektroden (s. ÖNORM M 7820).

Nichtumhüllte Elektroden besitzen die Oberfläche des gezogenen
oder gewalzten Drahtes. Bei ihnen unterscheidet man nackte und
Seelenelektroden. *Nackte Elektroden* (Typ-Kurzzeichen O) sind gezogene oder gewalzte, in Ringen oder Stäben gelieferte Schweißdrähte,
deren Schweißeigenschaften durch feinverteilte, lichtbogenstabilisierende Schlacken bestimmt werden. Da das nicht geschützte Schmelzbad Sauerstoff und Stickstoff aufnimmt, hat das Schweißgut geringeres
Verformungsvermögen. Die Elektroden können nur bei Gleichstrom

(in der Regel am Minuspol) verwendet werden, da ihnen die für ein beständiges Brennen des Wechselstromlichtbogens notwendigen Ionen und Elektronen fehlen. Sie besitzen geringe Einbrandtiefe und sind schwerer als alle anderen Elektrodentypen verschweißbar. *Seelenelektroden* (OO) enthalten als eingewalzte Seele lichtbogenstabilisierende Stoffe. Sie besitzen etwas höhere mechanische Gütewerte, sind leichter zu verschweißen (auch wechselstromschweißbar) und ergeben mitteltiefen bis tiefen Einbrand.

Umhüllte Elektroden haben eine Umhüllung, die durch Tauchen oder Pressen aufgebracht wird. Man unterscheidet sechs Grundtypen:

Titandioxid-Typ (Typ-Kurzzeichen Ti),
Erzsaurer Typ (Es),
Oxidischer Typ (Ox),
Kalkbasischer Typ (Kb),
Zellulose-Typ (Ze),
Sondertyp (So).

Der *Titandioxid*-Typ wird in allen Umhüllungstypen hergestellt und enthält in der Umhüllung Titandioxid. Er wird für schweißempfindliche Stähle und dünne Bleche verwendet. Der *erzsaure* Typ ist überwiegend dick umhüllt und enthält in der Umhüllung Eisen- und Manganoxide, vorwiegend in Form von Erzen, und einen hohen Zusatz von Ferromangan oder anderen desoxydierenden Bestandteilen. Er findet für schweiß*un*empfindliche Stähle Verwendung, da die Warmrißempfindlichkeit mit steigendem C-, S- und P-Gehalt des Grundwerkstoffes zunimmt. Der *oxidische* Typ ist gewöhnlich dick umhüllt und enthält Eisenoxid mit oder ohne Manganoxidzusatz. Er eignet sich nur für unlegierte Stähle mit geringem C-Gehalt, ist nur in Wannenlage verschweißbar, sehr warmrißempfindlich und besitzt geringe mechanische Gütewerte. Der *kalkbasische* Typ besitzt meist dicke Umhüllung aus Erdalkalikarbonaten und Flußspat. Er besitzt höchste mechanische Gütewerte und ist für dicke Abmessungen geeignet, nicht rißempfindlich, beständig gegen Alterung und besitzt hohe Kerbschlagzähigkeit. Da die Umhüllung hygroskopisch sein kann, müssen die Elektroden in trockenen Räumen aufbewahrt werden. Feuchte Elektroden sind bei 250 °C vor Verwendung nachzutrocknen. Der *Zellulose*-Typ enthält in der meist mitteldicken Umhüllung mehr als 10% verbrennbare organische Stoffe, so daß beim Schweißen starke Rauchentwicklung auftritt. Er eignet sich für alle Schweißlagen und ergibt verformungsfähige Schweißverbindungen. Zu den *Sondertypen* gehören die Tiefeinbrandelektroden (Tf), die hocheisenpulverhaltigen Elektroden (Fe), die Unterwasserschweißelektroden und die Schneidelektroden.

Falzdrähte, die sich äußerlich kaum von den üblichen Schweißdrähten unterscheiden, bestehen aus dünnen, mehrmals in ihrer Längsrichtung gefalzten und anschließend zu rundem Querschnitt gezogenen
Stahlbändern, wobei die engen Falzhohlräume mit pulverförmigen Fluß-
und Reinigungsmitteln und Auflegierungszugaben gleichmäßig gefüllt
sind. Sie werden wie die üblichen Elektroden entweder umhüllt oder
nackt verwendet. *Schweißzusatzwerkstoffe in Röhrchenform für Auftrags-*
schweißen[1] enthalten im Inneren eines durch Ziehen oder Falten hergestellten Rohres körnige metallische Füllmassen zum Auflegieren oder
Einbetten in das durch das Abschmelzen des Röhrchens entstehende
Schweißgut. Den Füllmassen werden meist pulverförmige schlackenbildende Flußmittel zugesetzt.

Elektrodendurchmesser und Schweißströme sind abhängig von der
Nahtform und Blechdicke. Die Kennzeichnung der *Elektroden für
Verbindungsschweißen* erfolgt nach ÖNORM M 7820 (DIN 1913, Bl. 1)
(Typ-Kurzzeichen, Klasse, Umhüllungsdicke, mechanische Gütewerte
des reinen Schweißgutes, Schweißposition und Stromkreischarakte-
ristik).

Bei Gleichstrom werden nichtumhüllte Elektroden an den Minuspol,
umhüllte Elektroden in der Regel an den Pluspol gelegt, der eine höhere
Temperatur aufweist. Um das lästige Umklemmen der Schweißkabel
zu vermeiden, sind zu diesem Zweck an modernen Schweißumformern
Polumschalter vorgesehen.

Die elektrische Lichtbogenschweißung kann von *Hand, halbauto-
matisch* oder *vollautomatisch* durchgeführt werden. Bei den beiden
letzten unterscheidet man Verfahren mit *offenem* und *verdecktem* Lichtbogen, mit umhüllten und nicht umhüllten *Werkstoffelektroden,* mit
Kohle- und *Wolframelektroden.*

Das *Unterschienen-Schweißverfahren* (US-, Elin-Hafergut-Verfahren)
gehört zu den halbautomatischen Verfahren mit verdecktem Lichtbogen.
Eine dickumhüllte Elektrode *b* (Abb. 427), die an einem Ende an eine
Schweißstromquelle angeschlossen ist, wird in die Schweißfuge gelegt
und am anderen Ende durch Überstreichen mit einem Metalldraht oder
Kohlestift gezündet. Den zweiten Pol bildet das Werkstück. Die Elektrode
schmilzt dann weiter ab, fließt mit den ebenfalls abschmelzenden Blech-
rändern zusammen und füllt die Schweißfuge aus. Damit sich die
Elektrode nicht wirft und aus der Schweißfuge verschiebt, wird sie
durch eine Kupferschiene *c* abgedeckt, in deren Rille sie sich einschmiegt.
Zwischen Elektrode und Schiene wird ein Packpapier *d* eingelegt, das
verbrennt und den Luftsauerstoff bindet. Nach diesem Verfahren kann
man Stumpf- und Kehlnähte (bei entsprechend anderer Form der

---

[1] DIN 8555, Bl. 1 Schweißzusatzwerkstoffe zum Auftragsschweißen.

Abdeckschiene) schweißen. Nach der Zündung vollzieht sich das Schweißen automatisch, so daß es von angelernten Kräften ausgeführt werden kann.

Bei den *vollautomatischen* Schweißverfahren wird eine höhere Schweißgeschwindigkeit dadurch erreicht, daß der Schweißstrom den Elektroden erst knapp oberhalb des Lichtbogens zugeführt wird, so daß diese mit hohen Stromstärken verschweißt werden können. Sie werden für lange gerade Schweißnähte angewendet und ergeben bei diesen eine Erhöhung der Schweißleistung durch ununterbrochenes Schweißen und eine Verbesserung der Güte der Schweißung durch größere Gleichmäßigkeit. Nichtumhüllte Elektroden werden ohne Unterbrechung von einer Drahtrolle über eine Richteinrichtung laufend verschweißt, wobei

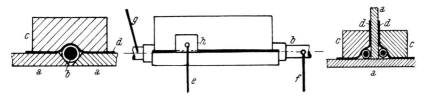

Abb. 427. US-Schweißen. *a* Werkstücke, *b* ummantelte Elektrode, *c* Kupferschiene, *e*, *f* Stromanschluß, *d* Papierstreifen, *g* Eisen- oder Kohlestift, *h* Wanderpol

der Schweißstrom über Kontaktrollen der blanken Drahtoberfläche zugeführt wird. Den Schwierigkeiten, die sich durch die nichtleitende Umhüllung der umhüllten Elektroden bei der Stromzufuhr ergeben, begegnet man durch Verwendung von Sonderdrähten. Der wichtigste Bestandteil jedes Schweißautomaten ist der *Schweißkopf*, der die Elektrode führt und bewegt, den Strom zuführt, den Vorschub regelt und einen Teil der Schalt- und Regelgeräte enthält. Außer dem Schweißkopf und der Schweißstromquelle ist noch ein Schaltschrank erforderlich, der die Mehrzahl der Schalt- und Regelorgane aufnimmt. Die Hauptaufgabe des Schweißkopfes, das Zünden und Aufrechterhalten eines Lichtbogens konstanter, einstellbarer Länge kann durch Relaissteuerung, Leonardsteuerung, Steuerung durch selbstregelnden Lichtbogen oder Differentialsteuerung erzielt werden.

Zu den *Automaten mit offenem Lichtbogen* gehören:

Der *Fusarc*-Automat verwendet *Netzmantelelektroden*, die von Drahtringen ablaufen. Um einen Kerndraht sind sich schraubenartig kreuzende Drähte gewickelt, zwischen denen die Umhüllungsmasse so angebracht ist, daß die Umhüllungsdrähte hervorragen und den Strom von Schleifkontakten übernehmen können.

Der *Kaell*-Automat verwendet zwei umhüllte, voneinander isolierte Elektroden, die mit dem Werkstück derart an einen Drehstrom-

kreis angeschlossen werden, daß sich ein dreifacher Lichtbogen bildet,
wodurch eine hohe Abschmelzleistung erzielt wird.

Der *Kjellberg*-Automat arbeitet mit zwei unter spitzem Winkel so
angesetzten Elektroden, daß nach Abschmelzen der ersten Elektrode
die zweite den Lichtbogen übernimmt.

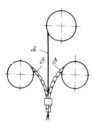

Abb. 428. Elin-Mantelkettenautomat.
a Nackte Elektrode, *b* Mantelketten

Abb. 429. Profil der Mantelkette

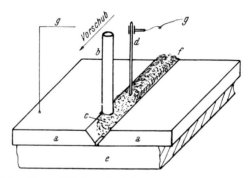

Abb. 430. UP-Schweißen. *a* Werkstück, *b* Streurohr, *c* Schweißpulver, *d* Elektrode,
e Kupferunterlage, *f* Schlacke und Schweißpulver, *g* Stromanschluß

Beim *Elin-Mantelketten*-Automat wird mit einer von einem Drahtring
fortlaufend zugeführten nackten Elektrode gearbeitet, die erst unterhalb
der Stromzuführungskontakte durch eine zweiteilige Mantelkette (Profil
nach Abb. 429) umhüllt und mit zwei Flankendrähten umspannt wird.
Die Abb. 428 zeigt schematisch die beiden Mantelketten *b*, die den
nackten Draht *a* nach der Stromzuführung umhüllen. Auch der *Elin-
Kohlelichtbogen*automat arbeitet mit Nacktdraht und wird für Spur-
kranzauftragsschweißung und Faßherstellung verwendet.

Zu den vollautomatischen Verfahren mit *verdecktem Lichtbogen*
gehört das *Unterpulverschweißen* (UP-, Ellira-Verfahren). Die mit einer
keilförmigen Schweißfuge versehenen Bleche *a* (Abb. 430) werden auf
einer Kupferschiene *e* dicht aneinandergelegt. Die Schweißfuge wird

mit einem Schweißpulver (Kalziummetasilikat und Kalziumfluorid) *c* hoch angehäuft angefüllt. Durch dieses wird die sich von einer Rolle abwickelnde Elektrode *d*, die nackt und zwecks besserer Stromzuführung schwach verkupfert ist, zugeführt. Sie ist mit dem das Schweißpulver zuführenden Rohr *b* in einem Wagen untergebracht, der in Pfeilrichtung über die Schweißfuge geführt wird. Die Schlacke verhindert den Zutritt von Sauerstoff und Stickstoff aus der Luft und nimmt die gebildeten

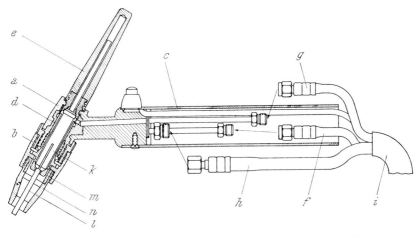

Abb. 431. WIG-Schweißbrenner (nach Linde, Höllriegelskreuth). *a* Brennerkörper, *b* Wassermantel, *c* Handgriff mit Druckknopfschalter, *d* Gehäuse mit Spannhülse, *e* Brennerkappe, *f* Wassereinlaßschlauch, *g* Argoneinlaßschlauch, *h* Wasserschlauch mit Kabel, *i* Schläuche und Überzug, *k* Spannhülse, *l* Wolframelektrode, *m* keramische Hülse, *n* Argondüse

Oxide auf. Der größte Teil des Schweißpulvers nimmt an dem Schweißvorgang nicht teil, wird abgesaugt und wieder verwendet. Diese Automaten finden Anwendung zum Schweißen großer Blechdicken bei Trägern, Kesseln und Behältern.

Beim *Schutzgas-Lichtbogenschweißen* (SG, DIN 1910, Bl. 4) werden Elektrode, Lichtbogen und Schmelzbad durch ein Schutzgas gegen die Atmosphäre abgeschirmt.

Beim *Wolfram-Schutzgasschweißen* (WSG) werden nicht abschmelzende Wolframelektroden verwendet. Beim *Wolfram-Wasserstoff*-Schweißen (WHG) werden zwei Wolframelektroden verwendet, denen Wasserstoff durch Ringdüsen zugeführt wird. Die Wasserstoffmoleküle werden im Lichtbogen in Atome zerlegt, die sich beim Auftreffen auf das Schweißgut unter Wärmeabgabe zu Molekülen vereinigen. Dadurch entstehen Temperaturen von über 4000 °C, die hohe Schweißgeschwindigkeit erlauben. Wegen der Löslichkeit des Wasserstoffes in manchen Stählen wurde dieses Verfahren durch das *Wolfram-Inertgas-Schweißen* (WIG) verdrängt. Bei diesem arbeitet man mit *Argon* als Schutzgas (Argonarc-V), einer Wolframelektrode und vorzugsweise Wechselstrom (bei Leichtmetallen) oder Gleichstrom (bei legierten Stählen). Zum Zünden des Lichtbogens verwendet man eine überlagerte hochfrequente Wechselspannung, mit der der Lichtbogen bereits in 1 bis 2 mm Abstand zündet. Eine WIG-Anlage besteht aus dem Schweißbrenner

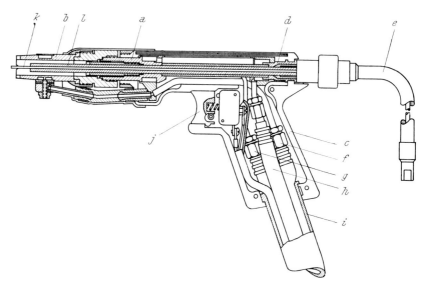

Abb. 432. MIG-Schweißbrenner (nach Linde, Höllriegelskreuth). *a* Brenner-körper, *b* Düse mit Wassermantel, *c* Handgriff, *d* Gehäuse mit Spannhülse, *e* Trans-portschlauch, *f* Wassereinlaßschlauch, *g* Argoneinlaßschlauch, *h* Wasserschlauch mit Kabel, *i* Überzugschlauch, *j* Druckknopfschalter, *k* Schweißdraht, *l* Draht-zuführungsrohr

mit Druckregler und Dosiereinrichtung, einem Spezialtransformator mit Hochfrequenzeinrichtung, Wasserschlauch mit Kabel *h* (Abb. 431), Wassereinlaß- *f* und Argoneinlaßschlauch *g*. Bei diesem wassergekühlten *Handschweißbrenner* gelangt das Argon aus einer Stahlflasche zur Düse *n*, in deren Mitte sich die Wolframelektrode *l* befindet, welche in der Spann-hülse *k* befestigt ist. Das Verfahren wird für dünne (über 0,5 mm dicke) legierte Stahl- und Aluminiumbleche verwendet. Bei größeren Dicken wird noch ein Zusatzdraht verwendet.

Beim *Wolfram-Plasmaschweißen* (WP) unterscheidet man Wolfram-Schutzgasschweißen *mit Plasmastrahl* (WPS), bei welchem der Licht-bogen zwischen einer Wolfram-Elektrode und der Innenwand der Plasmadüse brennt und Wolfram-Schutzgasschweißen *mit Plasmalicht-*

bogen (WPL, übertragener Lichtbogen), bei welchem der Lichtbogen zwischen Wolframelektrode und Werkstück brennt. Wegen der hohen Temperaturen des Plasmastrahles wurden diese Verfahren zuerst zum Schneiden verwendet (s. 4,22).

Beim *Metall-Schutzgas-Schweißen* arbeitet man mit abschmelzenden, *vorwiegend* am Pluspol einer *Gleichstrom*quelle angeschlossenen Elektroden. Beim *Metall-Inertgas-Schweißen* (MIG-, SIGMA-, Aircomatic-Verfahren) wird *Argon* als Schutzgas verwendet. Der im Argon brennende Lichtbogen zerstört bei Leichtmetallen die Oberflächenoxide, wenn diese als Kathode (Minuspol) wirken (bei Wechselstrom dient eine Halbperiode zur Reinigung, die andere zur Erhitzung). Im Schweißbrenner (Abb. 432) gelangt der Schweißdraht k aus dem Transportschlauch e in das Führungsrohr l und das Argon aus dem Zuführschlauch g in die wassergekühlte Düse b. c ist der Handgriff, f der Wassereinlaßschlauch, h die wassergekühlte Stromzuführung und j ein Druckknopfschalter. Das Verfahren wird für dickere Teile aus Leichtmetallen und hochlegierten Stählen verwendet. Zur Verringerung der Oberflächenspannung werden bei legierten Stählen dem reinen Argon geringe Mengen Sauerstoff zugesetzt. Beim Schweißen von Baustählen wird das billigere CO_2 (MAG-Verfahren *M*etal *A*ctive *G*as)[1] als Schutzgas verwendet. Die Dissoziationswärme des CO_2 bewirkt einen tiefen Einbrand. Wegen der oxydierenden Wirkung des CO_2 werden den Schweißdrähten (Falz-, Seelen-, Rillendrähte) Desoxydationsmittel (Mn, Si, Ti) zugesetzt. Beim *Kurzlichtbogen* mit Schweißspannungen unter 24 Volt und dünnen Schweißdrähten erfolgt der Werkstoffübergang unter periodisch wiederkehrenden Kurzschlüssen (kalter Lichtbogen; für Schweißen in Zwangslage und dünne wärmeempfindliche Bleche). Beim *Sprühlichtbogen* mit Schweißspannungen über 28 Volt erfolgt der Werkstoffübergang sprühregenartig (heißer Lichtbogen, tiefer Einbrand). *Mischgase* aus *Ar*, CO_2 und O_2 (Coxogen) ergeben auch bei hohen Schweißstromstärken einen feintropfigen Übergang. Alle Verfahren sind auch vollautomatisch möglich.

Zum Schweißen *unter Wasser* verwendet man dickumhüllte, lackierte Elektroden und gut isolierte Elektrodenhalter.

Beim Lichtbogenschweißen müssen die Augen und die Haut gegen die schädliche Wirkung der *sichtbaren, infraroten* und *ultravioletten Strahlen* geschützt werden. Dazu verwendet man *Schutzschilder* oder *Schutzkappen* mit dunkelfarbigen Gläsern. Bei der *Graugußwarmschweißung*[2] werden die Werkstücke in Öfen oder Schweißgruben auf

---

[1] Ebert, K.: Draht-Schutzgas-Kombinationen für das MAG-Schweißen unlegierter Baustähle. ZVDI *1971*, 798—803.

[2] Wirtz, H.: Stand der Technik des Schweißens von Gußeisen mit Lamellengraphit. Gießerei *1967*, 609—618.

580 °C erwärmt und mit Gußeisenstäben mit 3 bis 3,8% Si unter Benützung von Asbestschürzen und Asbesthandschuhen geschweißt. Bei
der *Graugußkaltschweißung*, die vielfach ohne Ausbau durchführbar ist,
verwendet man Elektroden aus Stahl, Nickel, FeNi- und NiCu-Legie-
rungen, wobei zur Erhöhung der Festigkeit Stahlstifte eingeschraubt
werden können.

4,123 Die Gießschmelzschweißung

Diese wird in Eisengießereien zum Ausbessern gebrochener Gußstücke
verwendet. Abb. 433 zeigt als Beispiel das Anschweißen eines abge-
brochenen Walzenzapfens. Um das Gußstück wird eine Form *a* ange-

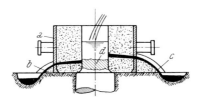

Abb. 433. Gießschmelzschweißen. *a* Form, *b, c* Abflußrinnen, *d* Walzenzapfenende

bracht und die Bruchstelle vorgewärmt. Dann wird in die Form hoch
überhitztes Gußeisen gegossen, das zunächst bei *c* abfließt. Sobald die
oberste Schicht *d* der Walze flüssig geworden ist, wird auch bei *b* Gußeisen ausfließen, worauf man die Öffnungen verschließt und die Form
vollgießt.

Zum Gießschmelzschweißen gehören auch die *aluminothermischen*
Schweißverfahren (1898 von Goldschmid gefunden), welche auf der
reduzierenden Wirkung des Aluminiums auf Eisenoxide beruhen:

$$3\,FeO + 2\,Al = Al_2O_3 + 3\,Fe,$$
$$Fe_2O_3 + 2\,Al = Al_2O_3 + 2\,Fe,$$
$$3\,Fe_3O_4 + 8\,Al = 4\,Al_2O_3 + 9\,Fe.$$

Thermit, ein Gemisch aus Eisenoxid- und Aluminiumpulver wird in
einen mit Magnesiumoxid ausgekleideten Stahltiegel gebracht und dort
durch eine Zündmasse aus Bariumsuperoxid und Aluminiumpulver
oder elektrisch gezündet und brennt dann weiter, wobei flüssiges Eisen
und Aluminiumoxid entstehen. Schrottzugaben und Legierungszuschläge
erhöhen die Eisenausbeute und veredeln das Thermiteisen zu Stahl.
Da die flüssige Schlacke auf dem Eisen schwimmt, fließt beim Ausleeren
der *Sonder*tiegel zuerst die Schlacke aus. Bei den *Spitz*tiegeln kann durch
ein Loch im Boden zuerst das flüssige Eisen ausfließen.

Besondere Bedeutung hat dieses Verfahren für das Schweißen bereits verlegter Schienen[1] gefunden. Bei dem kombinierten Verfahren (Abb. 434) wurden die Schienenfüße und -stege durch zwischen die Schienenenden gegossenen Thermitstahl miteinander verschmolzen und die von der Thermitschlacke umgebenen und erhitzten Schienenköpfe dagegen durch Stauchung mit einem Klemmapparat preßgeschweißt. Da bei diesem Verfahren zumindest eine Schiene in Längsrichtung bewegt werden muß, wurde dieses Verfahren durch das reine *Zwischengußverfahren* verdrängt. Bei diesem werden die Schienenenden mit einer entsprechenden Lücke verlegt, ausgerichtet und mit einer feuerfesten

Abb. 434. Kombiniertes aluminothermisches Schweißen

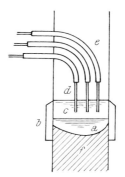

Abb. 435. Elektroschlackeschweißen. *a* Schmelzbad, *b* wassergekühlte Kupferbacken, *c* Schlacke, *d* Elektroden, *e* Blech, *f* Naht

aus grünem Sand bestehenden Form umgeben, welche mit Formsand gegen die Schienen abgedichtet wird. Dann wird ein Benzin- bzw. Propan-Luft-Gemisch in die Form geblasen und in ihr verbrannt, bis die Schienenenden eine Temperatur von rund 950 °C erreichen. Hierauf wird das Thermitgemisch entzündet und der flüssige Stahl aus dem Tiegel in die Form gebracht, wo er die beiden Schienenenden miteinander verbindet. Nach der Erstarrung wird die Form abgenommen, die Einläufe, Speiser und Schweißwülste im rotwarmen Zustand entfernt. Heute verwendet man auf Maschinen hergestellte Trockengießformen (Thermitschnellschweißung 12 Minuten pro Stoß).

4,124 Die elektrische Widerstandsschmelzschweißung

Für Stahlbleche bis 400 mm Dicke findet bei senkrechten Schweißnähten das *Elektroschlackeschweißen* Anwendung. Das durch zwei wassergekühlte Kupferbacken *b* (Abb. 435) und den beiden, einen

---

[1] Aluminothermisches Schweißen. Merkblatt Nr. 241 für sachgemäße Stahlverwendung. Düsseldorf. — Ahlert, W.: Langschienenbau und moderne Thermitschweißung. Schweißtechnik *1963*, 109—118.

I-Spalt bildenden Blechen *e* gebildete Schmelzbad *a* wird von einer flüssigen Schlackenschicht *c* bedeckt, die sich bei Stromdurchgang aus einem aufgebrachten Schweißpulver bildet. In das Schlackenbad, das die flüssige Schweiße vor Luftzutritt schützt und die beiden Blechenden an- und die Zusatzdrähte abschmilzt, tauchen die laufend vorgeschobenen nackten Elektroden *d*, denen der Strom (Drehstrom) durch Rollen zugeführt wird. Die Naht *f* wird von unten nach oben aufgebaut.

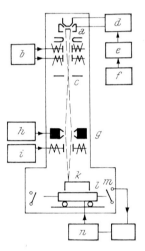

Abb. 436. Elektronenstrahlschweißen. *a* Glühkathode, *b* magnetische Justierung, *c* Blende, *d* Heiz- und Steuerspannung, *e* Hochspannungsgenerator, *f* Steuerung für Hochspannung, *g* Linse, *h* Linsenstrom, *i* Ablenkung, *k* Werkstück, *l* Tisch, *m* Endlagenschalter, *n* Vorschubmotor

4,125 Das Elektronenstrahlschweißen[1]

Mit diesem Verfahren, das im Vakuum durchgeführt wird, lassen sich sehr schwer verbindbare Metalle (Wolfram, Zirkon, Kupfer mit Stahl) verschweißen. Von einer Glühkathode *a* (Abb. 436) werden Elektronen emittiert und in einem elektrischen Feld beschleunigt, so daß sie mit sehr hoher Geschwindigkeit auf das zu schweißende Werkstück *k* treffen, das sich auf einem fahrbaren Tisch *l* in einer Vakuumkammer befindet. Die Elektronen dringen mehr oder weniger in das Werkstück ein, wobei sich ihre hohe kinetische Energie in Wärme verwandelt. Die Elektronenstrahlung läßt sich mit Hilfe einer Fein-

---

[1] Dietrich, W.: Technische Elektronenstrahlheizquellen hoher Leistung. Stahl und Eisen *1965*, 917—922. — Steigerswald, K.: Neue Erfahrungen mit dem Elektronenstrahlschweißen (Schweißen und Schneiden, Band 36). Düsseldorf: 1963. — Schweißen und Schneiden *1960*, 89—96.

fokuskathode, zwei verschiebbaren Blenden c und einer magnetischen Linse g auf einen sehr kleinen Durchmesser bündeln, so daß eine flächenmäßig sehr kleine Aufschmelzzone (Abb. 437) entsteht. Dadurch wird eine große Eindringtiefe und Schweißgeschwindigkeit möglich. Durch die Vakuumkammer sind jedoch die Abmessungen der zu schweißen-

Abb. 437. Aufschmelzzone bei der Elektronenstrahlschweißung

den Werkstücke begrenzt. Bei Spannungen über 20 kV sind Abschirmungen gegen die sich bildenden Röntgenstrahlen erforderlich. Liegt der Tripelpunkt des zu schweißenden Werkstoffes über dem Druck der Vakuumkammer, so tritt Sublimieren statt Schmelzen ein.

4,13 Das Preßschweißen

4,131 Die konduktive Widerstandspreßschweißung

Bei dieser entsteht die Wärme durch einen elektrischen Strom und durch den Übergangswiderstand an den Berührungsstellen sowie den Ohmschen Widerstand der zu verbindenden Teile. Die entstehende Wärme Q (J) ergibt sich aus:

$$Q = I^2 \cdot R \cdot t.$$

4,1311 Das Stumpfschweißen

Dieses wird vor allem für stabförmige Werkstücke, wie Schienen, Kettenglieder, Drähte, Drehstähle und Bohrer (Schneidenteil aus

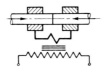

Abb. 438. Stumpfschweißen

Schnellstahl, Einspannschaft aus Baustahl), angewendet. Abb. 438 zeigt die grundsätzliche Anordnung beim Stumpfschweißen. Den zu verschweißenden Werkstücken wird über Kupferbacken Wechselstrom von der Sekundärwicklung eines Schweißtransformators zugeführt. Man unterscheidet das Preßstumpfschweißen (Wulstschweißen) und das Abbrennstumpfschweißen (Abbrennschweißen). Beim *Preß-stumpf*schweißen werden die beiden Werkstückenden passend be-arbeitet und von den stromdurchflossenen Klemmbacken mit einem Druck von 5 bis 10 N/mm² aneinandergepreßt. Dabei entsteht ein Wulst (Abb. 439a), der viel Nacharbeit erfordert. Unreine Stellen in den Stoßflächen verschweißen nicht. Beim *Abbrennstumpfschweißen*[1] werden die beiden an der Stoßstelle nicht zusätzlich bearbeiteten Werkstücke zwischen Klemmbacken gespannt und einander genähert. Beim Zusammentreffen der Werkstückenden werden diese infolge

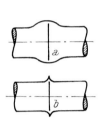

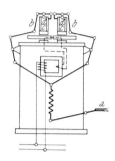

Abb. 439. Stumpfschweißung. *a* Preß-stumpfschweißung, *b* Abbrennstumpf-schweißung

Abb. 440. Kleine Stumpfschweiß-maschine mit Fußantrieb.
a Fußhebel, *b* Hebel, *c* Klemmbacken, *d* Stauchschlitten

der hohen Stromdichte an den kleinen Berührungsflächen sehr schnell erwärmt. Es entstehen Strombrücken aus flüssigem Metall, die schließ-lich bis zur Verdampfung erhitzt werden. Der entstehende Metall-dampf schleudert den flüssigen Werkstoff in Form eines Funken-regens aus dem Schweißspalt. Durch den abschließenden Stauch-schlag werden Luft und Unreinheiten der Schweißflächen entfernt, so daß eine saubere Schweißung entsteht (Abb. 439b). Nach dem Stauchschlag wird der Strom abgeschaltet und der Druck noch eine Weile aufrechterhalten. Dabei erfolgt ein Abkühlen der Schweiß-stelle, das bei Stahl mit Rücksicht auf eine mögliche Aufhärtung nicht zu rasch erfolgen darf (kritische Abkühlgeschwindigkeit). Kupfer und Aluminium müssen wegen ihrer anderen Eigenschaften mit höherer Stromstärke (Stahl 10, Al 35 bis 70, Cu 150 bis 300 A/mm²) und höhere Geschwindigkeit (Stahl 0,5 bis 2, Al 10, Cu 25 bis 30 mm/s) geschweißt werden. Der Stauchdruck beträgt bei Stahl 25 bis 100 und bei Aluminium 200 N/mm². Um bei großen Querschnitten (Schienen) Energie zu

[1] Wuppermann, Th.: Das elektrische Abbrennstumpfschweißen und seine Anwendung auf die Herstellung komplizierter Schmiedestücke. Stahl und Eisen *1965*, 649—656.

sparen, wird das Werkstück vor dem Abbrennen durch mehrmaliges kurzzeitiges Berühren und Zurückziehen (Stromimpulse von 1 bis 3, Pausen von 0,5 bis 2 s) vorgewärmt. In der Massenfertigung wird dieser Vorgang durch zwangsläufiges Steuern des Schlittenvorschubes geregelt (vollselbsttätige Abbrennschweißmaschinen, Abbrennschweiß-automaten).

Kleinste Stumpfschweißmaschinen für Drähte erhalten Zangen-form, größere Stumpfschweißmaschinen erhalten Antrieb durch Öl-druck, Luftdruck oder motorische Kraft. Abb. 440 zeigt eine kleine

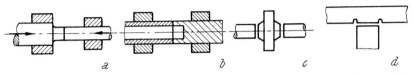

$$a \qquad b \qquad c \qquad d$$

Abb. 441. Anpassung ungleicher Querschnitte durch Absetzen (a), Ausbohren (b), Abdrehen (c) und Sägeschnitte (d)

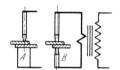

Abb. 442. Punktschweißen

Stumpfschweißmaschine mit Fußantrieb. Beim Herabdrücken des Fußhebels a werden die Hebel b nach links bzw. rechts und die oberen Klemmbacken c zunächst nach abwärts gedrückt und dadurch die Stücke eingespannt. Bei weiterem Herunterdrücken des Fußhebels drücken die Hebel b gegen die waagrecht verschiebbaren Stücke d und pressen so die Arbeitsstücke zusammen. Dabei wird der Strom eingeschaltet. Ausgeschaltet wird ebenfalls selbsttätig durch Betäti-gung eines Hilfsstromkreises nach einem eingestellten Stauchweg. Ungleiche Querschnitte sollen an der Stoßstelle angenähert gleich-gemacht werden. Dies kann nach Abb. 441 durch Absetzen, Ausboh-ren, Zuspitzen oder Anbringung von Sägeschnitten erfolgen. Da das Werkstück um die Stauchlänge und beim Abbrennschweißen noch um die Abbrennlänge verkürzt wird, muß es um diesen Betrag länger zugeschnitten werden.

4,1312 Das Punktschweißen

Dieses Verfahren wird vor allem zum Verbinden blechförmiger Werk-stücke angewendet (Stahl bis 12/12 mm). Abb. 442 zeigt die prinzipielle Anordnung. Der Strom von der Sekundärwicklung eines Transformators fließt über die bewegliche Elektrode und eine feste zu den beiden überlappten Blechen und erzeugt dort einen Schweißpunkt. Die Elektroden bestehen aus hochleitfähigen Kupferlegierungen und sind wassergekühlt. Die Elektrodenspitzen können durch Kegel (Abb. 443) in den Elektrodenhaltern befestigt werden. Die Form der Elektroden-

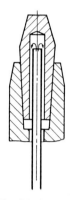

Abb. 443. Durch Kegel befestigte Elektrodenspitzen

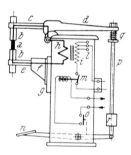

Abb. 444. Kleine Punktschweißmaschine mit Fußantrieb. *a* Elektroden, *b* Elektrodenhalter, *c, e* Elektrodenstangen, *d* Schwinghebel, *f* Konsol, *g* Frontplatte, *h* Sekundärwicklung, *i* Primärwicklung, *l* Anzapfungen, *m* Schütz, *n* Fußpedal, *o* Kontakte, *p* Stange, *q* Druckfeder, *r* Gewicht

spitze wird weitgehend der Form des Werkstückes angepaßt. Abb. 444 zeigt den grundsätzlichen Aufbau einer kleinen *Punktschweißmaschine* mit Fußantrieb für untergeordnete Arbeiten. Die beiden Elektroden *a* befinden sich in Elektrodenhaltern *b*. Die obere Elektrodenstange *c* ist an einem Schwinghebel *d*, die untere *e* an einem Konsol *f* befestigt, das an einer Frontplatte *g* angeschraubt ist. Die Elektroden werden von der Sekundärwicklung *h* des Transformators mit Strom versorgt. Das Einschalten der Primärwicklung *i* (mit Anzapfungen *l* zur Spannungsregelung) erfolgt durch einen Schütz *m*, der über Fußpedal *n*, Kontakt *o* und einen nicht dargestellten Zeitregler betätigt wird. Vom

Fußhebel *n* wird auch über die Antriebsstange *p* die Druckfeder *q*
zum Schwenken des Schwinghebels *d* betätigt, während das Gewicht *r*
den Schwinghebel nach Auslassen des Fußhebels wieder zurückbe-
wegt. Beim Niedergang der Elektroden werden zunächst die Werkstücke zusammengepreßt und erst dann der Schweißstrom eingeschaltet.
Der Schweißdruck ist durch die Feder bestimmt. Nach Loslassen des
Fußhebels wird zunächst durch Öffnen des Kontaktes *o* (bzw. durch
den Zeitregler) der Schweißstrom unterbrochen und darnach das Elek-
trodenpaar geöffnet. Der Schweißdruck muß so hoch sein, daß sich
kein Lichtbogen bildet. Er ist nach oben durch die Haltbarkeit der

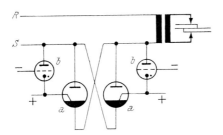

Abb. 445. Antiparallelschaltung. *a* Ignitron, *b* Stromtor

Elektrodenflächen begrenzt. Sollen dickere Bleche punktgeschweißt
werden, so muß zur Erzeugung der Elektrodenkraft Motor-, Druck-
luft- oder hydraulischer Antrieb mit Programmsteuerung verwendet
werden.

Mechanische Schütze unterliegen bei großer Schalthäufigkeit einer
sehr starken Abnützung. Man verwendet daher in zunehmendem
Maße elektronische Schütze (*Ignitrons*)[1], die den Strom ohne Bewegung mechanischer Kontakte trägheitslos steuern. Sie bestehen aus
einem wassergekühlten, doppelwandigen Stahlgefäß mit Graphitanode und Quecksilberkathode, in das ein Zündstift taucht. Mit dem
Ignitron kann man den Strom sehr genau regeln und synchron schal-
ten, so daß keine Stromspitzen entstehen. Für viele Schweißaufgaben
ist die Steuerung des Schweißstromes durch den Stufenschalter der
Primärwicklung zu grob. Zur feineren Steuerung werden elektronische
Regelgeräte verwendet, die den Schweißstrom nach dem Prinzip der
Zündpunktverschiebung stufenlos steuern. Abb. 445 zeigt die verwendete Antiparallelschaltung mit zwei Ignitrons *a* und je einem Stromtor *b* im Zündstromkreis. Zwei Ignitrons sind deshalb notwendig,
da eines nur den Strom in einer Richtung (Gleichrichter) führen kann.

---

[1] Masing, M.: Ignitronsteuerungen für Widerstandsschweißmaschinen.
Werkstatt und Betrieb *1964*, 381—385.

In vielen Fällen sind besondere Taktgeber erforderlich, die den zeit-
lichen Verlauf und die Größe des Schweißstromes und der Preßkraft
steuern. Abb. 446 zeigt ein solches Programm: *a* Vorpreßzeit, *b* Vorwärmzeit, *c* Pausenzeiten, *d* Schweißstromzeit, *e* Nachwärmzeit, *f* Nachpreßzeit.

An Stelle der Ignitron- finden neuerdings Thyristorsteuerungen
Verwendung, da sie eine wesentlich kleinere Verlustleistung besitzen,
so daß die Anlagen kleiner gehalten werden können (Wärmeabfuhr!).
Im Gegensatz zu den Ignitrons, die genau senkrecht eingebaut werden müssen, sind die Thyristoren lageunabhängig.

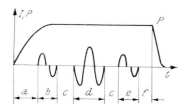

Abb. 446. Schweißprogramm.
a Vorpreßzeit, *b* Vorwärmzeit,
c Pausenzeiten, *d* Schweißstromzeit,
e Nachwärmzeit, *f* Nachpreßzeit

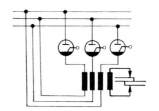

Abb. 447. Dreiphasenfrequenz-
wandlerschweißmaschine

Punktschweißzangen finden für kleine und sehr große, unbeweg-
liche Werkstücke (PKW-Karosserien) Verwendung. Letztere ergeben
ebenso wie ortsfeste Punktschweißmaschinen für sperrige Werkstücke
mit großem Armabstand oder großer Ausladung wegen der großen
Impedanz einen sehr ungünstigen Leistungsfaktor. Zu dessen Herabsetzung und zur Vermeidung der ungünstigen Netzbelastung bei ein-
phasigem Anschluß verwendet man *Dreiphasenfrequenzwandler*-Schweiß-
maschinen (schematisch nach Abb. 447), bei denen die Frequenz auf
ein Drittel herabgesetzt wird, oder *Gleichstromwiderstands*-Schweiß-
maschinen mit Magnesium-Kupfersulfid-Gleichrichtern (Abb. 426).

Punktschweißbar sind alle knetbaren Metalle und Legierungen.
Sehr gut schweißbar ist C-armer (unter 0,15%) Stahl. Oxydierte Bleche
erfordern höhere Schweißkräfte, phosphatierte Bleche sind nicht
schweißbar (Phosphatschicht isoliert). Aluminium und seine Legierungen erfordern hohe Schweißströme und kurze Schweißzeiten. Bronze,
Messing, Zink sind gut, Kupfer schwer punktschweißbar. Punktschweißen findet vor allem in der Serienfertigung von Blechmöbeln, Karosserien, Spielzeug, zur Befestigung von Henkeln und Griffen an Geschirr
usw. Verwendung.

4,1313 Das Rollennahtschweißen

Durch dieses Verfahren werden dichte Nähte an Stahlblechen bis 3/3 mm erzeugt. Für gekrümmte Nähte mit kleinem Krümmungsradius finden *Steppunkt*schweißmaschinen mit Schaftelektroden, für gerade Nähte und Nähte mit großem Krümmungsradius Maschinen mit *Rollenelektroden* (schematisch nach Abb. 448) Verwendung. Die Rollen bestehen aus hochleitfähigen Kupferlegierungen und sind wassergekühlt. Durch ihre Drehung wird das Werkstück vorgeschoben. Sie berühren das Werkstück nur auf einer kleinen Fläche, so daß bei Stromdurchgang ein Schweißpunkt entsteht. Bei einer dichten Naht müssen sich die einzelnen Schweißpunkte gegenseitig überlappen (dichte Naht bis 3,

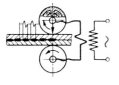

Abb. 448.
Rollennahtschweißen

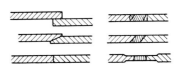

Abb. 449. Nahtformen
nicht sichtbarer Nähte

feste Naht etwa 10 und Heftnaht 30 mm Punktmittenabstand). Das *Gleichlaufnahtschweißen*, bei welchem zwei Bleche zwischen sich gleichmäßig drehenden und ununterbrochen vom Strom durchflossenen Rollen geschweißt werden, läßt sich nur bei metallisch blanken Blechen anwenden (hohe Nahtleistung). Beim *Schrittnahtschweißen* wird jeder einzelne Punkt der Naht zwischen stillstehenden Elektrodenrollen geschweißt, die sich nach Ablauf der Schweißzeit um einen Schritt weiterdrehen und das Werkstück ohne Strom um einen Punktabstand weiterschieben. Der Schweißstrom wird nur während des ersten Teils des Rollenstillstandes eingeschaltet. Erst nach Abkühlen des Punktes erfolgt die Weiterbewegung um einen Schritt. Die Schrittbewegung der Elektroden wird bis zu 5 Schritt/s durch Reib- oder Zahngesperre mit Schwinghebel und darüber durch Kurven erzeugt.

Im Aufbau und in der Steuerung gleichen die *Nahtschweißmaschinen* den Punktschweißmaschinen. Rollen und Lagerschalen für die Rollen werden mit Wasser gekühlt, um den Elektrodenverschleiß zu verringern. Der Schweißstrom wird der Rolle durch die Gleitlager der Welle zugeführt. Die Rollenköpfe sind um 90° verdrehbar, um Längs- oder Rundnähte schweißen zu können. Zur Leistungssteigerung können auch mehrere Rollen für eine Naht verwendet werden.

Am einfachsten ist die überlappte Naht herzustellen. Nicht sichtbare Nähte können überlappt verquetscht, schräg überlappt oder stumpf geschweißt werden (Abb. 449).

4,1314 Das Buckelschweißen

Bei diesem Verfahren fließt der Strom zwischen den Werkstückteilen über die Spitzen kleiner Buckel, die an dem einen Teil vor dem Schweißen angebracht werden. Unabhängig von der Form der Elektroden entsteht in den Buckeln eine hohe Stromdichte, wodurch sie schnell erhitzt werden und mit dem Gegenblech verschweißen. Während

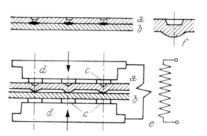

Abb. 450. Buckelschweißen. *a, b* Bleche, *c* Einsätze, *d* Elektroden, *e* Schweißtransformator, *f* Schweißbuckel

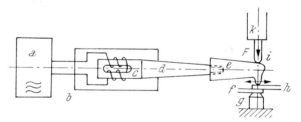

Abb. 451. Ultraschall-Punktschweißen. *a* Hochfrequenzgenerator, *b* Schallkopf, *c* Schwinger, *d, e* Sonotrode, *f, h* Werkstücke, *g* Amboß, *i* Stab, *k* Preßluftzylinder

des Schweißens werden die erhitzten Buckel zurückgepreßt, bis die Werkstücke satt aufeinander liegen. Die Elektroden *d* (Abb. 450) sind massiv gebaut und besitzen an den Buckelstellen Einsätze *c* aus Kupferchrom- bzw. Kupferwolframlegierungen hoher Standfestigkeit. Die Buckel müssen gleich hoch sein und können je nach der Form der Werkstücke durch Ziehen, Prägen (*f* in Abb. 450), Schneiden, Pressen, Stauchen oder Drehen erzeugt werden. Die Elektroden *d* bestehen aus hochleitfähigen Kupferlegierungen und sind wassergekühlt. Die Einsätze *c* sind meist weich eingelötet. Für 1 mm² Buckelquerschnitt benötigt man im Mittel einen Strom von rund 500 A und eine Elektrodenkraft von rund 150 N. Die *Buckelschweißmaschinen* werden für große Schweißströme und Elektrodenkräfte als Pressen mit Tisch und Spannfläche gebaut, auf der die Elektroden in T-Nuten befestigt werden. Die Elektrodenkraft wird meist hydraulisch erzeugt.

Um Unfälle zu vermeiden, müssen Zweihandeinrückvorrichtungen oder andere Schutzeinrichtungen vorhanden sein. Vielfach finden Strom- und Elektrodenkraft-Programmsteuerungen wie bei den Punktschweißmaschinen Verwendung. Das Buckelschweißen findet in der Massenfertigung für die Herstellung von Gebrauchsgegenständen, Fahrzeugen, Landmaschinen, Behältern, Apparaten, Gehäusen, Schlössern usw. Verwendung.

4,132 Die elektrische Lichtbogenpreßschweißung

Bei der *Bolzenschweißung* werden Stahlbolzen bis 20 mm Durchmesser mit Hilfe einer leichten Schweißpistole auf Werkstücke aufgeschweißt. Nach senkrechtem Aufsetzen der Schweißpistole wird der Bolzen mit dem zu verschweißenden Konstruktionsteil nach Einschalten eines Vorstromes in Berührung gebracht und schwach angeschmolzen. Dann wird der Bolzen selbsttätig hochgezogen, der Hauptstrom eingeschaltet, wodurch ein intensiver Lichtbogen gebildet wird, der die zu verbindenden Teile aufschmilzt. Nach einer bestimmten Zeit wird der Strom ausgeschaltet und der Bolzen durch Federdruck in das entsprechende Schmelzbad gedrückt. Die Schweißstelle wird durch einen keramischen Ring abgeschirmt. Um günstige Bedingungen für die Bildung des Lichtbogens zu bewirken, sind die mit einem Kegel von 120° versehenen Bolzen alitiert (Cycarc-Verfahren), oder es wird zwischen Bolzen und Werkstück eine Füllung aus Flußmitteln gelegt (Nelson-Verfahren). Dieses Verfahren wird zur Befestigung von Bolzen im Stahl-, Kessel-, Schiff- und Fahrzeugbau verwendet.

4,133 Die Ultraschallschweißung[1]

Die Ultraschallschweißung ist eine Kaltpreßschweißung, bei welcher die Werkstückoberfläche durch Ultraschallschwingungen gereinigt wird. Die Ultraschallschwingungen von 22 kHz Frequenz treten parallel zu den Grenzflächen der beiden Werkstücke auf (Abb. 451). Die Dicke des oben liegenden Werkstückes ist begrenzt, da beim Durchtritt der Ultraschallschwingungen eine starke Dämpfung auftritt und die Schwingungsamplituden an der Schweißstelle einen Mindestwert von 5 bis 10 μm aufweisen müssen. Durch die hochfrequenten mechanischen Schwingungen wird die Oberflächenschutzschichte zertrümmert und teilweise beseitigt. Dabei tritt wie beim normalen Kaltpreßschweißen eine Überschreitung der Fließgrenze auf. Eine *Ultraschall-Punktschweißmaschine* besteht (Abb. 451) aus dem

---

[1] Lehfeldt, W.: Aufbau und Anwendungsmöglichkeiten der Ultraschallschweißmaschinen. ZVDI *1961*, 1189—1190.

Hochfrequenzgenerator a, dem Schallkopf b, dem Schwinger c und den beiden Rüsseln d und e (Sonotrode). Das untere Werkstück f liegt auf einem Amboß g, das obere Werkstück h wird mit der Sonotrode e durch einen Stab i von einem Preßluftzylinder k niedergedrückt. Die beiden Rüssel d und e müssen dieselbe Eigenfrequenz wie der Schwinger c besitzen. Die Schweißzeit beträgt 0,05 bis 2 Sekunden. Auf dieser Maschine kann man dünne Bleche oder Drähte auf Unterlagen beliebiger Abmessungen aufschweißen. Im Gegensatz zum elektrischen Widerstandsschweißen bereitet es keine Schwierigkeiten, sehr dünne Teile auf dicke aufzuschweißen. Da das Gefüge nicht verändert wird, besitzt die Schweißnaht nahezu die Festigkeit des vollen Werkstof-

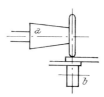

Abb. 452. Ultraschall-Rollennahtschweißen.
a Rolle, b drehbarer Amboß, weitere Teile wie in Abb. 451

fes. Es besteht auch keine Gefahr einer späteren Korrosion, da keine Flußmittel Verwendung finden.

Bei der *Ultraschall-Rollennahtschweißmaschine* (Abb. 452) werden das schwingende System a und der Amboß b drehbar angeordnet. Rolle und Rüssel werden aus einem Stück hergestellt. Der Antrieb des Schweißkopfes erfolgt durch ein stufenloses Getriebe, der Amboß wird entweder ebenfalls angetrieben oder ist leicht drehbar gelagert.

4,134 Weitere Preßschweißverfahren

Bei der nur mehr selten angewendeten *Koksfeuerschweißung* wird zur Erhitzung ein Koksfeuer verwendet. Zur Überführung der Oxide in eine leichtflüssige und auspreßbare Schlacke verwendet man Schweißpulver. Es wird stumpf oder besser überlappt geschweißt, wobei die Teile vor dem Schweißen entsprechend gestaucht werden. Kleine Stücke werden mit dem Handhammer, große mit Maschinenhammer oder Presse verbunden.

Bei der *autogenen Preßschweißung* werden die Werkstücke (Schienen, Rohre, Betonstähle) durch Autogenbrenner entsprechender Form erhitzt und durch Vorrichtungen (Maschinen) aufeinandergepreßt.

Die *induktive Widerstandspreßschweißung* wird vorwiegend zum Längsnahtschweißen von Rohren verwendet (s. 5,22).

Beim *Explosionsschweißen* benützt man als Energiequelle die Deto-
nationswirkung gezündeter Sprengstoffe.

Beim *Reibungsschweißen* werden stab- oder rohrförmige Teile relativ
zueinander in Drehung gesetzt, so daß ihre Stirnflächen bis zum plastisch
werden reiben. Dann werden sie stillgesetzt und aufeinander gepreßt,
wobei der plastisch gewordene Werkstoff als Grat oder Wulst herausgepreßt wird (s. auch 6,18).

4,2 Die Brennschneidverfahren

4,21 Die autogenen Brennschneidverfahren [1]

Bringt man durch eine Vorwärmflamme Stahl auf seine Entzündungstemperatur von 1250 bis 1350 °C (helle Weißglut) und leitet
dann unter Druck reinen Sauerstoff auf die erhitzte Stelle, so verbrennt der Stahl lebhaft im Sauerstoffstrahl, wobei die verbrannten
Stahlteilchen durch den Druck des Sauerstoffes weggeblasen werden
und eine Schnittstelle entsteht. Dieser Vorgang läßt sich ununterbrochen fortsetzen, wobei die Vorwärmflamme weiterbrennen kann.
Brennschneidbar sind jedoch nur Werkstoffe, deren Verbrennungstemperatur niedriger liegt als deren Schmelztemperatur, deren Schmelzpunkt höher liegt als der ihrer Oxide und die eine für die Fortführung
des Schnittes genügende Wärmemenge bei der Verbrennung erzeugen.
Gut schneidbar sind alle unlegierten, nicht härtbaren Baustähle bis
etwa 0,3% C, niedrig legierte Stähle und Stahlguß. Bei höherem C-
Gehalt muß das Werkstück zur Vermeidung von Härtungserscheinun-
gen und Einrissen der Schnittkanten immer vorgewärmt und eventuell
nachgeglüht werden. Die Vorwärmtemperatur muß um so höher sein,
je höher der C-Gehalt und je dicker das Werkstück ist. Die Entzündungstemperatur des reinen Eisens liegt bei etwa 1050 °C, der Schmelzpunkt der Schlacke, die im wesentlichen aus FeO und Fe_2O_3 und
Resten reinen Eisens besteht, liegt zwischen 1350 und 1400 °C. Da
die Entzündungstemperatur mit zunehmendem C-Gehalt ansteigt,
die Schmelztemperatur jedoch abnimmt, sind bei einem Werkstoff
mit einem C-Gehalt von mehr als 1,6 bis 1,8% die Brennschneidbedingungen nicht mehr erfüllt.

Liegt die Schmelztemperatur der Schlacke über der des Metalles,
wie bei Chrom (1830 °C) und Chromoxid (2275 °C), Nickel (1452 °C)
und Nickeloxid (1985 °C) sowie Mn, Cu und Al, so ist das Metall nicht
brennschneidbar. Legierungen, die Anteile nicht brennschneidbarer

---

[1] DIN 2310 Brennschneiden; autogenes Br., DIN 8522 Verfahren der
Autogentechnik.

Komponenten besitzen und dadurch die Brennschneidbedingungen
nicht erfüllen, fallen für das normale Brennschneiden aus. Sie können
nur durch Sonderschneidverfahren geschnitten werden.

Die verwendeten *Schneidbrenner* besitzen zwei Düsen: die *Vorwärmdüse*, die meist weiter vom Werkstück absteht, und die *Schneiddüse*. Schneid- und Vorwärmdüse können getrennt hintereinander
(Abb. 453a), in einem Gehäusestück hintereinander (Abb. 453b),
die Vorwärmdüse als Ringdüse um die Schneiddüse (Abb. 453c) und
die Vorwärmdüse in Form von 5 bis 6 Bohrungen im Kreise um die

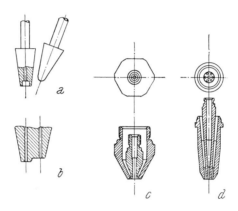

Abb. 453. Schneidbrennerdüsen.
a, b Zweistrahlbrenner, *c* Ringstrahlbrenner, *d* Blockdüsenbrenner

Schneiddüse (Abb. 453d) angeordnet sein. Die beiden ersten Ausführungen bezeichnet man als *Zweistrahlbrenner*, die dritte als *Ringstrahlbrenner* und die vierte als *Blockdüsenbrenner*. Zweistrahlbrenner eignen
sich nur für gerade Schnitte in einer Richtung, Ringdüsen und Blockdüsenbrenner für gekrümmte Schnitte in allen Richtungen (größerer
Gasverbrauch). Um glatte Schnittkanten zu erhalten, müssen die
Schneiddüsen sauber (Reinigung durch Düsenbohrer) und im richtigen
Abstand von der Blechoberfläche angeordnet sein, der Schneidsauerstoff den richtigen Druck besitzen (zu niedriger Druck ergibt unsaubere
Schnittkanten) und die Schnittgeschwindigkeit gleichmäßig sein.

Als Heizgas verwendet man meist Azetylen, selten Wasserstoff
oder Leuchtgas. Die Einrichtungen für das Brennschneiden gleichen
im großen und ganzen den Einrichtungen für das Gasschmelzschweißen, wie sie im Abschnitt 4,121 besprochen wurden. Sie bestehen aus
den Heizgas- und Sauerstoffflaschen mit ihren Absperrventilen, den
Druckreglern mit Manometern und Sicherheitsventil, den Schläuchen
und dem Brenner. Man verwendet entweder einen besonderen Schneid-

brenner oder einen Schweißbrenner mit *Schneideinsatz*, wenn Schneid-
und Schweißarbeiten häufig wechseln oder nur selten geschnitten wird.

Der *Schneidbrenner* (Abb. 454) wird überall dort verwendet, wo
nur Schneidarbeiten ausgeführt werden sollen. Heizgasventil *a*, Sauerstoffventil *b* und Injektor *c* sind bei ihm in einem besonderen Körper *e*
aus Messing angeordnet. Zur Erreichung eines stets gleichen Abstan-

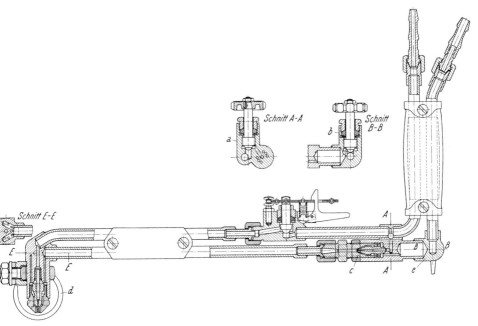

Abb. 454. Schneidbrenner.
a Heizgasventil, *b* Sauerstoffventil, *c* Injektor, *d* Rollenführung, *e* Brennerkörper

des der Heizdüse von der Blechoberfläche verwendet man eine Rollenführung *d*. Durch Schrägstellen derselben können Schrägschnitte
bis zu 45° ausgeführt werden. Zur Herstellung von Kreisschnitten
wird eine Zirkelführung benützt. Für dickere Stücke verwendet man
außer diesen Zweischlauchbrennern, den Dreischlauchbrenner, der
einen besonderen Schlauch für den Schneid- und den Vorwärmsauerstoff besitzt, und für sehr dicke den Vierschlauchbrenner, der zwei
Sauerstoff- und zwei Brenngasführungsschläuche besitzt. Der zweite
Brenngasschlauch führt nochmals Brenngas in die Mitte des Arbeitsstückes, um den verbrannten Werkstoff zum Schmelzen und Abfließen
zu bringen.

Für besondere Arbeiten werden Schneidbrenner besonderer Form
benützt. Der *Lochschneidbrenner* wird zum Schneiden von Löchern

von 20 bis 70 mm Durchmesser verwendet, die mit der normalen Zirkelführung nicht geschnitten werden können. Er steht senkrecht zur Werkstückoberfläche. Bei Löchern unter 40 mm Durchmesser muß am Rande des vorgesehenen Loches mit einer Bohrmaschine ein Hilfsloch erzeugt werden. Bei größeren kann dieses Hilfsloch mit dem Brenner selbst erzeugt werden.

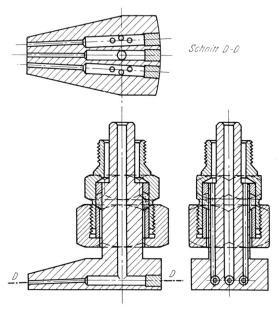

Abb. 455. Nietkopfabschneider

Beim *Nietkopfabschneider* verwendet man einen besonderen Einsatz (Abb. 455) zum normalen Schneidbrenner, dessen Düsenbohrungen so flach angeordnet sind, daß nur der Nietkopf entfernt und der Grundwerkstoff nicht verletzt wird. Er findet zu Demontagearbeiten in Kesselschmieden und Schiffswerften Verwendung.

Der *Sauerstoffhobler* arbeitet ähnlich dem Nietkopfabschneider und wird zur Beseitigung von Oberflächenfehlern an Stahlblöcken und Walzgut verwendet. Der Brenner erzeugt breite, flache Rillen, deren Tiefe durch die Schräghaltung des Brenners bestimmt wird. Der Sauerstoff treibt die Schlacke vor sich her. Zum Blockflämmen wird Rille neben Rille gelegt.

Der *Fugenhobler* dient zum Freilegen und Entfernen von Fehlstellen im Stahlguß, zum Ausarbeiten nachzuschweißender Schweißnahtwurzeln und fehlerhafter Schweißnähte und zur Herstellung von

Rillen. An der Anfangsstelle wird das Werkstück mit der Heizflamme
bis auf die Zündtemperatur vorgewärmt (Düse 60 bis 75° gegen die
Oberfläche geneigt). Dann wird die Düse auf 15 bis 30° geneigt, der
Sauerstoff eingeschaltet und der Vorschub begonnen. Die Rille wird
aufgeschmolzen und der flüssige Stahl vom Sauerstoffstrom weggeblasen. Die entstehende Schlacke wird vorgeschoben bzw. seitlich
der Rille abgelagert.

Zum Ausbrennen von Beton- und Stahllöchern verwendet man
die *Sauerstofflanze*, bei der der Werkstoff durch die Verbrennungs-

Abb. 456. Universalbrennschneidmaschine. *a* Führungsschienen, *b* Wagen, *c* Ständer, *d* Auslegerrohr, *e* Schlitten, *f* Schneidbrenner, *g* Handrad zur Brennereinstellung

wärme des Eisens geschmolzen wird. Sie besteht aus einem dickwandigen Stahlrohr und einer Stahlseele (Rundstahl mit Längsnuten oder
Vierkantstahl), durch deren Öffnungen der Sauerstoff geblasen wird.
Das Rohr wird an der Spitze durch den Schweißbrenner auf Rotglut
angewärmt und darauf der Sauerstoff eingeschaltet. Durch die Verbrennung der Stahlseele wird laufend Wärme frei, so daß die Lanze
selbsttätig weiterbrennt. Bei Beton bildet sich mit den Eisenoxiden
eine dünnflüssige, gut entfernbare Silikatschlacke. Der Lanzenabbrand
beträgt etwa das Vierfache der Lochtiefe.

Mit *Schneidmaschinen*[1] erzielt man eine genaue mechanische Führung
des Brenners bei konstanter Schnittgeschwindigkeit. *Universalschneid-
maschinen* (Abb. 456) können Kreis-, Längs- und Kurvenschnitte nach
Schablonen, Zeichnung oder Anriß am Werkstück herstellen. Auf zwei
Führungsschienen *a*, die auf zwei Ständern *c* ruhen, ist ein Wagen *b*

---

[1] Kunz, H.: Brennschneiden als wirtschaftliches Fertigungsverfahren.
Werkstatt und Betrieb *1965*, 355—361. — Schultz, H.: Eine numerisch
gesteuerte Brennschneidmaschine hilft rationalisieren. Werkstatt und
Betrieb *1963*, 239—242. — Strauß, R.: Automatische Brennschneidmaschinen. Schweißtechnik (Wien) *1967*, 101—104.

längsverschiebbar. In dem quergeführten Schlitten e befindet sich der Schneidmotor, die Steuereinrichtungen und die Anzeigeeinrichtung für die stufenlos einstellbare Schnittgeschwindigkeit. Der Schneidbrenner f, der sich auf einem Auslegerrohr d befindet, ist nach allen Richtungen verstellbar. Stemm- und Schweißkantenschnitte sind bis 45° nach beiden Seiten möglich. Durch Verwendung einer Zirkeleinrichtung können auch Kreisschnitte durchgeführt werden. Kurvenschnitte können durch Steuern mit dem Steuerhebel nach Anriß, nach Zeichnung, aber auch selbsttätig nach Schablone (mit Magnetrollenführung) hergestellt werden.

Verwendung finden bei anderen Brennschneidmaschinen auch lichtelektrische, vollautomatische Steuerungen zum Abtasten von Zeichnungen, die im Maßstab 1 : 10 auf Negative verkleinert werden, die in den Steuerkopf der Maschine eingesetzt und dort von einem Lichtstrahl abgetastet werden. Dort werden durch Photozellen elektrische Impulse ausgelöst, die über einen Verstärker an die Antriebsanlage weitergegeben werden.

Für große Brennschneidmaschinen hat sich neuerdings die NC-Steuerung mit Lochstreifen eingeführt, bei welcher die Anfertigung von Zeichnungen entfällt.

Meist wird an einer Kante mit dem Schnitt begonnen. Soll ein Stück aus der Blechmitte herausgeschnitten werden, so muß mit dem Schnitt an einem vorgebohrten Loch von 4 bis 10 mm Durchmesser begonnen werden. Beim Schneiden von Blechpaketen müssen die Bleche ganz fest aufeinander gepreßt werden. Sauerstoffdruck und Schnittgeschwindigkeit sind von der Blechdicke abhängig (Firmenangaben). Zu hoher Sauerstoffdruck verringert durch Kühlung die Reaktionsgeschwindigkeit. Auch geringe Verunreinigungen setzen die Reaktionsgeschwindigkeit und Sauberkeit herab. Aus der Beschaffenheit der Schnittflächen kann auf die richtige Schnittgeschwindigkeit geschlossen werden. Bei richtiger Vorschubgeschwindigkeit sind die mit normalem Auge erkennbaren Riefen normal zur Werkstückoberfläche (Abb. 457c), bei zu großer bleiben sie unten etwas zurück (Abb. 457a) und bei zu kleiner laufen sie unten (Abb. 457b) etwas vor (zerfressener Schnitt).

Das autogene Brennschneiden wurde erstmalig zum Aufschmelzen der Stichlöcher von Hochöfen angewendet und findet heute zum Ausschneiden von Blechen, Kurbelwellen, Kulissen, zum Abbau alter Brücken und Stahlkonstruktionen, zum Abschneiden verlorener Köpfe und Eingußtrichter an Stahlgußstücken Verwendung.

Bei weichen bis mittelharten Stählen tritt durch das Brennschneiden eine Härtesteigerung von 30 bis 40% auf, welche durch Ausglühen mit dem *Ausglühbrenner* nachträglich beseitigt werden kann.

In geringer Wassertiefe kann mit dem einfachen Schneidbrenner unter Wasser gearbeitet werden, da der Druck der Gase ein Verlöschen der Flamme durch den Wasserdruck verhindert. Da der Luftsauerstoff fehlt, muß die ganze zur Verbrennung des Azetylens erforderliche Sauerstoffmenge zugeführt werden. Für große Wassertiefen werden besondere *Unterwasserschneidbrenner* verwendet, die um die Heizflamme einen Preßluftmantel erzeugen, um ein Verlöschen derselben zu verhindern. Als Mischungsverhältnis wird für die Heizflamme 1 : 1

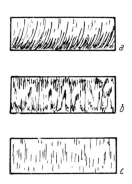

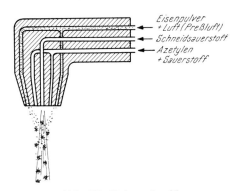

Eisenpulver + Luft (Preßluft)
Schneidsauerstoff
Azetylen + Sauerstoff

Abb. 457. Schnittflächen beim Brennschneiden. *a* Zu schnelle Führung (gekrümmte Schnittfläche), *b* zu langsame Führung, *c* richtige Führung (sauberer Schnitt)

Abb. 458. Pulverschneidbrenner (schematisch)

eingestellt, da der restliche zur Verbrennung des Azetylens erforderliche Sauerstoff der umgebenden Preßluft entnommen wird. Der Brenner besitzt drei konzentrische Düsen, außen für Preßluft, in der Mitte für die Heizflamme und innen für den Schneidsauerstoff und vier Schlauchanschlüsse, und zwar für Brenngas, Vorwärmsauerstoff, Schneidsauerstoff und Preßluft.

Beim *Pulverbrennschneiden* werden dem Sauerstoffstrahl des Schneidbrenners *Eisenpulver* (Linde-Verfahren), *feiner Quarzsand* (Cinox-Verfahren) oder *Flußmittelpulver* (Airco-Verfahren) zugesetzt. Die Flußmittelpulver sollen die schwer schmelzbaren Oxide der Legierungselemente in leicht schmelzbare umwandeln, der Quarzsand die kinetische Energie des Sauerstoffstrahles erhöhen und das Eisenpulver durch Verbrennung zusätzliche Wärme liefern, um die schwer schmelzbaren Oxide zu überhitzen und die Reaktionsgeschwindigkeit zu erhöhen. Abb. 458 zeigt schematisch den verwendeten Pulverschneidbrenner, der wie ein gewöhnlicher Schneidbrenner gehandhabt wird. Beim Öffnen des Sauerstoffhebels tritt eine kleine Menge Eisenpulver aus, welche die Anwärmzeit herabsetzt. Angewendet

wird das Pulverschneiden für hochlegierte und plattierte Stähle, Gußeisen, Kupfer, Nickel und Blechpakete. Das *Pulverputzen* ist eine
weitere Anwendung des Pulverschneidens und in seiner Wirkung dem
Flämmen ähnlich.

Zum Zwecke der Entrostung und Säuberung findet das *Flammstrahlen* Verwendung. Es besteht in einem Bestreichen der Oberfläche
mit einem *Flammstrahlbrenner* (Entrostungsbrenner), der eine größere
Zahl von Düsen besitzt, durch die ein Azetylen-Sauerstoff-Gemisch
ausströmt. Durch das rasche Erhitzen mit diesem Brenner tritt infolge
der verschiedenen Wärmeausdehnung der Rostschicht und der darun-
terliegenden Stahlteile eine Lösung der Rostschicht ein, die durch
anschließendes Bürsten leicht entfernt werden kann. Bei starkem
Rost muß das Verfahren mehrmals wiederholt werden. Es können
auch Farbrückstände, Zunder, Kesselstein und organische Überzüge
entfernt werden. Bei Entfernung von Bleianstrichen muß man sich
gegen die entstehenden, sehr giftigen Bleidämpfe entsprechend schützen.

4,22 Die elektrischen Schneidverfahren

Beim *Schneiden mit dem Lichtbogen* werden Kohle- oder Stahl-
elektroden verwendet, die bei Gleichstrom an den Minuspol gelegt
werden. Nach Zündung wird das Blech mit der Elektrode senkrecht
durchschmolzen. Spezialelektroden besitzen eine Ummantelung, durch
deren oxydierende Wirkung das Durchschmelzen unterstützt wird.
Beim Unterwassertrennen werden lackierte 5 mm dicke Stahlelek-
troden verwendet. Die Kanten werden weniger sauber, und die Kosten
sind höher als beim autogenen Schneiden, weshalb dieses Verfahren
nur vereinzelt bei Abbrucharbeiten angewendet wird.

Beim *elektrischen Sauerstoffschneiden* (Oxyarc-Verfahren) wird durch
eine ummantelte Hohlanode (Stahlrohr) von 5 bis 7 mm Außen- und
1 bis 3,5 mm Innendurchmesser, Sauerstoff geblasen, der von einer
Sauerstoffflasche geliefert wird. Der Elektrode wird der Strom (Gleichstrom am Pluspol oder Wechselstrom) und der Sauerstoff durch eine
Spezialzange zugeführt, an der ein Ventil für den Sauerstoff angebracht
ist. Nach Erwärmung der Schnittstelle durch den Lichtbogen wird
der Schneidvorgang durch Einschalten des Sauerstoffstromes eingeleitet, wobei der Schnittfuge noch durch den teilweise im Lichtbogen
zerlegten Sauerstoff zusätzlich Wärme zugeführt wird. Die aus der
schmelzenden Umhüllung und den flüssigen Oxiden der abbrennenden
Elektrode entstehende Schlacke hat die Wirkung eines Flußmittels,
so daß auch autogen schwer trennbare Werkstoffe (Grauguß, Nichteisenmetalle) getrennt werden können. Das Verfahren ist unempfindlich gegen Sandeinschlüsse, Seigerungen und Lunker in Stahlguß-

steigern und Trichtern. Auch Blechpakete mit Luft, Rost und Beton-
zwischenschichten sind gut trennbar. Gegenüber dem autogenen Schneiden erzielt man bei höheren Kosten und schlechteren Trennflächen
höhere Schneidgeschwindigkeiten.

Beim *Arcair-Verfahren*[1] wird durch eine Kohle-Graphit-Elektrode
ein elektrischer Lichtbogen erzeugt und die entstehende Schmelze
mit einem Preßluftstrahl weggeblasen. Verwendet wird ein Elektrodenhalter, der mit einem Hohlkabel an eine Strom- und Preßluft-
quelle angeschlossen wird. Die Preßluft strömt parallel zur Elektrode
durch Öffnungen aus, die sich am Ende der einen der beiden drehbaren Backen des Elektrodenhalters befinden. Das Verfahren wird
für Stähle und Nichteisenmetalle zur Vorbereitung von V-Fugen,

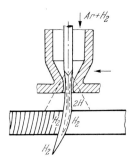

Abb. 459. Plasmalichtbogen

Auskreuzen von Wurzeln, Behebung von Oberflächenfehlern und
Beseitigung von Rissen und zum Ausschneiden verwendet.

Beim *Schneiden mit dem Plasmalichtbogenbrenner* wird der Werkstoff an der Schnittstelle durch das mit hoher Temperatur und Geschwindigkeit ausströmende Lichtbogenplasma hoch erhitzt und aus
der Schnittfuge herausgeblasen. Verwendet werden Gemische aus Wasserstoff und Argon (für Leichtmetalle) bzw. Wasserstoff und Stickstoff
(hochlegierte Stähle), die durch einen Gleichstromlichtbogen zwischen
einer Wolframelektrode (Minuspol) und dem Werkstück (Pluspol)
in den Plasmazustand gebracht werden. Im Plasmazustand sind die
Moleküle der mehratomigen Gase zu Atomen dissoziiert und die Atome
in hohem Grade ionisiert. An der Schnittstelle vereinigen sich die
Atome wieder zu Molekülen und geben ihre Assoziationswärme ab.
Verwendet wird eine wassergekühlte Kupferdüse, die sich am Austritt
verengt, so daß die Strömungsgeschwindigkeit des Gases erhöht und
der Lichtbogen gebündelt wird (Abb. 459). Der Schneidvorgang wird

[1] Wuich, W.: Druckluftfugenhobeln (Arcair-Verfahren). Schweißtechnik
(Wien) *1969*, 94—96. — Bohdanowicz, A.: Das Hobeln mit dem Licht-
bogen-Preßluftgerät. Schweißtechnik (Berlin) *1957*, H. 2.

mit der Bildung eines hochfrequenten Hilfslichtbogens eingeleitet, der im Argon- bzw. Stickstoffstrom brennt und bei Annäherung an das Werkstück auf etwa 20 mm auf dieses überschlägt, worauf der Wasserstoff automatisch zugeschaltet wird. Beim *Auftragsschweißen* mit dem Plasmalichtbogenbrenner brennt der Lichtbogen innerhalb der Düse zwischen der Wolframelektrode und einem aus Kupfer bestehenden Düsenteil. Auf das Werkstück wirkt in diesem Fall nur das aus der Düse strömende Plasma und die von diesem mitgeführten, hocherhitzten Aufspritzpulver ein.

4,3 Das Löten

4,31 Allgemeines

Nach DIN 8505 ist Löten ein Verfahren zum Vereinigen metallischer Werkstoffe mit Hilfe eines geschmolzenen Zusatzmetalles (Lotes), dessen Schmelztemperatur unterhalb derjenigen der Grundwerkstoffe liegt. Die Grundwerkstoffe werden benetzt, ohne geschmolzen zu werden.

Nach der *Form* der *Lötstelle* unterscheidet man Spalt-, Fugen- und Auftragslöten. Beim *Spaltlöten* befindet sich zwischen den zwei zu verbindenden Oberflächen ein Spalt unter 0,5 mm Dicke. Damit das Lot durch die auftretenden Kapillarkräfte weit genug in den Spalt eindringt, darf der Spalt nicht zu groß, damit auch das Flußmittel eindringen kann, darf der Spalt nicht zu klein sein. In den überwiegenden Fällen wählt man Spaltbreiten zwischen 0,05 bis 0,2 mm. Beim *Fugenlöten* (*Schweiß*löten) besitzen die zu verbindenden Oberflächen einen Spalt über 0,5 mm oder weisen eine V- oder X-förmige Lötfuge auf. Beim *Auftragslöten* wird auf die Oberfläche ein Zusatzwerkstoff aufgebracht, der im allgemeinen eine Steigerung der Härte und Verschleißfestigkeit bewirkt.

Nach der *Arbeitstemperatur* unterscheidet man das *Weichlöten* mit Arbeitstemperaturen unter 450 °C und das *Hartlöten* mit Arbeitstemperaturen über 450 °C. Unter *Arbeitstemperatur* versteht man die niedrigste Oberflächentemperatur des Werkstückes an der Lötstelle, bei der das Lot benetzen, sich ausbreiten und am Grundwerkstoff binden (diffundieren) kann. Die Arbeitstemperatur ist stets höher als die Solidustemperatur des Lotes, sie kann unterhalb oder oberhalb der Liquidustemperatur liegen. Bei zu geringer Oberflächentemperatur bildet das Lot Perlen, bei zu hoher tritt ein Ausdampfen von Lotbestandteilen und eine poröse Lotnaht auf.

Damit das Lot das Werkstück benetzen und diffundieren kann, muß dessen Oberfläche metallisch blank sein. Zur Entfernung bereits

vorhandener Oxidschichten und zur Verhinderung einer neuen Oxidbildung verwendet man Flußmittel oder Schutzgase. Die *Flußmittel*
besitzen die Eigenschaft, die Oxidschichte aufzulösen. Dazu müssen
sie einen tieferen Schmelzpunkt als das Lot besitzen, damit sie die
Oberfläche vor dem Fließen des Lotes vorbereiten können. Die Spalt-
weite darf auch nicht zu klein sein, damit eine ausreichende Menge
des Flußmittels herangebracht werden kann. Für verschiedene Arbeitstemperaturen müssen verschiedene Flußmittel verwendet werden.
Schutzgase verhindern beim Erhitzen von Werkstück und Lot eine
Oxidbildung und können in vielen Fällen eine bereits vorhandene
Oxidschicht auflösen.

Nach der *Art der Lotzuführung* unterscheidet man Löten mit angesetztem Lot, mit eingelegtem Lot und Tauchlöten. Beim *Löten mit
angesetztem Lot* wird das Lot nach dem Erhitzen der Werkstücke auf
Arbeitstemperatur mit dem Werkstück (meist von Hand) in Berührung gebracht. Beim *Löten mit eingelegtem Lot* erhalten die Werkstücke
vor dem Erhitzen eine genau bemessene Lotmenge, die in der Nähe
des Lötspaltes angebracht wird. Dazu verwendet man in der Serienfabrikation vorgefertigte *Lotformteile*, die genau bemessen und in ihrer
Form der Lötstelle angepaßt sind. Dabei erzielt man eine sparsame
Verwendung des Lotes und eine Kontrolle der ordnungsgemäß durchgeführten Lötung, da das Lot dabei meist von innen nach außen fließt.
Voraussetzung ist natürlich eine lötgerechte Konstruktion der beiden
Teile. Beim *Tauchlöten* werden die Werkstücke in einem Bad aus geschmolzenem Lot auf Löttemperatur erwärmt. Auf dem Lot schwimmt
in der Regel ein Flußmittel.

Nach der *Lötmethode* unterscheidet man Flamm-, Kolben-, Block-,
Ofen-, Salzbad-, Tauch-, Anschwemm- oder Schwall-, Widerstands-
und Induktionslöten.

4,32 Das Weichlöten

Beim Weichlöten verwendet man als Lot fast ausschließlich *Blei-
Zinn-Legierungen*, die nach ÖNORM M 3461 als *Lötzinn* bezeichnet
werden (s. Abschnitt 1,1323, Abb. 64; DIN 1707).

Weichgelötete Teile besitzen relativ geringe Festigkeit und Korrosionsbeständigkeit. Um größere Kräfte zu übertragen, soll die Ver-
bindungsstelle genietet oder gefalzt werden. Das Lot hat dann die
Aufgabe zu dichten. Seine Verwendungstemperatur ist mit 183 °C
beschränkt, da bei dieser Temperatur das Blei-Zinn-Eutektikum flüssig wird. Dieses Eutektikum, bestehend aus 61,9% Sn und 38,1% Pb,
heißt *Sickerlot*. Wegen der Giftigkeit von Blei müssen Lötstellen, die
mit Lebensmitteln in Berührung kommen, mit Lötzinn von weniger
als 10% Blei hergestellt werden.

Die Flußmittel zum Weichlöten der Schwermetalle sind nach DIN 8511, Bl. 2 genormt. Sie werden in Form von Flüssigkeiten, Pasten, Pulvern, Lotflußmittelgemischen und als Flußmittelseele in Weichloten verwendet. Man unterscheidet Flußmittel, deren Rückstände Korrosion hervorrufen, deren Rückstände bedingt korrodierend wirken und solche, deren Rückstände nicht korrodierend wirken. Da die Flußmittel der ersten Gruppe stark hygroskopisch und ätzend sind, müssen ihre Rückstände sorgfältig mit heißem Wasser abgewaschen und anschließend mit schwacher Sodalösung neutralisiert werden. Zu ihnen gehören *Salzsäure* (HCl) und ihr Zinksalz, das *Zinkchlorid*, $ZnCl_2$ (sehr hygroskopisch), das bei 260 °C schmilzt. In einer entsprechenden Menge Wasser gelöst, bildet es das *Lötwasser*. Zur Herabsetzung der Schmelztemperatur wird *Ammoniumchlorid* (*Salmiak*) (NH_4Cl)

Abb. 460. Hammerlötkolben

zugesetzt, wodurch die Schmelztemperatur des Gemisches auf 180 °C sinkt. Salmiak findet auch zur Reinigung des Lötkolbens und zur Abdeckung von Verzinnungsbädern Verwendung. Die Flußmittel der zweiten Gruppe enthalten außer Zink- und Ammoniumchlorid organische Zusätze (*Lötpasten:* höhere Alkohole, Fette oder Mineralölprodukte) oder organische Säuren oder organische Halogenverbindungen oder natürliche Harze (Kolophonium). *Kolophonium* wird aus dem Harz der Nadelbäume gewonnen. Seine Harzsäure löst die Metalloxide, ohne die Metalle selbst anzugreifen. Es wird auch zur Füllung von Stäben und Drähten aus Lötzinn verwendet und ist Hauptbestandteil der dritten Gruppe von Flußmitteln, deren Rückstände auf der Lötstelle verbleiben können (bei elektrischen Meßgeräten sollen spröde Harzreste entfernt werden, weil sie gegebenenfalls mechanische Störungen hervorrufen können).

Zum Erhitzen der Lötstelle verwendet man beim Weichlöten den Lötkolben, die Lötlampe, Lötpistolen und Lötbäder.

Der *Lötkolben* (DIN 8501) besteht meist aus Kupfer, seltener aus Aluminium, das zwar höhere Wärmekapazität besitzt, aber da es vom Lot nicht benetzt wird, eine Neusilberspitze erhalten muß. Er wird als *Hammerkolben* (Abb. 460) und als *Spitzkolben* (Abb. 461) ausgeführt. Sie werden an der Spitze verzinnt, um den Wärmeübergang an die Lötstelle zu verbessern. Die Arbeitsbahn des Lötkolbens wird durch Feilen und Abreiben mit einem Salmiakstein gesäubert.

Um die richtige Temperatur des Lötkolbens längere Zeit zu halten, verwendet man *Gas-* (mit Stadtgas beheizte), *Benzin-* und *elektrische* (nach dem Widerstandsprinzip beheizte) *Lötkolben.* Beim *Flamm-löten* verwendet man die *Lötlampe* (Abb. 462), die mit flüssigen Brennstoffen betrieben wird. Durch Einpumpen von Luft mittels einer Pumpe *e* wird in dem Behälter *a* ein Druck von 2 bis 3 bar erzeugt, der den

Abb. 461. Spitzlötkolben

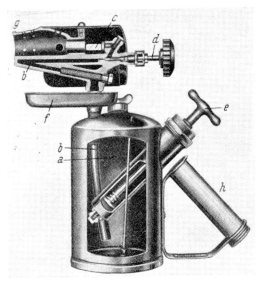

Abb. 462. Benzinlötlampe. *a* Behälter, *b* Leitung, *c* Luftschlitz, *d* Spindel, *e* Pumpe, *f* Vorwärmschale, *g* Brennrohr, *h* Griff

flüssigen Brennstoff durch die Leitung *b* zu einem Verdampfer drückt, der von der Brennerflamme beheizt wird. Dort verdampft der Brennstoff, und der heiße Dampf tritt aus einer feinen Düse in das Brennrohr *g.* Durch die Ventilspindel *d* läßt sich die Dampfmenge einstellen. Beim Ausströmen reißt der Brennstoffdampf durch die Schlitze *c* die Verbrennungsluft mit und bildet eine Stichflamme. Beim Anheizen der Lampe wird etwas Brennstoff in die Vorwärmschale *f* gegeben und dort verbrannt, wodurch die Rohrleitungen erwärmt werden und die Vergasung des Brennstoffes eingeleitet wird.

Lötpistolen verwenden gasförmige Brennstoffe und werden mit Preßluft betrieben, durch welche das Gas angesaugt wird. Durch ihre steife Flamme kann man das Lot vorantreiben und den natürlichen Lauf des Lotes beeinflussen. Für kleinere Lötarbeiten kann man auch den *Bunsenbrenner* verwenden, bei welchem das unter Druck ausströmende Gas Primärluft mitreißt.

Lötbäder aus flüssigem Lot werden bei der *Tauchlötung* verwendet. Beim Eintauchen der zu lötenden Werkstücke dringt das Lot durch die Kapillarwirkung in alle Spalten, so daß sehr viele Lötstellen auf einmal hergestellt werden können. Vor dem Eintauchen in das Lot, das mit einer Flußmittelschicht bedeckt ist, werden die Teile durch Beizen in einem Säurebad oder saurem Lötwasserbad gereinigt. Nachteilig ist die große Menge des verbrauchten Lotes.

Kupfer, Messing und Zink lassen sich sehr gut weichlöten. *Aluminium* und seine Legierungen erfordern besondere Maßnahmen, um die bereits im kalten Zustand entstehende, dichte Oxidhaut, die erst bei 2050 °C schmilzt, zu beseitigen. Da Weichlötstellen von Aluminium wegen des artfremden Lotes (Sn-Zn oder Sn-Pb-Zn-Legierungen) sehr zur Korrosion neigen, dürfen sie nur angewendet werden, wenn die Lötstelle mit Feuchtigkeit nicht in Berührung kommt, einen schützenden Überzug erhält oder nur mit wasserfreiem Mineralöl, Benzin oder Petroleum benetzt wird. Weichlöten ist in der Elektrotechnik öfter erforderlich, weil durch die sonst beim Schweißen oder Hartlöten auftretenden hohen Temperaturen die Isolierstoffe verkohlen.

Weichlote für Aluminiumwerkstoffe sind nach DIN 8512 genormt. Es werden vorwiegend Legierungen von Sn, Zn, Cd und Pb verwendet.

Um die Oxidschichte, die eine metallische Berührung verhindert, zu zerstören, wird das Reiblöten, das Löten mit lotbildenden Flußmitteln und das Ultraschallöten angewendet.

Beim *Reiblöten* wird die Oxidhaut durch eine Drahtbürste zerrissen, mit welcher das geschmolzene Lot in die erhitzte Lötstelle eingerieben wird. Das auf diese Weise mit einer Lotschicht überzogene Werkstück wird nochmals angewärmt und die Lötung durch Zugabe von Weichlot fertiggestellt. Flußmittel wird keines verwendet.

Beim *Löten mit lotbildenden Flußmitteln* (früher Reaktionslöten genannt) werden Flußmittel auf Basis von Zink- und/oder Zinnchlorid (DIN 8511, Bl. 3) gegebenenfalls unter Zugabe von Alkalichloriden oder organischen Stoffen verwendet, welche beim Erwärmen mit dem Aluminium bzw. Aluminiumoxid unter Ausscheidung des im Flußmittel enthaltenen Schwermetalles, das als Lot wirkt, reagieren. Die verwendeten Weichlote enthalten Zn und Cd (DIN 8512), die Lötpasten sind meist mit Paraffin und Petroleum angerührt, welche beim Erhitzen zuerst abbrennen. Die Reaktion ist vollzogen, wenn die Lötpaste zu rauchen beginnt. Nach Bildung des Überzuges wird die Lötstelle mit Weichlot ausgefüllt. Die Salzreste müssen nach dem Löten mit heißem

Wasser und Bürste gut abgewaschen werden. Falls die Lötung mit dem Kolben durchgeführt werden soll, verwendet man Kolben aus Chromnickel, da solche aus Kupfer durch die Lötpaste angegriffen werden.

Beim *Ultraschallöten* wird die Oxidschicht durch hochfrequente Schwingungen kleiner Amplitude eines Nickelstabes zerstört. Dabei kann die Lötstelle mit Zinn überzogen und anschließend wie üblich weichgelötet werden.

4,33 Das Hartlöten

Durch Hartlöten erzielt man höhere Festigkeit, bessere Korrosionsbeständigkeit und größere Temperaturbeständigkeit der Lötstelle als beim Weichlöten.

Zum Hartlöten der Eisen- und Schwermetalle verwendet man Kupfer, Messinglote, Silberlote und Neusilberlote.

Kupfer (SL-Cu nach ÖNORM M 7825; L-Cu, L-SCu nach DIN 8513, Bl. 1) besitzt von allen Loten die höchste Schmelztemperatur und wird vielfach zum Löten von Hartmetallplatten auf entsprechende Grundkörper aus Baustahl unter Verwendung von Schutzgasen benützt. Ein *Kupfer-Phosphor-Lot* (L-CuP 8) besitzt eine Arbeitstemperatur von 710 °C und wird zum Löten von Kupfer verwendet.

Die Arbeitstemperatur der *Messinglote* (ÖNORM M 7825, DIN 8513, Bl. 1; s. 1,130112 und Abb. 61) hängt von ihrem Kupfergehalt ab (845 bis 900 °C).

Silberhältige Hartlote (unter 20% Ag, DIN 8513, Bl. 2) und *Silberlote* (über 20% Ag, ÖNORM M 7825, DIN 8513, Bl. 3) enthalten außer Cu und Zn noch Cd und fallweise Mn und Ni. Sie ergeben höhere Festigkeit, Verformbarkeit und Korrosionsbeständigkeit der Lötstelle. Ihre tiefere Arbeitstemperatur von 610 bis 960 °C ergibt kurze Lötzeit und Schonung der Werkstoffe (Lötung von Schnellstahlplatten an Verbundwerkzeugen).

Neusilberlote (L-CuZnNi 11 nach ÖNORM M 7825; L-Ns nach DIN 8513, Bl. 1) besitzen eine Arbeitstemperatur von 910 °C und werden für weiße Lötstellen und verschleißfeste Auftragsschichten verwendet.

Zum Hartlöten von Eisen- und Nickelwerkstoffen finden noch *Zinnbronzen* Verwendung.

Arbeitstemperaturen über 1200 °C besitzen die *hochhitzebeständigen Hartlote*, welche aus Pa-, Ni- und Cr-Legierungen bestehen.

Die *Flußmittel* zum *Hartlöten der Schwermetalle* (DIN 8511, Bl. 1) sind je nach dem erforderlichen Wirktemperaturbereich verschieden zusammengesetzt. Verwendung finden vorwiegend Borverbindungen, denen bei hohen Wirktemperaturen Phosphate und Silikate und bei niedrigen Temperaturen, bei denen die Oxidlöslichkeit der Borverbindungen nicht mehr ausreicht, Fluoride und Chloride zugesetzt werden. *Borax* $Na_2B_4O_7 \cdot 10\ H_2O$ schmilzt bei 741 °C. Durch vorsichtiges Erhitzen kann das Kristallwasser ausgetrieben werden, man erhält *gebrannten* Borax, der sich beim Erhitzen an der Lötstelle nicht mehr aufbläht. *Borsäure* H_2BO_3 schmilzt bei 580 °C, bläht beim Erhitzen nicht auf, löst jedoch die Oxide erst über 850 °C.

Diese Flußmittel werden als Pasten, Pulver, Flüssigkeiten, Lot-

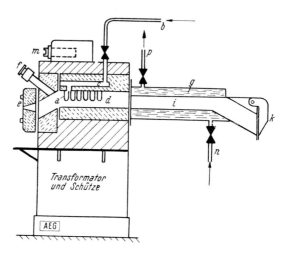

Abb. 463. Hartlötofen mit Schutzgas. *a* Heizband, *b* Schutzgaszuleitung, *c* Schutz-gaszerleger, *d* Heizkammer, *e* Einsatztür mit Arbeitsöffnung, *f* Schauloch, *g* Kühl-wassermantel, *i* Kühlkammer, *k* Entnahmetür, *m* Temperaturregler, *n* Kühlwasser-zuleitung, *p* Kühlwasserableitung

Flußmittelgemische (pasten- oder pulverförmig), Flußmittelseele in Hartlotdrähten und Flußmittelumhüllungen auf Hartlotstäben geliefert.

Zum Erhitzen kleiner Werkstücke (Schmuckstücke, Kronen, Brücken) verwendet man das *Lötrohr*, ein kleines gebogenes Rohr mit enger Austrittsöffnung, durch das man Luft in eine Gas- oder Spiritusflamme bläst. Die dadurch erzeugte Stichflamme soll auf die Lötstelle treffen.

Größere Werkstücke erhitzt man mit dem *Schweißbrenner* oder der *Lötpistole*, die mit Gas und Luft oder Sauerstoff betrieben wird.

In der Serienfabrikation wendet man das *Tauchlöten* an, bei welchem die zusammengepaßten und vorgewärmten Teile in Lötkessel getaucht werden, in denen sich auf dem geschmolzenen Messing schwimmend das Flußmittel befindet. Vielfach verwendet man auch *elektrische Wider-standsöfen mit Schutzgas* (Abb. 463). Das Schutzgas soll vorhandene Oxide reduzieren und ihre Neubildung durch Fernhaltung des Luft-sauerstoffes verhindern. Der im Inneren mit Schamotte ausgekleidete

Ofen wird durch ein Heizband *a* erhitzt. Durch die Leitung *b* gelangt Ammoniak in den Schutzgaszerleger *c*, wo es bei 900 °C durch geeignete Katalysatoren in Stickstoff und Wasserstoff aufgespalten wird. Dann gelangt es in die Heizkammer *d*, in der die Werkstücke erhitzt werden. Diese werden durch eine Einsatztür *e* eingeschoben und nach Schmelzen der Lötfolie, was durch ein Schauloch beobachtet werden kann, in die Kühlkammer *i* weitergeleitet, um dort vollständig abzukühlen. Der Werkstücktransport kann durch Bänder, Rollen oder Hubbalken erfolgen. Die richtige Löttemperatur wird durch den Temperaturregler *m* eingeregelt. Die gelöteten Werkstücke kommen mit blanker Oberfläche durch die Entnahmetür *k* aus dem Ofen.

Bei Schutzgasen, die aus N_2 und H_2 bestehen, tritt bei Stahl eine beträchtliche Entkohlung ein, die bei hochbeanspruchten Teilen vermieden werden muß. Zur Herstellung des Kohlenstoffgleichgewichtes zwischen Stahl und Schutzgas muß diesem CO zugesetzt werden. Allgemein kann bei Verwendung von Schutzgasen mit höheren Arbeitstemperaturen gearbeitet werden, so daß Lote mit geringerem Silbergehalt verwendet werden können und höhere Festigkeiten der Naht entstehen.

Beim *Induktionslöten*[1] wird die zum Schmelzen des Lotes erforderliche Wärme durch hoch- oder mittelfrequente Ströme erzeugt, welche im Werkstück durch ein entsprechendes Wechselfeld induziert werden. Zu diesem Zweck wird das Werkstück von einem Induktor (Heizschleife) umgeben, welcher der Form des Werkstückes angepaßt ist. Das Verfahren ist daher nur zur Lötung größerer Stückzahlen gleicher Werkstücke wirtschaftlich.

Die Eindringtiefe (Wirktiefe) der induzierten Ströme sinkt mit zunehmender Frequenz, Leitfähigkeit und relativer Permeabilität. Bei der Induktionserhitzung gelingt es, die Wärme ausschließlich der Lötstelle zuzuführen und die Erhitzungszeit so kurz zu halten, daß praktisch keine Oxydation auftritt. Bei großen Stückzahlen empfiehlt sich die Verwendung halb- oder vollautomatischer Lötmaschinen. Diese haben außer einem HF- oder MF-Generator und einem oder mehreren Heizinduktoren verschiebbare Schienen, Bandförderer oder Drehteller für den Zu- und Abtransport der Werkstücke. Die Fördereinrichtungen arbeiten meist schrittweise, in einzelnen Fällen auch kontinuierlich[2].

Bei der *Widerstandserhitzung* wird die zum Schmelzen des Lotes erforderliche Wärme durch direkten Stromdurchgang im Lot selbst erzeugt. Der erforderliche Strom wird wie bei den Widerstandsschweiß-

---

[1] VDI-Richtlinie 3134 Induktionslöten.
[2] Beckström, J.: Die Löttechnik im Apparatebau. Werkstatt und Betrieb *1964*, 387—393.

maschinen durch einen Transformator erzeugt, dessen Primärwicklung am Netz liegt. Widerstandslötgeräte werden für das Löten von Bandsägen und für das Auflöten von Hartmetallplättchen auf Werkzeuge erzeugt.

Beim *Salzbadlöten* erfolgt die Erwärmung der Werkstücke durch Eintauchen in geschmolzene Salze, die oxidlösende Bestandteile enthalten. Das in den Fugen eindringende Salz wird durch das nachdrängende Lot aus diesen verdrängt.

Abb. 464 zeigt das Auflöten eines Hartmetallplättchens auf den

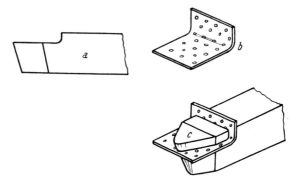

Abb. 464. Hartlöten einer Hartmetallplatte.
a Schaft, *b* Lötfolie, *c* Hartmetallplatte

Baustahlschaft eines Drehstahles. Zunächst wird der Schaft *a* gefräst und gereinigt. Schaft und Hartmetallplättchen werden, durch Borax vor Verzunderung geschützt, in einem Lötofen auf 800 °C vorgewärmt. Nach Reinigen mit einer Drahtbürste wird zwischen Schaft *a* und Hartmetallplättchen *c* das Lot in Form einer Folie *b* eingelegt. Das Ganze wird dann mit einem Chrom-Nickel-Draht festgebunden und im Lötofen auf die Schmelztemperatur der Lötfolie erhitzt, welche in die Fugen abfließt und die Verbindung herstellt. Um Spannungen im Hartmetallplättchen zu vermeiden, muß das Drehmesser ganz langsam abgekühlt werden (Einlegen in pulverisierter Elektrodenkohle).

Das Hartlöten der *Leichtmetalle* hat gegenüber dem Weichlöten den Vorteil der höheren Korrosionsbeständigkeit. Als Lote finden L-AlSi 12 und L-AlSiSn (DIN 8512) Verwendung. Als Flußmittel (DIN 8511, Bl. 3) werden Mischungen von Chloriden und Fluoriden, insbesondere Lithiumchlorid verwendet, die in Pulverform geliefert werden und meist mit Wasser zu einem dickflüssigen Brei angerührt werden, der mit dem Pinsel auf Lötstelle und Lötstab, die vorher gut gereinigt wurden, aufgetragen wird. Schwierigkeiten bereitet der geringe Unterschied zwischen Löttemperatur und Schmelztemperatur des Werkstückes, weshalb große Vorsicht und Geschicklichkeit erforderlich sind.

Bei *Grauguß* verhindert der Graphit ein Benetzen und Fließen des Lotes. Durch Eintauchen der Teile in ein Kolene-Salzbad entsteht an der Lötfläche metallisches Eisen, das nach dem Abspülen der Teile durch heißes Wasser eine ideale Oberflächenstruktur für das Löten bildet.

Bei der *Ofenlötung* hat es sich als besonders vorteilhaft erwiesen, das Lot auf eine oder beide Seiten des zu lötenden Werkstückes durch

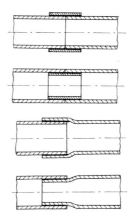

Abb. 465. Hartlöten von Rohren

Plattierung aufzubringen. Dadurch wird es möglich, an jeder Lötstelle eine genau dosierte Lotmenge anzubringen, was besonders bei Bauteilen mit schwer zugänglichen Lötstellen von Vorteil ist.

Wenn viele gleichartige Lötungen vorkommen, verwendet man *Hartlötvorrichtungen* und -*maschinen*. Bei *Mehrstellenlötvorrichtungen* werden die Werkstücke an einer oder mehreren Stationen vorgewärmt, wobei das Löten selbst von Hand ausgeführt wird. *Lötöfen* für Massenteile arbeiten *vollautomatisch* mit eingelegtem Lot. Sie besitzen Vorwärm- und Abkühlkammern und eine automatische Arbeitszeit- und Temperaturkontrolle. Die Beschickung kann einzeln in eingeteilten Mengen oder mittels Förderband erfolgen. Die Erhitzung erfolgt durch Gas, Öl oder elektrisch.

Beim Löten werden hauptsächlich Überlappungsnähte angewendet. Dabei genügt eine Überlappungsbreite von der 6fachen Dicke des dünneren der beiden zu verbindenden Teile. Größere Überlappungsbreiten benötigen lediglich mehr Lot, das häufig nicht über die volle Breite ausläuft, wodurch die Festigkeit herabgesetzt wird. Abb. 465 zeigt

Verbindungsformen der Hartlötung von Rohren, Abb. 466 Verbindungsformen an Behälterböden. Der richtige Lötspalt muß bei der Arbeitstemperatur im Augenblick des Schmelzens des Lotes und nicht im
Vorbereitungszustand vorhanden sein. Zu kleine Lötspalte (unter
0,05 mm) verbieten sich außer bei Verwendung von Schutzgasen wegen
der Fertigungsschwierigkeiten bei kleinen Toleranzen und der schwierigen
Verdrängung der dickflüssigen Schlacke durch das Lot, zu große (über
0,4 mm) werden vom Lot nicht mehr vollgefüllt. Eine kleine Hohlkehle
am Ende des Spaltes dient als Reserve zum Nachfließen beim Schwinden

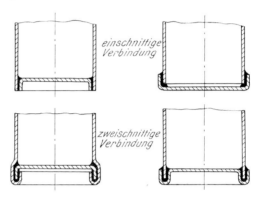

Abb. 466. Hartlöten von Behälterböden

des Lotes im Spalt (Speiser beim Gießen). Nach Möglichkeit sollen
Wärme und Lot von entgegengesetzten Seiten längs der Lötfuge fließen.

Die durch ungleiche Abkühlung beim Löten hervorgerufenen Spannungen sind kleiner als die beim Schweißen auftretenden. Um Spannungsspitzen zu vermeiden, müssen auch bei gelöteten Teilen schroffe Querschnittsübergänge vermieden werden.

4,4 Das Kleben[1, 2, 3]

Unter *Kleben* versteht man das unlösbare Verbinden von metalli-
schen und nichtmetallischen Werkstoffen gleicher oder verschiedener
Art durch eine Oberflächenbehandlung mittels der Klebstoffe (auch
Kleber genannt). Die Bindefähigkeit des Klebers beruht dabei in erster
Linie auf Adhäsion und nur in weit geringerem Maße auf Kohäsion.
Das früher bereits gebräuchliche Kleben durch Leime, Kitte u. ä.
wurde in den letzten Jahren durch die starke Entwicklung der Kunst-

---

[1] De Bruyne, Houwink, R.: Klebetechnik. Berlin: Union-Verlag.
1957.
[2] Technik und Betrieb V., *1972* und ff.
[3] Miksch, Plath: Taschenbuch der Kitte und Klebstoffe. 1952.

harze auf den verschiedensten Gebieten der Technik, insbesondere
der Serienfabrikation, verdrängt, ebenso wie Löten, zum Teil aber auch
Schweißen und Nieten.

Das Kleben kann praktisch nahezu überall angewendet werden,
so z. B. zum Verbinden von nichtmetallischen Werkstoffen mit Metallen, von metallischen Werkstoffen untereinander, insbesondere von
Leichtmetallen und deren Legierungen, ebenso aber auch zur Verbindung von Kunststoffen thermoplastischer und duroplastischer Art.

Die *Einteilung* der Kleber[1]:

Hinsichtlich ihrer Konsistenz unterscheidet die DIN 16920 flüssige, plastische und feste Klebstoffe.

Zu den *flüssigen* Klebern gehören die herkömmlichen organischen
Leimlösungen (Knochen-, Haut- und Kaseinleimlösungen), aber auch
Harzleimlösungen (Harnstoffharzleim) und anorganische Leimlösungen (Wasserglasleim), weiters die Klebdispersionen und die Klebe-
lacke. Bei diesen Klebern ist der Grundstoff in Wasser oder in Lösungsmitteln gelöst, die Aushärtung erfolgt durch Verdunstung des Lösungsmittels (Lösungsmittelkleber). Sie werden zum Kleben von Papier,
Holz u. dgl. verwendet. In der Technik ist ihre Bedeutung ebenso
gering wie die der

plastischen Klebestoffe. Diese bestehen aus organischen oder anorganischen Grundstoffen. Sie werden in erwärmtem Zustand aufgetragen
und kleben nach dem Erkalten. Hiezu gehören die Kittarten (Bitumen-,
Kautschuk- und Wasserglaskitt).

Die *festen* Kleber sind die für die moderne Technik wichtigsten
Klebestoffe. Sie bestehen aus härtbaren Kunstharzen, Phenol- und
Epoxidharzen, Produkte der Polykondensation, der Polymerisation und der Polyaddition, die durch Zuführung sogenannter Härter
in unlösbare und unschmelzbare Stoffe übergehen. Sie zeichnen sich
durch hohe Haft-, Binde- und Zugscherfestigkeit aus. Ihr Anwendungs-
gebiet umfaßt fast alle Arten der Serienfabrikation z. B. bei der Schi-
herstellung, bei der Schaumstoffverarbeitung, in der Möbelindustrie,
im Maschinenbau und in der Elektroindustrie, besonders aber auch
im Kraftfahrzeugbau (Karosserieherstellung) und in der Luft- und
Raumfahrtindustrie.

Je nach der Temperatur, bei welcher die Kleber zum Einsatz kommen, spricht man von *Kaltklebern*, von *Warm-* und von *Heißklebern*.

Kaltkleber (Kondensationskleber) werden bei Raumtemperatur
in flüssigem oder pastösem Zustand aufgetragen. Die Aushärtung erfolgt bei Raumtemperatur (20 °C) und meist unter leichtem Anpreßdruck (bis 10 bar). Eine Erhöhung der Aushärtetemperatur kann

---

[1] DIN 16920 und DIN 16921.

eine Beschleunigung des Aushärtungsvorganges (Härtungszeit bis 21 Tage) und eine Verbesserung der Bindefestigkeit bewirken.

Beispiele für Kaltkleber: alle Universal- und Haushaltskleber, ferner Isamet IV, Metallon K, Agomet H, Desmocoll W.

Warmkleber werden bei Temperaturen bis 80 °C und meist mit Anpreßdrücken bis 10 bar zum Aushärten gebracht, dabei erfolgt das Aushärten durch eine chemische Reaktion. Sie werden daher auch als *Reaktionskleber* bezeichnet. Die Abbindezeit beträgt dabei eine oder mehrere Stunden. Zur Verkürzung dieser Abbinde- oder Härtezeit und zur Steigerung der Bindefestigkeit kann die Härtungstemperatur bis auf 200 °C erhöht werden. Man spricht dann von *Heißklebern*. Ihre Härtungszeit liegt bei 20 Minuten.

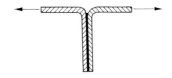

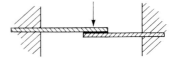

Abb. 467. Schälbeanspruchung   Abb. 468. Biegebeanspruchung

Beispiele für Warm- und Kaltkleber: Isamet R 4, Bostik 476, Araldit I, Metallon 130, LK 31, Redux.

Das *Aufbringen* der Kleber geschieht, je nach ihrer Eigenart und nach ihrer Verwendungsart durch Auftropfen, Streichen, Spritzen, Walzen, Tauchen oder Gießen.

Die Klebestoffschichte muß stets gleichmäßig, frei von Gas-, Luft- und Fremdkörpereinschlüssen und dünn sein. Eine Klebefilmdicke von 0,1 bis 0,2 mm ergibt meist die höchste Bindefestigkeit, während bei einer Filmdicke von 0,5 mm mit einem Absinken der Bindefestigkeit bis auf 25% zu rechnen ist.

Die *Festigkeit* einer Klebeverbindung ist besonders groß hinsichtlich der Zugscherfestigkeit und der Bindefestigkeit. Bei der *Zugscherfestigkeit* kann ein statischer Wert bis 50 N/mm², bei der *Biegefestigkeit* ein solcher bis 25 N/mm² erreicht werden. Die *Belastbarkeit* einer Klebeverbindung sinkt allerdings mit zunehmender Lastspielzahl ab, sie erreicht z. B. bei einer Lastspielzahl von 10^8 nur noch 25% der statischen Festigkeit.

Die Schäl- und die Biegefestigkeit von Klebeverbindungen sind wesentlich geringer, worauf bei der Konstruktion Rücksicht zu nehmen ist (Abb. 467, 468).

Die Festigkeit einer Klebeverbindung hängt aber außerdem weitgehend von der *Formgebung* und von der *Vorbehandlung* der Werkstoffe ab.

Bei der *Formgebung* ist zu unterscheiden zwischen: *Stumpfstoß*, *Schäftung*, ein- und zweischnittiger *Überlappung* (Abb. 469).

Der *Stumpfstoß* ist wegen seiner geringen Klebefläche im allgemeinen kaum zu verwenden.

Die *Schäftung* ergibt gleichmäßigste Spannungsverteilung und damit auch höchste Bindefestigkeit. Sie ist der Überlappung in dieser Hinsicht überlegen, hat aber den Nachteil, daß sie eine kostspielige Vorbereitung der Werkstoffe erfordert und bei dünnen Werkstoffen überdies auch gar nicht anwendbar ist.

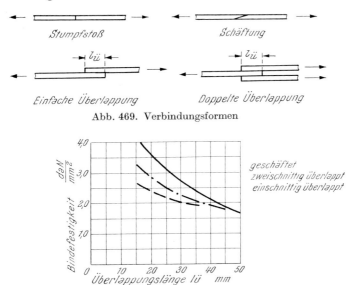

Abb. 469. Verbindungsformen

Abb. 470. Abhängigkeit der Bindungsfestigkeit von Überlappungsart und Überlappungslänge

Die *Überlappung* kann entweder einschnittig oder zweischnittig sein. Die einschnittige ist zwar billig, ihre Bindefestigkeit ist jedoch wegen der ungünstigen Schälbeanspruchung gering. Die zweischnittige Überlappung ergibt wegen der günstigeren Kraftverteilung eine bessere Lösung und wird am meisten angewandt (s. Abb. 469).

Die Überlappungslänge $l_{ü}$ und die Blechdicke s stehen dabei in folgender Abhängigkeit:

$$\text{Überlappungsverhältnis } ü = \frac{l_{ü}}{s}.$$

Das Überlappungsverhältnis $ü$ besitzt einen optimalen, von der Eigenart der Klebeverbindung abhängigen Wert, der empirisch ermittelt wird und durch Vergrößerung der Überlappungslänge nicht mehr gesteigert werden kann (Abb. 470).

Die *Alterungsbeständigkeit* von Klebeverbindungen ist gut: Die Bindefestigkeit sinkt zwar in den ersten 10 Wochen um etwa ein Drittel der ursprünglichen ab, sie bleibt aber danach fast unbegrenzt konstant.

Die *Temperaturbeständigkeit* von Klebeverbindungen ist für die Praxis meist ausreichend: sie liegt bei Kaltklebern zwischen — 60 und + 60 °C, bei Warm- und Heißklebern sogar zwischen — 60 und 120 bis 150 °C.

Der *Vorbehandlung* der verwendeten Werkstoffe[1] kommt für die Haltbarkeit der Klebeverbindung eine entscheidende Bedeutung zu: nur vollständig reine und gut aufgerauhte Klebeflächen ergeben eine gleichmäßig benetzte und gas- und luftblasenfreie Klebeschichte. Die Klebeflächen müssen daher völlig frei sein von Schmutz und Verunreinigungen, Farb- und Lackschichten, Zunder-, Rost- und anderen Oxidschichten, Öl- und Fettresten.

Um dies zu erreichen werden die zu verklebenden Werkstoffe zunächst in einem Tri- oder Perchloräthylen- oder Tetrachlorkohlenstoffdampfbad sorgfältig gereinigt. Sind solche Bäder nicht vorhanden, muß mit handelsüblichen Reinigungsmitteln unter Zuhilfenahme von Drahtbürsten gereinigt werden. Nach erfolgter Reinigung werden die Klebeflächen gut getrocknet, jede Berührung mit den Händen ist dabei zu vermeiden.

Die Aufrauhung der Klebeflächen erfolgt sodann durch Drahtbürsten, Schmirgeln, Sandstrahlen oder Abschleifen. Anschließend daran müssen die aufgerauhten Klebeflächen nochmals gut gereinigt werden, um die beim Aufrauhen zurückgebliebenen feinsten Werkstoffteilchen zu entfernen.

Aluminium und seine Legierungen werden nach dem Tetrachlorkohlenstoffbad und einer Kaltwasserspülung in der sogenannten „Pickling-Lösung" gebeizt (einem Chromschwefelsäurebad, bestehend aus konzentrierter Schwefelsäure und Chromsäure oder Natriumdichromat und Wasser im Verhältnis 7,55 zu 2,5 zu 40 l), bei Schmiedeeisen und Stahl wird eine Ätzlösung aus Phosphorsäure und Methylalkohol bei einer Badtemperatur von 60 °C zum Aufrauhen und Entfetten verwendet.

Für eine entsprechende Schutzkleidung (Schutzbrillen und Handschuhe ist bei allen Arbeiten mit giftiger Beizlösung zu sorgen[2]), ebenso für eine ausreichende Absaugung der giftigen Dämpfe.

Die *Vorteile* des Klebens bestehen vor allem darin, daß Werkstoffe verschiedener Art dauernd und fest miteinander verbunden

---

[1] Lucke, H.: Kunststoffe und ihre Verklebung. Verlag Brunke-Garrels. 1967.

[2] Allgemeine Dienstnehmerschutzverordnung, BGBl. 32/1962 und Arbeitnehmerschutzverordnung, BGBl. 234/1972.

werden können, z. B. Schaumstoffe, Textilien oder Holz mit metallischen (Eisen, Stahl, Aluminium und seinen Legierungen), weiters daß die Klebestellen nahezu feuchtigkeitsunempfindlich, gut alterungs- und temperaturbeständig sind.

Durch das Kleben werden überdies Befestigungselemente, wie Nieten, Schrauben und Stifte, eingespart, wodurch eine entsprechende Gewichtsersparnis und der Entfall aller hiezu notwendigen Vorbereitungsarbeiten erreicht wird.

Schließlich ermöglicht das Kleben aber auch eine dauernde und haltbare Verbindung sehr dünner Werkstoffe, ein Vorteil, der insbesondere im Flugzeugbau und in der Raumfahrtindustrie von großem Vorteil ist.

Der Umstand, daß beim Kleben keinerlei Temperaturerhöhung und deshalb auch keine Gefügeveränderung der Werkstoffe eintritt (zum Unterschied beispielsweise zum Schweißen oder Löten) und daß auch keinerlei Querschnittsveränderung auftritt, ist ein weiterer Vorteil.

Als *Nachteil* des Klebens ist die geringe Belastbarkeit der Klebestelle gegen Biegungs- und Schälbeanspruchung anzusehen, während die Belastbarkeit auf Zugscherfestigkeit gut ist. Dort wo eine nennenswerte Schälbeanspruchung nicht zu vermeiden ist, ist eine Entlastung der Klebestelle durch Nieten oder Schrauben zweckmäßig.

Ein Nachteil ist weiters das Absinken der Bindefestigkeit der Klebeverbindung in den ersten 10 Wochen, bei der Konstruktion der Verbindung muß dies dadurch Berücksichtigung finden, daß mit dem Zugscherfestigkeitswert nach erreichter Alterungszeit gerechnet wird.

Die Nachteile der Klebeverbindungen sind jedoch im Verhältnis zu ihren Vorteilen gering, und deshalb eröffnen sich dem Kleben immer neue Fabrikationszweige.

5. Die Herstellung von Stahlrohren

5,1 Allgemeines

Die Herstellung von Stahlrohren in größerer Menge auf industrieller Basis begann in der zweiten Hälfte des 19. Jahrhunderts mit den geschweißten Rohren. 1885 gelang den Brüdern *Mannesmann* die Herstellung nahtloser Rohre. Rohre werden in immer steigender Menge für Gas-, Wasser- und Erdölleitungen, für Zentralheizungen, Kessel, Überhitzer, Wärmetauscher, Fahrradrahmen, Gerüste und als Ausgangsprodukt für die Fertigung vieler Maschinenteile (Wälzlagerringe, Gleitlagerbüchsen usw.) verwendet. Wegen der überwiegenden Verwendung von Stahlrohren wird in den folgenden Abschnitten nur auf diese näher eingegangen.

Stahlrohre können mit Naht und nahtlos hergestellt werden. Die Herstellung der Naht erfolgt vorwiegend durch Schweißen. Nieten, Löten und Falzen haben nur geringe praktische Bedeutung.

5,2 Die Herstellung geschweißter Rohre

Werkstoffe und Schweißverfahren sind soweit verbessert worden, daß die geschweißten Rohre den nahtlosen vollkommen ebenbürtig geworden sind. Als Ausgangswerkstoff dienen Bänder und Bleche, deren Dicke der Wanddicke der Rohre und deren Breite dem mittleren Rohrumfang entspricht. Vorzugsweise werden niedrig legierte Stähle mit geringem Kohlenstoffgehalt verwendet, weil diese gut schweißbar sind. Alle Herstellungsverfahren bestehen aus folgenden Hauptarbeitsgängen:

Formen eines Schlitzrohres aus Röhrenstreifen oder Blechen,
Verschweißen des Schlitzrohres,
Reduzieren oder Aufweiten für andere Abmessungen,
Entzundern und Kaltformen (für Präzisionsstahlrohre),
Richten, auf Länge unterteilen und auf Dichtheit prüfen.

5,21 Die Herstellung von Schlitzrohren

Rohre *kleinen* Durchmessers werden in der Regel *endlos* (kontinuierlich), Rohre *großen* Durchmessers stückweise (diskontinuierlich) hergestellt. Bei den kontinuierlichen Verfahren wird ein durch Zusammenschweißen endlos gemachtes Band verarbeitet und ein endloses Rohr erzeugt, das nach Fertigstellung auf Gebrauchslängen unterteilt wird. Dadurch ergeben sich sehr geringe Mengen von Abfall am Bandende und -anfang. Das Verhältnis Wanddicke zu Durch-

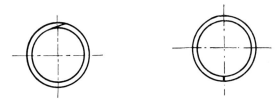

Abb. 471 und 472.   Überlappt- und stumpfgeschweißtes Rohr

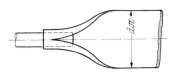

Abb. 473. Zum Stumpfschweißen vorbereiteter Blechstreifen

messer soll wegen der beim Kaltformen am äußeren Rande auftretenden Zugspannungen den Wert 1 : 10 nicht überschreiten. Sehr dickwandige Rohre können demnach durch Schweißen kaltgeformter Rohre nicht erzeugt werden. Bei den kontinuierlichen Verfahren sind Rohrdurchmesser zwischen 10 und 600 mm üblich, bei den diskontinuierlichen unbegrenzte Rohrdurchmesser möglich. Man unterscheidet *überlappt*geschweißte Rohre (Abb. 471) und *stumpf*geschweißte Rohre (Abb. 472). In der Regel erfolgt das Schweißen in einer *Längs*naht, in einem besonderen Fall in einer *schraubenförmigen* Naht.

Die *Formung der Schlitzrohre* erfolgt bei den kontinuierlichen Verfahren vorwiegend im Ziehtrichter oder Einrollwalzwerk, bei der stückweisen Herstellung auch auf Biegepressen und auf Drei- oder Vierwalzenblechbiegemaschinen.

Mit dem *Ziehtrichter* können Schlitzrohre im warmen und im kalten Zustand hergestellt werden. Beim *Formen* im warmen Zustand wird an die Bänder ein Rundeisen (Abb. 473) geschweißt und der ganze Streifen im Ofen auf Schweißhitze erwärmt. Bei der stückweisen Herstellung wird das Rundeisen von der Zange einer Schleppzangenziehbank (Abb. 474) durch den Ziehtrichter *a* aus Grauguß, Hartguß, Stahl oder Hartmetall gezogen, wobei ein Einrollen und Verschweißen des Streifens *b* eintritt. Für endlose Rohre wird die Ziehbank durch Transportrollen ersetzt. Beim Formen im *kalten* Zustand wird Bandstahl in Ringen als Ausgangswerkstoff verwendet und durch mehrere Rollenpaare vorgezogen. Damit ein Übereinandergleiten der Schlitzkanten bei dünnen Wanddicken vermieden wird, befindet sich innerhalb des Trichters ein Dorn *d*, dessen Durchmesser dem Rohrinnen-

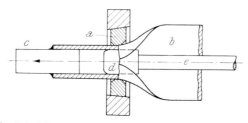

Abb. 474. Formen von Schlitzrohren durch Ziehtrichter.
a Ziehtrichter, *b* Blechstreifen, *c* Rundstahl, *d* Stopfen, *e* Stopfenstange

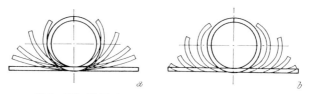

Abb. 475. Kalibrierungen von Einrollwalzwerken

durchmesser entspricht und der durch eine Dornstange *e* im Ziehtrichter gehalten wird.

Durch *Einrollwalzwerke* können Blechstreifen *warm* (Fretz-Moon-Verfahren) und *kalt* geformt werden. Das Walzwerk besteht aus einer Reihe hintereinander angeordneter Duogerüste mit Kalibrierungen nach Abb. 475a oder 475b. Bei Rohren über 150 mm Durchmesser wird das Kaliber durch drei oder vier Walzen gebildet, um die Geschwindigkeitsunterschiede zwischen Kalibergrund und Kaliberflanken zu verkleinern. Länge und Breite des Schlitzes werden durch feststehende Führungsmesser oder umlaufende Führungsrollen festgelegt. Da das Umstellen auf andere Durchmesser schwierig ist, werden Einrollwalzwerke nur für große Mengen gleicher Rohre angewendet.

Das stückweise Formen von Schlitzrohren auf *Biegepressen* erfolgt in drei Stufen: Anbiegen der Kanten mit der *Kantenanbiegepresse* (Abb. 476) oder *Kantenanbiegewalzmaschine* (Abb. 477); Biegen zur U-Form (Abb. 478) und Fertigbiegen zum Schlitzrohr (Abb. 479). Für hohe Ansprüche haben die Formwerkzeuge die gleiche Länge wie das fertige Schlitzrohr. Dieses Verfahren kann für Rohre von 10 bis 1200 mm Durchmesser und 8 bis 12 m Länge angewendet werden. Dicke Bleche können auch warm geformt werden.

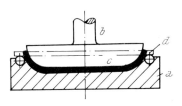

Abb. 476. Kantenanbiegepresse.
a Unterteil, b Biegestempel,
c Blechstreifen mit angebogenen
Kanten, d Ausgangsblechstreifen

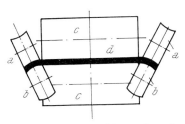

Abb. 477. Kantenanbiegewalzwerk.
a, b Anbiegewalzen, c Vorschubwalzen,
d Blechstreifen mit angebogenen
Kanten

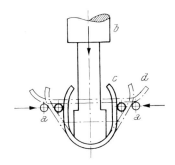

Abb. 478. U-Biegewerkzeug.
a Verschiebbare Auflagerollen,
b Biegestempel, c U-förmiger Blechstreifen, d vorgebogener Blechstreifen

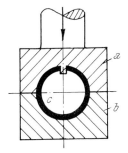

Abb. 479. Rundbiegewerkzeug.
a Obergesenk, b Untergesenk,
c Schlitzrohr

Auf *Drei-* und *Vierwalzenblechrundmaschinen* (Abb. 386, 388 und 389) können Schlitzrohre unbegrenzten Durchmessers hergestellt werden. Die Walzen besitzen die Länge des herzustellenden Rohres. Bei großen Rohrlängen müssen die Unterwalzen abgestützt und die Oberwalzen ballig ausgeführt werden, um ungleiche Schlitzbreiten zu vermeiden. Die Blechenden bleiben auf der Dreiwalzenrundmaschine gerade, so daß die Schlitzkanten dachförmig sind. Runde Kanten können vor dem Einrollen auf der Kantenanbiegepresse oder dem Kantenanbiegewalzwerk erzeugt werden. Bei der Vierwalzenrund-maschine kann man auf ein Anbiegen verzichten.

Schlitzrohre mit *schraubenförmig* verlaufender Naht (Spiralnaht-rohre) werden auf besonderen Maschinen (Abb. 480) durch Wickeln von Bandstahl *f* auf einen schrägliegenden, umlaufenden Dorn *g* hergestellt. Die Schrägstellung muß der Bandbreite und dem Rohrdurchmesser angepaßt sein. Das Band wird durch Führungsrollen *c* geführt und durch Treibrollen *b* vorgeschoben. Die Schlitzkanten können überlappt oder stumpf zusammenstoßen. Bei diesem Verfahren kann man mit einer Bandsorte sämtliche Rohrdurchmesser herstellen (geringe Lagerhaltung).

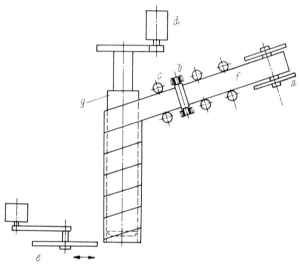

Abb. 480. Spiralnahteinrollmaschine. *a* Ablaufhaspel, *b* Treibrollen, *c* Bandführungsrollen, *d* Antriebsmotor, *e* Trennvorrichtung, *f* Bandstahl, *g* Dorn

5,22 Verschweißen des Schlitzrohres

Zum Schweißen des Schlitzes finden für endlose und für stückweise hergestellte Rohre die Feuerschweißung, Gasschmelzschweißung, elektrische Niederfrequenz-Widerstandsschweißung, Hochfrequenz-Widerstandsschweißung konduktiv und induktiv, Wolfram-Schutzgasschweißung für Edelstahlrohre, Unterpulverschweißung für Großrohre und das Elektronenstrahl-Schweißen Verwendung.

Das *Feuerschweißen* erfolgt in einem Arbeitsgang mit dem Einrollen warmgeformter Schlitzrohre im Ziehtrichter. Das Fretz-Moon-Verfahren ist ein kontinuierliches Feuerschweißverfahren, bei welchem Gasbrenner die Bandkanten auf höhere Temperatur als die Bandmitte bringen. Vor dem Austritt aus dem Ofen werden die Bandkanten durch ein Sauerstoffgebläse (Verbrennen des Stahles) auf 1400 °C gebracht. Der Schweißdruck wird durch zwei dem Rohrquerschnitt angepaßte Walzen erzeugt.

Beim *Gasschmelzschweißen* wird das zwischen zwei seitlichen Rollenpaaren geführte Schlitzrohr durch Mehrfach- oder Vielfachbrenner an den Schlitzkanten geschmolzen und solange geschlossen gehalten, bis die Schmelze erstarrt. Der Transport des fertigen Rohres und des Schlitzrohres erfolgt durch besondere Treibrollenpaare hinter und vor den Brennern. Nachteilig sind die Verzunderung der Schweißzone und des Rohrumfanges und das Gußgefüge der Schweißnaht, weshalb die Gasschmelzschweißung in der Massenfertigung durch die elektrische Widerstandsschweißung verdrängt wird.

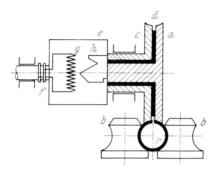

Abb. 481. Elektrische Widerstandsschweißung mit Niederfrequenz.
a, c Elektrodenscheiben, *b* Anpreßrollen, *d* Isolation, *e* Rollentransformator, *f* Schleifringe, *g* Primärwicklung, *h* Sekundärwicklung, *r* Schlitzrohr

Die *elektrische Widerstandsschweißung mit Niederfrequenz* beruht auf der Erwärmung des Rohrwerkstoffes durch direkten Stromdurchgang. Infolge des Übergangswiderstandes tritt die größte Erwärmung an der Berührungsstelle der Schlitzrohrkanten auf. Verwendung findet Wechselstrom geringer Spannung und hoher Stromstärke (20 000 bis 200 000 A), der durch einen Rollentransformator *e* (Abb. 481) aus Strom von Netzspannung erzeugt und über die drehbaren, voneinander isolierten Elektrodenscheiben *a* und *c* den Schlitzkanten des Rohres *r* zugeführt wird. Die Übertragung dieser Stromstärken erfordert beträchtliche Anpreßkräfte, weshalb die beiden Schweißelektroden *a* und *c* mit den beiden Anpreßrollen *b* nahezu ein geschlossenes Kaliber bilden.

Bei den älteren Ausführungen wurde der hohe Sekundärstrom eines ortsfesten Transformators den beiden Elektrodenrollen *a* und *c* über Schleifringe zugeführt. Bei den heute verwendeten Rollentransformatoren führen die Schleifringe *f* nur den kleinen Netzstrom zur Primärwicklung *g*. Die Sekundärwicklung *h* ist mit den Elektrodenrollen *a* und *c* durch dicke, gekühlte Kupferstücke verbunden. Die

Elektrodenrollen sind meist nicht angetrieben. Die Stromregelung erfolgt im Primärstromkreis. Die Führung des Schlitzes erfolgt durch nicht dargestellte Schlitzrollen oder schmale, konische Führungsmesser. Wegen der Transformierung ist Wechselstrom erforderlich. Im Augenblick des Nulldurchganges ist dessen Wärmeleistung Null, so daß längs der sich bewegenden Schlitzkanten Stellen größter und kleinster Erwärmung miteinander abwechseln. Bei dünnwandigen Rohren wird zur Erhöhung der Schweißgeschwindigkeit deshalb die Schweißfrequenz erhöht. Nach dem Schweißen erfolgt ein Abschaben des äußeren Schweißgrates mit Hobelstählen.

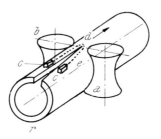

Abb. 482. Konduktive Widerstandsschweißung mit Hochfrequenz.
a, b Druckrollen, c Schleifkontakte, d Schweißpunkt, e Stromweg, r Schlitzrohr

Bei der elektrischen Widerstandsschweißung mit *Hochfrequenz* wird dem Schlitzrohr r (Abb. 482) hochfrequenter Wechselstrom (450 000 Hz) durch zwei unter leichtem Druck auf ihm gleitende Schleifkontakte c kurz vor dem Schweißpunkt d zugeführt. Infolge der entstehenden hochfrequenten Wechselfelder fließt der Strom entlang der Schlitzrohrkante e in sehr dünner Werkstoffschicht zum Schweißpunkt d und an der gegenüberliegenden Kante in derselben Weise zum zweiten Kontakt c zurück. Bei der hohen Frequenz können hohe Stromstärken trotz vorhandener Oxidschichten, die als Dielektrikum eines Kondensators wirken, von den wassergekühlten Schleifkontakten auf das Schlitzrohr übertragen werden. Infolge des Skin-Effektes beträgt die Eindringtiefe des Stromes und die Dicke der Erwärmungszone nur Bruchteile eines Millimeters, wobei die höchste Erwärmung am Treffpunkt der beiden Schlitzkanten auftritt. An dieser Stelle wird die Schweißung durch den seitlichen Druck der beiden Rollen a und b vollzogen. Man erzielt hohe Schweißgeschwindigkeiten bei sehr kurzer Erwärmungszeit, so daß keine schädlichen Werkstoffveränderungen auftreten können. Dieses Verfahren ist daher besonders für schwer schweißbare Werkstoffe, wie hochlegierte Stähle und Leichtmetalle geeignet.

Beim *induktiven Hochfrequenz-Widerstandsschweißen*[1] wird hochfrequenter Wechselstrom von etwa 450 kHz in einem Röhrengenerator erzeugt und induktiv mit einer Ringspule *b* (Abb. 483), also berührungsfrei auf das Rohr *a* übertragen. Der im Rohr induzierte Strom *b* läuft um das Schlitzrohr *a* herum (Abb. 484) und weiter an den Schlitzrohrkanten entlang bis zu deren Berührungspunkt *c*. Die zum Schweißen erforderliche Wärme entsteht dabei in analoger Weise wie bei der Kontaktschweißung („konduktiv"). Dieses Verfahren hat den Vorteil, daß keine Schleifspuren auf dem Rohr entstehen, keine Ab-

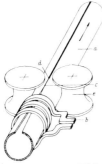 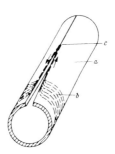

Abb. 483. Induktive Widerstandsschweißung mit Hochfrequenz.
a Rohr, *b* Heizinduktor, *c* Berührungsstelle, *d* Druckstelle, *e* Druckrollen

Abb. 484. Strombahnen im Rohr bei
der induktiven Widerstandsschweißung
mit Hochfrequenz. *a* Schlitzrohr,
b Strombahnen, *c* Berührungsstelle
der Schlitzrohrkanten

nützung auftritt und keine blanke Schlitzkantenoberfläche erforderlich ist. Der gleichmäßige Lauf der Schlitzrohrkanten zur Schweißstelle wird durch Führungsrollen und eventuelle zusätzliche Führungsmesser sichergestellt. Der Schweißgrat wird unmittelbar hinter der Schweißstelle durch feste Hobelmesser entfernt.

Das *Wolfram-Schutzgasschweißen* eignet sich vor allem für dünnwandige Rohre aus austenitischen Stählen (s. 4,122). Rohre aus ferritischen und martensitischen Cr-Stählen müssen zur Vermeidung von Rissen entsprechend vorgewärmt und nach dem Schweißen warmbehandelt werden. Man erzielt bei hoher Schweißgeschwindigkeit eine schmale Erwärmungszone und geringe Schweißspannungen. Beim *Plasmaschweißen* erzielt man bei Wanddicken über 3 mm noch wesentlich höhere Schweißgeschwindigkeiten (s. 4,122 und 4,22).

Das *Unterpulverschweißen* (s. 4,122) eignet sich zum Schweißen von Längs- und Schrauben-(Spiral-)Nähten bei der Herstellung von Rohren von 500 bis 2500 mm Außendurchmesser. Zur Erzielung einer

---

[1] VDI-Richtlinie 3130 Induktionsschweißen. — Meer-Bericht: Zur Entwicklung des Rohrschweißens. Nr. 1152/1. Mönchengladbach. 1969.

einwandfreien Naht hoher Güte wird nach Heften der Naht das Rohr
zuerst von innen und nach Entfernung der Heftstellen von außen geschweißt. Zur Vermeidung von Grobkornbildung arbeitet man mit hohen
Schweißgeschwindigkeiten.

Zum Schweißen von Rohren sind in den letzten Jahren *Elektronen-
strahlschweiß*einheiten (s. 4,125) entwickelt worden, die in freier Atmosphäre mit außerordentlich hoher Schweißgeschwindigkeit arbeiten.

5,23 Rohrschweißanlagen

Außer den Einrichtungen zum Formen der Schlitzrohre und zum
Zusammenschweißen sind besonders bei kontinuierlichen Rohrerzeu-
gungsanlagen noch eine Vielzahl weiterer Einrichtungen notwendig,
die im folgenden kurz angeführt werden sollen.

In der Bandvorbereitung wird das Band, das zum Rohr verschweißt
werden soll, gerichtet, seine Ränder entzundert bzw. auf genaue Breite
beschnitten. Um ein endloses Band herzustellen, wird eine Bandvor-
ratsschlinge gebildet und jeweils das Ende des alten Bandes mit dem
Anfang des neuen Bandes durch eine Stumpfschweißung verbunden.

An die Bandvorbereitung schließt sich die Rohrschweißmaschine,
die im wesentlichen aus dem Formwalzwerk, dem Schweißtisch, der
Entgratvorrichtung, der Kühlstrecke, dem Kalibrierwalzwerk, der
Richt- und der Trennvorrichtung besteht.

In der Kühlstrecke wird das glühende Rohr meist durch Wasser
gekühlt.

Das Kalibrierwalzwerk besteht aus waagrechten und senkrechten
Walzenpaaren, deren Kaliber sich in Durchlaufrichtung ein wenig
verringert und die mit steigender Umfangsgeschwindigkeit laufen.
Auf diese Weise erfolgt eine Reduzierung und Reckung des Rohres,
das nun vollkommen rund und maßhältig wird.

Geschweißte und nahtlose Rohre werden als möglichst großes
Einheitsrohr erzeugt, das in einer nachfolgenden Streckreduzier-
anlage auf die gewünschte Dimension reduziert wird. Streckreduzieren,
Kaltformen usw. wird bei den nahtlosen Rohren beschrieben.

5,3 Die Herstellung nahtloser Rohre

5,31 Allgemeines

Die Herstellung nahtloser Rohre kann durch Urformen (Gießen),
durch Umformen nach Wärmen (Walzen, Pressen, Schmieden, Strangpressen, ...) und durch Kaltumformen (Ziehen, Pilgern, Rundkneten,
Tiefziehen, Wickeln, Fließpressen usw.) erfolgen.

Beim *Gießen* (s. 3,1212) finden noch vereinzelt der *Schwerkraft-guß* (stehend gegossen), der *Strangguß* und überwiegend der *Schleu-derguß* (s. Abb. 200) für schwer verformbare hochlegierte Stähle und Rohrluppen (dickwandige Rohre) Verwendung.

Kesseltrommeln und ähnliche Werkstücke werden durch *Frei-formschmieden* (s. 3,36 und Abb. 252 und 251) gelochter oder gegos-sener Hohlblöcke hergestellt. Kleinere konische oder/und profilierte Rohre erzeugt man durch *Rundkneten* (s. 3,38, Abb. 276).

Durch *Strangpressen* (s. 3,5) werden Gas- und Wasserleitungs-rohre bis 3″ Durchmesser und, da der Werkstoff unter allseitigem Druck gehalten wird, auch Rohre aus Werkstoffen hergestellt, die für das Schrägwalzen ungeeignet sind. Der glühende, entzunderte Stahlblock *f* (Abb. 315) wird in den Aufnehmer *e*, der durch die Matrize *g* abgeschlossen ist, eingesetzt. Auf ihn setzt sich der an dem Zylinder *a* befestigte Preßstempel *d*, ohne einen größeren Druck auszuüben. Hier-auf locht der durch den Kolben *b* betätigte Preßdorn *c* den Block, wodurch ein Preßbutzen *h* durch die Matrize ausgeworfen wird. Nun bewegt sich der Preßstempel *d* nach unten, wodurch der Block durch den zwischen Matrize *g* und Preßdorn *c* gebildeten Ringraum als Rohr *k* herausgepreßt wird. Der im Aufnehmer zurückbleibende Preßteller *i* wird durch besondere Abscherwerkzeuge vom Rohrende getrennt und aus dem Aufnehmer herausgehoben. Meist werden auch beim Strangpressen größere Einheitsrohre hergestellt, die durch die später beschriebenen Streckreduzierwalzwerke auf die verlangten Abmes-sungen gebracht werden.

Tiefziehen (s. 3,84) und Fließpressen (s. 3,85) werden nur für kurze Rohrstücke angewendet.

Zum *Walzen* werden eine Reihe von Sonderverfahren angewendet, die mit dem *Pressen* in den folgenden Abschnitten ausführlich beschrie-ben werden.

Die Hauptarbeitsgänge bei diesen Verfahren sind:

Herstellung einer *Rohrluppe* (dickwandiges Rohrstück) aus einem gegossenen, vorgewalzten oder/und spanabhebend bearbeiteten Block (Verfahren von Mannesmann, Stiefel und Ehrhardt);

Verarbeitung der Rohrluppe zu einem mehr oder weniger dick-wandigen *Einheitsrohr* (Pilgerschrittwalzwerk, Assel-Walzwerk, Stop-fenwalzwerk und Rohrstoßverfahren);

Weiterverformen der Einheitsrohre zu Gebrauchsrohren durch *Maß-*, *Reduzier-* und *Streckreduzier*walzwerke;

Kaltformen von Rohren durch Ziehen, Pilgern und Rundkneten nach vorausgehendem Entzundern zur Verringerung der Toleranzen und Erhöhung der Festigkeit und *Richten, auf Handelslänge bringen*, *Prüfen* und gegen *Korrosion* schützen.

5,32 Verfahren zur Herstellung von Rohrluppen

Beim *Schrägwalzen nach Mannesmann* (Abb. 485) finden zwei besonders geformte Walzen *a* und *b*, deren Achsen gegen die Waagrechte geneigt sind und die sich in gleichem Sinne drehen, Verwendung. Zwischen die Walzen kommt ein glühender fehlerfreier Stahlblock *c*, der durch eine nicht dargestellte Stützwalze am Durchfallen verhindert wird. Der Block erhält durch die beiden Walzen eine schraubenförmige Bewegung gegen den drehbar gelagerten Dorn *d*. Die Kalibrierung einer Mannesmann-Schrägwalze hat folgende Teile: Einlauf-(Friemel-)Konus, Querwalzteil und Glätteil. Im Einlaufkonus wird der schraubenförmig einlaufende Block durch Verengung des Walz-

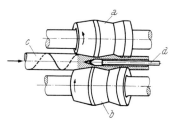

Abb. 485. Schrägwalzwerk von Mannesmann. *a*, *b* Walzen, *c* Block, *d* Dorn

spaltes quergestaucht. Dabei ergeben sich außen Druck- und innen Zugspannungen, die den Kern zermürben und zur Lochbildung führen. Im engsten Teil des Walzkalibers ist der Lochdorn *d* angeordnet, der zusammen mit dem Querwalzteil das Blockinnere glättet. Wegen der äußerst hohen Werkstoffbeanspruchung ist beim Mannesmannverfahren sorgfältige Auswahl des Werkstoffes und der richtigen Verformungstemperatur notwendig. Bereits die Brüder Mannesmann erkannten, daß der Lochungseffekt um so größer wird, je größer der Walzendurchmesser im Vergleich zum Blockdurchmesser gewählt wird. Diese Erkenntnis führte zu den Kegel- und Scheibenlocheinrichtungen von Stiefel.

Durch den *Kegellochapparat* von *Stiefel* (Abb. 486) erhält man lange, verhältnismäßig dünnwandige Rohrluppen. Die beiden fliegend angeordneten Kegelwalzen *a* und *b*, die sich gleichsinnig drehen und deren Achsen gegen die Blockachsen geneigt sind, erzeugen auf ähnliche Weise wie beim Mannesmannverfahren einen Hohlkörper *c*, der durch den rotierenden Dorn *d* innen geglättet wird. Durch Hilfswalzen oder Lineale wird der Raum zwischen den Kegelscheiben zu einem geschlossenen Kaliber geformt, wodurch eine zu starke ovale Form des Blockes verhindert und eine Streckung in Längsrichtung erzielt wird.

Beim *Scheibenwalzwerk* von *Stiefel* (Abb. 487) befindet sich die Dornachse *d* unterhalb der Ebene der beiden scheibenförmigen Walzen *a* und *b*, wodurch eine schraubenförmige Bewegung der Rohrluppe *c* erfolgt. Die beiden Walzen drehen sich gleichsinnig. Man erzielt eine geringere Wanddicke als beim Mannesmannverfahren bei höherer

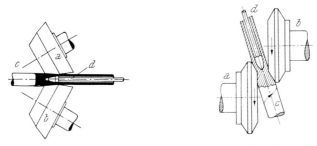

Abb. 486 und 487. Kegellochapparat und Scheibenwalzwerk von Stiefel.
a, b Walzen, *c* Block, *d* Dorn

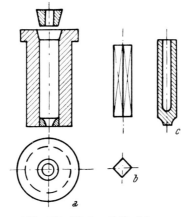

Abb. 488. Ehrhardt-Verfahren.
a Matrize, *b* Stahlblock, *c* dickwandiges Rohr

Beanspruchung des Werkstoffes, weshalb nur vorgewalzte, häufig zusätzlich geschälte oder geflämmte Rundstahlblöcke Verwendung finden.

Beim *Verfahren von Ehrhardt* wird ein glühender prismatischer Stahlblock *b* von quadratischem Querschnitt (Abb. 488) in eine schwach konische Matrize *a* gebracht, deren Innendurchmesser gleich der Diagonale des Blockquerschnittes ist. Dann wird durch einen oben in der Matrize sitzenden Führungsring ein zylindrischer Lochstempel in den Block getrieben, so daß ein dickwandiges, unten abgeschlossenes Rohr c entsteht. Die Dicke des Stempels ist dabei so zu bemessen, daß der Hohlraum der Matrize durch den verdrängten Stahl vollständig ausgefüllt wird.

5,33 Verfahren zur Weiterverformung der Rohrluppen

Im *Pilgerschrittwalzwerk* (Abb. 489) wird die im Schrägwalzwerk entstandene Rohrluppe zu einem Rohr geringerer Wanddicke und größerer Länge ausgewalzt. Es besteht aus zwei Walzen besonderer Form a und b und einem Schlitten h, der durch einen Kolben g hydrau-

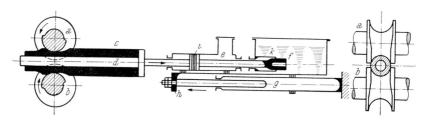

Abb. 489. Pilgerschrittwalzwerk. a, b Walzen, c Rohrluppe, d Dorn, e Zylinder, f Kolben, g Kolben, h Schlitten, i Kolben, k Bremszylinder

lisch vorgeschoben wird. Auf dem längsbeweglichen Dorn d sitzt die Rohrluppe c. Im Zylinder e ist Luft eingeschlossen, die den Kolben i federnd vorschieben kann. Der Kolben f wirkt bei der Linksbewegung des Dornes d als Bremse, da das im Zylinder eingeschlossene Öl durch den engen Spalt nur langsam nach rechts fließen kann. Das Kaliber der beiden Walzen ist auf einer Hälfte als Leerlaufkaliber so weit, daß die Rohrluppe c ungehindert durchgeschoben werden kann, auf der anderen Hälfte als Angriffs- oder Fertigkaliber so eng, daß die Wanddicke der Rohrluppe beim Durchgang auf eine geringere Dicke ausgewalzt wird. Durch eine nicht dargestellte Einrichtung wird das Rohr beim Vorschieben gedreht, so daß es gleichmäßig rund wird. Das Walzwerk verdankt seinen Namen der eigenartigen Bewegung der Rohrluppe. Der Schlitten h bewegt sich ständig nach links. In der gezeichneten Stellung wird die Rohrluppe durch das Angriffskaliber gerade ausgewalzt und nach rechts zurückgedrängt, wobei durch den Kolben i die Luft im Zylinder e verdichtet wird. Haben sich die beiden Walzen so weit gedreht, daß das Leerlaufkaliber nach der Mitte zu stehen kommt, so wird der Kolben i mit dem Dorn d und der Rohrluppe c nach links durchgeschoben, wobei die Flüssigkeitsbremse f einen Stoß verhindert. Da sich der Schlitten h inzwischen nach links weiterbewegt hat, beginnen

die sich weiterdrehenden Walzen wieder ein Stück der dickwandigen
Rohrluppe abzuschnüren und dann auszuwalzen. Der Vorgang wiederholt
sich so oft, bis die ganze Rohrluppe ausgewalzt ist. Der Innendurchmesser wird dabei durch den Dorn, der Außendurchmesser durch das
Fertigkaliber bestimmt. Ist die Luppe zum Rohr ausgestreckt, so wird
die obere Walze aufgefahren und der Dorn zurückgezogen. Dabei wird
das Rohr durch Abstreifer vom Dorn abgestreift und durch Rollen-
bahnen abtransportiert. Rohranfang (Pilgerschwanz) und trompeten-
förmiges Ende (Pilgerkopf) werden abgesägt. Der Dorn wird gegen

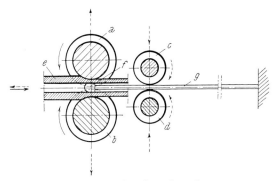

Abb. 490. Stopfenwalzwerk.
a, b Reduzierwalzen, c, d Rückführwalzen, e Rohr, f Dorn, g Dornstange

einen abgekühlten, auf dem bereits die Luppe sitzen kann, ausge-
wechselt.

Stiefel verwendet zum Auswalzen der auf seinen Walzwerken hergestellten dünnwandigen Luppen das *Stopfenwalzwerk*. Bei diesem
(Abb. 490) erfolgt die Verringerung der Wanddicke der Rohrluppe e durch
Walzen in einem Duowalzwerk mit mehreren, nebeneinander liegenden,
immer kleiner werdenden Rundkalibern. Um ein Zusammendrücken
des Rohres bei kräftiger Querschnittsabnahme zu verhindern, befindet
sich in der Mitte des Kalibers ein Dorn f, der durch eine Dornstange g
gestützt wird. Die beiden Walzen a und b werden in der gezeichneten
Drehrichtung angetrieben und bewirken die Reduktion der Wanddicke.
Nach Durchgang des Rohres werden die beiden Walzen a und b voneinander entfernt und die Walzen c und d einander genähert und so
angetrieben, daß sie das Rohr wieder nach links bewegen. Die Luppe
wird in demselben Rundkaliber in zwei oder drei Stichen gewalzt.
Nach jedem Stich wird die Luppe um 90° gedreht. Ein Walzgerüst kann
für mehrere verschiedene Rohrdurchmesser verwendet werden.

Zur Herstellung dickwandiger Rohre mit kleinen Durchmesser- und
Wanddickentoleranzen (Kugellagerrohre) eignen sich die *Assel-Walz-*

werke. Sie arbeiten mit drei zentrisch symmetrisch um die Rohrachse angeordneten *Schulterwalzen* a (in der schematischen Abb. 491 sind nur zwei Walzen dargestellt), deren Achse wie bei den anderen Schrägwalzwerken gegen die Rohrachse geneigt ist und dadurch den Vorschub des Rohres b, in dem sich ein frei wandernder Dorn c befindet, bewirken. Die durch Schrägwalzen oder Pressen vorgelochte Rohrluppe b wird im

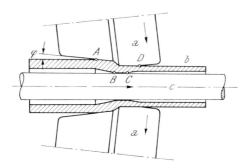

Abb. 491. Assel-Walzwerk. *a* Schulterwalzen, *b* Rohrluppe, *c* Dorn

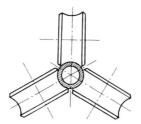

Abb. 492. Rundkaliber mit drei Walzen

Punkt *A* von den Walzen erfaßt und in die Walzen hineingezogen. Durch den Walzeneinzugswinkel φ verkleinert sich der Außendurchmesser, während die Wanddicke erst im Punkt *B* durch die Schulter der Walze verringert wird. Im anschließenden Teil *BC* wird die Oberfläche geglättet und im Teil *CD* das Rohr noch gerundet.

Die nach dem Ehrhardt-Verfahren gepreßten Rohrluppen werden in einer *Rohrstoßbank* auf geringere Wanddicke bei annähernd gleichem Innendurchmesser gebracht. Dies erfolgt durch Durchstoßen der auf einem Dorn befindlichen Rohrluppe durch eine große Zahl hintereinander angeordneter Walzenkäfige mit drei (schematisch nach Abb. 492) oder vier Walzen, deren Kaliber sich stetig verkleinert, wodurch die Rohrlänge bis auf das 20fache zunimmt. Um die Leistungsfähigkeit durch die Verwendung größerer Blockquerschnitte und Lochdorne zu vergrößern, werden zwischen Lochpresse und Rohrstoßbank noch Schulterwalzwerke eingesetzt.

Um das fest auf dem Dorn haftende Rohr herunter zu bekommen, wird es mit diesem durch ein *Lösungswalzwerk* geschickt. Dieses kann als Schrägwalzwerk mit sechs hyperbolischen Walzen (ähnlich Abb. 321 ohne die Walzen *a*, *c* und *h*) oder durch zwei gegenüberliegende schräge ballige Walzen erfolgen (Abb. 493). In beiden Fällen wird das Rohr etwas gestreckt, wodurch sich sein Durchmesser vergrößert, so daß es leicht vom Dorn gezogen werden kann.

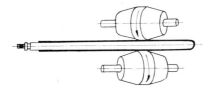

Abb. 493. Lösungswalzwerk

5,34 Maß-, Reduzier- und Streckreduzierwalzwerke

Um die Leistungsfähigkeit der im vorigen Abschnitt besprochenen Anlagen nicht durch öfteres Umrichten herabzusetzen, wird auf diesen ein größeres *Einheitsrohr* erzeugt, das in den nachfolgenden leichter umstellbaren Walzwerken zu verschiedenen Rohren kleineren Durchmessers und auch kleinerer Wanddicke verarbeitet wird. Die in diesen anfänglich verwendeten Dorne werden heute nicht mehr verwendet.

Maßwalzwerke bestehen aus zwei bis sieben hintereinander geschalteten Walzgerüsten mit je zwei neuerdings auch drei Walzen mit rundem Kaliber und haben den Zweck, ein kreisrundes maßhaltiges Fertigrohr ohne wesentlich verringertem Außendurchmesser (3 bis 8%) zu erzeugen. Die Wanddicke erfährt bei ihnen im allgemeinen eine geringfügige Zunahme.

Reduzierwalzwerke bestehen aus bis zu 22 hintereinander angeordneten Walzgerüsten mit je zwei neuerdings auch drei Walzen und ergeben erhebliche Durchmesserabnahmen (bis zu 70%) bei geringfügig zunehmender Wanddicke. Um Materialstauungen zwischen den einzelnen Walzgerüsten und erhebliche Wanddickenzunahmen zu verhindern, erhält das Rohr durch eine entsprechende Geschwindigkeitszunahme der Walzen einen bestimmten Zug. Anschließend an das Reduzierwalzwerk durchlaufen die Rohre in der Regel noch ein Maßwalzwerk.

Streckreduzierwalzwerke bestehen aus bis zu 24 hintereinander geschalteten Walzgerüsten mit drei Walzen (Abb. 492) und bezwecken eine wesentliche Wanddickenverminderung (bis etwa 40%) bei gleichzeitiger großer Reduktion des Rohraußendurchmessers (bis etwa 80%). Zu diesem Zweck besitzt jedes Walzgerüst einen Antrieb mit regelbaren Drehzahlen, so daß ein entsprechender Zug auf das Rohr ausgeübt wird. Da Anfang und Ende der Rohre beim Durchgang durch das Walzwerk nicht dem vollen Zug ausgesetzt sind, entstehen Verdickungen der Rohrenden, was aus wirtschaftlichen Gründen möglichst große Einsatzlängen erfordert. Die Anordnung von drei Walzen an Stelle von zwei Walzen ergibt eine Reihe von Vorteilen (geringere Abweichung von der Kreisform, geringere Reibung und geringere Endverluste durch kleineren Gerüstabstand). An Stelle einer Walzenanstellung werden die Walzen auf einer Spezialdrehmaschine auf das gewünschte Kaliber bearbeitet.

Diese Streckreduzierwalzwerke können besonders wirtschaftlich hinter Rohrschweißstraßen eingesetzt werden, da diese endlose Rohre liefern. Bis auf die in 5,37 beschriebenen Endarbeiten sind die so hergestellten Rohre für viele Zwecke gebrauchsfertig.

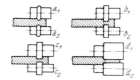

Abb. 494. Verfahren von Roeckner.
a_1, b_1, c_1 und d_1 Außenliegende Walzen, a_2, b_2, c_2 und d_2 innen liegende Walzen

5,35 Das Walzwerk von Roeckner

Bei diesem geht man für die Herstellung von Rohrstücken sehr großen Durchmessers von einem allseits bearbeiteten Hohlblock aus, der durch Gießen und Schmieden hergestellt werden kann. Die Wanddickenverringerung desselben erfolgt durch mehrere besonders kalibrierte, gleichzeitig arbeitende Walzenpaare a, b, c und d (Abb. 494, Profilquerwalzen nach DIN 8583, Bl. 2). Die außerhalb des Hohlblockes befindlichen Walzen a_1, b_1, c_1 und d_1 sind in einem ringförmigen Gerüst gelagert und werden von einem Kammwalzengerüst angetrieben. Die innerhalb des Hohlblocks befindlichen Walzen a_2, b_2, c_2 und d_2 sind um einen durch den Hohlblock laufenden Dorn gelagert und laufen als Schleppwalzen mit. Die Achsen dieser Walzen liegen etwas schräg zur Achse des Hohlblockes, so daß dieser schraubenförmig durch das Walzwerk durchgezogen wird. Die aufeinanderfolgenden Walzenpaare a, b, c und d sind so kalibriert, daß ein dauerndes Strecken des Hohlblockes erfolgt. Die Formänderung wird durch auf den Walzen befindliche Wülste hervorgerufen, die sich vom ersten bis zum letzten Walzenpaar verbreitern. Zum Schluß wird dem Rohr ein Glättstich gegeben, wozu besondere Glättwalzen dienen. Durch diese wird außer der Oberflächenglättung eine genaue Einhaltung der gewünschten Wanddicke und des gewünschten Durchmessers erreicht.

5,36 Kaltformen der Rohre durch Ziehen, Pilgern und Rundkneten

Kaltgeformte Rohre besitzen höhere Maßgenauigkeit, Festigkeit und bessere Oberflächenbeschaffenheit als warmgeformte Rohre.

Vor dem Kaltformen muß der am Rohr von der vorhergehenden Warmbehandlung anhaftende Walz- und Glühzunder entfernt werden. Dies kann *chemisch* durch *Beizen, mechanisch* durch *Biege-* oder *Strahl*entzunderung oder *thermisch* durch *Flammentz*underung (s. 3,45) erfolgen.

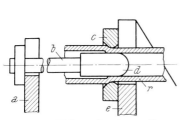 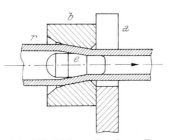

Abb. 495. Ziehen über festen Dorn.
a Dorntisch, *b* Dornstange, *c* Ziehring,
d Dorn, *e* Widerlager, *r* Rohr

Abb. 496. Ziehen über losen Dorn.
a Widerlager, *b* Ziehwerkzeug,
e fliegender Stopfen (Dorn), *r* Rohr

Das *Ziehen* erfolgt auf einer *Schleppzangenziehbank* (s. 3,7, Abb. 330) ohne Dorn (Hohl-Gleitziehen nach DIN 8584, Bl. 2 Zugdruckumformen, Durchziehen), über festen Stopfen (Dorn) oder über losen (fliegenden oder schwimmenden) Stopfen (Stopfenzug) und über mitlaufende Stange (über langen Dorn, Stangenzug).

Beim *Ziehen ohne Innenwerkzeug* (Hohlzug) verändert sich die Wanddicke des Rohres je nach der Form des Ziehholes, so daß die Einhaltung genauer Wanddicken und Innenabmessungen nicht möglich ist.

Beim *Ziehen über festen Stopfen* (Dorn) (Abb. 495) muß die Schleppzangenziehbank um einen Dorntisch *a* verlängert werden. Der Dorn *d* wird durch einen Bund der Dornstange *b* am Dorntisch *a* gehalten, so daß er stets in der Mitte des Ziehringes *c* verweilt. Dadurch wird ein Zusammendrücken des Rohres *r* vermieden und ein genauer Innendurchmesser des Rohres erzielt. Der Ziehring *c* stützt sich gegen das Ende *e* der Schleppzangenziehbank.

Das *Ziehen über losen Dorn* (Abb. 496) wird für endlos hergestellte Rohre mit kleinem Rohrdurchmesser angewendet.

Das *Ziehen über langen Dorn* (Abb. 497) wird für dünnwandige Rohre angewendet. Dazu werden die Rohre *r* über eine lange Stange *b* gebördelt

und mit dieser durch den Ziehring *a* gezogen. Da die Rohre auf der
Stange sehr fest haften, kommen sie auf besondere *Lösungswalzwerke*
(s. 5,33, Abb. 493), auf denen das Rohr am Umfang leicht gestreckt wird.
Gegenüber dem Ziehen mit kurzem Stopfen hat das Ziehen mit langer
Stange den Vorteil, daß eine große Querschnittsabnahme möglich ist
(keine Reibung zwischen Stange und Rohrinnenfläche), daß die Zieh-
kraft durch den Dorn aufgenommen wird und daß die Innenfläche des
Rohres frei von Riefen ist, da keine Relativbewegung zwischen Innen-
fläche und Stange auftritt. Nachteilig ist die geringe Genauigkeit, da das
Lösungswalzwerk noch geringere Durchmesserveränderungen verursacht.

Die Ziehwerkzeuge werden aus niedrig legiertem Werkzeugstahl,
aus Sonderguß mit hartverchromten polierten Ziehflächen zur Ver-

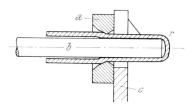

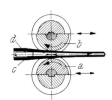

Abb. 497. Ziehen über langen Dorn.   Abb. 498. Kaltpilgern.
a Ziehring, *b* Stange, *c* Widerlager,   *a, b* Pilgerwalzen, *c* Rohr, *d* Dorn
            r Rohr

minderung der Reibung und bei großem Durchsatz aus Hartmetall
hergestellt.

Nach jedem Zug muß zur Beseitigung der Kaltverfestigung geglüht
werden. Durch Aufbringen einer Phosphatschicht sind mehrere Züge
ohne Zwischenglühen möglich.

Bei großen Stückzahlen verwendet man *vollautomatische Rohrzieh-
maschinen*, bei denen gleichzeitig mehrere Rohre gezogen werden.
Das Aufstecken der Rohre auf Stopfen, Einstoßen und Rückziehen
der Stopfenstangen und die Steuerung des Ziehwagens erfolgt bei ihnen
selbsttätig.

Beim *Kaltpilgern* erfolgt die Durchmesser- und Wanddickenreduktion
schrittweise. Die gehärteten, auf dem Walzgut abrollenden Walzbacken
a und *b* (Abb. 498) sind mit Hilfe geeigneter Grundstücke an den Walzenachsen befestigt. Jede Walzenbacke weist das Walzenkaliber, eine sich
angenähert konisch verjüngende Aussparung auf. Die Walzenbacken
strecken über den gehärteten, konischen Walzdorn *d*, der in der Walzrichtung unverschiebbar gelagert ist, die Rohrluppe *c* zum fertigen
Rohr aus. Die beiden Walzen liegen in einem Walzengerüst, das durch
einen Kurbeltrieb hin und her bewegt wird. Gleichzeitig mit der Hin-
und Herbewegung führen die Walzen eine oszillierende Bewegung um

ungefähr 200° aus, so daß die Walzbacken auf dem zu walzenden Rohr abrollen. Diese Bewegung erzielt man durch zwei Ritzel, die auf den Walzenachsen befestigt sind und sich auf zwei am Gestell befestigten Zahnstangen abwälzen. Die Walzen weisen am Kaliberanfang und -ende Aussparungen auf, wodurch das Walzgut mit dem Dorn an jedem Ende des Walzgerüsthubes von den Walzbacken freigegeben wird. Während der kurzen Zeit der Freigabe des Walzgutes am Einlaufende des Walzgerüsthubes wird dieses um einen bestimmten Betrag vorgeschoben und um einen bestimmten Winkel gedreht. Die Drehung hat die Aufgabe, einen genau kreisförmigen Rohrquerschnitt zu erzielen. Vorschub und Drehung werden durch ein besonderes mechanisches oder hydraulisches Schaltgetriebe erzeugt.

Durch Kaltpilgern un- und hochlegierter Stahlrohre kann außer einer starken Verringerung des Außendurchmessers eine größere oder kleinere Abnahme der Wanddicke erfolgen. Infolge der hohen Querschnittsreduktion (60 bis 80%) können gegenüber dem Ziehen Beiz- und Glühvorgänge entfallen. Werkstoffverbrauch (kein Anspitzen) und Leistung sind geringer, die Maschinenkosten jedoch höher.

Durch *Kaltrundkneten* (s. 3,38) werden vor allem kürzere Rohrstücke mit von der Zylinderform abweichenden Formen (Innensechskant, -kegel, Drallnuten usw.) hergestellt.

5,37 Die Endbearbeitung der Rohre

Die nach den verschiedenen Verfahren hergestellten Rohre sind nie ganz gerade und müssen daher stets kalt gerichtet werden. Dies erfolgt fast ausschließlich auf *Schrägwalzenrichtmaschinen*, bei denen das Rohr eine Schraubenbewegung ausführt (s. 3,6, Abb. 321).

Die Rohrenden müssen abgetrennt und große Rohrlängen bzw. endlos hergestellte Rohre müssen aus Transportgründen unterteilt werden. Dies geschieht auf Abstechautomaten, Kreissägen, Bandsägen, Trennschleifmaschinen (hochlegierte Stähle) und durch autogenes Schneiden.

Festigkeits- (s. 2,1) und technologische Prüfungen (s. 2,3) werden stichprobenweise durchgeführt. Hochbeanspruchte Rohre werden durch zerstörungsfreie Prüfverfahren (s. 2,52 bis 2,57) untersucht. Jedes unter Druck stehende Rohr wird auf besonderen *Rohrprüfpressen* einer Druckprobe (meist Wasserdruck, seltener Luftdruck) unterworfen. Bei großen Stückzahlen verwendet man Mehrfachprüfpressen, die eine gleichzeitige Prüfung mehrerer Rohre gestatten. Diese Pressen bestehen aus einem festen Widerlager, durch das das Füll- und Druckwasser zugeführt wird, und einem beweglichen Widerlager.

Für viele Zwecke erhalten schließlich die Rohre noch einen besonderen Korrosionsschutz (s. 1,128).

6. Die Verarbeitung der Kunststoffe

Die Verarbeitung der Kunststoffe weist gegenüber der der Metalle eine Reihe von Unterschieden auf, die auf ihre verschiedenen Eigenschaften und ihre verschiedene Verwendung zurückzuführen ist. Dazu kommt, daß die Verarbeitungsverfahren der Kunststoffe sowie die Kunststoffe selbst noch in ständiger Entwicklung begriffen sind, so daß es in diesem Abschnitt nur möglich ist, die wichtigsten Verfahren zu beschreiben. Im folgenden wird die Verarbeitung der Thermoplaste, der Duroplaste und der glasfaserverstärkten Gießharze beschrieben.

6,1 Die Verarbeitung der Thermoplaste

6,11 Allgemeines

Das Umformverhalten der Thermoplaste ist in erster Linie von der Umformtemperatur abhängig. In den folgenden Schaubildern wird der Formänderungswiderstand durch den Elastizitätsmodul E und die Zugfestigkeit σ_B und das Formänderungsvermögen durch die Bruchdehnung δ_R charakterisiert.

Das Formänderungsverhalten *amorpher Thermoplaste* ist in Abb. 499 dargestellt. Unterhalb der *Erweichungstemperatur* (ET) befindet sich der feste Zustandsbereich (geringe Beweglichkeit der Fadenmoleküle). Unterhalb ET erfolgt der praktische Einsatz und die spanende Bearbeitung.

Bei Temperaturen oberhalb ET tritt ein starkes Abfallen des Formänderungswiderstandes und eine Zunahme des Formänderungsvermögens auf. Die Thermoplaste gehen in einen annähernd *gummielastischen* Zustand über. In diesem erfolgt die Umformung von Halbzeug.

Bei weiterer Temperatursteigerung gehen die amorphen Thermoplaste in den *plastischen* Zustand über. In diesem Bereich erfolgt das Urformen (Gießen, Spritzgießen, Kalandrieren, Extrudieren) und Schweißen.

Wird durch weitere Temperatursteigerung der *Zersetzungsbereich ZT* erreicht, tritt ein vollständiger chemischer Zerfall der Makromoleküle ein.

Bei den *teilkristallinen Thermoplasten* nimmt die Formbeständigkeit in der Wärme mit dem Kristallgehalt zu. Unterhalb der Erwei-

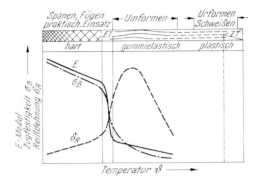

Abb. 499. Formänderungsverhalten amorpher Thermoplaste

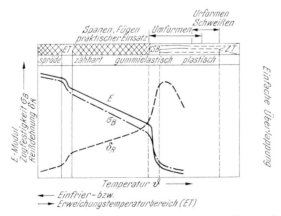

Abb. 500. Formänderungsverhalten teilkristalliner Thermoplaste

chungstemperatur (Abb. 500) sind sie spröder, oberhalb ET bis zum Kristallitschmelzbereich (KSB) zäh, da sich die amorphen Anteile bereits im gummielastischen Zustand befinden. Ihr praktischer Einsatz liegt oberhalb von ET. Zugfestigkeit und E-Modul fallen bis zum Kristallitschmelzbereich nahezu linear ab, während die Dehnung zunimmt. Im relativ engen Schmelzbereich der Kristallite verhält sich der ganze Kunststoff *gummielastisch*. Das Umformen des Halbzeuges erfolgt entweder kurz unterhalb (Abkanten, Biegen, Bördeln,

Tiefziehen, Prägen, Rändeln) oder weit oberhalb (Streckziehen, Stauchen) des Kristallitschmelzbereiches.

6,12 Das Umformen von Halbzeug[1]

Um in den gummielastischen Zustand zu kommen, müssen die Thermoplaste zunächst über ihr ganzes Volumen gleichmäßig auf die Umformtemperatur gebracht werden. Dieses Erwärmen kann durch *Luft* (in Umluftwärmeschränken mit möglichst hoher Luftgeschwindig-

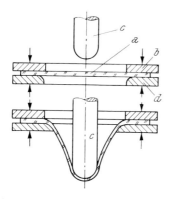

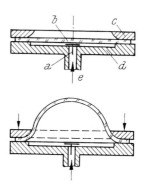

Abb. 501. Streckziehen. *a* Kunststoffplatte, *b* Niederhalter, *c* Stempel, *d* Ziehring

Abb. 502. Streckziehen durch Blasen ohne Negativwerkzeug. *a* Prallblech, *b* Kunststoffplatte, *c* Niederhalter, *d* Grundplatte, *e* Druckluft

keit) in *Flüssigkeiten* (Wasser, Öl, Glykol), durch Anlegen von *Heizelementen*, durch *Wärmestrahler*, im *Hochfrequenzfeld* (nur bei Kunststoffen mit ausreichenden dielektrischen Verlusten möglich) und notfalls mit einer *Gasflamme* (wegen der Gefahr örtlicher Übererwärmung möglichst zu vermeiden) erfolgen. Da bei neuerlichem Erwärmen nach dem Umformen das Bestreben der Rückbildung besteht, muß die Umformtemperatur genügend hoch sein.

Das *Abkanten, Biegen, Prägen, Rändeln* und *Stauchen* nach dem Erwärmen erfolgt auf ähnliche Weise, wie bereits bei den metallischen Werkstoffen beschrieben. Das *Streckziehen* (Zugumformen) kann mit Stempel, durch Blasen mit und ohne Negativwerkzeug, durch Saugen mit und ohne Negativwerkzeug und durch Flüssigkeitsdruck erfolgen.

In allen diesen Fällen wird das ursprünglich plattenförmige Werkstück auf seinem Umfang eingespannt und behält dort seine ursprüngliche Wanddicke. Verwendet man beim Streckziehen einen geheizten

---

[1] VDI-Richtlinie 2008, Bl. 1.

Stempel *c* (Abb. 501), so wird auch die Wanddicke unter dem Stempel verringert.

Beim *Streckziehen durch Blasen* dient Druckluft zum Umformen. Beim Blasen *ohne Negativwerkzeug* (Abb. 502) wird die Öffnung des Formteiles durch den Rahmen, die Höhe durch den Druck, die Menge

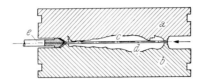

Abb. 503. Blasen mit Negativwerkzeug.
a, *b* Formhäften, *c*, *d* Kunststoffolien, *e* Luftnadel

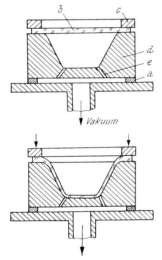

Abb. 504. Streckziehen durch Saugen mit Negativwerkzeug.
a Dichtring, *b* Kunststoffplatte, *c* Niederhalter, *d* Negativwerkzeug, *e* Saugkanal

und die Einströmgeschwindigkeit der Druckluft bestimmt. Die Wanddicken sind ungleichmäßig. Beim Blasen mit Negativwerkzeug sind zwar die Wanddicken ebenfalls ungleichmäßig, jedoch die äußere Gestalt genau maßhaltig. Abb. 503 zeigt die Herstellung einer Puppe aus zwei dünnen warmen Kunststoffplatten *c* und *d*, die zwischen die beiden Hälften *a* und *b* einer Matrize gebracht werden und in die durch eine Nadel *e* Luft geblasen wird. Durch *Blasen mit einem Negativwerkzeug* werden auch Flaschen aus einem extrudierten Schlauch hergestellt (s. 6,16, Abb. 511).

Beim *Streckziehen durch Saugen* (Vakuumumformen) dient der

Druck der Atmosphäre zur Formgebung. Es eignet sich vor allem für großflächige Werkstücke. Abb. 504 zeigt das *Saugen mit einem Negativwerkzeug.*

Beim *Tiefziehen* (Zugdruckumformen) ohne Negativwerkzeug Abb. 505) werden vorwiegend rotationssymmetrische Teile hergestellt. Alle Kanten des Werkzeuges, über die der Werkstoff gleitet, müssen gut abgerundet sein. Will man gleichbleibende Wanddicken erhalten, müssen Niederhalter und Ziehring erwärmt werden.

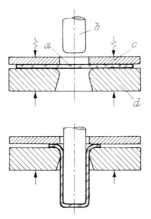

Abb. 505. Tiefziehen ohne Negativwerkzeug.
a Kunststoffplatte, *b* Stempel, *c* Niederhalter, *d* Ziehring

Kompliziertere Werkstücke mit möglichst gleichmäßiger Wanddicke lassen sich durch *kombinierte Verfahren* herstellen.

Nach der Umformung muß das Werkstück noch unter Aufrechterhaltung der Verformungskräfte abgekühlt werden. Dies kann in ruhender und bewegter Luft (Druckluft, Ventilator) oder in Wasser erfolgen.

In den verwendeten Werkzeugen sind Luftkanäle anzuordnen, um ein restloses Entweichen der Luft zu ermöglichen. Bei Negativwerkzeugen hebt sich das Werkstück auch ohne Konizität durch Schrumpfung von der Werkzeugoberfläche ab. Positivwerkzeuge müssen eine Konizität von 2 bis 5° erhalten.

6,13 Kalandrieren

Durch Kalandrieren werden Folien oder dünne Platten erzeugt, Folien geglättet, geprägt, beschichtet oder gereckt.

Durch den *Folienziehkalander* werden plastifizierte Kunststoffe zwischen hochglanzpolierten Walzen zu dünnen Folien verarbeitet.

Angewendet werden drei bis fünf Walzen in verschiedener Anordnung
(Abb. 506). Die heiße Kunststoffmasse wird in Form von Knollen
oder Walzpuppen auf den Walzspalt der beiden obersten Walzen aufgegeben und von den nachfolgenden Walzen geglättet und ausgezogen.
Die Walzen sind heizbar und leicht ballig, um trotz Durchbiegung
planparallele Folien zu erhalten. Sie werden meist einzeln angetrie-

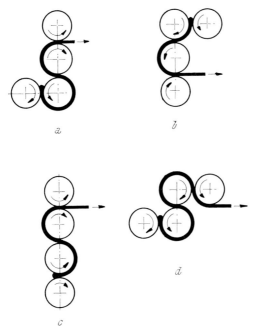

Abb. 506. Kalander. *a* 4-Walzen L-Kalander, *b* 4-Walzen F-Kalander,
c 4-Walzen I-Kalander, *d* 4-Walzen Z-Kalander

ben. Auf den Folienziehkalandern können auch *Beschichtungen* von
Textilien, Papier oder Metallfolien durchgeführt werden (s. 6,17).
   Auf andere Weise hergestellte Folien werden im *Glättkalander*
geglättet oder im *Prägekalander* mit einer Prägung versehen. Beim
Reckkalander laufen die hintereinander angeordneten Walzen mit
zunehmender Geschwindigkeit. Gereckte Folien besitzen bei geringer
Dicke hohe Festigkeit. Dies ist auf die Gleichrichtung der sonst unregel-
mäßig angeordneten Fadenmoleküle zurückzuführen (s. Abb. 74).
   Auf *Mischkalandern* (Abb. 507) erfolgt das Mischen und Kneten
der Thermoplaste. Diese werden in krümeliger oder pulveriger Form
mit Zuschlägen auf die geheizten Walzen aufgegeben (Abb. 507a).
Der auf der vorderen, schneller laufenden Walze sich bildende Über-

zug wird als Fell bezeichnet (Abb. 507 b). Ist die Masse genügend homogen geworden, wird sie zu einer Puppe abgerollt (Abb. 507 c) und der weiteren Verarbeitung zugeführt.

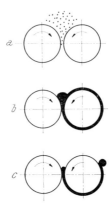

Abb. 507. Mischwalzwerk.
a Aufgabe des Thermoplasts, b Plastifizieren, c Abnahme der Puppe

6,14 Spritzgießen[1]

Beim Spritzgießen wird das Thermoplast in der Spritzgießmaschine durch Wärmezufuhr in den plastischen Zustand gebracht und unter Druck in den Hohlraum eines geschlossenen Werkzeuges gespritzt, wo es abkühlt und zum fertigen Formkörper erstarrt.

Sehr kleine Spritzgießteile (bis 30 g, im Labor) werden auf mit Preßluft betriebenen Spritzgießmaschinen, Teile bis 50 g auf *Kolben*spritzgießmaschinen und der überwiegende Teil schwerer Stücke auf *Schnecken*spritzgießmaschinen hergestellt.

Diese bestehen aus einer Formschließeinrichtung zum Öffnen und Schließen des meist zweiteiligen Werkzeuges und einer elektrisch heizbaren Plastifizier- und Spritzeinheit, von der aus über eine Düse das Werkzeug gefüllt wird.

Die Arbeitsweise einer modernen *Schneckenspritzgießmaschine* zeigt die Abb. 508. Um die Geschwindigkeit der Formfüllung zu vergrößern, ist die Schnecke verschiebbar und wird während des Füllprozesses durch einen Kolben rasch vorgeschoben. Das Thermoplast wird in Form von Pulver oder Granulat durch einen Trichter der Maschine

---

[1] Beck, H.: Spritzgießen, 2. Aufl. München: Hanser. 1963. — Munk, W.: Grundzüge der Spritzgußtechnik. Speyer: Zechner. 1962. — VDI-Richtlinie 2006 Gestaltung von Spritzgußteilen aus thermoplastischen Kunststoffen.

zugeführt. Wegen der schlechten Wärmeleitung der Kunststoffe fällt
der Schnecke für die gleichmäßige Erwärmung und Plastifizierung
eine große Rolle zu. Die an der Stirnseite der Maschine angeordnete
Spritzdüse wird entweder als *Normal*düse mit 3 bis 5 mm Durchmesser
oder als *Punkt*düse ausgeführt, durch welche eine leichte Trennung

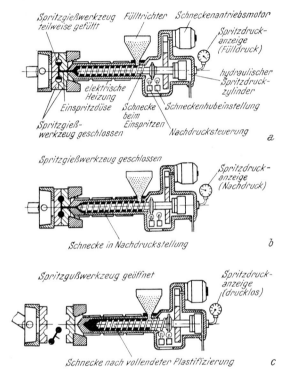

Abb. 508. Schneckenspritzgießmaschine.
a Einspritzen, *b* Stehzeit mit gesteuertem Nachdruck, *c* Auswerfen

des Angusses vom Werkstück erzielt werden soll. Bei Polyamiden
verwendet man noch *Verschluß*düsen, um zu vermeiden, daß das flüssige Thermoplast noch aus der Düse fließt und einen Pfropfen bildet,
der das neuerliche Heranführen der Form an die Düse vereiteln würde.

Wegen der teuren Werkzeuge wird das Spritzgießen nur für große
Stückzahlen angewendet. Die Werkzeuge[1] werden aus Sonderstählen
durch Zerspanen, Kalteinsenken und elektroerosive Bearbeitung hergestellt.

---

[1] Stoeckhert, K.: Formenbau für Kunststoffverarbeitung. München:
Hanser. 1965.

An die Konstruktion von Spritzgußteilen werden eine Reihe von Anforderungen gestellt, auf die hier nur kurz eingegangen werden kann. In der Öffnungsrichtung des Werkzeuges und Ausdrückrichtung des Spritzgußteiles liegende Flächen sollen eine Neigung (1 : 100 genügt in den meisten Fällen) erhalten, damit sie leicht entfernt werden können. Ausnehmungen, Bohrungen und Durchbrüche, die senkrecht zur Öffnungsrichtung des Werkzeuges liegen, werden durch Seitenschieber gebildet, die ebenfalls Schrägen erhalten müssen, um sie leicht herausziehen zu können. Die Wanddicken sollen möglichst gleichmäßig sein und sind durch die Länge der Fließwege nach unten begrenzt (nicht unter 0,6 mm). Um den Füllvorgang zu erleichtern, sollen Abrundungen vorgesehen werden. Hinterschneidungen sind möglichst zu vermeiden, da sie mehrteilige, teure Werkzeuge erfordern. Das Einlegen von Metallteilen ist möglich. Diese erzeugen jedoch Spannungen, benötigen Zeit zum Einlegen und verhindern einen vollautomatischen Betrieb der Maschine.

6,15 Andere Gießverfahren

Zur Herstellung von *Folien* werden Kunststofflösungen von verstellbaren Schlitzdüsen auf hochglanzpolierte Bänder oder Trommeln gegossen. Diese befinden sich in geschlossenen Gehäusen, in denen das Lösungsmittel verdampft und rückgewonnen werden kann.

Beim *Formgießen* werden flüssige Kunststoffe in zweiteilige Formen (ähnlich dem Metallguß) drucklos eingefüllt. Es wird zur Herstellung von Prismen, optischen Linsen und Brillengläsern aus Polymethacrylsäuremethylester (Plexiglas) in hochglanzpolierte Glasformen, in denen auch die Polymerisation erfolgt, angewendet.

Rohre werden vielfach durch *Schleuderguß* auf besonderen Rohrschleudermaschinen hergestellt.

Polyamide lassen sich durch *Stranggießen* (ähnlich den Metallen) zu Profilen vergießen.

Die größte Bedeutung haben die Gießverfahren bei der Herstellung der glasfaserverstärkten Gießharze, welche im Abschnitt 6,3 beschrieben wird.

6,16 Extrudieren

Das Extrudieren (früher Strangpressen genannt) dient zur Herstellung von Rohren, Schläuchen, Monofilen (Kunststoffäden), Bändern, Platten, Folien und Kabelumhüllungen.

Der *Extruder* (Abb. 509) besteht aus einem geheizten Zylinder, in welchem eine Schnecke *c* das durch einen Trichter *a* als Granulat oder Pulver eingebrachte Thermoplast knetet und plastifiziert. Zur

Steigerung der Reibungswärme nimmt meist die Schneckensteigung gegen die Düse (bzw. Lochplatte e) ab oder ihr Kerndurchmesser zu. Die Schnecken sind häufig je nach dem verarbeiteten Thermoplast auswechselbar. Vielfach werden auch Extruder mit zwei oder mehr Schnecken verwendet.

Extruder verwendet man auch zum kontinuierlichen Kneten und Mischen. Granulat erzeugt man, indem man vor die Lochplatte e ein rotierendes Schneidmesser anordnet.

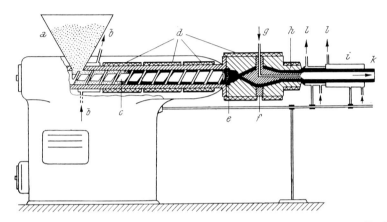

Abb. 509. Extruder. a Trichter, b Kühlwasser, c Schnecke, d Heizbänder, e Lochplatte, f Spritzkopf mit Dorn und Torpedo, g Luft zum Andrücken des Profiles an die Kalibrierdüse, h Mundstück, i Kalibrierdüse, k extrudiertes Rohr, l Kühlwasser

Zur Herstellung von *Kunststoffrohren* k in Abb. 509 befindet sich am Ende des Extruders ein Spritzkopf f mit Torpedo und Dorn und ein Mundstück h. Diese sind für verschiedene Abmessungen auswechselbar.

Monofile (Kunststoffäden) werden über eine Düsenplatte mit vielen Bohrungen extrudiert. Meist werden sie nach dem Verlassen eines Kühlbades nochmals erwärmt und zur Steigerung der Festigkeit gereckt.

Durch Verwendung eines *Kabelspritzkopfes* (Abb. 510) lassen sich Kabel, Seile, Drähte und Litzen ummanteln.

Zum Extrudieren von *Platten* und *Folien* erhält der Extruder eine *Breitschlitzdüse*. Folien können auch durch das Blasverfahren hergestellt werden. Zu diesem Zweck wird ein Extruder mit einer *Ringdüse* von 100 bis 200 mm Durchmesser verwendet, mit dem ein Folienschlauch erzeugt wird. Dieser wird durch Druckluft, welche durch eine zentrale Bohrung des Spritzdornes zugeführt wird, zu einem Ballon aufgeblasen, welcher zwischen zwei Quetschwalzen gefaßt und anschließend aufgewickelt wird. Der entstehende Folienschlauch von 0,1 bis

0,06 mm Dicke wird entweder durch abschnittweises Verschweißen zu Säcken verarbeitet oder im Falz aufgeschnitten und als Folie verwendet.

Durch das *Blasverfahren* (s. auch 6,12) können auch aus in Schlauchform aus dem Extruder kommenden Thermoplasten Hohlkörper her-

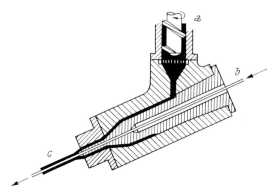

Abb. 510. Ummanteln von Drähten. *a* Extruderanschluß mit Schnecke, *b* Drahteinführung, *c* Austritt des ummantelten Drahtes (aus Schulz: Die Kunststoffe)

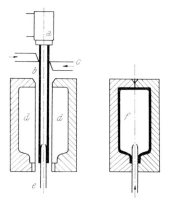

Abb. 511. Blasen von Flaschen. *a* Mundstück des Extruders, *b* extrudierter Schlauch, *c* Messer, *d* Hohlform, *e* Drucklufteinlaß, *f* Hohlkörper

gestellt werden. Abb. 511 zeigt dieses Verfahren bei der Herstellung von Flaschen. Ein aus dem Extruder mit dem Mundstück *a* extrudierter Schlauch *b* wird durch eine Trennvorrichtung *c* abgeschnitten und zwischen die beiden Formhälften *d* eingeklemmt. Durch eine Düse *e* wird Druckluft eingeführt, so daß sich der Schlauch an die Hohlform anlegt. Moderne Flaschenblasmaschinen arbeiten vollautomatisch.

Mit Hilfe von Breitschlitzdüsen lassen sich auch *Beschichtungen* von Textilien und Papierbahnen durchführen (Abb. 518).

6,17 Beschichten

Das Beschichten wird für Metallteile, Bleche, Textilien, Papier usw. angewendet.

Beim *Wirbelsintern* werden erwärmte Metallteile mit einem Kunststoffpulver beschichtet. Man verwendet ein Gerät, das in Abb. 512

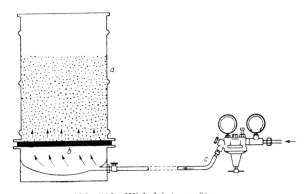

Abb. 512. Wirbelsintergerät.
a Behälter mit aufgewirbeltem Pulver, *b* poröse Bodenplatte,
c Zufuhr des Druckgases zum Aufwirbeln (aus Schulz: Die Kunststoffe)

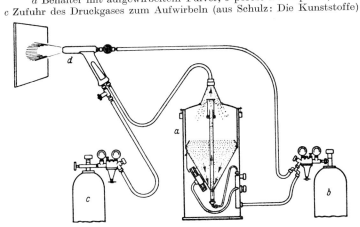

Abb. 513. Gerät zum Flammspritzen. *a* Behälter zum Aufwirbeln des Pulvers,
b Druckluft, *c* Brenngas, *d* Brenner (aus Schulz: Die Kunststoffe)

dargestellt ist. In einem Stahlgefäß *a*, das mit Kunststoffpulver gefüllt ist, befindet sich eine poröse Bodenplatte *b*, durch die Druckluft oder Stickstoff eingeblasen wird, welche das Kunststoffpulver aufwirbelt und in Schwebe hält. In dieses schwebende Kunststoffpulver, das sich wie eine Flüssigkeit verhält, wird der über die Schmelztemperatur des eingefüllten Kunststoffpulvers erwärmte Metallgegenstand eingetaucht, auf dem sich eine je nach der Verweilzeit mehr oder minder dicke Kunststoffschicht bildet.

Zum Beschichten großer Stücke, die sich nicht in einen Behälter eintauchen lassen oder die nur teilweise beschichtet werden sollen, verwendet man das *Flammspritzen*. Eine Einrichtung zum Flammspritzen (Abb. 513) besteht aus einem Behälter *a* zum Aufwirbeln des Pulvers, einer Druckluftflasche *b*, einer Brenngasflasche *c* und einem Flammstrahlbrenner *d*. In diesem wird das Kunststoffpulver geschmolzen und durch die Druckluft auf die vorgewärmten Gegenstände aufgebracht.

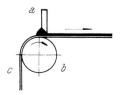

Abb. 514. Walzenrakel.
a Rakel, *b* Walze, *c* Gewebe

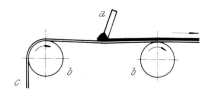

Abb. 515. Luftrakel.
a Rakel, *b* Walzen, *c* Gewebe

Durch das *Beschichten von Textilien* und *Papier* erzielt man Undurchlässigkeit gegen Wasser und Feuchtigkeit, Widerstandsfähigkeit gegen mechanische Beanspruchungen, wie Abrieb und Knicken, Beständigkeit gegen Öl, Fette, Lösungsmittel usw.

Bei Textilien erfolgen meist mehrere Beschichtungen. Der Vorstrich soll die Haftung der eigentlichen Beschichtungsmasse bewirken, der Mittelstrich ist der eigentliche Träger der Beschichtung und enthält Füll- und Farbstoffe und der Schlußstrich soll nicht kleben und dem beschichteten Gewebe Glanz und Kratzfestigkeit verleihen.

Für das Beschichten von endlosen Textil- und Gewebebahnen dienen kontinuierlich arbeitende *Streichmaschinen*. Bei Textilien erfolgt das durch Walzenrakel, Luftrakel und Gummituchrakel. *Rakel* sind Streichmesser zum gleichmäßigen Auftragen der Massen; sie bestehen aus Metall, Glas oder Kunststoff.

Bei der *Walzenrakel* (Abb. 514) wird das zu beschichtende Gewebe *c* über eine mit einem harten Gummiüberzug versehene Walze *b* geführt, auf dem das Streichmesser *a* steht. Die Streichmasse wird über die ganze Breite vor dem Messer aufgelegt, von dem Gewebe in Richtung gegen das Messer mitgenommen und der Überschuß durch das Messer abgestrichen. Die Auftragsdicke kann durch Einstellen des Spaltes zwischen Messerunterkante und Gewebeoberfläche eingestellt werden.

Bei der *Luftrakel* (Abb. 515) läuft das Gewebe *c* über zwei Walzen *b* und wird zwischen den Walzen von dem Rakelmesser *a* leicht nach

unten gedrückt (Beschichtung erfolgt also „in der Luft"). Die Spannung
des Gewebes erfolgt durch die beiden Leitwalzen *b*. Dieses Verfahren
eignet sich nur für dünnflüssige Massen.

Die *Gummituchrakel* (Abb. 516) ist die am meisten verwendete

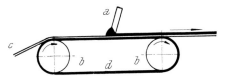

Abb. 516. Gummituchrakel. *a* Rakel, *b* Walzen, *c* Gewebe, *d* Gummituch

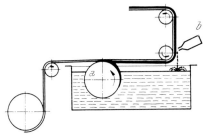

Abb. 517. Beschichten durch eine Walze. *a* Walze, *b* Luftbürste

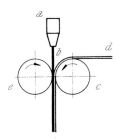

Abb. 518. Beschichten durch Breitschlitzdüse.
a Breitschlitzdüse, *b* Film, *c*, *e* Walzen, *d* Papier- oder Textilbahn

Einrichtung für hoch- und niedrigviskose Massen. Ein Gummituch *d*
läuft über zwei parallele Walzen *b*. Das Gewebe *c* wird zwischen Gummituch und aufgesetztem Messer *a* vorbeigeführt.

Das Trocknen der beschichteten Textilien erfolgt entweder auf
einem Trockentisch (mit Dampf beheizte Metallplatte) oder anderen
Trockenvorrichtungen (Trockenzylinder usw.). An Stelle von Dampf
werden neuerdings auch Infrarotheizungen eingesetzt.

Abb. 517 zeigt eine Einrichtung zum Beschichten von Papierbahnen
mit einer in die flüssige Masse eintauchenden Walze *a*. Überschüssige

Mengen werden durch die mit Preßluft beschickte Düse *b* (Luftbürste) abgeblasen.

Häufig angewendet wird das Beschichten mit einer Breitschlitz-düse *a* eines Extruders (Abb. 518). Die Papier- oder Textilbahn *d* läuft über eine Walze *c*. Der extrudierte Film *b* wird durch eine zweite gekühlte Gegenwalze *e* aufgepreßt.

Beim *Kaschieren* wird der extrudierte Film zwischen zwei Textil- oder Papierbahnen gebracht.

Eine Einrichtung zum Beschichten von Papierbahnen *a* mit Walzen zeigt die Abb. 519. Das Thermoplast wird in Granulatform von einem

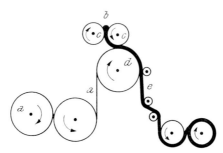

Abb. 519. Beschichten mit Walzen. *a* Papierbahn, *b* Thermoplast, *c* geheizte Walzen, *d* Leitwalze, *e* Beschichtung (aus Schulz: Die Kunststoffe)

Fülltrichter zwischen die beiden geheizten Walzen *c* gebracht, dort geschmolzen und direkt auf die über die Leitwalze *d* laufende Papier-bahn *a* aufgetragen.

Große Verbreitung hat in letzter Zeit die Beschichtung von Stahlbändern mit Kunststoffen für die Verwendung im Hochbau erfahren. Auf vollautomatischen Anlagen werden die verschiedensten Farben und Muster auf die Bänder aufgebracht.

Viel angewendet wird das *Imprägnieren* von gewebten Textilien mit niedrig viskosen Kunststoffemulsionen zur Erzielung waschbeständiger Appreturen, Erhöhung der Knitterfestigkeit und Verminderung der Wasserquellbarkeit. Dabei dringt die Imprägniermasse in das Innere der Bahnen ein und umhüllt und verklebt die Faserbestandteile. Das Imprägnieren erfolgt durch kontinuierliches Einführen der Vliesbahnen über Walzen in die Tauchflüssigkeit, Herausführen und Abquetschen zwischen zwei weiteren Walzen mit anschließender Trocknung.

6,18 Schweißen

Auch beim Schweißen müssen die Thermoplaste durch Wärmezufuhr in den plastischen Zustand gebracht werden. Nach DIN 1910, Bl. 3 kann die Wärmezufuhr durch warme Gase, durch Heizelemente, durch Reibung, durch Ultraschall und durch dielektrische Verluste erfolgen.

Beim *Warmgasschweißen* wird Luft oder Stickstoff (für oxydations-
empfindliche Kunststoffe) unter einem Druck von etwa 0,5 bar in einer
Rohrschlange durch eine Azetylen-, Stadtgas- oder Propangasflamme
erhitzt und anschließend auf die Schweißstelle geleitet. Nach Plastisch-
werden der Kanten werden diese zusammengedrückt. Bei Verwendung
eines Zusatzwerkstoffes werden die Kanten V- oder X-förmig abge-
schrägt und in diese Nuten aufgeschmolzener Schweißdraht eingelegt
und angedrückt. Die Schweißtemperaturen sind für die verschiedenen
Thermoplaste verschieden.

Beim *Heizelementschweißen* werden meist elektrisch beheizte, der
Schweißstelle angepaßte Heizelemente benutzt, die entweder die Schweißstelle direkt durch Kontakt oder Strahlung (*direktes* Heizelementschweißen) oder durch den Kunststoff hindurch (*indirektes* Heizelementschweißen) erwärmen.

Beim *Reibschweißen* werden die Verbindungsflächen durch Reibung
erwärmt und unter Druck vorzugsweise ohne Schweißzusatzwerkstoff
verschweißt. Verwendung finden Drehmaschinen, in deren Futter der
eine Teil eingespannt und in Drehung versetzt wird, während der zweite
Teil im Schlitten festgehalten wird. Nach Erreichen der Schweißtem-
peratur wird die Drehspindel stillgesetzt und die Stücke aneinandergepreßt.

Beim *Hochfrequenzschweißen* werden Kunststoffe mit ausreichenden
dielektrischen Verlusten in einem hochfrequenten Kondensatorfeld
ausreichend erwärmt (nicht geeignet für Polyäthylen, Polystyrol) und
unter Druck mit oder ohne Zusatzwerkstoff verschweißt.

Beim *Ultraschallschweißen* werden die Verbindungsflächen der auf-
einandergepreßten Teile durch mechanische Schwingungen im Ultraschallbereich ausreichend erwärmt und verschweißt.

6,2 Die Verarbeitung der Duroplaste

Zum Unterschied von den Thermoplasten tritt bei den Duroplasten
durch Erwärmung eine Vernetzung der Moleküle (Härtung) ein, die
durch neuerliches Erwärmen nicht rückgängig gemacht werden kann.

6,21 Gießen

Kalthärtende Gießharze werden in Formen aus Holz, Gips oder
Kunststoff, warmhärtende in solche aus Metall, Glas oder Porzellan
gefüllt und ausgehärtet. Diese Formen bestehen aus zwei oder mehr
Teilen, um eine Entnahme des Gußstückes zu ermöglichen (ähnlich den
Kokillen bei den Metallen). Will man glatte Oberflächen erhalten,
werden die Formenhohlräume hochglanzpoliert. Um ein Ankleben zu

verhindern, werden sie mit einem Trennmittel (meist auf Silikonbasis) überzogen. Beim Aushärten tritt je nach dem verwendeten Gießharz eine mehr oder weniger große Schwindung ein. Kerne müssen daher vor dem vollständigen Aushärten entfernt werden. Zur Herabsetzung der Schwindung und Verbesserung der mechanischen Eigenschaften werden den Gießharzen Quarzmehl, Kaolin, Schiefermehl, Glasfaserpulver usw., ferner Farbpigmente und dergleichen zugesetzt.

Gießharze werden auch zur Ausfüllung von Hohlräumen, also als *Kitte* (z. B. bei Kondensatoren, Kabelmuffen, Kabelendverschlüssen) verwendet. Beim Imprägnieren und Tränken von Spulen in elektrischen

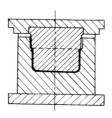

Abb. 520. Füllform

Geräten wird die Luft vorher durch Evakuieren entfernt. Kitte werden außer durch Gießen auch durch Spachteln, Streichen und Spritzen verarbeitet.

Durch Gießen können auch *Halbzeuge* (Blöcke, Stangen usw.) *aus Edelkunstharzen* (reine Kunstharze), die spanend weiterbearbeitet werden sollen, und *Schaumstoffe* (Tropenhelme, Pflanzgefäße, Saatschalen, Schwimmbojen usw.) hergestellt werden.

6,22 Formpressen, Spritzpressen

Bei diesem ältesten Verfahren der Kunststoffverarbeitung werden duroplastische Preßmassen (Kunstharze mit entsprechenden Füllstoffen) in einer Form erhitzt und unter Anwendung hoher Drücke (300 bis 1000 bar) auf einer Presse zusammengepreßt und ausgehärtet. Als Pressen dienen Kniehebel-, Exzenter-, Kurbel- und hydraulische Pressen. Bei den verwendeten Werkzeugen unterscheidet man drei Arten:

Bei der *Füllform* (Abb. 520) muß die Preßmasse genau abgewogen in die Form gebracht werden. Das Gewicht des Preßkörpers entspricht genau dem Gewicht der eingegebenen Preßmasse.

Bei der *Abquetsch-, Überlauf-* oder *Austriebsform* (Abb. 521) wird etwas mehr Preßmasse eingefüllt, als dem Gewicht des späteren Preßlings entspricht. Der Überschuß an Preßmasse wird infolge des hohen Druckes

durch enge Spalte oder seitliche Kanäle ausgetrieben und muß als Preß-
rest entfernt werden. Wegen der unterschiedlichen Preßgratdicke
schwankt das Werkstückmaß in Preßrichtung.

Die *Spritzpreßform* (Abb. 522) besteht aus zwei Räumen, dem Füllraum *b* und dem Formraum, die durch einen oder mehrere Kanäle verbunden sind. Die vorgewärmte Preßmasse wird in den Füllraum gebracht
und durch einen Stempel *a* unter Druck durch die engen Kanäle in den

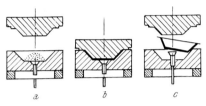

Abb. 521. Abquetschform. *a* Einfüllen, *b* Pressen, *c* Auswerfen

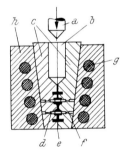

Abb. 522. Spritzpreßform. *a* Stempel, *b* Füllraum, *c* Formhälften, *d* Metalleinlage,
e Austrieb, *f* Luftaustritt, *g* Heizkanäle, *h* Mantelform

Formraum gepreßt, wo sie aushärtet. Durch Spritzpressen wird die
Herstellung komplizierter Formteile erleichtert, sind schwierige Metall-
einbettungen *d* leichter durchführbar und wird die Härtezeit herabgesetzt.
Durch das Fließen in den engen Kanälen entsteht durch die Reibung
eine zusätzliche Plastifizierung.

Wegen der teuren Werkzeuge wird das Formpressen nur für große
Stückzahlen angewendet. Für komplizierte Teile werden die Formen
aus mehreren Teilen zusammengesetzt, um eine leichte Entnahme des
Preßlings zu ermöglichen. Müssen Metallteile miteingepreßt werden,
so werden diese an den dafür bestimmten Stellen eingelegt und gehaltert.
Das Entfernen der Preßlinge erfolgt durch Auswerfer, das sind Bolzen
oder Stifte, die den Preßling nach dem Öffnen der Form von unten ausstoßen. Wegen der schlechten Wärmeleitung der losen Pulver werden
die Preßmassen heute fast ausschließlich in Form vorgepreßter und

vorgewärmter Tabletten in die Formwerkzeuge gebracht (Resitolzustand). Das Vorwärmen erfolgt in Heizschränken durch Warmluft,
Wasserdampf oder Hochfrequenzwärme. Es muß rasch erfolgen, damit
kein Aushärten erfolgt. Heute werden fast ausschließlich Schnellpreßmassen (Novolak, s. 1,225) verwendet, deren Aushärtezeit 30 bis 45 s
je mm Wanddicke bei 170 °C beträgt. Nach dem Pressen muß die Preßform durch Ausblasen mit Preßluft sorgfältig gereinigt und dann mit
einem Trennmittel (meist Silikone) bestrichen werden.

Die Preßteile werden so genau, daß eine Nacharbeit nicht erforderlich
ist. Diese ist zwar möglich, sollte aber mit Rücksicht auf Glätte und
Widerstandsfähigkeit der Oberfläche unterbleiben.

Die Preßformen bestehen aus Cr- oder CrMo-Einsatzstahl, Nitrier-
stahl, korrosionsbeständigem Cr-Stahl (für korrodierende Massen) mit
harter hochglanzpolierter Oberfläche. Sie werden durch Zerspanen,
Einsenken und elektroerosive Verfahren hergestellt und manchmal
auch hartverchromt.

Für die *Gestaltung* der Preßteile[1] sind einige Grundregeln zu beachten.
Um die Preßteile leicht aus der Preßform zu bekommen, müssen Außen-
und Innenflächen eine entsprechende Neigung besitzen. Die Wanddicken
sollten überall möglichst gleich sein und nicht unter 1 mm betragen.
Sie müssen mit steigender Preßteiltiefe zunehmen. Sehr dicke Wände
sind zu vermeiden, da sie schlecht durchhärten und die Härtezeit erhöhen.
Innen- und Außenkanten sollen gut gerundet werden, da dadurch ein
Fließen der Preßmasse erleichtert wird und die Werkzeuge geschont
werden. Hinterschneidungen und seitliche Durchbrüche sollen nach
Möglichkeit vermieden werden, da sie mehrteilige, mit Seitenschiebern
oder Backen ausgerüstete, sehr schwierige, empfindliche und teure
Werkzeuge erfordern.

6,23 Schichtpressen

Durch Schichtpressen wird Halbzeug aus *Hartpapier* und *Hartgewebe*
hergestellt. Natronzellstoffpapierbahnen bzw. Zellwollgewebebahnen
werden in einer Imprägnieranlage ein- oder beiderseitig mit Harz imprägniert, das in Trockenkanälen in den Resitolzustand übergeht.

Zur Herstellung von *Platten* werden diese auf Länge geschnitten
und je nach gewünschter Dicke gestapelt und beiderseitig durch leicht
gefettete, polierte oder hartverchromte Preßbleche belegt und in mehreren Lagen in *Etagenpressen* (Abb. 523) zwischen Heizplatten gepreßt,
wobei sie aushärten (in den Resitzustand übergehen). Bei den Dekorplatten mit Melaminharzen wird als oberste Schicht eine farbig bedruckte

---

[1] VDI-Richtlinie 2001 Gestaltung von Preßteilen aus härtbaren Kunststoffen.

Papierbahn (Edelholzmaserung, verschiedene Farbmuster oder Druck-
bilder), die ebenfalls imprägniert ist, aufgelegt und mitgepreßt. Nach
dem Härten werden die Platten abgekühlt und besäumt, um die Randzone mit dem herausgequetschten Harz zu beseitigen.

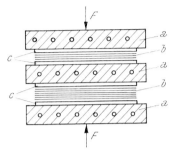

Abb. 523. Schichtpressen. a Heizplatten, b Papierbahnen, c Preßbleche, F Preßkraft

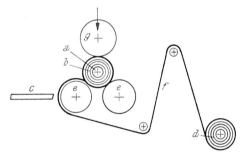

Abb. 524. Wickeln von Rohren.
a Dorn, b Rohr, c Tisch, d Vorratsrolle, e geheizte Walzen, f Band, g Oberwalze

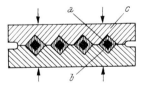

Abb. 525. Preßform für Vierkantrohre. a Dorn, b Wickel, c Form

Auf ähnliche Weise werden auch mit Kunstharz verarbeitete Holzwerkstoffe (s. 1,21) hergestellt.

Hartpapier- und *Hartgeweberohre* werden durch *Wickeln* (Abb. 524)
hergestellt. Das von einer Vorratsrolle d abgewickelte imprägnierte
Band f gelangt über Umlenkrollen und zwei geheizte Walzen e auf einen
Dorn a, auf dem sich unter dem Druck einer Oberwalze g ein Rohr b
bildet, das mit dem Dorn a im Ofen fertiggehärtet und dann vom Dorn

abgezogen wird. Besonders zu verdichtende Rundrohre, Dreieck-, Viereckrohre (Abb. 525) und Rohre anderen Querschnittes werden mit Dorn a in einer Preßform c im Ofen ausgehärtet. Auf diese Weise werden auch *Vollprofile* hergestellt, die auf sehr dünnen Dorn gewickelt werden, der vor dem Pressen entfernt wird.

6,3 Die Verarbeitung glasfaserverstärkter Kunststoffe[1]

6,31 Allgemeines

Zum Herstellen von Werkstücken aus glasfaserverstärkten Kunststoffen (GfK) werden Glasfasern in eine flüssige Gießharzmasse eingebettet und beim Härten des Harzes in dem so entstehenden festen Formstoff verankert. Das flüssige Ausgangsmaterial ermöglicht es, auch kompliziert gestaltete Teile in einem Arbeitsgang mit verhältnismäßig geringem Aufwand herzustellen. Auch große Teile (z. B. Autokarosserien) lassen sich herstellen. Die Eigenschaften der Formteile hängen vom Ausgangswerkstoff und der Führung des Härteprozesses ab. Beim Übergang der flüssigen Harze in dreidimensional vernetzte Produkte (Härten) sind drei Reaktionsarten möglich:

Polymerisation (UP-Harze mit Styrol und Peroxiden als Härter s. 1,225),

Polyaddition (z. B. Epoxidharze s. 1,226) und

Polykondensation (z. B. Phenolformaldehydharze s. 1,225; die Härtung erfolgt mit Wärmezufuhr unter Abspaltung von Wasser).

Durch Glasgehalt und Orientierung der Glasfasern sind die mechanischen Eigenschaften (Zug-, Biege- und Schlagfestigkeit) der GfK und durch das Harz die elektrischen Eigenschaften, die Schwindung, Chemikalienbeständigkeit, Wärmestandfestigkeit usw. bedingt.

Als Glasfasern finden verspinnbare Glasfasern bis 10 μm Durchmesser Verwendung. Glasfasern unbegrenzter Länge bezeichnet man als *Glasseide*, solche endlicher Länge als *Glasstapelfasern*. *Glasseidenspinnfäden* bestehen aus vielen Glasseidenfäden ohne Drehung, *Glasseidengarne* aus einem oder mehreren Spinnfäden mit Schutzdrehung und *Glasseidenzwirne* aus zwei oder mehreren Garnen, die in entgegengesetzter Richtung wie das Garn miteinander verdreht sind. *Glasseidenstränge* (Rovings) enthalten bis zu 120 parallel liegende Glasseidenspinnfäden. Sie werden zu *Rovinggeweben, geschnittener Glasseide, Matten, Vorformlingen* und Kurzfasern weiterverarbeitet.

---

[1] VDI-Richtlinie 2010, Bl. 1 und 2, 2011, 2012 und 2013. — Hagen, H.: Glasfaserverstärkte Kunststoffe. Berlin-Göttingen-Heidelberg: Springer. 1961. — Beyer, W.: Glasfaserverstärkte Kunststoffe. München: Hanser. 1963.

Zur Verringerung der Schwindung und Veränderung anderer Eigenschaften setzt man noch *Füllstoffe* (Gesteinsmehl, Kaolin, Kreide, Asbestfasern, Graphit, Metallpulver) und zum Einfärben lösliche *Farbstoffe* sowie anorganische und organische Pigmente zu.

Zur Charakterisierung des Härtungsverhaltens der Gießharze werden Gelierzeit, Härtungszeit und Temperaturmaximum angegeben. Als Beispiel für UP-Harze sind in Abb. 526 und 527 Reaktionskurven nach DIN 16945 für *Raumtemperaturhärtung* und für *Warmhärtung* angegeben. Unter *Verarbeitungszeit* versteht man die Zeitspanne, innerhalb der

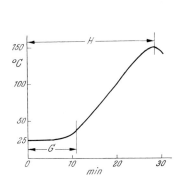

Abb. 526. Reaktionskurve bei
Raumtemperaturhärtung nach
DIN 16 945. *G* Gelierzeit,
H Härtungszeit

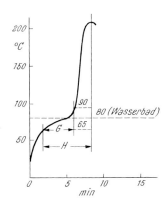

Abb. 527. Reaktionskurve bei
Warmhärtung nach DIN 16 945.
G Gelierzeit, *H* Härtungszeit

eine Verarbeitung der Gießharzmasse nach dem Mischen der Komponenten noch möglich ist. *Gelierzeit G* ist die Zeit, in der bei Raumtemperaturhärtung die Temperatur der Probe um 10 °C, bei Warmhärtung von 65 auf 90 °C erhöht. *Härtungszeit H* ist die Zeitspanne innerhalb der die Gießharzmasse ihre Höchsttemperatur erreicht. Sie wird bei Raumhärtung vom Einmischen der Reaktionsmittel (Abb. 526), bei Warmhärtung von 65 °C an gerechnet (Abb. 527).

Für die Verarbeitung, Lagerung und Transport der Harzmassen und Härter sind eine Reihe von Vorschriften zu beachten.

Für die Herstellung von Gegenständen aus GfK finden das Handauflegeverfahren, Vakuumverfahren, Drucksackverfahren, Preßverfahren, Wickelverfahren usw. Verwendung.

6,32 Handauflegeverfahren

Dieses wird vorzugsweise zur Herstellung von Prototypen, Einzelstücken, großflächigen Teilen und kleinen Serien angewendet. Bei ihm

wird (Abb. 528) auf eine Negativform *c* nach Aufsprühen einer Trennmittelschicht *d* und Auftragen einer Harzfeinschicht *e* lagenweise Glasseidengewebe oder Glasseidenmatten *a* aufgelegt und mittels Pinsel oder
Walze mit Harz getränkt und luftblasenfrei angedrückt. Schließlich

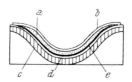

Abb. 528. Handauflegeverfahren (Querschnitt). *a* Glasseidenmatten,
b Deckschicht, *c* Negativform, *d* Trennmittelschicht, *e* Harzfeinschicht

wird noch eine Deckschicht *b* aufgetragen. Die Werkzeuge bestehen aus
Holz, Gips, Blech, GfK oder Silikonkautschuk für hinterschnittene
Teile. Nach dem Härten erfolgt das Entformen. Die so hergestellten
Werkstücke besitzen keine genaue Wanddicke.

6,33 Vakuumverfahren

Bei diesem (Abb. 529) wird auf die mit Trennmittel besprühte Form *f*
Glasfasergewebe mit Harz *e* aufgebracht, durch eine Folie *c*, die durch

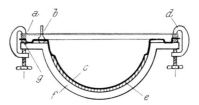

Abb. 529. Vakuumverfahren. *a* Spannring, *b* Vakuumleitung, *c* Gummisack,
d Spanneinrichtung, *e* Laminat, *f* Form, *g* Dichtungsring

einen Dichtring *g* und einen Spannring *a* abgedichtet wird, abgedeckt
und die Luft zwischen Folie und Laminat durch die Leitung *b* entfernt.
Der äußere Luftdruck formt dann das Werkstück.

6,34 Drucksackverfahren

Mit derselben Einrichtung wie nach 6,33 und einer Druckplatte *i* aus
Stahl kann durch eine Leitung *h* noch Druckluft auf die Folie *c* gebracht
werden (Abb. 530). Durch die Leitung *b* muß wieder die Luft abgesaugt
werden. Durch Verwendung eines dehnbaren Foliensackes (Drucksack)
können auch hinterschnittene Hohlkörper erzeugt werden. Die Ver-

fahren nach 6,33 und 6,34 werden unter dem Namen Niederdruck-
verfahren zusammengefaßt und können für die Fertigung kleiner Serien,
vorwiegend großflächiger Teile, eingesetzt werden.

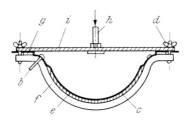

Abb. 530. Drucksackverfahren.
b bis *g* wie Abb. 529, *h* Druckluftzufuhr, *i* Druckplatte

6,35 Preßverfahren

Dieses Verfahren findet für größere Stückzahlen kleiner bis mittel-
großer Teile Anwendung. Zur Erzeugung der erforderlichen Druckkräfte
werden hydraulische oder mechanische Pressen verwendet.

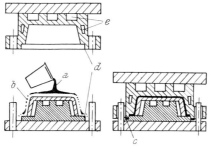

Abb. 531. Preßwerkzeug zum Warmpressen. *a* Flüssiges Harz, *b* Verstärkungsmaterial, *c* Überschuß, *d* Quetschkante, *e* Heizkanäle

Bei kleineren Stückzahlen (über 1000) findet wegen der geringeren
Werkzeugkosten das *Kaltpressen* Anwendung. Als Verstärkungsmaterial
werden Glasseidengewebe, Glasseidenmatten und Vorformlinge verwendet. Vorformlinge werden auf besonderen Anlagen mit entsprechenden Bindern hergestellt und sind in ihrer Form dem Werkzeug angepaßt.
Sie werden in die Form eingelegt und mit der Harzmasse so übergossen,
daß bis zur Quetschkante des Werkzeuges möglichst gleiche Fließwege
entstehen. Die Schließgeschwindigkeit der Presse muß auf dem letzten
Weg sehr gering sein. Wegen der geringen Beanspruchung (3 bis 10 bar)
können Werkzeuge aus GfK verwendet werden.

Bei größeren Stückzahlen (über 2000) findet das *Warmpressen* in geheizten Werkzeugen aus Werkzeugstahl oder Stahlguß Anwendung, deren Oberflächen hartverchromt oder hochglanzpoliert sind. Beim *Naßpressen* (Abb. 531) werden die Verstärkungsmaterialien *b* mit dem flüssigen Harz *a* übergossen und dann gepreßt. Das überschüssige Harz *c* entweicht zwischen den Schneidkanten *d* des durch Heizkanäle *e* geheizten Werkzeuges. Bei Verwendung von mit *Harz vorimprägnierten Glasseidenmatten* (prepregs) wird die Verarbeitung einfacher. Man benötigt Preßdrücke von 50 bis 250 bar und Temperaturen von 150 bis 160 °C bei UP-Harzen und 150 bis 200 °C bei EP-Harzen, die auch längere Preßzeiten erfordern. Beim Naßpressen sind Auswerfer und mehrteilige Werkzeuge nicht anwendbar, weil die flüssige Harzmasse in die Fugen eindringen würde.

6,36 Wickelverfahren

Dieses dient zur Herstellung von Hohlkörpern (Behälter für Öl, Benzin, Wein und Rohrleitungen für Gas, Wasser, Chemikalien usw.) hoher Festigkeit und niedrigem Gewicht. Man verwendet einen rotierenden Kern, der mit dem Verstärkungsmaterial (vorgespannte Glasseidenstränge, Gewebebänder, Bahnen aus Matten), das vor dem Wickeln mit der Harzmasse getränkt wird, meist schraubenförmig umwickelt wird. Die Kerne, die häufig aus poliertem oder hartverchromtem Stahl bestehen, werden nach dem Härten mit Abziehvorrichtungen entfernt. Für Behälter werden zusammenlegbare Kerne verwendet, die durch die Öffnung entfernt werden. Für besondere Anforderungen an Dichtheit und Chemikalienbeständigkeit erhalten die Wickelkörper Auskleidungen aus Elasten, Thermoplasten oder Metallen, die vor dem Wickeln auf den Kern aufgebracht werden.

6,37 Schleuderverfahren

Dieses dient zur Herstellung von Rohren. Meist wird zunächst eine Feinschichte eingeschleudert und dann das Verstärkungsmaterial zusammengerollt in die Schleuderform eingelegt. Die Harzmasse wird durch eine Rinne (vgl. Schleuderguß 3,1212) eingegossen. Das Härten kann durch Warmluft oder Infrarotstrahlung beschleunigt werden. Die Werkzeuge aus Stahl oder Leichtmetall müssen glatte, porenfreie Innenflächen haben. Man erhält Rohre mit glatten Innen- und Außenflächen, die nur an den Endflächen nachgearbeitet werden müssen.

6,38 Faserspritzverfahren

Es ist ein teilmechanisiertes Handverfahren (s. 6,32) mit gleichem Anwendungsbereich und eignet sich besonders für Auskleidungen. Auf die mit Trennmitteln behandelte Formoberfläche werden durch ein

Schneidwerk geschnittene Glasfaserstränge zusammen mit Harz und Härter aufgespritzt. Man verwendet Spritzgeräte, die aus den Behältern für Harz und Härter, dem Düsenaggregat und dem Schneidwerk bestehen. Bei Niederdruckspritzgeräten (2 bar) erfolgt das Fördern und Spritzen der Harzkomponenten mit Druckluft. Bei Hochdruckspritzgeräten (bis 100 bar) werden Kolbenpumpen verwendet und das Harz ohne Druckluft aufgespritzt. Durch Glätten und Verdichten von Hand mittels Walzen werden Lufteinschlüsse beseitigt. Die Herstellung gleichmäßiger Wanddicken ist schwierig.

6,39 Profilziehverfahren

Mit diesem können Voll- und Hohlprofile beliebiger Länge hergestellt werden. Verwendet werden Glasseidenstränge oder -gewebe, die mit Harz entsprechend kurzer Härtezeit getränkt sind. Durch eine Abquetschvorrichtung wird aus diesen die Luft entfernt und das verdichtete Material durch ein beheiztes, am Eintritt entsprechend abgerundetes Werkzeug aus Stahl mit hoher Oberflächengüte gezogen, nach dessen Verlassen es genügend stabil sein muß. Das Härten erfolgt außerhalb des Werkzeuges in einem beheizten Kanal.

Namen- und Sachverzeichnis

Druck: Adolf Holzhausens Nfg., A-1070 Wien